国外炼油化工新技术丛书

聚烯烃纤维
——结构、性能及工业应用
（第二版）

［尼日利亚］Samuel C. O. Ugbolue 编

陈商涛 张凤波 黄 强 等译

石油工业出版社

内 容 提 要

本书从聚烯烃纤维的分子结构、物理性能及聚集态结构与使用性能关系着手，系统地介绍了聚烯烃纤维的生产工艺技术及其在纺织、医疗、卫生、土工织物、汽车等方面的应用情况，详细讨论了聚烯烃纤维的极性、阻燃、抗菌等功能化改性方法及其产品特性，全面反映了当前聚烯烃纤维领域的最新技术进展。

本书可供聚烯烃纤维原料生产、制品加工、产品质量控制、销售及管理人员参考。

图书在版编目（CIP）数据

聚烯烃纤维：结构、性能及工业应用：第二版／（尼日利）塞缪尔·C.O.乌格博卢（Samuel C. O. Ugbolue）编；陈商涛等译.—北京：石油工业出版社，2021.9
（国外炼油化工新技术丛书）
书名原文：Polyolefin Fibres: Structure, Properties and Industrial Applications, Second Edition
ISBN 978-7-5183-4407-9

Ⅰ.①聚… Ⅱ.①塞… ②陈… Ⅲ.①聚烯烃 Ⅳ.①O632.12

中国版本图书馆CIP数据核字（2021）第181990号

Polyolefin Fibres: Structure, Properties and Industrial Applications, Second Edition
Edited by Samuel C. O. Ugbolue
ISBN: 9780081011324
Copyright © 2017 Elsevier Ltd. All rights reserved.
Authorized Chinese translation published by Petroleum Industry Press.
《聚烯烃纤维——结构、性能及工业应用》（第二版）（陈商涛等译）
ISBN: 9787518344079
Copyright © Elsevier Ltd. and Petroleum Industry Press. All rights reserved.
No part of this publication may be reproduced or transmitted in any form or by any means, electronic or mechanical, including photocopying, recording, or any information storage and retrieval system, without permission in writing from Elsevier(Singapore) Pte Ltd. Details on how to seek permission, further information about the Elsevier's permissions policies and arrangements with organizations such as the Copyright Clearance Center and the Copyright Licensing Agency, can be found at our website: www.elsevier.com/permissions.
This book and the individual contributions contained in it are protected under copyright by Elsevier Ltd. and Petroleum Industry Press (other than as may be noted herein).

This edition of Polyolefin Fibres: Structure, Properties and Industrial Applications, Second Edition is published by Petroleum Industry Press under arrangement with ELSEVIER LTD.
This edition is authorized for sale in China only, excluding Hong Kong, Macau and Taiwan. Unauthorized export of this edition is a violation of the Copyright Act. Violation of this Law is subject to Civil and Criminal Penalties.

本版由 ELSEVIER LTD. 授权石油工业出版社有限公司在中国大陆地区（不包括香港、澳门以及台湾地区）出版发行。
本版仅限在中国大陆地区（不包括香港、澳门以及台湾地区）出版及标价销售。未经许可之出口，视为违反著作权法，将受民事及刑事法律之制裁。
本书封底贴有 Elsevier 防伪标签，无标签者不得销售。

注意

本书涉及领域的知识和实践标准在不断变化。新的研究和经验拓展我们的理解，因此必须对研究方法、专业实践或医疗方法作出调整。从业者和研究人员必须始终依靠自身经验和知识来评估和使用本书中提到的所有信息、方法、化合物或本书中描述的实验。在使用这些信息或方法时，他们应注意自身和他人的安全，包括注意他们负有专业责任的当事人的安全。在法律允许的最大范围内，爱思唯尔、译文的原文作者、原文编辑及原文内容提供者均不对因产品责任、疏忽或其他人身或财产伤害及／或损失承担责任，亦不对由于使用或操作文中提到的方法、产品、说明或思想而导致的人身或财产伤害及／或损失承担责任。

北京市版权局著作权合同登记号：01-2021-3246

出版发行：石油工业出版社
　　　　　（北京安定门外安华里2区1号楼　100011）
　　　　　网　　址：www.petropub.com
　　　　　编辑部：（010）64523738　图书营销中心：（010）64523633
经　　销：全国新华书店
印　　刷：北京晨旭印刷厂

2021年9月第1版　2021年9月第1次印刷
787×1092毫米　开本：1/16　印张：24.75
字数：600千字

定价：200.00元
（如出现印装质量问题，我社图书营销中心负责调换）
版权所有，翻印必究

译者前言

聚烯烃纤维质轻、耐化学腐蚀、产品类型丰富多样，广泛应用于服装、地毯、医疗及卫生用无纺布、灰尘颗粒及病毒过滤材料、土工织物、防弹材料等领域。2018 年，中国聚烯烃表观消费超过 5600×10^4 t，其中聚烯烃纤维产品约 300×10^4 t。纤维产品的应用涉及原料的化学结构、助剂配方、加工方式、功能化改性等，在聚烯烃纤维料树脂产品的开发过程中，该领域的从业人员长期以来缺乏系统介绍聚烯烃纤维的中文专业书籍。

本书从聚烯烃纤维的种类、化学结构、生产工艺及功能化改性等方面出发，详细介绍了聚烯烃纤维料在家用织物、医疗卫生、汽车等产业领域的用途。

全书共分 18 章，第 1 章和前言由陈商涛翻译，第 2 章由陈兴锋翻译，第 3 章和第 4 章由王宇杰翻译，第 5 章和第 6 章由杜斌翻译，第 7 章由石行波翻译，第 8 章和第 9 章由蔡玉东翻译，第 10 章和第 11 章由张丽洋翻译，第 12 章由周京生翻译，第 13 章和第 14 章由张凤波翻译，第 15 章和第 16 章由张瑀健翻译，第 17 章和第 18 章由王帆翻译。陈商涛对全书译稿进行了修订，黄强教授对全书进行了审校。

感谢中国石油石油化工研究院成果管理处王建明处长在翻译本书过程中所提供的建议和帮助。

由于译者水平有限，难免存在疏漏和不当之处，敬请读者批评指正。

前　言

自《聚烯烃纤维——工业和医学应用》出版以来，高分子材料在研究和工业应用领域都取得了巨大的进展，特别是在纳米复合材料和生物材料等重要分支领域，其发展速度令人瞩目。再加之聚烯烃材料的进出口贸易异常活跃，应用领域不断拓展，新的需求促成了本书《聚烯烃纤维——结构、性能及工业应用》（第二版）的问世。

聚乙烯和聚丙烯是烯烃聚合物中市场增长最快、应用最广的品种，其广泛应用于食品包装、医用防护、卫生材料、汽车部件和医疗器械等领域，并且在工程纳米复合材料领域也具有不可估量的商业潜力。聚烯烃在薄膜和纤维领域发挥着至关重要的作用。聚丙烯纤维由于其低成本、高强度、高韧性和耐化学品等优点，在工业、家居装饰和医疗用品等方面的应用非常广泛。

本书分为如下三部分：

第一部分为聚烯烃纤维的结构与性能。主要论述了聚烯烃纤维的种类、结构和化学性能，详细讨论了聚烯烃纤维材料和纳米复合材料的结构力学特性、聚烯烃与环境、聚烯烃纤维在工业和医疗领域的应用，以及聚烯烃纤维在卫生和医疗方面的研究进展。第二部分为聚烯烃功能化的改进。主要侧重于介绍聚烯烃纤维的生产方法、其卫生/抗菌性能的提高、聚烯烃在无纺布应用中的改进、聚烯烃测试和质量控制、聚烯烃纳米复合纤维和薄膜现状，以及改善聚烯烃的着色/可染性方面的进展。第三部分为聚烯烃纤维的增强及应用。本部分重点关注聚烯烃纤维的各种增强应用，如聚烯烃耐磨性的改善、热性能及阻燃性能的改善，以及其增强材料在汽车部件、土工布等工程领域和生物医学及卫生材料方面的应用等。

非常感谢本书所有的贡献者，他们为本书按期付梓倾注了大量的时间、决心和热情。感谢家人的支持和鼓励。感谢在这些年的共同研究和项目合作中，做出贡献的研究生和来自全球各个大学的访问学者们。

本书不仅适用于研究人员、学者，以及生物材料、无纺布和医疗领域的专业人员，也适用于聚合物、纺织业和相关行业的技术人员、工程师、产品设计师、市场营销人员和管理人员。

塞缪尔·C.O.乌格博卢
美国马萨诸塞州陶顿县斯库丁镇
尼日利亚埃德温克拉克大学

目 录

第一部分 聚烯烃纤维的结构与性能

1 聚烯烃纤维的种类 ……………………………………………………………………（ 3 ）
  1.1 概述 ……………………………………………………………………………（ 3 ）
  1.2 聚合物、纤维和聚烯烃的定义 ………………………………………………（ 3 ）
  1.3 烯烃单体的化学性质 …………………………………………………………（ 4 ）
  1.4 聚合物与聚合反应 ……………………………………………………………（ 5 ）
  1.5 立体化学与聚烯烃结构 ………………………………………………………（ 6 ）
  1.6 聚乙烯纤维 ……………………………………………………………………（ 9 ）
  1.7 聚丙烯纤维 ……………………………………………………………………（ 10 ）
  1.8 共聚聚烯烃纤维 ………………………………………………………………（ 11 ）
  1.9 由聚合物共混物或合金制得的聚烯烃纤维 …………………………………（ 12 ）
  1.10 聚烯烃双组分纤维 …………………………………………………………（ 13 ）
  1.11 聚烯烃纳米复合纤维 ………………………………………………………（ 14 ）
  1.12 聚烯烃纤维和纺织品的分类 ………………………………………………（ 14 ）
  1.13 未来发展趋势 ………………………………………………………………（ 17 ）
  1.14 结论 …………………………………………………………………………（ 17 ）
  参考文献 ……………………………………………………………………………（ 17 ）
  延伸阅读 ……………………………………………………………………………（ 21 ）

2 聚烯烃纤维的结构与化学性质 ……………………………………………………（ 23 ）
  2.1 概述 ……………………………………………………………………………（ 23 ）
  2.2 聚烯烃链的排列方式 …………………………………………………………（ 24 ）
  2.3 晶体结构 ………………………………………………………………………（ 25 ）
  2.4 晶体形貌 ………………………………………………………………………（ 26 ）
  2.5 化学性质 ………………………………………………………………………（ 27 ）
  2.6 聚烯烃纤维的氧化 ……………………………………………………………（ 27 ）
  2.7 稳定剂 …………………………………………………………………………（ 30 ）
  2.8 聚烯烃纤维的表面化学 ………………………………………………………（ 33 ）
  参考文献 ……………………………………………………………………………（ 36 ）

3 聚烯烃纤维及其纳米复合材料的结构力学 ………………………………………（ 39 ）
  3.1 概述 ……………………………………………………………………………（ 39 ）
  3.2 聚烯烃纤维材料的结构和力学性能 …………………………………………（ 39 ）

3.3　聚烯烃纤维和薄膜的力学性能 ……………………………………………（40）
3.4　聚烯烃纤维材料和纳米复合材料的表征 …………………………………（44）
3.5　聚烯烃纳米复合材料的结构性能改进 ……………………………………（47）
3.6　纤维增强聚烯烃 ……………………………………………………………（52）
3.7　聚烯烃拉胀织物结构的设计和制造 ………………………………………（53）
3.8　结论 …………………………………………………………………………（53）
参考文献 …………………………………………………………………………（54）
延伸阅读 …………………………………………………………………………（59）

4　聚烯烃和环境 ………………………………………………………………………（60）
4.1　聚烯烃 ………………………………………………………………………（60）
4.2　聚烯烃降解 …………………………………………………………………（63）
4.3　影响聚烯烃降解的因素 ……………………………………………………（78）
4.4　控制聚烯烃降解速率 ………………………………………………………（79）
4.5　控制聚烯烃的环境降解 ……………………………………………………（80）
4.6　新一代聚烯烃面临的挑战 …………………………………………………（81）
4.7　聚烯烃在不同环境中的长期性能 …………………………………………（81）
4.8　结论 …………………………………………………………………………（82）
参考文献 …………………………………………………………………………（82）

5　聚烯烃纤维在工业和医疗上的应用 ………………………………………………（92）
5.1　概述 …………………………………………………………………………（92）
5.2　聚烯烃在技术纺织品领域的应用 …………………………………………（94）
5.3　聚烯烃纤维的类型与性能 …………………………………………………（94）
5.4　聚烯烃纤维的技术织物结构 ………………………………………………（96）
5.5　聚烯烃纤维的工业应用 ……………………………………………………（99）
5.6　结论和未来趋势 ……………………………………………………………（104）
参考文献 …………………………………………………………………………（105）

6　聚烯烃基纺黏纤维及黏合纤维研究进展 …………………………………………（107）
6.1　概述 …………………………………………………………………………（107）
6.2　单组分聚乙烯基软质纺黏织物 ……………………………………………（108）
6.3　单组分聚丙烯基软纺黏织物 ………………………………………………（117）
6.4　双组分纺黏织物与双组分黏合纤维 ………………………………………（118）
6.5　结论 …………………………………………………………………………（123）
参考文献 …………………………………………………………………………（124）

第二部分　聚烯烃功能化的改进

7　聚烯烃的生产 ………………………………………………………………………（129）
7.1　概述 …………………………………………………………………………（129）
7.2　聚烯烃的合成 ………………………………………………………………（130）
7.3　聚丙烯熔融纺丝 ……………………………………………………………（143）

7.4 聚乙烯熔融纺丝 …………………………………………………………… (164)
7.5 高性能技术聚丙烯纤维和纱线 …………………………………………… (166)
7.6 聚烯烃产品其他生产方法 ………………………………………………… (167)
参考文献 …………………………………………………………………… (171)

8 聚烯烃抗菌性能的增强 ………………………………………………………… (175)
8.1 概述 ………………………………………………………………………… (175)
8.2 抗菌功能 …………………………………………………………………… (175)
8.3 抗菌聚烯烃 ………………………………………………………………… (176)
8.4 未来趋势 …………………………………………………………………… (184)
参考文献 …………………………………………………………………… (185)
延伸阅读 …………………………………………………………………… (188)

9 聚烯烃在无纺布中的应用 ……………………………………………………… (189)
9.1 概述 ………………………………………………………………………… (189)
9.2 无纺布的定义 ……………………………………………………………… (190)
9.3 无纺布的市场 ……………………………………………………………… (191)
9.4 无纺布的分类 ……………………………………………………………… (192)
9.5 无纺布后整理 ……………………………………………………………… (199)
9.6 无纺布的特征和性能 ……………………………………………………… (200)
9.7 无纺布中聚烯烃的消费概况 ……………………………………………… (201)
9.8 聚烯烃无纺布的应用 ……………………………………………………… (206)
9.9 未来趋势 …………………………………………………………………… (206)
参考文献 …………………………………………………………………… (207)

10 聚烯烃的测试、产品评估和质量控制 ……………………………………… (209)
10.1 概述 ……………………………………………………………………… (209)
10.2 聚烯烃的测试与表征 …………………………………………………… (210)
10.3 聚烯烃纳米复合材料选材分析及性能评价 …………………………… (216)
10.4 拉胀纺织品结构的评估 ………………………………………………… (221)
10.5 质量控制 ………………………………………………………………… (223)
参考文献 …………………………………………………………………… (223)
延伸阅读 …………………………………………………………………… (225)

11 聚烯烃纳米复合纤维和薄膜 ………………………………………………… (226)
11.1 概述 ……………………………………………………………………… (226)
11.2 聚烯烃纳米复合纤维和薄膜 …………………………………………… (226)
11.3 聚烯烃纳米复合纤维和薄膜的制备 …………………………………… (228)
11.4 表征与分析 ……………………………………………………………… (229)
11.5 聚烯烃纳米复合材料的应用 …………………………………………… (232)
11.6 化学应用 ………………………………………………………………… (234)
11.7 结论 ……………………………………………………………………… (236)
参考文献 …………………………………………………………………… (236)

12 聚烯烃纤维可染色性的改善 … (240)

- 12.1 概述 … (240)
- 12.2 聚烯烃的结构特点 … (240)
- 12.3 染料—纤维相互作用 … (242)
- 12.4 着色剂 … (243)
- 12.5 未改性聚烯烃的染色 … (244)
- 12.6 通过纤维改性提高聚丙烯的可染色性 … (252)
- 12.7 结论 … (255)
- 参考文献 … (255)
- 延伸阅读 … (260)

第三部分 聚烯烃纤维的增强及应用

13 聚烯烃耐磨损性能改进 … (263)

- 13.1 概述 … (263)
- 13.2 聚烯烃分类 … (264)
- 13.3 聚乙烯 … (264)
- 13.4 聚丙烯 … (266)
- 13.5 聚合物的磨损性能 … (267)
- 13.6 结论 … (279)
- 参考文献 … (280)

14 聚烯烃热性能及阻燃性能的提高 … (286)

- 14.1 概述 … (286)
- 14.2 聚烯烃的热性能 … (286)
- 14.3 影响聚合物热性能的因素 … (287)
- 14.4 聚烯烃热性能的改进 … (288)
- 14.5 纳米粒子负载对聚烯烃热性能的影响 … (292)
- 14.6 聚烯烃的阻燃性能 … (294)
- 14.7 影响聚烯烃阻燃性能的因素 … (294)
- 14.8 聚烯烃阻燃性能的改善 … (295)
- 14.9 发展趋势 … (297)
- 14.10 结论 … (297)
- 参考文献 … (298)
- 延伸阅读 … (306)

15 车用聚烯烃 … (307)

- 15.1 聚烯烃树脂及其通用性能 … (307)
- 15.2 聚烯烃的种类 … (309)
- 15.3 乙烯共聚物 … (313)
- 15.4 聚丙烯及其复合材料 … (314)
- 15.5 聚烯烃基纳米复合材料 … (318)

- 15.6 可发泡和可膨胀的聚烯烃 ……………………………………………………………… (320)
- 15.7 乙烯丙二烯和乙烯丙烯共聚物 ………………………………………………………… (323)
- 15.8 其他聚 α-烯烃 …………………………………………………………………………… (323)
- 15.9 环烯烃共聚物性能及应用 ……………………………………………………………… (324)
- 15.10 氯化聚乙烯和氯磺化聚乙烯 ………………………………………………………… (324)
- 15.11 热塑性弹性体 ………………………………………………………………………… (325)
- 15.12 由聚烯烃基材料制成的特定汽车部件 ……………………………………………… (329)
- 15.13 未来趋势 ……………………………………………………………………………… (334)
- 15.14 结论 …………………………………………………………………………………… (334)
- 参考文献 ……………………………………………………………………………………… (335)

16 聚烯烃在土工织物和工程中的应用 …………………………………………………… (340)
- 16.1 概述 …………………………………………………………………………………… (340)
- 16.2 聚烯烃和土工织物的定义 ……………………………………………………………… (340)
- 16.3 聚烯烃和土工织物的种类和性能 ……………………………………………………… (341)
- 16.4 土工织物中的聚烯烃 …………………………………………………………………… (343)
- 16.5 聚烯烃在工程中的应用 ………………………………………………………………… (348)
- 16.6 未来趋势 ……………………………………………………………………………… (349)
- 16.7 结论 …………………………………………………………………………………… (350)
- 参考文献 ……………………………………………………………………………………… (350)
- 延伸阅读 ……………………………………………………………………………………… (352)

17 聚烯烃在生物医学领域的应用 …………………………………………………………… (353)
- 17.1 概述 …………………………………………………………………………………… (353)
- 17.2 聚烯烃的生物医学应用 ………………………………………………………………… (355)
- 17.3 结论 …………………………………………………………………………………… (359)
- 参考文献 ……………………………………………………………………………………… (359)
- 延伸阅读 ……………………………………………………………………………………… (368)

18 聚烯烃在卫生领域的应用 ………………………………………………………………… (370)
- 18.1 概述 …………………………………………………………………………………… (370)
- 18.2 常见的聚烯烃种类 ……………………………………………………………………… (370)
- 18.3 聚烯烃的结构、性能及应用 …………………………………………………………… (371)
- 18.4 卫生 …………………………………………………………………………………… (373)
- 18.5 聚烯烃在卫生领域的典型应用 ………………………………………………………… (375)
- 18.6 过滤材料 ……………………………………………………………………………… (379)
- 18.7 卫生巾 ………………………………………………………………………………… (379)
- 18.8 医用口罩 ……………………………………………………………………………… (379)
- 18.9 结论 …………………………………………………………………………………… (380)
- 参考文献 ……………………………………………………………………………………… (381)

第一部分　聚烯烃纤维的结构与性能

1 聚烯烃纤维的种类

A. Crange

（原英国阿尔斯特大学雇员）

1.1 概述

在过去大约 50 年的时间里，聚烯烃材料以及由其制备的纺织品，在许多日常应用中逐步取代了天然纤维及其他人造纤维。此外，聚烯烃一直是许多创新纺织品开发和应用的首选材料。欧洲聚烯烃纺织品协会（EATP）这样描述了聚烯烃纺织品的用途[1]：

在家居和汽车、服装和地毯、医疗保健和工业领域，聚烯烃在世界各地数以千计的应用中正在悄无声息地发挥着作用。这种多用途的高技术纤维耐用，不褪色，耐化学腐蚀，经济且环保。聚烯烃纤维使地毯保持清洁，使运动服保持干燥。它们被用来保护无菌环境，吸收工业泄漏物质。每时每刻，聚丙烯都在家庭中、汽车上"工作"着。

尽管本章的主题是"聚烯烃的种类"，但是笔者认为，了解一些与烯烃（α-烯烃单体）相关的化学基础知识十分重要，了解这些聚合物的基本组成单元的立体化学如何在催化剂的表面影响加成聚合反应，如何进一步影响聚合物材料本体的物理特性尤其重要。

本书讨论了商业上具有重要应用价值的聚烯烃纤维，如聚丙烯和聚乙烯的基本结构，简要回顾了它们的发展历史和商业应用。对其他聚α-烯烃就其在纤维材料方面的应用也进行了讨论。本章综述了由共聚物或共混物或双组分纤维材料生产的聚烯烃纤维材料的应用进展。为了兼顾聚烯烃纺织工业涉及的各个方面，根据聚合物结构/化学命名、纤维加工技术、纺织材料应用等方面对聚烯烃纤维进行了分类。在本章结论部分，对聚烯烃纤维潜在的发展趋势进行了预测，并提供了一些补充阅读资源。

1.2 聚合物、纤维和聚烯烃的定义

聚合物是通过重复的、小而简单的化学单元连接形成的大分子[2]。在某些情况下，重复单元是线型的，分子链由连续连接的链节单元组成；重复结构也可能是支化的，或交联形成的三维网络结构。这种重复结构称为重复单元，聚合物可以由单一类型的重复单元或种类有限的重复单元组合而成。这种聚合物分别被称为均聚物和共聚物。纤维用聚合物至少含有100个重复单元，而大多数聚合物有成千上万个重复单元[3]。如果把原子看成是分子的最小结构单位，线型结构的聚合物大分子，是构造天然纤维或人造纤维的基石[3]。

除碳纤维、玻璃纤维、金属纤维和陶瓷纤维外，一般商业用途的大多数天然纤维或人造纤维都具有碳链骨架的有机分子结构[4]。聚烯烃高分子本质上是高摩尔质量、饱和的脂肪族碳氢化合物，某些高分子可以方便地纺成纤维。术语"聚烯烃纤维"和"烯烃纤维"是美国

联邦贸易协会认可的通用名称,用来定义聚烯烃纤维:形成纤维的聚合物是任何长链合成高分子,至少含有85%(质量分数)由乙烯、丙烯或其他具有通式 $CH_2=CH-X$ 的烯烃单元组成的聚合物,其中X代表烷基链[4]。术语"聚烯烃"还包括国际标准组织(ISO)在 ISO 2706 中定义的聚丙烯(PP)和聚乙烯(PE)的通称。重复单元的结构通常与单体结构一致,或与其形成聚合物的起始材料对应。因此,聚丙烯的重复单元是 $\{CH_2CH(-CH_3)\}$。部分聚烯烃的单体及对应的重复单元列于表1.1中。

表1.1 聚烯烃及其对应的重复单元结构

聚合物种类	烯烃单体	聚烯烃重复单元
聚乙烯	$CH_2=CH_2$	$\{CH_2-CH_2\}$
聚丙烯	$CH_2=CHCH_3$	$\{CH_2-CH(CH_3)\}$
聚(4-甲基-1-戊烯)	$CH_2=CHCH_2CH(CH_3)_2$	$\{CH_2-CH-CH_2-CH(CH_3)_2\}$
聚(1-丁烯)	$CH_2=CHCH_2CH_3$	$\{CH_2-CH(CH_2CH_3)\}$
聚(甲基-1-丁烯)	$CH_2=C(CH_3)CH_2CH_3$	$\{CH_2-C(CH_3)(CH_2CH_3)\}$

1.3 烯烃单体的化学性质

为了理解"什么是聚烯烃",必须从了解制造这些商业化聚合物的烯烃单体的基本化学性质和基本结构开始。烯烃是一系列不饱和碳氢化合物,具有一般化学式 C_nH_{2n}。系列中的第一个单体是乙烯(C_2H_4),接着是丙烯(C_3H_6)和丁烯(C_4H_8)等。烯烃的结构特征是至少存在一个碳碳双键。量子力学对碳碳双键的结构有明确的阐述:碳碳双键是两种不同类型的化学键的组合,即强σ键(或单键)和另一种弱π键。对乙烯中碳碳双键周围量子力学排列的分析表明,乙烯是平面对称的,6个原子都处于同一平面上[5]。从量子力学的角度看,所有重要的π键都可以设想为:电子云分布于两个碳原子组成的平面上方和下方(图1.1)。

乙烯分子平面结构　　　　乙烯中的π键:电子云分布在平面的两侧

图1.1 乙烯的化学结构和键结构

正是π键上这种特殊的电子云分布,赋予了碳碳双键与许多化学物质反应性[5]。乙烯可以与自身反应形成二聚体、三聚体、四聚体、低聚物等。如果反应条件有利,则乙烯具有形成长饱和碳氢大分子或聚合物的潜力。关于乙烯聚合的研究始于20世纪30年代[6]。

虽然碳碳单键可以自由旋转360°,但是碳碳双键被牢固地锁定在一定的位置而不能自由旋转。因此,如果一个基团取代乙烯中的一个氢原子,变成 $CH_2=CH-X$ 型有机分子,该分子将呈现出确定的三维结构。这将影响这些分子与其他材料的反应。例如,在乙烯分子中用甲基取代一个氢原子,引入烯烃家族的第二个成员——丙烯($CH_2=CH-CH_3$)。碳碳双键周围的量子力学排列与乙烯中基本相同,但甲基的形状和大小,使分子具有了空间几何取向结构。链状取代基团的大小和形状决定了 α-取代烯烃转化成商用聚合物的潜力(表 1.1)。

1.4 聚合物与聚合反应

1929 年，Wallace H. Carothers 提出聚合物材料应分为加成聚合物或缩合聚合物[2]。这一定义不断被修订以更多地强调聚合反应机理，比如，链加成聚合物、逐步反应缩合聚合物(表 1.2)。就像所有分类一样，总会有一些例外情况[2]。虽然聚合物化学家可以使用修改的分类方法，但原始的分类更容易被外行读者理解，本书将继续使用这种分类。

表 1.2 聚合物的一般分类

Carother 分类法	修订的分类法	聚合反应机理	实例
缩合聚合物	逐步反应缩合聚合物	反应性基团之间的逐步缩合反应	尼龙、聚酯
加成聚合物	自由基链加成聚合物	反应性中心的链式反应	聚烯烃、聚苯乙烯、聚氯乙烯

本书仅限于聚烯烃，它是由加成聚合反应而成的。为了保证完整性和进行对比，对尼龙 66 这种典型的缩聚反应产物也进行了讨论。

$H_2N—(CH_2)_6—NH_2$(己二胺)$+HOOC—(CH_2)_4—COOH$(己二酸)$\longrightarrow H\!\!-\!\!HN—(CH_2)_6—NH—OC—(CH_2)_4—CO\!\!-\!\!OH$(尼龙 66)$+H_2O$

加成聚合反应是一种链式反应，通常包括乙烯单体(或乙烯类单体)，如乙烯、丙烯、苯乙烯和氯乙烯。链加成反应由引发反应开始，随后可能引起数以千计单体的聚合[2]。对观察者来说，聚合物分子似乎是瞬间形成的，在单体和形成的大分子之间没有中间产物，这与缩聚反应不同。加成聚合机理有三个基本步骤，即引发或形成活性中心、链增长或单体重复地加成到聚合增长链上以及(在大多数情况下)链终止反应。已经定义出几种类型的活性中心和加成聚合反应技术(表 1.3)。表 1.4 列出了乙烯基或乙烯基自由基链加成聚合反应的一般机理。

表 1.3 加成聚合类型和活性中心

活性中心	加成聚合类型
阳离子	阳离子聚合
阴离子	阴离子聚合
自由基	自由基聚合
有机金属配位中心	配位聚合

在 1953 年之前，几乎所有的乙烯类聚合物的商业化生产都采用自由基聚合反应[5]。这种反应的主要缺点是缺乏立体效应控制，在生产过程中极易发生副反应而产生支化的聚合物结构。其原因是，在链增长阶段，可以从已经形成的链中提取或除去氢，这在聚合物上引发另一个自由基活性位点，容易与任何可用的单体反应而形成侧基，或沿主链线型聚合物骨架产生支化结构[5]。与自由基或离子聚合机理不同，齐格勒和纳塔在 20 世纪 50 年代早

期首次报道的配位聚合采用完全不同的反应机理,这涉及创新的有机金属配位化学,其思想来源于烯烃加氢反应的威尔金森催化剂。从那以后,不断开发出的新聚合反应催化剂,可以精细控制聚合物特性(如分子量及分布)。齐格勒和纳塔的开拓性研究促成了聚烯烃在塑料和纺织工业领域的大规模开发和应用,他们在1963年共同获得诺贝尔化学奖。随后,茂金属催化剂的发展在结构可控聚烯烃及其他加成聚合物的制造方面发挥出巨大的商业价值。

表1.4 乙烯类单体的自由基链式加成反应机理

过氧化物——Rad• Rad•+CH_2=CH(R)——Rad—CH_2—(R)HC•	链引发步骤: 过氧化物分裂形成自由基,自由基与双键进行加成反应,自由电子移动到末端碳原子上
Rad•+CH_2=CH(R)——Rad—CH_2—(R)HC•—— Rad—CH_2—(R)CH—(R)HC•——Rad—[CH_2-(R)HC$]_n$•	链增长步骤: 乙烯或烯烃类单体加成到增长链的末端自由基碳原子上,自由电子移动到链的末端
Rad—[CH_2—(R)HC$]_n$•+Rad•—— Rad—[CH_2-(R)HC$]_n$R	链终止步骤: 自由基或其他反应性中心与增长链的末端自由基发生自由基耦合反应,消除自由基

1.5 立体化学与聚烯烃结构

1.5.1 立体化学和立体异构

立体化学是有机化学的一部分,专门研究有机分子的三维结构和性质之间的关系。简单异构体是具有相同分子式的不同有机化合物。例如,烷烃中的丁烷(C_4H_{10})可以作为线型结构存在(如正丁烷)或支链结构存在(如异丁烷)。此外,烯烃,如2-丁烯可以作为两种几何异构体之一存在,即顺-2-丁烯或反-2-丁烯[5]。立体异构体在原子结合方面是相同的,不同的是,原子在空间中的取向不一样[5]。简单立体异构体具有光学活性,并且可以通过它们对平面偏振光的响应来进行识别或区分。在平面偏振光的作用下,要么将偏振光转向右侧(右旋)或左侧(左旋)。立体异构体具有结构共性,碳原子处于四面体的中心,其他原子或基团处于四面体的4个顶点位置,以通式 C-JKLM 表示(图1.2)。仔细观察这个三维结构可以发现,碳原子上的4个基团可以形成左手构象或右手构象,两者正好形成镜像,而不能相互重叠。分子结构上这种不重叠的镜像结构称为手性(来自希腊语),具有4个不同取代基的碳原子中心称为手性碳或手性中心。有机化学中早期的术语中有不对称性、不对称的碳和不对称中心的说法[7]。立体异构体对也称为对映体。

图1.2 立体异构模型 C-JKLM 的结构示意图

为什么要在立体化学的基础知识方面多着笔墨?在所有的聚α-烯烃中,如聚丙烯,沿碳链的大部分碳原子可以看作是手性或不对称，因为每个碳会有 4 种不同取代基：氢原子、甲基(或其他)基团、聚合物链 R_1(由 n 个重复单元组成)和一个聚合物链 R_2(由 m 个重复单元组成)(图 1.3)。正如将在下文中看到的，立体定向聚合可以被认为是对沿着饱和脂肪族碳聚合物链的每个碳的手性进行的预定控制。聚合物立体化学的高级教材主要研究基于上述命名方法的聚合物链特定部分的特定立体化学。

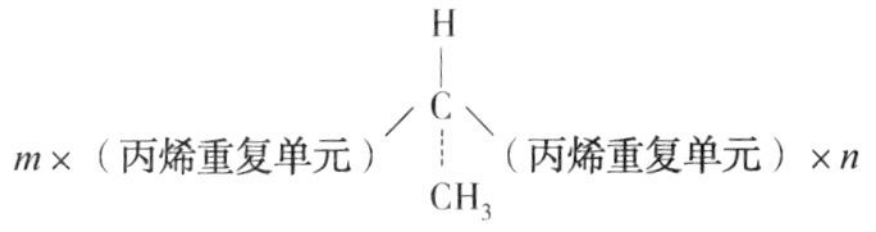

$$m \times (丙烯重复单元) - \overset{H}{\underset{CH_3}{C}} - (丙烯重复单元) \times n$$

图 1.3　沿聚 α-烯烃的手性/不对称碳原子的立体结构

1.5.2　聚乙烯纤维的结构

乙烯($CH_2 = CH_2$)相对于双键而言，是完全对称的，不存在左手构象和右手构象的区别，乙烯在聚合反应中加入增长链上也不存在引起手性结构的插入方式。因此，从立体化学角度来说，无支链聚乙烯链骨架是完全对称的。普遍认为，聚乙烯的化学结构是一连串亚甲基组成的饱和碳链(图 1.4)。在实践中，所获得的聚合物链结构取决于聚合方法。在聚合反应中，确实可以产生不同的长链或短链支化结构，这会反映在本体材料的密度上。使用低密度聚乙烯(LDPE)和高密度聚乙烯(HDPE)的术语来区分长链支化和短链支化。传统的高压聚合反应得到中低密度的支化聚乙烯，这是由于自由基聚合反应机理造成的。LDPE 链结构中含有长链分支结构或多重分支结构[8]。低压聚合通常会生成更线型的聚乙烯，其中链紧密结合在一起，使产品的密度更高[9]。LDPE 是一种非常复杂的聚合物，具有相当数量的不同类型的支化结构，对其侧链结构只能进行部分表征，并强烈依赖于红外和核磁共振技术。尽管这些技术证实了短链的存在，例如甲基、乙基和丁基，但是无法区分大于 5 个碳的支链结构[10]。高密度聚乙烯主要是乙烯的线型均聚物[10]。

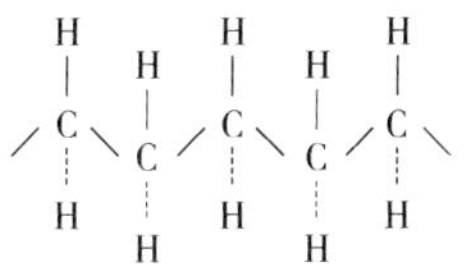

图 1.4　线型聚乙烯的化学结构——亚甲基碳链

1.5.3　聚丙烯纤维的结构

与乙烯不同，丙烯分子是不对称的，有一个甲基键连在碳碳双键中的一个碳原子上。甲基具有一定大小，占据一定空间，并具有一定程度的空间位阻。丙烯被称为具有头部和尾部结构的分子。$CH(-CH_3)$ 称为头部，CH_2 称为尾部。例如在二聚反应过程中，添加一个丙烯分子到另一个分子，理论上可以得到 3 种可能的几何结构，即头尾结构、头头结构和或尾尾结构(图 1.5)。类似的序列结构沿着聚合物链骨架不断产生[11]。幸运的是，甲基的空间位阻效应有利于头尾序列的形成。正是这种现象使人们可以调控聚丙烯链的化学结构[11]。头头结构或尾尾结构的存在，在聚合物链主链上诱发了化学缺陷[11-12]。

如前所述，聚丙烯链中的每个重复单元都具有一个手性或不对称性碳原子中心。在链增长阶段，如果考虑手性碳和重复单元的结构，可以推导出构象的可能序列结构。相对于链上每个新形成的手性叔碳原子，每发生一次头尾加成反应，下一个链节或链中的重复单元可以是右手构象，也可以是左手构象[13]。

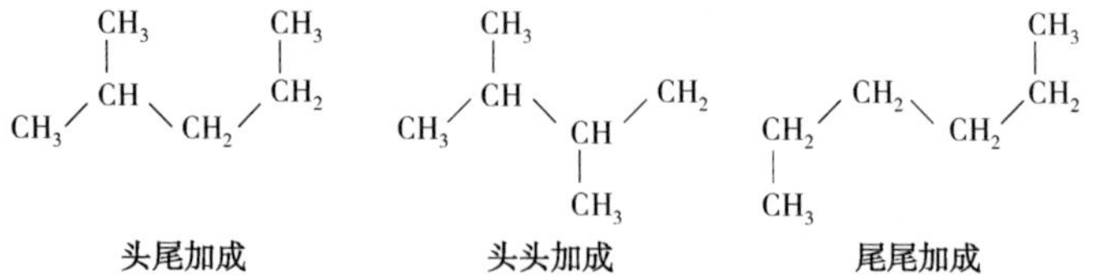

```
    CH₃       CH₃              CH₃                      CH₃       CH₃
    CH       CH₂            CH       CH₂             CH₂       CH₂
CH₃     CH₂         CH₃     CH                   CH₃     CH        CH₃
                                 CH₃                       CH₃
       头尾加成               头头加成                   尾尾加成
```

图 1.5　丙烯二聚体结构

在配位聚合反应中，在催化剂表面上，在手性碳上赋予相同的"全右"或"全左"手性，从而产生立构规整性的聚合物，被称为等规（全同）立构构象，也就是说，甲基都排列在聚合物链的同一侧（图 1.6）。如果在链增长阶段，聚合催化剂使单体左旋结构和右旋结构交替出现，产生间规（间同）立体定向聚合物，即甲基在链的两侧交替出现。如果在链增长阶段没有立体调节效应，沿聚合物链的手性碳将具有随机的左旋结构和右旋结构，这种形式的聚合物没有立构规整性，被称为无规聚合物。由纳塔提出的聚丙烯立构规整性的规则，即等规立构、间规立构和无规立构，同样适用于所有的聚 α-烯烃。

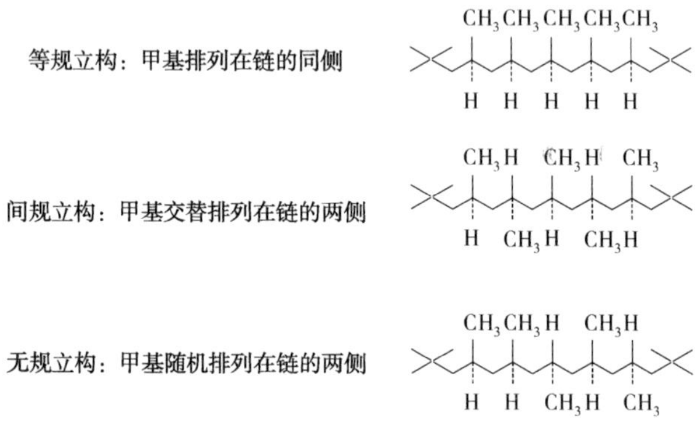

等规立构：甲基排列在链的同侧

间规立构：甲基交替排列在链的两侧

无规立构：甲基随机排列在链的两侧

图 1.6　聚丙烯的立体化学结构

大多数教材中等规聚丙烯具有完全伸直链结构，即甲基排列在链的同一侧，这仅仅是为了简化表述。在聚合物晶体中，等规结构链将采取螺旋构象。从而使互相排斥的甲基彼此远离。例如，在等规聚丙烯中，每 3 个丙烯重复单元，甲基完成一次螺旋。每 3 个丙烯重复单元，即每个单体单元旋转 120°，第 4 个甲基处于与第 1 个甲基相同的位置[14-15]。Kresser 用图解法说明了等规立构的双螺旋排列的可能性，聚丙烯分子中一个右旋和一个左旋配对。在晶体结构中，认为这两个对映螺旋体的数量是相等的，左右螺旋倾向于配合在一起，使它们总是成对结晶[16]。

纺织研究所用以下方式定义聚合物规整度[4]：

(1) 无规聚合物：主链上的重复单元含有不对称取代碳原子的线型聚合物，通过平面投影，在平面的两侧具有相同随机分布的取代基。

(2) 间规聚合物：主链上的重复单元含有不对称取代碳原子的线型聚合物，通过平面投影，在平面的两侧交替出现取代基。

(3) 等规聚合物：主链上的重复单元含有不对称取代碳原子的线型聚合物，通过平面投影，取代基只分布在平面的同一侧。

1.5.4 其他聚α-烯烃纤维的结构

1.5.4.1 聚(1-丁烯)

文献[17-19]报道了等规聚(1-丁烯)的制备。第一代齐格勒-纳塔催化剂已用于制造这类聚合物[20]。采用乙醚作为溶剂对聚合物进行分级，然后对级分进行表征发现，存在等规立构和无规立构两种结构的聚合物。该文对等规立构或无规立构的级分没有进行明确的切割或分离，聚合物中含有一系列不同等规度的级分。此外，Van der Ven 还报道了直接合成间规聚(1-丁烯)的实验，但是没有取得成功[20]。

1.5.4.2 聚(4-甲基-1-戊烯)纤维

与聚(4-甲基-1-戊烯)纤维有关的参考文献主要涉及其等规立构或不对称形式的熔融纺丝[18-19,21-25]研究。Ruan 等更注重结构方面的研究，当等规聚合物结晶时，晶胞含有两条对映异构螺旋，右上左下或右下左上，每个螺旋位点可能存在上下指向的螺旋结构[26]。1990年，Van der Ven 报道称，日本三井化学是唯一提供商业化聚(4-甲基-1-戊烯)的厂家，帝国化学公司也报道有生产设施[27]。这种聚烯烃的优点是结合了高熔点(250℃)和高结晶度，这使其具有潜在的强度，使其适用于需要医疗灭菌的高温环境[27]。此外，文献[28]报道了间规聚(1-戊烯)的制备技术。

1.5.4.3 聚(1-己烯)纤维

在分子结构方面，可以利用 ^{13}C-NMR 技术来研究聚丙烯的等规度，但是对于高级聚α-烯烃而言，这种方法变得越来越困难[27]。除了聚(1-己烯)外，所有直链聚烯烃结晶中均具有螺旋构象的晶格。聚丙烯每 3 个重复单元完成一次循环，对于较长的侧链，聚α-烯烃增加到每 4 个重复单元完成一次循环，表明这些聚合物主要为等规立构或间规立构形式，这将允许结晶过程中形成精确的螺旋结构[27]。

1.6 聚乙烯纤维

早在 20 世纪 30 年代，低密度聚乙烯(LDPE)就被用来制造聚乙烯纤维[29]。低分子量聚烯烃纺出的纤维，单丝较粗，力学性能较差(断裂强度为 1~2cN/dtex)，限制了它们的商业应用价值[9,30]。此时，市场上还出现了商品名为 Courlene 和 Revon 的聚乙烯单丝纤维和丝带产品[31-32]。虽然这些高密度聚乙烯(HDPE)单丝优于同等的 LDPE，但它们仍然存在缺陷，例如细丝的回弹性低，在应力(蠕变)作用下变形大，软化温度范围仍然太低，不能满足正常纺织用途的要求。然而，因其优异的防霉性，一些产业用途的纺织品被开发出来。这些粗单丝/带状聚烯烃纤维，主要用于室外用途，如户外织物、绳索、网、织带、防护服、传送带等[31,33-34]。

1957 年，等规聚丙烯进行商业化开发。已经生产过 HDPE 单丝的几家公司采用这种新出现的聚合物，开发和销售与 HDPE 单丝具有类似性能的聚丙烯单丝(例如 Reevon PP)[31]。与 HDPE 相比，这种新型聚合物纤维尽管不完美，但在技术和商业潜力方面优于聚乙烯。高分子技术人员并未放弃线型聚乙烯在纺织领域的应用研究，伴随着纺织技术的发展，一直在不断开发聚乙烯纤维产品，如挤出单丝、扁带和编织带。在许多绳索和绳网的应用中，

HDPE 单丝替代了天然纤维，同时 HDPE 编织带为产业织物提供了多种应用，例如防水布、土工织物膜和帘网织物[35-36]。

虽然 20 世纪 30 年代就出现了生产高模量聚乙烯纤维的理论，但直到 80 年代中期，在出现了超高分子量聚乙烯（UHMWPE）和合适的纺纱技术以后，高模量聚乙烯持续的商业化生产应用才成为可能[37]。制备超强聚乙烯纤维的先决条件是：聚合物具有足够长的分子链结构，在拉伸、取向和结晶过程中可以提供足够的内聚力，将初始未拉伸长丝转变成完全拉伸的纱线。关于高分子量聚乙烯的纺丝技术研究一直在进行中。70 年代，Ward 等开发了高模量聚乙烯纤维的加工技术，并获得商业许可生产商品名为 Tenfor 和 Certran 的纤维[38-40]。由于超高分子量聚乙烯的熔体黏度很高，未拉伸时分子链之间的缠结严重，UHMWPE 挤出成型和后续的取向拉伸极具挑战性。DSM 公司发明了凝胶纺丝技术[41]，一举解决了这两大难题，在纤维纺丝领域引发了一场革命，并在高强度、高模量聚乙烯纤维领域确立了商业上的成功，开发了 Dyneema 和 Spectra 产品。这些超高强度纤维特别适用于高拉伸强度要求的应用领域，例如深海系泊绳索和编织物、防弹织物和精密的工程医疗器件。

20 世纪 70 年代末，报道了固相挤出（SSE）技术实现 UHMWPE 粉末的取向[42]。日本石油公司在 80 年代后期和 90 年代早期持续进行研究，实现了固相挤出技术的商业化应用。SSE 纤维最早在日本生产和销售了一段时间。该技术随后被授权给美国合成工业，生产商品名为 Tensylon 的带纱[42]。由于这些纱线的拉伸强度介于 16～18cN/tex 之间，它们在绳索、绳网和复合材料领域找到了高效应用市场。Tensylon 纱在防弹复合材料方面具有潜在用途[43]。

1.7 聚丙烯纤维

1.7.1 等规聚丙烯纤维

1957 年出现了可供商业开发的等规聚丙烯[30]。虽然粗聚丙烯单丝在 20 世纪 50 年代后期就出现了，但直到 60 年代初，少量意大利制造的短纤维和多丝纤维才开始出现在市场上，随后很快出现了美国和英国的产品[30-31]。刚开始，商业用量短纤维和多丝纤维产品只能由获得生产许可证的大型跨国化工公司来生产[32]。第一代商品化等规聚丙烯短纤维采用纺黏法生产，采用与聚酰胺或聚酯纤维类似的生产设备。例如，ICI 在其位于北爱尔兰 Kilroot 的原聚酰胺纺丝设备上开发了 Ulstron 聚丙烯纤维[44]。这些老牌的纤维制造商提供的聚丙烯纤维和连续长丝纱直接进入了 20 世纪 50 年代和 60 年代盛行的纺织品供应链。

然而，纤维生产技术革命正在进行中。最初的纤维纺丝技术受到专利的严格限制，但聚合物的获取不受限制，可以用于其他应用，如挤出薄膜。20 世纪 60 年代人们开始深入研究，如何将塑料聚丙烯薄膜转化为可识别和可销售的纺织材料。跨国聚合物供应商、纺织品生产企业、纺织品科研机构互相合作，克服挑战，最终成功绕过专利，采用替代技术生产聚丙烯纤维。最初的研究思路是在膜生产过程中制备纤维，如在线纤维技术的发明。然而，最成功的发明是用具有足够强度的挤塑薄膜连续生产薄膜聚丙烯带纱，并直接用于织布。

20 世纪 60 年代及 70 年代初，聚丙烯丝带和无纺布的出现和兴起，最终扼杀了苏格兰邓迪附近的黄麻工业，聚烯烃纺织工业最终取代了传统产业。传统黄麻纺纱、纺织公司开始接纳新的纺织品技术，纺织行业迎来了新时代。聚丙烯机织物代替黄麻用于地毯背衬、麻袋和土工布等。在线胶带纤维技术可以生产"扭结"纱带。在许多不是很苛刻的应用领域，这些纱线取代了天然纤维，如绳索、绳线和细绳。聚烯烃纤维革命不局限于英国和欧洲，而是变成了一种全球现象。

从薄膜路线生产的聚丙烯纤维，具有不规则的截面和尺寸，没有纺织品良好的外观或触感。该方法将喷丝板直接与螺杆挤出机相连，进行聚丙烯的熔融纺丝。另一种路线是，将固体聚合物颗粒连续加入一个加热的矩形盒中，安装有一组凹槽辊，固体颗粒被压缩、熔化、塑化，再通过喷丝板，进入空气流中冷却并被空气流拖曳形成连续丝束[45]。Mackie CX 聚丙烯短纤维纺纱系统是这类技术中最成功的案例[46-49]。

20 世纪 70 年代中期，连续纺丝技术用于直纺聚丙烯纤维，被中小型纺织品生产商用于家用制品的生产，这进一步提高了聚丙烯对家用和工业用纺织品市场的渗透。70 年代末，聚丙烯纺织工业得到了很好的发展，主要涉及纺织、纺纱、地毯、绳索、绳网和缠绕线的制造。80 年代，聚丙烯纺织品迎来飞速发展，这可以通过塑料和橡胶协会赞助的特种聚丙烯纺织品系列研讨会的盛况得到证明[50-53]。我们现在认为理所当然的技术革新，最先都是在这些研讨会上进行展示的，如熔喷无纺布、土工织物、织物增强水泥/混凝土等。

在 20 世纪 90 年代，聚烯烃纺织行业经历了一个盘整期，纤维生产从欧洲分流到海外更具成本效益的地区，比如土耳其、中国和墨西哥[54]。聚丙烯纤维的生产与应用占全球纤维的 6%，年消费量约 430×10^4 t[55]。例如，在美国聚烯烃纤维至少有 27 种不同的商品名，至少有 13 家供应商[56]。聚烯烃纺织品在欧洲有比较高的使用率，大部分纤维厂家生产特种纤维和纱线以满足特定的纺织品应用，产品涵盖高强力纱线和特种无纺布专用纤维[57]。

绝大多数聚丙烯纤维由等规聚丙烯制成，产品具有各种各样的织布形式、颜色和纹理，有专用的添加剂包来加强和保护纤维，以应对可能存在的苛刻环境条件。本章不讨论现有的聚丙烯纤维种类，这些细节可参见后附的延伸阅读材料，表 1.7 列出了聚丙烯纤维应用的类型和范围。聚烯烃纤维逐渐渗透到天然纤维和合成纤维的领地，并实现了替代。例如，聚烯烃纤维可用作扁丝带、原纤带和纱线、短纤维、复丝纱、纺黏无纺布、熔喷无纺布等。

1.7.2 间规聚丙烯纤维

美国专利[58]介绍了一种纤维级间规聚丙烯的生产，以及制造部分取向纱线的技术。该专利称，用间规聚丙烯制成的纱线比等规聚丙烯制成的纱线的强度高。

1.8 共聚聚烯烃纤维

具有硬段和软段结构的乙丙无规共聚物一般作为橡胶应用于工程领域[59]。丙烯和乙烯可以使用茂金属催化剂进行共聚，以制备具有弹性性能的共聚物。这类特种聚烯烃中乙烯含量少于 20%，以保证共聚物具有聚丙烯的优异特性[60-62]，这种材料具有相对低的成本、良好的耐化学性并易于制造，同时弹性性能大大改善[63]。从结构上看，丙烯重复单元沿着聚合物主链主要以全同立构形式存在。共聚物结晶的程度由丙烯在链中的排列方式和乙烯在链中的含量来控制。如果这种共聚物具有高的结晶性，它们更可能是热塑性等规聚丙烯，而不是弹性体。这些共聚物目前在弹性无纺布领域得到了应用[61,63]。它们可以通过传统的纺黏无纺布或熔喷无纺布技术进行加工，可以单独使用或在熔体中与等规聚丙烯共混使用[61,63]。

据报道，适于制造热黏合和纺黏无纺布的纤维是含有 0.8% 乙烯的乙丙无规共聚物[64-65]。此外，陶氏化学使用 INSITE 技术合成了一种专有的乙烯共聚物，并用于聚乙烯纤维的生产。由该聚合物纺成的连续长丝纱和纤维赋予产品良好的弹性性能。这类"DOW-XLA"纤维的弹性特性来源于柔性聚合物链构成的分子网络，分子中具有两种不同结构特征的聚合物链，即"硬"晶区和共价交联连接链[66]。这些乙烯共聚物具有低结晶度，其值为 14%，而等规聚丙烯纤维结晶度 50%~60%。熔融纺丝纤维的结晶熔点约 80℃，交联后结晶区域未发生变化，仍处于同样的结晶区间，但是整个纤维在干湿条件下的稳定性提高到 220℃，这可以归因为聚合物链的交联和稳定作用[66]。

在 20 世纪 80 年代中期，高密度聚乙烯通常仅用于粗纱单丝，而非复丝纺纱。这是因为聚乙烯固有的链缠结抵抗熔融拉伸，无法形成多丝型纤维。采用低摩尔质量、低分散性树脂也无法解决上述问题，因为它们熔体强度低，会出现剪切变稀，会导致纺纱过程中纤维断裂[67]。

据报道，在纤维加工过程中，乙烯—辛烯纤维级共聚树脂的性能与 HDPE 相似，正己基侧基抑制了剪切变稀现象，采用传统工艺熔融拉伸可定向形成纤维，因此聚合物可具有更低的摩尔质量。由 4 种共聚物树脂生产的纤维，断裂强度为 1.6~2.8cN/dtex[67]。

1.9 由聚合物共混物或合金制得的聚烯烃纤维

1.9.1 定义

在本书中，聚烯烃共混物或合金是指添加另一种聚合物，改善或增强纤维的某些物理特性。在某些情况下可混溶聚合物或不混溶聚合物的共混物，可能需要使用相容剂来促进极性界面和非极性界面之间的黏结。通常在制造大多数聚烯烃纺织材料时，需要在基体材料中加入添加剂母料进行熔融混合，或者在膜裂聚丙烯扁丝的生产过程中添加 2%~3% 聚乙烯，防止在取向拉伸过程中过早地出现纵向纤维化现象[68]。

1.9.2 聚丙烯与聚对苯二甲酸乙二醇酯共混

聚丙烯与聚对苯二甲酸乙二醇酯(PET)之间的共混复合研究具有很长的历史。1987 年，有文献报道了以 80:20 质量比的等规聚丙烯与 PET 熔融共混来生产膜裂带纱[69]。其关键的制造步骤是将聚酯充分熔融共混到聚丙烯基体中，挤出的带材进行两步取向拉伸，使 PET 原丝开始取向，然后继续拉伸，使 PET 组分的物理性质在最终的带纱中占主导地位。PP/PET 合金制成的丝带，拉伸性能增强了约 20%，这在地毯背衬、工程织物和绳索方面具有很好的商业化潜力。阿莫科公司进行了具有类似用途的聚合物合金带纱的开发研究，并在其专利出版物中进行了报道[70]。

早期 PP/PET 共混物的商业应用主要是膜裂扁带。中国专利还报道了将 PP/PET 按 90:10 质量比混合用于生产纤维制品[71]。结果表明，与完全使用聚丙烯相比，合金纤维的抗拉强度提高了 30%。大量文献报道，在纺丝前共混少量的聚酯树脂，聚酯作为染料吸附点,可以提高聚丙烯纱线的染色性能[72-74]。专利和文献还报道了在纤维生产前,使用硅烷偶联剂可以提升聚丙烯和 PET 的熔融共混效果[75-76]。

1.9.3　聚丙烯与聚苯乙烯共混

聚丙烯与聚苯乙烯熔融共混纤维中,无规聚苯乙烯含量高达 8%(质量分数)[25]。加入聚苯乙烯显著改善了共混纤维的刚性和抗蠕变性。扫描电子显微镜分析发现,聚苯乙烯相很好地分散在基体中,呈现纤丝状的形态。很容易在高于两种聚合物的玻璃化转变温度上对共混物进行取向拉伸,这表明两种组分都可以发生形变,从而有助于纤维结构的形成[34]。其他潜在的共混聚合物体系也已被报道,如在挤出之前加入 5%(质量分数)的聚苯乙烯到熔融共混物中,减少未拉伸纤维的结晶度,有助于丙纶复丝的织构化[77]。

1.9.4　聚丙烯与液晶聚合物共混物

文献报道了含有 10%(质量分数)液晶聚合物的聚丙烯合金纤维[78],发现液晶聚合物以纤维状分散在聚丙烯基体中。与 100%聚丙烯相比,取向拉伸并未带来力学性能的显著改善,从而证明在这两种化学性质差异较大的高分子界面缺乏必要的黏结力。这就需要设计和加入增容剂,在化学性质差异较大的两种聚合物之间架起桥梁,提供黏结作用。

1.9.5　聚丙烯与高密度聚乙烯共混物

文献[79]报道了聚丙烯与高密度聚乙烯熔融共混制备合金纤维的研究。在纤维加工过程中,加入液体石蜡起到塑化作用,有助于纤维的加工。由这些共混物纺成的纱线在弹性模量方面表现出共混协同增效作用,其他力学性能也有所增加。

1.9.6　聚丙烯与聚丙烯共混

等规聚丙烯可以很容易地与不同的等规立构含量、规整性或分子量的聚丙烯进行熔融共混挤出加工。需要注意的是,虽然在聚丙烯复合材料中不同相之间可能存在强的界面黏结力,它们可能对共混体系的结晶结构和宏观结构有显著的不利影响。聚烯烃纤维技术人员都应当清楚地认识到交叉共混不同纤维级聚丙烯体系带来的负面效果。

有专利报道,在挤出和取向拉伸之前,通过熔融共混高等规茂金属聚丙烯和乙丙共聚物,可以获得高强聚丙烯纤维丝[80]。与纯等规聚丙烯相比,通过熔融共混无规聚丙烯,可以提高共混纤维的弹性[81]。这种纤维适用于生产无纺布。

1.9.7　聚丙烯与聚乳酸共混

将市售的等规聚丙烯和聚乳酸共混,可用来生产可部分生物降解的聚烯烃纤维。PLA(ReSOML L 207)质量分数在 10%~40%之间变化,选择合适的挤出温度可获得良好的熔体相容性。这些纤维可以在实验室纺纱机上以标称 500m/min 的速度生产[82]。基于 FTIR 分析,发现两种聚合物之间没有化学相互作用,说明纤维是由共混物组成的。

1.10　聚烯烃双组分纤维

聚烯烃双组分纤维可用于制造无纺布,而不需要添加化学黏合剂。由此制造的无纺布可进行热封和热成型，并可被层压到其他聚烯烃基材料上，如聚乙烯薄膜。大多数商业化聚烯烃双组分纤维，是以聚丙烯为芯层、聚乙烯为皮层的皮芯结构。皮层材料一般由高密度聚乙烯、低密度聚乙烯或线型低密度聚乙烯组成。纤维挤出技术的进步可以使纤维具有不同的截面结构以满足特定的最终用途，如同心结构、偏心结构、并排或分割型超细纤维[83]。聚乙烯作为皮层材料具有多种技术优点，例如，它赋予纤维固有的柔软性，提供了一系列的低黏结温度（取决于使用哪种聚乙烯），并提供了一种可辐射灭菌的表面。此外，皮层可以被修饰后与纤维素基材料进行黏合，如纸或棉花绒毛。聚丙烯芯层的使用确保了产品在加热过程中的强度和完整性，在热黏合工艺中提供三维网络结构来生产无纺布产品。大多数商业的双组分聚烯烃纤维，通过一系列专有设计以满足不同的功能需求，并与无纺布制造工艺和随后材料的最终用途相匹配。

专利文献公开了多种用于无纺布领域的聚烯烃双组分纤维的实例。大多数无纺布用双组分纤维均采用皮芯结构。皮层材料的熔点一般低于芯层材料，可以通过加热的方法来加固无纺布。Atofina 公司研究了采用等规聚丙烯和间规聚丙烯共混物作为芯层的皮芯结构聚烯烃纤维[84-86]。所得纺丝纤维的表层主要由间规聚丙烯组成。

Fina 公司的专利公开了一种聚烯烃双组分纤维的生产方法，其中间规聚丙烯和乙丙无规共聚物并排排列，所述纤维在热作用下可发生卷曲和高收缩[87-88]。聚烯烃也可与其他合成纤维组成双组分纤维，聚烯烃用作皮层材料，其他材料用作芯层，例如，可应用于商业地毯的尼龙 6/等规聚丙烯双组分纤维[89]。马来酸酐功能化聚丙烯可用于极性和非极性聚合物界面的原位增容。与使用 100% 的聚丙烯相比，采用这些双组分纤维生产地毯，产品的耐污性提升。然而，这些纤维的耐磨损特性主要取决于作为增容相的聚丙烯的官能化程度（马来酸酐含量）和分子量。

1.11 聚烯烃纳米复合纤维

多年来，微米级无机填料与聚烯烃熔融共混制备聚烯烃复合扁丝一直是一种行之有效的改性方法。例如，添加少量碳酸钙到聚丙烯编织带中，可以减少表面摩擦，并大幅提高传统袋式圆织机的织造效率[90]。要将 20% 碳酸钙填料加入 2000dtex 的织带中，填料的平均粒径必须低于 5μm，并且在聚合物中要充分分散均匀[68]。

纳米技术的出现使传统填料，如二氧化硅、炭黑、碳酸钙和无机黏土（如蒙脱土）的平均粒径可以减小到纳米尺度，同时开发出能使这些纳米级填料均匀分散在聚烯烃基体中的配套技术，使复合材料能够熔融纺丝。文献[34]综述了纳米复合聚烯烃纤维制备的研究进展。文献报道了含有单壁碳纳米管、蒙脱土和二氧化硅的聚烯烃纤维。在聚丙烯纤维中加入纳米二氧化硅，纤维的比电阻、吸水性、挠曲强度、硬度和刚度等方面的物理特性有显著的改善，这种纤维性能与尼龙 6 相当。

1.12 聚烯烃纤维和纺织品的分类

聚烯烃纺织品可以从聚合物结构和化学命名、聚合物熔融加工技术和纺织品的终端商业用途来进行分类。这3种分类方法均列在此处,给读者一个聚烯烃织物的总体印象。与所有分类方法一样,存在不符合分类方法的个例,例如,扁平或异形带可以通过喷丝头挤出形成,原纤化膜可以变成无纺布[91-92],高密度聚乙烯无纺布可以从三氟氯甲烷溶液中"闪纺"[93],超高强度聚乙烯胶带纱可以通过固态挤出法生产,而不需要熔融和共混[42],高强度HDPE长丝可以在溶液或分散液中通过凝胶纺丝法生产[37]。

根据聚合物结构和化学、聚合物熔融加工技术和纺织品的终端商业用途进行分类,见表1.5至表1.7。

表1.5 制备聚烯烃纺织品的聚合物类型

聚合物类型	一般命名	命名缩写
聚乙烯	低密度聚乙烯	LDPE
	线型低密度聚乙烯	LLDPE
	高密度聚乙烯	HDPE
	超高分子量聚乙烯	UHMWPE
聚丙烯	等规聚丙烯	Iso-PP
	齐格勒-纳塔催化剂制备的聚丙烯	ZN-PP
	茂金属催化剂制备的聚丙烯	Mi-PP
	间规聚丙烯	Syn-PP
聚α-烯烃	等规聚(1-丁烯)	PB1
	等规聚(3-甲基-1-戊烯)	3PMP1
	等规聚(4-甲基-1-戊烯)	4PMP1

表1.6 聚烯烃纺织品按加工技术进行分类

纺织品加工方法	加工流程
通过连续挤出片材或薄膜	聚合物经过熔融挤出片材,然后通过水浴或冷却辊得到平膜。薄膜撕裂成带,经过拉伸、退火成纱锭。膜带也可能直接使用或进一步加工(如加捻),形成扁丝或带纱。这种扁丝和捻纱是聚烯烃织物品和针织纺织材料的基础原料
通过喷丝头连续挤出长丝	聚合物通过多孔喷丝头连续熔融挤出得到纤维。挤出长丝在空气流中得到冷却,形成连续长丝丝束或长丝丝纱线。长丝通过水浴冷却制备单丝。连续的长丝丝束经过拉伸、退火卷曲、分切得到短纤维,这种短纤维可以单独纺丝,也可与其他纤维混纺。长丝丝束可以采用各种加工方式直接制备成品纱,纺成纱锭,可以进一步进行加捻和编织操作
通过挤出长丝随后转化成无纺布	聚合物经熔融挤出后喷丝形成无纺布材料。纺黏无纺布生产方法涉及连续纤维纺丝、拉伸、成网、黏合。熔喷无纺布生产方法为,聚合物熔体在喷丝头与热空气混合,在高速空气流速下,成纤和拉伸最有效,纤维被高速吹到移动的传送带上形成纤维[93]

表1.7 聚烯烃纺织品按熔融挤出技术和终端用途进行分类

通过连续挤出片材或薄膜	通过喷丝头连续挤出长丝	通过挤出长丝随后直接转化成无纺布
膜裂丝带	扁丝	纺黏无纺布
纤维丝带	连续长丝	熔喷无纺布
异形带	BCF丝	卫生用织物
直接从膜制纤	高强丝	医用织物
地毯背衬	变形长丝	医用织物
绳索	双组分纤维	一次性服装
编织袋	双组分纱	服装夹层
农用纤维	短纤维束	装饰布
圆形编织袋	单丝	过滤织物
土工织物	单丝编织物	建筑材料
机织遮光网布	网织物	屋顶材料
FIBC纤维	医用缝合线	土木工程和土工织物
运动场地面桩	短纤维纱	地板覆盖物
工业缝纫线	地毯面绒线	擦布
窄幅织带	无纺布	耐久纸张
针织面料	机织室内装饰织物	农用布
窗帘纱带	服装面料	土工布
密封条织物	针织面料	
除尘织物	带状织物	
	土工织物	
	抗菌织物	
	无纺布土工布	
	无纺布过滤织物	
	缝编织物	
	窗帘头丝带	
	密封条织物	
	除尘织物	
	绳索	

1.13 未来发展趋势

聚烯烃化学的主要技术和商业潜力在于，通过调整聚烯烃结构以增强其固有性能，并获得独特的市场应用。这种研究趋势已经成为既定的规范，例如，陶氏化学的"XLA 弹性聚烯烃纤维"和埃克森美孚的"弹性体"带来了基于弹性体的弹性无纺布商业化产品。

聚合物化学家与纺织工程师和纺织技术人员合作，将继续关注环境问题，开发清洁和节能的制造工艺。此外，适用于高速无纺布生产的聚烯烃牌号的开发将是一个重要的研究领域，以满足高效生产、不断创新的无纺布生产需求。

特效添加剂开发是目前研究的热点，添加抗氧化剂、紫外线稳定剂和颜料在解决早期聚烯烃纤维技术难题中起着重要作用。目前，新的添加剂技术通过调整聚合物/纤维特性以满足某一种商业应用。例如，有效的阻燃性、表面抗静性、导电性、抗菌性等。

聚合物和纺织技术专家都知道添加剂颗粒大小对高效熔融加工效率和超细纤维应用的重要性，已经开始了纳米尺度添加剂的设计、制造和使用[34]，接下来还会有更多的发展。

1.14 结论

2009 年是聚烯烃纤维历史上的一个重要里程碑。它是第一个商业化聚乙烯纤维/单丝产品试生产、第一个聚丙烯纤维中试生产 50 周年[9,16,31]。就聚合物类型而言，大多数聚烯烃纤维和纺织品主要采用等规聚丙烯、高密度聚乙烯和超高分子量聚乙烯来生产。尽管在文中提到了其他聚 α-烯烃的实例，与聚丙烯相比，它们在商业化方面应用较少。目前，聚丙烯纤维至少占全球纤维产量的 6%，或约 430×10^4 t/a 的产能，其中 300×10^4 t/a 是长丝，其余为短纤维[55]。

在过去几年里，聚合物、添加剂和纤维生产技术显著进步，它们之间的结合增强了聚乙烯和聚丙烯纤维的固有优势，在一系列创新的纺织品中得到了应用（表 1.7）。

通过添加剂包的设计，聚烯烃纤维的所谓缺点一一得到了克服。从业者将继续寻求聚烯烃纤维性能的进一步改善，以满足未来的技术挑战和市场需求。

参 考 文 献

[1] Anon., Polyolefin textiles, <http://www.eatp.org/index.asp>; 2007 [accessed 23 July 2007].

[2] Billmeyer FW. Textbook of polymer science. 2nd ed. New York: John Wiley & Sons; 1971.

[3] Adanur S. Wellington Sears handbook of industrial textiles. Lancaster: Technomic; 1995.

[4] DentonM. J. and DanielsP. N. (2002), Textile terms and definitions, 11th ed., Manchester, The Textile Institute.

[5] Morrison RT, Boyd RN. Organic chemistry. 4th ed. Boston: Allyn and Bacon; 1983.

[6] Gibson RO. The discovery of polythene. Royal institute of chemistry lecture series 1964; No. 1: 1964.

[7] Morrison RT, Boyd RN. Organic chemistry. 1st edn. Boston: Allyn and Bacon; 1963.

[8] Anon., Lupolen Polyethylene. In: BASF trade literature; 1979.

[9] Erlich VL. Polyolefin fibres and polymer structure. Tex Res J 1959; 29(September): 679–686.

[10] van der Ven S. Characterisation of polyethylenes. In: van der Ven S, editor. Polypropylene and other olefins;

polymerisation and characterisation. Amsterdam: Elsevier; 1990. p. 447-493.

[11] Monasse B, Haudin JM. Molecular structure of polypropylene homo-and copolymers. In: Karger-kocsis J, editor. Polypropylene structure, blends and composites, 1. London: Chapman Hall; 1995structure and morphology

[12] Phillips RA, Wolkowicz MD. Structure and morphology. In: Moore EP, editor. Polypropylene handbook: polymerisation, characterisation, properties, processing, applications. Munich: Hanser; 1996.

[13] Moore EP. Introduction. In: Moore EP, editor. Polypropylene handbook: polymerisation, characterisation, properties, processing, applications. Munich: Hanser; 1996.

[14] Goodman I. Synthetic fibre-forming polymers. R Inst Chem, Lect Ser 1967; 2 1967

[15] Mather RR. Polyolefin fibres. In: McIntyre JE, editor. Synthetic fibres: nylon, polyester, acrylic, polyolefin. Cambridge: Woodhead; 2005.

[16] Kresser TOJ. Polypropylene. New York: Reinhold; 1960.

[17] Abenoza M, Armegauad A. Laser Raman spectrum of isotactic but-1-ene fibres. Polymer 1981; 22(10): 1341-1345.

[18] Miyoshi T. Slow dynamics of polymer crystallites revealed by solid state MAS exchange NMR. Kobunshi-Ronbunshu 2004; 61(8): 442-457.

[19] White JL, Shan H. Deformation-induced structural changes in crystalline polyolefins. Polyme Plast Technol Eng 2006; 45(3): 317-328.

[20] van der Ven S. Poly (1-butene), its preparation and characterisation. In: van der Ven S, editor. Polypropylene and other olefins: polymerisation and characterisation. Amsterdam: Elsevier; 1990.

[21] Choi CH, White JL. Structural changes in the melt spinning, cold drawing and annealing of poly (4-methylpentene-1) fibres. JAppl Polym Sci 2005; 98(1): 130-137.

[22] Lee KH, Givens A, Chase DB, Rabolt JF. Electrostatic polymer processing of isotactic poly(4 methyl-1-pentene) fibrous membrane. Polymer 2006; 47(23): 8013-8018.

[23] Ruan J, Alcazar D, Thierry A, Lotz B. An unusual branching in single crystals of isotactic poly(4 methyl-1-pentene). Polymer 2006; 47(3): 836-840.

[24] Twarowska-Schmidt K, Wlochowicz A. Melt spun asymmetric poly(4 methyl-1-pentene) hollow fibre membranes. Membr Sci 1997; 137(1): 55-61.

[25] Wang J, Zu Z, Zu Y. Preparation of poly(4 methyl-1-pentene) asymmetric or microporous hollow-fibre membranes by melt spun and cold stretch method. J Appl Polym Sci 2006; 100(3): 2131-2141.

[26] Ruan J, Thierry A, Lotz B. A low symmetry structure of isotactic poly(4-methylpentene-1), form II, an illustration of the impact of chain folding on polymer crystal structure and unit-cell symmetry. Polymer 2006; 47(15): 5478-5493.

[27] van der Ven S. The higher poly (alpha olefins). In: van der Ven S, editor. Polypropylene and other olefins: polymerisation and characterisation. Amsterdam: Elsevier; 1990.

[28] Grumel V, Brull R, Raubenheimer HG, Sanderson R, Wahner UM. Polypentene synthesised with syndiospecific catalyst i-Pr(Cp)(9-Flu)ZrCl$_2$/MAO. Macromol Mater Eng 2002; 287(8): 559-564.

[29] Buchanan DR. Olefin fibres. Kirk-Othmer encyclopaedia of chemical technology. 3rd ed. New York: John Wiley; 1981. p. 357-385.

[30] Cook JG. Handbook of textile fibres, II, man-made fibres. Watford, Merrow; 1968.

[31] Cook JG. Handbook of textile fibres. Watford, Merrow; 1959.

[32] Moncreif RW. Polyethylene. In: Moncreif RW, editor. Man-made fibres. 6th ed. London: Newes Butterworth; 1975.

[33] Cook JG. Handbook of polyolefin fibres. Watford, Merrow; 1967.

[34] Zhu M-F, Yang HH. Polypropylene fibres. In: Lewin M, editor. Handbook of fibre chemistry. Boca Raton: CRC Press; 2007.

[35] Anon. Commercial 95 Shadecloth™, trade literature. Braeside, Victoria 3195, Australia: Gale Pacific Limited, PO Box 892; 2007.

[36] Anon), Fabrene™ Shelter Membranes. Trade literature. Fabrene Incorporated, 240 Dupont Road, North Bay, Ontario, Canada, P1B 9B4; 2007, www.fabrene.com.

[37] van Dingenen JLJ. Gel spun high-performance fibres. In: Hearle JWS, editor. High performance fibres. Cambridge: Woodhead; 2001.

[38] Ward IM, Cansfield DLM. High performance fibres. In: Mukhopadhyay SK, editor. Advances in fibres science. Manchester: The Textile Institute; 1992.

[39] Anon. Celanese enters race to market high-strength polyethylene fibre. EurChem News 1984; 22 August, 20/27.

[40] Anon. Hochfeste polyethylenfaser Tenfor. Chem/Testilindustr 1989; 39/91(7/8): T177+E96.

[41] Smith P, Lemstra PJ, Preparing polyethylene filaments. UK patent, GB 2051667, 21 January 1981; 1981.

[42] Weedon G. Solid state extrusion high molecular weight polyethylene fibres. In: Hearle JWS, editor. High-performance fibres. Cambridge: Woodhead; 2001.

[43] Anon, Armor Holdings, Inc. acquires innovative ballistic fiber technology, press release, http://phx.corporate-ir.net/phoenix.zhtml?c=77648&p=irolnewsArticle&ID=879996&highlight=, accessed 6 June 2007; 2006.

[44] Anon. Polypropylene Fibre Technical information manual. 1st edn Harrogate: Imperial Chemical Industries; 1963.

[45] Capdevila EC, Extrusion of synthetic plastics material. UK patent, GB 1171163, 19 November 1969; 1969.

[46] Mackie J and Sons Ltd., Melt spinning extruders. UK patent, GB 1384544, 19 February 1975; 1975.

[47] Mackie G, McMeekin S, Improvements relating to polymeric filaments. UK patent, GB 1465038, 16 February 1977; 1977.

[48] McDonald WJ. Short spin systems. Fibre Prod 1983; 11(4): 35-54 and 65-66

[49] Anon. Mackie CX staple fibre system. Trade brochure, Belfast, James Mackie and Sons Limited, Belfast, Northern Ireland, UK 1983.

[50] PRI, Polypropylene fibres and textiles. In: The 2nd international conference held at University of York. London: Plastics and Rubber Institute; 1979.

[51] PRI, 'Polypropylene fibres and textiles. In: The 3rd international conference held at University of York. London: Plastics and Rubber Institute; 1983.

[52] PRI, Polypropylene fibres and textiles', In: The 4th international conference held at University of Nottingham. London: Plastics and Rubber Institute; 1987.

[53] PRI, Polypropylene: the way ahead. In: International conference held at Hotel Castellana Inter-Continental. Madrid, London: Plastics and Rubber Institute; 1989.

[54] Laverty KJ. Consultant in polyolefin textiles. Private communication 2007.

[55] Davies P., What is polypropylene? <http://www.tecnon.co.uk/gen/z_sys_Products.aspx?productid=74>; 2007 [accessed 20 July 2007].

[56] Anon., Polyolefin textiles, <http://www.fibersource.com/f-tutor/q-guide.htm>; 2007[accessed 28 June 2007].

[57] Anon., Focusing on innovation, Official Catalogue, International trade fair for technical textiles and

nonwovens. Frankfurt am Main, Messe Frankfurt Medien und Service GmbH. <www. publishingservices. messe-frankfurt. com>; 2007.

[58] Gownder M Nguyen J., Syndiotactic polypropylene fibers, US patent, US 2006202377, 14 September 2006; 2006.

[59] van der Ven S. Copolymers of propylene and other olefins (random copolymers and rubbers): polymerisation aspects. In: van der Ven S, editor. Polypropylene and other olefins: polymerisation and characterisation. Amsterdam: Elsevier; 1990.

[60] Datta S, Srinivas S, Cheng CY, Hu W, Tsou A, Lohse DJ, Polyolefin elastomers with isotactic polypropylene crystallinity, Rubber World, October 2003. <http://www. highbeam. com/doc/1G1-109505898. html> (reprint supplied 29 May 2007 by Exxon Mobil Chemical Company, 5200 Bayway Drive, Baytown, TX 77520); 2003.

[61] Dharmarajan N, Kacker S, Gallez V, Harrington BA, Westwood AC, ChengC. Y. (2006), Elastic nonwoven fabrics from specialty polyolefin elastomers. The Fiber Society 2006 fall annual conference, Knoxville, TN, USA (Powerpoint presentation, received 29 May 2007 from ExxonMobil Chemical Company, 5200 Bayway Drive, Baytown, TX 77520).

[62] MajorI. F. M. and McNallyG. M. (2003), The mechanical properties and crystallization behavior of pigmented propylene-ethylene random copolymers, In: McNally GM, Extrusion processing and performance of polymers, polymer blends and additives. 2nd polymer processing research symposium, Belfast, Polymer Processing Research Centre, The Queen's University of Belfast.

[63] Dharmarajan N, Kacker S, Gallez V, Harrington BA, Westwood AC, Cheng CY, Tailoring the performance of specialty polyolefin elastomer based elastic nonwoven fabrics. In: International nonwovens technical conference held at Hilton Americas Houston, Houston, Texas, INDA (reprint supplied by ExxonMobil Chemical Company, 5200 Bayway Drive, Baytown, TX 77520); 2006.

[64] Sartori F., Polypropylene fibres suitable for thermally bonded nonwoven fabrics. US patent, US 2006154064, 13 July 2006; 2006.

[65] Sartori F, Lonardo A, Herben P, Polypropylene fibres suitable for spunbonded nonwoven fabrics. US Patent, US 2006057374, 16 March 2006; 2006.

[66] Anon. (2007), XLA a feeling that lasts. Dow Chemical Company.. Overview form no 724-09901-10006 EST, Technical Form No 724-10901-10006 EST. <http://www. dow. com/xla/lit>; 2007 [accessed 25 June 2007].

[67] Knight G. M., Polyethylene fibre grade resins. Polypropylene fibres and textiles. In: the 4th international conference held at Nottingham,. The Plastics and Rubber Institute. No. 11; 1987, p. 1-7.

[68] Crangle AA Laverty KJ, Polyolefin developments. Lambeg Industrial Research Association, Lambeg, County Antrim, Northern Ireland, UK; 1982 [unpublished results].

[69] Spreeuwers HR, van de Pol CMW, AP-28, a polymer blend of polypropylene and polyethylene terephthalate that offends the rules. Polypropylene fibres and textiles. In: 4th international conference held at Nottingham. The Plastics and Rubber Institute, 10/1-10/10, Nottingham, UK ; 1987.

[70] HubrikW. M., Tape yarn of polyester/polypropylene resin blend and carpet backing woven therefrom. European Patent, EP 0 361 758, 4 September 1990; 1990.

[71] WangG. L., Process for preparing polypropylene/polyester alloy fibre. Chinese patent application, CN 1900390, 24 January 2007; 2007.

[72] Marcincin A, Brejka O, Ujhelyiova A, Kormendyova E, Staruch R. Morphology and properties of polypropylene/polyester blend fibres. Viakna-a-Textil 2003; 10(1): 3-8.

[73] Ujhelyiova A, Bolhova E, Oravkinova J, Tino R, Marcincin A. Kinetics of the dyeing process of blend of polypropylene/polyester fibres with disperse dye. Dyes Pigm 2007; 72(2): 212-216.

[74] Ujhelyiova A, Bolhova E, Valkova K, Marcincin A. Dyeability of blend polypropylene/polyester fibres with disperse dyes. Vlakna-a-Textil 2005; 12(2): 48-52.

[75] Radwan A., 7093 Polypropylene based carpet yarn. US patent, USP 6312783: 06, 13 November 2000; 2000.

[76] Oyman ZO, Tincer T. Melt blending of polyethylene terephthalate in the presence of silane coupling agent. J Appl Polym Sci. 2003; 89(4): 1039-1048.

[77] Sengupta AK, Sen K, Mukhopadhyay A. False twist texturisation of polypropylene multifilament yarns: III, Reducing feed yarn crystallinity through melt blending with small amounts of polyester and polystyrene. T R J 1986; 56(7): 425-428.

[78] Qin Y, Millar MM, Brydon BL, Cowie JMG, Mather RR, Wardman RH. Fibre drawing from blends of polypropylene and liquid crystalline polymers. World textile congress on 'polypropylene in textiles'. University of Huddersfield; 1996. p. 60-68.

[79] Demsar A, Sluga F. Bicomponent PP/PE matrix fibril filament yarns spun with the addition of paraffin oil. World textile congress on polypropylene in textiles. UK: University of Huddersfield; 2000. p. 123-131.

[80] Pinoca L, Africano R, Braca G, High tenacity polypropylene fiber and process for making it. US patent, US 5849409, 15 December 1998; 1998.

[81] Thakker MT, Galindo F, Jani D, Sustic A, Polyolefin blends used for nonwoven and adhesive applications, World patent application, WO 9842780, 1 October 1998; 1998.

[82] Wojciechowska E, Fabia J, Slusarczyk CZ, Gawlowski A, Wysocki M, Graczyk T. Processing and supermolecular structure of new iPP/PLA fibres. Fibres Text EastEur 2005; 13(5): 126-128.

[83] Anon. (2007), Bicomponent polyolefin fibres, <http://www.es-fibervisions.com>; 2007 [accessed 21 August 2007].

[84] Demain A., Polyolefin fibres. US patent, US 6730742, 4 May 2004; 2004.

[85] Demain A., Polyolefin fibres. US patent, US 6720388, 13 April 2004; 2004.

[86] Demain A., Modified polyolefin fibres, US Patent, US 2005124744, 9 June 2006; 2005.

[87] Musgrave M., Gownder M., Nguyen J. (2005), Bicomponent fibers of isotactic and syndiotactic polypropylene. US patent, US 2005031863, 15 January 2005; 2005.

[88] Musgrave M., Gownder M., Nguyen J., Bicomponent fibers of syndiotactic polypropylene', US patent, US 2005175835, 11 August 2005; 2005.

[89] Godshall D, Production and structure/properties of nylon-6 core/isotactic polypropylene sheath core bi-component fibres suitable in carpeting applications [MSc Thesis]. Blacksburg: Virginia Polytechnic and State University. 1 February 1999; 1999.

[90] Crangle A. A. and Ewings J. P., Refurbishment of slit film extrusion line at Onise Polyware Limited, Ijebu-ode, Nigeria; 1992 [unpublished results].

[91] Floyd KL. Industrial applications of textiles. Textile Progr 1974; 6(2): 28-29.

[92] Krassig HA, Lenz J, Mark HF. Fibre technology: from film to fibre. Basel: Marcel Dekker; 1984.

[93] Kittelmann W, Blechschmidt D. Extrusion nonwovens. In: Albrecht W, Fuchs H, Kittelmann W, editors. Nonwoven fabrics. Wiley VCH, Verlag GmbH & Co (Publishers); 2003.

延 伸 阅 读

2nd International Conference on Polypropylene Fibers and Textiles, University of York: 26th—28th September 1979, published by the Plastics and Rubber Institute.

3rd International Conference on Polypropylene Fibers and Textiles, University of York: 4-6 October 1983, published by the Plastics and Rubber Institute.

4th International Conference on Polypropylene Fibers and Textiles, University of Nottingham: 23rd-25th September 1987, published by the Plastics and Rubber Institute.

Fiber Technology: From Film to Fiber by Hans A Krassig, Jurgen Lenz and Herman F. Mark, Marcel Dekker 1984.

Fundamentals of Polymer Science: Introductory Text, 2nd edn, by P C Painter and M M Coleman, CRC Press, 1997.

Handbook of Polyolefin Fibers, by J G Cook, Merrow, 1967.

Handbook of Fiber Chemistry, 3rd edn, edited by M Lewin, CRC Press, 2007.

High-performance Fibers, edited by J W S Hearle, Woodhead, 2001.

International Conference, 'Polypropylene-the way ahead', Hotel Castellana Inter-Continental, Madrid, Spain, 9-10 November 1989, published by the Plastics and Rubber Institute.

Man-Made Fibers, 6th edn, by R W Moncrieff, Butterworth and Company 1975.

Nonwoven Fabrics, edited by W Albrecht, H Fuchs and W Kittelmann, Wiley-VCH, 2003.

Organic Chemistry, 4th edn, by R T Morrison and R N Boyd, Allyn and Bacon Inc. , 1983.

Polymers: Chemistry and Physics of Modern Materials, by J M G Cowie, Intertext Books, 1991.

Polypropylene, by T O J Kresser, Reinhold Publishing Company, 1960.

Polypropylene and Other Olefins: Polymerization and Characterization, by S Van der Ven, Elsevier Science Publishers BV, 1990.

Polypropylene Fibers-Science and Technology, by M Ahmed, Elsevier Scientific Publishing Company, 1982.

Polypropylene Structure, Blends and Composites, Volume 1, Structure and Morphology, by J Karger-Kocsis, Chapman Hall, 1995.

Production and Applications of Polypropylene Textiles, by O Pajgrt, B Reichstadter and F Sevcik, Elsevier Scientific Publishing Company, 1983.

Structured Polymer Properties: The Identification, Interpretation, and Application of Crystalline Polymer Structure, by Robert J Samuels, John Wiley and Sons, 1974.

Synthetic Fiber Forming Polymers, by I Goodman, published by Royal Institute of Chemistry, Lecture Series, 1967, No. 3.

Textbook of Polymer Science, 2nd edn, by Fred W Billmeyer Jr. , John Wiley & Sons, 1971.

Textbook of Polymer Science, 3rd edn, by Fred W Billmeyer Jr. , John Wiley & Sons, 1984.

Textile Terms and Definitions, 11th edn, edited by M. J. Denton and P N Daniels, published by The Textile Institute, Manchester, 2002.

Wellington Sears Handbook of Industrial Textiles, edited by Sabit Adanur, Technomic Publishing Co. , Inc. 1995.

2 聚烯烃纤维的结构与化学性质

Robert R. Mather

(英国赫里奥瓦特大学)

2.1 概述

聚烯烃纤维实际上是由碳和氢两种化学元素组成的脂肪族碳氢聚合物。因此,聚烯烃纤维的密度很低(低于水)。聚乙烯纤维的密度为 0.95~0.96g/cm³,聚丙烯纤维密度为 0.90~0.91g/cm³。其他类型的聚烯烃纤维的密度也是这个数量级,甚至更小,这取决于侧基的尺寸大小和纤维中的主要晶体结构。此外,与低摩尔质量的碳氢化合物相同,聚烯烃纤维耐化学试剂。它们是完全疏水的,其回潮率几乎可以忽略不计。

正如第1章所述,商业中最重要的聚烯烃纤维是聚丙烯纤维,其次是聚乙烯纤维。因此,本章主要集中在这两种类型的纤维上。已生产的其他聚烯烃纤维包括聚(1-丁烯)、聚(3-甲基-1-丁烯)和聚(4-甲基-1-戊烯)纤维。尽管聚(1-丁烯)已应用于薄膜和管道,聚(4-甲基-1-戊烯)也已应用于医疗设备、微波炉托盘及其他一些产品中[1],这类聚烯烃在纤维方面的商业应用很少。表2.1中列出了所有聚烯烃的结构。此外,纤维可以由共聚聚烯烃生产,如乙丙共聚物、乙烯-辛烯共聚物,甚至乙丙丁共聚物,这些共聚物都有潜在的商业价值。最近,也有一些环烯烃共聚物纤维方面的研究,这类聚合物由乙烯与环状烯烃单体(如降冰片烯、四环十二烯)共聚而成。

表 2.1 聚烯烃的结构

聚合物	重复单元
聚乙烯	$-[CH_2-CH_2]-$
聚丙烯	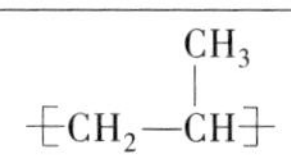 $-[CH_2-CH(CH_3)]-$
聚(4-甲基-1-戊烯)	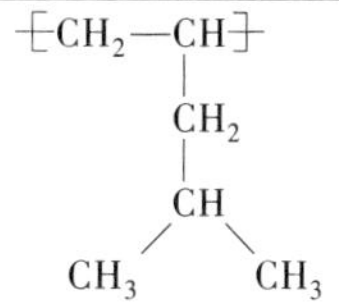 $-[CH_2-CH(CH_2CH(CH_3)_2)]-$
聚(1-丁烯)	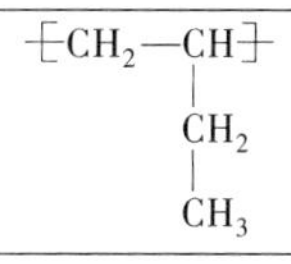 $-[CH_2-CH(CH_2CH_3)]-$
聚(3-甲基1-丁烯)	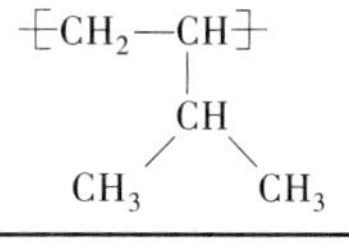 $-[CH_2-CH(CH(CH_3)_2)]-$

除了聚乙烯外，聚烯烃实际上都是 α-烯烃的聚合物，α-烯烃可用一般分子式 CH_2＝CHX 来表示，X 代表烷基侧链。侧链的尺寸和复杂程度在很大程度上决定了聚合物链的构型。侧链的存在使得沿着聚合物主链交替出现叔碳原子。叔碳原子的存在对化学性质有着显著的影响，特别是涉及氧化反应（见 2.6.1）时。此外，X 基团的性质间接地控制着聚合物的结晶性能，以及晶体在拉伸应变过程中所经历的变化，比如成纤过程。

实际上，各种商业化的聚乙烯中也存在一些叔碳原子。如第 1 章中指出的，这些叔碳原子来源于聚合物的链支化，特别是低密度聚乙烯和线型低密度聚乙烯。然而，聚乙烯纤维主要由高密度聚乙烯熔融挤出法生产，或采用目前常用的超高分子量聚乙烯凝胶纺丝法生产。在这两种情况下，链支化发生概率较低，意味着叔碳原子较少，因此聚乙烯纤维通常被认为比其他聚烯烃纤维更稳定。

2.2 聚烯烃链的排列方式

与其他类型的聚合物纤维相比，对聚烯烃纤维结构最简单的划分方法，就是假定纤维仅包含结晶区和非晶区。在结晶区中，相邻的聚合物链的链段形成精确的晶格结构，可以通过 X 射线衍射进行鉴定。相反，可以认为非晶区由随机互穿的聚合物链组成。然而，这样的一种聚烯烃链结构的排列概念过于简单，大家都认识到，在聚合物链内部以及链之间存在不同有序排列程度的聚合物晶体。Hearl 撰写了一篇非常全面的综述文章[2]，介绍聚合物纤维链排布模型的复杂性。即使是聚烯烃纤维，几乎无须考虑极性相互作用，链的排布仍然很复杂。

然而，需要考虑商用聚烯烃聚合物链采用的不同程度的有序排列结构。在这方面，Tomka 等[3]提出的有序/无序谱的概念非常有用。谱图中最无序的极端是由真正的非晶相组成，以无规链的互穿随机组装为特征链。在分子内和分子间水平上均存在完全无序的状态。聚合物链的随机组装可以改变为伸直链的构象，并伴有链段的平行排列。然而，这种相关非晶结构只能存在于玻璃化转变温度以下，因此在实践中并不适用于商业化聚烯烃技术，如聚乙烯和聚丙烯纤维，其玻璃化转变温度为-85℃和-5℃左右[4]。进一步的有序排列产生规则的链构象，链是平行的，但沿着它们的位移，链的横向折叠仍然不规则（见 2.3.2）。作为另一种选择，可能导致构象无序或"condis"晶体，其中存在具有某种程度构象无序的链的规则堆积[5]。进一步有序化得到具有缺陷的晶体结构，然后最终形成了理想的晶体结构。

除了有序/无序谱的概念外，还有许多其他重要因素需要考虑。应考虑每个区域内纤维的位置，包括各级有序和无序。因此，也应该考虑聚烯烃链在纤维方向上的取向程度，以及构成的键和节的链的取向度。解决所有这些问题是一项极具挑战的任务，显微镜技术（如扫描探针显微镜和环境扫描电子显微镜）是辅助进展的有用工具。分子与微观结构模拟技术也是有效助力[3]。

聚烯烃纤维的结晶度可以通过多种试验方法来测定，包括 X 射线衍射、熔融热焓和纤维密度测量[4,6]。使用拉曼光谱的方法也有报道[7]。然而，由于聚烯烃链排列的复杂性，结晶度的概念要谨慎对待，实际上不同的表征技术给出的值不同。

2.3 晶体结构

2.3.1 聚乙烯

聚乙烯通常采用正交晶胞结构。晶胞尺寸为：$a=0.741\text{nm}$，$b=0.494\text{nm}$，$c=0.255\text{nm}$。因为聚乙烯骨架结构中没有烷基取代基，与其他聚烯烃链相比，晶胞可以更紧密地结合在一起。因此，聚乙烯链的堆砌更紧密，所有聚合物链沿着 c 轴方向位于同一平面上，形成"之"字形的平面锯齿形，a 轴和 b 轴方向，聚乙烯链并排堆砌[8]。

假单斜晶是另一种晶体形式，由高密度聚乙烯在低温拉伸过程中形成，在某些类型的聚乙烯纤维加工过程中可能会出现。例如，凝胶纺丝 UHMWPE 纤维主要含有斜方晶胞，但也存在一些单斜晶体结构区域[9]。假单斜晶体晶胞参数为 $a=0.405\text{nm}$，$b=0.485\text{nm}$，$c=0.254\text{nm}$，$\alpha=\beta=90°$，$\gamma=105°$。当温度在 50℃ 以上时，这种晶体倾向于还原为正交晶型。还发现了第三种聚乙烯晶体形式——三斜晶系，晶胞参数为：$a=0.4285\text{nm}$，$b=0.480\text{nm}$，$c=0.254\text{nm}$，$\alpha=90°$，$\beta=110°$，$\gamma=108°$。

2.3.2 聚丙烯

如第 1 章所述，等规聚丙烯是聚丙烯产品中迄今为止最重要的商业化产品。它有 α-单斜晶系、β-三方晶系和 γ-正交晶系 3 种不同的晶型。这 3 种晶型的共同特征是聚合物链呈螺旋形构象。在广角 X 射线散射（WAXS）谱图中，呈现狭窄的尖峰（图 2.1）。但是，它们也呈现出聚合物晶体学中极不寻常的一些特征。Lotz 等撰写了一篇非常优秀的综述文章来阐述其结构和形态[10]。

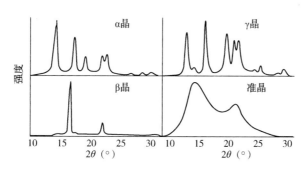

图 2.1 聚丙烯 α 晶、β 晶、γ 晶和准晶的广角 X 射线散射谱图

α 晶是聚丙烯中最稳定的晶型，也是聚丙烯纤维中最重要的晶体形式。它的单斜晶胞尺寸为：$a=0.665\text{nm}$，$b=0.2096\text{nm}$，$c=0.650\text{nm}$，$\alpha=\gamma=90°$，$\beta=99.3°$。聚丙烯链沿着 c 轴的方向排列。聚丙烯链结构包含左手螺旋和右手螺旋，任何给定的螺旋大部分位于手性相反的位置[11]。等规 α-聚丙烯也呈现出独有的片晶分支现象[10]。现在有很好的证据证明这种片晶分支现象是等规 α-聚丙烯的固有性质。例如，在聚丙烯纤维的挤出过程中，若含有链轴与纤维生长方向呈直角的组分，纤维生产速度可能会变慢[10]。

使用特殊的成核剂可以得到 β 晶。最初，人们认为 β 晶胞结构为六边形[12]，但证据表明晶胞结构是三角形的：$a=b=0.1101\rm{nm}$，$c=0.650\rm{nm}$[13-14]。β 晶是一种存在缺陷的结构[10]：结构不遵循正常的晶体学惯例。

聚丙烯在高压下结晶或含有少量共聚单体的聚丙烯在低压下结晶，均可得到正交的 γ 晶。在具有较短链长的等规聚丙烯中，通过 WAXS 可以观察到 γ 晶[15]。虽然 γ 晶最初被认为是由三斜晶胞组成的，但是 Bruckner 和 Mille[16] 揭示了三斜单元是一个更大的正交晶系的子单元：$a=0.854\rm{nm}$，$b=0.993\rm{nm}$，$c=4.241\rm{nm}$。γ 晶结构的一个奇怪的特征是它由一系列反手性聚丙烯链的双层构型交叉组成。聚合物链相互呈 80°或 100°[10,17]。

还存在一种准晶体，或"近晶"，其 WAXS 峰较宽，仅中等强度，且谱图分离度较差（图 2.1）。在准晶结构中的聚丙烯链也采用螺旋构象[18]。准晶体结构中，平行的聚丙烯螺旋链呈液晶状横向堆积[19]。

2.3.3　其他聚烯烃

与聚乙烯和聚丙烯相比，表 2.1 中列出的其他聚烯烃的晶胞结构也非常有趣。聚（1-丁烯）具有广泛的结晶多样性：结晶形式包括 I（六边形）、II（四边形）、III（正交）和 I′（六边形）4 种。晶型 I 是热力学上最稳定的晶体，晶型 II 是从熔体中冷却产生的晶型。在室温下经过几天的时间，晶型 II 可以转换成晶型 I。从合适的溶剂中结晶可以得到晶型 III 和晶型 I′，通过加热可以转化成晶型 I。这些晶型转化限制了聚（1-丁烯）的商业化潜力。聚（3-甲基-1-丁烯）具有单斜晶系和准单斜晶系两种晶型。聚（4-甲基-1-戊烯）具有四方晶系。

2.4　晶体形貌

聚乙烯和聚丙烯的结晶度来源于微晶的存在，微晶尺寸一般小于 100nm。这些微晶是由薄的片晶组成。每个微晶中的聚合物链按顺序折叠多次形成片晶。片晶依次排列成球状结构，其直径可高达几毫米。每个球晶以核为中心，沿辐射方向发展。聚合物链在球晶内部的排列比球晶之间的区域更密集和更规则，因此可以清晰地观察到球晶的边界。

在拉伸应变作用下，如纤维形成过程中，球晶逐渐发生变形。尽管纤维变形的详细解释超出了本章的范围，然而必须注意到，由此改善的聚合物链沿纤维轴的排列，以及紧密邻近链的相似性，可以引起应变诱导结晶，由此形成新的结晶区。

在纤维挤出过程中，由于拉伸应变的作用，可以形成一种特殊类型的晶体形态——串晶（shish-kebab）（图 2.2）。这种形态在聚乙烯和聚丙烯中得到了广泛的研究。串晶的形成经历了两个结晶阶段[20-21]。在第一阶段，由于应变而形成晶体原纤。原纤在纤维轴的方向上排列。在第二阶段，纤丝起到成核剂的作用，外延生长形成串珠。串晶结构的详细性质取决于挤出工艺的类型、挤出温度和应变的程度。熔融挤出后，串晶的密度很高以至于掩盖了下面的原纤。这种结构有时称为圆柱晶[22]。

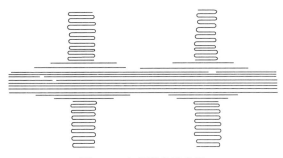

图 2.2　串晶形态示意图

2.5　化学性质

2.5.1　耐化学性

与其他烃类碳氢化合物一样,聚烯烃通常表现出非常高的耐化学性。它们可以抵抗碱、无机酸和多数有机液体的侵蚀。然而,聚烯烃容易氧化,这将在2.6.1和2.6.2中进一步讨论。它们容易被强氧化剂(如过氧化氢和浓硝酸)氧化。尽管它们耐许多有机液体的腐蚀,但聚烯烃纤维容易被很多溶剂溶胀,特别是在高温下。有些有机液体在足够高的温度下能够溶解聚烯烃。这些液体包括十氢萘、四氢萘和多种氯化芳香烃。还应注意的是,纤维中存在的稳定剂会在某些洗涤剂和有机液体的作用下从纤维中析出,从而减少纤维的使用寿命。

2.5.2　热降解

在没有氧气的情况下,聚乙烯到315℃[23]、聚丙烯到约350℃[24]仍然稳定。这些温度远远高于这些聚合物纤维的正常加工温度,因此,纤维加工通常不会受到热降解的阻碍。聚烯烃熔体的剪切可能导致其降解。然而,在实践中,适当设计挤出设备的结构、合适的产率,通常会减少剪切引起的链降解。

2.6　聚烯烃纤维的氧化

到目前为止,聚烯烃纤维所面临的最大挑战是氧化反应。聚烯烃极易发生热氧化和光化学氧化。氧化作用会导致纤维的力学性能劣化,有时也会出现不良的色变。如果存在某些类型的金属,可能促进氧化,螯合剂可以抑制这些金属发挥作用。

2.6.1　热氧化

在温度升高的情况下,聚烯烃的热氧化引起明显的降解。因此,在熔体挤出过程中,聚烯烃纤维的降解是一个特殊的问题。为了达到所需的熔体流动性能,需要足够高的温度,如果发生了降解反应,通过熔体指数的增加可以看出来[25]。

聚烯烃的热氧化是通过一个复杂的链式反应途径发生的,涉及自由基的反应。然而,与任何一系列自由基反应一样,热氧化过程包含自由基引发、增长和终止。链支化反应也起着重要的作用。然而,这些反应都不能解释热氧化过程中发生的链降解。因此,必须涉及聚烯烃链的断裂。

2.6.1.1 引发

引发主要是氧气分子通过夺取聚烯烃链上的氢原子而发生的。

$$PH + {}^1O_2 \longrightarrow P\cdot + \cdot OOH \tag{2.1}$$

最容易被夺取的是与叔碳原子相连的氢原子。反应产物也可重组,形成氢过氧化物[26]:

$$P + \cdot OOH \longrightarrow POOH \tag{2.2}$$

链引发也可能在一定程度上通过以下途径发生:

$$PH \longrightarrow P\cdot + \cdot H \tag{2.3}$$

2.6.1.2 链增长

在链引发之后,发生一系列的链增长反应,进一步形成氢过氧化物。尽管链增长导致自由基位点发生了移动,自由基在链增长过程中的数目保持不变[26]。关键链增长步骤可概括如下:

$$P\cdot + O_2 \longrightarrow POO\cdot \tag{2.4}$$

$$POO\cdot + PH \longrightarrow POOH + P\cdot \tag{2.5}$$

$$PH + H\cdot \longrightarrow H_2 + P\cdot \tag{2.6}$$

$$P\cdot + P'H \longrightarrow PH + P'\cdot \tag{2.7}$$

$$PH + \cdot OOH \longrightarrow P\cdot + H_2O_2 \tag{2.8}$$

$$OH\cdot + PH \longrightarrow P\cdot + H_2O \tag{2.9}$$

2.6.1.3 支化

在热氧化过程中链支化反应导致自由基的数目增加。支化反应过程涉及在链引发和链增长阶段形成的氢过氧化物的分解,并随着过氧化氢浓度的增加更为显著。

$$POOH \longrightarrow PO\cdot + \cdot OH \tag{2.10}$$

$$2POOH \longrightarrow PO\cdot + POO\cdot + H_2O \tag{2.11}$$

2.6.1.4 终止

在链终止阶段,自由基结合起来产生稳定的非自由基产物。链终止步骤,自由基的数目减少。可能发生多种终止反应,包括:

$$PO\cdot + \cdot H \longrightarrow POH \tag{2.12}$$

$$POO\cdot + \cdot H \longrightarrow POOH \tag{2.13}$$

$$P\cdot + \cdot P' \longrightarrow PP' \tag{2.14}$$

$$PO\cdot + \cdot P \longrightarrow POP \tag{2.15}$$

$$P\cdot + \cdot POO \longrightarrow POOP \tag{2.16}$$

$$2POO\cdot \longrightarrow POOP + O_2 \tag{2.17}$$

$$POO\cdot + \cdot P \longrightarrow POOP \tag{2.18}$$

链终止产物 POOP 含有过氧键,它能够解离成 PO· 自由基,然后发生进一步的链支化反应。

2.6.1.5 断链反应

链断裂反应导致聚烯烃链降解,随后纤维性能变差。聚丙烯链的断裂通常涉及不同的反应路径,最常见的是以碳和氧为中心的自由基的单分子 β-断裂[26]。碳中心自由基的断裂反应如下：

$$-CH_2-\underset{\underset{CH_3}{|}}{\overset{\overset{H}{|}}{C}}-CH_2-\underset{\underset{CH_3}{|}}{\overset{\overset{H}{|}}{C}}-+P\cdot \longrightarrow -CH_2-\underset{\underset{CH_3}{|}}{\overset{\overset{\cdot}{|}}{C}}-CH_2-\underset{\underset{CH_3}{|}}{\overset{\overset{H}{|}}{C}}-+PH \longrightarrow$$

$$-CH_2-\underset{\underset{CH_3}{|}}{C}=CH_2+\overset{\cdot}{C}H_3-CH-$$

(2.19)

该反应形成一个烯烃和一个新的自由基。烯烃比饱和烃更容易氧化，新的自由基可以参与进一步的氧化反应。

以氧为中心的自由基的链断裂反应：

$$-CH_2-\underset{\underset{CH_3}{|}}{\overset{\overset{\overset{\cdot}{O}}{|}}{C}}-CH_2-\underset{\underset{CH_3}{|}}{CH}-CH_2- \longrightarrow -CH_2-\underset{\underset{CH_3}{|}}{\overset{\overset{O}{\|}}{C}}-CH_3+\cdot CH_2-\underset{\underset{CH_3}{|}}{CH}-CH_2-$$

$$\longrightarrow \underset{CH_3}{\overset{CH_3}{\diagdown}}\overset{\cdot}{C}-CH_2-$$

(2.20)

在这种情况下，形成一个含有羰基的产物和一个以碳为中心的自由基。

2.6.2 光氧化

聚烯烃纤维在使用过程中，易受到波长为300~400nm范围的超紫外线辐射而发生降解。聚烯烃链的光氧化反应，主要是由于氢过氧化物的存在，其次是羰基化合物的存在[27]。聚烯烃纤维的加工过程中，会产生这些光活性物质。氢过氧化物具有很高的引发能力。它们在光的作用下裂解成自由基：

$$POOH \xrightarrow{h\nu} PO\cdot+\cdot OH \tag{2.21}$$

相比之下，羰基具有较低的引发能力。它们可能通过Norrish I型反应，分解产生两个自由基：

$$-CH_2-CH_2-CH_2-CO-CH_2- \xrightarrow{h\nu} -CH_2-CH_2-CH_2\cdot+\cdot CO-CH_2- \tag{2.22}$$

然而，这些自由基在很大程度上可以重新结合在一起[27]。也可能发生Norrish II型分解反应，产生一个末端碳碳双键产物和甲基酮：

$$-CH_2-CH_2-CH_2-CO-CH_2- \xrightarrow{h\nu} -CH_2=CH_2+CH_3-CO-CH_2- \tag{2.23}$$

对于聚丙烯，引发光化学氧化的其他路径，是聚丙烯和氧之间通过形成激发电荷转移复合物，形成氢过氧化物，然后引起光氧化。

$$PH+O_2 \longrightarrow [P-H\cdots O_2] \xrightarrow{h\nu} [PH^+\cdots O_2^-] \longrightarrow P\cdot+\cdot OOH \longrightarrow POOH \tag{2.24}$$

在引发反应发生之后,链增长、支化、终止和断裂反应都可能发生,与 2.6.1 描述的路径相似。

2.7 稳定剂

在纤维中掺入抗氧性稳定剂可以阻止聚烯烃纤维氧化。有的助剂是为了阻止熔融挤出纤维过程中的热氧化。其他添加剂用以赋予纤维在服役期间抵抗紫外线(UV)辐射的稳定性。如以下章节所讨论的,抗氧化剂可以是主稳定剂,也可以是辅稳定剂,两种稳定剂经常结合使用。在这两种情况下,这些稳定剂发生作用的机理很复杂,它们的有效性会受到其他类型添加剂的影响。例如,一些紫外线稳定剂的效果会因为阻燃体系的存在而减弱,特别是含卤素原子的阻燃体系,如十溴联苯醚和六溴环十二烷。

2.7.1 主稳定剂

主稳定剂通过形成自由基来终止氧化过程,这种自由基对氧的活性不够,不足以使链式反应继续进行。许多用于抑制热氧化的主稳定剂是受阻酚。例如 2,6-二叔丁基对甲酚,用于稳定聚丙烯纤维。摩尔质量越高的受阻酚效果越好,因为它们不易升华,而且耐抽提。其他分子结构复杂的受阻酚稳定剂,如 4,4′-亚丁基双(6-叔丁基-3-甲基苯酚):

受阻酚在这里表示为 YH,清除自由基的方式如下:

$$P\cdot + YH \longrightarrow PH + Y\cdot \qquad (2.25)$$

$$PO\cdot + YH \longrightarrow POH + Y\cdot \qquad (2.26)$$

$$POO\cdot + YH \longrightarrow POOH + Y\cdot \qquad (2.27)$$

在每种情况下,都存在链转移反应,产生非自由基产物和相对稳定的氧中心自由基。该自由基通过离域化作用,形成醌式结构,这种结构可以进一步淬灭另一个自由基,发生终止反应。因此,一个受阻酚分子可以淬灭两个烯烃自由基。

$$(2.28)$$

酚类稳定剂的一个缺点是它们容易产生颜色，这来源于在稳定过程中形成的醌式结构。此外，聚烯烃链与引发剂碎片的相互作用可以加剧色变，大气污染物(如氮氧化物)也会引起色变。纤维具有大的比表面积，要去掉受阻酚引起的色变比较困难。因此，受阻酚的选择需要谨慎，一些商业化受阻酚产品可以抵抗这类色变。

最近出现的一类主稳定剂是内酯，其功能主要是以碳为中心的自由基清除剂。内酯通常与以清除氧为中心的酚类稳定剂一起使用。内酯清除剂的一个例子是 BASF 公司开发的 Irganox HP136，其作用机理如下：

$$(2.29)$$

2.7.2 辅助稳定剂

辅助稳定剂用于去除氢过氧化物，如式(2.10)和式(2.11)所示，氢过氧化物可以分裂成两个自由基。辅助稳定剂的存在阻碍了这些自由基的生成，从而阻碍了新的氧化反应循环的开始。之所以被称为辅助稳定剂，是因为：在主稳定剂的存在下，由于它们之间存在强协同效应，稳定剂体系可以发挥最佳效果[26]。最常用的辅助稳定剂是硫代酯和叔磷酸酯类。它们与氢过氧化物的反应可以表示为：

$$RO-OC-CH_2-CH_2-S-CH_2-CH_2-CO-OR + POOH$$
$$\downarrow$$
$$RO-OC-CH_2-CH_2-\overset{O}{\overset{\|}{S}}-CH_2-CH_2-CO-OR + POH \quad (2.30)$$

$$P(OX)_3 + POOH \longrightarrow \overset{O}{\overset{\|}{P}}(OX)_3 + POH \quad (2.31)$$

最常见的硫酯是硫代二丙酸二月桂酯(DLTDP)和二硬脂酰硫代丙酸酯(DSTDP)。

$$(C_{12}H_{25}\text{-O-}\overset{O}{\overset{\|}{C}}\text{-}CH_2\text{-}CH_2)_2S \qquad (C_{18}H_{37}\text{-O-}\overset{O}{\overset{\|}{C}}\text{-}CH_2\text{-}CH_2)_2S$$

DLTDP   DSTDP

在较高的温度下，DSTDP 对热氧化反应有更好的稳定性[24]，可能是因为其分子量高不易挥发。虽然硫酯在聚烯烃纤维的加工过程中，较高温度下用作辅助稳定剂十分有效，但硫酯在室温下效果较差。

早期开发的亚磷酸酯稳定剂包括亚磷酸三苯酯和二苯基异辛基亚磷酸酯。

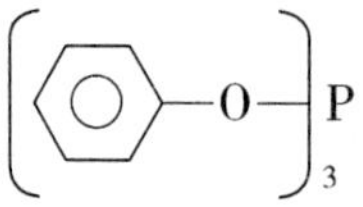

亚磷酸三苯酯 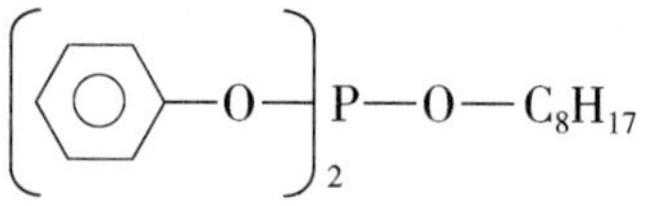　　　　　二苯基异辛基亚磷酸酯

现在普遍使用结构更复杂的亚磷酸酯，包括环状多亚磷酸酯，如 Weston 618 等。

Weston 618

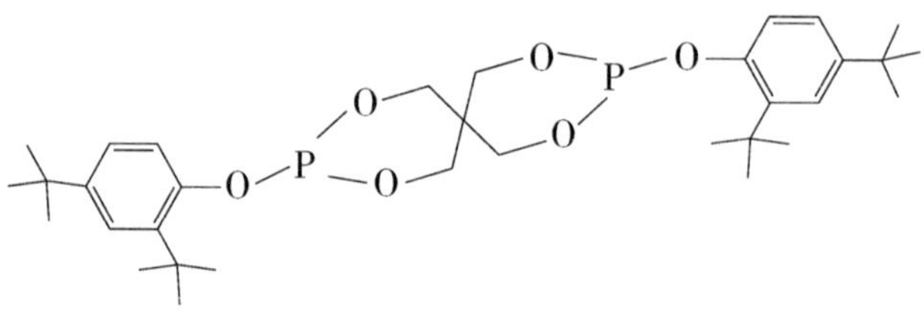

Ultranox 626

一般而言，作为聚烯烃纤维的辅助稳定剂，叔磷酸酯优于硫酯[24]。亚磷酸酯被认为与聚烯烃和主稳定剂更相容。它们在环境温度下，比采用硫酯作为辅助稳定剂更有效，同时在纤维加工的高温下，对阻止聚烯烃降解具有更好的协同作用。众所周知，亚磷酸酯可抑制由于酚类物质引起的聚丙烯纤维的色变[24]。

2.7.3 受阻胺稳定剂

受阻胺稳定剂（HAS）主要用于保护聚烯烃纤维免受紫外线辐射。虽然紫外线辐射可以通过紫外线吸收剂和能量淬灭剂来实现，但是 HAS 是最主要的光稳定剂，即使在 0.1%（质量分数）的水平下也非常有效。紫外线防护对于纤维状聚烯烃来说特别重要，因为纤维具有非常高的比表面积。传统上受阻胺被用作光稳定剂（HALS），但目前许多类型的 HAS 也为聚烯烃纤维提供了良好的热稳定性，尤其是在 110℃ 以下。大多数 HAS 分子含有 2,2,6,6-四甲基哌啶基团。

虽然含有氨基，但这些基团在清除自由基方面没有活性。普遍认为活性物质实际上是由于氨基光氧化反应而形成的硝基自由基[28]，硝基自由基通过捕获纤维中的自由基起到主稳定剂的作用：

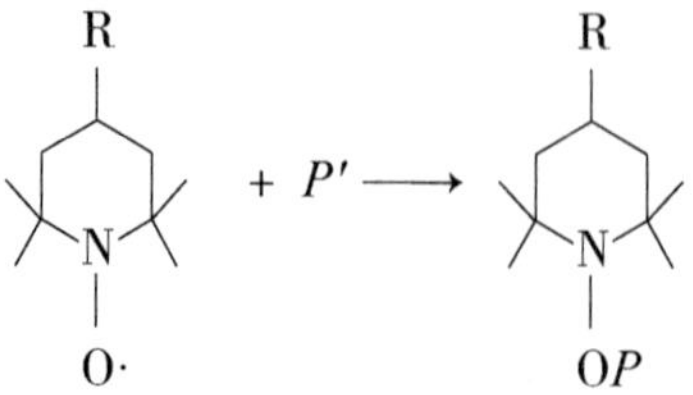

$$\quad (2.32)$$

然而，这种单一机理尚不能完全解释 HAS 的有效稳定化作用[27]。目前认为，产生的氨

基醚可快速与过氧自由基反应，使原硝基自由基再生：

$$\underset{\underset{OP}{|}}{\underset{N}{\bigcirc}}^{R} + POO\cdot \longrightarrow \underset{\underset{O\cdot}{|}}{\underset{N}{\bigcirc}}^{R} + POOP \qquad (2.33)$$

再活化过程最终停止：在每一个再活化循环中，会损失掉一些HAS，同时产生一些低效的自由基清除剂[26]。

也有强有力的证据表明，在聚丙烯中HAS能引起氢过氧化物分解而起到辅助稳定剂的作用。据报道，HAS中的氨基可与氢过氧化物形成络合物，这种络合物可与过氧自由基发生反应：

$$>NH+HOOP \rightleftharpoons [>NH\cdots HOOP] \xrightarrow{POO\cdot} >NO\cdot+POOP+H_2O \qquad (2.34)$$

或者，这种络合物光解可以导致羟胺和氨基醚化合物的形成：

$$[>NH\cdots HOOP] \xrightarrow{h\nu} >NOH+POH \qquad (2.35)$$

$$[>NH\cdots HOOP] \xrightarrow{h\nu} >NOP+H_2O \qquad (2.36)$$

文献[27]还提出了其他的稳定机理。

2.7.4 稳定剂之间的相互作用

在实践中，通常把多种类型的抗氧化剂组合起来使用。辅助抗氧化剂通常与主抗氧化剂结合以获得协同作用，因为仅仅使用辅助抗氧化剂的稳定作用一般是不足的。此外，已经在2.7.1中提到，内酯通常与酚类抗氧化剂一起使用。然而，在使用混合抗氧化剂时必须注意，由于硫酯的存在会阻止HAS形成氮氧自由基[28]。相比之下，一些亚磷酸酯可以与HAS协同作用，此外，其他稳定剂有可能起反协同作用。

2.8 聚烯烃纤维的表面化学

2.8.1 表面能和润湿性

前面讨论了聚烯烃纤维的本体化学性质，但纤维的表面化学对其性能也很重要，如润湿性能和纺丝油剂的使用密切相关。

由于聚烯烃纤维是由脂肪族碳氢高分子组成的，与极性聚合物纤维相比，其表面能比较低。但是，纤维的表面能实际上是固体的表面能，因为没有直接的测试方法，要进行定量表征比较困难。Zisman设计的测试方法被纺织科学家和技术人员广泛采用[29-30]。在这种方法中，在感兴趣的固体表面上测量各种非极性液体和弱极性液体的接触角θ。将$\cos\theta$与液体表面张力γ_{LG}作图。表面张力的值对应于$\cos\theta=1$，即零接触角，通过图解外推来确定。Zisman把这个值定义为固体的临界表面张力γ_C。通过比较固体的γ_C值大小，来比较它们的表面自由能。表2.2列出了通过Zisman方法得到的一些合成纤维在20℃时的表面能。聚烯烃纤维是合成纤维中表面能比较低的一类。只有含氟聚合物纤维的表面能低于聚烯烃。

Zisman 的方法受到了相当多的表面科学家的质疑。Zisman 方法中曲线外推至 $\cos\theta = 1$ 时存在一个固有的误差。此外，还有一个基本假设，即在 $\theta = 0°$ 处，对应于最大润湿程度，此时液体和固体具有相同的表面张力，这种假设的原因尚未清楚[31]。尽管如此，Good 和 Girifalco 的理论推导支持了 Zisman 的方法[32]。

Fowkes 提出了另一种替代方法[33]，他提出了衍生方程式：

$$\cos\theta = -(\pi_e/\gamma_{LG}) - 1 + (2/\gamma_{LG})(\gamma_s^d \cdot \gamma_{LG}^d)^{1/2}$$

式中，π_e 表示由于从液体滴中吸附蒸气而导致的固体表面能的减少量；γ_s^d 和 γ_{LG}^d 分别指对固体表面能的非极性贡献和对液体表面张力的贡献。

表 2.2 一些合成纤维在 20℃时的表面自由能

纤维种类	表面能(mJ/m^2)
聚四氟乙烯	18
聚丙烯	31
聚乙烯	31
聚酯	43
聚丙烯腈	45
尼龙 66	46

聚烯烃对其表面能的唯一贡献是非极性的，因此 γ_s^d 代表聚烯烃的实际表面能。此外，在聚烯烃表面上测量了一系列的非极性液体的接触角，$\gamma_{LG}^d = \gamma_{LG}$，$\pi_e$ 为 0，因此：

$$\cos\theta = -1 + 2(\gamma_s^d/\gamma_{LG})^{1/2}$$

以 $\cos\theta$ 对 $(\gamma_{LG})^{-1/2}$ 作图，聚烯烃的表面能可以通过斜率确定。根据 Fowkes 方法，聚乙烯在 20℃时的表面能为 35~36mJ/m^2，取决于链支化程度，与 Zisman 方法得到的结果非常类似[33]。聚丙烯在 20℃时的表面能为 30.1mJ/m^2。

因此，测定聚烯烃基材表面能的各种方法得到的值大致相似。水的表面张力非常高，在 20℃下为 72.8mN/m^2。因此聚烯烃纤维表面不会被大多数水相介质所润湿，聚烯烃纤维表面是高度疏水的。

2.8.2 纺丝油剂的应用

纺丝油剂的使用是聚烯烃纤维加工过程中的一个重要环节[34]。纺丝油剂具有多种功能。例如，润滑作用，它们可以给纤维组件中单个细丝之间提供低摩擦，以保护纤维不受磨损，这在纤维的加工过程中特别重要。此外，纺丝油剂必须起到有效的抗静电作用。纺丝油剂应该很容易润湿纤维，并在纤维上轻易地进行铺展。还需要满足其他一些要求，如无毒性和对微生物的抵抗力。因此，纺丝油剂具有复杂的配方。

要获得一个有效的纺丝油剂配方，有许多因素需要考虑。在这些因素中最重要的是对纤维进行润湿的能力，它不仅受纤维表面形态的影响，而且还受纤维表面化学结构的影响。在聚烯烃纤维中使用纺丝油剂时，还要考虑到纤维的低表面能。因此，聚烯烃纤维的初始润湿只能通过表面张力非常低的油剂来实现。然而，考虑到纺丝油剂通常采用含水乳剂。聚烯烃纤维纺丝油剂需要加入特殊的润湿剂，以确保纤维能完全被润湿剂所覆盖。如果油剂中的水完全蒸发，对纤维的覆盖能力将显著减小。

大家在聚烯烃纤维加工油剂的配方设计方面进行了广泛的研究。常用于其他类型的合成纤维加工的润滑剂，如矿物油和低黏度脂肪酸酯，不能轻易地应用于聚烯烃纤维。虽然这种油剂对聚烯烃纤维的润湿性很好，但它们会迁移到纤维的内部并使它们溶胀。用于聚丙烯纤维的纺丝油剂通常有烷氧基化长链醇类、烷氧基化甘油三酯、季戊四醇酯和脂肪酸聚乙二醇。

2.8.3 气体等离子体处理

聚烯烃纤维技术中最激动人心的发现是气体等离子体处理技术的应用[34-35]。与大多数表面处理方法相反，纤维表面本身可以通过气体等离子体的处理来进行改变，而纤维本体不受影响。等离子体处理技术出现较早，但在最近该技术才发展形成商业规模。气体等离子体是辐射和化学物质的能量来源，它们彼此之间以及与被处理的基材之间具有复杂的相互作用。等离子体气氛由离子、自由基、电子和紫外线辐射组成。

各种不同的气体及其混合物都可以用于等离子体处理。根据气体的性质和产生等离子体的条件，固体表面可以达到不同的效果。对于合成纤维，表面处理效果多样化。用氦气或氩气等惰性气体进行等离子体处理，会改变表面形貌，在微米级尺度上产生表面粗糙度，增加表面孔隙率。用诸如氧气、氮气和氨气的等离子体处理还可以在聚合物链上引入各种官能团（例如，—COOH、—OH、—NH_2、—CF_3等）来改变表面的化学性质。此外，通过等离子体处理可以在纤维表面上沉积非常薄的聚合物涂层。这种聚合物涂层通常具有高度交联结构。碳氢化合物和碳氟化合物可以引发等离子体聚合。

等离子体处理可以在大气环境或真空条件下进行。从操作角度来说，等离子体设备在大气条件下运行，可以方便地引入生产线[36]，但通常对纤维表面进行改性的稳定性较差，重现性差。另外，真空等离子体处理，虽然需要更复杂的设备，但通常提供更稳定的纤维表面修饰效果[37]。

应用等离子体进行聚烯烃纤维的表面处理有许多吸引人之处。传统的涂层技术提供了给织物表面赋予特殊性能的方法，与许多其他合成纤维相比，聚烯烃织物表面更难成功进行涂层操作。因此，等离子体处理提供了一种替代方法，从环保角度来说也是一项"清洁"的技术。

对于任何需要良好极性相互作用的环境，特别是水环境，聚烯烃纤维表面的疏水性限制了其应用。通过适当的等离子体处理，如氧等离子体处理，在表面引入各种极性基团，纤维表面变得更加亲水，这在聚乙烯纤维中效果显著[38]。环境扫描电子显微镜（ESEM）研究发现，水滴在用氧等离子体处理过的聚丙烯纤维表面上可顺利铺展。在一个实例中，纤维表面的水滴接触角从99°减少到47°，值得注意的是，水滴的轮廓也发生了显著改变[39]。随着氧等离子体处理时间的增加，在与纤维轴垂直的方向上，液滴变得越来越平展。X射线光电子能谱（XPS）证实，氧等离子体处理后，氧存在于纤维表面上，并形成了碳氧键[40]。然而，采用氧和其他气体等离子处理来提高聚烯烃纤维表面亲水性的机制尚未完全解决。

从其他科学家的工作中可以推断,当聚丙烯用氧等离子处理时,氧与活性位发生反应而插入聚丙烯链上的数量可以忽略不计[41-42]。相反,有人认为,在纤维表面形成了由氧化和未氧化段组成的无规共聚物的表面层。该层一旦形成,会随着时间重新排列,以降低纤维的表面自由能。重排的类型和程度取决于纤维自身所处的介质。通过用氦或氩等离子体对聚丙烯纤维进行预处理,在表面上使聚合物交联,可以显著降低这种重排过程[37]。这种通过惰性气体的活化物质进行交联反应处理的方法,称为CASING,也可以使聚乙烯纤维表面发生交联作用[38]。

采用这些气体等离子体处理方法可以赋予纤维表面亲水性。有些气体等离子体处理方法可以使聚烯烃纤维能够吸引染料分子到它们的表面。除了特意掺入适当的添加剂外,聚烯烃纤维不能用常规方法染色,气体等离子体处理技术为其染色提供了有效的途径[43]。

亲水性聚烯烃纤维表面可拓宽纤维的应用。在生物医学应用中,纤维表面上的极性基团可以作为生物分子的锚定点[44]。极性基团也增加了聚丙烯纤维在水泥中的增强作用,提高了纤维与水泥基体之间的黏结力[45]。

聚烯烃纤维也可以通过表面处理变得更疏油。在一些过滤系统中,此类应用较多。可以用氟碳,如四氟甲烷或六氟乙烷进行等离子体处理,来提高表面的疏油性。氟碳等离子体处理引起氟化聚合物在表面沉积。有报告显示,在纤维表面形成了各种各样的氟化官能团[46]。这些基团包括—CHF、—CF_2、—CF_3,甚至—CH_2—CF_2—。

等离子体处理的一个优点是可以将乙烯基聚合物接枝到聚烯烃纤维表面。通过接枝反应,表面性能可以精细设计,以适应各种各样的应用要求,并开发新的应用。例如,可以通过惰性气体等离子体(如氩等离子体)处理纤维,然后将其暴露于乙烯基单体(如丙烯腈或丙烯酸)中,等离子体处理在纤维表面产生自由基,随后引发单体聚合反应[44,47]。

等离子体处理的一个重要技术问题是耐久性。例如,经过氨等离子处理的聚丙烯薄膜的润湿性会随着时间的增加而减少。然而,如上所述,耐久性通常可以通过氦气或氩气等离子体预处理而得到增强,通过聚合物链交联来提高纤维表面的力学性能[38]。

为了更清楚地理解等离子体处理对聚丙烯纤维表面化学的影响,需要复杂的组合表征技术。事实上,纺织技术领域迫切需要对等离子体处理技术的充分理解,以使加工条件可以更容易匹配。在这方面,XPS和二次离子质谱法(SIMS)无疑是研究纤维表面和处理加工过程中化学变化的有力工具。ESEM技术在可靠地测定水介质在单一聚烯烃纤维表面的接触角方面特别有用。它也可以采用类似的方式用于确定油的接触角[48]。

参 考 文 献

[1] Kissin YV. Olefin polymers, introduction. Kirk-Othmer encyclopedia of chemical technology. Wiley Online Library; 2015. p. 1-11. Available from: http://dx.doi.org/10.1002/0471238961.0914201811091919.a01.pub3.

[2] Hearle JWS. Fiber formation and the science of complexity. In: Salem DR, editor. Structure formation of polymeric fibers. Cincinnati, Ohio, USA: Hanser Gardner Publications; 2000. p. 521-552.

[3] Tomka JG, Johnson DJ, Karacan I. Molecular and microstructural modelling of fibers. In: Mukhopadhyay SK, editor. Advances in fiber science. Manchester: The Textile Institute; 1992. p. 181-206.

[4] Cowie JMG, Arrighi V. Polymers: chemistry and physics of modern materials. 3rd ed. Boca Raton, Florida, USA: CRC Press; 2007.

[5] Wunderlich B, Grebowicz J. Thermotropic mesophases and mesophase transitions of linear, flexible macromole-

cules. Adv Polym Sci 1984; 60/61: 1-59.

[6] Morton WE, Hearle JWS. Physical properties of textile fibers. 4th ed. Cambridge: Woodhead Publishing Limited; 2008.

[7] Nielsen AS, Batchelder DN, Pyrz R. Estimation of crystallinity of isotactic polypropylene using Raman spectroscopy. Polymer 2002; 43: 2671-2676.

[8] Bunn CW. The crystal structure of long-chain normal paraffin hydrocarbons. The 'shape' of the >CH_2 group. Trans Faraday Soc 1939; 35: 482-491.

[9] Van Dingenen JLJ. Gel-spun high-performance fibers. In: Hearle JWS, editor. Highperformance Fibers. Cambridge: Woodhead Publishing Limited; 2001. p. 62-92.

[10] Lotz B, Wittman JC, Lovinger AJ. Structure and morphology of poly(propylenes): a molecular analysis. Polymer 1996; 37: 4979-4992.

[11] Cheng SZD, Janimak JJ, Rodriguez J. Crystalline structures of polypropylene homo- and copolymers. In: Karger-Kocsis J, editor. Polypropylene structure blendsand composites. Vol. 1. Structure and morphology. London: Chapman and Hall; 1995. p. 31-55.

[12] Turner-Jones A, Cobbold AJ. The β-crystalline form of isotactic polypropylene. J Polym Sci 1968; B6: 539-546.

[13] Meille SV, Ferro DR, Brückner S, Lovinger AJ, Padden FJ. Structure of β-isotactic polypropylene: a long-standing structural puzzle. Macromolecules 1994; 27: 2615-2622.

[14] Lotz B, Kopp S, Dorset D. Original crystal structure of polymers with tertiary helices. C R Acad Sci Ser IIB-Mec-Phys-Chem-Astron 1994; 319: 187-192.

[15] Schmenk B, Miez-Meyer R, Steffens M, Wulfhorst B, Gleixner G. Polypropylene fiber table. Chem Fibers Int 2000; 50: 233-253.

[16] Brückner S, Meille SV. Non-parallel chains in crystalline γ-isotactic polypropylene. Nature 1989; 340: 455-457.

[17] Dorset DL, McCourt MP, Kopp S, Schumacher M, Okihara T, Lotz B. Isotactic polypropylene, β-phase: a study in frustration. Polymer 1998; 39: 6331-6337.

[18] Miller RL. Existence of near-range order in isotactic polypropylenes. Polymer 1960; 1: 135-143.

[19] Cohen Y, Saraf RF. A direct correlation function for mesomorphic polymers and its application to the "smectic" phase of isotactic polypropylene. Polymer 2001; 42: 5865-5870.

[20] Hosier IL, Bassett DC, Moneva IT. On the morphology of polyethylene crystallized from a shear melt. Polymer 1995; 36: 4197-4202.

[21] Schulz JM, Hsiao BS, Samon JM. Structural development during the early stages of polymer melt spinning by in-situ synchrotron X-ray techniques. Polymer 2000; 41: 8887-8895.

[22] Varga J. Crystallization, melting and supermolecular structure of isotactic polypropylene. In: Karger-Kocsis J, editor. Polypropylene structure blends and composites. Vol 1, Structure and morphology. London: Chapman and Hall; 1995. p. 56-115.

[23] Cook JG. Handbook of polyolefin fibers. Watford: Merrow Publishing Company Limited; 1967.

[24] Ahmed M. Polypropylene fibers-science and technology. Amsterdam, Oxford and New York: Elsevier; 1982.

[25] Wang I-C, Dobb MG, Tomka JG. Polypropylene fibers: an industrially feasible pathway to high tenacity. J Text Inst Part 1 1995; 86: 1-12.

[26] Becker RF, Burton LPJ, Amos SE. Additives. In: Moore EP, editor. Polypropylene handbook. Munich, Vienna and New York: Hanser; 1996. p. 177-210.

[27] Gugumus F. Light stabilizers for thermoplastics. In: Gächter R, Müller H, editors. Plastics additives hand-

book. Munich, Vienna and New York: Hanser; 1984. p. 97-189.

[28] Guijsman P. Polymer stabilization. In: Kutz M, editor. Applied plastics engineering handbook: processing and materials. Amsterdam: Elsevier; 2011. p. 375-399.

[29] Fox HW, Zisman WA. The spreading of liquids on low-energy surfaces. III. Hydrocarbon surfaces. J Colloid Sci 1952; 7: 428-442.

[30] Shaw DJ. Introduction to colloid and surface chemistry. 4th ed. Oxford: Butterworth-Heinemann; 1992.

[31] Miller B. The wetting of fibers. In: Schick MJ, editor. Surface characteristics of fibers and textiles, Part II. New York: Marcel Dekker Inc. 1977. p. 417-445.

[32] Good RJ, Girifalco LA. A theory for estimation of surface and interfacial energies. III. Estimation of surface energies of solids from contact angle data. J Phys Chem 1960; 64: 561-565.

[33] Fowkes FM. Attractive forces at interfaces. Ind Eng Chem 1964; 56: 40-52.

[34] Mather RR. Polyolefin fibers. In: McIntyre JE, editor. Synthetic fibers: nylon, polyester, acrylic, polyolefin. Cambridge: Woodhead Publishing Limited; 2005. p. 235-292.

[35] Neville A, Mather RR, Wilson JIB. Characterization of plasma-treated textiles. In: Shishoo R, editor. Plasma technology for textiles. Cambridge: Woodhead Publishing Limited; 2007. p. 301-315.

[36] Tsai PP, Wadsworth LC, Roth JR. Surface modification of fabrics using a one-atmosphere glow discharge plasma to improve fabric wettability. Text. Res. J. 1997; 67: 359-369.

[37] Radu C-D, Kiekens P, Verschuren J. Surface modification of textiles by plasma treatments. In: Pastore CM, Kiekens P, editors. Surface characteristics of fibers and textiles. Surfactant science series, Vol. 94. New York: Marcel Dekker; 2001. p. 203-218.

[38] Ward IM, Cansfield DLM. High-performance fibers. In: Mukhopadhyay SK, editor. Advances in fiber science. Manchester: The Textile Institute; 1992. p. 1-24.

[39] Wei QF, Mather RR, Wang XQ, Fotheringham AF. Functional nanostructures generated by plasma-enhanced modification of polypropylene fiber surfaces. J Mater Sci 2005; 40: 5387-5392.

[40] Wei QF. Surface characterization of plasma-treated polypropylene fibers. Mater Characterization 2004; 52: 231-235.

[41] Occhiello E, Morra M, Morini G, Garbassi F, Humphrey P. Oxygen-plasma-treated polypropylene interfaces with air, water, and epoxy resins. J Appl Polym Sci 1991; 42: 551-559.

[42] Gross TH, Lippitz A, Unger WES, Friedrich JF, Woll CH. Valence band region XPS, AFM and NEXAFS surface analysis of low pressure d. c. oxygen plasma treated polypropylene. Polymer 1994; 35: 5590-5594.

[43] Yaman N, Özdogan E, Seventekin N. Atmospheric plasma treatment of polypropylene fabric for improved dyeability with insoluble textile dyestuff. Fibers Polym 2011; 12: 35-41.

[44] Vohrer U. Interfacial engineering of functional textiles for biomedical applications. In: Shishoo R, editor. Plasma technology for textiles. Cambridge: Woodhead Publishing Limited; 2007. p. 202-227.

[45] Felekoglu B, Tosun K, Baradan B. A comparative study of the flexural performance of plasma treated polypropylene fiber reinforced cementitious composites. J Mater Processing Technol 2009; 209: 5133-5144.

[46] Sigurdsson S, Shishoo R. Surface properties of polymers treated with tetrafluoromethane plasma. J Appl Polym Sci 1997; 66: 1591-1601.

[47] Cools P, Morent R, De Geyter N. Plasma modified textiles for biomedical applications. In: Serra PA, editor. Advances in bioengineering. Croatia: InTech Rijeka; 2015. p. 117-148.

[48] Wei QF, Mather RR, Fotheringham AF, Yang RD. Observation of wetting behavior of polypropylene microfibers by environmental scanning electron microscope. J Aerosol Sci 2002; 33: 1589-1593.

3 聚烯烃纤维及其纳米复合材料的结构力学

Samuel C. O. Ugbolue

(美国麻省大学、尼日利亚克拉克大学)

3.1 概述

聚乙烯(PE)和聚丙烯(PP)是非常重要的聚烯烃高分子且是增长最快的聚合物家族。聚烯烃的生产和加工成本比它们所替代的许多其他塑料和材料要低。事实上，聚丙烯是一种多用途并广泛应用于卫生领域的聚合物，如食品包装、外科口罩、尿布、卫生带、过滤器等。聚烯烃对纤维和薄膜材料来说也很重要。聚丙烯纤维广泛用于装饰织物、土工织物及地毯背衬。显然，由于聚丙烯纤维的低成本、高强度、高韧性和耐化学性能，它在工业和家庭装饰领域有着广泛的用途。然而，聚丙烯纤维在纺织工业的服装领域没有得到相当的普及，主要原因之一是缺乏可染色性。聚丙烯不能使用其他合成纤维的常规染色技术来染色，因为聚丙烯的结晶度高，为非极性材料，缺乏能接纳染料分子的官能团[1]。大多数市售聚丙烯纤维通过纺前染色来着色[2]。虽然该工艺产生深且稳定的颜色，并且长期生产具有经济性，但是可用色调的数量有限，因此该工艺不适用于织物染色和印刷操作。技术人员采用了一些方法试图提高聚丙烯的可染性，包括纤维改性、使用新的着色剂、在未改性纤维中添加染料受体，但实际上都没有持久地获得成功[2-7]。

本章讨论了各种形式的聚烯烃的强度性能、时间和温度对聚丙烯薄膜和纤维力学性能的影响，以及聚烯烃纤维材料、复合材料的整体结构力学。

3.2 聚烯烃纤维材料的结构和力学性能

典型超高模量聚乙烯是密度为 $0.97g/cm^3$、熔点为 144℃、韧性为 30g/den❶ 刚度(抗弯刚度)为 1400~2000g/den 的热塑性聚合物。聚丙烯的熔点在 160~170℃ 范围内。

等规聚丙烯是一种半结晶聚合物，具有 3 种不同的晶型[8]：单斜 α 晶体、六角 β 结构、正交 γ 多晶型和准晶中间相(纵向排列的聚合物链比横向排列的聚合物链更规整)。在熔体快速冷却时(典型的注塑成型过程)，主要形成 α 微晶和准晶中间相，而 β 晶和 γ 晶较少出现[9]。

赋予等规聚丙烯较高的强度和热稳定性(即具有更高的结晶度和立体规整性)的这种结构特征限制了染料分子可获得的内部体积。聚丙烯的另一个严重缺点在于其完全非极性的结构。

---

❶ $1den = \dfrac{1}{9}tex = \dfrac{1}{9}g/km$。

聚丙烯改性可以赋予纤维新的性能。过去，通常在成型之前，在聚丙烯熔体中通过接枝反应或直接引入各种对特定染料具有亲和力的高分子量和低分子量物质来对聚丙烯进行改性。通过对纤维进行处理的改性方法可以分为两类：化学处理，其中聚合物结构被化学改变；注入处理，其中其他物质被注入纤维中成为染料受体。

聚丙烯熔体纺丝经历了长期的发展历程并不断完善。但是，为了生产更细的纤维，需要采用熔喷工艺。在熔喷过程中，熔融的热塑性聚合物通过微小的孔被挤出到热空气流中，热空气流将聚合物吹细拉伸为小纤维，这些小纤维以无纺布的形式收集。热空气有助于纤维的吹细拉伸，并使其向收集器富集。聚合物颗粒在挤出机中加热，并通过模具喷嘴喷入高速流动的热空气流。当含有微纤维的气流向收集器移动时，在环境空气作用下，纤维冷却和凝固。聚合物离开喷丝头加速向收集器富集，有助于熔体拉伸变细。熔喷过程中纤维以160万倍缩减横截面积的速度被拉细，这比熔体纺丝时的6400倍缩减面积速度要快得多。采用熔喷工艺获得的纤维直径和分子取向均发生了很大变化[10]。

当热空气遇到环境空气时产生的膨胀射流引起了纤维的多次拉伸，这是熔喷纤维性能变化的主要原因。科学家们正在研究一种熔融静电纺丝技术，以获得超细纳米纤维[11]。聚丙烯熔体静电纺丝工艺与聚丙烯熔喷工艺一样，采用热空气使聚合物长时间处于熔融状态。聚合物熔体的加工性能与其流变性能密切相关，工业聚丙烯熔体指数在 0.25~1200g/10min 之间变化。聚丙烯具有高熔体指数对于纺黏和熔喷加工工艺尤其重要。满足熔融静电纺丝的聚丙烯的熔体指数与熔喷法相似，都需要高的熔体指数。因此，可以预见，熔喷级聚丙烯将是熔体静电纺丝工艺的良好选择。

3.3 聚烯烃纤维和薄膜的力学性能

3.3.1 总论

一般来说，与其他纺黏纤维一样，聚丙烯经过拉伸，其强度和模量增加，但伸长率降低[12]。Samuels 发表的结果[13]表明，将中等取向的纺丝聚丙烯纤维转变为硬弹性纤维，所需的最低退火温度为 130℃。从聚合物膜中抽提低分子量聚合物材料和稳定剂的缺失都会影响聚合物膜的力学性能。

Ugbolue 和 Uzomah[14]研究了溶剂处理聚丙烯薄膜的力学性能，在 Instron 拉伸试验机上对聚丙烯膜和热溶剂处理后的残余聚丙烯膜进行了测定。根据应力—应变曲线（ASTM D882—1981）确定了薄膜的起始模量、断裂伸长率、屈服应力、拉伸强度和自然拉伸比。数据表明，采用石脑油/重整油共混物热萃取聚丙烯薄膜对力学性能有显著影响。屈服应力和割线模量有规律地增加，在 10/90 的石脑油/重整油组成时达到最大，在 50/50 的石脑油/重整油组成时降至最小，然后随着混合油中石脑油含量的增加而增加[14]。性能的改进出现最大值，是由于混合溶剂对聚合物材料提取的量少。二元共混物中石脑油百分比的进一步增加降低了这些性能，并已根据石脑油在这些共混物中的增容作用进行了阐述。

在一个相关的案例中，Ugbolue 和 Uzomah[15]研究了暴露时间对溶剂蒸气中聚丙烯薄膜力学性能的影响。该研究推测，相对小的分子（如氯仿、石油醚、二氯甲烷和甲苯）更容易扩散到聚合物膜中，并在尽可能短的时间内导致最大的伸长百分比[15]。

十氢萘和四氢萘是聚丙烯的良溶剂，在 27℃时伸长率很低，解释为液体的沸点（BP）高和它们在研究温度下对聚丙烯膜产生蒸气压的能力低。最大伸长率($\%E_{max}$)与液体沸点的倒数(T^{-1})呈线性关系,并且可以表示为:$\%E_{max} = mT^{-1} + c$,其中 m 是斜率,c 是常数。

一般来说,对预拉伸聚丙烯薄膜而言,考虑|$\delta_P - \delta_S$|值的大小,氯仿和重整油在聚合物和溶剂中的溶解度参数绝对差值,当|$\Delta\delta$| = 0.2MPa$^{1/2}$ 时最易溶解;而|$\Delta\delta$| = 1.7MPa$^{1/2}$ 的石脑油和汽油最不易溶解。最后得出以下结论,|$\Delta\delta$|的起始模量(IM)小于1.4MPa$^{1/2}$,总体下降与低|$\Delta\delta$|值时溶剂的增塑能力具有压倒性影响的结论相一致[15]。

3.3.2 溶剂蒸气处理预拉伸聚丙烯薄膜的强度特性

在其他的报道中,Uzomah 和 Ugbolue[16-17]给出了随着蒸气处理和液体相互作用参数的增加,薄膜厚度增加的结果。

表3.1 和图3.1 的比较表明,平衡状态伸长百分率可以用相互作用参数 x_H 或非特异性内聚力 D 来解释[16]。这些焓值越小,平衡状态伸长率百分比越大。因此,预拉伸聚丙烯膜与溶剂蒸气之间的相互作用说明氯仿最有效,二氯甲烷的影响最小。

表3.1 溶剂参数 δ、非特异性溶解度参数 δ_S^1、摩尔体积 V_S、沸点 BP、相互作用参数 x_H 和溶剂的非特异性内聚力 $D^{1\,[16]}$

溶剂	δ_S(MPa$^{1/2}$)②	δ_S^1(MPa$^{1/2}$)③	V_S(cm^3/mol)③	BP(℃)	x_H	D
氯仿	11.0	18.77	80.7	61	0.0013	-0.0000
四氯化碳	17.8	17.04	97.1	75.6	0.0392	-0.0584
二氯甲烷	20.3	20.53	64.5	39.8	0.0585	-0.0564

① $\delta_S = \delta_S^1 = 18.8MPa^{1/2\,[18]}$;$V_S = 46.7$cm^3/mol。
② 文献[19]。
③ 文献[20]。

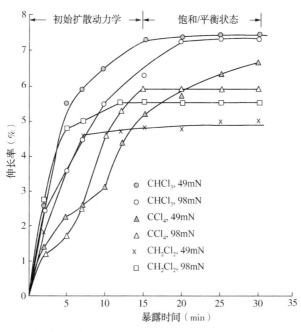

图3.1 预拉伸聚丙烯膜的伸长率与溶剂蒸气中暴露时间的关系曲线
显示了 CHCl$_3$ 处理的 49mN 预拉伸聚丙烯膜的初始扩散动力学和饱和/平衡状态

经溶剂蒸气处理的聚丙烯薄膜的强度性能由两个起相反作用的因素决定：一方面，预拉伸引起的拉伸取向和溶剂的存在导致强度增加；另一方面，由相互作用参数 x_H 和非特异性内聚力 D 定义的残余溶剂的塑化往往会降低强度。因此，观察到的强度性质取决于两种因素中的哪一种在任何特定处理中更占优势。

3.3.3　时间和温度对聚丙烯力学性能的影响

表 3.2 给出了在不同暴露温度下经过 24h 后氧化聚丙烯薄膜的质量损失百分比。质量损失百分比随着温度的升高而增加。这是可以预想到的，因为更高的温度将熔化和蒸发较低的分子量聚合物，以及由于热老化发生链断裂的产物。然而，在温度范围内相对低的质量损失表明，维持好的热稳定性支持 160℃ 的最高使用温度。

从表 3.2 可以看出，薄膜厚度随着温度的增加可以用链折叠的增加来解释。此外，薄膜厚度的增加与密度的降低有关[21]。

表 3.2　不同温度下老化薄膜的密度、质量损失和薄膜厚度变化[21]

温度(℃)	密度(g/cm³)	初始质量(g)	失重率	最终薄膜厚度①(mm)	厚度增加百分比(%)
80	0.915	0.8152	0.183	0.13	8.3
100	0.912	0.8053	2.215	0.13	8.3
110	0.905	0.8255	0.225	0.15	25.0
130	0.901	0.7771	0.273	0.16	33.3

注：当温度达到 150℃ 时，膜被破坏。
① 初始膜厚 0.12mm。

屈服应力、屈服应变、弹性应变和塑性应变的数据见表 3.3。Uzomah 和 Ugbolue[21] 的研究结果表明，表 3.3 中给出的起始模量数据外推到 177℃ 时为零，这接近于聚丙烯的热力学熔点。与未经处理的聚丙烯样品相比，热老化也导致起始模量显著降低。

表 3.3　聚丙烯的拉伸性能随温度的变化[21]

温度(℃)	屈服应力 σ_y (MPa)	屈服应变 λ_y	初始模量 E (MPa)	塑料应变 λ_p	弹性应变 λ_e	屈服功 U_y (MPa)
80	27.0	0.15	600	0.105	0.045	7.5
100	23.1	0.10	450	0.049	0.051	5.4
110	22.3	0.12	380	0.061	0.059	4.0
130	18.6	0.11	300	0.048	0.062	3.0
未处理聚丙烯(27℃)	18.3	0.17	1000	0.152	0.018	5.0

注：应变速率为 5cm/min。

文献[22-28]研究了热氧化后聚丙烯膜的密度、断裂伸长率、拉伸强度等物理力学性能的恶化情况。Gent 和 Madan 研究了屈服应力、拉伸比和拉伸应力随拉伸温度的变化[29]。

Uzomah 和 Ugbolue[30] 也研究了时间和温度对热氧化聚丙烯薄膜最终性能的影响。拉伸

应力 σ_d、拉伸比 λ_d、拉伸强度 σ_b 和断裂比 λ_b 的数据见表3.4。从表3.4中可以看出，拉伸应力和拉伸比随着老化温度的升高而急剧下降，当外推到160℃（未处理聚丙烯薄膜的熔点为170℃）时拉伸比为零。当温度高于聚丙烯膜熔点时，可以预见，拉伸应力将为零。在相同的老化时间下，60℃老化薄膜的拉伸比显著大于100℃时老化薄膜的拉伸比。通常，拉伸强度的增加归因于基体中无定形区域分子链有序性的增加，以及烷基自由基的耦合重组获得了更高的有序重排，而断链反应会降低该值[26]。

表3.4 老化时间对60℃和100℃老化聚丙烯薄膜最终性能的影响

温度（℃）	时间（min）	密度（g/cm³）	拉伸应力 σ_d（MPa）	拉伸比 λ_d	拉应力 σ_d（MPa）	破断率 λ_b	拉伸功 U_d（MPa）	断裂功 U_r（MPa）
60	60	0.906	22.5	4.5	50.5	10.3	101	300
60	90	0.904	19.5	4.0	42.2	9.8	78	241
60	120	0.903	21.0	3.8	45.3	10.5	80	296
60	180	0.902	17.0	3.6	38.3	9.8	61	221
100	30	0.907	23.2	1.9	47.6	8.9	44	93
100	60	0.903	23.1	1.8	43.0	8.0	42	86
100	120	0.902	20.5	1.7	34.0	6.6	35	61
100	180	0.901	20.2	1.6	36.7	67	32	60

Uzomah 和 Ugbolue[30]的研究表明，60℃老化时拉伸强度单调下降，而薄膜破断率随时间的对数基本保持不变。此外，在相同的时间区间内，100℃老化时拉伸强度和破断率随着时间的对数线性减小。老化温度越高，聚合物膜的降解越厉害，这导致拉伸强度和破断率降低。这两个温度下的拉伸强度的动力学显然是相似的，但必须注意的是，100℃老化比60℃老化要快得多。对于线型聚乙烯，Popli 和 Mandelkern[31]发现，拉伸强度随着分子量的增加而显著下降，但对于不同的分子结构，结晶度和结晶厚度不变。

3.3.4 断裂功 U_r

通常会产生这样的印象，即对屈服过程的充分了解可以得到塑性变形的特征。这可能就是为什么断裂功是研究最少的变形极限参数的原因[31]。Uzomah 和 Ugbolue[30]研究表明，随着老化温度的升高，断裂功降低；随着老化聚丙烯薄膜密度的降低，100~110℃老化时的断裂功与未老化（27℃）聚丙烯薄膜（约265MPa）的断裂功基本相等，而60℃老化聚丙烯薄膜的断裂功开始变大。拉伸功和断裂功随着热氧化时间对数的增加呈线性减小。结果表明，聚丙烯薄膜的热稳定性取决于不可避免的微量杂质、羰基和过氧化氢基团以及催化剂残留[22]。自由基键断裂以及分子内和分子间脱氢反应导致含氧产物生成，从而导致物理化学性质恶化[22-26]。

3.3.5 热处理对等规聚丙烯弹塑性响应的影响

Drozdov 和 Christiansen[32]在室温变形亚屈服区对等规聚丙烯进行了4个系列的拉伸加载—卸载试验。在第一系列中，使用注塑试样；而在其他系列中，样品分别在120℃、140℃和160℃下退火24h，这覆盖了低温区域和退火温度的高温区域的初始部分。建立了半结晶聚合物的弹塑性本构模型。通过拟合实验数据，确定了5个可调参数，确定了应力应变关系，分析了退火过程对材料常数的影响。

注射成型试样中α球晶的特征尺寸估计为100～200μm[33-34]。这些球晶由厚度为10～20nm的晶体薄片组成[33,35]。在等规聚丙烯中，α球晶的一个独有特征是片晶交叉生长：在球晶中，横向片晶在垂直于径向片晶的方向上发展[8,35]。

非晶相位于：(1)球晶之间；(2)球晶内部片晶堆积之间的"液袋"中；(3)片晶堆积之间[36]。它由球晶间、"液袋"内和片晶堆积内沿径向片晶之间的可动链与径向片晶和切向片晶边界区域内的可动受限链(即刚性非晶组分[36])组成。

等规聚丙烯在高温(110～170℃)退火后，采用差示扫描量热法(DSC)观察到了显著变化。发现在较低温区间(110～150℃)退火，将会导致：(1)熔化峰[37]单调增加；(2)在熔化曲线上形成宽的低温肩峰(二次吸热)，该低温肩峰的强度随着退火温度的升高而增加[38]。在较高温区间(150～170℃)退火导致第二吸热峰转变为主峰[38]，这可能由于晶相[39]中发生了二级相变。对应于这一转变的临界温度位于157℃[35]和159℃[39]之间。形态分析表明，退火引起的熔化曲线的变化伴随着晶体结构的变化(随着退火温度的升高，交叉排线水平显著降低)。

最后，得出以下结论[32]：

(1) 在低温区退火不会影响反映等规聚丙烯弹塑性响应的材料常数。

(2) 在高温区域退火使弹性模量 E_0 增加(这归因于由 $α_1$—$α_2$ 跃迁引起的晶体完美度的增长)。

(3) 在高温区退火使塑性流动速率 a 增大(达到其最终值)，并且中间区域与集合的分离率增加(这些变化与横向片晶的消失有关)。

(4) 塑性应变速率 K 随着最大塑性应变 $\varepsilon_{P_1}^0$ 线性增长，这意味着在有效载荷下中间区域(MRs)中连接处的滑动激活了卸载时片晶的粗滑和破碎。活化过程似乎与微晶的完美性无关。

(5) 应变 ε 和 ε^* 分别表示在主动加载和卸载时向稳定塑性流动的转变，它们彼此非常接近，并且受热处理的影响很小。结果证实了该假设，即半亚晶区中半结晶聚合物的弹塑性变形主要与非晶相的转变有关[36,40]。

3.4 聚烯烃纤维材料和纳米复合材料的表征

聚丙烯均聚物的一些性质见表3.5。

聚合物纳米复合材料领域的两个开创性研究成果为：首先，丰田公司报道了尼龙/纳米复合材料，适度添加无机物可以同时显著提高材料的热性能和力学性能[42]；其次，Giannelis 等[43]证明了熔融共混聚合物和黏土的可能性，而不需要使用有机溶剂。从那时起，对工业应用的高度期望激发了大量的研究，这些研究揭示了无机硅酸盐层状材料的纳米分散能极大地增强许多材料的性能[42-43]。

3.4.1 差示扫描量热法

在聚合物熔体中加入纳米填料通常会对结晶产生各种影响[44-46]。与纯聚丙烯相比，采用差示扫描量热法(DSC)研究了纳米填料的加入对聚丙烯复合纤维的结晶度、熔点峰值和熔融起始温度的影响[41,47]。

使用TA公司的DSC Q1000进行测试分析。使用氮气提供惰性气氛。将质量为5～10mg的测试样品置于常规DSC铝盘中进行测试。然后，将样品盘和由相同材料制成的空参考盘装入测试室。将样品盘和参考盘以10℃/min的速率加热至220℃。该仪器测量保持样品盘与参比盘相同温度所需的额外热流。将测试结果对温度或时间作图，通常由放热或吸热峰组成。在实验完成之后，使用TA公司提供的软件(通用分析)来计算熔化热。该软件根据获得的曲线计算的熔化热与聚合物晶体的熔化热之比来表示结晶度，以百分比表示。聚丙烯晶体的熔化热为207J/g[48-49]。通过软件计算可以获得样品的熔融起始温度和熔点峰值等特性。

表3.5 聚丙烯均聚物的性质[41]

性质	ASTM方法	典型值
密度	D1505	0.9g/cm³
熔体指数	D1238	4.2g/10min
拉伸屈服强度	D638	5100psi
柔性模量	D790	260000psi
硬度	D2240	74

注：1psi=6894.76Pa。

采用DSC分析聚丙烯和纳米复合纤维的熔点、熔融起始温度和结晶度的差异。图3.2为聚丙烯纤维和加入不同黏土含量的纳米复合纤维的熔融曲线叠加图。将黏土加入聚合物基体中后，观察到结晶度略微降低。纤维的结晶度与其可染性相关，因为结晶度越低意味着聚丙烯基体中有更多聚合物链可被染料分子接触。与纯聚丙烯相比，纳米复合纤维的结晶度降低范围为2%～4%。尽管纳米复合纤维的结晶度降低，但降低的程度与黏土添加量不是线性相关的。随着黏土添加量的增加，观察到染色的纳米复合纤维的K/S值(K为吸收系数，S为散射系数)的提高逐渐减小。因此，与纯聚丙烯纤维相比，结晶度的轻微降低可以改善纳米复合纤维的染色性能，但这不能被认为是提高纳米复合纤维染色性的唯一因素。

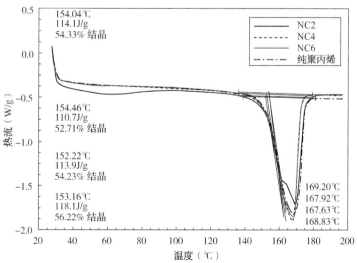

图3.2 聚丙烯和纳米复合纤维熔融曲线的叠加[41]

NC—纳米复合纤维

聚丙烯纳米复合材料的可染性增加也是由于界面相高能表面的形成，以及分散的染料分子与黏土颗粒之间存在范德华力[41]。

通常，黏土的添加不会引起聚合物的熔融起始温度和熔点峰值的显著变化。表 3.6 列出了纯聚丙烯和纳米复合纤维的熔体特性。

表 3.6　纯聚丙烯和纳米复合纤维[41]熔体特性

样品	熔融起始温度(℃)	熔点峰值(℃)	结晶度(%)
纯聚丙烯	153.16	168.83	56.22
2%NC	152.22	169.20	54.23
4%NC	154.46	167.92	52.71
6%NC	154.04	167.63	54.33

3.4.2　纳米复合纤维的拉伸性能

使用 ASTM 标准试验方法 D3822 测定了纳米复合纤维与纯聚丙烯纤维在拉伸性能上的区别。该方法为测定单个纤维的拉伸性能提供了方向。单纤维试样在恒定伸长速率(CRE)型拉伸试验机上按预定长度和伸长速率进行拉伸直到断裂。得到的力—伸长曲线和线密度用于计算弹性模量、断裂载荷和断裂伸长率。本试验采用 CRE 型拉伸试验机(INSTRON 拉伸试验机)，该试验机带有夹住纤维试样的扁平钳口。所用试样的长度为 50mm。纤维样品用纸板制成标签。采用 ASTM 标准试验方法 D1577 测定试样的线密度。

在校准机器后，试件被安装在夹钳的钳口，在不拉伸试件的情况下消除任何松弛。按规定的伸长速率(240%初始试样长度/min)记录伸长曲线。对 20 个纯聚丙烯和纳米复合材料试样进行了试验研究。

3.4.3　X 射线衍射分析

广角 X 射线衍射(WAXD)是表征聚合物纳米复合材料结构的一种有价值的技术[50-54]。样品制备的简易性和 WAXD 的有效性使其成为评价纳米复合材料中硅酸盐层间间距的首选方法。通过检测衍射峰的位置、形状和强度，纳米复合材料中硅酸盐层间间距的分布，可以确定其结构。层状硅酸盐层间插入聚合物后，片层被剥离，层间距增大，给出了一个新的基础衍射峰，对应着更大的晶片层间高度。另外，在剥离的纳米复合材料中，聚合物基体中原始硅酸盐层的片层分离导致相干 X 射线衍射(XRD)的消失。

除了与实验设置有关的误差之外，PLS 纳米复合材料的 XRD 分析还会遇到更多的复杂问题。由于纳米复合材料中黏土的用量相当小，XRD 分析必须足够灵敏，才能检测到聚合物中黏土的晶体结构。如果不能做到这一点，XRD 峰的消失可能会导致错误结论。此外，X 射线的穿透深度与衍射角成反比。因此，广角 X 射线分析只能反映出靠近表面的薄层结构。因此，建议使用一种比表面积大的薄型样品进行分析。此外，对于插层纳米复合材料结构中硅酸盐层的空间分布还知之甚少，也无从得知剥离结构的信息。

Mani 等[55]在环境温度下在 Rigaku 旋转阳极衍射仪上进行了广角 X 射线散射研究，其中Cu K$_\alpha$辐射波长为 1.54Å❶，加速电压为 60kV。研究了蒙皂石黏土颗粒粉末和 400μm 纳米复

---

❶　1Å = 0.1nm = 10^{-10}m。

合材料薄膜。使用高分辨率透射电子显微镜(TEM)JEOL 2010F,在200kV下操作,点分辨率为1.9Å,晶格分辨率为1.4Å,观察了纳米复合材料中黏土颗粒的物理状态。TEM样品制备方法:使用金刚石刀片从大块样品中刮擦得到小样品片。将这些小块样品在玛瑙研钵中用丙酮研磨,然后将丙酮悬浮液移动到碳涂覆的铜网格上后,用于TEM观察。

用混合器在170℃下以70r/min运转2h制备的纳米复合膜与35r/min、30min制备的膜相比,d间距增加,单层剥离薄片数量增多。因此,在70r/min下制备2h的纳米复合材料得到的结果被认为最适合于进一步的分析[55]。

3.4.4 透射电子显微镜

仅基于广角X射线衍射(WAXD)获得的纳米复合材料的结构可能是错误的,因此来自TEM以及WAXD的数据可以更好地理解各个相的内部结构和空间分布[41]。对于TEM分析,要求样品切割得非常薄,并且需要特别小心以确保采集样品的代表性。TEM允许精确观察具有优异分辨率(约0.2nm)的纳米结构。但是,样品制备所需的特殊处理使其非常耗时。

3.5 聚烯烃纳米复合材料的结构性能改进

将聚合物插层到层状无机黏土颗粒中是合成聚合物纳米复合材料的一种有前途的方法。所得纳米材料的结构与性能可以通过控制聚合物与黏土之间的相互作用而改变[5-7]。除了采用传统方法制备不混溶的聚合物和黏土复合材料之外,还有插层和剥离两种可能类型的杂化方式。插层是在黏土层之间存在延伸的聚合物链的状态,导致具有交替的聚合物/无机层的多层结构,重复距离为几纳米。剥离是硅酸盐层完全分离和分散在连续的聚合物基体中的状态。石墨插层化合物(GIC)的制备已引起人们的广泛关注,它是通过将客体化学物质(插层剂)的原子层或分子层插入主体材料层之间而形成的[56-57]。GIC的XRD测量可用于显示周期性堆叠结构[57]。根据Daumas-Herold模型,当石墨(主体)的每n层和$n+1$层之间存在插层(客体)时,周期性堆叠的结构称为阶段n型结构[57]。

纳米粒子在整个聚合物基体中的分散精细且均匀,是开发高质量纳米复合材料的关键。通常认为纳米颗粒在聚合物基体中的均匀分散可以改进纳米复合材料的大多数性能。

3.5.1 聚丙烯/黏土纳米复合材料的性能改进

Mani等采用溶液法和熔融混合法制备了聚丙烯/黏土纳米复合材料。采用钛酸盐偶联剂提高纳米黏土颗粒与聚丙烯的相容性,采用XRD和透射电镜(TEM)研究了纳米黏土颗粒在聚丙烯中的分散。观察了纳米复合材料中黏土颗粒层间距的增加,并与原土颗粒和有机化处理的黏土进行了比较。通过XRD数据和TEM图像确定了单个黏土晶体中夹层数为4层。基于广泛应用于GICs的Daumas-Herold模型,介绍了聚丙烯中蒙脱土颗粒的二级和三级结构。通过对层状结构的研究,提出了确定黏土层间存在聚合物分子的方法。结果证实,单片层蒙脱土在聚丙烯中具有较好的分散性能。

由图3.3可知,C-15A在2.760°处的峰向左侧移动,d间距增大0.551nm。由此推断,d间距的增加可能与插入剂聚丙烯分子有关。根据插层理论,d间距不能增加和维持,除非存在二次化合物[57]。

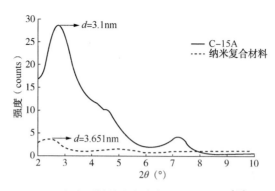

图 3.3　C-15A 和聚丙烯纳米复合材料(5%填料)[55] 的 XRD 图

等规聚丙烯的 XRD 图如图 3.4 和图 3.5 所示。在 2°~10°的 2θ 值之间没有出现峰,说明图 3.3 中在 $2\theta=2.4°$ 处观察到的(001)峰代表了黏土颗粒的峰。

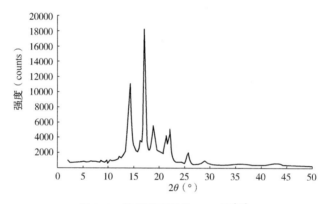

图 3.4　等规聚丙烯的 XRD 图[55]

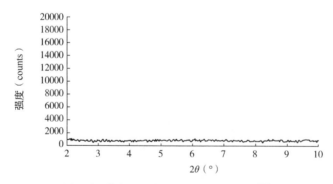

图 3.5　等规聚丙烯 2°~10°的 XRD 图[55]

3.5.2　聚丙烯纳米复合材料的透射电子显微镜图像及其解释

Mani 等[55]以各种放大倍数拍摄了几张 TEM 图像来表征纳米复合材料。对于每种纳米复合材料样品拍摄 6 个 TEM 图像。他们在制备的纳米复合材料的一些 TEM 图像中观察到完全脱落的形态(图 3.6)。有趣的是,观察到大多数纳米复合材料充满了许多剥离的片层。这些片层可以定义为通过使用 XRD 插入，因为与原始黏土 d 间距相比，观察到 d 间距增加。

图 3.6 中的所有圆圈表明存在 4~5 层的类晶型插层结构。

图 3.6(a) 中的纳米复合材料的 TEM 图像清楚地表明黏土层不是严格平坦的：它们皱缩、弯曲或朝向一个方向取向，这可以被认为是挤出纳米复合纤维的良好标志。高分辨率 TEM 图像的 3 个区域(图 3.6) 被放大以显示插入的类固体的存在。发现插入的类晶体中的层数约为 4，这支持基于 XRD 结果的假设[55]。尽管所有 TEM 图像都非常有利于单层薄片(剥离)的显著存在，但是一些图像代表插入/剥离的纳米复合材料。这些图像证实了插入的类晶体以及剥离的片层的存在。

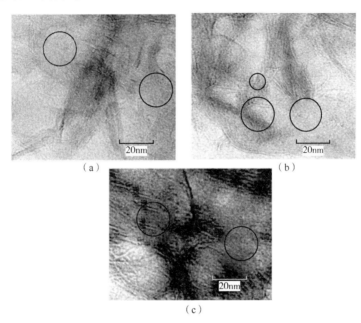

图 3.6　C-15A/聚丙烯纳米复合材料的高分辨率 TEM 图像

显示了相同的高分辨率 TEM 中 C-15A/聚丙烯纳米复合材料 3 个不同的扩大区域。(a)、(b) 和 (c) 的选择意味着区分同一样品中的 3 个区域/选择。这些扩大区域的结果证实了研究中记录的观察结果[55]

3.5.3　纳米颗粒均匀分散的可取性及其与聚合物基体的相容性

聚合物纳米复合材料性能的改善归因于纳米颗粒对聚合物—填料相互作用提供的更高接触面积。因此，需要均匀分散纳米颗粒及其与聚合物基体的相容性[41]。聚丙烯是广泛用于聚合物纳米复合材料的聚合物基体。Manias 等[58]通过两种方式合成聚丙烯/有机改性的蒙脱土纳米复合材料：首先，通过在聚丙烯中引入官能团并使用烷基铵蒙脱土；然后，通过使用未改性的聚丙烯和半氟化表面活性剂改性蒙脱土。他们报道了聚丙烯/蒙脱土纳米复合材料的拉伸特性——较高的热变形温度、高阻隔性能、较好的抗划伤性和增强的阻燃性能。Galgali 等[59]合成了聚丙烯/蒙脱土纳米复合材料，并研究了纳米复合材料的蠕变行为。他们报道了使用马来酸酐接枝聚丙烯增容的杂化物的抗蠕变性显著高于未增容的杂化物，并且随着退火时间的增加而增加。他们还得出结论，聚合物层状硅酸盐复合材料显示出类似固体的流变响应，包括非终端动态行为、在较高剪切应力下的表观屈服，以及黏度对黏土含量的强烈依赖性。与原始或未修饰的杂化物相比，其他研究报道了相容性聚丙烯/黏土杂化物的性质改善[5-7,41-43,45-60]。

3.5.4 用酸和分散染料染色的纳米黏土改性聚丙烯

分散染料的累积曲线[41,61]如图 3.7 和图 3.8 所示。随着染料浴中染料浓度的增加，累积曲线是用 K/S 值测量的，从累积曲线可以看出，添加的黏土与纳米复合材料吸收的染料呈正相关。然而，随着阴影深度的增加，即通过增加染料浴中的染料浓度，累积曲线趋于平缓。这代表了聚丙烯纳米复合材料中可用染料位点的饱和度。

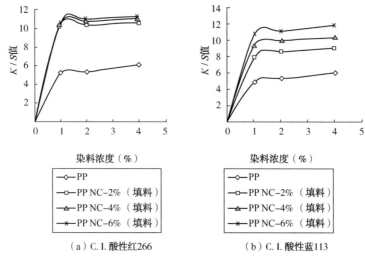

图 3.7　C.I. 酸性红 266 和 C.I. 酸性蓝 113 的累积曲线

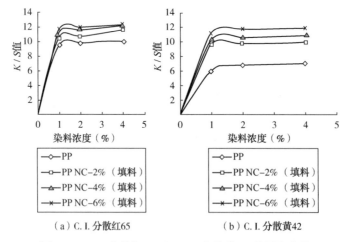

图 3.8　C.I. 分散红 65 和 C.I. 分散黄 42 的累积曲线

Lalit、Fan 和 Ugbolue[61]还研究了染料结构对纳米复合纤维产色的影响。在单偶氮染料分散红 65 的纤维染色中，纳米复合纤维的 K/S 值与聚酯纤维的相同。对于硝基二苯胺型染料分散黄 42，纳米复合纤维的 K/S 值较纯聚丙烯纤维有所提高，但纳米复合纤维的显色率不及聚酯纤维。C. I. 分散蓝 56 型蒽醌染料对纳米复合纤维的 K/S 值有一定的改善；在较高的阴影深度，即对于较高的黏土负载（聚合物质量的 6%），K/S 值可以接近聚酯纤维的 K/S 值。因此，适当选择染料结构可以使纳米复合纤维获得更高的显色率（图 3.9 至图 3.11）。

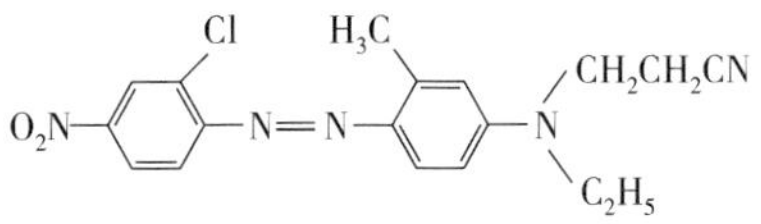

图 3.9　C. I. 分散红 65 的结构 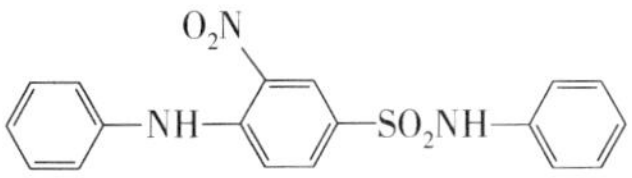　　图 3.10　C. I. 分散黄 42 的结构 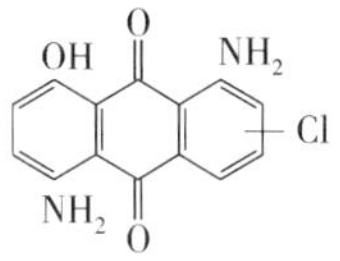　　图 3.11　C. I. 分散蓝 56 的结构

3.5.5　纳米复合聚丙烯薄膜和纤维的抗菌活性

在另一项研究中，Lalit[41]研究了填充纳米有机改性蒙脱土黏土颗粒的聚丙烯纤维的抗菌性能，并研究了加工温度对改性蒙脱土抗菌性能的影响。

纳米复合膜对革兰阳性金黄色葡萄球菌和革兰阴性肺炎克雷伯菌均具有良好的抗菌性能。纳米复合聚丙烯薄膜与未改性聚丙烯薄膜相比，其细菌数量减少了 99.60% ~ 99.99%。纳米复合聚丙烯薄膜的抗菌性能是由于改性黏土中添加了季铵盐化合物所致。然而，用相同黏土制备的纳米复合聚丙烯纤维并没有表现出任何抗菌活性。

纳米复合聚丙烯膜和纳米复合聚丙烯纤维抗菌性能的差异可归因于熔融加工步骤中的温差。将纳米复合聚丙烯薄膜熔融混合并在 170℃ 下熔融压制，同时纳米复合聚丙烯纤维在 191℃ 下挤出。较高的加工温度导致活性化合物（季铵化合物）在黏土表面上过度降解，因此抗菌属性丢失了。改性黏土的热重分析表明，将等温循环中的温度从 170℃ 升高到 191℃ 会使质量损失从 5.18% 增加到 14.14%。通过体积分析测定的原样改性黏土，暴露于 170℃ 的黏土和暴露于 191℃ 的黏土的季铵化合物浓度分别为 30.34%、22.93% 和 12.27%。暴露于 170℃ 的黏土在标准接种物中表现出高达 97.93% 的细菌数量减少，而暴露于 191℃ 的黏土则降低至 31.49%。

3.5.6　纳米复合聚烯烃的力学性能

DSC 结果如图 3.2 所示，纳米复合纤维比聚丙烯纤维结晶性低 24%。纳米复合纤维染色性能的提高是由于结晶度的降低。然而，纳米复合纤维结晶度降低 24% 并不是其高显色率的唯一原因。纳米复合纤维的可染性之所以得到改善，是因为在聚丙烯基体中加入了合适的添加剂，如黏土，因为所得的染料饱和度高于纯溶液机制下的染料饱和度[62]。黏土/聚丙烯体系可以看作是嵌在聚合物基体中的添加剂的大量细长的纤维的集合。由此产生的间相区域代表高能表面，染料分子除了在加性相形成通常的固溶外，还会倾向于优先集中在这些间相高能表面[62]。随着黏土与聚丙烯相容性的提高，以及聚丙烯聚合物中黏土相对含量的增加，纤维的数量和聚合物与黏土之间的界面相也会增加。因此，纳米复合纤维的显色率随着黏土浓度的增加而增加。此外，分散相染料分子与黏土颗粒之间、分散相染料分子与聚丙烯之间可能存在诸如范德华力的二次作用力。事实上，杨一奇等[63]研究了纳米黏土和改性纳米黏土对阴离子、阳离子和非离子染料的吸附作用。对染料的等温吸附研究[63]表明，纳米黏土具有很强的吸附能力,其表面积大,范德华作用力强,与染料之间存在疏水和离子的相互作用。

对纯聚丙烯和纳米复合纤维力学性能的研究表明,与纯聚丙烯纤维相比,纳米复合纤维的模量和断裂应力分别提高了34%和20%[41]。然而,纳米复合纤维的断裂伸长率比纯聚丙烯纤维下降了19%。力学性能的增强与前人的研究一致[45,64]。结果发现,用黏土片层加固聚合物链可以提高纤维的模量和断裂应力。然而,用黏土颗粒加固聚丙烯也会限制聚合物链的流动性,导致纳米复合纤维的断裂伸长率降低。纳米复合纤维断裂伸长率降低、模量和断裂应力提高的另一种可能解释是,随着黏土含量的增加,挤出物黏度增加,同时挤出物取向增加[65]。

Kim 和 Krishnamoorti[66]、Dorigato[67]以及 Nand[68]和 Vaia 等[69]报道了使用纳米粒子来配合聚合物基体以改善特定和目标性能。许多物质包括氧化钙、氧化锌、氧化铝、氧化硅、碳纳米管黏土、勃姆石等,也被用作纳米颗粒与聚烯烃进行共混,详情可见 Agwuncha[70]、Valentino[71]和 Fornes 等[72]的研究报道。通常,这些颗粒能够改善基体的热稳定性,因为它们具有优异的导热性能,使得它们能够吸收更多的热能,同时对聚合物基体的损害更小。然而,当这些纳米颗粒以原始形式使用时,它们经常导致力学性能的降低,因为它们沿着界面形成不连续性,导致基体和纳米颗粒之间的应力转移较差,从而对整体结构和力学性能的改善有限。为了解决这个问题,研究人员试图在纳米粒子上引入有机组分,这些组分与基体之间可以发生某种形式的化学相互作用,从而在纳米粒子和聚合物基体之间形成更强的键合作用。

Streller 等[73]将等规聚丙烯与勃姆石纳米填料进行共混复合,研究纳米颗粒对形貌、结晶行为和力学性能的影响。结果表明,纳米颗粒的存在导致了结晶温度的升高和结晶熔融温度的降低,而结晶度的提高幅度最大仅为1%,这是勃姆石无法参与结晶过程的结果。Streller 等[73]也强调了一个事实,即一些纳米颗粒比其他纳米颗粒更有效,但同时指出,粒子形成的团聚体也可能降低其效率。已知黏土纳米颗粒能有效改善聚烯烃的力学性能和热性能。

在 Blumstein[74]报道了纳米黏土对聚合物复合材料热稳定性具有改善作用之后,关于聚合物—黏土纳米复合材料的研究也有很多报道,参见文献[75-80]。与纯聚合物相比,纳米黏土颗粒与聚合物基体的结合通常能提高材料的热稳定性。这归因于纳米粒子高的表面/体积比、低的渗透率,同时,在高温加热时,片层空间结构可以吸附产生的气体,黏土纳米片层在聚合物基体中形成了阻隔层,可以减缓挥发性组分的逃逸速度[81-82]。

3.6 纤维增强聚烯烃

使用天然纤维和合成纤维作为增强材料可以改善纯聚烯烃及其共混物的力学性能和热性能,Amar[83]、Demir[84]、Tagdemi[85]、Beaugrand 和 Berzin[86]、Khoathane[87]以及 Kabir 等[88]均证明了这是一条行之有效的技术策略。合成纤维和玻璃纤维具有良好的热性能和力学性能,并具有非常好的长径比。然而,如 Islam[89]、Huber[90]和 Dissanayake 等[91]所述,由于对环境问题的担忧,近年来对合成纤维和玻璃纤维的使用和应用受到限制。因此,天然纤维越来越优选作为聚烯烃的增强材料,因为纤维素增强聚合物具有固有的优点[92-97],这些优点包括低密度、低加工设备磨损、可持续性、较低的健康风险、可接受的良好的特定力学性能以及加工过程中的低能耗。

3.7 聚烯烃拉胀织物结构的设计和制造

3.7.1 聚烯烃拉胀织物的设计理念

Smith 等[98]描述的模型已被证明可成功解释某些工程泡沫的拉胀行为。Gaspar 等[99]提出了许多网状材料的变形模型,他利用了一种假设,即存在一种主导的超过其他模式的单一变形模式。其中,一些网络模型已被用于预测具有负泊松比但尚未制造的材料[100]。Smith 等[98]的断筋模型就是这样一个例子。Gaspar 等[99]的研究结果表明,具有这种微观结构的材料确实产生负泊松比。变形的主要假设是:筋条之间的角度弹性变形;不允许改变单个筋条的长度;在整个变形过程中保持网的平移对称性。这种模型的工程应变如图 3.12 所示。

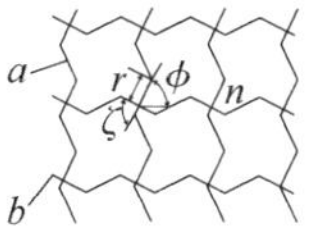

$$\varepsilon_y = 4r\left(\frac{\sin\phi_n}{\sin\phi_0} - 1\right) \quad \varepsilon_x = 4r\left\{\frac{\cos[\zeta_0 - \phi_0 + \Delta\phi(k-1)]}{\cos(\zeta_0 - \phi_0)} - 1\right\}$$

$$v_{yx} = -\frac{\{\cos[\zeta_0 - \phi_0 + \Delta\phi(k-1)] - \cos(\zeta_0 - \phi_0)\}\sin\phi_0}{(\sin\phi_n - \sin\phi_0)\cos(\zeta_0 - \phi_0)}$$

图 3.12　结构几何模型示意图

3.7.2 制造技术

拉胀结构领域的研究工作已显示出优于传统织物的力学性能[100-110]。这些努力主要集中在拉胀纤维和长丝的初始生产阶段,然后将其编织成织物以实现宏观的拉胀性能。尽管已经获得了所期望的性能,但由于单个拉胀纤维的生产耗时且昂贵,因此该方法受到限制。相比之下,我们在马萨诸塞大学达特茅斯分校(UMD)的团队,Ugbolue 等[111-119]开创了使用廉价的市售非成型纱线制造拉胀经编织物的方法。UMD 技术通过利用织物几何学、织物设计和结构力学方面的知识,开发了使用普通纱线生产拉胀织物的快速方法。我们的拉胀织物生产方法的竞争优势在于更高的生产率、织物多功能性以及性能和经编生产速度,因此比传统的编织技术更具有成本和生产效益。Luna Innovations Roanoke,VA 24016,与 UMD 合作开发了一种拉胀材料,与目前用于骨盆个人防护设备的材料相比具有显著优势。

所生产的拉胀纺织品已显示出优于常规织物的力学性能的显著改进,并且预期转化为改进型的防爆/防弹材料。值得注意的是,当织物受到弹片和简易爆炸装置的冲击时,织物变厚、性能增强,从而起到保护作用。

实际上,拉胀技术在防爆/防弹方面提供的增强保护作用可以使防护材料做得更薄、更轻、更透气,从而减少热负担。必须强调,传统材料(即泊松比为正的材料)的主要问题在于,它们很难弯曲成双弯曲或半圆的形状,实际弯曲时形成鞍形结构。对于拉胀形织物(泊松比为负的材料),很容易实现双曲率结构。

3.8 结论

本章强调了聚烯烃纤维材料和纳米复合材料结构力学方面发展的趋势。研究人员在处理聚烯烃纤维和纳米复合材料结构性能关系的努力已经获得了令人兴奋的结果。在工程纳米复合聚烯烃材料方面投入的兴趣和精力，将对改进商用产品的范围具有无可估量的价值。

纳米技术使得聚丙烯可以被酸性染色剂和分散染色剂进行染色，这方面的进步使得新一代纺织服装和高科技运动服装能够满足时尚产业的需求。对拉胀聚烯烃结构和其他一些类型纤维的持续研究工作为新型拉胀纺织技术提供了新的前景。事实上，Luna 创新公司与 UMD 合作开发了一种新型纺织品，能够极好地吸收和分散能量，特别适用于爆炸防护领域。

参 考 文 献

[1] Van HO. An introduction to clay colloid chemistry, 2. New York: Wiley-Interscience; 1991. p. 10-35.

[2] Newman ACD. Chemistry of clays and clay minerals. New York: John Wiley & Sons; 1987.

[3] Theng BKG. Formation and properties of clay-polymer complexes. Amsterdam: Elsevier; 1979. p. 65-100.

[4] Destefani JD. Molding system 1999; 57: 10, PCI Magazine.

[5] Michael JS, Abdulwahab SA, Kurt FS, Anongnat S, Priya V. Rheology of polypropylene/clay hybrid materials. Macromolecules 2001; 34(6): 1864-1872.

[6] Oya A, Kurokawa Y. Factors controlling mechanical properties of clay mineral/polypropylene nanocomposites. J Mater Sci 2002; 35: 1045-1050.

[7] Emmanuel PG. Polymer Layered Silicate Nanocomposites. Adv Mater 1996; 8(1): 29-35.

[8] Iijima M, Strobl G. A multiphase model describing polymer crystallization and melting, macromolecules. Macromolecules 2000; 33: 520.

[9] Kalay G, Bevis MJJ. A novel hierarchical crystalline structure of injection-molded bars of linear polymer: coexistence of bending and normal shish-kebab structure. Polym Sci B Polym Phys 1997; 35: 241-265.

[10] Warner SB, Perkins CA, Abhiraman AS. Meltblown polypropylene fibers. INDA J Nonwoven Res 1995; 2: 3.

[11] Warner SB, Ugbolue S, Jaffe M, Patra P. Cost-effective nanofiber formation-melt electrospinning, national textile center annual report november; 2006.

[12] Ugbolue SCO. Structure/property relationship of textile fibres. Textile Prog 1990; 20: 32.

[13] Samuels RJ. High strength elastic polypropylene. J Polym Sci Polym Phys 1979; 17(4): 535.

[14] Ugbolue SCO, Uzomah TC. Some mechanical properties of solvent-treated polypropylene films. J. Appl Polym Sci 1995; 55: 1-7.

[15] Ugbolue SCO, Uzomah TC. Effect of exposure time on the mechanical properties of solvent vapor-treated polypropylene films. J Appl Polym Sci 1996; 62: 1693.

[16] Uzomah TC, Ugbolue SCO. Strength properties of solvent vapour-treated pre-tensioned polypropylene films Part I Halohydrocarbon solvents. J Mater Sci 1999; 34: 1839.

[17] Uzomah TC, Ugbolue SCO. Strength properties of solvent vapour-treated pre-tensioned polypropylene films Part II Aromatic solvent vapours. J Mater Sci 1999; 34: 4057-4064.

[18] Hayes RA. The relationship between glass temperature, molar cohesion, and polymer structure. J Appl Polym Sci 1961; 5: 901.

[19] Barton AFM. Handbook of solubility paramnneters and other cohesion properties. Boca Raton, FL: CRC; 1983.

[20] Huyskens PL, Siegel GG. Fundamental questions about entropy III. A kind of mobile order in liquids: preferential contacts between molecular groups. Bull Soc Chim Belg 1988; 97: 821.

[21] Uzomah TC, Ugbolue SCO. Time and temperature effects on the tensile yield properties of polypropylene. J Appl Polym. Sci 1997; 65: 625-633.

[22] Osawa Z, Saito T, Kimura Y. Thermal oxidation of fractionated polypropylene in solution. J Appl Polym Sci 1978; 22: 563.

[23] Adams JH, Goodrich JE. Analysis of nonvolatile oxidation products of polypropylene. II. Process degradation. J Polym Sci A-1 1970; 8: 1969.

[24] Gzerny J. Thermo-oxidative and photo-oxidative aging of polypropylene under simultaneous tensile stress. J Appl Polym Sci 1972; 16: 2623.

[25] Shiono T, Niki E, Kamiya Y. Oxidative degradation of polymers. II. Thermal oxidative degradation of atactic polypropylene in solution under pressure. J Appl Polym Sci 1977; 21: 1636.

[26] Mathur AB, Mathur GN. Thermo-oxidative degradation of isotactic polypropylene film: Structural changes and its correlation with properties. Polymer 1982; 23: 54.

[27] Ghodak I, Zimanyova E. Eur Polym J 1984; 20(1): 81.

[28] Holmostron A, Sorvik EM. J Polym Sci Polym Chem Ed, 16. 1978. p. 1529.

[29] Gent AN, Madan SJ. Plastic yielding of partially crystalline polymers. Polym Sci Polym Phys Ed 1989; 27: 1529.

[30] Uzomah TC, Ugbolue SCO. Time and temperature effects on the ultimate properties of thermally oxidized polypropylene films. J Appl Polym Sci 1997; 65: 1217-1226.

[31] Popli R, Mandelkern L. Influence of structural and morphological factors on the mechanical properties of the polyethylenes. J Polym Sci Polym Phys Ed 1987; 25: 441.

[32] Drozdov AD, Christiansen JdC. Eur Polym J 2003; 39(1): 21-31.

[33] Coulon G, Castelein G, G'Sell C. Scanning force microscopic investigation of plasticity and damage mechanisms in polypropylene spherulites under simple shear. Polymer 1999; 40: 95.

[34] Kalay G, Bevis MJ, Polym J. Processing and physical property relationships in injection-molded isotactic polypropylene. 1. Mechanical properties. Sci B Polym Phys 1997; 35: 241-265.

[35] Maiti P, Hikosaka M, Yamada K, Toda A, Gu F. Lamellar Thickening in Isotactic Polypropylene with High Tacticity Crystallized at High Temperature. Macromolecules 2000; 33: 9069.

[36] Verma R, Marand H, Hsiao B. Morphological Changes during Secondary Crystallization and Subsequent Melting in Poly(ether ether ketone) as Studied by Real Time Small Angle X-ray Scattering. Macromolecules 1996; 29: 7767.

[37] Labour T, Gauthier C, Seguela R, Vigier G, Bomal Y, Orange G. Polymer 2001; 42: 7127.

[38] Alamo RG, Brown GM, Mandelkern L, Lehtinen A, Paukkeri R. A morphological study of a highly structurally regular isotactic poly(propylene) fraction. Polymer 1999; 40: 3933.

[39] Gu F, Hikosaka M, Toda A, Ghosh SK, Yamazaki S, Araki M, et al. Second-order phase transition of high isotactic polypropylene at high temperature. Polymer 2002; 43: 1473.

[40] Nitta K-H, Takayanagi M. Role of tie molecules in the yielding deformation of isotactic polypropylene. J Polym Sci B Polym Phys 1999; 37: 357.

[41] Toshniwal L. MS Thesis, University of Massachusets, Dartmouth, MA, USA; 2006.

[42] Deguchi, R. Proceedings of the international congress and exposition for SAE international, Detroit, MI; 1991.

[43] Giannelis EP. Polymer Layered Silicate Nanocomposites. Advanced materials 1996; 8: 29-35.

[44] Rong MZ, Zhang MQ, Zhang YX, Zeng HM. Improvement of tensile properties of nano-SiO_2/PP composites in relation to percolation mechanism. Polymer 2001; 42: 3301-3304.

[45] Joshi M, Shaw M, Butola BS. Studies on composite fibers from nanoclay reinforced polypropylene. Fibers Polym 2004; 5: 59-67.

[46] Fu BX, Yang L, Somani RH, Zong SX, Hsiao BX, Phillips S, et al. Crystallization studies of isotactic polypropylene containing nanostructured polyhedral oligomericsilsesquioxane molecules under quiescent and shear conditions. J Polym Sci B Polym Phys 2001; 39: 2727-2739.

[47] Mani, G. MS Thesis, University of Massachusets, Dartmouth, MA, USA, 2005.

[48] TNO48, "Polymer Heats of Fusion", TA Instruments, New Castle, DE.

[49] Wunderlich B. Thermal analysis. Cambridge, MA: Academic Press; 1990.

[50] Kazuhisa Y, Arimistu U, Akane O, Toshio K, Osami K. J Polym Sci A Polym Chem 1993; 31: 2493-8.

[51] Sungtack K, Sung HH, Chul RC, Min P, Soonho R, Junkyung K. Polymer 2001; 42: 879-887.

[52] Limin L. Studies on nylon 6/clay nanocomposites by melt-intercalation process. J Appl Polym Sci 1999; 71(7): 1133-1138.

[53] Hasegawa N, Kawasumi M, Kato M, Usuki A, Okara A. Preparation and mechanical properties of polypropylene-clay hybrids using a maleic anhydride-modified polypropylene oligomer. J Appl Polym Sci 1998; 67: 87-92.

[54] Min ZR, Ming QZ, Yong XZ, Han MZ, Friedrich K. Polymer 2001; 42: 3301-3304.

[55] Mani G, Fan Q, Ugbolue SC, Yang Y. Morphological studies of polypropylene -nanoclay composites. J Appl Polym Sci 2005; 97: 218-226.

[56] Oh W. Deintercalation and Thermal Stability of Na-graphite Intercalation Compounds. C. Carbon Sci 2001; 2(1): 22-26.

[57] Tanuma S, Kamimura H. Graphite Intercalation Compounds. Philadelphia: World Scientific Publishing Co Pt Ltd; 1985.

[58] Manias E, Touny A, Wu L, Strawhecker K, Lu B, Chung TC. Polypropylene/montmorillonite nanocomposites. Review of the synthetic routes and materials properties. Chem Mater 2001; 3: 3516-3523.

[59] Girish G, Ramesh C, Ashish L. A Rheological Study on the Kinetics of Hybrid Formation in Polypropylene Nanocomposites. Macromolecules 2001; 34: 852-858.

[60] Pavlikova S, Thomann R, Reichert P, Mulhaupt R, Marcincin A, Borsig E. J Appl Polym Sci 2003; 89: 604-611.

[61] Toshniwal L, Fan Q, Ugbolue SC. J Appl Polym Sci 2007; 106: 706-711.

[62] Ahmed M. Polypropylene fibers-science and technology. NY: Elsevier; 1982.

[63] Yang Y, Han S, Fan Q, Ugbolue SC. Text Res J 2005; 75(8): 622-627.

[64] Pavlikova S, Thomann R, Reichert P, Mulhaupt R, Marcincin A, Borsig E. Fiber spinning from poly(propylene)-organoclay nanocomposite. J Appl Polym Sci 2003; 89: 604.

[65] Pal SK, Gandhi RS, Kothari VK. Effect of comonomer on structure and properties of textured cationic dyeable polyester. J Appl Polym Sci 1996; 61: 401.

[66] Kim D, Krishnamoorti R. Interfacial activity of poly [oligo(ethylene oxide)-monomethyl ether methacrylate]-grated silica nanoparticles. Ind Eng Chem Res 2015; 54: 3648-3656.

[67] Dorigato A, Pegoretti A, Penati A. Linear low-density polyethylene/silica micro- and nanocomposites: dynamic rheological measurements and modeling. eXPRESS Polym Lett 2010; 4(2): 115-129.

[68] Nand AV, Swift S, Uy B, Kilmartin PA. Evaluation of antioxidant and antimicrobial properties of biocompatible lowdensity polyethylene/polyaniline blends. J Food Eng 2013; 116: 422-429.

[69] Vaia RA, Ishii H, Giannelis EP. Synthesis and properties of two-dimensional nanostructures by direct intercalation of polymer melts in layered silicates. Chem. Mater 1993; 5: 1694-1696.

[70] Agwuncha SC, Ray SS, Jayaramadu J, Khoathane MC, Sadiku ER. Influence of boehmite nanoparticle loading on the mechanical, thermal and rheological propertiesof biodegradable polylactide/poly(ε-caprolactone)

blends. Macromol Mater Eng 2015; 300: 31.

[71] Valentino O, Sarno M, Rainone NG, Nobile MR, Ciambelli P, Neitzert HC, et al. Influence of the polymer structure and nanotube concentration on the conuctivity and rheological properties of polyethylene/CNT composites. Phys E 2008; 40: 2440-2445.

[72] Fornes TD, Yoon PJ, Hunter DL, Keskkula H, Paul DR. Effect of organoclay structure on Nylon 6 nanocomposite morphology and properties. Polymer 2002; 43: 5915-5933.

[73] Streller RC, Thomann R, Torno O, Mulhaupt R. Isotactic poly(propylene) nanocomposites based upon boehmite nanofillers. Macromol Mater Eng 2008; 293: 218-227.

[74] Blumstein A. Polymerization of adsorbed monolayers. II. Thermal degradation of the inserted polymers. J Polym Sci 1965; 3: 2665-2673.

[75] Ray SS. 9. Crystallization behavior, morphology and kinetics. Clay-containing polymer nanocomposites: from fundamentals to real applications. Amsterdam: Elsevier B. V; 2013. p. 273-303.

[76] Malucelli G, Bongiovanni R, Sangermano M, Ronchetti S, Priola A. Preparation and characterization of UV-cured epoxy nanocomposites based on o-montmorillonite modified with maleinized liquid polybutadienes. Polymer 2007; 48: 7000-7007.

[77] Qiu L, Chen W, Qu B. Morphology and thermal stabilization mechanism of LLDPE/MMT and LLDPE/LDH nanocomposites. Polymer 2006; 47: 922-930.

[78] Sanchez-Valdes S, Lapez-Quintanilla ML, Ramarez-Vargas E, Medellan-Rodraguez FJ, Gutierrez-Rodriguez JM. Effect of ionomeric compatibilizer on clay dispersion in polyethylene/clay nanocomposites. Macromol Mater Eng 2006; 291: 128-136.

[79] Ogunniran ES, Sadiku R, Ray SS, Luruli N. Effect of boehmite alumina nanofiller incorporation on the morphology and thermal properties of functionalized poly(propylene)/polyamide 12 blends. Macromol Mater Eng 2012; 297: 237-248.

[80] Ogunniran ES, Sadiku R, Ray SS, Luruli N. Morphology and thermal properties of compatibilized pa12/pp blends with boehmite alumina nanofiller inclusions. Macromol Mater Eng 2012; 2012(297): 627-638.

[81] Ray SS. 7. Thermal stability. Clay-containing polymer nanocomposites: from fundamentals to real applications. Amsterdam: Elsevier B. V; 2013. p. 243-261.

[82] Valera-Zaragoza M, Ramirez-Vargas E, Medelli-n-Rodriguez FJ, Huerta-Martinez BM. Thermal stability and flammability properties of heterophasic PP-EP/EVA/organoclay nanocomposites. Polym Degrad Stabil 2006; 91: 1319-1325.

[83] Amar B, Salem K, Hocine D, Chadia I, Juan MJ. Study and characterization of composites materials based on polypropylene loaded with olive husk flour. J Appl Polym Sci 2011; 122(2): 1382-1394.

[84] Demir H, Atikler U, Balkose D, Tthmtnltoglu F. The effect of fiber surface treatments on the tensile and water sorption properties of polypropylene-luffafiber composites. Compos AAppl Sci Manuf 2006; 37(3): 447-456.

[85] Tagdemir M, Biltekin H, Caneba GT. Preparation and characterization of LDPE and pp—wood fiber composites. J Appl Polym Sci 2009; 112(5): 3095-3102.

[86] Beaugrand J, AndBerzin F. Lignocellulosicfiber reinforced composites: influence of compounding conditions on defibrization and mechanical properties. J Appl Polym Sci 2013; 128(2): 1227-1238.

[87] Khoathane MC, Sadiku ER, Agwuncha SC. Surface modification of natural fiber composites and their potential applications. In: Thakur VK, Singha AS, editors. Surface modification of biopolymers. USA: John Wiley & Sons, Inc; 2015. p. 370-400(Chapter 14).

[88] Kabir MM, Wang H, Lau KT, Cardona F. Chemical treatments on plant-based natural fiber reinforced

polymer composites: an overview. Compos B Eng 2012; 43: 2883.

[89] Islam MN, Rahman MR, Haque MM, Huque MM. Physico-mechanical properties of chemically treated coir reinforced polypropylene composites. Compos A Appl Sci Manuf 2010; 41(2): 192-198.

[90] Huber T, M'ussig J, Curnow O, Pang S, Bickerton S, Staiger MP. A critical review of all-cellulose composites. J Mater Sci 2012; 47(3): 1171-1186.

[91] Dissanayake NPJ, Summerscales J, Grove SM, Singh MM. Life cycle impact assessment of flax fibre for the reinforcement of composites. J Biobased Mater Bioenergy 2009; 3(3): 245-248.

[92] Kalia S, Thakur K, Celli A, Kiechel MA, AndSchauer SL. Surface modification of plant fibers using environmental friendly methods for their application in polymer composites, textile industry and antimicrobial activities: a review. J Environ Chem Eng 2013; 1(3): 97.

[93] Boukerrou A, Hamour N, Djidjelli H, Hammiche D. Effect of the different sizes of the alfa on the physical, morphological and mechanical properties of PVC/alfa composites. Macromol Symp 2012; 321-322(1): 191-196.

[94] Ochi S. Mechanical properties of kenaffibers and kenaf/PLA composites. Mech Mater 2008; 40(4-5): 446-452.

[95] Bodros E, Pillin I, Montrelay N, Baley C. Could biopolymers reinforced by randomly scattered flax fibre be used in structural applications? Compos Sci Technol 2007; 67(3-4): 462-470.

[96] Silva MBR, Tavares MIB, Da Silva EO, Neto RPC. Dynamic and structural evaluation of poly(3-hydroxybutyrate) layered nanocomposites. Polym Testing 2013; 32: 165-174.

[97] Pandey JK, Reddy KR, Kumar AP, Singh RP. An overview on the degradability of polymer nanocomposites. Polym Degrad Stabil 2005; 88(2): 234-250.

[98] Smith C, Grima J, Evans K. A novel mechanism for generating auxetic behaviour in reticulated foam: Missing rib foam model. Acta Mater 2000; 48: 4349.

[99] Gaspar N, Ren XJ, Smith CW, Grima JN, Evans KE. Novel honeycombs with auxetic behaviour. Acta Mater 2005; 53: 2439.

[100] Grima JN, Gatt R. Empirical modeling using dummy atoms EMUDA an alternative approach for studying auxetic structures. Mol Simul 2005; 31: 915.

[101] Alderson A, Alderson K. Expanding materials and applications: exploiting auxetic textiles. Techn Text Int September 2005; 777: 29-34.

[102] Ravirala N, Alderson K, Davies P, Simkins V, Alderson A. Negative Poisson's ratio polyester fibers. Text Res J 2006; 76: 540.

[103] Hook P, Evans K. Auxetix site; 2006. http://www.auxetix.com/science.htm.

[104] Simkins VR, Ravirala N, Davies PJ, Alderson A, Alderson KL. An experimental study of thermal post-production processing of auxetic polypropylene fibres. Phys Status Solidi 2008; 1.

[105] Uzun M, Patel I. Tribological properties of auxetic and conventional polypropylene weft knitted fabrics. Arch Mater Sci Eng 2010; 44: 120.

[106] Hu H, Wang Z, Liu S. Development of auxetic fabrics using flat knitting technology text. Res J 2011; 81: 1493.

[107] Alderson KL, Webber RS, Evans KE. Microstructural evolution in the processing of auxetic microporous polymers. Phys Status Solidi B Basic Solid State Phys 2007; 244: 828.

[108] Alderson KL, Pickles AP, Evans KE. Auxetic polyethylene: the effect of a negative Poisson's ratio on hardness. Acta Metall Mater 1994; 42: 2261.

[109] Webber RS, Alderson KL, Evans KE. A novel fabrication route for auxetic polyethylene, part 2: mechanical

properties. Polym Eng Sci 2008; 48: 1351, 83.

[110] Simkins V, Ravirala N, Davies P, Alderson A, Alderson K. An experimental study of thermal post-production processing of auxetic polypropylene fibres. Phys Status Solidi B Basic Solid State Phys 2008; 245: 598.

[111] Ugbolue SC, Warner SB, Kim YK, Fan Q, Yang CL. The Formation and performance of auxetic textiles (NTC Project F06-MD09), annual report, Pennsylvania, National Textile Center; 2006. http://www.ntcresearch.org/pdf-rpts/AnRp06/F06-MD09-A6.pdf.

[112] Ugbolue SC, Warner SB, Kim YK, Fan Q, Yang CL, Kyzymchuk O, et al. The formation and performance of auxetic textiles (NTC Project F06-MD09), annual report, Pennsylvania, National Textile Center; 2007. http://www.ntcresearch.org/pdf-rpts/AnRp07/F06-MD09-A7.pdf.

[113] Ugbolue SC, Warner SB, Kim YK, Fan Q, Yang CL, Kyzymchuk O. et al. The formation and performance of auxetic textiles (NTC Project F06-MD09), annual report, Pennsylvania, National Textile Center; 2008. http://www.ntcresearch.org/pdf-rpts/AnRp08/F06-MD09-A8.pdf.

[114] Ugbolue SC, Warner SB, Kim YK, Fan Q, Yang CL, Kyzymchuk O. et al. The formation and performance of auxetic textiles (NTC Project F06MD09) annual report, Pennsylvania, National Textile Center; 2009. http://www.ntcresearch.org/pdf-rpts/AnRp09/F06-MD09-A9.pdf.

[115] Ugbolue SC, Warner SB, Kim YK, Fan Q, Yang CL. Olena Kyzymchuk, auxetic fabric Structures and related fabrication methods, World Patent No. 002479 A1, 2009.

[116] Ugbolue SC, Warner SB, Kim YK, Fan Q, Yang CL, Kyzymchuk O, et al. The formation and performance of auxetic textiles, Part 1: theoretical and technical considerations. J Text Inst 2010; 101: 660.

[117] Ugbolue SC, Warner SB, Kim YK, Fan Q, Yang CL, Kyzymchuk O, et al. The formation and performance of auxetic textiles. Part 11: Geometry and structural properties. J Text Inst 2011; 102: 424.

[118] Leong K, Ramakrishna S, Huang Z, Bibo G. The potential of knitting for engineering composites. Compos A 2000; 31: 197.

[119] Ugbolue SC, et al., Auxetic fabric structures and related fabrication methods. US Patent 8, 772, 87, July 8, 2014.

延 伸 阅 读

Zhang XC, Butler MF, Cameron RE. Polym Int 1999; 48: 1173.

Fan Q, Yang Y, Ugbolue SC, Wilson AR. Methods of enhancing dyeability of polymers. US Patent No. 6, 646, 026, November 11, 2003.

4 聚烯烃和环境

Oluranti Agboola[1], Rotimi Sadiku[2], Touhami Mokrani[1],
Ismael Amer[1], Odunayo Imoru[3]

(1. 南非大学；2. 南非茨旺理工大学；3. 尼日利亚联邦理工大学)

4.1 聚烯烃

聚烯烃(PO)是世界上占第一位的、体积最大的工业聚合物品种，用于生产家用塑料瓶、管道、汽车零部件、包装薄膜等各种商业化产品，广泛应用于人们日常生活的各个方面[1]。聚烯烃的物理性质来源于链分子中原子的排列或缠结。自由基转移反应引起的支化结构不仅影响其物理性质，而且影响其分子分布[2]。聚烯烃来源于低成本的石化产品或天然气原料，所需的单体是通过原油裂解或精炼生产的，因此，资源消耗可能成为未来聚烯烃生产的决定因素[3]。因此，非常希望聚烯烃材料在转换为物品或组件或在服务期间不会对环境产生任何负面影响[4]。重要的是要避免聚烯烃在生命周期结束时产生任何负面效应(图4.1)。

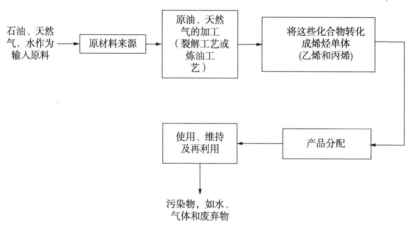

图 4.1 聚烯烃产品的生命周期

聚烯烃是基于乙烯[高密度聚乙烯(HDPE)、低密度聚乙烯(LDPE)和线型低密度聚乙烯(LLDPE)]、丙烯和高级 α-烯烃或这些单体的组合而成的饱和烃聚合物。相对于其他塑料，如聚氯乙烯、聚酰胺和聚氨酯，聚烯烃还充分利用了其仅由碳和氢组成的化学特性[5]。作为乙烯和丙烯的聚合物和共聚物，聚烯烃占每年塑料产量的40%以上，而且所占比例有明显的上升趋势。随着材料使用范围的扩大，被排放到环境中的废物数量也在增加。因此，聚烯烃在环境问题中扮演着重要的角色，任何该方面的进展对解决实际问题都十分重要[6]。聚烯烃的化学惰性和生物惰性最初被认为是优点，但是这些化合物的高稳定性和抗降解性导致它们在环境中积累，显著增加了可见污染物，并导致暴雨期间排水沟堵塞等问题[7-10]。环境外观正在成为影响聚烯烃市场地位的一个重要因素,因此外观取决于原材料和制造这些材料的工艺。此外,需要考虑产品的可回收性或生物降解性以及可再生资源的使用。

4.1.1 聚乙烯

聚乙烯是聚烯烃树脂的重要成员之一,是世界上使用最广泛的塑料。它们通过乙烯的催化聚合来制备[11]。它是由长链组成的热塑性聚合物,由单体分子即乙烯的组合产生。根据聚合方式,聚乙烯分为线型高密度聚乙烯、支化低密度聚乙烯和线型低密度聚乙烯3种基本类型[12]。聚乙烯是结晶热塑性塑料,具有韧性、优异的耐化学性和电绝缘性能,吸湿性接近零,摩擦系数低,易于加工,热变形温度合理但不高。

与低密度聚乙烯和线型低密度聚乙烯相比,高密度聚乙烯具有更高的刚度、刚性、改善的耐热性和更高的耐渗透性。高密度聚乙烯的支化度低,因此具有更大的分子间力和拉伸强度。它可以通过铬/二氧化硅催化剂、齐格勒-纳塔催化剂或茂金属催化剂生产[13]。高密度聚乙烯的重均分子量为1万至数百万。它具有线型聚合物链结构(图4.2),具有高密度和高熔点[14]。高密度聚乙烯用于生产牛奶壶、洗涤剂瓶、人造黄油桶、垃圾容器、玩具、水管和包装袋。

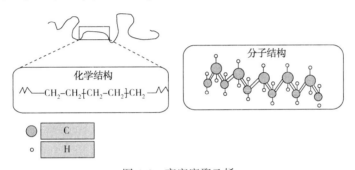

图 4.2　高密度聚乙烯

使用过氧化物引发剂在高温高压下可制造低密度聚乙烯。而线型低密度聚乙烯是在低压下生产的。通过与少量长链烯烃共聚,引入短支链制备了线型低密度聚乙烯。它的链结构是

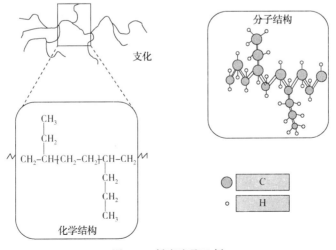

图 4.3　低密度聚乙烯

线性的(图4.3)，使用共聚单体，如1-丁烯或1-辛烯，引入数量可观的支化结构。通常共聚单体含量为8%~10%，密度为920g/cm³左右。线性链结构提供强度，而分支结构提供韧性。与支化低密度聚乙烯相比，线型低密度聚乙烯的模量和极限拉伸性能均有显著提高。线型低密度聚乙烯和低密度聚乙烯的支化降低了结晶度和密度[15]。薄膜包装和电气绝缘应用首选的材料就是低密度聚乙烯或线型低密度聚乙烯。

4.1.2 聚丙烯

聚丙烯是由丙烯聚合而成的一种合成树脂。聚丙烯薄膜由于其在阻隔性、光泽度、尺寸稳定性、可加工性等方面的巨大潜力，广泛应用于包装、纺织、文具等领域。聚丙烯在许多方面与聚乙烯相似，尤其是在电性能和溶解行为方面。聚丙烯的性能取决于分子量及分布、结晶度、所使用的共聚单体类型和比例。聚丙烯的力学性能与结晶度密切相关。增加结晶度可以提高硬度、屈服应力和抗弯强度，但是韧性和冲击强度会降低[13]。聚丙烯生产工艺由原料、精制工艺、聚合工艺、后处理工艺和造粒工艺组成。丙烯还可以与乙烯聚合生成弹性乙丙共聚物。很大一部分聚丙烯产品用于熔融纺丝纤维。聚丙烯纤维是家居中的一个重要组成部分，如室内装饰和室内外地毯[16]。丙烯分子具有不对称结构(图4.4)，聚合时可以形成3种基本的链结构。链结构的差异取决于甲基的位置：两种是立体规则的(等规和间规)，另外一种没有立体规则结构(无规)，如图4.5所示[17]。

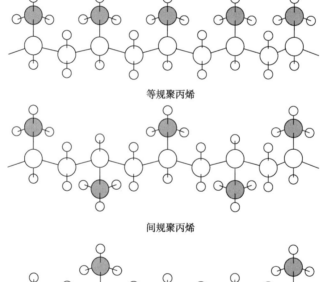

图4.4 丙烯分子

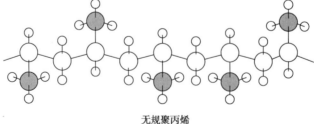

图4.5 聚丙烯[17]的分子结构

4.2 聚烯烃降解

在一种或多种环境因素的影响下，聚合物或聚合物基产品性能(拉伸强度、颜色等)的劣化称为聚合物降解。自然状态下，塑料降解是一个非常缓慢的过程，它是环境因素(如温度、空气湿度、聚合物中的水分、pH值和太阳能)、聚合物性质和生化因素综合作用的结果。降解导致材料性质的变化，例如光学、力学性能或电学性能，其表现为龟裂、开裂、腐蚀、变色和相分离。因为没有任何活性官能团，聚烯烃不受微生物攻击(真菌和细菌等)，这是聚烯烃无法降解的问题所在[18]。这意味着聚烯烃材料或由聚烯烃制成的制品的表面是疏水的，因此抑制了微生物在其上的生长[19]。根据环境因素的不同，聚烯烃降解的类型可分为光氧化降解、热降解、臭氧诱导降解、力化学降解、催化降解和生物降解[20]。

4.2.1 热降解

在聚合物材料降解过程中，氧扩散主要发生在无定形区域，这将降解能力与材料的热历史联系起来[21]。热量或高温对材料、产品或组件的作用导致物理、力学或电气性能损失的过程称为热降解。热降解速率直接取决于温度，在高温下可实现高降解值[22]。在高温下，聚合物的主链开始分离(分子断裂)，然后彼此反应以改变聚合物的性质。与热降解有关的化学反应导致相对于初始物理性质和光学性质的变化。通常，热降解涉及分子量和聚合物分子量分布的变化。其他性质变化包括粉化、颜色变化、开裂、延展性降低和脆化[23]。

聚合物的热降解已逐渐成为将废塑料转化为有价值的化学品和燃料的重要方法。因此，了解聚合物的热降解动力学对提高聚合物的热性能具有重要意义。对聚烯烃废物的热解动力学进行了研究，这些研究大多基于热降解为 n 阶反应模型的假设[24-30]。假设存在 n 阶反应模型，则会导致 Arrhenius 参数偏离真实模型[31]。有研究人员提出了一种利用等温动力学结果估算聚丙烯热解参数和反应模型的方法[32-33]。他们引进了一种定制的热天平，这种热天平能够在纯静态条件下记录质量随时间变化减少的情况。将实验简化时间图与理论模型进行最优拟合，得出聚丙烯热解反应模型和 Arrhenius 参数随反应温度变化的结论。

4.2.1.1 热降解机理

近60年来，为了阐明聚烯烃的降解机理，人们进行了大量的研究。聚合物降解机理极其复杂，包括过氧化氢的生成和同步分解。氧气、湿度和应变促进了降解，导致了脆性、开裂、褪色等缺陷[34]。聚合物的热降解由两个不同的反应组成，它们同时在反应器中发生。一种是聚合物链段的随机断裂，导致原聚合物的分子量降低；另一种是聚合物链末端 C—C 键断裂，产生挥发性产物[35]。

链端断裂发生在工作反应器中的气液界面处。已经开发了基于链端断裂机制，用于聚乙烯、聚丙烯和聚苯乙烯热降解的连续流动反应器[36]。热解产物的性质和组成提供了关于热降解机制重要且有价值的信息[37]。链端降解从链的末端开始并连续释放单体单元。这种降解的途径也称为解聚反应。该反应包括从链端连续释放单体单元。这种反应与加成聚合中的增长步骤相反，它们通过自由基机理发生[35]。这种类型的降解反应中，聚合物的分子量缓慢降低，并且同时释放出大量的单体。通常，当主链键弱于侧基键且聚合物分子链末端携带有自由基、阳离子和阴离子等活性点时，发生链端降解。

大多数聚合物的热降解机理是随机断裂。在随机断裂机制中，聚合物的主链将随机发生断裂；这种反应可能发生在骨架的任何位置，从而导致分子量的快速下降。由于形成具有高反应性的新自由基，该反应不产生烯烃单体。此外，可发生分子间链转移和歧化终止反应。为了发生随机降解，聚合物链不一定需要携带任何活性位点[38]。聚乙烯的热降解机理也作为随机断裂型反应的一个例子进行了讨论[39]。聚乙烯还通过氢原子从一个碳迁移到另一个碳而经历随机降解，从而产生两个碎片[40]。聚丙烯和聚乙烯的分解动力学非常重要，它们是复杂的自由基链机理和垃圾焚烧及其他回收工艺的设计基础。这是因为聚丙烯和聚乙烯分别大量用于包装材料，它们构成了生活垃圾中塑料废物的主要成分。

采用直接裂解—质谱联用光谱法(Py-MS)研究了大分子的一级结构，并进一步研究选择性热降解机理。该技术允许在质谱仪的离子源中直接观察聚合物样品的热分解产物，使得演化产物被电离，几乎同时，质谱仪连续地检测这些产物[41]。

4.2.1.2 热降解方法

热重分析(TGA)方法是热分析技术中用于表征各种材料特性的方法之一。TGA用于测量在受控的气氛中，样品质量随温度或时间变化的量和速率。这些测量主要用于测定聚合物材料的热稳定性和氧化稳定性及其组成性能[42]。TGA中的降解速率定义为转化程度的变化率。降解或转化程度可按质量计算，如下所示[43]：

$$\alpha = \frac{w_o - w}{w_o - w_\infty} \tag{4.1}$$

式中，w_o、w和w_∞分别为初始质量、曲线各点的实际质量和降解过程结束时测定的最终质量。

在TGA仪器中，样品在氮气流的作用下，在常温至600℃或以上温度，以恒定加热速率进行加热。反应产物可用气相色谱法分析[35]。采用TGA对不同组分热解气氛下聚丙烯和低密度聚乙烯混合物的热降解动力学进行了研究[30]。研究发现，聚烯烃混合物的热降解过程分3步进行，添加聚丙烯降低了降解温度。

裂解—气相色谱/质谱法(Py-GS/MS)是一种化学分析的仪器方法，先将样品加热分解，产生更小的分子和更多的分析用碎片，用气相色谱法分离，用质谱法检测[44]。由于Py-GC/MS方法中样品迅速分解，热解产物及其他副产物的聚集很少发生，因此化学上未改变的热解产物可以被检测到。Py-GC/MS可用于检测难溶于溶剂的高分子材料的组成，研究树脂的劣化，分析挥发性添加剂[45]。该分析方法是将试样放入微型热解炉中的惰性试样座中，将试样座放入用高频线圈包裹的反应炉中，用开关将氮气填充为载体气体，然后进行裂解。由于样品载体容量小，温度的分散变化相对较低，热解结果较为稳定[46]。

间歇反应器法：环境中发生的化学反应几乎无处不在；尽管如此，化学反应器被定义为在受控条件下为获得特定产品而进行化学反应的装置。这些装置是为了使给定反应的净现值最大化而设计的。反应器的设计也起着根本性的作用，它必须克服熔融聚合物热导率低、黏度高的问题[41]。废塑料的热降解可以在常压下的玻璃反应器中进行，将一定质量的样品装入反应器底部进行热降解。反应器在120℃下以10mL/min流速的氮气清洗60min，以除去塑料样品中物理吸附的水。停止氮气流动后，将反应器温度升高至降解温度(430℃)，升温速率为3℃/min，以废塑料床温度为降解温度。气体产品可以冷凝(使用冷水冷凝器)成液体产品，并捕集在测量罐中[35]。研究了纯低密度聚乙烯和聚苯乙烯及其混合物的裂解产物在300~500℃下的组成。为研究反应温度和停留时间的影响，在氢气惰性气氛下，在密闭间歇反应器加压高压釜中进行了裂解实验。其主要目的是将废塑料转化为石油产品，作为碳氢化合物燃料油或化工原料。研究了温度和停留时间的影响，以确定生产石油的最佳条件，并研究了这些参数对反应产物组成的影响，重点放在油状产品方面。在425℃，低密度聚乙烯被热分解成油。在间歇式反应器中，低密度聚乙烯的热裂解产生了种类繁多的烃类化合物，其中芳烃和脂肪(烯烃和石蜡)的产率严重依赖于热解温度和停留时间[47]。高密度聚乙烯作为废弃物，在400~550℃的间歇反应器中热解，升温速率为20℃/min，目的是在400~550℃的温度范围内优化液体产率。热解实验结果表明，在450℃及以下温度，热解的主要产物为油性液体，在475℃以上温度，得到油性液体或蜡质固体。废高密度聚乙烯的液体馏分收率随着停留时间的延长而增加。利用傅里叶变换红外光谱仪(FTIR)和气相色谱质谱联用仪(GC-MS)对所得液体组分进行组成分析[48]。用改进的Coats-Redfern方法研究了原生聚丙烯和废聚丙烯以及低密度聚乙烯的热裂解动力学。然后研究了这些材料在常压氮气氛下在半间歇反应器中的热裂解。原塑料和废塑料都是在420~460℃下发生分解。尽管反应器中发生的热反应很复杂，为了帮助理解聚烯烃的降解过程，Ya等在大气压力下半间歇反应器中研究了聚烯烃的主要反应途径和热裂解机理[49]。在半间歇式反应器中，由于在热解过程中停留时间短，压力小，气相产物产率高，气相和液相产物中不饱和烃产率高。结果表明，链断裂反应是热裂解过程的主要降解机理。他们的结论是，分子内氢原子和末端或中间链自由基的 β-断裂反应是气体和液体产物减少的原因。对于低密度聚乙烯，分子间原子和 β-断裂反应以及随后的分子内氢原子反应可能有助于形成具有相同碳数的1-烷烃和1-烯烃。

4.2.2 光氧化降解

光氧化反应是由氧气和光辐射所产生的有巨大影响力的自然风化作用[50]。因此，在氧气或臭氧辐射存在下，光氧化反应使聚合物/材料表面发生降解。它是光活性材料中主要的化学降解机制之一，在有机材料暴露于空气和光下时发生。易受氧气影响的材料在有辐射的情况下比没有辐射的情况下降解得更快。在降解过程中发生的化学变化导致聚合物π共轭的破坏，降低光吸收率，这个过程称为光致褪色反应[51]。辐射能(如人造光或紫外光)能促进这种效果。化学变化降低了聚合物的分子量，导致其拉伸强度、冲击强度和延伸强度的降低，材料变得更脆。

所有材料最常见的光反应是光氧化。通常，自由基在光解过程中作为瞬态物质产生。由于氧气容易与大多数自由基反应，因此会形成过氧自由基。光解反应容易引起自氧化自由基链式反应。例如，聚烯烃光氧化的主要反应步骤见式(4.2)至式(4.15)。这些步骤涉及链引发、链增长、链支化和链终止。

在引发机理中，有足够能量打破主聚合物化学键的紫外光的吸收是导致聚合物降解的原因。它涉及形成初始自由基的自由基链机制。对于许多商业聚合物的光引发氧化反应，这种反应非常重要，因为在氧气存在下的高温加工过程中形成了过氧自由基。一般来说，引发反应是由随机断链或链端引发的。这个步骤之后形成单体，阻止自由基传递，如下所示[35]：

$$RH \xrightarrow{O_2} \dot{R}, H_2\dot{O}, H_2O_2 \qquad (4.2)$$

$$H_2O_2 \longrightarrow 2\cdot OH \tag{4.3}$$

$$\cdot OH + RH \longrightarrow H_2O + R\cdot \tag{4.4}$$

自氧化循环的自由基链传递反应是所有碳骨架聚合物的共性。自由基链传递是反应中间体在化学反应过程中不断再生的过程。这些反应导致过氧化氢生成，并不是直接导致链骨架断裂，但它们是刺激反应的关键中间体。自由基链传递序列中的关键反应是形成聚合物过氧化自由基(ROO·)。自由基链传递的下一步是聚合物过氧化自由基(ROO·)夺取一个氢原子以生成新的高分子烷基自由基(R·)和聚合物过氧化氢(ROOH)[52]。在自由基链传递步骤中产生的过氧化氢通过过氧化氢 O—O 键的裂解及随后的 β-断裂导致聚合物骨架降解[35]。

$$R\cdot + O_2 \longrightarrow ROO\cdot \tag{4.5}$$

$$ROO\cdot + RH \longrightarrow ROOH + R\cdot \tag{4.6}$$

$$ROOH + RH \longrightarrow R=O + H_2O + R\cdot \tag{4.7}$$

$$R=O \longrightarrow R_2C\cdot = O + C\cdot H_2R_2 \tag{4.8}$$

$$HO_2\cdot + RH \longrightarrow HOOH + R\cdot \tag{4.9}$$

聚合物中的支化是通过用单体亚单元上的取代基(例如氢原子)取代该聚合物的另一个共价键合链而发生的。在链支化反应过程中，通过光解形成聚合物氧自由基(RO·)和羟基自由基(HO·)。聚烯烃的氧化是自由基链型机理。在加工温度下，高于环境温度，形成聚合物基团 R·。自由基与氧反应形成过氧化物自由基(ROO·)，其从聚合物主链中提取氢以形成氢过氧化物(ROOH)和其他自由基[53]。

$$ROOH \longrightarrow RO\cdot + \cdot OH \tag{4.10}$$

聚合物自由基的终止通过双分子重组发生。通过"清除"自由基以产生惰性产物来实现光降解过程的终止。通过结合自由基或在塑料中使用稳定剂，很自然地发生这种反应[35]。

在这里，交联是不同的自由基相互反应的结果。当氧气压力较高时，终止反应几乎通过式(4.13)中的反应发生。在低的氧气压力下，一定程度上发生其他终止反应[52]。

$$R\cdot + R\cdot \longrightarrow RR \tag{4.11}$$

$$ROO\cdot + R\cdot \longrightarrow ROOR \tag{4.12}$$

$$2ROO\cdot + R\cdot \longrightarrow R=O + H_2O + O_2 \tag{4.13}$$

$$2HO_2\cdot \longrightarrow HOOH + O_2 \tag{4.14}$$

$$RO_2\cdot + HO_2\cdot \longrightarrow ROOH + O_2 \tag{4.15}$$

如式(4.16)所示，在光的作用下，自由基链传递反应中形成氢过氧化物基团。在低于 300nm 的波长下，氢过氧化物被光分解[54]。最具破坏性的紫外光波长取决于特定塑料的化学键，因此对于不同类型的塑料，在不同波长下发生最大降解，例如，聚乙烯约为 300nm，聚丙烯约为 370nm[35]。

$$ROOH + h\nu \longrightarrow RO\cdot + \cdot OH \tag{4.16}$$

聚烯烃经常用于户外。由于天气条件的影响，材料老化而改变其性能(表面开裂、颜色变化、脆化、力学性能下降等)。聚合物的风化可能由各种因素引起，例如机械应力、氧化、热或生物降解。导致聚合物光氧化降解的最严重因素之一是紫外线辐射[54]。大多数合成聚合物易受紫外线和可见光引起的降解。通常，太阳中的近紫外辐射(波长 290~400nm)决定了聚合物材料在室外应用的寿命[55]。当聚乙烯和聚丙烯薄膜暴露在太阳紫外线下时，随着平均分子量的降低，它们很容易失去其可延展性、机械强度和机械完整性[56-57]。太阳紫外线辐射对生物聚合物和聚合物的有害影响是众所周知的。这一现象对建筑行业来说特别有趣，因为建筑行业依赖的是在使用过程中经常暴露在阳光下的聚合物建筑产品。在这类应用中使用的大多数普通聚合物都含有光稳定剂，以控制光损伤并确保在户外暴露条件下的可接受寿命[58]。

4.2.2.1 光化学氧化降解

由光引起的光化学氧化被认为是物质发生化学变化而失去电子的反应。光化学氧化过程通常包括产生和使用相对强的非选择性瞬态氧化物种，主要是羟基自由基(·OH)以及在某些情况下由光化学方法产生的单线态氧。下列过程可视为光化学氧化过程：

(1) 紫外线/氧化过程。
(2) 真空紫外线光解。
(3) 光催化芬顿氧化法。
(4) 敏化光化学氧化过程。

聚合物降解的研究证明，几乎所有的聚合物和聚合物基材料都是被大气氧化的。紫外光引发的聚合物反应取决于不同的因素，如内部和外部杂质、样品的物理状态、链结构和辐射源的特性等。当聚合物中的杂质形成大自由基位点时，氢原子会产生一定程度的脱出反应。它们会与氧反应，从而产生过氧自由基和随后的氢过氧化物，这些自由基在热和光化学上不稳定，并且会引起进一步的断链反应。同样，聚合物降解导致化学不可逆反应或物理变化，对所涉及过程的了解对于防止这些材料的过早失效是非常重要的[59]。

基于臭氧(O_3)、过氧化氢(H_2O_2)和紫外线照射的氧化工艺目前用于废水处理，如化学氧化工艺(O_3/H_2O_2，O_3，H_2O_2/Fe^{2+})或光化学氧化工艺(H_2O_2/UV，O_3/UV)[60]。研究人员研究了一些聚合物的光化学氧化过程。Sorensen等研究了UV/H_2O_2工艺中乙二胺四乙酸(EDTA)氧化的降解途径[61]。在没有铁离子的情况下，EDTA的矿化主要是由H_2O_2光解产生的羟基自由基的反应。在铁离子存在下，复合物内部的光解脱羧过程在降解过程中起重要作用，并发现有机降解产物乙二胺三乙酸盐、乙二胺二乙酸盐和乙二胺单乙酸盐。通过将研究产物的结构与碳和氮的平衡相结合，可以阐明UV/H_2O_2过程中的降解途径。未发现有毒降解产物。因此，该方法非常适合在水处理中消除EDTA。

4.2.2.2 聚烯烃光化学氧化动力学

聚乙烯和聚丙烯的分解动力学非常重要，因为它们提供了对复杂的自由基链机理的理解，这有助于垃圾焚烧及其他再循环过程的设计。文献[62-64]报道了一些聚烯烃的光化学氧化动力学方面的研究。光化学氧化可以用一种非常接近的机理来描述，该机理方案仅引发步骤不同。在聚合物光化学氧化动力学的任何定量方法中，引发速率的控制是非常重要的。其中，未识别吸收物质的聚合物，光的吸收基本上取决于所研究的样品[65]。

利用化学动力学的传统概念，通过4个简化假设，得到氧化速率的数学表达式：(1)反应位点的单一性，即氧化只发生在最不稳定的键上；(2)氧化过程转化率低，即活性位点的浓度几乎保持不变；(3)外源性因素引起氧化时引发速率的稳定性；(4)所有氧化情况下自由基浓度为稳态，纯热氧化情况下过氧化氢浓度为稳态[66]。Cunliffe和Davis[67]、Furneaux等[68]以及Audouin等[69]开发了动力学模型，旨在描述氧浓度低于过量氧的其他氧化态。与以前讨论的机理相比，这些作者提出了其他可能的终止反应，如烷基和烷基、烷基和过氧自由基的双分子组合。提出了长动力学链和终止速率常数之间存在相互关系的假设。他们通过另外两个简化假设得到了氧化速率的双曲线表达式，这是对前面 4 个假设的补充。用该模型描述了聚合物薄膜氧化速率对氧浓度的依赖关系，并确定了氧过量时膜上氧分压的临界值。还有其他新发展的动力学模型。Kiil[70] 在环氧涂料光氧化的情况下，在数值模型中引入了光诱导引发项，并通过经验法则描述了相应的引发速率。

4.2.2.3 聚烯烃的光降解机理

光氧化是光吸收的结果，光吸收导致自由基生成，从而引起材料氧化。对于聚烯烃（尤其是聚乙烯和聚丙烯）来说，光氧化是主要的机理，由于这些聚合物在地球阳光中（>290～400nm）没有固有的波长吸收，因此光解不能发挥重要作用。地球波长对聚合物的辐照会导致加速降解，特别是聚丙烯，这可以归因于在储存和加工过程中生成的杂质。光氧化的步骤已经在 4.2.2 中描述过。

聚丙烯的光降解机理如图 4.6 所示，真空紫外光照射聚丙烯后主要发生化学键断裂和交联[71-72]。

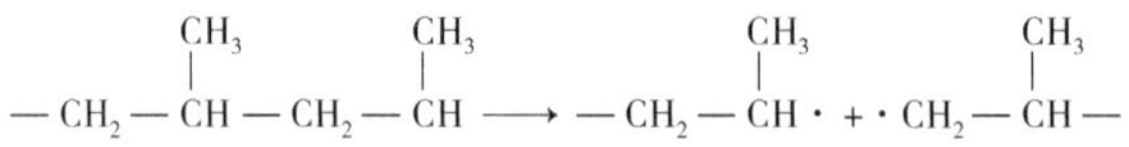

图 4.6　聚丙烯链断裂

叔碳上碳氢键的解离是另一种可能的反应（图 4.7）。这可能通过歧化反应导致断链（图 4.8）。交联是由两个丙烯自由基的反应形成的（图 4.9）。在 UV 辐射下，纯聚乙烯在没有氧的情况下是相对稳定的材料。在氮气氛中或在真空中长时间暴露于短波长（254nm）的 UV 光之后发生断链和夺氢反应。还可以观察到涉及氢原子的交联和转化反应[72]（图 4.10）。

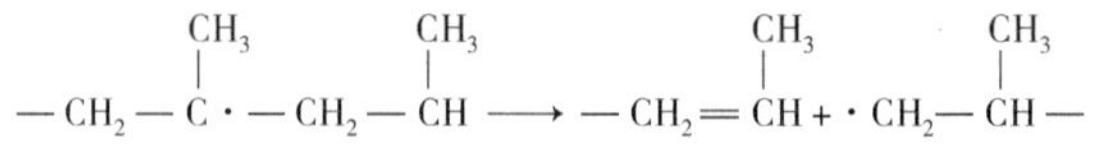

图 4.7　碳氢键离解

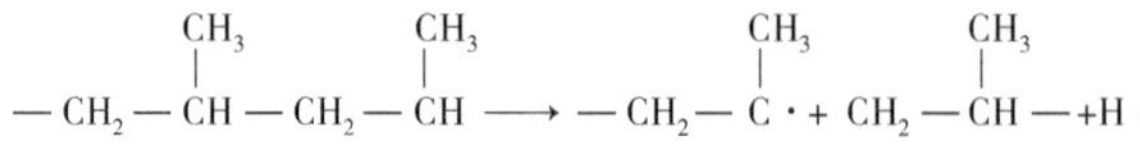

图 4.8　歧化反应导致聚丙烯链断裂

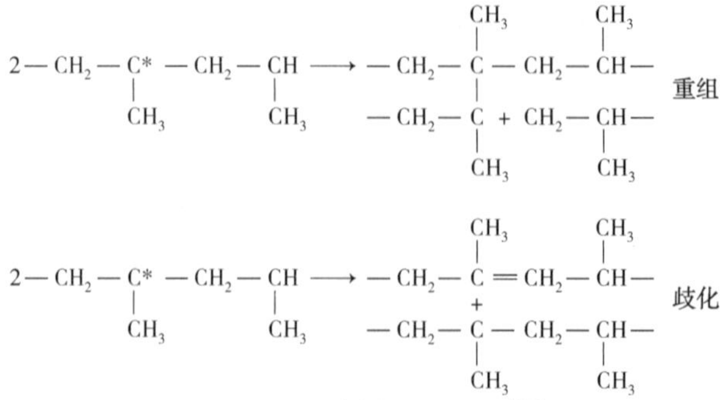

图 4.9　聚丙烯自由基交联[73]

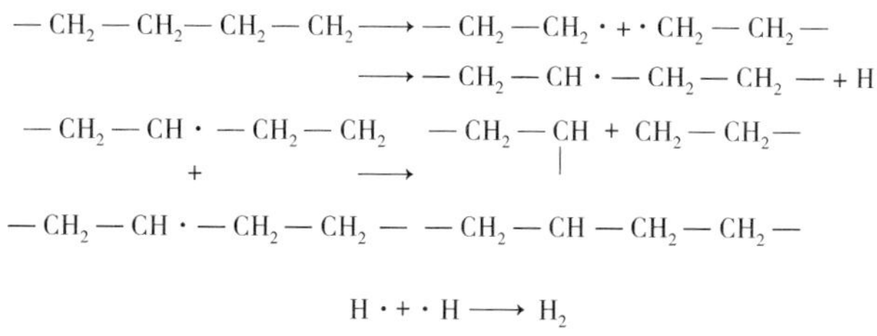

$$—CH_2—CH_2—CH_2—CH_2— \longrightarrow —CH_2—CH_2· + ·CH_2—CH_2—$$

$$—CH_2—CH·—CH_2—CH_2— \longrightarrow —CH_2—CH·—CH_2—CH_2— + H·$$

$$\begin{matrix}—CH_2—CH·—CH_2—CH_2—\\ +\\ —CH_2—CH·—CH_2—CH_2—\end{matrix} \longrightarrow \begin{matrix}—CH_2—CH—CH_2—CH_2—\\ |\\ —CH_2—CH—CH_2—CH_2—\end{matrix}$$

$$H· + ·H \longrightarrow H_2$$

图 4.10　聚丙烯的链断裂和交联

4.2.2.4　光降解方法

光降解最重要的因素是阳光、氧气、空气污染物、水分以及温度的变化。阳光尤其重要，因为它经常引发聚合物降解[74]。由于一种材料的耐候性完全依赖于它对所有天气因素的耐受性，所以来自太阳的辐射，尤其是紫外线部分，是限制暴露在环境中的材料寿命的主要原因。因此，将老化测试方法的范围按逻辑顺序组织起来将有助于了解这些测试工具。

4.2.2.5　人工老化方法

通过使用专门设计的老化环境室，可以大大加速人工老化测试过程。尽管这加快了获得结果所需的时间，但是测试条件并不总是与真实环境条件相符。人造光源也可以用来近似地复制室外条件，在高度控制的条件下大大减少了测试时间。在过去的 60 年里，塑料在户外的使用量大大增加。随着户外使用量的增加，迫切需要一种好的测试方法来评价潜在户外产品的耐久性。最常用的方法之一是人工老化装置。为了模拟/加速太阳光的作用，大多数商业化的装置是气体放电灯、荧光灯和电弧（碳）灯。这些装置利用多种光源，结合程序控制的照射循环，同时模拟和加速室外老化条件[75]。为了评估用于户外房顶用途的天然纤维填充高密度聚乙烯复合材料（NF-HDPE）的相对耐久性，基于单一的加速老化测试方法，研究了复合材料的加速老化行为[76]。

4.2.2.6　自然老化方法

自然老化试验在自然环境条件下进行，方法是将样品放置在朝向太阳的倾斜架上。这些架子的放置方向非常重要。这些架子在北半球的南方方向上为 45°，在南半球的北方方向上为 45°。通过该角度确定从红外到紫外的全光谱太阳辐射。用于此类测试的站点应该是温度很高的区域。需要 UV 强度和湿度才能最大限度地降解。Ojeda 等[10]研究了线型聚烯烃在自然老化条件下的降解性，以评估具有低浓度或零浓度抗氧化添加剂的高密度聚乙烯、线型低密度聚乙烯和聚丙烯挤出吹膜的非生物降解性。他们进一步研究了在自然老化期 1 年内含有促氧化添加剂（氧化生物降解混合物）的高密度聚乙烯/线型低密度聚乙烯混合物的非生物降解性。他们的研究表明，烯烃聚合物的真实耐久性可能比几个世纪短得多。在不到 1 年的时间内，由于严重的氧化降解，所有样品的力学性能几乎降低至零，样品的摩尔质量显著降低，羰基含量显著增加。

4.2.3　臭氧引起的降解

臭氧是在放电周围发生的极其活泼的氧气形式。它也存在于大气中，但数量很少。大气中臭氧的存在，即使浓度非常小，也会显著增加聚合物材料老化的速度[77]。当其他氧化老化过程非常缓慢且聚合物在相当长的时间内保持其性能时,大气臭氧通常会导致聚合物在可能被视为正常的条件下发生降解[78-80]。聚烯烃暴露于臭氧气体会导致线型低密度聚乙烯和取向聚丙烯的力学性能发生变化。还可以通过特意诱导降解来帮助进行结构测定。该方法可以确定分子的几何结构;在可行和必要时,可以确定目标分子或其他固体的电子结构。

4.2.3.1 臭氧诱导降解的机理

聚烯烃及其他聚合物在臭氧存在下的氧化机理已有许多报道[81-83]。在氧的存在下,几乎所有聚合物的降解速率都比在惰性环境下快。臭氧氧化机理被认为是由于臭氧分解形成原子氧,随后的自由基氧化过程[82]。臭氧分解产生的原子氧攻击聚合物,从而产生碳自由基和羟基自由基。碳自由基与氧分子几乎立即发生反应,生成过氧基。羰基氧化物被认为是碳碳双键臭氧分解机理中的关键中间体。所生成的过氧基进一步与聚乙烯相互作用,在链中生成羰基[81]。过氧基团的浓度取决于臭氧浓度和样品表面在臭氧中的暴露时间[84]。

4.2.3.2 臭氧诱导降解的方法

臭氧试验是一种测定橡胶或聚合物抗臭氧降解性的方法。抵抗臭氧降解的水平由材料样品表面的物理形貌和裂纹的严重程度决定。聚合物样品被放置在一个特殊的室中,通过进行规范测试或标准测试,使其暴露在臭氧中,臭氧的浓度、温度和持续时间都是指定的。如果一个样品不能抵抗臭氧暴露的影响,它的表面就会裂开,有时会裂成两半。在此测试期间,材料样品将进行加速时间/暴露臭氧测试。这些试验的结果用于预测材料样品在给定臭氧水平的气氛中进行动态或静态表面拉伸应变实验条件下的反应。聚烯烃与臭氧的反应程度取决于浆料搅拌程度、浆料温度、固体浓度和气体中的臭氧浓度。由于这些测试是加速进行的,而且只模拟长期户外臭氧暴露的情况,实际暴露测试结果可能会有所不同[85-86]。

4.2.4 力化学降解

聚合物的力化学降解是聚合物在机械应力和强超声辐照下发生的一种降解。机械力或剪切作用会导致分子链断裂,氧化反应将加速这一过程,即众所周知的力化学降解作用。这种降解在塑炼、磨削和球磨等加工过程中很常见[87]。橡胶塑炼作用是力化学降解的一个例子,它导致链断裂和剪切塑性的发展。橡胶在常温氮气环境中塑炼,塑化能力和分子量变化不明显。但如果存在氧气,降解会迅速发生。在机械剪切作用下,橡胶分子分解成自由基,与大气中的氧气发生反应,导致永久的链断裂。然而,在氮气气氛中,在剪切作用下形成的自由基会立即重排,不会造成有效的链断裂[88]。

4.2.4.1 力化学降解机理

向聚合物输入机械能不仅会产生机械效应,而且也会产生化学效应。这种效应称为力化学效应。聚合物材料对力学作用表现出一系列响应,这取决于聚合物链的化学结构和物理结构。热塑性聚合物的力学响应受分子量、链缠结、链排列方式和结晶度的影响很大。高强度超声可引起聚合物材料的力化学降解。聚合物在这种情况下受到非常强的振动。当超声波通过溶液时,局部剪切梯度产生分子撕裂,导致分子链断裂和分子量降低[35]。

据报道,在挤出过程中超声波叠加可以大大降低聚合物熔体的黏度,提高生产效率[89-91]。超声振荡使聚苯乙烯/高密度聚乙烯共混物的链间原位形成共聚物聚苯乙烯-高密度聚乙烯,大大提高了聚苯乙烯/高密度聚乙烯共混物的相容性和力学性能。讨论了超声辐照强度和超声辐照深度对高密度聚乙烯力化学降解的影响[92]。研究了超声降解过程中高密度聚乙烯熔体分子量分布的变化。高密度聚乙烯的平均分子量随超声强度的增大而减小。随着超声探针尖端距离的增加,高密度聚乙烯降解趋势减小,说明高密度聚乙烯熔体中超声强度衰减非常快。结果发现,高密度聚乙烯的平均分子量和分子量分布与辐照时间密切相关[92]。

4.2.4.2 力化学降解方法

球磨法是一种广泛应用的利用机械力进行化学加工和转化的工艺。在过去的80年里,Staudinger 和 Bondy[93]发表了一些关于聚合物材料对机械应力反应的研究,他们观察到聚合物在塑炼时的分子量有所下降。结果表明,由于机械力的作用导致了碳碳键断裂,从而导致了分子量的降低。球磨导致聚合物断链这一观点得到了电子自旋共振(ESR)实验的支持[93]。Sohma[94]指出,液相中的聚合物分子是通过超声波或高速搅拌等机械作用而断裂的。虽然主链断裂会在液相中产生聚合物的自由基(机械性自由基),但是这些机械性自由基在液相中的寿命太短,传统的 ESR 技术无法检测到。

挤出机中的聚合物处于熔融状态并且处于强剪切力下,这种力将使聚合物分子发生断链。熔融状态介于两个极端状态之间,即固相和黏度相当低的普通液体[94]。已经发现,机械降解降低了聚合物的平均分子量[95]。聚合物对机械力的力化学降解响应可以通过多种物理量测量进行表征[93],包括拉伸强度、破坏应变、应力、断裂韧性(抗裂纹扩展)和弹性模量(应力—应变曲线的初始斜率)。

4.2.5 生物降解

生物降解可以定义为自然对废物的循环利用,或将有机物分解为可被其他生物利用的营养物质的方式。生物降解是通过真菌、藻类、细菌等生物手段对物质进行分解。生物降解被认为是一种涉及生物活性的降解。生物降解被认为是大多数化学物质释放到环境中的主要损失机制。这一过程是指活的微生物降解和消化聚合物以产生降解产物[96]。生物可降解材料可降解为生物质、二氧化碳和甲烷。就合成聚合物而言,微生物利用其碳骨架作为碳源是必需的[97]。有人指出,由于大多数聚合物具有抗降解性,因此研究的重点是开发生物可降解聚合物[98]。新开发的聚合物在自然环境下被细菌和真菌降解并最终分解为二氧化碳和水。在降解过程中,不应产生任何有害物质。

聚合物在微生物环境中可以通过厌氧生物或好氧生物降解,有时两者兼而有之。好氧生物降解是微生物在氧气存在下降解高分子材料,然后将碳转化为二氧化碳、生物质和副产物。厌氧生物降解是微生物在缺氧条件下降解高分子材料,然后将碳转化为二氧化碳、甲烷或其他碳氢化合物、生物质及副产物[97]。在每种环境中发生的生物降解的特征都是总碳平衡。聚合物好氧生物降解的总碳平衡方程[97]如式(4.17)所示:

$$C_T = CO_2 + C_R + C_B \tag{4.17}$$

式中,C_T 为聚合物材料的总碳含量;C_R 为降解过程中残留的聚合物残渣或形成的副产品;CO_2 为可测量的气态产物;C_B 为微生物通过繁殖和生长所产生的生物量。

对于厌氧环境,总碳平衡方程如式(4.18)所示:

$$C_T = CO_2 + CH_4 + C_R + C_B \tag{4.18}$$

在这个过程中,气态产物被分为二氧化碳和甲烷。厌氧降解和好氧降解都可以在某些环境中同时发生。矿化过程发生在生物可降解材料或生物质转化为气体(如二氧化碳、甲烷和氮化合物)、水、盐、矿物和残留物的过程中。当所有生物可降解材料或生物质被消耗,所有的碳转化为二氧化碳时,矿化就完成了[99]。

生物降解过程中重要的细菌包括芽孢杆菌(生产具有耐热、耐辐射和耐化学消毒能力的厚壁内孢子)、假单胞菌、克雷伯菌、放线菌、诺卡菌属、链霉菌属、高温放线菌、小单孢菌属、分枝杆菌、红球菌属、黄杆菌属、丛毛单胞菌属、埃希菌属、固氮菌、产碱杆菌属(其中一些可以积累聚合物干质量的90%)[97,100-101]。在生物降解过程中活跃的真菌有孢子丝菌、篮状菌属、毛平革菌、灵芝属、嗜热子囊菌、梭孢壳霉、拟青霉、嗜热真菌属、地霉菌、枝孢属、白腐菌属、假丝酵母、念珠菌、青霉菌、毛壳菌和短梗霉属[102-103]。

聚烯烃疏水性强、分子量大,不易被非生物或生物因素降解。这些分子由于体积大,无法进入微生物细胞而被细胞内酶消化,微生物产生的胞外酶由于具有优良的阻隔性而无法发挥作用。众所周知,暴露在紫外线和高温下会促进大多数聚合物降解,然而,聚烯烃在环境条件下降解非常缓慢[104]。以高密度聚乙烯和线型低密度聚乙烯塑料袋为试验材料,配方中添加有预氧化添加剂,对其进行了非生物降解和生物降解的研究。这些包装材料经受了自然老化,并定期对力学性能和结构性能的变化进行分析。在暴露1年后,塑料袋的残留物样本在58℃和50%湿度的基质(城市固体废物、珍珠岩和土壤的堆肥)中培养。通过矿化生成CO_2来评价材料的生物降解性能。在自然老化过程中,原氧化剂活化的聚乙烯的摩尔质量降低,进入分子链中的氧明显增加。这些样品在堆肥孵育3个月后矿化水平为12.4%。饱和湿度的矿化程度高于自然湿度。在含促氧化添加剂的聚乙烯薄膜上,对自然老化1年以上的曲霉菌和青霉菌属真菌生长进行了观察。暴露在自然老化作用下的传统聚乙烯薄膜生物降解程度较低[105]。

4.2.5.1 氧化生物降解

氧化生物降解的过程涉及金属的转变,理论上在暴露于热、空气和(或)光照时促进塑料的氧化和断链。因此,含氧可生物降解的聚合物含有促氧化剂和促降解化合物[105],它们被引入聚合物链中以加速热氧化或光氧化[105-106]。这些促氧化剂是金属离子或氧化物,例如氧化钛,其催化聚合物的光氧化或热氧化[105-108]。在光降解(促氧化剂光催化氧化)过程中,由促氧化剂催化的反应得到的自由基引起聚合物断链[106-107],加速微生物降解[106]。紫外线作为催化剂,加速光催化氧化过程[108]。文献报道,与一些生物方法制备的可水解生物降解的聚合物相比,通过过氧化降解,然后生物吸收氧化产物(氧化生物可降解聚合物)的聚合物通常更加环境友好[109]。

4.2.5.2 微生物降解

利用生物修复和生物转化的方法,利用微生物异种代谢的自然发生能力,降解、转化或积累环境污染物,称为微生物降解。聚烯烃具有惰性和抗微生物攻击的特点,导致它们在环境中积累。在可控的实验室条件下,研究了在环境中微生物存在的情况下,以及在特定培养基中选定的微生物种类下,含预氧化剂的聚烯烃的生物降解性[110-114]。能够降解地下污染物的微生物种群依赖于影响其代谢活动、生长和生存的各种物理因素、化学因素和生物因素。微生物作用环境的特征和性质对微生物种群、微生物转化速率、生物降解产物的途径以及污染物的持久性有严重影响。

微生物降解聚合物的过程是由酶的分泌启动的，酶的分泌导致聚合物的链裂解成单体[115]。在微生物活动过程中，微生物释放蛋白质结构，称为酶；这些酶负责物质的新陈代谢或转化/分解成另一种物质(链末端大分子的酶异化)[21]。参与降解过程的微生物攻击表面并定居在类似生物膜的菌落中，当与聚合物接触时会发生改变[116]。生物膜从源头嵌入聚合物中，主要由细胞外多糖、蛋白质和微生物组成[21,116]。一般来说，细菌、真菌、藻类和原生动物可以在生物膜中被识别出来。生物膜的形成是物质腐蚀和(或)物质变质的先决条件。一些聚合物容易通过酶和(或)微生物直接降解，而另一些聚合物只有在水解阶段或氧化剂链断裂后才能降解[117]。

一般来说，分子量的增加会导致微生物降解聚合物的能力下降。相反，聚合物重复单元的单体、二聚体和低聚体更容易降解和矿化。高分子量导致溶解度急剧下降，不利于微生物的攻击，因为细菌需要底物通过细胞膜被吸收，然后被细胞酶进一步降解[118]。在降解过程中，微生物的外酶分解复杂的聚合物，产生更小的短链分子，如寡聚体、二聚体和单体，这些分子足够小，可以通过半透性外细菌膜，用作碳源和能源。这个过程称为解聚[118]。目前，人们普遍认为，要促进微生物和(或)酶的作用，必须将高分子量聚烯烃进行非生物氧化降解，转化为低分子量化合物[104]。

4.2.5.3 酶促生物降解

酶是生物大分子，加速化学反应而不会发生任何永久性变化。酶可以起作用的过程开始时的分子称为底物；酶将这些分子转化为不同的分子，称为产物。酶在其选择的底物中具有非常高的选择性，因此它们与特定底物结合，降低活化能，从而在不利于化学反应的环境中诱导反应速率的增加。一些酶不需要任何额外的组分发挥其最佳活性，而另一些酶需要称为辅因子的非蛋白分子，以结合活性。无机辅因子(包括金属离子，如钠、钾、镁或钙)和有机辅因子，也称为辅酶[104]。

当底物的分子量高于各传输系统的临界值时，必须先被细胞膜外的酶解聚，然后才能进入细胞膜，最终矿化才能完成降解过程。酶通过细胞膜运输，但那些残留在细胞质周围或固定在细胞壁上的酶称为胞外膜酶，而那些排泄到周围介质中的酶称为胞外游离酶[119]。胞外游离酶可能被活细胞有意地排出，通过裂解或细胞损伤进入培养基，也可能是浮游动物和原生动物捕食活动的结果[120]。高分子量聚合物由于体积大，无法进入微生物细胞，不易受到酶生物降解的影响。为了完成剪切，微生物分泌特定的酶或产生自由基，这些酶作用于聚合物链并将其分解为低聚体、二聚体和(或)单体[104]。

4.2.5.4 生物降解机理

存在涉及从底物分子的"末端"进行生物同化的生物降解的共同机制。高分子量聚合物生物降解的主要机理是酶的氧化或水解，从而形成官能团，提高其亲水性。因此，聚合物的主链被降解，导致聚合物的分子量低，力学性能弱，更容易被微生物进一步同化[121]。由于商用聚烯烃具有较高的摩尔质量，因此在由这些树脂制成的材料[19]的表面或附近，分子的末端很少。然而，已经观察到聚烯烃的氧化产物是可生物降解的[122-124]。这些产物的摩尔质量显著降低，并且它们含有极性、含氧基团，如酸、醇和酮[125]。这是氧化生物降解聚烯烃[19]这个术语的基础。聚烯烃的生物降解通常是在光降解和化学降解之后进行的。

聚乙烯是一类具有高疏水性和高分子量的合成聚合物。自然，它是不可生物降解的。因此，它们在包装材料的生产和处理中使用带来了严重的环境问题。为了使聚乙烯生物可降解，需要对其结晶水平、分子量和导致聚乙烯抗降解的力学性能进行改性[126]。这可以通过提高聚乙烯亲水性和(或)通过氧化降低其聚合物链长来实现，以便微生物降解[127]。聚乙烯的降解可以通过不同的分子机制发生——化学、热、光和生物降解[119]。众所周知，聚乙烯的生物降解有水生物降解和氧生物降解两种机制。这两种机制与两种添加剂的改性是一致的，即在生物可降解聚乙烯的合成中，使用了预氧化剂和淀粉。对于预氧化剂添加剂，生物降解发生在光降解和化学降解之后。如果预氧化剂是金属结合物，过渡金属催化热过氧化，低分子量氧化产物的生物降解依次发生。最常用的添加剂是过渡金属硬脂酸盐(St)配合物，如锌(ZnSt)、铜(CuSt)、银(AgSt)、钴(CoSt)、镍(NiSt)、锰(MnSt)、铬(CrSt)和钒(VSt)，或碱土金属，如镁(MgSt)。与聚乙烯混合的淀粉具有连续的淀粉相，使材料亲水，因此由淀粉酶催化。微生物可以很容易地访问、攻击和删除这一部分。因此，亲水性聚乙烯作为基质继续被水生物降解[128]。

聚丙烯薄膜和双轴拉伸聚丙烯因其在阻隔性能、光泽度、尺寸稳定性和可加工性等方面的巨大潜力而广泛应用于包装及其他各种应用领域。随着材料使用量的增加，被排放到环境中的垃圾数量也在增加[5,129]。微生物降解聚丙烯是可能的，这个过程需要很长时间，即经过数百年才完全分解。聚丙烯的非晶区是最容易降解的区域，聚合物材料中的杂质可以作为光分解的催化剂。通过热、光、机械应变等吸收的能量导致β-断裂，随即产生的过氧化自由基催化了降解反应过程[130-132]。由于主链中存在与叔碳相连的氢，聚丙烯优先通过链断裂降解，分子量分布向低值方向移动[133]。由于用于凝胶渗透色谱(GPC)测量的聚合物的总质量保持不变，因此分子量分布曲线下的面积也保持不变。断裂过程中形成的链碎片比原链短，因此在GPC运行过程中，它们会被排除在较高的分子量外，从而降低此时的权重分数[dwt/d(MW)]。它们将在GPC中保留很长一段时间，随淋洗液与其他短链一起洗脱，从而增加了这个特定分子量组分的初始质量分数[133]。

4.2.5.5 生物降解方法

某些酶和生物降解聚合物的方法被分类为聚合物的生物降解方法[98]。根据塑料的性质和研究环境的气候条件选择合适的试验程序是确定生物降解的最重要的因素。呼吸测定法可用于好氧微生物。在呼吸测定法测试中，首先将固体废物样品置于装有微生物和土壤的容器中，然后将混合物充气。微生物一点一点地消化样品，产生二氧化碳，产生的二氧化碳量是降解的一个指标。生物降解性也可以通过厌氧微生物和它们能够产生的甲烷或合金的数量来测量。为了评估塑料的潜在生物降解性，国际标准组织(ISO)和美国试验与材料协会(ASTM)[135]开发了许多测试方法[134]。

可以质量减少为特征标记生物降解。在降解过程中，材料的质量可能发生变化，这些变化可以通过比较降解前后的质量来监测。在测量样品的初始质量之前，材料应该干燥到一定的质量，以避免样品中残留水分。干燥温度不应超过材料发生不可逆变化的温度(如熔化温度)。样品降解后，应用蒸馏水或去离子水彻底清洗，以除去可溶性降解产物，如酶、盐或其他杂质的痕迹，然后在真空条件下干燥，直至达到恒定质量。降解程度通常通过计算失重百分比来确定[136]。

4.2.6 催化降解

与纯热降解相比，催化降解塑料垃圾具有相当大的优势，因为热降解不仅需要较高的温度，而且其产品还需要进一步加工才能提高产品质量[137]。催化降解的优势：(1)由于活化能低，因此裂解温度低，需要的裂解时间短；(2)塑料裂解能力高；(3)产品中固体残渣少；(4)降解产品中，在燃料用碳氢化合物沸点范围内的产品组分分布窄，液体产品的收率高[138]。因此，聚合物催化分解的极端效应使得催化降解和聚合物降解领域的研究成为必要。催化降解发生在相当低的温度下[139]，并在发动机燃料范围内形成碳氢化合物[140-141]，从而消除了进一步加工的必要性。在这种回收过程中，液体燃料是最有价值的产品。

催化裂化用于聚烯烃的裂解，主要是将聚合物转化为感兴趣的气态和液态产物。研究表明，对于聚乙烯而言，介孔材料 Al-MCM-41 主要产生汽油馏分，而 ZSM-5 分子筛则主要产生轻组分化合物，含有大量气态和芳香烃[142]。Al-MCM-41 作为催化剂，由于其孔径大、酸度中等，其开裂机理为随机断裂。另外，沸石 HZSM-5 由于其孔径小、酸度强，导致端链裂解途径[142]。研究表明，催化剂的粒度在催化降解过程中起着非常重要的作用；通过对 ZSM-5 纳米晶沸石样品的分析证实了这一点。由于其大的外表面和低的扩散约束，可以观察到高的开裂活性[142]。此外，研究人员对沸石进行了研究，发现晶体尺寸最小(约100nm)的颗粒由于其比表面积较大，液体化合物产量较高，表现出最佳的性能[143-144]。催化剂的加入不仅提高了塑料废弃物热解得到的产品质量，降低了分解温度，而且使某一产品达到一定的选择性[35]。

4.2.6.1 催化降解机理

Demirbas[145]利用 TGA 作为潜在的催化剂筛选方法，研究了聚烯烃的催化降解，发现催化剂的存在导致表观活化能降低。不同科学家提出的不同的塑料热解机理(离子和自由基)如下：

亲电催化剂引起聚烯烃降解动力学的显著变化。总机制发生了变化，同时这一过程的速率和选择性也有了相当大的提高[146]。通过阳离子机制发生的亲电催化降解聚烯烃从理论上讲是非常有趣的，它是通过末端基团或随机机制分解聚合物产物的一个例子[147]。近30年来，在存在阳离子过程机制 $MAlCl_4$ 复合物的情况下，聚烯烃催化降解的研究一直在进行，并基于加热作用在聚合物上形成的初级自由基可能的单电子氧化进行解释[146]。

(1) 随机热分解，优先发生在最弱的键上，如图 4.11 所示。
(2) 与聚合物碳正离子形成的氧化还原反应；只有当 M^+ 相对容易地减少时，这种机制才显得合理(图 4.12)。
(3) 大离子的解聚与单体的形成(图 4.13)。
(4) 链转移到聚合物上，再从端基开始对大离子进行解聚(图 4.14)。

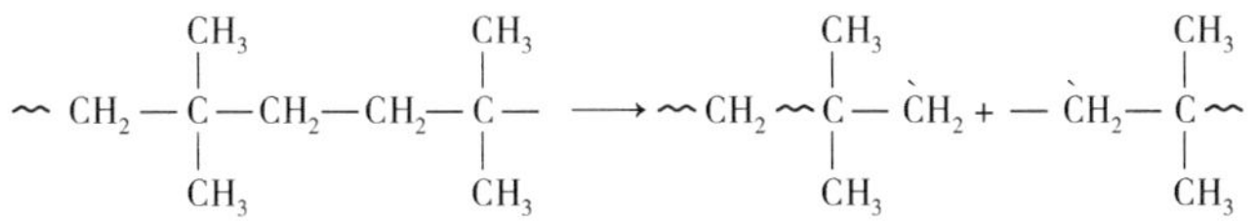

$$\sim CH_2-\underset{\underset{CH_3}{|}}{\overset{\overset{CH_3}{|}}{C}}-CH_2-CH_2-\underset{\underset{CH_3}{|}}{\overset{\overset{CH_3}{|}}{C}}-\longrightarrow \sim CH_2\sim \underset{\underset{CH_3}{|}}{\overset{\overset{CH_3}{|}}{C}}-\overset{\cdot}{C}H_2+-\overset{\cdot}{\underset{\underset{CH_3}{|}}{\overset{\overset{CH_3}{|}}{C}}}\sim$$

图 4.11 最弱键处的随机热分解

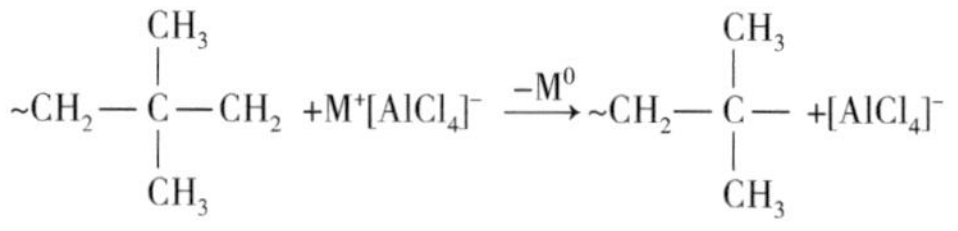

$$\sim CH_2-\underset{\underset{CH_3}{|}}{\overset{\overset{CH_3}{|}}{C}}-CH_2+M^+[AlCl_4]^- \xrightarrow{-M^0} \sim CH_2-\underset{\underset{CH_3}{|}}{\overset{\overset{CH_3}{|}}{C}}+[AlCl_4]^-$$

图 4.12 氧化还原反应与聚合物碳正离子的形成

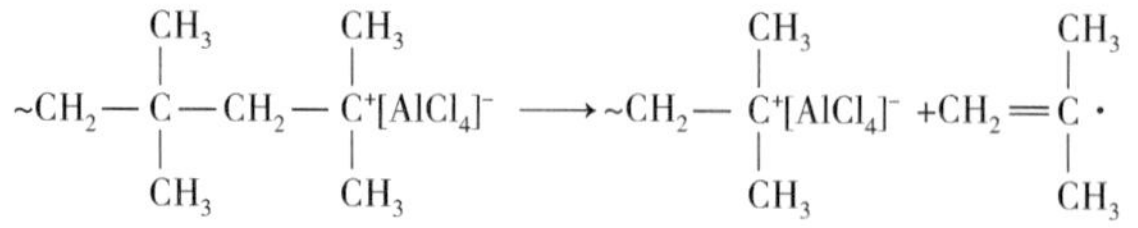

$$\sim CH_2-\underset{\underset{CH_3}{|}}{\overset{\overset{CH_3}{|}}{C}}-CH_2-\overset{\overset{CH_3}{|}}{C^+}[AlCl_4]^- \longrightarrow \sim CH_2-\overset{\overset{CH_3}{|}}{C^+}[AlCl_4]^- + CH_2=\overset{\overset{CH_3}{|}}{C}\cdot$$

图 4.13 大离子与单体形成的解聚过程

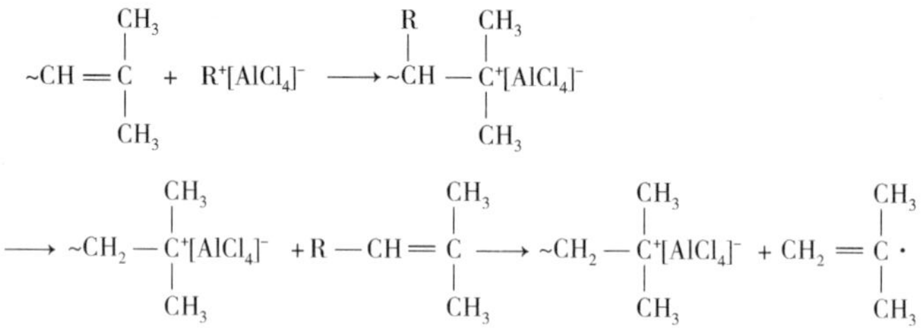

$$\sim CH=\underset{\underset{CH_3}{|}}{\overset{\overset{CH_3}{|}}{C}} + R^+[AlCl_4]^- \longrightarrow \sim CH-\overset{\overset{R}{|}}{\underset{CH_3}{\underset{|}{C^+}}}[AlCl_4]^-$$

$$\longrightarrow \sim CH_2-\overset{\overset{CH_3}{|}}{\underset{CH_3}{\underset{|}{C^+}}}[AlCl_4]^- + R-CH=\overset{\overset{CH_3}{|}}{C} \longrightarrow \sim CH_2-\overset{\overset{CH_3}{|}}{\underset{CH_3}{\underset{|}{C^+}}}[AlCl_4]^- + CH_2=\overset{\overset{CH_3}{|}}{C}\cdot$$

图 4.14 链转移到聚合物上，大离子从端基开始进一步解聚

在 MAlCl$_4$ 盐水合物的催化作用下，聚烯烃降解过程在活性位点 H+[MAlCl$_4$·OH] 处开始——具有如图 4.15 所示的结构。

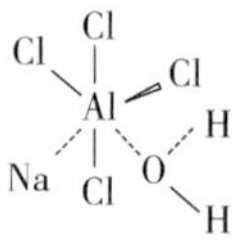

水合物可以沿着分子链随机地发生降解，并且优先在末端基团开始降解。催化剂与聚合物链的弱键的相互作用由聚烯烃的结构决定。在聚乙烯中，降解过程主要在亚乙烯基和反式乙烯内双键处开始。在丁基橡胶中，异丁烯碎片与异戊二烯单元的偶联点是沿链的主要引发点。末端群起始通过末端双键进行[146]。可以完全指出，亲电催化聚烯烃降解的起始过程可以通过以下结构来表达：

图 4.15 聚烯烃降解过程的结构在活性位点 H+[MAlCl$_4$·OH] 处开始

（1）端基过程，其中 R 分别表示（聚异丁烯、丁基橡胶）和聚乙烯的 CH$_3$ 和 H（图 4.16）。

（2）随机氢化物提取，然后进行链断裂（图 4.17）。

（3）或加入质子，然后进行链断裂（异丁烯异戊二烯共聚物和聚乙烯更可能）（图 4.18）。

可以得出结论，不同聚烯烃的亲电降解是由几种常见途径引发的。降解可以从双键端基开始，也可以沿链的弱键开始。链降解反应的路径由聚烯烃的结构决定。

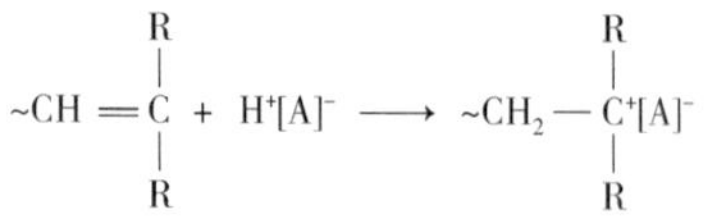

$$\sim CH=\underset{\underset{R}{|}}{\overset{\overset{R}{|}}{C}} + H^+[A]^- \longrightarrow \sim CH_2-\underset{\underset{R}{|}}{\overset{\overset{R}{|}}{C^+}}[A]^-$$

图 4.16 封端过程

$$\sim CH_2-\underset{\underset{R}{|}}{\overset{\overset{R}{|}}{C}} \sim + H^+[A]^- \longrightarrow \sim \overset{+}{CH}-\underset{\underset{CH_3}{|}}{\overset{\overset{CH_3}{|}}{C}} \sim [A]^- + H_2$$

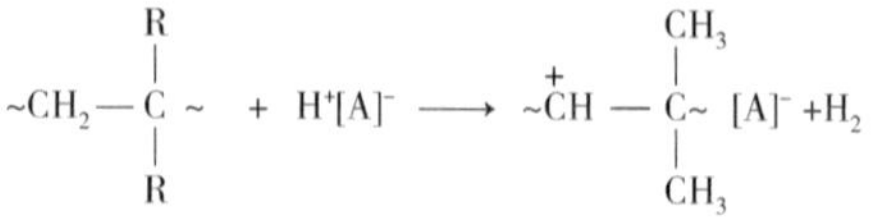

图 4.17 随机氢提取

Sekine 和 Fujimoto[148] 通过比较 Fe/AC 与 Fe/SiO$_2$ 或活性炭（AC）来研究 Fe 和 AC 作为催化剂的功能。此外，还研究了 H$_2$ 作为反应气体对聚丙烯催化降解中产物分布的影响。

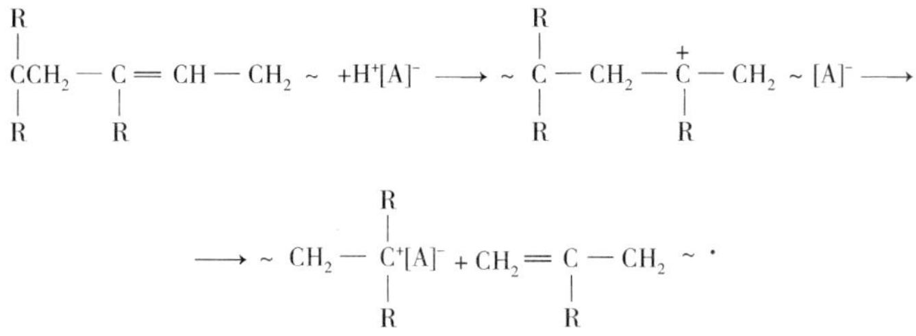

$$\begin{array}{c}\text{R}\\|\\\text{CCH}_2-\text{C}=\text{CH}-\text{CH}_2\sim+\text{H}^+[\text{A}]^-\longrightarrow\ \sim\text{C}-\text{CH}_2-\overset{+}{\text{C}}-\text{CH}_2\sim[\text{A}]^-\longrightarrow\\|\qquad\qquad\qquad\qquad\qquad\qquad\qquad\qquad|\qquad\qquad|\\\text{R}\qquad\qquad\qquad\qquad\qquad\qquad\qquad\qquad\text{R}\qquad\text{R}\end{array}$$

$$\longrightarrow\ \sim\text{CH}_2-\overset{\text{R}}{\underset{\text{R}}{\text{C}^+}}[\text{A}]^-+\text{CH}_2=\overset{\text{R}}{\underset{\text{R}}{\text{C}}}-\text{CH}_2\sim.$$

图 4.18　质子加成后链断裂

图 4.19 所示的反应机理解释了反应，因为 Fe/AC 既不是酸性催化剂，也不是碱性催化剂，而是中性催化剂。最初反应（1）主链的 C—C 键的随机断裂随着热量发生，产生烃基（HCR）。该过程引发反应。然后，反应（2）HCR 分解产生诸如丙烯的小烃，然后进行 β-断裂或反应（3）从其他烃中提取 H 基团以产生新的 HCR。前者称为分子内自由基转移，后者称为分子间自由基转移。上述 3 个过程是连锁反应。终止反应是反应（4）歧化或反应（5）两种 HCR 的重组。在这些机理中，反应（1）和反应（2）是分子量减少的反应，反应（3）和反应（4）没有变化，反应（5）是没有分子量增加的反应。在用 H_2 气氛中的 Fe/AC 催化降解的情况下，反应（6）是 HCR（和烯烃）的氢化和通过 AC 从烃反应（7）或 HCR 反应（8）中拉出 H 自由基。他们得出结论，支持 Fe 促进 H_2 消耗以分解固体残留物，并且 AC 支持降解重油以产生轻油。结果，使用 Fe/AC 作为催化剂得到液体产物的最大产率。

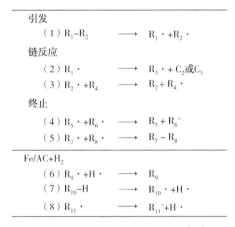

图 4.19　自由基链反应的顺序[148]

4.2.6.2　催化降解的方法

Taguchi 技术是一种用于设计实验的方法，用来研究不同的参数如何影响过程性能特征的均值和方差，该特征定义了过程的运行情况。Taguchi 方法通过稳健的实验设计（DOEs）来减少过程中的变化。该方法的总体目标是为制造商提供低成本、高质量的产品[149]。在文献中，诸如温度、催化剂浓度和催化剂类型等参数已经被识别出来。这些参数影响废聚丙烯的分解，在一个批处理过程中，Taguchi 方法被用来优化废聚丙烯为原料生产液体燃料的工艺参数。利用回归模型建立了液体燃料产量与温度、催化剂浓度和催化剂类型的关系方程[149]。研究人员进一步利用 Taguchi 实验设计获得了催化降解聚合物的最佳条件[150]。采用

Taguchi 技术作为 DOE 法，研究了混合聚乙烯和聚丙烯降解汽油的最大产量。他们的研究结果表明，Taguchi 法是最有前途的 DOE 法，以研究生产汽油等最大化因子的最佳条件。他们的第二个主要发现是，约 51% 的聚合物可以降解为汽油组分，可以用作汽车燃料。最后，Taguchi 提出，以 40% 高密度聚乙烯、20% 聚丙烯和 40% 低密度聚乙烯作为混合聚合物，在 450℃ 和 50% 催化剂的条件下，可以最大限度地生产汽油[150]。

塑料样品的催化降解也可以在间歇式高压釜中进行。为了确定温度和一种新型催化剂对目前聚氯乙烯聚烯烃转化为液体燃料的影响，设计了具有环境大气条件的半间歇反应器。同时，采用因子设计作为 DOE 方法。结果表明，温度、催化剂用量和聚乙烯组成是影响催化剂性能的主要因素。温度和催化剂百分比对液体和气体产量也存在显著的交互作用。类似的，其他因素之间相互作用的调查表明，没有显著的相互作用[151]。研究了催化剂对聚合物催化降解的影响，通过在固定床反应器中使熔融聚合物与催化剂接触[152-153]，在反应器中加热聚合物和催化剂粉末的混合物[154-155]，将聚合物热解产物通过含裂解催化剂的固定床反应器[156]。

4.3 影响聚烯烃降解的因素

4.3.1 化学组成

聚烯烃或以聚烯烃为基础的产品的化学组成在降解过程中起着非常重要的作用。热塑性聚烯烃中存在完整的长碳链，使得这些聚合物不易被微生物降解。在聚合物链中引入杂原子基团，如氧原子，聚合物则易发生热降解和生物降解[38]。这是因为许多不饱和聚合物可以通过多种途径降解，比如，与氧气反应，生成有机过氧化物。线型饱和聚烯烃可以抵抗氧化降解。聚合物链中不饱和键的存在使其容易氧化，如天然橡胶比聚乙烯更容易降解[157]。

4.3.2 分子大小/分子结构

文献表明，降解速率取决于所研究的聚烯烃的分子尺寸大小。在聚烯烃(如聚丙烯和聚乙烯)的生产过程中，氢气常被用作链转移剂以控制聚合物的分子量[158-159]。通过增加氢浓度，聚合物颗粒的粒度分布向较小的尺寸方向变化[159]。聚合物中分子的大小影响它们的机械降解、热降解和生物降解。随着分子尺寸的减小，降解能力增加[38]。Paik 和 Kar 发现聚丙烯和聚乙烯的粒径影响这些聚合物的热稳定性，但他们没有考虑样品的分子量[160-161]。Abbas-Abadi 等研究了商业高密度聚乙烯粉末热降解粒子的分子量，他们发现这些颗粒中具有最高分子量的最大颗粒(大于 200nm)的热稳定性最优[162]。他们的结果表明，分子量不是唯一的关键因素，当尺寸较小时，体积密度和传热也会影响热稳定性。

结构对聚烯烃的其他性能有很大的影响。热氧化是一个复杂的过程，包括链氧化、大分子链的破坏和结构的形成(交联、结晶)。热氧化伴随着结构—物理过程，在高温作用下结构发生变化(结构重构)。这些过程的机理取决于聚合物的形貌，进而影响氧化反应动力学。聚合物结晶在真空和空气中的作用：高温可能会促进晶体结构的完善，导致熔融温度的升高和熔融热的增加，同时在长时间的高温作用下会发生链的破坏和晶体的分解[163]。

4.3.3 分子量

分子量对生物降解性也很重要,因为它决定了聚合物的许多物理性质。增加聚合物的分子量会降低其可降解性[164]。文献报道,一些微生物因其生长、攻击和利用速度快,与高分子量聚烯烃相比,低分子量聚烯烃具有更大的优势[165]。分子量低于620的线型聚烯烃支持微生物生长[166]。塑料聚合物降解生成低分子量的聚合物碎片,如单体,低聚物可导致新端基生成,尤其是羧酸[167]。当聚合物的分子量降低时,材料变脆[168],更容易碎片化,为进一步的反应提供了更高的比表面积。由于分子量比较高,又缺乏官能团,长链聚烯烃的生物降解受到限制[169-170]。因此,在以可测量的速率进行生物降解之前,必须通过非生物降解方法将高分子量聚乙烯、聚丙烯和聚苯乙烯聚合物分解成更小的碎片。如果聚合物太大,它们就不能通过微生物细胞膜[171]。

4.3.4 官能化

带有极性官能化侧基的聚合物由于其独特的、迅速扩展的材料性能范围,是一种非常理想的材料。与它们的非官能化类似物相比,它们在附着力、韧性、可印刷性/可喷涂性、相容性和流变性等方面表现出有益的性能[172]。

非官能化聚烯烃(聚乙烯和聚丙烯)由于其优异的耐溶剂性和热稳定性,在许多商品中得到了应用。目前,这些材料可以很容易地大规模、低成本地获得,且具有精确的聚合物微观结构。然而,由于这些聚合物缺乏官能团,当涉及表面化学时,它们的性能很差[173]。因此,含官能团的功能性聚烯烃,如聚乙烯或聚丙烯,是非常理想的材料,具有良好的表面性能。在聚合物骨架中随机引入少量功能化单体,对聚合物的表面性能影响巨大,同时保留了原始非功能化聚烯烃的有益性能[174-175]。通过改变官能团的结构、结合量和极性官能团在聚合物链上的分布,可以进一步调整所得到材料的性能[173]。

对引入聚烯烃的官能团的选择非常重要。在聚烯烃中引入羰基,使得这些聚合物易于光降解。随着发色团数量的增加,光降解速率由于额外的活性位点而增加,这些位点可用于吸收更多的光子并引发降解反应。聚烯烃在基于浓硫酸的试剂作用下发生缓慢磺化和氧化降解。在铬酸作用下,磺化反应加快了聚丙烯的氧化降解速率,对聚乙烯的降解要慢一些[35]。通过非官能化烯烃和极性烯烃单体的直接共聚反应获得官能化聚合物是特别令人感兴趣的,因为对极性单体的含量及其沿链分布的控制原则上可以通过两种单体的反应性差异来实现[175-177]。

4.4 控制聚烯烃降解速率

有机颜料和染料广泛用于聚合物材料的着色,用于许多商业用途。然而,染料和颜料的存在可以显著地影响聚合物的氧化、降解和稳定化过程的化学性质,并且常常决定了最终产品的稳定性。例如,通过吸收和(或)散射紫外光,颜料可以诱导形成保护作用。有机染料和颜料吸收光之后发生各种化学和物理相互作用,染料或颜料分子从基态跃迁到更具活性的激发态[77]。

颜料是白色或黑色的有颜色材料,它们实际上不溶于所使用的介质中。颜料通过分散过程与聚合物结合,在材料中形成单独的相。可以简便地将它们分为无机类和有机类。颜料的性质主要取决于其化学结构,即分子在其晶格中的排列方式[178]。某些颜料,如酞菁铜,以不同的多态性存在,具有明显不同的光学和稳定性。颗粒的形状和大小是影响颜料强度或颜色强度的其他重要因素。

美国专利 4360606 讨论了用作光敏剂的有机染料[179]。给出了吖啶橙、吖啶黄、刚果红、结晶紫、亮绿、溴百里酚蓝、茜素、天青 B、N,N-二甲基对苯偶氮苯胺、亚甲基蓝等示例。其中一些染料的化学结构与一些被列为重要降解剂的结构具有一定的可比性,例如茜素是基于蒽醌类结构。大多数其他染料含有高共轭不饱和乙烯双键基团[104]。除有机染料外,经常添加用于增加白度的 TiO_2、ZnO 等无机颜料也会影响聚合物的降解速率。这些添加剂的光活性取决于颗粒大小、表面处理、晶体形态以及可能使用的任何金属离子掺杂剂[104]。

有关颜料—聚烯烃稳定性相互作用的研究已见报道,明确得出颜料对聚合物的光稳定性有影响的研究比较少[77]。为改善气候老化条件下丙烯腈—丁二烯—苯乙烯橡胶的颜色和物理性能,推荐使用黑色、棕色和红色颜料。在硬质聚氯乙烯中,大多数颜料有助于提高户外曝晒的光稳定性。研究发现,表面降解速率明显快于聚合物的本体,且各种有机颜料和无机颜料(酞菁蓝、氧化铁红、槽法炭、P. Red 48、P. Yellow 83)对表面的保护作用差异不大[180-182]。

4.5 控制聚烯烃的环境降解

众所周知,聚烯烃是通过氧化生物降解机制降解的,标准 ASTM D6954—2004 提供了一种评价塑料暴露于环境中,通过氧化和生物降解机制相结合而发生降解的测试方法。该标准提供了一个框架,以比较塑料在热降解和光氧化降解下,其降解速率、物理性质的变化程度和生态影响程度的大小。为了加速在选定的应用和处理环境中可能发生的降解,需要选择氧化条件(紫外线或 20~70℃ 受热)。然后将非生物氧化产生的残留物暴露于适当的环境或使用标准测定条件,以测量生物降解的速率和程度。最后,将这些最终的残余物进行水生和陆生毒性试验(E1440、OCED 207 和 OCED 208),以确保它们对环境无害[77]。聚烯烃降解过程中的每一个阶段都应单独进行评价,以便在受控的实验室环境下对聚烯烃的环境性能进行综合评价。根据聚烯烃环境降解控制标准,实验室测试结果不能直接外推以估计实际环境中材料的绝对恶化行为,因为降解的加速度系数与材料有关,不同材料不一样,同种材料的不同配方都有显著差异。然而,将已知室外性能的类似材料作为参比,与试验样品暴露于相同的测试环境中,可以比较试验条件下被测样品与参比样品的环境耐久性[77]。

越来越多的情况下,聚合物在环境中的可控降解是聚合物加工业的理想结果。电子辐照技术在高分子工业中广泛用于交联、接枝和聚合反应[183]。

在聚合物工业中使用辐射技术的有益效果是:采用具有连续分子量分布的聚合物,通过控制材料在环境中的降解程度,可以节省(传统方法中)化学品的使用、降低成本和环境友好。因此,应加大努力,推动技术进步,来减少这类技术中所需的辐照成本。例如,采用高能辐射交联聚乙烯的优点是:(1)它可以在室温下进行;(2)它增加了产品加工的灵活性;(3)不改变产品配方而获得不同程度的固化反应水平;(4)没有以催化剂碎片的形式引入杂质到材料中。此外,生产效率更高,而不会像热降解过程那样受到许多潜在设备问题的影响[184]。

在辐射诱导聚合物降解的控制能力方面的未来进展取决于对降解现象背后的基本过程的理解。辐射降解机制极其复杂，并构成众多的化学反应序列，导致分子结构的变化。材料形态也可能发生重大变化。受控降解过程的经济性很大程度上取决于实现一定程度的分子量变化所涉及的辐射剂量。因此，应以尽可能低的辐射剂量达到预期的降解水平。少量使用一些氧化剂已证明有助于将所需剂量降低到经济上可接受的较低水平[185]。

4.6　新一代聚烯烃面临的挑战

新一代聚烯烃在环境问题中发挥着重要作用，每一项进步都是整个问题的重大进展。现代处理环境问题的方法涉及材料的广泛领域。除了加工业普遍存在的几个方面，如使用环境友好的化学品、清洁和安全的加工过程以及极低或零排放，还必须考虑其他问题。材料在加工过程中，在转化为制品或部件时，对环境尽可能没有任何负面影响。同样，避免在聚烯烃使用寿命结束时对环境产生类似的负面影响也是非常重要的[186]。

以聚烯烃为基础的材料由于其优异的性能、加工的方便性、可回收性，当然还有良好的性能成本，被广泛应用于加工工业的各个方面。复合材料组分，如矿物填料、玻璃纤维、弹性体、阻燃剂、颜料或炭黑，根据其未来的应用被引入聚合物。对于这种组合物，聚合物材料的分析是一项具有挑战性的任务。稳定剂用于聚合物生命周期的不同阶段。它从控制反应速率或避免实际聚合物形成过程中的早期聚合开始。因此，对稳定剂的分析具有多方面的意义。首先，稳定剂的数量显然是一个分析问题，由于这些稳定剂的浓度决定了聚合物足够稳定的时间，因此这些稳定剂配方的开发具有挑战性。其次，稳定剂可能被与任何稳定无关的反应降解。这降低了完整稳定剂在聚合物中的浓度，因此是不可取的。了解降解产物的形成有助于识别稳定剂的这些降解途径并避免它们[187]。最后，为了更好地了解所涉及的反应，应识别保护聚合物时产生的稳定剂的降解产物。如果它们被量化，就有可能确定最初的稳定水平。

4.7　聚烯烃在不同环境中的长期性能

聚烯烃材料的性能通过加工得到了显著的发展。这使得这些新材料的长期性能实现表达，得到验证。理解材料的老化机制和影响聚烯烃性能的关键因素，对如何更好地应用材料和开发用于预测材料长期服役性能的表征方法是非常重要的。

为了提高聚烯烃特别是在户外环境中的长期耐久性，开发了抗氧化剂、紫外线稳定剂和其他保护添加剂。聚烯烃需要通过挤压、共混、注塑等一种或多种加工流程，保持其有用的性能是很重要的，最终产品必须具有合理的储存寿命。在聚烯烃产品使用寿命结束时，它必须可以发生降解，进入任何其被丢弃的环境中[188]。以抗氧化剂的消耗和迁移为研究对象，研究了经过稳定化处理的聚烯烃在不同环境下的长期性能[189]。研究分为两部分：第一部分研究了两种聚乙烯中3种类似的双功能酚类抗氧化剂在不同介质中的迁移行为；然后重点研究了实验所处的介质、抗氧化剂结构、聚乙烯形貌、表面性质等因素对抗氧化剂迁移行为的影响。作者发现，即使抗氧化剂的结构相似，也必须考虑到周围的介质对迁移行为的影响[189]。在空气和氮气饱和的水中，极性越强的抗氧化剂，会以水的形式迅速流失到周围的介质中。由于氧气的存在，如空气饱和的水中，观察到了抗氧化剂的化学消耗，而氮气饱和的水作为介质对抗氧化剂的迁移行为没有明显的影响。氧气的存在，对抗氧化剂的迁移行为影响很大，在聚合物与水的界面处，抗氧化剂的损失速率和损失量增加。在所有情况下，线型聚乙烯的抗氧化剂损失比支化聚乙烯样品快得多。酚类抗氧化剂的分子尺寸较大是原因之一。由于抗氧化剂体积大、刚度大，很难渗透进入晶区附近的无定形界面相。

在第二部分，在高温下将聚烯烃压力管暴露在含氯水中。作者发现，加入受阻酚和磷酸盐抗氧化剂的聚乙烯管材保持稳定。用差示扫描量热法测定了氧化诱导时间，结果表明，氯水的化学作用使助剂稳定系统迅速消耗。大量的聚合物降解仅限于材料的表面和半结晶聚合物的非晶相。降解度高的聚合物表层的生长速率是恒定的。对于聚(1-丁烯)管道，氯化水会导致抗氧化系统提前耗尽，导致内壁材料降解，管道提前失效。氯浓度在 $0.5 \sim 1.5 mL/m^3$ 范围内，抗氧化剂浓度的降低与氯浓度无关。与纯水相比，接触氯化水($0.5 \sim 3 mL/m^3$)的等规聚(1-丁烯)管道的寿命缩短，约为原来的1/10。即使在低氯浓度($0.5 mL/m^3$)下，寿命缩短也是显著的，氯含量进一步增加，寿命的减少速率适度变缓[189]。

4.8 结论

塑料废弃物由于其长期的环境和经济影响以及废弃物管理问题而受到普遍关注。通过各种手段使塑料废弃物发生降解，并进一步同化到环境中，是可以用来减少废物管理问题的方法之一。聚烯烃材料暴露于环境中受到各种因素的作用，例如热、辐射臭氧、紫外线、机械应力和微生物，而发生降解。氧气、湿度和应变进一步促进了降解反应，并导致材料变脆、开裂和褪色等负面影响。聚合物降解的机理非常复杂，涉及氢过氧化物的同时生成和分解。了解聚合物降解的机理可以在很大程度上帮助研究人员和技术人员引导聚烯烃发生不同类型的降解。在聚合物中添加助剂，以及了解导致降解的各种影响因素可能有助于加速这类降解反应。

参 考 文 献

[1] Ulrich H. Introduction to industrial polymers. 2nd Ed. Munich: Carl, Hanser Verlag; 1993. p. 188.

[2] Barlow A. The chemistry of polyethylene insulation. IEEE Electr Insul Mag 1991; 7(1): 8-19.

[3] Harding KG, Dennis JS, Von Blottnitz H, Harrison STL. Environmental analysis of plastic production processes: comparing petroleum-based polypropylene and polyethylene with biologically-based poly-β-hydroxy-butyric acid using life cycle analysis. J Biotechnol 2007; 130: 57-66.

[4] Ramano U, Garbassi F. The environmental issues: a challenge for new generation polyolefins. Pure Appl Chem 2000; 72(7): 1383-1388.

[5] Majumda J, Cser F, Jollands MC, Shanks RA. Thermal properties of polypropylene post-consumer waste (PPPCW). J Ther Anal Calorimet 2004; 78: 849-863.

[6] Karpukhin ON, Siobodetskaya EM. Kinetics of the photochemical oxidation of polyolefins. Russ Chem Rev 1973; 42(3): 173-189.

[7] Scott G. Polymers and the environment. Cambridge: RSC Paperbacks; 1999.

[8] Swift G, Wiles DM. Biodegradable and degradable polymers and plastics in landfill sites. In: Kroschwitz JI, ed-

itor. Encyclopedia of polymer science and technology. Hoboken, NJ: John Wiley & Sons; 2004. p. 40-50.

[9] Sudhakar M, Doble M, Murthy PS, Venkatesan R. Marine microbe-mediated biodegradation of low- and high-density polyethylenes. Int Biodeterior Biodegrad 2008; 61: 203-213.

[10] Ojeda T, Freitas A, Birck K, Dalmolin E, Jacques R, Bento F, Camargo. Degradability of linear polyolefins under natural weathering. Polym Degrad Stab 2011; 703-707.

[11] Zhu X, Guo Z, Cen W, Mao B. Ethylene polymerization using improved polyethylene catalyst. Chin J Chem Eng 2011; 19(1): 52-56.

[12] Kutz M. Hand book of materials selection. New York: John Wiley and Sons; 2002. p. 347.

[13] Francis V. Modification of low linear polyethylene for improved photo and biodegradation. Ph. D. Thesis, Faculty of Technology, Department of Polymer Science and Rubber Technology, Kerala, India; 2012.

[14] Lundbäck M. Doctoral thesis, environments including chlorinated water: antioxidant consumption, migration, and polymer degradation. School of Chemical Science and Engineering KTH Fibre and Polymer Technology, Germany; 2005.

[15] Edward N, Peters. Thermoplastics, thermosets and elastomers—descriptions and properties. In: Kutz M, editor. Mechanical engineers' handbook, forth edition, vol. 1: materials and engineering mechanics. USA: John Wiley & Sons; 2015. p. 357 (Chapter 9).

[16] Encyclopedia Britannica, Polypropylene chemical compound. http://global.britannica.com/science/polypropylene [assessed 23.03.16]

[17] The Essential Chemical Industry on Line by The University of York. http://www.essentialchemicalindustry.org/polymers/polypropene.html [assessed 23.03.16].

[18] Sudhakar M, Bhaduri S, Uppara PM, Doble M. Approaches to enhance the biodegradation of polyolefins. Open Environ Eng 2009; 2: 68-80.

[19] Wiles DM, Scott G. Polyolefins with controlled environmental degradability. Polym Degrad Stab 2006; 91: 1581-1592.

[20] Grassie N, Scott G. Polymer degradation and stabilization. New York, NY: Cambridge University Press; 1985.

[21] Longo C, Savaris M, Zeni M, Brandalise RN, Grisa AMC. Degradation study of polypropylene (PP) and bioriented polypropylene (BOPP) in the environment. Mater Res 2011; 14(4): 442-448.

[22] Chiellini E, Corti A, D'Antone S, Baciu R. Oxo-biodegradable carbon backbone polymers—oxidative degradation of polyethylene under accelerated test conditions. Polym Degrad Stab 2006; 91: 2739-2747.

[23] Alwai KBM. Thermal degradation and morphology of polymer blends comprising poly (ε-caprolactone) and epoxidized natural rubber with addition of phenol as catalyst. Bachelor of Science (hons.) chemistry faculty of applied science. Universiti Teknologi mara Malaysia; 2009.

[24] Westerhout RWJ, Waanders J, Kuipers JAM, Van Swaaij WPM. Kinetics of the lowtemperature pyrolysis of polyethene, polypropene, and polystyrene modeling, experimental determination, and comparison with literature models and data. Ind Eng Chem Res 1997; 36: 1955-1964.

[25] Gersten J, Fainberg V, Hetsroni G, Shindler Y. Kinetic study of the thermal decomposition of polypropylene, oil shale, and their mixture. Fuel 2000; 1679-1686.

[26] Ceamanos J, Mastral JF, Millera A, Aldea ME. Kinetics of pyrolysis of high density polyethylene. Comparison of isothermal and dynamic experiments. J Anal Appl Pyrol 2002; 63: 93-110.

[27] Gao Z, Amasaki I, Nakada M. A thermogravimetric study on thermal degradation of polyethylene. Anal Appl Pyrol 2003; 67: 1-9.

[28] Gao Z, Kaneko T, Amasaki I, Nakada M. A kinetic study of thermal degradation of polypropylene. Polym De-

grad Stab 2003; 80: 269-274.

[29] Ofoma I. Catalytic pyrolysis of polyolefins. Masters of science in chemical and biomolecular engineering. Atlanta, GA: Georgia Institute of Technology; 2006.

[30] Murichan N, Cherntongchai P. Kinetic analysis of thermal degradation of polyolefin mixtures. Int J Chem Eng Appl 2014; 5(2): 169-175.

[31] Aboulkas A, El harfi K, El Bouadili A. Thermal degradation behaviors of polyethylene and polypropylene. Part I: pyrolysis kinetics and mechanisms. Energy Conver Manage 2010; 51: 1363-1369.

[32] Kim S, Kim Y-C. Using isothermal kinetic results to estimate the kinetic triplet of the pyrolysis of high density polyethylene. J Anal Appl Pyrol 2005; 73: 117-121.

[33] Kim S, Kavitha D, Yu TU, Jung J-S, Song J-H, Lee S-W, et al. Using isothermal kinetic results to estimate kinetic triplet of pyrolysis reaction of polypropylene. J Anal Appl Pyrol 2008; 81: 100-105.

[34] Corrales T, Catalina F, Peinado C, Allen NS, Fontan E. Photooxidative and thermal degradation of polyethylenes: interrelationship by chemiluminescence, thermal gravimetric analysis and FTIR data. J Photochem Photobiol A Chem 2002; 147: 213-224.

[35] Singh B, Sharma N. Mechanistic implications of plastic degradation. Polym Degrad Stab 2008; 93: 561-84.

[36] Murata K, Hirano Y, Sakata Y, Azhar Uddin Md. Basic study on a continuous flow reactor for thermal degradation of polymers. J Anal Appl Pyrol 2002; 65: 71-90.

[37] Zuev VV, Bertini F, Audisio G. Investigation on the thermal degradation of acrylic polymers with fluorinated side-chains. Polym Degrad Stab 2006; 91(3): 512-516.

[38] Gowariker VR, Viswanathan NV, Sreedhar J. Polymer science. New Delhi, India: New Age International (P) Limited Publishers; 2000. p. 263-285.

[39] Paabo MA, Levin BC. Literature of the chemical nature and toxicity of the thermal decomposition products of polyethylenes. Fire Mater 1987; 11: 55-70.

[40] Aguado J, Serrano DP, Miguel GS. European trends in the feedstock recycling of plastic wastes. Global NEST J 2007; 9(1): 12-19.

[41] Kumar S, Pandaa AK, Singh R. A review on tertiary recycling of high-density polyethylene to fuel. Resour Conserv Recycl 2011; 53: 893-910.

[42] Ahmad MB, Gharayebi Y, Salit MS, Hussein MZ, Ebrahimiasl S, Dehzang A. Preparation, characterization and thermal degradation of polyimide (4-APS/BTDA)/SiO_2 composite films. Int J Mol Sci 2012; 13: 4860-4870.

[43] Morancho JM, Ramis X, Fernàndez X, Cadenato A, Salla JM, Vallès A, et al. Calorimetric and thermogravimetric studies of UV-irradiated polypropylene/starchbased materials aged in soil. Polym Degrad Stab 2006; 91: 44-51.

[44] Halket JM, Zaikin VG. Derivatization in mass spectrometry 7. On-line derivatisation/degradation. Eur J Mass Spectromet 2006; 12(1): 1-13.

[45] Ma X-M, Lu R, Miyakoshi T. Application of pyrolysis gas chromatography/mass spectrometry in lacquer research: a review. Polymers 2014; 6: 132-145.

[46] Herreraa M, Matuschek G. Fast identification of polymer additives by pyrolysis-gas chromatography/mass spectrometry. J Anal Appl Pyrol 2003; 70: 35-42.

[47] Onwudili JA, Insura N, Williams PT. Composition of products from the pyrolysis of polyethylene and polystyrene in a closed batch reactor: effects of temperature and residence time. J Anal Appl Pyrol 2009; 86: 293-303.

[48] Kumar S, Singh RK. Recovery of hydrocarbon liquid from waste high density polyethylene by thermal pyrolysis.

Braz J Chem Eng 2011; 28(4): 659-667.

[49] Yan G, Jing X, Wen H, Xiang S. Thermal cracking of virgin and waste plastics of PP and LDPE in a semi-batch reactor under atmospheric pressure. Energy Fuels 2015; 29: 2289-2298.

[50] Feldman D. Polymer weathering: photo-oxidation. J Polym Environ 2002; 10(4): 163-173.

[51] Sai N, Leung K, Zàdord J, Henkelman G. First principles study of photo-oxidation degradation mechanisms in P3HT for organic solar cells. Phys Chem Chem Phys 2014; 16: 8092-8099.

[52] Rabek JF. Photostabilization of polymers: principles and applications. England: Elsevier Science Publisher LTD; 1990. p. 5-16.

[53] Javaid HK, Neaz A. Photo-oxidative degradation of recycled, reprocessed hdpe: changes in chemical, thermal and properties. Bulg J Phys 2003; 30: 158-169.

[54] Vašek L. Photodegradation of polyolefins. Bachelor Thesis, Faculty of Technology, Tomas Bata University in Zlin; 2006.

[55] Sheldrick GE, Vogl O. Induced photodegradation of styrene polymers: a survey. J Polym Eng Sci 2004; 16(2): 65-73.

[56] Andrady AL, Pegram JE, Tropsha Y. Changes in carbonyl index and average molecular weight on embrittlement of enhanced photo-degradable polyethylene. J Environ Degrad Polym 1993; 1: 171-179.

[57] Abadal M, Cermak R, Raab M, Verney V, Commereuc S, Fraisse F. Study on photodegradation of injection moulded (beta)-polypropylene. Polym Degrad Stab 2006; 91(3): 459-463.

[58] Andrady AL, Hamid SH, Hu X, Torikai A. Effects of increased solar ultraviolet radiation on materials. J Photochem Photobiol B Biol 1998; 46: 96-103.

[59] Santos LC, Schmitt CC, Poli AL, Neumann MG. Photo-Fenton degradation of poly (ethyleneglycol). J Braz Chem Soc 2011; 22(3): 540-545.

[60] Chiron S, Fernandez-Alba A, Rodriguez A, Carcia-Calvo E. Pesticide chemical oxidation: state-of-the-art. Water Res 2002; 34: 366-377.

[61] Sörensen M, Zurell S, Frimmel FH. Degradation pathway of the photochemical oxidation of ethylenediaminetetraacetate (EDTA) in the UV/H_2O_2-process. Acta Hydrochim Hydrobiol 1998; 26: 109-115.

[62] Yang R, Liu Y, Yu J, Wang K. Thermal oxidation products and kinetics of polyethylene composites. Polym Degrad Stab 2006; 91: 1651-1657.

[63] Cruz-Pinto JJC, Carvalho MES, Ferreira JFA. The kinetics and mechanism of polyethylene photo-oxidation. Die Angewandte Makromolekulare Chemie 1994; 216(1): 113-133.

[64] Jakubowicz I, Yarahmadi N, Arthurson V. Kinetics of abiotic and biotic degradability of low-density polyethylene containing prodegradant additives and its effect on the growth of microbial communities. Polym Degrad Stab 2011; 96: 919-928.

[65] Tang L, Sallet D, Lemaire J. Photochemistry of polyundecanamides. 1. Mechanisms of photooxidation at short and long wavelengths. Macromolecules 1982; 15: 1432-1437.

[66] Franc ois-Heude A, Richaud E, Desnoux E, Colin X. A general kinetic model for the photothermal oxidation of polypropylene. J Photochem Photobiol A Chem 2015; 296: 48-65.

[67] Cunliffe AV, Davis A. Photo-oxidation of thick polymer samples part II: the influence of oxygen diffusion on the natural and artificial weathering of polyolefins. Polym Degrad Stab 1982; 4: 17-37.

[68] Furneaux GC, Ledbury KJ, Davis A. Photo-oxidation of thick polymer samples part I: the variation of photo-oxidation with depth in naturally and artificially weathered low density polyethylene. Polym Degrad Stab 1981; 3: 431-442.

[69] Audouin L, Langlois V, Verdu J, de Bruijn JCM. Role of oxygen diffusion in polymer ageing: kinetic and me-

chanical aspects. J Mater Sci 1994; 29: 569-583.

[70] Kiil S. Model-based analysis of photoinitiated coating degradation under artificial exposure conditions. J Coat Technol Res 2012; 9: 375-398.

[71] Wypych G. Handbook of material weathering. 2nd ed. ChemTec Publishing; 1995. ISBN: 1-895198-12-7.

[72] Ranby B, Rabek JF. Photodegradation, photo-oxidation and photostabilization of polymers. Toronto, Ontario: John Wiley & Sons Ltd; 1975ISBN: 0-471-70788-0.

[73] Chodák I. Crosslinking of polypropylene; polypropylene-an A-Z reference. Berlin, Germany: Kluwer Academic Publishers; 1999ISBN: 0-412-80200-7.

[74] Sommer A, Zirngiebl E, Kahl L, SchGnfelder M. Studies in accelerated weathering. Part II. Ultrafast weathering—a new method for evaluating the weather resistance of polymers. Prog Org Coat 1991; 19: 79-87.

[75] Kamal MR. Effect of variable in artificial weathering on the degradation of selected plastics. Polym Eng Sci 1966; 333-337.

[76] Lundin T, Cramer SM, Falk RH, Felton C. Weathering of natural fiber filled polyethylene composites. J Mater Civ Eng 2004; 16(6): 547-555.

[77] Marzec A. The effect of dyes, pigments and ionic liquids on the properties of elastomer composites. Polymers. Université Claude Bernard - Lyon I; 2014.

[78] Cataldo F, Ricci G, Crescenzi V. Ozonization of atactic and tactic polymers having vinyl, methylvinyl, and dimethylvinyl pendant groups. Polym Degrad Stab 2000; 67: 421-426.

[79] Cataldo F. Ozone interaction with conjugated polymers-I. Polyacetylene. Polym Degrad Stab 1998; 60: 223-231.

[80] Cataldo F. Ozone interaction with conjugated polymers-II. Polyphenylacetylene. Polym Degrad Stab 1998; 60: 233-237.

[81] Yumauchi J, Akiyoshi Y, Ikemoto K, Matsui T. Reaction mechanism for ozone oxidation of polyethylene as studied by ESR and IR spectroscopies. Bull Chem Soc Jpn 1991; 64: 1173-1177.

[82] Lohith MN, Kuriakose G, Al-Shahrani S, Al-Mattam M, Mydeen S. The effect of ozone ageing on the chemical, physical and barrier properties of packaging films. Indianapolis: SPE ANTEC™; 2016. p. 1514-1517.

[83] Peeling J, Jazzar MS, Clark DT. An ESCA study of the surface ozonation of polystyrene film. J Polym Sci Polym Chem Ed 1982; 20(7): 1797-805 (1982).

[84] Fujimoto K, Takebayashi Y, Inoue H, Ikada Y. Ozone-induced graft-polymerization onto polymer surface. J Polym Sci A Polym Chem 1993; 31(4): 1035-1043.

[85] Smithers R. http://www.smithersrapra.com/testing-services/resources/standard-testprotocols/astm/astm-d1149 [assessed 23.08.16]

[86] Material Testing. Ozone testing services, https://www.element.com/materials-testingservices/ozone-testing-services [assessed 23.08.16].

[87] Mitchell BS. Kinetics process in materials. An introduction to materials engineering and science for chemical and materials engineers. New Jersey: John Wiley & Sons Inc; 2003. p. 215-279.

[88] Tyan FY. A study of the thermal ageing of carboxylated nitrile rubber latex thin films. Master of Science Theses, Universiti Tunku Abdul Rahman; 2013.

[89] Chen G, Guo S, Li H. Ultrasonic improvement of rheological behavior of polystyrene. J Appl Polym Sci 2002; 84: 2451-2460.

[90] Chen G, Guo S, Li H. Ultrasonic improvement of the compatibility and rheological behaviour of high-density polyethylene/polystyrene blends. J Appl Polym Sci 2002; 86: 23-32.

[91] Peng B, Wu H, Bao W, Guo S, Chen Y, Huang H, et al. Effects of ultrasound on the morphology and prop-

erties of propylene-based plastomer/nanosilica composites. Polym J 2011; 43: 91-96.

[92] Li Y, Li J, Guo S, Li H. Mechanochemical degradation kinetics of high-density polyethylene melt and its mechanism in the presence of ultrasonic irradiation. Ultrason Sonochem 2005; 12: 183-189.

[93] Staudinger H, Bondy HF. Uber isoprene und Kautschuk 19 Mitteil: Uber die molekuhlgrosse des kautschks und der Ber. Dtsch Chem Ges 1930; 63: 734.

[94] Sohma J. Mechano-radical formation in polypropylene by an extruder action and its after-effects. Colloid Polym Sci 1992; 270: 1060-1065.

[95] Baranwal K. Mechanochemical degradation of an EPDM polymer. J Appl Polym Sci 2003; 12(6): 1459-1469.

[96] Leja K, Lewandowicz G. Polymer biodegradation and biodegradable polymers—a review. Polish J Environ Study 2010; 19(2): 255-266.

[97] Jayasekara R, Harding I, Bowater I, Lonergan G. Biodegradability of selected range of polymers and polymer blends and standard methods for assessment of biodegradation. J Polym Environ 2005; 13: 231-251.

[98] Premraj R, Doble M. Biodegradation of polymers. Indian J Biotechnol 2005; 4: 186-193.

[99] Siotto M, Tosin M, Innocenti FD, Mezzanotte V. Mineralization of monomeric components of biodegradable plastics in preconditioned and enriched sandy loam soil under laboratory conditions. Water Air Soil Pollut 2011; 221: 245-254.

[100] Gautam R, Bassi AS, Yanful EK. A review of biodegradation of synthetic plastic and foams. Appl Biochem Biotechnol 2007; 14(1): 85-108.

[101] Kanaly RA, Harayama S. Biodegradation of high molecular-weight polycyclic aromatic hydrocarbons by bacteria. J Bacteriol 2000; 8: 2059-2067.

[102] Gautam R, Bassi AS, Yanful EK, Cullen E. Biodegradation of automotive waste polyester polyurethane foam using Pseudomonas chlororaphis ATCC55729. Int Biodeterior Biodegrad 2008; 60: 245-249.

[103] Gracida J, Alba J, Cardoso J, Perez-Guevara F. Studies of biodegradation of binary blends of poly(3-hydroxybutyrate-co-3-hydroxyvalerate)(PHBHV) with poly(2-hydroxyethylmetacrilate)(PHEMA). Polym Degrad Stab 2004; 83: 247-253.

[104] Ammala A, Bateman S, Dean K, Petinakis E, Sangwan P, Wong S, et al. An overview of degradable and biodegradable polyolefins. Progress Polym Sci 2011; 36: 1015-1049.

[105] Ojeda TFM, Dalmolin E, Forte MMC, Jacques RJS, Bento FM, Camargo FAO. Abiotic and biotic degradation of oxo-biodegradable polyethylenes. Polym Degrad Stab 2009; 94: 965-970.

[106] Koutny M, Sancelme M, Dabin C, Pichon N, Delort AM, Lamaire J. Acquired biodegradability of polyethylenes containing pro-oxidant additives. Polym Degrad Stab 2006; 91: 1495-1503.

[107] Miyazaki K, Shibata K, Nakatani H. Preparation of degradable polypropylene by an addition of poly(ethylene oxide) microcapsule containing TiO_2. Part III: Effect of existence of calcium phosphate on biodegradation behavior. Polym Degrad Stab 2011; 96: 1039-1046.

[108] da Luz JMR, Paes SA, Bazzolli DMS, Totola MR, Demuner AJ, Kasuya MCM. Abiotic and biotic degradation of oxobiodegradable plastic bags by Pleurotus ostreatus. PLoS One 2014; 9(11): 1-17.

[109] Arnaud R, Dabin P, Lemaire J, Al-Malaika S, Chohan S, Coker M. Photooxidation and biodegradation of commercial photodegradable polyethylenes. Polym Degrad Stab 1994; 46: 211-224.

[110] Jakubowicz I. Evaluation of degradation of biodegradable polyethylene (PE). Polym Degrad Stab 2003; 80(1): 39-43.

[111] Sivan A, Szanto M, Pavlov V. Biofilm development of the polyethylene-degrading bacterium Rhodococcus ruber. Appl Microbiol Biotechnol 2006; 72: 346-352.

[112] Konduri MKR, Anupam KS, Vivek JS, Kumar DBR, Narasu ML. Synergistic effect of chemical and photo treatment on the rate of biodegradation of high density polyethilene by indigenous fungal isolates. Int J Biotechnol Biochem 2010; 6: 157-174.

[113] Singh V, Dubey M, Bhadauria S. Microbial degradation of polyethylene (low density) by aspergillius fumigatus and penicillium sp. Asian J Exp Biol Sci 2012; 3(3) 498-550

[114] Sowmya HV, Krishnappa R, Thippeswamy B. Low density polythene degrading fungi isolated from local dumpsite of Shivamogga district. Int J Biomed Res 2014; 2(2): 39-43.

[115] Lau AK, Cheuk WW, Lo KV. Degradation of greenhouse twines derived from natural fibers and biodegradable polymer during composting. J Environ Manag 2009; 90: 668-671.

[116] Fleming HC. Relevance of biofilms for the biodeterioration of surfaces of polymeric materials. Polym Degrad Stab 1998; 59: 309-315.

[117] Albertsson AC, Karlsson S. Macromolecular architecture-nature as a model for degradable polymers. J Macromol Sci A Pure Appl Chem 1996; 33(10): 1571-1579.

[118] Shah AA, Hasan F, Hameed A, Ahmed S. Biological degradation of plastics: a comprehensive review. Biotechnol Adv 2008; 26: 246-265.

[119] Chróst RJ. Microbial ectoenzymes in aquatic environments. In: Overbeck J, Chróst RJ, editors. Aquatic Microbial Ecology: Biochemical and Molecular Approaches. New York: Springer Verlag; 1990

[120] Chróst RJ. Environmental control of the synthesis and activity of aquatic microbial ectoenzymes. In: Chróst RJ, editor. Microbial Enzymes in Aquatic Environments. New York: Springer Verlag; 1991Brock/Springer Series in Contemporary Bioscience

[121] Huang J, Shetty AS, Wang M. Biodegradable plastics: a review. Adv Polym Technol 1990; 10: 23-30.

[122] Arnaud R, Dabin P, Lemaire J, Al-Malaika S, Chohan S, Coker M. Photooxidation and biodegradation of commercial photodegradable polyethylenes. Polym Degrad Stab 1994; 46(2): 211-224.

[123] Albertsson A-C, Barenstedt C, Karlsson S, Lindberg T. Degradation product pattern and morphology changes as means to differentiate abiotically and botically aged degradable polyethylene. Polymer 1995; 36: 3075-3083.

[124] Weiland M, Daro A, David C. Biodegradation of thermally oxidized polyethylene. Polym Degrad Stab 1995; 48: 275-289.

[125] Wiles DM. In: Smith R, editor. Biodegradable polymers for industrial applications. Cambridge: Woodhead Publishing; 2005 [chapter 3]

[126] Albertsson AC, Barenstedt C, Karlsson S. Abiotic degradation products from enhanced environmentally degradable polyethylene. Acta Polym 1994; 45: 97-103.

[127] Bikiaris D, Aburto J, Alric I, Borredon E, Botev M, Betchev C. Mechanical properties and biodegradability of LDPE blends with fatty-acid esters of amylase and starch. J Appl Polym Sci 1999; 7: 1089-1100.

[128] Bonhomme S, Cuer A, Delort AM, Lemaire J, Sancelme M, Scott C. Environmental biodegradation of polyethylene. Polym Degrad Stab 2003; 81: 441-452.

[129] Marcilla A, Gomez A, Reyes-Labarta JA, Giner A. Polym Degrad Stab 2003; 80: 233-240.

[130] Whiteeley KS, Heggs TG, Koch H, Mawer RL. Polyolefins. Ullmann's encyclopedia of industrial chemistry. New York: Elsevers, VCH; 1982. p. 487.

[131] Billingham NC, Calved PD. An introduction-degradation and stabilization of polyolefins. London: Aplied Science Publishers; 1983.

[132] Hinsken H, Moss S, Pauquet JR, Zweifel H. Degradation of polyolefins during melt processing. Polym Degrad Stab 1991; 34: 279-293.

[133] Canevarolo SV. Chain scission distribution function for polypropylene degradation during multiple extrusions. Polym Degrad Stab 2000; 709: 71-76.

[134] Physical-chemical properties. International Standard Organization methods, http://www.iso.org/iso_catalogue/catalogue_ tc/catalogue_ tc_ browse.htm? commid=49318 [assessed 9.09.16].

[135] The American Society for testing and materials (ASTM) methods. ASTM book of standards; 2005.08.03; Plastics (Ⅲ): D5117.

[136] Azevedo HS, Reis RL. Understanding the Enzymatic Degradation of Biodegradable Polymers and Strategies to Control Their Degradation Rate. In: Reis RL, Roman JS, editors. Biodegradation system in tissue engineering and regenerative medicine. Boca Raton, FL: CRS Press, Taylor & Francis Group; 2004 (Chapter 12).

[137] Akpanudoh NS, Gobin K, Manos G. Catalytic degradation of plastic waste to liquid fuel over commercial cracking catalysts: effect of polymer to catalyst ratio/acidity content. J Mol Catal A Chem 2005; 235: 67-73.

[138] Kpere-Daibo TS Plastic catalytic degradation study of the role of external catalytic surface, catalytic reusability and temperature effects. PhD thesis, Department of Chemical Engineering, University College London; 2009.

[139] Manos G, Garforth A, Dwyer J. Catalytic degradation of high-density polyethylene on an ultrastable-Y zeolite. Nature of initial polymer reactions, pattern of formation of gas and liquid products, and temperature effects. Ind Eng Chem Res 2000; 39: 1203-1208.

[140] Manos G, Garforth A, Dwyer J. Catalytic degradation of high-density polyethylene over different zeolitic structures. Ind Eng Chem Res 2000; 39: 1198-1202.

[141] Sarker M, Rashid MM. Catalytic conversion of low density polyethylene and polyvinyl chloride mixture into fuel using Al_2O_3. Int J Mater Methods Technol 2013; 2: 8-16.

[142] García RA, Serrano DP, Otero D. Catalytic cracking of HDPE over hybrid zeoliticmesoporous materials. J Anal Appl Pyrol 2005; 74: 379-386.

[143] Lee YJ, Kim JH, Kim SH, Hong SB, Seo G. Nanocrystalline beta zeolite: an efficient solid acid catalyst for the liquid-phase degradation of high-density polyethylene. Appl Catal B Environ 2008; 83: 160-167.

[144] Marcilla A, Gomez A, Menargues S, Garcia-Martinez J, Cazorla-Amoros D. Catalytic cracking of ethyleneevinyl acetate copolymers: comparison of different zeolites. J Anal Appl Pyrol 2003; 495-506.

[145] Demirbas A. Biorefineries: current activities and future developments. Energy Conver Manag 2009; 50: 2782-2801.

[146] Ivanova SR, Gumerova EF, Minsker KS, Zaikov GE, Berlin AA. Selective catalytic degradation of polyolefins. Prog Polym Sci 1990; 15: 193-215.

[147] Ivanova SR, Gumerova EF, Al Berlin AL, Minsker KS, Zaikov GE. Catalytic degradation of polyolefins—a promising method for the regeneration of monomers. Russ Chem Rev 1991; 60(2): 430-447.

[148] Sekine Y, Fujimoto K. Catalytic degradation of PP with an Fe/activated carbon catalyst. J Mater Cycles Waste Manag 2003; 5: 107-112.

[149] Pandaa AK, Singh RK. Optimization of process parameters by Taguchi method: catalytic degradation of polypropylene to liquid fuel. Int J Multidisc Curr Res 2013; 1: 50-58.

[150] Roozbehani B, Sakaki SA, Shishesaz M, Abdollahkhani N, Hamedifar S. Taguchi method approach on catalytic degradation of polyethylene and polypropylene into gasoline. Clean Technol Environ Policy 2015; 17: 1873-1882.

[151] Batmani M, Shishesaz MR, Roozbehani B. Investigation of catalytic degradation of polyolefins in present of

polyvinylchloride via design of experiments. Int J Sci Emerg Technol 2013; 3: 256–263.

[152] Ide S, Nanbu N, Kuroki T, Ikemura T. Catalytic degradation of polystyrene in the presence of active charcoal. J Anal Appl Pyrol 1984; 6: 69–80.

[153] Lin YH, Yang MH. Catalytic conversion of commingled polymer waste into chemicals and fuels over spent FCC commercial catalyst in a fluidised-bed reactor. Appl Catal B Environ 2007; 69: 145–153.

[154] Durmus A, Koc SN, Pozan GS, Kasgoz A. Thermal-catalytic degradation kinetics of polypropylene over BEA, ZSM-5 and MOR zeolites. Appl Catal B Environ 2005; 61: 316–322.

[155] Li K, Lee WS, Yuan G, Lei J, Lin S, Weerachanchai P, et al. Investigation into the catalytic activity of microporous and mesoporous catalysts in the pyrolysis of waste polyethylene and polypropylene mixture. Energies 2016; 9: 431–446.

[156] Manos G, Yusof IY, Papayannakos N, Gangas NH. Catalytic cracking of polyethylene over clay catalysts. Comparison with an ultra-stable Y zeolite. Ind Eng Chem Res 2001; 40: 2220–2225.

[157] Seymour Raymond B. Additives for polymers. Introduction to polymer chemistry. New York: McGraw-Hill Book Company; 1971. p. 268–271 [chapter 11].

[158] Mori H, Endo M, Terano M. Study of activity enhancement by hydrogen in propylene polymerization using stopped-flow and conventional methods. J Mol Catal A 1999; 145: 211–220.

[159] Seifali Abbas-Abadi M, Nekoomanesh Haghighi M, Bahri Laleh N, Akbari Z, Tavasoli MR, Mirjahanmardi SH. Polyolefin production using an improved catalyst system. US2011/ 0152483; 2011.

[160] Paik P, Kar KK. Kinetics of thermal degradation and estimation of lifetime for polypropylene particles: effects of particle size. Polym Degrad Stab 2008; 93, 24–35.

[161] Paik P, Kar KK. Thermal degradation kinetics and estimation of lifetime of polyethylene particles: effects of particle size. Mater Chem Phys 2009; 113: 953–961.

[162] Abbas-Abadi MS, Haghighi MN, Yeganeh H, Bozorgi B. The effect of melt flow index, melt flow rate, and particle size on the thermal degradation of commercial high density polyethylene powder. J Therm Anal Calomet 2013; 114: 1333–1339.

[163] Shibryaeva L. Thermal oxidation of polypropylene and modified polypropylene-structure effects. In: Dogan F, editor. Polypropylene. Rijeka, Croatia-European Union: InTech Publisher; 2012 (Chapter 5).

[164] Tokiwa Y, Calabia BP, Ugwu CU, Aiba S. Biodegradability of plastics. Int J Mol Sci 2009; 10: 3722–42.

[165] Buddy DR, Hoffman AS, Schoen FJ, Lemons JE. Biomaterials science: an introduction to materials in medicine. 3rd ed. USA: Academic Press; 2013. p. 190.

[166] Haines JR, Alexander M. Microbial degradation of high-molecular-weight alkanes. Appl Microbiol 1974; 28: 1084–1085.

[167] Gewert B, Plassmann MM, MacLeod M. Pathways for degradation of plastic polymers floating in the marine environment: a critical review. Environmental Sciences Processes and impact; 2015.

[168] Summers JW, Rabinovitch EB. Weathering of plastics. Amsterdam: Elsevier; 1999. p. 61–68.

[169] Jakubowicz I. Evaluation of degradability of biodegradable polyethylene (PE). Polym Degrad Stab 2003; 80: 39–43.

[170] Chanda M. Plastics technology handbook. Boca Raton, FL: CRC Press/Taylor & Francis Group; 2007.

[171] Shah AA, Hasan F, Hameed A, Ahmed S. Biological degradation of plastics: a comprehensive review. Biotechnol Adv 2008; 26: 246–265.

[172] Franssen NMG, Reeka JHN, Bruin BD. Synthesis of functional 'polyolefins': state of the art and remaining challenges: review article. Chem Soc Rev 2013; 42: 5809–5832.

[173] Franssen NMG, Reeka JHN, Bruin BD. A different routh of functional polyolefins: olefins-carbene copoly-

merization. Dalton Trans 2013; 42: 9058-9068.

[174] Patil AO. Functional polyolefins. Chem Innov 2000; 30: 19-24.

[175] Nakamura A, Ito S, Nozaki K. Coordination-insertion copolymerization of fundamental polar monomers. Chem Rev 2009; 109: 5215-5244.

[176] Padwa AR. Functionally substituted poly(α-olefins). Progr Polym Sci 1989; 14: 811-833.

[177] Boffa LS, Novak BM. Copolymerization of polar monomers with olefins... transitionmetal complexes. Chem Rev 2000; 100: 1479-1493.

[178] Dopico-Garciäa MS, Lopez-Vilarino JM, Gonzaä lez-Rodriäguez MV. Antioxidant content of and migration from commercial polyethylene, polypropylene, and polyvinyl chloride packages. J Agric Food Chem 2007; 55: 3225-3231.

[179] Brock T, Groteklaes M, Mischke P. Organic coloured pigments. Eur Coat J 2002; 6: 64-66.

[180] Tobias JW, Taylor LJ. Photodegradable polymer compositions. Pat US4360606, assigned to Owens-Illinois Inc; 1982.

[181] Wijdekop M, Arnold JC, Evans M, John V, Lloyd A. Monitoring with reflectance spectroscopy the color change of PVC plastisol coated strip steel due to weathering. Mater Sci Technol 2005; 21: 791-797.

[182] Iannuzzi G, Mattsson B, Rigdahl M. Color changes due to thermal ageing and artificial weathering of pigmented and textured ABS. Polym Eng Sci 2013; 53: 1687-1695.

[183] Drobny JG. Radiation technology for polymers. 2nd ed. Florida, USA: CRC Press; 2003.

[184] Barlow A, Biggs J, Maringer M. Radiation processing of polyolefins and compounds. Radiat Phys Chem 1977; 9 685-669

[185] International atomic energy agency. Controlling of degradation effects in radiation processing of polymers, Vienna, Austria; 2009, p. 1-5.

[186] Romano U, Garbassi F. The environmental issue. A challenge for new generation polyolefins. Pure Appl Chem 2000; 72(7): 1383-1388.

[187] Reingruber E, Buchberger W. Analysis of polyolefin stabilizers and their degradation products: a review. J Sep Sci 2010; 33: 3463-3475.

[188] Caruso MM, Davis DA, Shen Q, Odom SA, Sottos NR, White SR, et al. Mechanically-induced chemical changes in polymeric materials. Chem Rev 2009; 109: 5755-5798.

[189] Lundbäck M. Long-term performance of polyolefins in different environments including chlorinated water: antioxidants consumption and migration, and polymer degradation. Stockholm: KTH Fibre and Polymer Technology; 2005.

5 聚烯烃纤维在工业和医疗上的应用

Yong K. Kim

(美国麻省大学)

5.1 概述

聚烯烃纤维是由石脑油裂解生成的烯烃(如乙烯和丙烯)均聚或共聚物通过纺丝加工而成的产品。美国联邦贸易委员会将"烯烃纤维"定义为：构成纤维的物质是由质量分数至少85%的乙烯、丙烯或其他烯烃组成的长链聚合物[1]。

20世纪30年代，帝国化学工业公司成功合成出低密度聚乙烯后，将低密度聚乙烯通过挤出制得第一根聚烯烃纤维。1954年，齐格勒开发了高密度聚乙烯的聚合工艺。采用高密度聚乙烯来生产多丝纤维和单丝纤维，小规模应用于一些需要高密度聚乙烯的某些特殊性能的场合。与低密度聚乙烯相比，虽然高密度聚乙烯纤维的性能显著提升，但因其熔点相对较低，在纺织行业中应用仍然很少。在塑料发展历史上，自1957年开始商业化生产以来，聚丙烯表现出了巨大的市场发展潜力。到90年代中期，聚丙烯在热塑性树脂(如聚氯乙烯、聚苯乙烯、高密度聚乙烯等)中的需求量位居世界第一。这也极大地改变了聚烯烃纤维的地位，聚烯烃纤维的应用超过了高密度聚乙烯的应用领域。聚丙烯纤维可用于生产服装、家电、医疗和其他工业用途的无纺布、短纤维、膨化丝(BCF)、连续长丝。聚丙烯纤维具有多种性能，能够很好地应用于整个纺织领域。

聚烯烃纤维主要用于消费品，如地毯、垫子(包括背衬材料)等。20世纪80年代以来，簇绒和织造技术的进步可以快速和容易地生产高度复杂、美观的聚烯烃纤维挂毯，可以提供各种颜色、纱线类型、规格和绒头，这使得聚烯烃地毯纱线在簇绒和机织地毯领域的市场份额显著增长，从而替代尼龙地毯。聚烯烃纤维还成功地取代了黄麻纤维，成为全世界簇绒地毯的主要和次要的衬垫基材。近年来，聚烯烃纤维也用于制造人造草坪。

聚烯烃纤维的另一个主要用途是无纺布，应用于包括农业织物、建筑板材、汽车织物、土工织物、过滤介质、卫生和工业湿巾等许多领域。短纤维无纺布也广泛用于个人护理、卫生和医疗领域，但与纺黏无纺布市场竞争激烈。聚烯烃纤维，特别是切膜纤维和单丝，用于工业绳索、农业用网和柔性集装袋。其他应用领域包括混凝土和纸张加固，以及遮阳篷、船罩、帐篷和花园家具室内装饰等防晒纺织品。

美国聚烯烃纤维的产能变化如图5.1所示。合成纤维总产量在1997年底达到450×10^4t(100×10^8lb)并逐渐趋于平稳。2000年，聚烯烃纤维产量超过145×10^4t(31.8×10^8lb)，而聚酯总产量为176×10^4t(38.7×10^8lb)[2]。由图5.2可知，聚烯烃长丝纤维的产量大幅增加，但短纤维、丝束和填充纤维的产量在1965—2000年平稳增长。

聚烯烃纤维一直是合成纤维工业中增长最快的品种之一，其年增长率约为6%，这主要是由于发展中国家基建生产能力的高速增长和工业化国家在地毯和无纺布方面的用量增加。自 2000 年以来，聚烯烃纤维增长放缓，特别是在发达经济体，这主要是由于地毯纱线需求的下滑以及聚丙烯原料价格的上涨影响了聚丙烯纤维的价格。2008—2009 年的经济放缓进一步加剧了这一趋势，如房地产市场的萧条（减少对地毯的需求）和政府土木工程投资的减少（减少对工业无纺布如土工织物的需求）。不断上涨的聚丙烯树脂价格也导致了低成本聚酯纤维对聚丙烯纤维的替代，特别是在无纺布领域，可以使用回收聚对苯二甲酸乙二醇酯（PET）短纤维[3]。

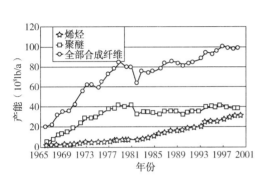

图 5.1 美国聚烯烃产能变化

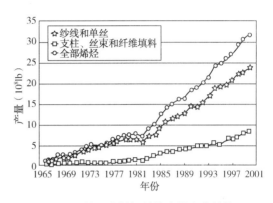

图 5.2 美国聚烯烃纤维产量变化趋势

1980 年，西欧聚丙烯消费量约为 $130 \times 10^4 t$，包括家庭用品的注塑制品、用于包装的薄膜和纤维制品。到 2000 年，西欧的聚丙烯需求急剧增加到 $700 \times 10^4 t$，所增加的应用领域为无纺布、短纤维、膨化丝及其他纺织类产品。据估计，截至 2003 年，扩大的欧盟国家（从 15 个成员到 25 个成员）的聚丙烯需求约为 $846 \times 10^4 t$[4]。

欧洲聚烯烃纺织协会（EATP）2015 年度报告[5]：

2013 年，欧洲纺织品市场中聚丙烯和聚乙烯市场用量占所有人造纺织品材料的 38.5%。据完全统计，2011—2013 年，欧洲的聚烯烃产量从 $245.2 \times 10^4 t$ 下降到约 $235 \times 10^4 t$，下降了 4.2%。2011—2013 年，欧盟 28 个成员国的纺黏和熔喷聚丙烯纤维的产量从 $61 \times 10^4 t$ 下降到 $57.55 \times 10^4 t$，下降了 5.6%。同期，聚丙烯短纤维从 $44.55 \times 10^4 t$ 下降到 $42.35 \times 10^4 t$，下降了 5%。相比之下，2011—2013 年，土耳其的聚烯烃总产量从 $53.1 \times 10^4 t$ 增加到 $56.3 \times 10^4 t$，增长了 6%。2000—2014 年，欧盟 28 个成员国的地板装饰总消费量从 $21.7 \times 10^8 m^2$ 下降到 $17 \times 10^8 m^2$，下降近 20%。然而，地板装饰用纺织品应用仍然最多，市场占有率为 38%。

1979 年，荷兰 DSM 高性能纤维公司开发了高性能超高分子量聚乙烯纤维。这种凝胶纺丝 UHMW-PE 纤维的强度是商业聚丙烯纤维的 6 倍（3.6GPa 或 3.7N/tex），硬度为 20 倍（116GPa 或 120N/tex）。到 1990 年，DSM（Dyneema）和 Allied Signal 公司（现为霍尼韦尔公司）(Spectra) 生产了商品化高性能聚乙烯纤维[6]。这种纤维在工业应用中（如复合增强材料、高性能绳索方面）可以与芳纶纤维、碳纤维和玻璃纤维竞争，又可用于医学植入的关节替代物。

本章主要介绍聚烯烃纤维在产业用纺织品领域的应用，重点介绍医用和工业用纺织品。

5.2 聚烯烃在技术纺织品领域的应用

产业纺织品跨越不同的应用领域，其中纤维制品需要满足各种应用所需的特定功能。根据 Techtextil 2005 在德国法兰克福举行的国际技术纺织品交易会，产业用纺织品可分为 12 个领域[7]：

农业：园艺、园林、农林牧业、篱笆等。

建筑：薄膜、轻质实心建筑、工业临时建筑、室内建筑、水利工程、纤维混凝土。

服饰：各式服装、鞋子等。

土工：地下工程；道路、堤防和废弃物处理场建设；采矿，例如防护网、脚手架；纺织品，用于防冲、海岸和堤岸加固。

家居：家具、室内装潢、地毯、地板。

工业：过滤、清洗、机械工程、化工电气、复合材料、齿轮带、输送带、砂轮。

医疗：卫生、亚麻、工作服、敷料、静脉、透析、植入物和外科缝合线。

交通：自行车、汽车、摩托车、火车、船、航空航天器、热气球、飞艇、风筝、气囊、安全带、座套、室内装饰、汽车内衬、地毯、门衬、轮胎帘线、防水布、齿轮带、管道、离合器和刹车衬、绝缘材料、复合材料、汽车装甲。

环保：环保、回收、处置等。

包装：包装、保护盖系统、绳索、皮带、袋储存系统。

安全：个人和财产防护、隔热、节水、防弹背心、警示背心、隔音、建筑防护。

体育：运动休闲用品、功能性运动服装、运动器材、帆板冲浪用纺织膜、帆船和悬挂式滑翔。

通过编织、针织、无纺布、打结、涂覆以及这些转化过程的组合，各种天然纤维和合成纤维被用来制造符合上述产业用途的合适纺织品结构。纤维类型根据力学性能、热性能、环境性能、生物性能、物理性能和化学性能等功能要求来选择。

5.3 聚烯烃纤维的类型与性能

根据目标产品的功能要求，如力学性能、热性能、环境性能、生物性能、物理性能和化学性能，选择合适种类的纤维是开发产品的关键。在这一节中将讨论聚烯烃纤维的性能、形式和类型。

5.3.1 聚烯烃纤维的性能

典型聚烯烃的纤维密度范围为 $0.90 \sim 0.96 \text{g/cm}^3$，且吸湿率低。因此，聚烯烃纤维适合于需要水浮和回潮率极低的应用场合，如系泊绳索、漏油栅和渔网等。

聚烯烃纤维具有良好的拉伸性能、耐磨性和优异的耐化学性能、抗霉菌、抗微生物、抗虫性能。聚烯烃纺织结构具有良好的芯吸性能，绝缘性高，对皮肤舒适，这些因素对运动服和防护服来说很重要。然而，聚烯烃在某些应用方面也存在问题。举个例子，由于熔点低（聚乙烯为 120~125℃，聚丙烯为 160~165℃），它们不能在高温下使用。由于聚烯烃易发生光降解，在100℃以上的抗皱缩性较差，难以染色，并且染色的色带有限，因此不能用于外表面。聚烯烃还具有高易燃性、低弹性和应力蠕变的特点[8]。

在用于纺织工业的聚烯烃基产品开发中，必须通过与其他纤维、聚合物、添加剂(包括纳米粒子)混合来平衡材料的优缺点，以满足最终使用要求。

5.3.2 聚烯烃纤维的类型和形式

多丝纱线有预取向丝(POY)、全取丝(FOY)和膨化丝(BCF)3种类型。将POY纱线拉伸并进一步加工，可以制成FOY或BCF。加工后的POY纱线用于室内装饰织物、运动服和袜子等。

FOY纱是在5000m/min的连续纺丝和拉伸的过程中生产的。通过控制不同等级聚合物的加工工艺参数，生产的FOY纱具有不同的力学性能。例如，高韧性FOY用于产业纺织品，标准FOY用于传统的服装领域。挤出长丝的线密度(单位长度的质量)：标准纱线为12dtex，高韧性纱线为5~10dtex。标准纱线的断裂强度为30~50cN/tex，而高强度纱线的断裂强度为50~70cN/tex或更高[8]。

BCF工艺将高速纺丝、拉伸和织构组合为一个连续的过程。主要采用的方法是聚烯烃填塞箱卷曲法工艺，而在PET织构化中采用基于叠片或十字带系统的假捻方法。

5.3.3 单丝

高抗拉强度的单丝主要用于产业用织物等领域，如皮带、绳索等和医用纺织品，如手术网和缝合线。单丝的典型线密度为100dtex或更高。因此，它们比多丝粗得多。单丝通常以较低的速度挤出到水浴中进行淬火，以防止空冷重丝的卷曲趋势。典型的拉伸过程包括3个阶段，通常在热水浴或热风管道中进行[8]。

5.3.4 短纤维

短纤维可以通过两阶段非连续工艺或单阶段连续工艺生产。在大批量生产中，采用两步法生产高质量、极细的短纤维(每根纤维0.5dtex)。第一阶段是高速纺丝(2000m/min)，用于丝束生产。第二阶段包括拉伸、卷曲、剪成短纤维和打捆。紧凑型单级工艺通过将低速纺丝阶段连接到拉伸单元来组合所有生产阶段。这种紧密纺纱生产的1~3dtex纤维通常用于地毯纱线和无纺布产品。

5.3.5 带子纱

带子纱可以通过两种方法来生产。在更常见的方法中，聚烯烃薄膜在冷却辊或水浴中挤压和冷却。然后根据应用要求，在原纤化之前，以高拉伸比对薄膜进行单轴拉伸，最多可达11倍。薄膜被切成1~10mm宽用于纺织纤维，15~35mm宽用于绳索生产，40~80mm宽用于其他。切条机一般装有带剃刀刀片的棒，它们被设置为需要的间距。或者，实际的纤维化过程可以产生所需尺寸的带子纱。所生产的带子纱具有高韧性，例如高达6~7N/tex的聚丙烯带子纱，用于地毯背衬、麻袋和编织袋。在第二种方法中，每个带子纱通过单独的狭缝形孔口分别挤压。这个过程昂贵得多，一般只限于牙科和医疗等专业用途[8]。

用于切膜工艺的聚合物的选择不仅影响最终的力学性能，而且影响纤维原纤化的能力。

聚丙烯和聚乙烯共混是最有效的控制纤维化过程的方式。

5.4 聚烯烃纤维的技术织物结构

由聚烯烃制造的产业纤维从结构上可分为纱线、绳索、机织物、针织物和无纺布。

5.4.1 纱线、绳和绳索

纱线可分为短纤纱和长丝纱两类。短纤纱是通过纺纱工艺形成的，其中基本平行和分布适当的短纤维束(长条或粗纱形式)通过牵伸和加捻而紧密结合在一起，从而形成连续"单纱"。主要的纺纱系统有传统的环锭纺、开端/转杯纺、喷气纺和摩擦纺。每个纺纱系统中纤维沿纱线轴线排列，生产独特的优质纱线。然后将单根纱线捻成股线。粗纱是通过捻多股纱线而形成的。

长丝纱由单纱或多纱组成，无捻度至中等捻度。长丝纱可以膨化、织构或卷曲，以增强美感和力学性能。单纱合股或生产粗纱，以适应不同应用的尺寸和性能要求。

纤维绳是通过铺设(扭转)或交织(编织)来排列和容纳绳索元件而形成的。绳索元件根据绳索的构造和最终直径，开始于纱线加捻和(或)纱线或短纤的合股。纺织的纱线被捻成绳纱。例如，所需尺寸的 3 捻长丝纱形成绳纱。绳索的最终组成单位是绞合所需数量绳索的股线。

铺设绳结构有三股铺设绳、四股铺设绳、六股铺设绳和缆索铺设绳 4 类结构[9]。

编织绳是用编织技术编织的绳子；八股编织(特种编织)结构，中空编织绳，双编织绳(双织)和实心编织绳子。

绳索结构的新发展是平行纱线，采用零捻以使高强度/模量芯纱(如高性能聚乙烯)的强度转换效率最大化。这种类型的绳索由带有挤压套或编织套的平行长丝纱构成。

5.4.2 机织物

机织物是由至少两组短纤纱和(或)长丝纱交织而成的。机织物由相互正交的两组纱线组成：沿织物长度延伸的经纱端和从织物的边沿(一侧)延伸到边沿(另一侧)的纬纱端。在三轴织物和三维织物中，设置两套以上的纱线以适应所需的结构。

技术编织纺织品需进行设计，以满足其最终用途的要求。它们的外观、刚度、厚度、强度、孔隙率、伸长率等可通过经纬纱的织造图案、线数、纱线变量(类型、捻度和尺寸)进行调节。

现代机织物生产中使用的典型织机类型按其引纬技术分类为梭织机、喷气织机、喷水织机、剑杆织机和抛物织机。梭织机是最古老和低生产率的机器，但是用于织造技术织物时，这些织物要求昂贵的纱线(如由石墨纤维和其他高性能纤维制成的纱线)的边缘损失最小。

机织物按编织或结构分类，经纱和纬纱相互正交。3 种基本的编织结构是平纹、斜纹和缎纹。可以生产无限数量的编织结构。这些编织结构源自这 3 个基本编织结构。Watson[10] 更详细地描述了这些基本织物及其衍生物，它们是由各种各样的机织结构组成的。然而，大多数二维技术织物是由简单织物构成的，其中 90% 是平纹织物。其他基本的和衍生的机织结构可以用来满足应用所需的机械性、功能性和美学性能。

在平纹组织中,纬纱通过交替经纱(1上/1下),只需要最少两个线束。平纹织物衍生品是通过使用成组的纱线,如方平组织,或通过交替的细纱和粗纱,以制造罗纹织物和绳纹织物,如皮卡。

斜纹显示了一个对角线设计,使纬线交织2~4个经纱线(例如,2上/1下,斜纹和钻孔),向右或向左移动一步。根据不同的步骤和步长方向,可以产生斜纹状的衍生物,如人字骨和软木螺钉设计。斜纹织物以坚固、紧密著称,包括华达呢、哔叽、钻纹和牛仔布。

缎纹组织在表面上有较长的经纱,其反射光线具有独特的光泽。当未交叉的纱线在纬纱中时,织物称为缎纹。缎纹结构具有较长的浮动经纱,这减少了在经纱和纬纱之间隔行接触的数量,并且提高了用于复合增强织物结构的强度转换效率。

绒头织物有一组额外的纱线在导线上形成线圈,并且可以被切割或不切割。经起绒织物包括毛圈绒、毛绒、绒头绒、平绒和灯芯绒。在双层织物组织中(图5.3),两织物同时织造,每一织物都具有经纱和纬纱,并将交织纱线作为第五组进行组合。机织结构可以提供额外的保暖或强度,从而可以使用更便宜的背衬层,或在每个表面上生成不同的图案或编织,例如,蒸毯、重涂层和机器皮带等。

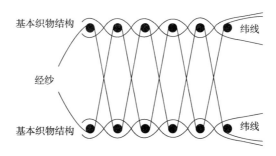

图5.3 复合织物的织造结构

最近,这种复合衬垫织物结构在技术纺织品中得到应用,如作为汽车座椅聚氨酯泡沫替代物,运动和防暴控制装置用于冲击能量吸收。

提花织机附件允许机器织造最复杂的设计,如用于动脉替换的管状结构及其他三维结构。

5.4.3 针织物

针织物是用经编或纬编技术制造的。这两种针织方式是通过环绕方向和纱线供应方式来区分的。在纬编中,通过每个送纬器位置上的单个纱线包提供针织纱线,在织物宽度方向(纬向)形成线圈,而经编织物是由织物长度方向的交织环与经纱提供的经纱片形成的。

纬编针织物有平(单面织物)、1×1rib、1×1purl和互锁4种基本结构。为了控制力学性能,可以在这些基本的纬编针迹中插入浮针和褶皱针迹以形成衍生的纬编结构。例如,用浮针(或漏针)代替针织圈会导致纬编织物在流动方向上更薄、伸展性更差,而插入褶皱针则产生较厚的、中等伸展性的纬编织物。

单面针织物和衍生物是在带有单圆针床或单平床的针织机上生产的。在圆柱针床或V形针床格式的针织框架上编织罗纹和互锁结构。一般来说,现代的大直径(最多36in)圆形针织机配有多条送料器(最多144条送料器),每分钟可完成4500道工序,即每分钟生成

300cm 长织物，每厘米结构 15 道工序。因此，圆纬针织是一种高效率的纱线到技术织物的转换方法。然而，为了控制纬编结构的稳定性和可伸缩性，需要设计满足应用要求的结构。表 5.1 列出了 4 种基本纬编针织结构的特征。

表 5.1 基本纬编针织结构的特征

性能	单面织物	1×1rib	1×1purl	互锁
外观	每边不同，前面和后面	两边相同	两边相同	两边相同
宽度方向可拉伸性	中等(10%~20%)	中等	特别高	中等
长度方向可拉伸性	高(30%~50%)	特别高(50%~100%)	高	中等
卷边	是	否	否	否
解织	两端	末端	两端	末端

纬编针织结构的每厘米经纬度、针迹密度、紧密度和织物重量等织物质量参数主要由线圈长度和编织张力控制。为保证控制纬编针织物的质量，采用正送丝和储丝两种送丝方式，在适当的送丝张力水平下对针织纱进行送丝。

经编是一种在用经轴(经纱片)上的一条或多条线组织成针织物的方法，其每一经轴末端基本上沿织物方向的长度形成缝线。经编机有两大类：经编机和拉舍尔。传统经编机主要使用带压杆的有钩针，拉舍尔则带有锁针和锁闩线。近年来，复合针的应用越来越广泛，但这两种针头之间仍然存在着明显的差异。

经编机配备有单针杆(有钩刺或复合针)、6 个导杆和经纱横梁、沉降杆和压杆，用于闭合有钩刺针的钩子。这些编织元件被布置在它们之间间隙的几个微米精度内，并且它们的运动时间被精确地调整，以完成编织周期的一个过程。由于小的织物取下角度和轻柔的编织动作使双经编针织机成为可能，因此可以选择高速生产简单的细针距(28~44 针/in)、简单的或有图案的经编技术织物和网。

单根导杆或双根导杆经编织物结构主要用于医用纺织品，如疝气网和其他外科手术需要。在空间探测中有许多金属或金属化的经编结构。在阿波罗 12 号任务期间，经编织的天线已经用于月球和地球之间的通信。两个导纱网织物(每平方英码不到 1 盎司)是用镀金金属丝经编的[11-12]。

拉舍尔有更多的导杆(高达 48)，并配备了锁针。机器量具与经编机(10~44 针/in)相比较粗(1~32 针/in)。从针上取下的织物几乎与针杆平行，通过一系列 120°~160°的角度滚轴取下。这个织物卷取方案适用于需要高卷取张力的开放式织物结构，如鞋带和网[13]。拉舍尔针织 8 导杆网取代了传统的打结网在许多工业上的应用，包括渔网。

5.4.4 无纺布

无纺布的制造分为 4 个步骤：(1)纤维纺丝/开孔；(2)成网；(3)黏合；(4)整理。聚烯烃无纺布可以通过 5.3.4 中描述的短纤维的干法铺设生产。纤维束被打开、梳理或晾晒，以形成或平行或交叉铺设或随机铺设的纤维网。干铺网采用机械、热或化学黏合技术加固，但热黏合是首选。

纺黏、熔喷或薄膜—纤维无纺布通过单段工艺生产，其中纤维或薄膜工艺的挤出和网状物形成工艺依次完成。

在纺黏(SB)工艺中,单个长丝束或扁平长丝幕或通过机械或通过气流被熔融挤压、冷却和拉伸。然后,在传送带上以随机方式铺设细丝,制得的网通过热压延机热键合在一起。由于聚烯烃纤维的熔点低,因此最佳的固结纺丝铺设网的方法是热黏合。由于聚烯烃纤维的表面能低,黏结剂黏合时的黏合强度差,不适合使用此方法。

熔喷(MB)工艺不仅可以用于聚丙烯,而且可以用于各种热塑性塑料。在此工艺过程中,聚烯烃通过大量位于喷丝板上的小孔挤压。从喷丝孔中流出的熔融聚合物流被送入高速移动的热空气流中。然后,聚合物熔体流被分解成由不同长度的非常细(微纤维范围为0.01~0.2dtex)的缠结纤维组成的集成网络,随后立即沉积在旋转的穿孔圆柱体表面上形成网状物。一般说来,熔喷无纺布比纺黏织物轻,强度低。然而,它们的质地使其非常适合于过滤和吸收应用,例如用于工业湿巾、外科医生的口罩和防护服,以及油污清洁产品[14]。

综合纺黏和熔喷工艺的生产线正越来越多地用于无纺复合多层织物的制造。这些织物将纺黏材料和熔喷材料需要的性能结合在一起。由这两个过程可能形成的复合层结构是SM、SMS和SMMS。SMS或SMMS的外纺黏层提供良好的力学性能,而内部的熔喷网则提供了很好的过滤和吸附性能。根据SMS产品的重量和所需应用,这些层通过热或机械黏合在一起。较薄的网状物通过加热的压延辊黏合,而较厚的网状物则通过机械方法针织在一起。

聚烯烃薄膜无纺布(FN)是通过将挤出膜转化成纤维网状织物而生产的。将薄膜转化成无纺布的原纤化(分裂)技术可分为滚针分裂、压膜和拉伸分裂、浸出添加剂颗粒3类[14]。

其他类型的聚丙烯无纺布是由短纤维生产的,除了挤出的纺黏、熔喷和薄膜无纺布。例如,针刺聚丙烯无纺布是通过使用一排带刺的针反复穿入和穿出纤维网以机械联锁在纤维网中松散的纤维而大量生产的。还应用了水缠结(纺带)技术,该技术通过将聚烯烃纤维网经多排精细高压水射流而缠结成型[8]。

5.4.5 编织和绳结结构

在技术织物中广泛使用编织结构。例如,医疗纺织品中的手术相关材料,如人造动脉、缝合线、支架、导管和假体,都是通过编织技术制造的。其他技术应用包括编织技术,特别是最近开发的用于高性能纤维(如凝胶纺丝UHMWPE纤维,聚酰胺和碳/石墨纤维)高级复合材料的三维编织技术。

通过可编织结构的形状因子对编织物进行分类[15]:扁平编织——扁平编织产品;蕾丝编织——线轴编织花边;圆形编织——鞋带、绳索、电缆;包装编织——密封;三维编织——复合材料,医疗。

马萨诸塞大学达特茅斯分校的4级10层环形三维编织机可以生产720个固定端(直立端)和720个十字交叉端的圆形或矩形截面三维编织结构。机器的计算机控制被编程为生产用于复合加固或外科应用的各种三维编织物。

5.5 聚烯烃纤维的工业应用

聚烯烃纤维的工业应用近年来普遍增长,但高性能聚烯烃纤维的使用取决于其功能特性和价格。与聚酯和聚酰胺相比,聚丙烯纤维的强度/价格和模量/价格等性能价格比是极具优势的。近年来,由于增强纤维挤出技术和熔喷、纺黏、水缠结等先进无纺布生产工艺的发展,聚烯烃材料进入技术织物市场。

5.2节中介绍的各种医疗和工业用纤维,可以利用5.4节中提出的一种或多种织物生产技术,采用5.3节中提到的聚烯烃纤维和薄膜来进行设计。本节将讨论聚烯烃纤维和薄膜在医疗、过滤、汽车和绳索等产业领域的应用现状。

5.5.1 聚烯烃纤维在医用纺织品中的应用

聚烯烃,尤其是聚丙烯,具有优异的耐化学性和化学惰性。这些特性是医学和外科应用的先决条件。医用纤维结构也需要结合强度、柔韧性、可控的湿度和空气渗透性。医用材料可分为4个专业领域[16]:

(1)非植入式材料:伤口敷料、绷带、膏药等。
(2)体外装置:人工肾、肝、肺。
(3)植入式材料:缝合线、手术网、血管移植物、人工关节、人造韧带。
(4)保健/卫生用品:床上用品、尿布、手术服、湿巾等。

对于非植入材料应用,针织、机织或无纺聚乙烯织物产品用于伤口接触区和伤口护理。在一些矫形绷带中,使用由聚丙烯纤维制成的机织物或无纺织物。针织、机织或无纺布聚丙烯织物可作为膏药的增强层。

对于可植入应用,非生物可吸收缝线通常由聚丙烯纤维编织制成。手术用网片,例如,疝气网片是聚丙烯单丝通过单一或两个引导棒经编针织而成的,如图5.4所示。

保健/卫生产品主要基于聚丙烯无纺布。聚丙烯单纤最大的应用是无纺布。用于此应用的聚丙烯有3种不同类型的无纺结构:纺黏、熔喷和热黏结的梳理网。这些是5.4.4中列出的无纺布制造技术的一部分。后者主要用于与纺黏无纺布相似的二次衬里。一次性纸尿裤应用是聚丙烯纤维无纺布最大的应用市场[17]。

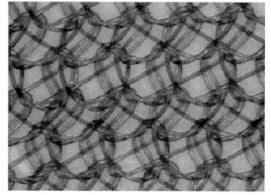

图5.4 聚丙烯单丝经编手术用网纱

由于洗涤和消毒费用高,医院病号服、制服、手术服一般都是一次性的。因此,聚丙烯无纺布是理想选择。许多医院服装都是由SMS聚丙烯无纺复合材料制成的,在中间层中加入阻隔膜,以防止血源性病原体或致病微生物通过[18]。此外,聚丙烯无纺布是卫生设施中使用的湿巾和床上用品的主要组成部分。

中空聚丙烯纤维应用于机械肺中,以去除病人血液中的二氧化碳并提供新鲜血液[16]。

5.5.2 聚烯烃纤维在过滤中的应用

许多工业过程要求从液体(悬浮液)或气体(固体/液体气溶胶)中分离固体,以净化产品,节约能源,提高工艺效率,回收贵重材料,改善污染控制系统。例如,空气过滤器用于分离悬浮固体颗粒(烟尘)或空气中的液滴(气溶胶)。

过滤介质的结构设计必须基于其性能特性,如使用寿命的长短、操作的物理条件和化学条件。这个由于过滤织物失效，不能过分强调设计标准。在服务过程中会造成生产成本的损失、产品的损失、维护成本的增加和环境污染的增加。纤维过滤介质以机织、针织、无纺布或其组合的形式制造，以满足性能标准。过滤介质的过滤机制有拦截、惯性沉积、布朗运动、静电和引力。

聚乙烯纱线最早的应用之一是生产工业过滤织物。聚乙烯的性能范围特别适合这种应用，并且聚乙烯纤维正越来越多地用于此领域。用于工业过滤织物的聚乙烯纱线具有以下特点[1]：

（1）在水溶液过滤过程中，聚乙烯纤维和织物的高抗湿强度没有减弱。

（2）聚乙烯对用于工业液体过滤的各种化学品和溶剂具有优异的抵抗性。

（3）聚乙烯的高耐磨性使织物能够在过滤过程中经受相当大的磨损。

（4）聚乙烯在脱除滤饼方面特别好。在工业液体的过滤过程中，固体颗粒在滤层之间形成滤饼。这些滤饼可能每天通过打开压滤机被移除多次，并且固体材料能够干净且容易地从滤布上移除是很重要的。

（5）聚乙烯能够完全抵抗微生物的攻击，使其在许多过滤应用(如污水过滤)中具有很大的价值。

（6）聚乙烯滤布尺寸稳定、成本低。

最近，通过对过滤介质中使用的聚丙烯纤维进行永久或半永久地充电，同时减小纤维直径，被过滤的颗粒直径可降低到亚微米级。这种趋势是由于纤维的强静电力可以吸引颗粒，对于极细纤维而言，纤维间距要小得多。Lin 等[19]研究了熔喷聚丙烯无纺织物的残余电荷，经电晕处理后赋予了织物表面驻极体性质。一种市售的聚丙烯无纺驻极体织物商品名为 Toraymicron，其质量范围为 $15\sim100g/m^2$（或层压型 $60\sim180g/m^2$），主要用于各种高性能过滤器、口罩、发帽、雨刷等。

聚丙烯无纺布和机织布由于其优异的耐化学性和惰性而广泛应用于液体过滤。对于液体过滤而言，长丝纱编织的聚丙烯织物比短纤纱织物更为理想。这是因为在短纤织物表面上突出的毛对空气过滤更有效。家用聚丙烯滤水器采用熔喷法制造，可对宽范围直径的颗粒进行过滤。图 5.5 列出了从水中分离出来的普通材料的相对尺寸。

一般而言，无纺过滤介质比机织物具有优势。由无纺布制成的过滤器具有较高的渗透率、较好的过滤效率、较少的堵塞倾向、稳定的孔径(没有纱线打滑)和高孔隙率(过滤介质上的压降较低)。

采用适当的离子交换功能处理的聚烯烃薄膜无纺布在电池隔膜中找到了新的应用领域。有许多专利和商用聚丙烯薄膜无纺布基隔膜用于镍氢电池和锂离子电池。

5.5.3 聚烯烃纤维在交通运输中的应用

聚丙烯最大的应用领域是全球汽车市场。用较轻的材料，如聚丙烯代替金属、橡胶和玻璃制成的部件，可以减轻质量节省燃料。然而，聚丙烯在汽车、海运和航空运输系统中主要以树脂形式用于注塑件——仪表板、门板、扶手、车顶、遮阳板和镜壳等[18]。

一辆标准汽车中的纺织部件占汽车总质量的 2%~4%。这些纺织部件中的一部分很容易看到，例如地毯、内饰和衬垫。然而，许多纺织部件，如轮胎线和气囊，都是看不见的。安全带和安全气囊等部件在车辆发生事故时对保护驾驶员和乘客起着至关重要的作用。

由于密度低、可循环利用，聚丙烯纺织品在汽车领域中的应用正在稳步增长。此外，聚丙烯纺织品通常比其他材料的纤维具有更好的颜色稳定性，并且具有良好的耐化学药品和抗染色性。聚丙烯纺织品可以在汽车的许多地方找到。聚丙烯针刺无纺布用于包裹货架、衬垫、门板和地板覆盖物的顶部装饰层。机织和针织聚丙烯织物用于门衬。

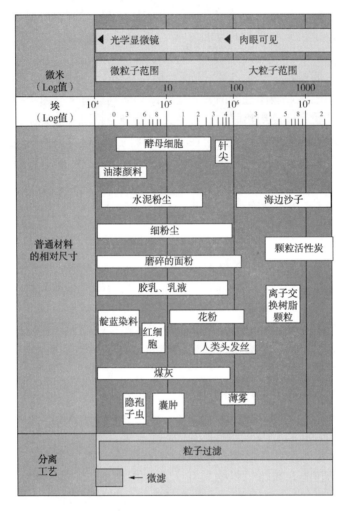

图 5.5 家用水过滤材料的粒子范围[20]

由于聚丙烯具有熔点低、纱线弹性回复率低、可染性受限等缺点，即使它具有显著的低密度（0.90g/cm³，聚酯为1.38g/cm³）、低成本、可回收性等优点，聚丙烯作为汽车座椅材料的障碍仍然很高。因此，经过热和紫外线稳定处理的聚丙烯无纺布用于头巾、地板覆盖物、箱形衬里[18]。与聚酯相比，聚丙烯的耐磨性太低，因此，聚丙烯纤维在汽车座椅中的使用受到限制。

据估计，越来越多的立法要求废料回收再利用，将促进聚丙烯纤维在车用纺织品中的应用[8]。

聚丙烯无纺滤布用于汽车舱室过滤器，该过滤器从外部空气入口去除亚微米尺寸的颗粒，例如柴油废气烟雾、花粉和其他污染物。过滤器由预滤层和微纤维层（纤维直径在

0.5~2.0μm 之间)两层(通常 0.8mm 厚)组成。预过滤层为微纤维层提供机械强度,该微纤维层由电晕处理的聚丙烯熔喷驻极体层组成(参见 5.5.2)。预过滤器由经抗菌、防水和阻燃剂处理的黏结粗涤纶纤维网组成。超声波将两层黏合连接在一起。过滤介质被打褶以增加过滤面积[21]。

5.5.4 聚烯烃纤维在绳、网和绳索中的应用

高密度聚乙烯单丝纱广泛用于制造渔业用绳网。聚乙烯绳网的主要优点如下[1]:

(1) 抗腐蚀性。聚乙烯对微生物和化学侵蚀具有固有的抵抗性,使其不需要防腐处理。聚乙烯网和细绳的强度及其他力学性能长时间浸泡在海里或埋地不受影响,在相同条件下由天然纤维制成的网和线将腐烂。例如,一种由高密度聚乙烯纱线制成的拖网在海上消失了近一年,回收的丝线没有变坏,拖网再次投入使用。

(2) 耐磨性。高初始强度与优异的湿耐磨性,在整个网的长期使用中得以保持。经验表明,由高密度聚乙烯制成的网需要修补的地方最少。

(3) 易操作性。聚乙烯网比天然纤维轻。这使得网更容易处理,并节省了拖曳的时间。阻力较小,使燃料成本降低。聚乙烯不吸收水,浸泡过的网通常只有潮湿的马尼拉网重的 1/3。

(4) 清洁性。聚乙烯长丝表面光滑,不黏着在沙粒、海生物和其他不需要的材料上。这简化了船员的工作。

(5) 抗寒能力。聚乙烯在非常低的温度下保持其柔韧性,在冷冻条件下不会变硬。细绳的湿结强度随着温度的降低而增加,这个性能非常重要,当在北极水域捕鱼时,空气温度可能下降到-10℃或更低。

(6) 浮力。聚乙烯的密度(0.90g/cm^3)小于水,网自然漂浮。这减少了污染螺旋桨的机会,并减少了网所需的浮点数。拖网的开口可以保持敞开着。

(7) 尺寸稳定性。聚乙烯网在水中浸泡时不会收缩。聚乙烯网可以保持形状和网眼尺寸,以尽量减少违反渔业规章制度的危险。只有在制造渔网和拖网时才需要单结,只要先拉紧这些结即可,不需要热处理来稳定结。

由高密度聚乙烯单丝纱制成的绳索广泛应用于从帆船上的缆绳到油轮的系泊绳等。聚乙烯绳最重要的特征如下[1]:

(1) 轻便。聚乙烯绳索的质量只有马尼拉绳或剑麻绳的 2/3。聚乙烯绳的质量只有同等强度的马尼拉 1 级特种绳质量的一半、同等剑麻绳质量的 41%。当绳子变湿时,质量的差异更显著,因为聚乙烯不吸水。

(2) 强度。聚乙烯绳比马尼拉绳(特 1 级)强 33%,比等周剑麻绳强 50%。因此,与马尼拉绳或剑麻绳相同强度的聚乙烯绳索,周长分别减少 13% 和 19%。

(3) 抗腐蚀性。海水、酸、碱和其他在使用中经常遇到的物质对聚乙烯绳索没有不良影响。因此,聚乙烯绳索不需要干燥,可以随时使用。

(4) 回弹性。聚乙烯绳具有很强的弹性和易用性。它们在潮湿时不会变硬,即使在最恶劣的天气条件下也不会冻结或硬化。

(5) 耐磨性。聚乙烯绳的耐磨性好,非常耐用。在长期磨损和撕裂之后,绳索表面可能变得蓬松,但是绳索本身的拉伸强度没有明显损失。

(6) 浮力。与绳网一样，聚乙烯绳索可以漂浮在水中，降低污染螺旋桨的风险。

(7) 着色性。绳索通常由大量的有色纤维制成，颜色的耐光和耐洗度很高。

在拖船上使用系泊和绳索的经验证明，聚乙烯适合于这种繁重的作业。在连续使用两年之后，直径为16.5cm(3in)的16.5股系泊绳索仍然处于良好状态。直径为20cm和23cm(8in和9in)的重型绳索，可以采用各种结构，包括4×2织编。在渔业中，直径为3.3~9cm(2.5~3.5in)的细绳索作为1/4绳索被广泛接受，而救生绳线、系泊绳索等也越来越多地使用[1]。

聚丙烯绳索广泛应用于船舶系泊、拖缆等海上作业，其低密度、低吸湿性使绳索可以漂浮在水面上。聚丙烯绳索的轻质和低吸湿性确保了绳索能够一直在船员的视线里，并防止绳索丢失。此外，纺线染色鲜艳、色泽稳定，使线条更醒目，从而增加了安全性和方便性。聚丙烯绳索也用于许多水上运动和家庭。

用于渔具(渔网、拖网和渔线)的纱线最重要的特性是：高干/湿强度，高韧性，低重量，低吸湿性，尺寸稳定性，耐气候、光、海水、化学品、溶剂、微生物以及在正常使用中遇到的其他潜在降解剂等引起的降解。这些要求基本上类似于对绳索的要求。过去，天然纤维(棉花和马尼拉绳)被用来制作渔具。合成纤维特别是尼龙弥补了天然纤维的缺点。自第二次世界大战结束以来，尼龙占据了渔具生产的大部分市场。近年来，聚酯、聚乙烯和聚乙烯醇纤维在世界渔具市场上均占有一席之地。

聚丙烯于1961年被引入这一领域，在与其他合成纤维的直接竞争中迅速取得了优势。聚丙烯在渔具生产中容易被接受的原因在于其独特的性能和低成本[1]。许多聚丙烯纤维生产商现在正在销售用于生产渔具的高强度聚丙烯多丝纱。通常这些纱线的韧性在71cN/tex(8g/den)的范围内，延伸率在20%的范围内。单丝纱由于其优势也可用于某些用途。由单丝制成的渔网具有与同等的多丝网类似的性能，但具有更高的耐磨性和较硬的手感。

聚丙烯制成的网状物具有广泛的应用范围，包括安全围栏，例如在建筑工地周围使用的安全围栏，以及用于保护滑雪者沿山坡设立的护网。聚丙烯网还用于园艺，以控制光照在植物上的强度，并保护它们免受昆虫侵害。聚丙烯网也被用作公路建设的基础，并作为网格来限制填筑材料在建筑工程中的移动。

由乙丙共聚物纤维制成的高性能绳索，平均韧度为7.0~15.0g/d。一种"平衡股"，用于在股中均匀分担成分纱线的负荷，具有高延伸率的纤维芯，芯部周围均匀缠绕着两层承载纤维。其中，承重超高分子量聚乙烯纤维可以采用Spectra纤维或Dyneema纤维[22]。

5.6 结论和未来趋势

聚烯烃本质上是疏水的，它们的干湿性能等级是合成纤维中最好的。聚烯烃纤维具有将水分转移到外表面使其更容易蒸发的能力。这种独特的芯吸性能在运动服、婴儿纸尿裤和成人纸尿裤中得到了很好的利用。聚烯烃的化学性质使其耐污垢、耐酸碱。聚烯烃熔点相对较低，具有化学惰性和低毒性，加工性好，加工消耗非常低的能量。

聚烯烃在纺织和纤维中的成功应用源于：性能的协同组合可满足许多终端用户的使用要求。表5.2总结了一些最重要聚烯烃纤维的性能。必须指出的是，聚烯烃纤维与其他竞争的合成纤维相比，具有低的熔点和密度。其他有趣的特征为：

聚烯烃纤维不能使用其他纤维的传统工艺染色。未处理的聚烯烃具有较差的紫外线和光稳定性。在熔融纺丝之前，它们需要光稳定剂添加剂。聚烯烃纤维具有最小的回潮率，增强了它们在户外或海洋或水上运动中的应用。与其他合成纤维相比，聚烯烃纤维相对便宜。

表 5.2 聚烯烃纤维的性能[14]

性能	聚乙烯	聚丙烯
纤维拉伸强度(cN/tex)	50~72	40~94
湿/干纤维强度比(%)	95~100	100
断裂伸长率(%)	20~35	15~22
收缩率①(%)	5~10	0~5
熔点(℃)	100~120	164~170
密度(g/cm³)	0.92~0.96	0.90~0.91

① 95℃，相对湿度20%。

可以找到新的应用来有效地利用这些特性。还应当考虑这样一个事实，即合格的聚烯烃供应商具有调整产品性能以匹配其应用的能力。新兴的纳米复合材料技术将增强聚烯烃的竞争优势。聚烯烃在纤维、汽车、包装和消费品领域具有强大的市场地位。

参 考 文 献

[1] J. G. Cook, "Handbook of Textile Fibers: Manmade Fibers", Merrow Publishing Co. Ltd, Durham, England (1993).

[2] US Synthetic fiber production Fiber Organon vol. 72, No. 2 (February 2001).

[3] https://www.ihs.com/products/polyolefin-fibers-chemical-economics-handbook.html, accessed on 5 October 2016.

[4] Nick Butler. "Europe's polyolefin textiles industry is upbeat in Budapest", Technical Textiles International 2004; 13(5): 21. July/August

[5] EATP, http://www.eatp.org/news/ accessed 5 October 2016.

[6] Van Dingenen JLJ. Ch 3: Gelspun high performance polyethylene fibers. In: Hearle JWS, editor. High Performance fibers. Boca Raton, FL, USA: CRC Press; 2000.

[7] Techtextil Symposium, 13th International Technical Symposium for Technical Textiles, Nonwovens and Textile Reinforcement Materials, Focusing on Innovation, Frankfurt am Main, Germany, 6-9 June 2005.

[8] Mather RR. Chapter 5, Polyolefin fibers. In: McIntyre JE, editor. Synthetic Fibers: nylon, polyester, acrylic, polyolefin. Cambridge, UK: Woodhead/TI/CRC; 2000.

[9] McKenna HA, Hearle JWS, O'Hear N. Handbook of fiber rope technology. Wood head/. Cambridge, UK: CRC Publishing; 2004.

[10] W. Watson, "Watson's Textile Design and Color", 7th ed., Textile Book Service(1982).

[11] http://www.nasm.si.edu/collections/imagery/apollo/AS12/images/AS12_Lander.html

[12] "Warp knitted fabric on the moon", Knit Outwear Times, July 7, 34-37, 1969.

[13] Spencer DJ. Knitting Technology. 3rd ed. Cambridge, UK: Woodhead Publishing Ltd; 2001.

[14] Albrecht W, Fuchs H, Kittelmann W. Nonwoven Fabrics. Weinheim, Germany: Wiley-VCH; 2003.

[15] Wulfhorst B, Gries T, Veit D. Textile Technology. Munich: Carl Hanser Verlag; 2006.

[16] Rigby AJ, Anand SC. In: Horrocks AR, Anand SC, editors. Ch 15 Medical Textiles of Handbook of Technical

Textiles. Cambridge, UK: Woodhead Publishing Ltd; 2000.

[17] http://en.wikipedia.org/wiki/Image: Disposablediaper.JPG accessed 5 October 2016.

[18] Pasquini N, editor. Polypropylene Handbook. 2nd ed. Munich: Carl hanser Verlag; 2005.

[19] Lin J-H, Lou C-W, Yang Z-Z. Novel Process for Manufacturing Electret from Polypropylene Nonwoven Fabrics. Journal of the Textile Institute 2004; 95(1): 95-105.

[20] https://www.gewater.com/kcpguest/salesedge/docquery.do?query=&documentType=Fact%20Sheets&pole=all&language=English&equipmentLine=Filtration&treatment Type=Pleated%20Capsules%20%26%20Cartridges&securityLevel=Public&treatment WithParent=Filtration; Pleated%20Capsules%20%26%20Cartridges&numHits=50&offset=0&searchwithin=false&sortByTitle=Y&sortDirection=ascending&action1=fast accessed 5 October 2016.

[21] Y. Ogaki and L. Berman, "Automotive cabin filters", Technical Textiles International; December 1995/January 1996, vol. 4, issue 10, p. 16, 3p.

[22] G. P. Foster, "New high tech fibers bring high strength-to-weight revolution for ropes", Proceedings of Techextil North America Symposium, Atlanta, GA, March 22-24 (2000).

6 聚烯烃基纺黏纤维及黏合纤维研究进展

Rajen M. Patel[1], Jill Martin[1], Gert Claasen[2], Thomas Allgeuer[2]

(1. 美国陶氏化学公司;2. 瑞士陶氏塑料公司)

6.1 概述

聚烯烃,尤其是聚烯烃基纺黏织物、熔喷织物和弹性层压板由于其机械强度、舒适性、适应性和阻隔性能方面的优势,广泛用于婴儿纸尿裤、训练裤、卫生巾、成人纸尿裤、医疗服装等各种卫生和医学用途。聚烯烃纤维的长期发展趋势是通过增加柔软度、布匹一样手感和悬垂性,提供舒适性更好和适应性更广的产品,同时保持原始的功能性和可加工性。这种趋势确保了聚烯烃基纤维产品在现有应用领域中的用量将继续增长,并不断改进以满足日益苛刻的卫生和医疗市场要求。

聚丙烯占据了用于卫生和医疗产品的纺黏织物和熔喷织物的相当一部分市场[1-21]。将齐格勒-纳塔(ZN)催化剂生产的均聚聚丙烯进行降解,得到的树脂具有优良的可纺性、宽的热黏结窗口、高的耐磨性和拉伸强度,被广泛用于制造纺黏织物。然而,均聚聚丙烯基无纺布的悬垂性(刚性织物)和断裂伸长率较低,与市场发展趋势对材料的要求相反。为了满足这些需求,陶氏化学公司于1986年将ASPUN(陶氏化学公司的商标)纤维级聚乙烯树脂(FGRs)商业化,用于卫生和无纺布,以提供与均聚聚丙烯基纺黏织物相比具有更好的柔软性和悬垂性的织物。这些应用包括单组分纺黏织物、双组分纺黏织物、熔喷织物和黏合纤维。此外,在医疗和卫生市场中,选择不含黏合剂和化学品的纤维产品以满足所需性能的要求是非常重要的。尽管提升了产品的柔软度,第一代ASPUN纤维级树脂(FGR)由于可纺性差[22]、热黏合窗口窄[23]、拉伸强度低、制成的无纺布耐磨性低,在纺黏无纺布应用中不能达到与均聚聚丙烯相同的可接受水平。Quantrille等给出了明确的解释[24]:"将线型低密度聚乙烯黏合到具有一定耐磨性的纺黏网中是非常困难的,因为在刚好低于长丝开始熔化并粘在板上的温度下观察到可接受的纤维束缚。由于这种非常窄的黏结窗口以及由此产生的耐磨性和起毛问题,纺黏线型低密度聚乙烯无纺布尚未得到广泛的商业认可。"因此,需要基于具有改进耐磨性的聚乙烯树脂的软纺黏纤维[25-26]。

由于市场对柔软性和悬垂性好、具有足够耐磨性的纺黏织物的需求持续增长,陶氏化学公司已经开发了两种改进纺黏织物柔软性的方法。第一个路线是提高ASPUN聚乙烯纤维的性能,特别关注黏结窗口温度和耐磨性;第二个路线是通过聚合物改性提高均聚聚丙烯纺黏织物的柔软性和悬垂性。为了实现第一个目标,重点研究聚乙烯树脂的设计参数,以改善黏合性能和耐磨性能,同时保持所需的柔软性和悬垂性。对聚烯烃纤维的热黏合和黏合窗口的基本参数进行了假设和研究。最初的方法是通过共混来改善纤维的黏结和耐磨性能。随后,采用更先进的树脂分子设计技术。

在均聚聚丙烯路线中，研究了均聚聚丙烯与最近商业化的丙烯基塑性体和弹性体（例如，陶氏化学公司的 VERSIFY）的共混，以改善均聚聚丙烯基纺黏织物的悬垂性和柔软性，同时保持纺黏织物所需的可纺性、耐磨性和抗拉强度。这两个方法在本章的后续部分中详细介绍。

在终端用途中，双组分纺黏织物结合了均聚聚丙烯和聚乙烯树脂的优点。从 2007 年开始，双组分生产线的投资加大以后，双组分纺黏技术才有明显进步。聚乙烯用于皮层，较高熔点聚合物（如均聚聚丙烯）用于芯层。在双组分纺黏纤维和织物中，皮层中的 ASPUN FGR 树脂给予期望的柔软度和手感以及改进的断裂伸长率，而芯层中的均聚聚丙烯保持物理性能，例如拉伸强度和耐磨性。

聚烯烃也广泛用于制备皮/芯双组分短纤黏合纤维。通常情况下，聚乙烯用作皮层，而高熔点聚合物（如聚丙烯或聚酯）用于双组分纤维的芯层。皮层中的 ASPUN FGR 树脂在较低的温度下熔融，开始流动并黏结到其他异质纤维，如纤维素和玻璃纤维[27-28]。AMPLIFY（陶氏化学公司）GR 树脂，一种马来酸酐接枝聚乙烯（MAH-g-PE），通常被添加到皮层树脂中，以改善对极性纤维（如纤维素和玻璃纤维）的化学黏合作用[29-31]。本章还将详细介绍用于双组分纺黏纤维和黏结纤维的聚乙烯材料的各种分子结构特征，这种纤维和所得织物的性能，织物加工条件的影响以及它们各自之间的相互关系。本章还将给出黏结纤维应用的复合材料的失效机理。

6.2　单组分聚乙烯基软质纺黏织物

本节将介绍聚乙烯树脂设计方面的进展，用以提高聚乙烯基纺黏织物的黏合性能和磨损性能，同时保持织物的柔软性和悬垂性。

6.2.1　材料与实验

本研究中使用的聚乙烯树脂列于表 6.1 中。ASPUN FGR 树脂使用齐格勒-纳塔（ZN）催化剂制备，而 AFFINITY（陶氏化学）聚烯烃塑性体使用限制几何构型催化剂（一种茂金属催化剂）制造。两者均使用 1-辛烯作为共聚单体制备。采用 ASTM 1238 中描述的方法在 190℃、2.16kg 负荷下测定聚乙烯的熔体指数（I_2）。采用 ASTM D792 法测定密度。纺黏织物由纯 ASPUN 树脂与 80/20、70/30 和 55/45 的 ASPUN/POP 树脂的共混物制成。纺黏织物有两个质量规格，20g/m^2 和 27g/m^2，代表了此应用领域两个最常用的产品规格。在研究过程中，还使用了一种齐格勒-纳塔催化剂催化的均聚聚丙烯的降解法产品（Dow H502-25RG，熔体指数为 25g/10min），来比较与聚乙烯树脂的性能差异。

表 6.1　研究中使用的聚乙烯树脂

聚乙烯树脂	熔体指数 I_2（g/10min）	密度（g/cm^3）	熔点峰值 T_m（℃）
ASPUN FGR	30	0.955	129.6
聚烯烃塑性体（POP）	30	0.913	108.2

6.2.2 纺黏线配置

纺丝试验在 Reicofil Ⅲ 中试线上进行，幅宽为 1.2m。试验产量对于聚乙烯树脂设置为 107kg/(h·m)[0.4g/(min·孔)]，聚丙烯树脂设置为 118kg/(h·m)[0.45g/(min·孔)]。树脂被纺成约 2.5 旦纤维，对应于纤维速度约为 1500m/min，即 0.4g/(min·孔)输出率。本试验使用具有 5297 个孔(4414 个孔/m)的单旋组件，每个孔直径为 0.6mm(600μm)，长径比为 4。ASPUN 与 ASPUN/POP 共混物的纺丝温度为 210~230℃，均聚聚丙烯纤维的纺丝温度在 230℃ 左右。热压花轧辊的黏结表面积占 16.2%，每平方厘米黏结点为 49.9%。

对于聚丙烯树脂，压花压延辊和平滑辊被设置为相同的油温，而对于聚乙烯树脂，平滑辊的油温设置为比压花辊低 2℃，以减少卷绕的趋势。对于所有的树脂，夹持压力保持在 70N/mm。对于这一特定的线，估计轧辊表面温度比油温度低约 7℃。

采用 5cm 宽的条带，长度为 10cm，伸长率为 20cm/min(200%/min)，测定了纺黏织物的拉伸性能。使用 EDANA 法 50.6-02 测定无纺布的弯曲长度，以确定其弯曲刚度。采用 Suthand 摩擦试验机测定纺黏织物的耐磨性和抗起毛性。试验使用 320 砂纸单向(MD)研磨无纺布织物，在给定的次数(20 个周期)下，控制质量(质量 2lb❶)。用 3M 透明胶带去除磨损的绒毛。在脱毛前后对样品进行称重以确定失重，该失重除以表面积来表示试样的磨损或模糊程度。

6.2.3 纺黏织物的黏合与磨损

纺黏织物的黏合定义为在高线速度(200m/min 或更高)下用宽的黏合窗口[至少±(3~5)℃]热黏合织物的能力。与聚丙烯织物相比，ASPUN FGR 纺黏织物通常具有更窄的黏合窗口(小于±2℃)和较低的耐磨性。一般来说，希望在宽黏合温度范围内生产具有一定耐磨性的聚乙烯织物。

从聚合物物理学的角度，聚烯烃无纺布热黏合的影响因素概括在图 6.1 中。这些因素包括影响结晶动力学的树脂类型(聚乙烯与聚丙烯)、影响熔体跨界面扩散速率的树脂分子参数(分子量、分子量分布、长链支化)、熔融范围、黏结辊参数和黏合条件。影响纤维黏合的纤维纺丝和拉伸参数未在图 6.1 中示出。从聚合物物理学的角度出发，认为基于树脂类型的结晶动力学和熔融范围在黏合窗口中起着非常重要的作用。据推测，具有较慢的结晶动力学和较宽熔程的聚烯烃树脂获得的无纺布的热黏合和黏合窗口更宽。

较慢结晶速率的树脂可以淬火成具有有更多非晶态的纤维，其特点是在纺黏过程中结晶度较低，晶片较薄或较少。这些排列较差且较薄的微晶在较低温度下熔融，从而在热黏合期间允许分子在纤维界面上扩散，同时退火和重结晶成较高结晶度，从而防止黏附到黏合辊上。Chand 等[32-34] 和 Andreassen 等[35] 研究了一系列不同结晶度和取向的均聚聚丙烯纤维的黏合行为。Chand 等[32-34] 的研究结果表明，聚丙烯纤维的结晶度对梳理后的无纺布的黏合强度和拉伸强度起着非常重要的作用。低结晶度原纺均聚聚丙烯短纤维产生具有高抗拉强度的黏合梳理网，而较高结晶度拉伸均聚聚丙烯短纤维产生由于结合不良而具有较低抗拉强度的黏合梳理网。其结果与上述假设一致。Andreassen 等[35] 观察到，梳理后的无纺织物的拉伸性

---

❶ 1lb=0.454kg。

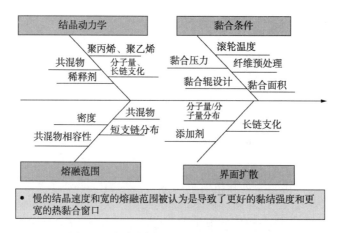

图 6.1 影响聚烯烃无纺布的热黏合因素

能似乎由组成纤维的黏合性能决定,而不是由纤维拉伸性能决定。

与聚乙烯相比,由 ZN 催化剂聚丙烯制成的纺黏织物已被证明具有良好的纤维黏合性、较高的耐磨性和更宽的黏合窗口。据推断,这是因为与聚乙烯树脂相比聚丙烯的结晶速率较慢。与茂金属聚丙烯相比,ZN 催化剂聚丙烯通常具有宽的规整度分布和立体嵌段含量,这导致更宽的熔化范围[36]。因此,由 ZN 催化剂聚丙烯制成的纺丝织物具有更宽的黏合窗口和更高的黏结强度。

在纺黏法等聚合物加工工艺操作过程中,聚合物结晶的绝对速率和相对速率至关重要。Khanna[37] 提出了一个称为结晶速率系数(CRC)的参数来比较各种半结晶聚合物的结晶动力学。CRC 被定义为:结晶温度每降低 1℃时,需要冷却速率(℃/h)的变化值。

为了用 CRC 法研究聚乙烯和聚丙烯树脂的相对结晶速率,本研究采用量热法。传统的差示扫描量热仪(DSC)不能在大于约 40℃/min 的恒定冷却速率下冷却聚合物样品。为了获得在高冷却速率下的结晶起始温度数据,使用了 Perkin-Elmer Diamond 差示扫描量热仪。图 6.2使用半对数图比较了在高冷却速率下均聚聚丙烯和 ASPUN 树脂的结晶开始温度。在这两种情况下,结晶开始时的温度与冷却速率之间存在线性对数关系。在较低的冷却速率(约 10℃/min)下,聚乙烯和聚丙烯树脂的结晶起始温度相似。然而,与 ASPUN 树脂相比,均聚聚丙烯 H502-25R 树脂由于结晶速率较慢,在高冷却速率下结晶起始温度显著降低。假设这一线性关系适用于在线纺丝工艺的冷却速率,尽管这个速率至少比 Perkin-Elmer Diamond 差示扫描量热仪所能达到的高一个数量级,这表明高冷却速率下均聚聚丙烯的较低结晶温度将导致更薄和更低熔点的"亚稳"晶体的形成。结晶过程中形成的晶体的厚度取决于过冷度(T),如图 6.2 中的方程所示。

使用线性拟合的斜率,从 10℃/min 到 50℃/min 计算每个树脂的 CRC。发现 ASPUN 树脂的 CRC 约为 308℃/h,而均聚聚丙烯树脂的 CRC 约为 120℃/h,这表明 ASPUN 树脂的结晶速度比均聚聚丙烯树脂快 2.3 倍。

这些结果说明了聚烯烃结晶速率在确定黏合窗口方面的重要性,与聚丙烯纤维级树脂相比,ASPUN FGR 等高密度聚乙烯树脂本来就具有更快的结晶速率。除了减少纺丝过程中的应力,以最小化由于应力引起的结晶速度增加外,没有其他已知的方法降低纯 ASPUN 树脂的结晶速率。这些结果还表明,提高 ASPUN 纺黏级树脂黏结窗口和黏结性能的一种潜在的树脂设计途径,可能会扩大树脂的熔融范围。

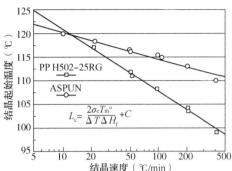

图 6.2　ASPUN FGR 和 hPP 的结晶起始温度随结晶速度(到 400℃/min)的变化

在研究中使用的 ASPUN 树脂(0.955g/cm³)显示出非常尖的熔化峰(非常窄的熔程),如图 6.3 所示。通过混合相容性好的 POP 树脂,可以加宽 ASPUN 树脂的熔点范围。与 ASPUN 树脂相比,POP 树脂通常具有较低的熔点。由于"稀释"效应,与熔融/结晶温度较低的类似 POP 的可混溶聚乙烯组分混合,也可以降低 ASPUN 树脂的结晶速率。

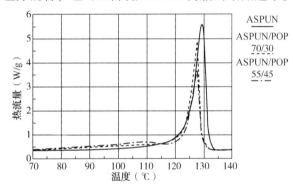

图 6.3　ASPUN 6842A 及其与 POP 共混物的 DSC(二次升温)曲线

Stephens 等[38]研究了茂金属催化制备的乙烯/辛烯均聚物(POP)与 ZN 催化剂制备的高密度聚乙烯共混物的相容性。用原子力显微镜(AFM)图像显示,含有 5.3%(摩尔分数)辛烯(0.901g/cm³)的乙烯/辛烯共聚物与高密度聚乙烯完全混熔,而含有 8.5%(摩尔分数)和 12.3%(摩尔分数)辛烯的共聚物表现出部分相容性。这些结果表明,在本研究中使用的 ASPUN 树脂与 0.913g/cm³[约 3.5%(摩尔分数)辛烯]POP 共混物将完全混溶。值得注意的是,决定熔体相容性的是高密度聚乙烯和 POP 组分中辛烯含量的差异(而不是密度差异)。

图 6.3 比较了 ASPUN 树脂及其与 POP 共混物的 DSC 熔点(190℃ 熔融后,10℃/min 冷却后,10℃/min 二次升温)。由于 AFFINITY POP 组分的熔点较低,与纯 ASPUN 树脂相比,ASPUN/POP 共混物在 90~115℃ 范围内表现出显著的熔融。因此,添加低熔点 POP 组分增加了熔融分布的宽度,这有助于拓宽黏合窗口。

由于"稀释"效应(ASPUN 分子必须从周围的 POP 分子扩散出来沉积到生长的高密度微晶上),添加低熔点可混溶的 POP 组分也可以减慢 ASPUN 树脂的结晶。ASPUN 树脂的结晶峰温度随混溶性稀释剂 POP 的掺入而降低。ASPUN 树脂的 CRC 约为 308℃/h,当与质量分数 45% 的 POP 树脂共混时,CRC 约为 260℃/h。这些数据表明,比起纯 ASPUN 树脂,当

ASPUN FGR 与质量分数 45% 的 POP 共混时结晶速度较慢。即使如此，ASPUN FGR 组分在共混物中的结晶速率比均聚聚丙烯树脂(CRC 为 120℃/h)快得多。

在纺丝结晶之前的熔体中的取向水平也影响热结合，因为较高的取向水平(例如在较高纺丝速率下)促进应力诱导的结晶，从而形成更完美(更高熔点)的结晶。这种形态对于黏合不是最好的，因为它会缩小黏合窗口，并随后降低黏合强度和整体织物强度(即使纤维强度会更高)。这对于均聚聚丙烯来说尤其如此。一个极端的情况是冷拉伸(以半熔融状态拉伸)纤维在拉伸时表现出非常高的结晶度和高强度。然而，由于极窄的黏合窗口，这种纤维的黏合较差，进而制成的织物强度较弱[32]。对于结晶非常快的聚合物，如 ASPUN FGR，应力诱导的结晶效果将小得多。在实际应用中，纤维在临界熔融断裂应力水平附近纺丝以获得最好的细旦纤维。较高熔体指数的树脂将产生较低密度的纤维，而较低熔体指数的树脂将产生较高密度的纤维。

6.2.4 结果与讨论

表 6.2 和表 6.3 列出了由均聚聚丙烯 H502-25RG 制成的 $20g/m^2$ 和 $27g/m^2$ 单组分纺黏织物在两种黏合辊油温下的拉伸性能、抗弯刚度、耐磨性(抗起毛性)和摩擦系数。由均聚聚丙烯树脂制成的纺黏织物通常显示出最大拉伸强度，织物在峰值力下的伸长率为黏合辊油温的函数，表明其具有宽的黏合窗口[34]。表 6.4 显示了由 ASPUN 和 ASPAN/POP 共混物(80/20、70/30 和 55/45)制成的 $20g/m^2$ 单组分纺黏织物的拉伸性能、抗弯刚度、耐磨性(抗起毛性)和摩擦系数值。ASPUN FGR 纺黏织物的拉伸强度和断裂伸长率随着黏结辊油温的升高而增加，在卷绕包装前，在最高胶辊油温时达到最大拉伸强度和断裂伸长率。在峰值力下最大(最佳值)拉伸强度或伸长率与黏结辊油温之间不存在函数关系。由 ASPUN/POP 共混物制成的纺黏织物在峰值力下的最大(最佳)抗拉强度和伸长率与黏结辊油温之间存在函数关系。不同的黏结辊油温下的最大值取决于 POP 级分的含量。由于纤维间黏结力的改善，拉伸强度和断裂伸长率最初随着黏结温度的增加而增加。然而，在超过最佳黏结辊油温时，拉伸强度和断裂伸长率下降，可能是由于纤维在黏结边缘变薄(过度黏结)。这些数据表明，ASPUN/POP 共混物比 ASPUN 树脂具有更宽的黏合窗口。相比 ASPUN 树脂，ASPUN/POP 共混纺织物的拉伸强度稍低可能是由于较低的混合密度(结晶度)。此外，值得注意的是，由 ASPUN/POP 共混物制成的纺黏织物的断裂伸长率显著高于由 100%ASPUN FGR 制成的纺黏织物，这可能是由于较低的密度和黏合力的提高。ASPUN 与 ASPUN/POP 共混物织物的拉伸强度显著低于均聚聚丙烯树脂织物。但 ASPUN/POP 共混物织物的最大伸长率高于均聚聚丙烯树脂织物。这与由 100%ASPUN FGR 生产的纺黏织物是一致的。与基于均聚聚丙烯的织物相比，ASPUN FGR 纺黏织物通常具有更高的断裂伸长率。

表6.2 由均聚聚丙烯 H502-25RG 制成的 $20g/m^2$ 纺黏织物在两个黏合辊油温下的拉伸、磨损(起毛)、弯曲刚度、摩擦性能

参数	纵向最大拉力 (N/5cm)	横向最大拉力 (N/5cm)	纵向断裂伸长率(%)	横向断裂伸长率(%)	起毛 (mg/cm^2)	纵向弯曲刚度 (mN·cm)	横向弯曲刚度 (mN·cm)	纵向摩擦系数
H502-25 RG(145℃)	45.2	30.5	64.7	66.9	0.4	0.49	0.29	0.36

续表

参数	纵向最大拉力(N/5cm)	横向最大拉力(N/5cm)	纵向断裂伸长率(%)	横向断裂伸长率(%)	起毛(mg/cm²)	纵向弯曲刚度(mN·cm)	横向弯曲刚度(mN·cm)	纵向摩擦系数
H502-25 RG(155℃)	49.7	37.2	63.8	78.3	0.25	0.7	0.30	0.39

表6.3 由均聚聚丙烯 H502-25RG 制成的 27g/m² 纺黏织物在两个黏合辊油温下的拉伸、磨损(起毛)、弯曲刚度、摩擦性能

参数	纵向最大拉力(N/5cm)	横向最大拉力(N/5cm)	纵向断裂伸长率(%)	横向断裂伸长率(%)	起毛(mg/cm²)	纵向弯曲刚度(mN·cm)	横向弯曲刚度(mN·cm)	纵向摩擦系数
H502-25 RG(145℃)	58.6	38.2	55.8	59.9	0.65	0.99	0.65	0.32
H502-25 RG(155℃)	76.2	53.1	83.8	82.1	0.51	1.13	0.70	0.35

表6.4 由 ASPUN 和 ASPUN/POP 共混物制成的 20g/m² 纺黏织物在各种黏合辊油温下的拉伸、磨损(起毛)、弯曲刚度、摩擦性能

参数	黏合辊油温(℃)	ASPUN 6842A(纵向)	ASPUN 6842A(横向)	80/20 ASPUN/POP(纵向)	80/20 ASPUN/POP(横向)	70/30 ASPUN/POP(纵向)	70/30 ASPUN/POP(横向)	55/45 ASPUN/POP(纵向)	55/45 ASPUN/POP(横向)	ASPUN 6811A(纵向)	ASPUN 6811A(横向)
最大力(N/5cm)	115					10.03	4.33	11.45			
	120	9.3	4.1	10.2	4.6	11.45	5.4	13.54	7.03	9.8	4.7
	125	11.1	5.6	12.7	7.0	13.38	7.57	12.32	7.71	13.7	8.3
	130	14.6	7.7	11.5	8.2	12.06	7.44	9.9	6.84		
断裂伸长率(%)	115					46.8	55.8	86.3	106.0		
	120	25.0	32.9	44.6	52.4	61.5	64.6	108.6	106.9	34.5	45.3
	125	32.6	45.1	67.2	84.3	103.8	100.3	88.1	113.8	76.9	84.2
	130	61.1	63.0	58.0	86.2	66.8	88.7	54.1	91.7		
弯曲刚度(mN·cm)	115					0.067	0.018	0.038	0.011		
	120	0.13	0.05	0.06	0.03	0.043	0.018	0.051	0.014	0.07	0.04
	125	0.12	0.06	0.05	0.02	0.052	0.015	0.069	0.021	0.08	0.03
	130	0.13	0.05	0.07	0.03	0.062	0.017	0.066	0.016		
起毛(mg/cm²)	115					0.98		0.97			
	120	1.0		0.90		0.86		0.83			
	125	0.98		0.81		0.50		0.68			
	130	0.83		0.49		0.46					

续表

参数	黏合辊油温(℃)	ASPUN 6842A（纵向）	ASPUN 6842A（横向）	80/20 ASPUN/POP（纵向）	80/20 ASPUN/POP（横向）	70/30 ASPUN/POP（纵向）	70/30 ASPUN/POP（横向）	55/45 ASPUN/POP（纵向）	55/45 ASPUN/POP（横向）	ASPUN 6811A（纵向）	ASPUN 6811A（横向）
摩擦系数	115					0.34		0.45			
	120	0.19		0.29		0.34		0.43		0.25	
	125	0.19		0.28		0.34		0.44		0.3	
	130	0.19		0.28		0.4		0.46			

注：相同条件下，ASPUN6811 A（27g/10min，0.941g/cm³）纺黏织物的附加数据也被列入。

获取纤维的应力应变数据对理解纺黏织物的拉伸性能非常有用。然而，从无黏结或黏结纺黏织物获得单丝纤维应力应变数据是非常具有挑战性的，因为很难从缠结或黏结纤维中分离出用于测试的极低旦（2~3 旦）纤维。因此，在 Hills 连续长丝纺丝线上，利用 ASPUN 和均聚聚丙烯 H502-25RG（熔体指数为 25g/10min）制成了 2.5 旦纤维，并以 2500m/min 的速度卷绕在卷轴上。这些纤维上的应力应变数据如图 6.4 所示。可以看出，ASPUN 纤维表现出均聚聚丙烯纤维约 1/3 的韧度。ASPUN 与 ASPUN/POP 共混物纺黏织物的拉伸强度较低，这可能是与均聚聚丙烯相比，ASPUN 与 ASPUN/POP 共混物的强度较低造成的。由于破坏常常发生在结合点本身，因此可以通过测量聚合物强度来预先判断在结合点处熔融的纤维或膜的强度。

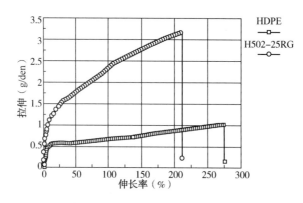

图 6.4　纤维的拉伸—伸长率曲线（纤维拉伸速度为 2500m/min）

表 6.4 和图 6.5 显示了由 ASPUN、70/30 和 55/45 的 ASPUN/POP 共混纺成的 20g/m² 纺黏织物的耐磨性（抗起毛性）随黏合辊油温变化的关系。使用如前所述的萨瑟兰油墨摩擦测试仪沿机器方向（MD）测试耐磨性。70/30 的 ASPUN/POP 共混料仅在 130℃ 黏合辊油温下表现出最低的起毛水平。与此相反，55/45 的 ASPUN/POP 共混物在 125℃ 和 130℃ 的黏结辊油温下表现出低的起毛水平。这些数据表明，与纯 ASPON 树脂相比，55/45 的 ASPUN/POP 共混物具有更宽的结合窗口（约±4℃）和明显更低的起毛水平（更高的耐磨性）。由 55/45 的 ASPUN/POP 共混物制成的纺黏织物的起毛等级仍高于表 6.2 和表 6.4 所示的均聚聚丙烯纺黏织物。

表 6.4 列出了由均聚聚丙烯、ASPUN、ASPUN/POP 的共混物以 80/20、70/30 和 55/45 的混合比制成的 20g/m² 纺黏织物的抗弯刚度。可以看出，与由均聚聚丙烯树脂制成的纺黏

织物相比，由 ASPUN 和 ASPUN/POP 共混物制成的 20g/m² 的纺黏织物明显表现出较低的抗弯刚度(较高的悬垂性)。

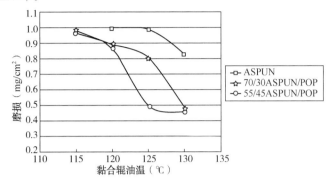

图 6.5　ASPUN、70/30ASPUN/POP 和 55/45ASPUN/POP 磨损性能随黏合辊油温的变化

分别由均聚聚丙烯、ASPUN 和 ASPUN/POP 共混物制成的 20 个 GSM 纺黏织物的柔软度等级如图 6.6 所示。等级越高表示织物越柔软，等级由经过训练的手感面板决定。在评级研究中，梳理的聚丙烯无纺布被评为 2.5 级，标准聚对苯二甲酸乙二醇酯织物被定为 0 级[39]。可以看出，由纯 ASPUN 和 70/30 ASPUN/POP 共混物制成的 20g/m² 纺黏织物与均聚聚丙烯纺黏织物和梳理织物相比具有更高的柔软度。值得注意的是，摩擦系数和抗弯刚度用于评价柔软度——这两个量的值越低，柔软度等越高级。从表 6.2 和表 6.4 可以看出，100% ASPUN FGR 纺黏织物的摩擦系数最低，明显低于均聚聚丙烯织物。利用原子力显微镜 (AFM)测量发现，纯 ASPON 纤维的表面粗糙度高于同等加工条件下的均聚聚丙烯树脂纤维。100%(纯)ASPUN 纤维的高表面粗糙度被认为是织物摩擦系数低的主要原因。ASPUN 树脂更快的结晶速率带来更高的表面结晶度，从而导致更高的纤维表面粗糙度。

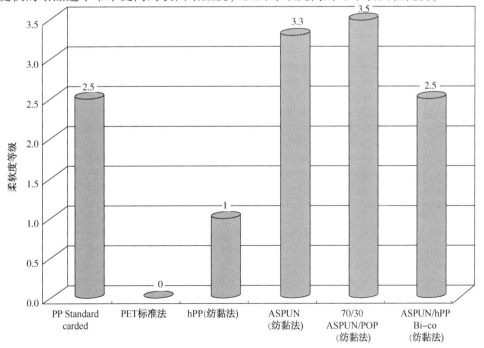

图 6.6　由聚丙烯、ASPUN 和 ASPUN/POP 共混物制成的 20g/m² 纺黏织物的柔软度等级

表 6.5 显示了由 ASPUN 和 ASPUN/POP 共混物(80/20、70/30 和 55/45)制成的 27g/m² 纺黏织物的拉伸、抗起毛性、抗弯刚度和摩擦系数性能。其性能趋势与 20g/m² 织物的性能非常相似。

表 6.5 由 ASPUN 和 ASPUN/POP 共混物制成的 27g/m² 纺黏织物在各种黏合辊油温下的拉伸、磨损(起毛)、弯曲刚度、摩擦性能

参数	黏合辊油温(℃)	ASPUN(纵向)	ASPUN(横向)	80/20 ASPUN/POP(纵向)	80/20 ASPUN/POP(横向)	70/30 ASPUN/POP(纵向)	70/30 ASPUN/POP(横向)	55/45 ASPUN/POP(纵向)	55/45 ASPUN/POP(横向)	ASPUN 6811A(纵向)	ASPUN 6811A(横向)
最大力(N/5cm)	115					13.74	5.58	14.36	7.08		
	120	14.9	7.0	14.2	7.2	15.13	8.08	17.59	9.81	13.7	6.8
	125	16.2	8.1	18.1	9.4	19.36	11.2	17.4	11.6	17.8	10.5
	130	20.4	11.4	18.3	12.4	17.57	11.08	15.07	10.61		
断裂伸长率(%)	115					39.0	50.2	75.8	78.1		
	120	32.7	45.5	49.1	57.8	67.5	74	115.6	126.6	43.3	51.9
	125	37.8	47.5	81.0	77.3	137.2	141.9	103.0	139.5	71.5	74.3
	130	65.1	72.8	71.1	98.8	82.7	106.0	79.7	121.5		
弯曲刚度(mN·cm)	115					0.134	0.039	0.079	0.028		
	120	0.26	0.14	0.10	0.06	0.109	0.048	0.111	0.034	0.18	0.07
	125	0.28	0.12	0.16	0.06	0.116	0.032	0.123	0.032	0.15	0.08
	130	0.26	0.14	0.12	0.07	0.161	0.037	0.129	0.035		
起毛(mg/cm²)	115					1.12		1.02			
	120	1.38		1.19		1.02		1.05		1.29	
	125	1.39		0.89		0.89		0.67		1.08	
	130	1.0		0.57		0.75		0.60			
摩擦系数	115					0.31		0.46			
	120	0.19		0.28		0.37		0.47		0.30	
	125	0.19		0.28		0.38		0.46		0.30	
	130	0.24		0.29		0.34		0.47			

注:相同条件下,ASPUN 6811A(27g/10min,0.941g/cm³)纺黏织物的数据也被列入。

结果表明,共混 POP 树脂可显著提高 ASPUN FGR 纺黏织物的黏结窗口和耐磨性[40]。与 ASPUN FGR 树脂相比,这种共混物也表现出更佳的可纺性。由 ASPUN/POP 共混物制成的纺黏织物与均聚聚丙烯纺黏织物和梳理织物相比,表现出更高的柔软度。这种改善的柔软性在许多卫生应用中是需要的,并且很容易通过 ASPUN 和 ASPUN/POP 共混物制成的纺黏织物来实现。了解 ASPUN/POP 共混物的结构—性能关系,为设计新一代具有更高纺丝性能和更宽黏合窗口的 ASPUN 聚乙烯树脂提供了前进的方向。改进了黏合性能,提高了耐磨性,使得能够制造柔软、悬垂、耐磨的单组分纺黏织物。

6.3 单组分聚丙烯基软纺黏织物

本节重点介绍如何使用丙烯基塑性体和弹性体(PEPS 和 PEES,例如陶氏化学公司的 VERSIFY 系列)对聚丙烯进行改性,以便生产具有高度可伸展性的无纺布,在增加柔软性和悬垂性的同时保持拉伸强度等力学性能和耐磨性是关键。由于卫生行业面临巨大的成本压力,保持可加工性和可回收性也非常重要。

6.3.1 材料与实验

聚丙烯均聚物是当今全球纺黏市场中的基础树脂,几乎所有聚丙烯供应商都可以提供这些纤维级树脂。陶氏化学公司的 ZN 聚丙烯 H502-25RG(2.16kg/230℃,熔体指数为 25g/10min)和 5D49(2.16kg/230℃,熔体指数为 38g/10min)分别占据欧洲和北美市场。评价了均聚聚丙烯 H502-25RG 与 VERSIFY 丙烯乙烯共聚物[2.16kg/230℃,熔体指数为 25g/10min,含9%(质量分数)乙烯]的机械共混物和熔融共混物的性能。使用的比例范围为 10%~40%的丙烯-乙烯共聚物与 90%~60%的均聚聚丙烯。KAMDAR 等[41]认为,如果乙烯含量差小于约18%(摩尔分数)E[13%(质量分数)E],则均相丙烯-乙烯共聚物的共混物是熔融混溶的。这些结果表明,本研究所用的均聚聚丙烯和 VERSIFY 丙烯-乙烯共聚物的共混物是熔融混溶的。

6.3.2 纺黏线构型

纺丝实验在相同的 ReicofilⅢ线上进行,如前面所述,光束宽度为 1.2m。对于所有的树脂来说,试验的产量为 180kg/(h·m)[0.68g/(min·孔)]。树脂被纺成约 2 旦纤维,对应于纤维速度约为 3000m/min,0.68g/(min·孔)输出率。在本试验中使用了一种单组分纺丝模头,它有 5297 个孔(4414 个孔/m),每个孔直径为 0.6mm(600μm),长径比为 4。纺丝纤维在 230℃的熔融温度下进行。热压花轧辊表面结合率为 16.2%,49.9 个结合点/cm²,为椭圆形花纹。所有黏结温度的设定是用相同的油温用光滑的雕刻辊进行的。对于所有的树脂,夹持压力保持在 70N/mm。同样,在本研究中所描述的所有温度都是压花辊的油温。轧辊表面温度比油温度低约 7℃。纺黏织物的拉伸和磨损性能如前所述方法测量。

6.3.3 结果与讨论

表 6.6 显示了由均聚聚丙烯 H502-25RG 与 VERSIFY 丙烯-乙烯共聚物(90/10;80/20;70/30;60/40 共混比)共混而成的 20g/m² 单组分纺黏织物的拉伸性能。随着 VERSIFY 丙烯-乙烯共聚物含量的增加,均聚聚丙烯/VERSIFY 共混物的织物与均聚聚丙烯纺黏织物相比拉伸强度降低,这可能是由于共混物结晶度较低所致。其次,纵向(MD)和横向(CD)织物的断裂伸长率均比均聚聚丙烯织物增加约 20%(绝对值)。

在许多卫生应用中,耐磨性对于最终制品的功能性和美观性至关重要。耐磨性试验结果汇总在表 6.7 中。共混物的高耐磨性归因于更宽的黏合窗口。在较低的黏合温度下,由均聚聚丙烯/VERSIFY 共混物生产的纺黏织物与纯均聚聚丙烯织物相比具有更高的耐磨性。这点是有益的,因为在纺黏工业中众所周知,在较低温度下黏合可以生产出悬垂性增加和触感柔软的织物。与纯均聚聚丙烯织物相比,由均聚聚丙烯/VERSIFY 共混物制成的织物在整个黏合窗口上也表现出明显更低的弯曲刚度(更高的悬垂性)。

表 6.6 均聚聚丙烯与乙丙共聚物的共混物的 $20g/m^2$ 纺黏织物的拉伸性能

油温(℃)	纵向最大拉力(N/5cm)				横向最大拉力(N/5cm)			
	90% PP/10%PEC	80% PP/20%PEC	70% PP/30%PEC	60% PP/40%PEC	90% PP/10%PEC	80% PP/20%PEC	70% PP/30%PEC	60% PP/40%PEC
115	14.0	17.9	22.0	25.0	7.4	11.3	11.6	15.2
120	15.4	21.9	25.1	25.8	9.1	11.6	15.8	14.9
125	19.7	27.7	29.8	27.5	10.3	15.5	16.5	15.9
130	23.9	31.5	31.4	26.0	12.9	19.8	19.3	16.9
135	28.9	35.9	32.2	25.7	16.7	20.6	20.8	16.5
140	37.0	38.1	32.1	24.2	20.9	22.6	20.7	15.6
145	41.2	34.9	29.0	22.4	24.9	22.1	19.7	14.6
油温(℃)	纵向断裂伸长率(%)				横向断裂伸长率(%)			
	90% PP/10%PEC	80% PP/20%PEC	70% PP/30%PEC	60% PP/40%PEC	90% PP/10%PEC	80% PP/20%PEC	70% PP/30%PEC	60% PP/40%PEC
115	19.1	35.6	47.4	73.6	35.9	44.9	54.9	86.3
120	19.9	37.2	57.5	74.8	33.6	41.9	68.6	81.7
125	27.0	57.0	69.7	81.7	31.3	59.0	69.0	87.3
130	31.6	61.7	74.0	73.7	38.9	70.9	78.5	91.9
135	42.8	73.1	78.8	66.6	50.4	71.7	88.2	85.5
140	62.2	76.9	72.4	66.5	62.5	78.4	82.6	76.1
145	71.5	69.2	61.9	56.3	71.2	73.6	74.2	70.5

表 6.7 均聚聚丙烯(H502-25RG)、均聚聚丙烯与乙丙共聚物的共混物的 $25g/m^2$ 纺黏织物的耐磨性能

参数	起毛、耐磨(mg/cm^2)								
	120℃	125℃	130℃	135℃	140℃	145℃	150℃	155℃	160℃
hPP(H502-25RG)				0.79	0.59	0.37	0.27	0.21	0.21
hPP/PEC(30%EPC)	0.59	0.53	0.45	0.41	0.32	0.26			
hPP/PEC(40%EPC)	0.59	0.52	0.42	0.37	0.28	0.23			

6.4 双组分纺黏织物与双组分黏合纤维

这一节将介绍结合了聚乙烯和聚丙烯树脂优势的皮/芯双组分纺黏织物。这种双组分织物结合了聚乙烯织物的柔软性和悬垂性、聚丙烯织物的耐磨性和拉伸强度的特点。还介绍了以聚酯为芯、ASPUN 为皮层的双组分黏合纤维,用于黏合纤维素以制造卫生吸收芯。还讨

论了黏结复合材料的失效机理。

6.4.1 背景

目前,大部分纺黏生产线主要是生产单组分纤维结构。这些生产线已经优化为高产量率和连续性,主要用于转化均聚聚丙烯(hPP)。如上所述,具有窄分子量分布的 ZN 均聚聚丙烯树脂被广泛使用,并且在纺黏工艺中表现出优异的可纺性。与均聚聚丙烯纺黏织物相比,ASPUN 树脂纺黏织物具有优良的悬垂性和柔软性,但耐磨性和拉伸强度较低。

近些年来,机器制造商已经开发和优化了双组分纺黏工艺,以结合多种聚合物的优点。双组分纤维纺丝可以定义为:"从同一喷丝头挤出两股聚合物流,这两种聚合物包含在同一长丝中"。聚合物被布置在双组分纤维的横截面上不同的区域,并且通常沿着双组分纤维的长度方向上连续地延伸。"共轭纤维"一词经常被使用,特别是在亚洲,作为双组分纤维的代名词。利用这种技术,可以产生任何可以想象的横截面形状或几何形状的纤维。双组分纤维通常按照不同聚合物相对于纤维横截面结构排列的方式进行分类,如并排、皮芯、海岛和柑橘型纤维或分段饼状横截面类型。

卫材吸收性产品包含吸收芯,该吸收芯可以由纤维素纸浆纤维、合成双组分短纤维和很多情况下均存在的超吸收性聚合物(SAP)组成。双组分黏合纤维通常以具有较高熔点的聚酯或聚丙烯树脂为芯,以低熔点 ASPUN FGR 为皮层。在吸收芯中,双组分黏合纤维不仅应该能够彼此黏合,而且应该能够与纤维素黏合,以便产生尽可能强大和连贯的结构。为了达到这一目的,功能化聚合物,例如 AMPLIFY GR MAH-g-PE 树脂通常被添加到纤维皮层中,纤维皮层通常包括 ASPUN FGR 树脂。

双组分纤维是无纺布市场上的重要材料,其主要应用包括:

用于婴儿纸尿裤、女性护理用品和成人纸尿裤产品(如顶片、背片、腿袖、弹性腰带)的无纺布。湿巾和其他个人护理产品中用于吸湿芯的气流成网无纺结构。水刺无纺产品,如医用一次性纺织品,过滤产品。

6.4.2 材料与实验

本研究的第一个目的是确定双组分纺黏织物的黏合行为和性能。选用均聚聚丙烯为芯(Dow 均聚聚丙烯 H502-25RG,熔体指数为 25g/10min)和聚乙烯为皮层(ASPUN FGR,熔体指数为 30g/10min,0.955g/cm³),皮芯比为 80/20 的双组分纤维结构。这种双组分纤维纺丝使用 Reicofil III 制备,与前文所述参数相同。表 6.8 为 ASPUN FGR 纤维树脂的性能指标。

表 6.8 ASPUN FGR 纤维树脂的性能指标

参数	地区	熔体指数 I_2 (g/10min)	密度 (g/cm³)	熔点(℃)	应用
XUS58200.04	全球	30	0.913	108.2	黏结纤维
ASPUN6834	欧洲,IMEA	17	0.950	128.2	Spunbond/Staple/Bico
ASPUN6835 A	美国,亚洲	17	0.950	128.2	Spunbond/Staple/Bico
ASPUN6850 A	美国,亚洲	30	0.955	129.6	Spunbond/Staple/Bico

本工作的第二个目的是测定由纤维素与20%皮/芯双组分黏合纤维混合制成的黏合气垫的拉伸强度。皮/芯双组分黏结纤维中，皮层树脂的熔体指数（与分子量大小相关）和密度是决定黏结条件和黏结强度的关键基本分子参数。为了探讨这一概念，将50/50皮/芯双组分纤维（2旦）在Hills双组分生产线上熔融纺丝，其皮层树脂组成见表6.9。将纤维切成4mm的短纤维，并以20%、100g/m²的纤维素将纤维转化成空气铺设垫。然后将垫子放置在通风烘箱中，在135℃、149℃和163℃的黏合温度下黏合15s、30s、45s和60s。在Instron万能拉力机上以为50mm/min的测试速度测量25m宽×150mm长条的干态拉伸强度。对于选择的样品，测量拉伸强度随时间和温度的变化。采用扫描电子显微镜（SEM）对气垫在拉伸试验前后的破坏机理进行了研究。

表6.9 PET/ASPUN双组分纤维树脂的组成

芯层	ASPUN 纤维树脂皮层	马来酸酐接枝
PET	18g/10min（I_2），0.93g/cm³	MAH-g-HDPE（12g/10min，0.952g/cm³，1.2% MAH）
PET	17g/10min（I_2），0.95g/cm³	MAH-g-HDPE（12g/10min，0.952g/cm³，1.2% MAH）
PET	30g/10min（I_2），0.955g/cm³	MAH-g-HDPE（12g/10min，0.952g/cm³，1.2% MAH）

注：10%（质量分数）MAH-g-HDPE共混入皮/芯层。

6.4.3 结果与讨论

6.4.3.1 双组分纺黏织物的拉伸性能、耐磨性、抗弯刚度和柔软性

测试由均聚聚丙烯构成芯层、ASPUN FGR聚乙烯构成皮层的双组分纺黏纤维的拉伸、磨损和柔软性能随辊油温的变化。表6.10展示了织物在不同基础质量和黏合辊油温下的拉伸性能。大约20g/m²双组分织物的最大织物抗拉强度在MD为30~37N/5cm（宽），在CD中为16~20N/5cm，这取决于黏合辊油温。单组分均聚聚丙烯基20g/m²纺黏剂的MD抗拉强度一般为45~50N/5cm，CD抗拉强度为30~37N/5cm。由ASPUN FGR构成的单组分纺黏织物在20g/m²下通常表现出大约15N/5cm的最佳MD拉伸强度和大约8N/5cm的CD拉伸强度。由此可见，均聚聚丙烯/ASPUN聚乙烯FGR双组分纺黏纤维的拉伸强度介于两种单组分纺黏剂的拉伸强度之间。

表6.10 均聚聚丙烯/ASPUN（80/20皮芯比）的双组分纺黏纤维在不同基础质量和黏合辊油温下的拉伸性能

油温（℃）	基础质量（g/m²）	纵向最大力（N）	横向最大力（N）	纵向断裂伸长率（%）	横向断裂伸长率（%）	纵向弯曲刚度（mN·cm）	横向弯曲刚度（mN·cm）	起毛（mg/cm²）	纵向摩擦系数
125	18.9	30.0	16.3	39.7	65.7	0.396	0.111	0.720	0.1904
125	25.9	44.7	25.0	57.7	76.2	0.710	0.241	0.973	0.1474
130	19.1	33.9	19.3	50.2	86.0	0.333	0.117	0.685	0.168
130	26.1	49.2	30.0	56.8	90.2	0.864	0.262	0.705	0.1076
135	19.2	37.0	20.2	56.3	83.5	0.350	0.113	0.598	0.1598
135	25.9	52.9	32.7	63.0	98.2	0.891	0.261	0.641	0.0878

均聚聚丙烯/ASPUN 聚乙烯 FGR 双组分纺黏纤维的耐磨性(mg/cm^2)使用 Suthand ink 摩擦测试仪进行测量。结果表明，随着黏结温度的升高，抗起毛水平降低，达到约 $0.6mg/cm^2$ 的平台值。在约 135℃ 的最佳黏合辊油温下，双组分共纺黏织物的抵抗起毛水平值约为 $0.6mg/cm^2$。单组分 100% 均聚聚丙烯纺黏纤维通常表现出最佳的抗起毛水平值约为 $0.25mg/cm^2$，在 $20g/m^2$。单组分 100% ASPUN FGR 纺黏纤维通常表现出最佳的抗起毛水平值约为 $0.8mg/cm^2$，在 $20g/m^2$ 基础质量。单组分 ASPUN/POP 共混纺黏纤维通常表现出最佳的抗起毛水平值约为 $0.6mg/cm^2$。均聚聚丙烯/ASPUN 聚乙烯 FGR 双组分纺黏纤维的耐磨性介于两种单组分纺黏织物之间。

双组分纺黏织物具有良好的悬垂性（较低的抗弯刚度），接近 ASPUN FGR 生产的单组分纺黏织物。由于聚丙烯纤维的高抗弯刚度，均聚聚丙烯单组分织物的悬垂性很差。在均聚聚丙烯/ASPUN 双组分纤维中含有 20%~30% ASPUN FGR 聚乙烯皮层，可显著降低纤维和纺黏织物的抗弯刚度，这是由于 ASPUN FGR 模量较低以及作为皮层放置的原因。

均聚聚丙烯/ASPUN 聚乙烯 FGR 双组分纺黏织物的柔软度等级如图 6.6 所示。如前所述，更高的等级表示柔软的织物，由经过训练的手感等级确定。由 100% ASPUN FGR 制成的纺黏织物通常具有最高的柔软度等级，约为 3.3；而由 100% 均聚聚丙烯树脂制成的纺黏织物通常具有较低的柔软度等级，约为 1.0。众所周知，100% ASPUN FGR 纺黏织物比 100% 均聚聚丙烯树脂纺黏织物具有更好的柔软性[42]。柔软性数据表明，均聚聚丙烯/ASPUN 聚乙烯 FGR 双组分织物柔软度等级约为 2.5，表明双组分纺黏织物比单组分（100%）均聚聚丙烯纺黏织物柔软得多。

这些结果清楚地表明，以 ASPUN FGR 聚乙烯为皮层和聚丙烯为芯层基料的双组分纺黏织物，将聚乙烯单组分纺黏织物的优异柔软性和悬垂性，与聚丙烯单组分纺黏织物的可纺性、拉伸强度和耐磨性很好地结合起来。这种双组分织物使得中间制造商和终端用户能够生产出性能不同的产品，而这些产品无论是用单组分均聚聚丙烯，还是用 ASPUN FGR 织物都无法实现。手感、悬垂性和柔软性是均聚聚丙烯/ASPUN FGR 双组分纺黏织物的主要特征，与单组分均聚聚丙烯纺黏织物相比有显著的改善。

6.4.3.2 双组分黏结纤维

用 3 种不同的双组分黏合剂纤维结构制成的空气铺设垫的干态拉伸性能如图 6.7 所示。质量分数 12% 的黏结剂纤维被用来制造复合垫结构。在 149℃ 下使用热风对流烘箱进行黏结。皮层含有 AMPLIFY MAH-g-PE 和 ASPUN 6834 A（$0.95g/cm^3$，熔体指数为 17g/10min）的纤维达到最高拉伸强度。第二高拉伸强度用 ASPUN 6850A（$0.955g/cm^3$，熔体指数为 30g/10min）实现，随后是 ASPUN FGR（$0.930g/cm^3$，熔体指数为 18g/10min）。有人认为，ASPUN 6850A 的密度高使其拉伸强度增加，但其较低的分子量使其比在黏合纤维素垫中的 ASPUN 6834 A 弱。一般而言，低分子量 ASPUN FGR 在给定密度的纤维应用中表现出较低的拉伸强度。

图 6.8 显示了双组分纤维与 ASPUN 6834A 在皮层中混入 10%MAH-g-PE 的干态拉伸强度随黏合时间和温度的函数。再次使用 12%（质量分数）的黏合剂纤维。在黏合时间大于约 30s 时，拉伸强度基本达到了最大值。在 163℃ 下黏结 60s 的样品稍有过黏结，拉伸强度降低了 12%~15%。根据气流成网的线路配置，停留时间可以短至 10s，且需要更高的黏合温

度。因此，重要的是设计具有足够宽的熔程和循环期间黏度下降的护套树脂，以充分地涂覆纤维素纤维。

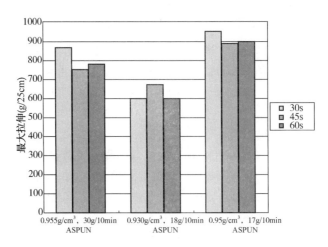

图6.7　3种不同的双组分纤维结构的空气铺设垫的拉伸性能

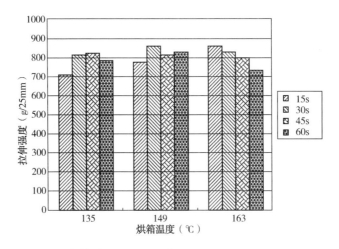

图6.8　空气铺设垫（$0.95g/cm^3$，17g/10min，10%MAH-g-PE混入皮层）的拉伸性能随黏合时间和温度的变化

为了解纤维素基体系中短纤维黏结剂的失效机理，在拉伸试验前后对气垫进行了扫描电镜观察。图6.9显示了以AMPLIFY MAH-g-PE为黏合剂的$0.930g/cm^3$、18g/10min ASPUN FGR和ASPUN 6834A双组分黏合剂纤维与纤维素纤维之间的黏合点。两种护套组合物表现出良好的湿纤维素纤维的扩散界面。较高的结合面积反映了较高的衬垫强度，因为网络已经变得更具凝聚力。在拉伸试验之后，这些相同的组合物的界面如图6.10所示。黏结剂纤维在显微照片中垂直，所示的纤维素纤维是成直角的。黏结剂纤维护套材料在两个方向上都涂覆了约10μm的纤维素纤维，提供了大的界面面积以提高黏合强度。这表明破坏机理包括：(1)皮层纤维的拉伸；(2)芯层的拔出。在皮层中含有MAH-g-PE的纤维表现出这两种机制，表明纤维对纤维素的黏附和皮层的拉伸强度控制着衬垫强度。毫不奇怪，由于极性材料和非极性材料之间的黏附力一般较低，聚对苯二甲酸乙二醇酯芯层与聚乙烯皮层明显分层。在这种情况下，MAH-g-PE对芯层的黏结没有促进作用，而是促进对纤维素底物的黏附。

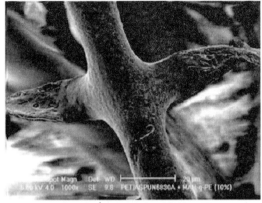

0.93g/cm³, 18g/10min, MAH-g-PE

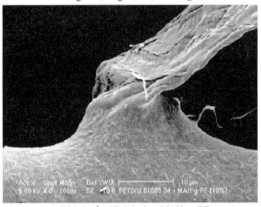

0.95g/cm³, 17g/10min, MAH-g-PE

图6.9 PET/PP 接枝双组分黏合剂纤维与纤维素纤维之间的黏合点

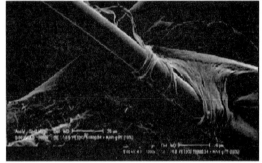

图6.10 图6.9拉伸试验支化的纤维形貌

6.5 结论

结果表明，与POP树脂共混可显著提高ASPUN FGR纺黏织物的黏结窗口和耐磨性。与ASPUN FGR树脂相比，这种共混物也表现出更好的可纺性。ASPUN/POP共混纺黏织物与均聚聚丙烯纺黏织物和梳理织物相比，柔软度明显提高。这种改善的柔软性在许多卫生应用中是需要的，并且很容易在由ASPUN和ASPAN/POP共混物制成的纺黏织物中实现。这些ASPUN/POP共混物为设计新一代ASPUN聚乙烯产品开辟了道路，该产品可以改善纺纱性能以及扩大黏合窗口。随着黏结性能的提高，耐磨性也随之提高。由此可见，新的树脂设计为生产柔软、悬垂、耐磨的单组分纺黏织物开辟了新的途径。

单组分纺黏织物由均聚聚丙烯和丙烯基塑性体和(或)弹性体的共混物制成，在保持耐磨性的同时，表现出极好的悬垂性、拉伸强度和伸长性能。共混物能够在现有生产线上以标准均聚聚丙烯产量运行，并且完全可回收(边缘修剪反馈到系统中)。由于这些聚合物共混物的黏合窗口宽，织物的性能也可根据黏合温度进行调节。

由ASPUN FGR聚乙烯为皮层、均聚聚丙烯为芯层制成的双组分纺黏织物综合了这两种聚合物的优良特性，从而表现出良好的柔软性、悬垂性、拉伸强度、高伸长率和耐磨性。双组分纺黏织物在需要特殊织物性能的新应用领域得到了越来越多的应用。

在复合结构中，以 ASPUN FGR 和 AMPLIFY MAH-g-HDPE 共混物为皮层的双组分黏结纤维，与纤维素共混后，黏合的气流成网垫具有优异的抗拉强度。

参 考 文 献

[1] Floyd KL. The role of polypropylene in nonwovens. Plast. Rubber Process. Appl 1984；4(4)：317-323.

[2] Wei KY, Vigo TL, Goswami BC. Structure-property relationships of thermally bonded polypropylene nonwovens. J Appl Polym Sci 1985；30(4)：1523-1534.

[3] Nanjundappa R, Bhat GS. Effect of processing conditions on the structure and properties of polypropylene spunbond fabrics. J Appl Polym Sci 2005；98(6)：2355-2364.

[4] Malkan SR. An overview of spun-bonding and melt-blowing technologies. Tappi J1995；78(6)：185-190.

[5] Zhang D, et al. Development of the structure and properties of polypropylene copolymer and homopolymer filaments during a spunbonding process. J Text Inst Part 1 1998；89(2)：289-303.

[6] Zhang D, et al. Structure and properties of polypropylene filaments in a spunbonding process. J Therm Anal 1997；49(1)：161-167.

[7] Bhat GS, Nanjundappa R, Kotra R. Development of structure and properties during spunbonding of propylene polymers. Thermochim Acta 2002；392-393：323-328.

[8] Bhat GS, Jangala PK, Spruiell JE. Thermal bonding of polypropylene nonwovens：Effect of bonding variables on the structure and properties of the fabrics. J Appl Polym Sci 2004；92(6)：3593-3600.

[9] Zhang D, et al. Structure and property characterization of spunbonded filaments and webs using thermal analysis. J Appl Polym Sci 1998；69(3)：421-434.

[10] Zhang D, et al. Evolution of structure and properties in a spunbonding process. Text Res J 1998；68(1)：27-35.

[11] Bechter D, et al. Thermal bonding of nonwovens. 2nd communication. The influence of polymer and fiber properties on the strength of PP nonwovens. Melliand Textilber 1997；78(3)：164-167 E39-E40.

[12] Hoyle AG. Thermal bonding of nonwoven fabrics. Tappi J 1990；73(7)：85-88.

[13] Warner SB. Thermal bonding of polypropylene fibers. Text Res J 1989；59(3)：151-159.

[14] Fraser WA, Whitwell JC, Miller B. Differential temperature study of the thermal fusion of adjacent polymer phases. Thermochim Acta 1974；8(1-2)：105-117.

[15] Ridruejo A, Gonzalez C, Llorca J. Micromechanisms of deformation and fracture of polypropylene nonwoven fabrics. Int J Solids Struct 2011；48(1)：153-162.

[16] Lim H. A review of spun bond process. J Text Apparel, Technol. Manag. 2010；6：3.

[17] Kacker S, Cheng CY. Spunbond fibers and fabrics made from polyolefin blend. US Patent# 8,728,960 (2014).

[18] Autran JM, Arora KA. Fibers and nonwovens comprising polypropylene blends and mixtures. US patent# 7,781,527 B2 (2010).

[19] Forbes B, Majors M, Sayovitz J. Multi-component fibers and non-wovens webs made therefrom. US 2004/0038612 A1 (2004).

[20] Peng H, Claasen GJ, Van Dun JJ, Allgeuer TT. Soft and extensible polypropylene based spunbond nonwovens. US Patent# 2009/0111347 A1 (2009).

[21] Ouederni M. Polyolefins in Textiles and Nonwovens", Chapter 9, P. 231-245 in"Polyolefins compounds and

materials—Fundamentals and Industrial Applications. Springer; 2015.

[22] Krupp SP, Bieser JO, Knickerbocker EN. Method of improving melt spinning of linear ethylene polymers. U. S. Patent# 5,254,299 (1993).

[23] Maugans RA, Knickerbocker EN, Sawchuk RJ, Whetten AR, Markovich RP, Chum PS. Ethylene polymer having improved sealing performance and articles fabricated from the same. US Patent# 6,015,617 (2000).

[24] Quantrille TE, Thomas HE, Meece BD, Gessner SL, Gillespie JD, Austin JA, et al. Fowells, w., Extensible Composite Nonwoven Fabric. US patent# 1998; 5(804): 286.

[25] Autran JM, Arora KA. Fibers and nonwovens comprising polyethylene blends and mixture. US patent# 7,776,771 B2 (2010).

[26] Autran JM, Arora KA. Fibers and nonwovens comprising polyethylene blends and mixtures. US patent# 7,223,818 B2 (2007).

[27] Hansen PH, Larson AM. Cellulose binding fibers. US patent# 1999; 5(981): 410.

[28] Hastie A. Bicomponent Fiber. US Patent # 5,948,529 (1999).

[29] Strait CA, Tabor RL, Lancaster GM. Maleic anhydride graft copolymers having low yellowness index and films containing the same. US patent# 4,966,810 (1990).

[30] Tabor RL, Lancaster GM, Jezic Z, Young GP, Biesser JO. Maleic anhydride grafts of olefin polymers. US Patent# 4,950,541 (1990).

[31] Tabor RL, Lancaster GM, Biesser JO, Finlayson MF. Thermally bonded fiber products with bicomponent fibers as bonding fibers. EP Patent# 0496734 B1 (1999).

[32] Chand S, et al. Structure and properties of polypropylene fibers during thermal bonding. Thermochim Acta 2001; 367-368: 155-160.

[33] Chand S, et al. Role of fiber morphology in thermal bonding. Int. Nonwovens J 2002; 11(3): 12-20.

[34] Bhat GS, Malkan SR. Extruded continuous filament nonwovens: advances in scientific aspects. J Appl Polym Sci 2002; 83(3): 572-585.

[35] Andreassen E, et al. Relationships between the properties of fibers and thermally bonded nonwoven fabrics made of polypropylene. J Appl Polym Sci 1995; 58(9): 1633-1645.

[36] Hanyu A, Wheat R. Properties and film applications of metallocene-based isotactic polypropylenes. Annu. Tech. Conf. Soc. Plast. Eng 1998; Vol. 2: 1887-1891 56th.

[37] Khanna YP. A barometer of crystallization rates of polymeric materials. Polym Eng Sci 1990; 30(24): 1615-1619.

[38] Stephens CH, Hiltner A, Baer E. Phase Behavior of Partially Miscible Blends of Linear and Branched Polyethylenes. Macromolecules 2003; 36(8): 2733-2741.

[39] Woeckner, S., Softness and Touch—Important Aspects of Non-wovens, in edana International Nonwovens Symposium. 2003: Rome, Italy.

[40] Patel RM, Claasen GJ, Liang W, Katzer K, Stewart KB, Allgeuer TT. et al. Improved fibers for polyethylene nonwoven fabric. EP Patent# 2,298,976 B1 (2012).

[41] Kamdar AR, et al. Miscibility of propylene-ethylene copolymer blends. Macromolecules 2006; 39(4): 1496-1506.

[42] Sawyer LH, Knight GW. Fine denier fibers of olefin polymers. US Patent# 4,830,907 (1989).

第二部分 聚烯烃功能化的改进

7 聚烯烃的生产

Richard Kotek[1], Mehdi Afshari[2], Husey in Avci[3], Mesbah Najafi[1]

（1. 美国北卡罗来纳州立大学；2. 美国杜邦公司；
3. 土耳其伊斯坦布尔技术大学）

7.1 概述

乙烯是最简单和最常用的有机单体（图7.1），其沸点为-104℃，熔点为-169℃[1]，常温常压下呈气态。丙烯是可用于聚合物化学的最具挑战性的单体之一，常温常压下呈气态，广泛用于聚丙烯的合成。丙烯的沸点为-47.7℃，熔点为-185℃[1]。乙烯和丙烯这两种单体属于石油基产品，都属于烯烃和不饱和化合物。

高分子量聚丙烯不能采用自由基聚合方法来生产。一般情况下，丙烯采用自由基聚合，会形成稳定的烯丙基自由基，得到分子质量不超过1000Da的无规聚丙烯。这种分子质量的聚合物不具有任何商业应用所需的性能。因此，采用配位聚合可以合成具有应用价值的、结晶性、有立构规整性的纤维状聚合物。现在，各种各样的有机金属催化剂被用来生产高分子材料（图7.2）。

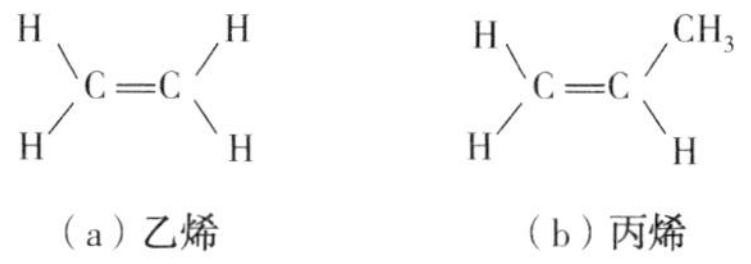

（a）乙烯　　（b）丙烯

图7.1　乙烯和丙烯的化学结构

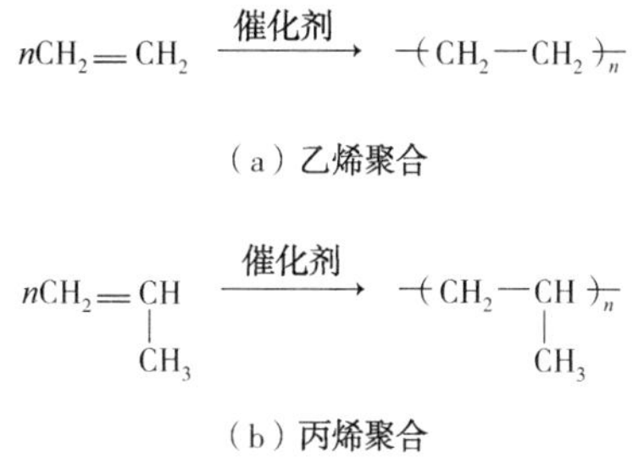

（a）乙烯聚合

（b）丙烯聚合

图7.2　乙烯和丙烯的聚合反应

乙烯自由基聚合通常会产生支化结构，齐格勒等科学家通过有机金属催化剂催化乙烯聚合得到了线型聚乙烯（图7.2）。等规聚丙烯具有相对较低的熔点（160~174℃），是制造纤维的理想高分子。聚丙烯提供了非织造布中近一半的基础纤维原料[2]。

必须强调的是，聚丙烯极易氧化，在紫外光照射下容易降解。可通过添加抗氧化剂和紫外稳定剂来提高聚丙烯的耐老化性能。

等规聚丙烯不含功能基团，所以不宜用传统染色方法进行染色。商业上，聚丙烯着色通过引入热稳定型染色剂来实现。许多方法[3-5]都可以用来提高聚丙烯纤维的染色性。

低密度（支化）聚乙烯的熔点为105~115℃，是制造薄膜和非织造布的理想材料。线型聚乙烯具有较高的熔点，范围为120~130℃。

7.2 聚烯烃的合成

聚丙烯中的甲基基团的空间位置排列有多种方式。聚丙烯(以及其他聚烯烃)一般以头尾方式相连,这可以通过纳塔投影方法来表示(图7.3)。等规聚丙烯的甲基均处于空间的同一侧,而间规聚丙烯的甲基处于交替排列的位置。甲基基团无序排列就得到无规聚丙烯。

丙烯单体规整地插入增长的聚丙烯链上成为烯烃聚合领域广泛关注的焦点。从1953年开始,多种催化剂和聚合工艺的开发促进了聚丙烯产业的发展。显然,聚合物的规整性和性能取决于所使用的金属有机催化剂的特性。

齐格勒[6]和纳塔[7-8]首次提出了利用烷基铝结合卤化钛制备立体规整性聚丙烯。他们卓越的发明获得了1963年诺贝尔奖。近20年后,卡明斯基和其他研究人员[6-10,21]报道了高活性第四族茂金属化合物和甲基铝氧烷组成的催化体系,也可以高效催化丙烯聚合得到立构规整性聚丙烯。

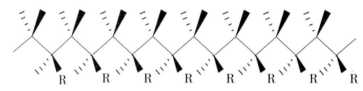

图 7.3 等规聚丙烯立体结构(纳塔投影)

7.2.1 催化剂

齐格勒-纳塔催化剂和茂金属催化剂聚合的聚丙烯表现出不同的性能和加工特性。表7.1给出了采用两种催化剂生产的聚丙烯性能的差异。茂金属催化剂聚丙烯具有更高的等规度和较窄的分子量分布,赋予了聚丙烯较好的纺丝性能。

表 7.1 齐格勒-纳塔催化剂(ZN)和茂金属催化剂(Me)聚合的等规聚丙烯的性能[2]

特 点	齐格勒-纳塔等规聚丙烯	茂金属等规聚丙烯
时期	19世纪50年代	19世纪80年代
催化体系	齐格勒-纳塔	茂金属
催化剂组分	过渡金属化合物 Ti、V、Cr、Ni 等,烷基金属催化剂	过渡金属化合物 Zr、Ti、Cr,键合烷基金属催化剂环戊二烯环
独特结构	$TiCl_3$、$R_2O/TiCl_3$	$MgCl_2/TiCl_4/Ph(COOiBu)$
催化活性	$(0.5\sim1)\times10^4 g/g(Ti)$	$(3\sim6)\times10^4 g/g(Ti)$
反应机理	多活性中心	单活性中心,催化效率高
规整性	约90%	>98%
分子量分布①	3~6	2
熔点	可控范围 160~164℃ 高熔点:162℃	可控范围 130~160℃ 低熔点:162℃
立体定向性	仅等规产品(iPP)	低无规聚丙烯含量 等规或间规均聚物或等规/间规共聚物

续表

特　　点	齐格勒-纳塔等规聚丙烯	茂金属等规聚丙烯
纺丝性能	坏到好 低弹性、低黏度、模口膨胀度高	好 良好的旋转弹性，易于加工
生产商	德国 Hoechst，意大利 Montecatini	美国 Exxon，德国 Hoechst，德国 Knapsack，日本 Mitsui

①重均分子量与数均分子量之比。

烯烃的定向聚合机理十分复杂，至今还没有完全揭示清楚，它涉及配位聚合、多活性中心和单活性中心聚合机理。

7.2.2　齐格勒-纳塔催化剂

齐格勒-纳塔催化剂的开发绝对是 α-烯烃聚合领域的一项令人兴奋的技术突破，合成的等规聚丙烯具有极高的立构选择性。类似于含有四氯化钒的催化体系催化 α-烯烃聚合倾向于得到间同立构聚合物[11]。

齐格勒-纳塔催化剂由 α-TiCl$_3$ 和 [AlCl(C$_2$H$_5$)$_2$]$_2$ 组成。聚合过程发生在催化剂外部的钛活性中心上，大多数的钛金属离子被6个氯离子配体围绕形成八面体的结构。在催化剂表面，钛原子活性中心由于缺少氯离子配体而产生缺陷。烯烃以某种方式与这些空位结合。金属的球面配位约束了烯烃的插入方向，从而使高分子链立构规整增长[12-13]。Cossee-Arlman 机理[14]（图7.4）被公认可以解释立构规整聚丙烯的合成过程。

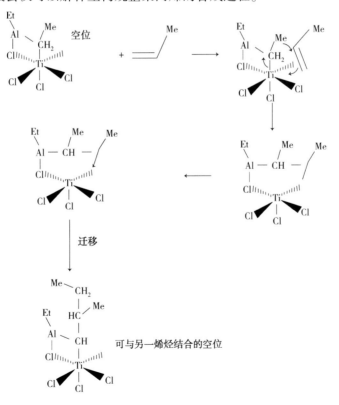

图 7.4　丙烯插入卤化钛表面的 Cossee-Arlman 机理

最初开发的齐格勒-纳塔催化剂体系表现出低的立构规整性,等规度大约只有90%[2]。为了提高立体选择性,Solvay公司[2]采用路易斯碱(如氯化二乙基铝)作为助催化剂,催化剂的比表面积高达150m^2/g[15],效果显著。这种催化体系的立体选择性在钛和铝的混合物负载到氯化镁时可进一步提高,所得聚合物无规聚丙烯的含量极少[2,13]。这种催化剂的制备方法如下:先将路易斯碱和氯化镁进行研磨,接着与含有四氯化钛的正庚烷溶液混合;固体经过滤后,在氮气保护下与三乙基铝在低沸点的烃类溶剂中进行混合[13]。整个过程必须注意安全,因为三乙基铝不稳定,很容易在空气中自燃。

齐格勒-纳塔催化剂的最新进展是反应器颗粒技术,这种技术赋予了催化剂更高的效率和立构规整性,并且能够控制聚合物粒子的形成和生长过程[16]。图7.5是一种具有代表性的球形催化剂的照片[2]。

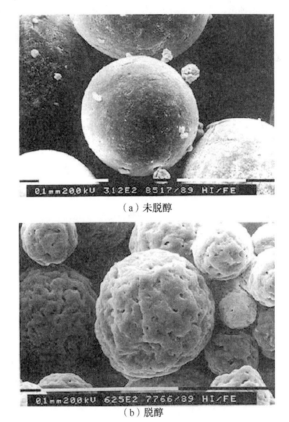

(a) 未脱醇

(b) 脱醇

图7.5 氯化镁醇合物($MgCl_2 \cdot n$EtOH)未脱醇和脱醇后球形颗粒的形貌[17]

立构规整聚合包括三个步骤,即链引发、链增长、链终止。链终止一般发生β-氢化物的消除(图7.6),聚合物链上的一个β-氢原子与金属中心结合,得到含末端双键的聚合物终止链[14]。

$$L_n TiCH_2 CH_2 R' \longrightarrow L_n TiH + CH_2 = CHR'$$

图7.6 β-氢化物消除终止[14]

Mülhaupt在他的综述文章中提到,齐格勒在混合催化剂体系的研究过程中机缘巧合地发现了聚乙烯催化剂。齐格勒最初想用镍盐和烷基铝催化体系来聚合乙烯,但是唯一产物为1-丁烯。当他用TiCl₃(或其他4族、5族、6族的金属)代替镍盐时,在常温常压下得到了线型聚乙烯[19](图7.7)。齐格勒1953年的这个惊人发现申请了专利保护,并在几年内实现了商业化,一直用来生产高密度聚乙烯(HDPE)[18]。

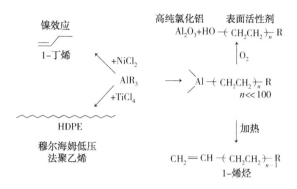

图7.7 卡尔·齐格勒的穆尔海姆先进反应制备的高密度聚乙烯和镍效应制备的长链1-烯烃[19]

7.2.3 茂金属催化剂

茂金属是一种过渡金属配合物,最常见的是锆或钛金属与两个环戊二烯(C_5H_5,Cp)配体配位形成"三明治"结构,两个环戊二烯阴离子共面,具有等键长和键能[20]。环戊二烯配体(图7.8)是有机金属化学中最常用的配体,这种阴离子配体提供6个电子配位形成η^5配位方式[5],也可采取η^3和η^1两种配位方式,如图7.9所示[22]。

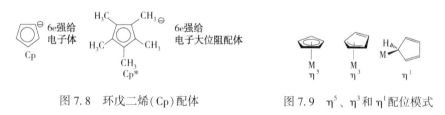

图7.8 环戊二烯(Cp)配体   图7.9 η^5、η^3和η^1配位模式

研究者们在茂金属化合物的性能和催化烯烃聚合方面投入了大量时间。茂金属是一类包括乙烯和丙烯等含有双键碳氢化合物的聚合催化剂。茂金属在很多方面优于传统的齐格勒-纳塔催化剂[23]。这种基于茂金属的新催化体系的发现开创了烯烃聚合技术发展的新时代。

尽管学术界对茂金属催化体系已进行了深入的研究,但是在聚乙烯、聚丙烯领域,关于茂金属催化剂的结构与活性特性,以及定制化开发具有特定性能的聚烯烃材料的研究仍然十分活跃。

茂金属化合物是相对比较老的一类有机金属化合物。1951年,在铁金属粉末与环戊二烯的反应中首次发现了二茂铁,得到了一种未预测到的产物[20]。通过研究发现,这种化合物以铁原子为中心,铁原子与两个环戊二烯共享π电子。两个环戊二烯分别在金属中心的两边形成类似"三明治"结构的化合物,如图7.10所示。

今天我们知道,许多过渡金属都可形成茂金属化合物,其结构多种多样。茂金属化合物衍生物包括两个环戊二烯环形成的分子内桥联结构、包含一个环戊二烯环的半"三明治"结构、具有三个环戊二烯阴离子和两个金属阳离子交替变换结构、一个环戊二烯配体被三个其他配体取代的"钢琴凳"结构。有的茂金属化合物像二茂铁一样具有两个平行的"三明治"结构[25]，一般茂金属化合物的形成如图 7.11 所示。

茂金属化合物的空间排列和电子结构可通过在环戊二烯配体上的每个碳原子引入取代基、改变桥联结构和金属中心来实现。Sc、Y、Yb、Sn、Lu、U 和 Th 等过渡金属近年来被用作金属活性中心。茂金属化合物的结构对不同烯烃的聚合反应活性、立构选择性影响很大[26]。

通过带有取代基的环戊二烯衍生物来替代环戊二烯，可以对茂金属结构进行修饰。采用这种方式可得到多种多样具有不同空间位阻和电子效应的催化剂。含有两个 C_5 环结构的催化剂，Cp 在两个倾斜的平面上，可以桥联也可以不桥联。茂金属结构对聚合物立体规整性的影响如图 7.12 所示[22]。

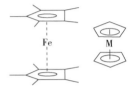

图 7.10 茂金属夹层结

由于烯烃聚合的活性、立体规整性、区域立构选择性等依赖于催化剂的特性，因此可以通过修饰茂金属催化剂的结构来实现聚合物性能的调控。

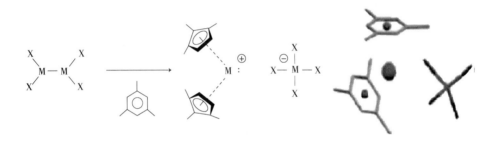

图 7.11 茂金属化合物的一般组成

单一的烯烃聚合可以得到聚烯烃，更准确的说法是，得到的聚合物中至少 50%的组分来源于烯烃原料，才称为聚烯烃。乙烯和丙烯是最常见的烯烃单体，聚乙烯和聚丙烯是最主要的聚烯烃产品。通过引入辛烯和丁烯等共聚单体，可以制备一系列共聚物产品，例如共聚聚丙烯、乙丙橡胶、聚乙烯弹性体、线型低密度聚乙烯。通过控制共聚单体的插入速率，可以得到双峰聚烯烃产品。传统认为聚烯烃高分子是由一种单体的重复单元构成，其实在多数情况下，采用多种单体来调控聚合物的性能。例如，聚乙烯是一种半结晶聚合物，在侧链引入一种共聚单体就可以降低结晶性能。支链的引入对聚合物的性能有重大影响，侧链的长度从丙烯、丁烯到己烯对性能的影响逐渐增加，辛烯和更长的侧链则对性能影响趋缓。通过控制侧链的长短和含量，许多公司开发了大量不同用途的聚乙烯牌号[27]。

聚烯烃可以采用修饰的茂金属催化剂来生产，这种催化剂具有特定活性金属中心（一般是ⅣB 族金属，例如 Ti、Zr 或 Hf）的"三明治"结构，在一个或多个环戊二烯中间形成立体受限的聚合位点。这种独特的催化剂提供单一的聚合活性中心，而传统齐格勒-纳塔催化剂具有多活性中心。这种单中心催化剂具有调控聚合物性能的特点，可以得到高分子量聚合物[26]。当与助催化剂 MAO 配合使用时，茂金属化合物是一类合成聚烯烃的卓越催化剂[28]。助催化剂 MAO 与金属中心结合形成阳离子复合物，很容易与双键单体发生反应。当茂金属中的阳离子金属原子与烯烃单体的双键结合时，聚合反应开始，经过一系列的电子迁移，几个烯烃单体连在一起形成长链分子，如图 7.13 所示[29]。

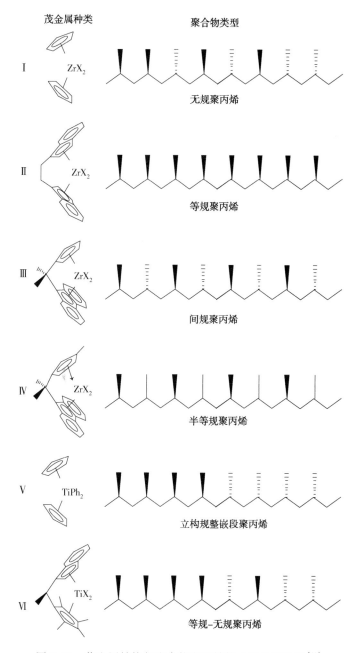

图 7.12　茂金属结构与聚合物微观结构之间的相关性[22]

直到现在，大多数的烯烃聚合采用基于四氯化钛和三乙基铝的齐格勒-纳塔催化剂体系[30]。但是茂金属聚合物能够赋予烯烃聚合物更好的性能，并且定制合成特定性能的高分子。茂金属相对齐格勒-纳塔催化剂的优势是能控制立构规整度、分子量及分子量分布[31]。齐格勒-纳塔催化剂的多个非独立的活性中心都可与单体反应，而茂金属催化剂具有单一的活性中心，其聚合行为可预测并且可调控。因此，利用传统齐格勒-纳塔催化剂无法合成出来的高分子，例如间规聚丙烯、长链支化聚烯烃都可采用茂金属催化剂得到。茂金属的另外一个优势是聚合物性能可以通过改变配体结构或与金属配位的基团来进行调控。茂金属应用的一个实例是控制两种含有不同配体茂金属的比例来制备分布均匀的共聚物[21]。采用茂金属催化剂也可以获得具有更高熔点的聚合物[32]。

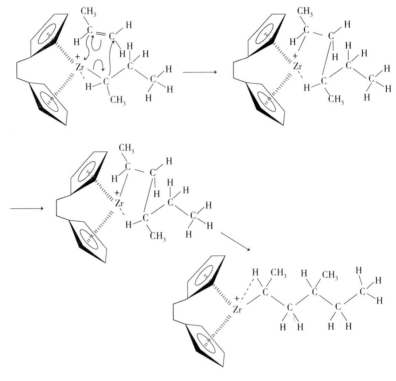

图 7.13 茂金属聚合机理

尽管茂金属相比齐格勒-纳塔催化剂具有诸多优点，但是茂金属催化剂也有许多缺点。相比茂金属，齐格勒-纳塔催化剂仍具有较大的竞争力，因为它具有极高的性价比[33]。茂金属催化剂需要使用大量昂贵的铝氧烷助催化剂（有时用量是茂金属的1000倍）。另一个缺点是茂金属催化剂不能催化极性单体聚合，比如普通的丙烯酸衍生物和氯乙烯，这是因为茂金属金属中心更易与氧原子结合。加入极性单体会使茂金属催化剂活性降低，甚至失活[34]。

茂金属催化剂对合成聚烯烃具有深远的意义，它既促进了新材料的开发，也加深了人们对于烯烃聚合反应机理的理解，如聚合物链的增长和对立构规整性的控制。

因为茂金属催化剂的聚合发生在具有单活性特征的金属中心上，所以可以通过茂金属的结构设计来实现对聚合物性能的调控，例如聚合物分子量、立体化学微结构、结晶行为和力学性能[35]。通过选择一种茂金属催化剂可以很容易地得到具有特定结构和性能的高分子聚合物。研究发现，某些茂金属催化剂可以合成完全交替结构的共聚物[22]。举个例子，锆环戊二烯茂金属可得到一种乙烯和丙烯交替的聚烯烃[36]。茂金属催化剂具有立体选择性，可以制备等规或间规高分子聚合物[24]。最广泛应用的商业化产品等规聚丙烯，它的甲基基团都在高分子链的同一侧排列。因为这种整齐有规律的排列，使聚丙烯具有高的结晶度。间规聚丙烯的甲基基团交替分布在主链的两侧，呈相反构象。等规聚烯烃可用锆为金属中的茂金属催化剂来制备，间规聚烯烃可用钒为金属中的茂金属催化剂来合成[24]。这类高分子量的立体规整聚合物，具有良好的韧性、抗冲强度和断裂伸长率。通常，茂金属配合物金属中心附近的空间结构越拥挤，催化聚合的立构选择性越好[24]，事实也证明聚合物可以通过定制设计产生特殊的性能。利用含有特定无机中心和配体的茂金属催化剂能够帮助高分子化学家合成所要性能的高分子材料。

大家对茂金属催化烯烃聚合非常感兴趣的一个领域是催化剂的结构及催化活性特性之间的关系。茂金属催化剂是由不同元素组成的一系列化合物，催化剂的结构可控制聚合物的性能[37]。在同样的实验条件——同样的温度、溶剂、助催化剂、化学比例、压力和反应时间下，仅仅改变催化剂的结构(如无机中心和配体组成)就可以改变催化活性[38]。在乙烯聚合时，空间效应对催化活性有较大的影响。茂金属配体的空间位阻越小，活性越高；空间位阻越大，活性越低[38]。碳桥联茂金属活性低于硅桥联茂金属催化剂，这说明无机化学结构的引入促进了茂金属性能的提升。根据前线分子轨道理论，最低未占轨道(LUMO)更有利于电子密度的增加。烯烃聚合可以看作是亲核反应，所以新的乙烯单体通过更有利于电子加成的方向与催化活性中心相结合。因此，阳离子最低未占轨道理论可解释茂金属聚合活性原理[38]。茂金属的空间结构不同，聚合活性也不同，如图7.14所示。

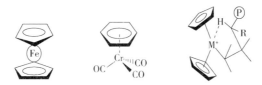

图7.14 平行"三明治"、半"三明治"和弯曲"三明治"复合物

改变茂金属催化剂所负载的无机载体性能也可以改变催化活性[29]。通过深入研究，有关茂金属催化剂结构与活性的更多信息被准确阐述，这可以用来提高聚合物生产效率。

通过对茂金属催化剂的深入研究，在高分子有机化学和过渡金属无机化学之间建立了一座桥梁。目前，对茂金属催化剂的研究包括仅仅改变茂金属的结构测试聚合性能，来试图揭示结构与活性的关系，并验证茂金属对聚烯烃微结构的影响。因为茂金属的研究仍然是一个新的领域，有许多可能性期待人们去发现。相对于齐格勒-纳塔催化剂，茂金属催化剂在合成和控制烯烃结构上具有较广的用途和更高的灵活性。当然，茂金属催化剂的成本更高，也不能用来合成极性单体和具有功能基团的单体。它的优势需要通过其对α-烯烃化学反应的价值提升程度来体现。很可能随着茂金属催化剂研究的进一步深入，配位催化剂对高分子工业而言将更加重要。未来十年，将继续看到茂金属催化剂带来的益处和聚合反应领域的新进展。

7.2.4 工业化的烯烃聚合工艺

7.2.4.1 乙烯聚合

商业上采用管式反应器在120~300MPa(17000~43000psi)压力条件下[39]生产低密度聚乙烯。这种工艺首先由ICI有限公司(英国)的Fawcett和Gibson在19世纪30年代初发明。由于分子链之间的链转移和"回咬"反应机制，往往得到支化高分子，所以会形成长支链和短支链。增长的链自由基与4个、5个、6个亚甲基中的氢原子反应，分别得到正己基、正戊基和正丁基支链[39]（图7.15），以正丁基支链为主。

典型的乙烯聚合工艺如图7.16所示，乙烯被压缩成高压，微量的氧和烷基过氧化物或过氧化酰基注射到反应器中引发聚合反应。利用简单的烷烃(丙烷、丁烷)、酮类(丙酮)、醇类(异丙醇)作为链转移剂来控制聚合度,这种聚合称为本体聚合。如果聚合压力高于200MPa,压缩后的液态乙烯可以作为乙烯聚合反应的溶剂,发生均相聚合反应。降低压力会发生悬浮聚合。低分子量蜡和油状物溶解在液体乙烯中,后续得到分离。管式反应器内径为2~6cm,长度为0.5~1.5km。聚合反应时间不超过2min,聚合转化率较低,只有大约30%。最高反应温度达到300~325℃,聚乙烯在250~275℃下挤出造粒[20]。

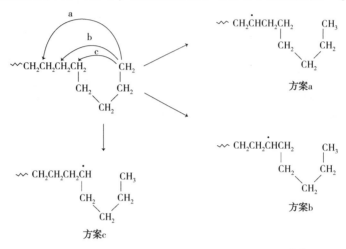

图7.15 线型低密度聚乙烯中的短分支形成机理[39]

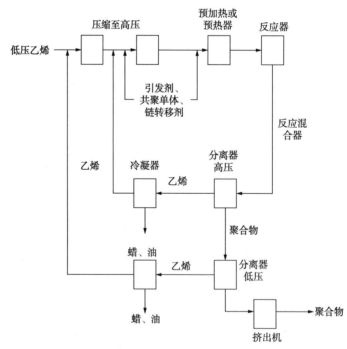

图7.16 高压聚乙烯工艺流程图[39]

商业化的低密度聚乙烯的数均分子量不超过100000,聚合物分散指数范围为3~20[39],产品密度为0.91~0.93g/cm³,结晶度为40%~60%。

因为低密度聚乙烯的成膜性非常好,在薄膜包装和无纺布领域约占聚合物消费量的

$60\%^{[40]}$。拉挤成型和纸张涂层约占 15%，2001 年美国低密度聚乙烯产量超过 $80×10^8 lb$。

线型高密度聚乙烯主要采用传统的齐格勒-纳塔催化剂和菲利普型催化剂，通过悬浮聚合来制备[40]。茂金属催化剂也可以合成高密度聚乙烯，但是成本较高，2002 年茂金属高密度聚乙烯的产量不到高密度聚乙烯总产量的 5%[20]。2001 年，美国高密度聚乙烯产量超过 $140×10^8 lb$。

因为高密度聚乙烯接近线型高分子，密度较高($0.94\sim0.96 g/cm^3$)，熔点为 133~138℃，具有较高的拉伸强度、弯曲强度和耐化学性。

线型低密度聚乙烯是一种很有趣的共聚物，由乙烯和少量的 α-烯烃共聚而成，比如 1-丁烯、1-己烯和 1-辛烯。这种共聚物由齐格勒-纳塔催化剂和菲利普型催化剂通过便宜的气相反应技术来制备，具有可控的乙烯基、正丁基和正己基含量。2001 年，美国线型低密度聚乙烯产量为 $80×10^8 lb$。

7.2.4.2 丙烯聚合

1957 年，蒙特卡蒂尼公司与纳塔教授合作成立了第一个生产立构规整性聚丙烯的公司。但是这种聚合物需要用溶剂抽提的方法来去除无规聚丙烯和催化剂残留。第一代聚丙烯的热氧稳定性较差[18]。

在负载催化剂出现之前，开发了淤浆法(Hercules，美国)、本体法(Rexene，Philips，美国)、垂直搅拌气相法(BASF，德国)和溶液法(Eastman，美国)4 种聚合工艺来弥补催化剂的缺点。

淤浆工艺最古老，功能最多，同时也最复杂。

Rexene 和 Philips 公司的液体丙烯(本体)工艺，具有更高的收率和更简单的装置构造，Rexene 本体法[41-44]和 Philips 本体法[45-48]工艺流程如图 7.17 和图 7.18 所示。Rexene 本体法用异丙醇/己烷共沸物作为溶剂，这种溶剂使得蒸馏得到简化[17]。催化剂残留与乙酰丙酮和环氧丙烷发生络合反应。残留物和无规聚丙烯被液体丙烯洗掉。

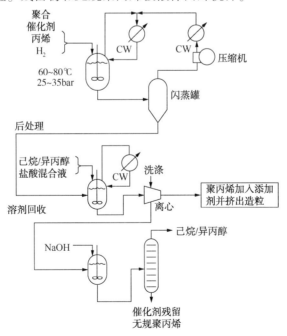

图 7.17 Rexene 本体法工艺[17]

1969 年，垂直搅拌气相反应器(图 7.19)在德国韦瑟灵第一次用来制备商业化聚丙烯产品。反应器底部有一个复杂的搅拌装置能够高效地搅拌、混合和传热，只有少量无规聚丙烯残留在产品中，催化剂残留在经过螺杆挤出时得到中和。尽管 BASF 的气相工艺经济性很好，但产品只具有适中的耐光性。这种工艺已经推向市场，被商业命名为 Novolen 工艺[49-54]。

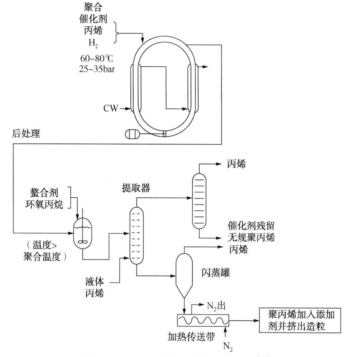

图 7.18　Philips 循环本体工艺流程[17]

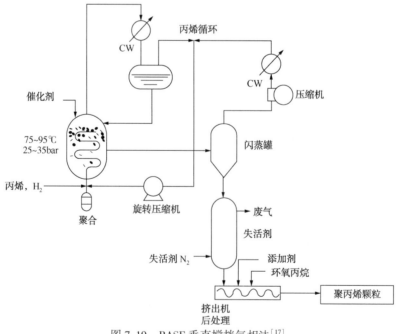

图 7.19　BASF 垂直搅拌气相法[17]

尽管经过重新设计的本体和气相工艺配合球形配位催化剂一直在使用中，但是由 Eastman 开发的溶液法工艺在商业化聚丙烯的生产中已不再适用。

如图 7.20 所示，现在的聚丙烯生产工艺进行了简化，生产过程中无须溶剂，环境友好，不再需要催化剂失活、聚合物纯化步骤，甚至不需要造粒[17,55]。因为络合催化剂为固体，在气相或液相丙烯中分散，高效的聚丙烯生产需要较大的催化剂表面积。将 $TiCl_3$ 负载于无水氯化镁载体上，氯化镁与 $γ-TiCl_3$ 形成共晶[18]。负载在 $TiCl_3$ 微晶上的钛络合物使催化剂具有高的活性，因为所有的钛原子在氯化镁晶体上均匀分布。这种球形多孔催化剂在含有路易斯碱时催化剂活性完全激活。这种被称作"颗粒反应器技术"，由巴塞尔公司的 Paolo Galli 与合作者首次提出，其定义为"烯烃单体在活性氯化镁负载的催化剂上发生可控的、可重复的聚合反应，得到不断增长的球形聚合物颗粒，这种颗粒提供多孔的反应床层，方便引入其他单体聚合形成聚烯烃合金"（图 7.21）。颗粒反应器技术的最新进展是加入 1,3-二醚给电子体，每克钛催化剂可得到 4000kg 高立规聚丙烯。这样就不需要去除或灭活催化剂，无规聚丙烯含量也很少（表 7.2）。采用这种催化剂在 BASF 的气相工艺中生产的聚合物质量明显提升。

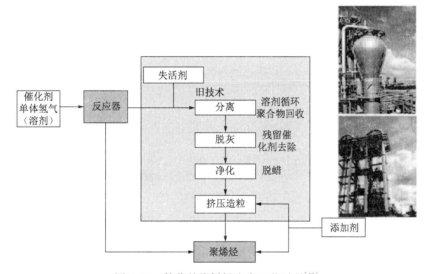

图 7.20　简化的聚烯烃生产工艺过程[18]

表 7.2　作为第四代配体的硅烷和二醚给电子体（球形载体/液体单体，1988 年）对聚丙烯生产的影响[17]

催化剂	催化活性[kg(PP)/g(Ti)]	等规度(%)	其他性能
硅烷 A	1870	96.3	低衰减率；恒定等规度相对时间和熔体指数
硅烷 A	2600	97.7	高熔体指数下的高活性
硅烷 A	2500	98.0	更窄的分子量分布
硅烷 A	3500	99.0	宽的分子量分布；氢调性差
二醚 A①	1850	97.0	不需要外给电子体；窄的分子量分布；氢调性好
二醚 B①	4000	96.3	不需要外给电子体；窄的分子量分布；氢调性好

注：在催化剂活化过程中，苯基三乙氧基硅烷或二烷基氧基硅烷等通常与铝烷基一起添加。1,3-二醚，如 2,2-二取代-1,3-二甲氧基丙烷作为二醚使用[18]。
① 只有内给电子体，不需要添加路易斯碱。

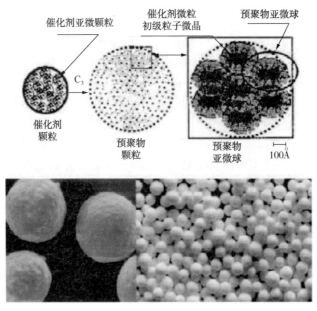

图 7.21 使用微孔催化剂作为模板形成具有可控多孔性的球形聚丙烯颗粒(来自 Basell 的数据)[18]

采用液体丙烯的连续法聚丙烯也受益于这种催化剂,聚丙烯产率可达 300kg(PP)/(h·m³)。Spheripol 聚丙烯生产工艺设计(Himont/Montell/Basell)包括以下创新点[17]:

(1)充液式反应器。

(2)单体在压力下闪蒸允许单体冷却液化,单体回收利用泵送液体。

(3)预聚合达到较高水平[50~100g(PP)/g(催化剂)],为第一反应阶段提供较硬的催化剂粒子。

(4)预聚物对随后的聚合步骤是必不可少的,是连续聚合而不是间聚合。

(5)第一阶段为液相反应,第二阶段为气相反应,第一阶段为均聚物反应,EPR 在第二阶段产生。

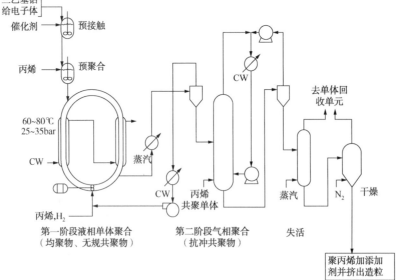

图 7.22 Spheripol 工艺(Himont/Montell)[17]

Himont/Montell 的高效 Spheripol 工艺如图 7.22 所示，其他聚丙烯生产商(如三井石化、联碳公司等)基于反应器颗粒基数也开发了自己的聚丙烯工艺。

7.3 聚丙烯熔融纺丝

大多数熔融纺丝聚丙烯纤维采用半结晶的等规聚丙烯制造，缩写 PP 代表等规聚丙烯。熔融纺丝等规聚丙烯长丝和短丝在家具、地毯、服装用织物、针刺、熔喷无纺布和纺黏无纺布等方面应用广泛。无纺布市场是聚丙烯长丝和短丝的最大市场。熔喷和纺黏是制造聚丙烯无纺布短丝和长丝的两种主要工艺，聚丙烯无纺布可用在纸尿裤及卫生用品(外科手术服)和其他一些方面。在过去的 10 年中，聚丙烯纤维的消费量相对其他合成纤维具有极高的竞争优势[56]。聚丙烯纤维的高速增长不仅是因为聚丙烯低廉的价格，还因为纤维具有易加工、不吸水、芯吸效应、绝缘等突出的性能[57]。聚丙烯纤维产品可分为 4 个主要的产品群：(1)复丝；(2)短纤维；(3)薄膜带和原纤纱；(4)熔喷和纺黏无纺布[56]。

熔融纺丝工艺的简易方案设计如图 7.23 所示，聚丙烯颗粒(熔体指数为 10～40g/10min)通过料斗进入挤出机，挤出机具有多段加热区来熔融高分子，典型的温度范围为 230～280℃，熔化的聚丙烯经熔融泵送到纺丝组件，纺丝组件包括由断路器板支撑的过滤器用于去除杂质、均化熔体，熔体流动到直径为 0.3～0.8mm 小孔的喷丝板。工业上使用的大型挤出机产量为 500～1000kg/h，通常配有一个歧管将熔融的 PP 分配给 8～20 个喷丝头，喷丝头配有单独的齿轮泵和旋转组件。

喷丝头小孔的数量决定了纱线中长丝的数量，与纱线的用途相关，通常小孔数量为 50～250。用于生产短纤的喷丝头的数量典型值为 10000～50000。熔融纤维从喷丝孔出来后进入冷却区冷却并固化成纤。从图 7.24 可以看出，喷丝孔的典型形状有圆形、环形、矩形和其他一些形状。喷丝孔形状对急冷气流分布、PP 织物外观和纤维物理性能均有影响。聚丙烯长丝可以呈现各种形态，因此可以生产许多产品，如预取向纱(POY)、全拉伸纱(FDY)、高强度纱(HTY)、连续长丝(CF)和膨胀连续纱(BCF)(图 7.25)。

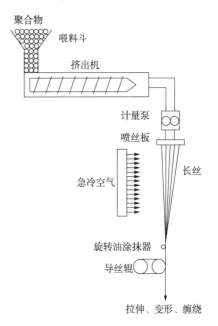

图 7.23 熔融纺丝工艺的方案设计[56]

熔体纺纱工厂的发展目标通常旨在降低投资成本[通过更高的生产速度和(或)每个纺纱位置配置更多的纱线]以及降低能源、维护和人力成本。通过优化设备及其操作，可以提高纺纱性能，减少废料量，从而提高工艺效率[56]。熔融纺丝设备关键部件的发展，如挤出机、纺丝束、打包设备、导丝和卷绕机，促进了纺丝生产速度和纤维性能的改善。图 7.26 展示了纺丝工序、下游工艺及聚丙烯纤维和长丝产品主要应用。在这一部分中，将回顾生产聚丙烯长丝和纤维的不同工艺以及熔融纺丝工艺参数对纤维形成和物理性能的影响。

通常 40～200dtex 的预取向或部分取向(POY)纱通常以 2500～4000m/min 的速度范围纺制，单丝纤度为 0.5～4。在新的熔融纺纱机中，速度随着每个位置末端数量的增加而提高，

图 7.24 一些喷丝头孔的横截面和相应的灯丝横截面[58]

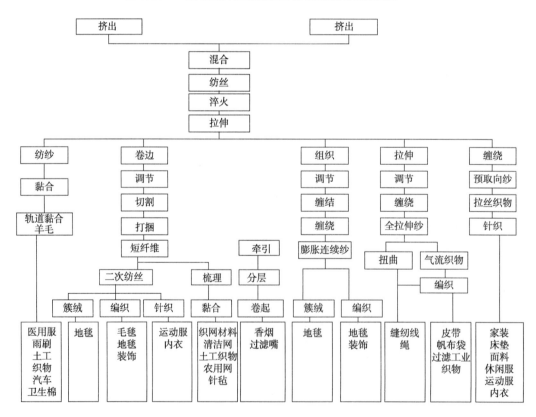

图 7.25 聚丙烯纤维和长丝生产的工艺步骤、下游工艺和主要应用[56]

因此一台卷绕机可以加工 10 个末端。为了改善纱线质量，平行布置的纺纱梁和络筒机提供了一个没有摩擦的纱线路径来减小纱线的挠度。

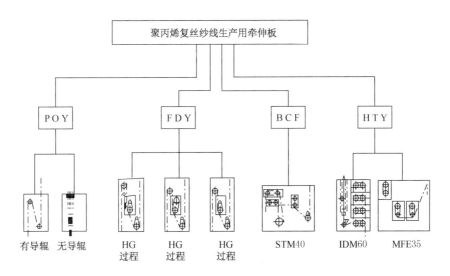

图 7.26 聚丙烯复丝纱线生产用牵伸板[56]

全拉伸纱(FDY)是通过热拉伸辊之间的拉伸而制成的。纱线分两步(纺纱工艺与牵伸工艺分离)或一步(纺纱工艺与牵伸工艺相结合)牵伸。最现代的 FDY 工艺是一步法,并根据所需的纱线性能使用 1~3 个拉伸步骤。拉伸后,为了减少收缩(松弛区),纱线必须在热拉伸辊上结晶。合格纱线的收缩率不能太高。在纺织品应用中,纱线纤度为 50~300dtex❶(0.5~4dpf❷);但是工业应用中纱线纤度为 500~2000dtex。卷取速度通常不超过 5000m/min,拉伸比(DRS)为(3~8):1。

丙纶长丝的最大市场是膨胀连续纱,纱线纤度为 150~3600dtex(1~40dpf)。这些纱线主要用于地毯和室内装饰织物,采用一步法生产[56]。

任何 BCF 机器的重要组成部分是变形射流,用于在纤维上制造三维卷曲。在喷射中,纱线首先被拉出并暴露在高温介质中,在填充盒中压紧,然后在通风轮上冷却。卷曲特性取决于纱线温度、喷嘴喷射和塞子之间形成的间隔、塞子密度、形状、填充盒的几何形状、介质的温度和压力、纱线和每根长丝的旦数以及生产速度。在高速纺丝和后续高速纺丝过程中,由于缠结的均匀性问题,为了控制缠结张力,在织物之间会发生缠结。

7.3.1 挤出

挤出机是所有聚合物加工中的重要组成部分,它由一个加热筒和一个旋转螺杆组成,如图 7.27 所示。螺杆的主要设计因素是螺旋角 θ、沟槽深度、旋转宽度 e、沟槽深度剖面、沟槽间宽度 t、长径比(L/D)(图 7.28)。其主要功能是将聚合物颗粒或颗粒熔化,并将它们送入下一个步骤/单元。颗粒在挤出机中的向前运动是沿着螺杆段之间的滚筒热壁进行的。颗粒在挤出机中的熔化是由于加热和黏性流体与螺杆、筒壁之间的机械运动造成的。在挤出机中有 4 个不同的加热块,它们是递增的顺序设置。挤出工艺的目标在于实现高产量的同时均化熔体(恒定和均匀的生产量、温度、添加剂的浓度),实现产品的高质量生产。

---

❶ dtex 是指 10000m 长纱线在公定回潮率下质量的克数。
❷ dpf 是指每根单丝的纤度。

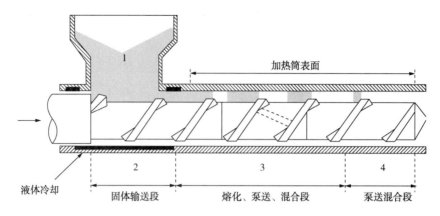

图 7.27 单螺杆挤出机[59]

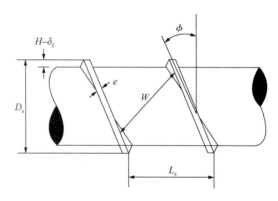

图 7.28 螺杆螺槽形状[59]

D_s—螺杆直径；L_s—螺纹间宽度；ϕ—螺旋角；e—螺纹宽度；$H-\delta_f$—螺纹深度；W—旋转宽度

挤出机分为进料区、输送(压缩)区和计量段 3 个不同的区块。

(1) 进料区：在进料区，聚合物颗粒被预热并被推到下一个区域。较深的沟槽有利于下一区的进料。

(2) 输送(压缩)区：过渡区具有小的沟槽深度，以压缩和均匀化聚合物熔体。

(3) 计量段：这是挤出机中最后一个区域，其主要目的是产生最大压力，以便将熔融的聚合物向前泵送。较浅的计量区具有较高的剪切速率和较好的输送性(压缩比=压缩区末端沟槽深度与进料区沟槽深度之比)。此时，断路器板控制由靠近螺杆挤出口的筛组产生的压力。断路器板还过滤掉杂质，如灰尘、异物颗粒、金属颗粒和熔融的块状聚合物。

为了避免熔体过高的热负荷和机械负荷，在设计螺杆时缩短停留时间非常重要。在大多数情况下，与传统螺杆相比，混炼单元能有效地熔化固体部分、获得更稳定的压力和更大的熔体通过率。通过使用混合系统进料，能够实现颜料和其他添加剂高度的均匀分散(UV 稳定剂等)。颜料和其他添加剂在侧向挤出机中熔融和均匀化，然后通过计量泵进入动态混合器。这种混合系统的优点如下：(1) 准确且可重复注入少量添加剂；(2) 尽管聚合物和添加剂的黏度差别很大，但混合质量极好；(3) 快速改变颜色，使生产浪费最小化。熔融纺丝系统需要均匀加热、熔体均化无死点、单丝均匀淬火。底部装载的圆形自密封旋转丝束防止由于烟囱效应导致的不希望的冷却[58]。纺丝箱由高沸点溶剂加热，为喷丝头和熔化管提供最佳的能量传递。聚合物熔体通过熔体管从计量齿轮泵输到旋转组件，由于相同的管长，并且没有死点，熔体管具有最佳的传热、最低的压降、相等的停留时间[56]。这使在喷丝板上的温度均匀性低于±1℃。从喷丝头孔出来后，长纤维将被均匀的横流急冷空气冷却。

7.3.2 计量泵

计量泵是正排量和定容积装置，用于均匀地将熔体输送到模具组件，而不依赖于反压力的改变。为了尽可能地满足这些要求，使用齿轮泵，齿轮泵的工作原理是强制输送。它们的输送体积小于体积排量，通过建立少量的漏液量在旋转部件和固定部件之间形成润滑膜。计量泵是精密机组，由特殊类型的淬硬钢制成。它们的制造精度和表面质量要求非常严格。特定旋转部件和固定部件之间的间隙要考虑输送的材料特性。例如，如果用于输送聚酰胺或聚酯的计量泵用于输送聚丙烯，由于间隙不够大，它们在短时间运行后会发生堵塞。另外，聚丙烯计量泵在输送聚酰胺或聚酯时会导致泄漏流量过大。计量泵由电控直流电动机或变频交流电动机驱动[60]。计量泵确保聚合物混合物在变化的黏度、压力和温度的工艺下匀速地流动。计量泵还提供聚合物计量和所需的过程压力。计量泵通常由两个啮合和反向旋转的齿轮组成。正排量是通过在泵的吸入侧向每个齿轮填充聚合物并将聚合物带到泵排出口来完成的，如图7.29所示。来自齿轮泵的熔融聚合物进入分配系统，向模具组件中的模头（或纤维成型组件）提供均匀的流动。可以在模具入口处使用静态混合器，它有助于熔体温度的均匀性。

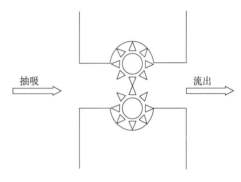

图7.29 计量泵原理

齿轮泵的转速由齿轮形状和齿轮转速决定。增加转速提高齿轮泵的效率。但是，提高转速可能受到进料方式、温升或聚合物剪切敏感性的限制。另一种方法是改变齿轮泵的几何形状/轮廓，每转的输出量可用式(7.1)计算[61]：

$$Q = 0.965 \frac{\pi}{2} b (d_a^2 - a^2) \tag{7.1}$$

式中，d_a是齿轮尖端圆直径，cm；a是齿轮的中心距离，cm；b是齿轮的齿面宽度，cm；Q是每转排出量，cm³。

7.3.3 导辊

加热导纱器用于纺纱机拉丝。温度、温度精度、丝束速度及其波动对纤维的物理性能和纤维质量都有影响。导辊是旋转辊，其输送、拉伸或热处理纱线、丝束或包装。导辊根据尺寸和用途分类，见表7.3。

表7.3 导辊分类[58]

类别	直径(mm)	表观速度(m/min)
隔离辊	12~60	≤1200
导辊(牵引，小)	75~300	≤6000~8000
牵引辊(大，并条机)	200~1000	≤400~1000

热导辊温度低于260~280℃，导辊表面有(25±2)μm的镀铬涂层。当温度高于240℃时，使用等离子体处理的导辊。加热方法取决于温度，通常使用热水、蒸汽、油、电阻和红外线加热器。分离辊通常不带传动装置，有助于改变纱线的行进方向，或与导辊组合使用，使行进纱线在导辊上形成许多平行的卷绕，这些卷绕之间有几毫米的间隔，可以通过调整滚动和引导轴分离器之间的角度而改变。

7.3.4 并条机

并条机包含的辊(2~5)用于喂料、拉伸、干燥和热定型合成纱线、丝束、薄膜和纤维。对于短纤维生产线，最好配置H形五重辊或七重辊(图7.30)[58]。

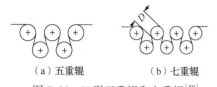

图7.30　H形五重辊和七重辊[58]

7.3.5 卷绕头

包装的形状和成型是影响运输、储存和高速起飞及后续过程中的重要因素。自动卷绕机的速度高达8000m/min和每卡盘多达10包。双转子系统用于高速横移纱线，具有优良的传递可靠性，筒管必须是无丝带的，以避免在运输过程中纱线运动。采用巴马格螺旋体系统(断带系统)就是为了这个目的。

7.3.6 完丝涂覆系统

4种不同的生产程序有5种不同的涂覆方法(图7.31)，轧辊应用系统是目前最早使用的低速拖动系统(小于1800m/min)。它安装在卷取机的入口处、淬火室的底部或拖曳加工处。棒状涂敷器是一种与舔辊宽度相同长度的不锈钢管，表面有刚玉等离子涂层。在喷涂应用中，通过雾化喷嘴将抛光剂喷涂到上面的拖曳丝束上。浸渍缸里有2~3个硅胶流道涂层的日历辊在加热油中运行，或1~5个浸渍辊在油盘中运行，随后两者都挤出过量的油。计量纺丝油剂是由单个纺丝油剂涂布器按所需的纺丝油剂和水的用量进行计量的。

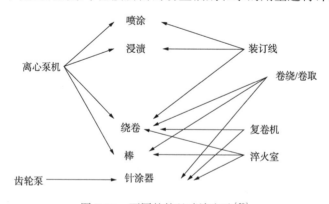

图7.31　不同的纺丝喷涂方法[58]

7.3.7 热拉炉

热拉炉用于热处理丝束，热空气或蒸汽可加热至250℃。

7.3.8 填料箱卷曲器

填料箱卷曲器(图7.32)用于CF和短纤维丝束。卷曲器由两个旋转和固定辊(硬化不锈钢)、面板和脱模唇、锻造青铜组成。用100℃饱和蒸汽对丝束进行润湿和加热,在进入填充箱之前进行纺丝涂覆。卷曲辊轴进行内部水冷[58]。

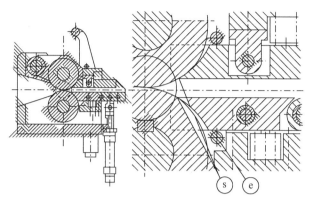

图7.32 填料箱[58]

7.3.9 短切刀

短切刀将连续且通常卷曲的丝束切割成特定长度。在工业中使用的最主要的刀具是卢姆斯切刀和纽马格短纤切刀。卢姆斯切刀和纽马格短纤切刀原理如图7.33和图7.34所示。由于卷曲和纺丝涂覆,从切刀上掉下来的短纤维团会粘在一起。纤维由具有光滑叶片的风扇输送到打捆机。短纤维被压缩成200~500kg质量的标准包,包在塑料薄膜中,用无纺布覆盖,钢带固定。

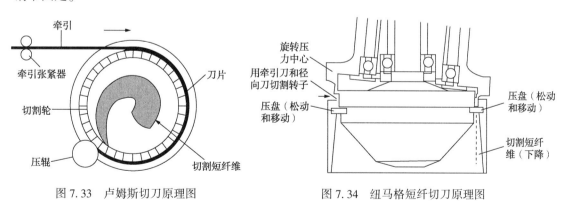

图7.33 卢姆斯切刀原理图　　图7.34 纽马格短纤切刀原理图

7.3.10 变形BCF长丝

在BCF纱线变形的情况下,热纱在填料箱中被压缩成塞子。塞子的形成是由填料箱壁上的摩擦引起的。然后,将塞子冷却到一个多空圆鼓上并再次被拉伸成一条线。填料箱内各部件的表面粗糙度和磨损情况直接影响纱线质量。细丝(小于6旦)比常规BCF纱(12~25旦)对损伤更加敏感。Rieter已经开发出了织构射流和冷却鼓相结合的HPTEX系统(图7.35)。

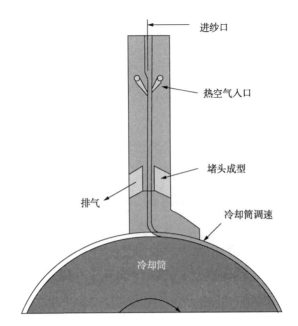

图 7.35　长丝织物填充箱（HPTEX 系统，Rieter 技术）[62]

7.3.11　聚丙烯熔融纺丝的重要影响因素

熔融纺丝工艺的重要参数是：（1）卷取速度；（2）喷丝线的长度；（3）沿喷丝线的冷却条件；（4）挤出温度；（5）每个喷丝板孔的吞吐量；（6）喷丝板孔的尺寸和形状。

这些参数与聚合物特性相互作用，以控制长丝的可加工性、结构和性能。聚合物重要的参数是影响聚合物流变和结晶行为的那些参数。这些参数是：（1）分子量及其分布；（2）等规度；（3）共聚单体的类型和含量；（4）成核剂的含量；（5）抗氧化剂和稳定剂的含量。

7.3.12　纺丝应力

纺丝线中产生的应力在很大程度上控制了长丝的可纺性和形态[6-7]。较高的应力可导致更大的变形速率，从而产生较高的分子取向，也可能会导致丝线的断裂。较高的分子取向导致更快的结晶（应力诱导结晶），有时使结晶度更高。

纺丝应力 σ_{zz} 与聚合物的黏弹性能和加工条件有关[式（7.2）]。

$$\sigma_{zz} = \eta(T, E) \frac{dv}{dz} \tag{7.2}$$

式中，dv/dz 是沿喷丝线的速度梯度；v 是在距喷丝板任意给定距离 z 处喷丝线的速度；$\eta(T, E)$ 是不同温度和变形速率下聚合物的拉伸黏度。

根据式（7.2），对于给定的工艺条件，随着 $\eta(T, E)$ 的增加，纺丝应力将增加。结果表明，影响聚合物黏弹性能的特性，如分子量及其分布，在纺丝过程中具有重要作用。

忽略长丝的径向变化，在距喷丝头一定距离 z 处的纺丝应力也由式（7.3）给出：

$$\sigma_{zz} = \frac{F_{rheo}}{\pi D^2 / 4} \tag{7.3}$$

式中，D 是等效长丝直径；F_{rheo} 是作用在长丝中的流变应力。

F_{rheo} 是纺丝中单丝所受的平衡力，在式(7.4)中给出：

$$F_{rheo} = F_0 + F_{inert} + F_{drag} + F_{surf} - F_{grav} \tag{7.4}$$

式中，F_0 是喷丝头出口处的流变应力；F_{inert} 是聚合物质量沿喷丝线加速产生的惯性力；F_{drag} 是纤维在冷却介质中移动形成的拉力；F_{grav} 是丝束的重力；F_{surf} 是纤维与冷却介质之间的表面张力。

在正常的纺丝条件下，F_{inert} 和 F_{drag} 是流变应力的主要组成。式(7.4)明确指出，对于一种给定的聚合物，因为惯性和空气阻力的增加，纺丝应力随着纤维卷取速度的增加急剧上升。作为卷取速度的函数，熔融纺丝过程中各种力的相对重要性，如图 7.36 和图 7.37 所示。增加卷取速度，空气阻力和内应力明显增加[64]。

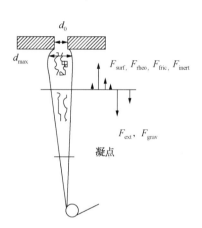

图 7.36 熔融纺丝过程中的各种力

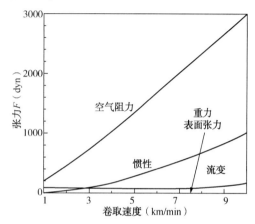

图 7.37 计算不同力在熔融纺丝过程中作为卷取速度函数的相对重要性[64]

纺纱条件为：喷丝头半径 125μm，卷取时丝半径 9.25μm，静止冷却空气

7.3.13 聚丙烯的流变性能——拉伸流变

聚丙烯比尼龙和聚酯更黏。广岛和合作者[65]研究了不同类型聚丙烯的流变性能，Ide 和 White[66]制作了一个测量拉伸黏度的装置(图 7.38)，它在纤维形成中具有重要作用。该方法包括将热硅油浴表面的 PP 棒加热，然后在 180℃下拉伸。

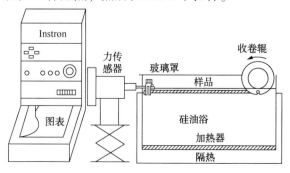

图 7.38 测量拉伸黏度的装置[66]

表7.4给出了聚丙烯熔体的表征,图7.39展示了剪切黏度随着剪切速率的增加而减小的非塑性行为。在纤维纺丝的范围内(较高的剪切速率),黏度仅相差1.5倍。

表7.4 流变学研究用聚丙烯熔体的表征[65]

样品	MFI	M_w	M_w/M_n	M_v	样品	MFI	M_w	M_w/M_n	M_v
PP-H-N	4.2	2.84×10^5	6.4	2.4×10^5	PP-M-R	12.4	2.79×10^5	7.8	2.13×10^5
PP-H-R-B	5	3.03×10^5	9	2.42×10^5	PP-M-B	11	2.68×10^5	9	2.07×10^5
PP-H-B-R	3.7	3.39×10^5	7.7	2.71×10^5	PP-L-N	25	1.79×10^5	4.6	1.52×10^5
PP-M-N	11.6	2.32×10^5	4.7	1.92×10^5	PP-L-R-N	23	2.02×10^5	6.7	1.66×10^5

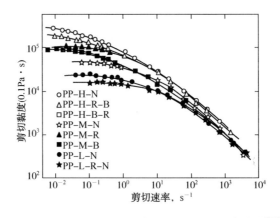

图7.39 180℃下聚丙烯的剪切黏度—剪切速率曲线[67]

图7.40给出了零剪切黏度与M_w和M_v的关系,一般来说,对于柔性聚合物,零剪切黏度随重均分子量的3.5次方而变化。

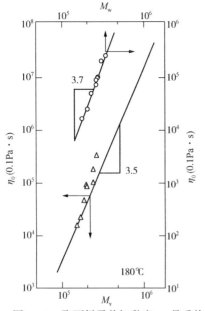

图7.40 聚丙烯零剪切黏度η_0是重均分子量M_w和黏均分子量M_v的函数[65]

熔体在拉伸流动实验中的行为取决于分子量的分布。中宽分子量分布纤维试样在达到最大应力后通常出现局部颈缩,出现韧性破坏,类似于高密度聚乙烯[63]。窄分子量分布样品拉伸均匀,最终突然断裂,类似于低密度聚乙烯[63]。

图7.41表示拉伸黏度$\chi/3\eta_0$随着拉伸速率增加而减小的关系。对于窄分子量分布样品,在低拉伸速率下$\chi/3\eta_0$为常数。在高拉伸速率下,黏度增加。拉伸黏度随着拉伸速率的降低而减小。窄分布试样为应变硬化,而宽分布试样为应变软化。窄分布分子量样品的断裂伸长率也较大,且随分子量的降低而增大。由于分子量分布较宽,分子量对断裂伸长率没有影响。

颈缩在中、宽分子量分布样品中证明拉伸黏度降低。窄分布聚合物生产的长丝均匀,缺陷由于黏度增加愈合[65]。

White和Roman[68]用Instron毛细管流变仪在180℃

分子量及其分布对表观拉伸黏度的影响如图 7.42 所示。图 7.43 显示了表观拉伸黏度在低速等温熔体纺丝中测得的数值大于在简单拉伸流动中测得的(180℃聚丙烯棒在热硅油中的拉伸)。窄分布分子量样品的黏度下降不如宽分布分子量样品的快[67]。

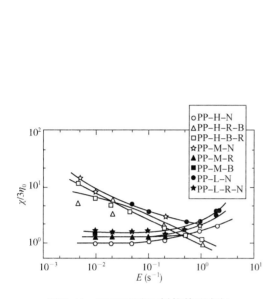

图 7.41　180℃下聚丙烯拉伸速率与稳态拉伸黏度的关系[67]

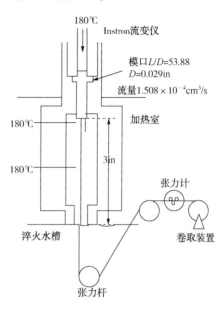

图 7.42　等温熔融纺丝装置及拉伸黏度的测定[67]

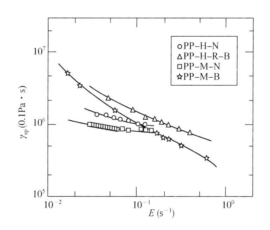

图 7.43　表观熔融纺丝拉伸黏度与聚丙烯延伸率的关系[67]

7.3.14　挤出胀大

挤出胀大随着流体黏弹性的增加而增加。模口长径比(L/D)越小，挤出胀大的值越大。通常挤出胀大在 L/D 约为 40 时达到极限值。对于逐渐变细的模口，挤出胀大越小。较小的入口角度相当于更大的长径比。出口胀大值还主要依赖于纺丝卷取速度。对于 PP 的挤出胀大，Minoshima 等[67]、White 和 Roman[68] 以及 Huang 和 White[69] 等做了研究。

Minoshima[67] 测量了 L/D 为 40 的模口在 180℃ 时的挤出胀大。图 7.44 说明挤出物与模口直径之比(d/D)随剪切速率的增加而增加。对于分子量分布较宽的样品，出口胀大也较大。White 和 Roman[68]研究表明，对于较小的 L/D，出口胀大较明显；由于应力随着卷取速度的增加，出口胀大减小，分别如图 7.45 和图 7.46 所示。Huang 和 White[69]表明，增加模口入口角可以增加 PP 的挤出胀大(图 7.47)。Ballenger 和 White[72]研究了聚丙烯的毛细管入口的流动形态，他们发现，在低剪切速率下，聚合物类似于牛顿流体径向会聚流入平口模。在较高的剪切速率(高于 $45s^{-1}$)下，在入口处开始出现二次角流体，挤出物开始呈螺旋状。随着流速的增加，入口处出现了猛烈的龙卷风状流动；挤出物变得更加扭曲。

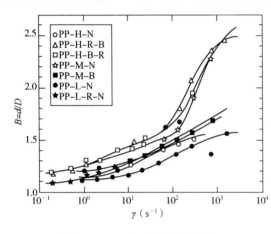

图 7.44 180℃时挤出物膨胀与模口壁剪切速率的关系[70]

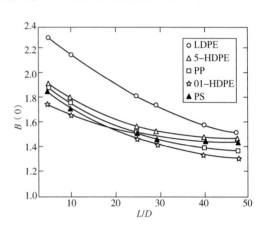

图 7.45 180℃恒剪切速率下 5 种聚合物熔体的冷冻挤出膨胀与长径比的函数关系[71]

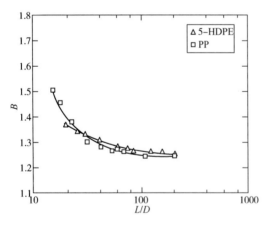

图 7.46 模口膨胀(B)是高密度聚乙烯和聚丙烯卷取速度的函数[68]

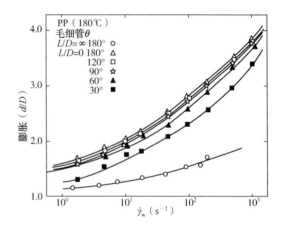

图 7.47 毛细管入口角对聚丙烯模口膨胀的影响[72]

7.3.15 纤维纺丝的不稳定性

通常，在许多聚合物加工操作中，生产率受到开始时不稳定性的限制。在熔融纺丝中，有两种主要的不稳定性[70]。第一种类型称为可纺性，指的是聚合物熔体转变成长纤维(即拉伸伸长)而不会由于毛细波和颈缩(延性)或黏附(脆性)而断裂的能力。可纺性是由于喷丝头与卷取辊之间的自由边界流造成的。第二种类型称为拉伸共振，它表现为卷取截面积的周期性波动。除了这两类熔体纺丝特有的不稳定性外，与通常称为熔体断裂的模具流动相关的典型不稳定性也存在。除了这两类熔体纺丝特有的不稳定性，另一个典型不稳定性是流体流经模口产生的熔体断裂。

脆性断裂是指在拉伸应力的情况下，聚合物射流的 τ_{zz} 超过某个临界值（拉伸强度）τ^*，这种类型的断裂在黏弹性材料中是可能的，因为这些材料储存了一些变形能，而纯黏性材料耗散了所有的变形能。图 7.48 显示了聚合物长丝由于黏附断裂失效的原理图。随着聚合物纤维的拉伸，其拉伸应力 $\tau_{zz}(Z)$ 和强度 $\tau^*(Z)$ 随着轴向距离 z 的增加而增加。在一定的轴向距离 z^*_{coh} 下，拉伸应力和强度相等。超过该点后，拉伸应力超过强度，并且材料黏附力失效。对于牛顿流体的等温纺丝，式(7.5)计算了聚合物纤维的最大长度[70]。

$$Z^*_{coh} = \frac{1}{\beta} \ln\left(\frac{(2e_{coh}E)^{1/2}}{3\eta v_0 \beta}\right) \tag{7.5}$$

式中，e_{coh} 是材料的内聚能密度；β 是变形梯度，定义为 $\mathrm{d}\ln v/\mathrm{d}Z$；$E$ 是聚合物的弹性模量。

导致熔融纺丝不稳定性的机理称为毛细波或瑞利不稳定性。根据聚合物熔体在喷丝头孔中的速度，可以区分出 3 种广泛的状态：(1) 液滴的形成；(2) 在其界面处形成液体射流持续波，最终分解成液滴（图 7.49）；(3) 完全雾化。对于聚合物熔体，分解步骤可以通过以下方程描述[70]：

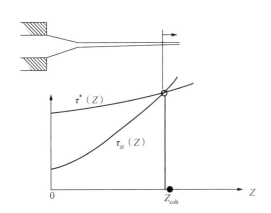

图 7.48 聚合物长丝黏附断裂（脆性）[70]

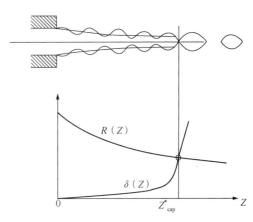

图 7.49 毛细波不稳定性引起的熔线断裂[70]

$$Z^*_{cap} = 12d\left(Ca^{1/2} + 3\frac{Ca}{Re}\right) \tag{7.6}$$

式中，Z^*_{cap} 为不间断射流的最大长度；d 为射流的直径；$Ca(=v^2 d\rho/\gamma)$ 为射流的毛细管数；$Re(=vd\rho/\gamma)$ 为射流雷诺数。

图 7.50 形象地在空间上排列出了材料性能和纺丝性能所有可能的条件。这个空间被进一步划分为不同区域：可纺性区域 S、水动力稳定性区域 H、黏附性断裂区域 F、毛细管断裂区域 C 和水动力不稳定性区域 x-H。如果施加的小扰动随时间衰减到零或某一稳定值，则称为流体动力学稳定。黏附性断裂区域 F 包括在水动力稳定性区域中。最后，可纺性区域 S 包括没有发生黏附性断裂区域 H 的部分区域和增长太慢而不能导致断裂 x-H 区域的部分。

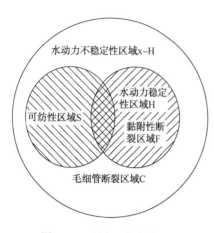

图 7.50 所有可能的熔融纺丝条件的空间[63]

各种熔融纺丝材料可分为如下 3 类[70]：

(1) 金属和玻璃。

(2) 低分子量(10000~30000)的线型缩聚物(聚酯和聚酰胺)。

(3) 具有较高分子量(50000~1000000)的线型聚烯烃和乙烯基聚合物(聚乙烯、聚丙烯、聚氯乙烯等)。

这些材料之间的基本区别如下：

(1) 金属和玻璃主要是具有高表面张力(100~500mN/m)的牛顿流体，因此毛细管破裂的可能性很高。

(2) 线型缩聚物也主要是牛顿型(或低黏弹性，短松弛时间)，具有低剪切黏度(约 100Pa·s)和高可纺性。挤出胀大较低(1~1.5)，黏附性断裂通常不是问题。

(3) 线型聚烯烃和乙烯基聚合物具有高剪切黏度(大于1000Pa·s)，具有强黏弹性行为和长松弛时间的熔体。通常，由于黏附断裂，聚烯烃的纺丝速度低于缩聚物的纺丝速度。在这些熔体中，出口胀大也明显。

7.3.15.1 熔体破裂

Bartos[71]揭示了不同聚丙烯的熔体断裂临界壁面剪应力可从 $8.9\times10^5 \mathrm{dyn/cm^2}$❶到 $16\times10^5 \mathrm{dyn/cm^2}$。Vinogradov[73]发现聚丙烯熔体指数从 1.17g/10min 到 30.5g/10min，临界剪切应力可从 $3\times10^5 \mathrm{dyn/cm^2}$ 到 $9.75\times10^5 \mathrm{dyn/cm^2}$。

7.3.15.2 拉伸共振

拉伸共振是纺丝线直径超过临界牵伸比的周期性变化。这是另一个看起来具有相同程度的困惑和吸引力的问题[74]。这种不稳定性不应与可纺性混淆，因为它与长丝的断裂无关，并且纺丝的两个因素弹性和非等温条件降低了它的影响[59]。Kase[75]发现在涤纶、聚丙烯和尼龙纤维的空气淬火纺丝中从未发生拉伸共振。Minoshima 等[67]研究了表 7.5 中样品在等温和非等温条件下的水冷拉伸共振。他们发现，在拉紧过程中，特别是对于较宽的分子量分布样品，应该非常小心地拉动，以避免延性破坏，延性破坏发生在出口膨胀区和纺丝线中部之间。表 7.5 表明，对于窄分子量分布样品，在非等温条件下，临界比更高。一个是随机波动，另一个是周期性振幅较大的波动。Matsumoto 和 Bogue[76]发现喷丝孔 L/D 对拉伸共振有影响。White 和 Ide[77]与其他研究人员指出，拉伸共振是在某些熔体的简单延伸中发现的一种延性破坏的连续形式。

表 7.5 聚丙烯的临界牵引比[65]

样品	M_w	M_w/M_n	等温临界牵引比	非等温临界牵引比
PP-H-N	2.84×10^5	6.4	7	22
PP-H-R-B	3.03×10^5	9	3.6	10
PP-M-N	2.32×10^5	4.7	7.7	19

❶ $1\mathrm{dyn/cm^2}=0.1\mathrm{Pa}$。

续表

样品	M_w	M_w/M_n	等温临界牵引比	非等温临界牵引比
PP-M-B	2.68×10^5	9	4.3	9
PP-L-N	1.79×10^5	4.6		23
PP-L-R-N	2.02×10^5	6.7		19

7.3.16 卷取速度

卷取速度通常是最重要的过程变量。图 7.51 显示,通过增加卷取速度获得恒定质量产品的结晶度(通过测量密度)和分子取向(通过双折射率测量)都提高了。通过提高卷取速度,尽管冷却速度的增加会抑制结晶度,但纺丝应力增加,导致结晶度和分子取向增加。在线温度、双折射率和 X 射线衍射测量表明,结晶开始于较高温度,在相同的冷却速率下,发生在具有较高应力的纺丝线上。这证明应力和分子取向引起应力诱导结晶[6-7]。

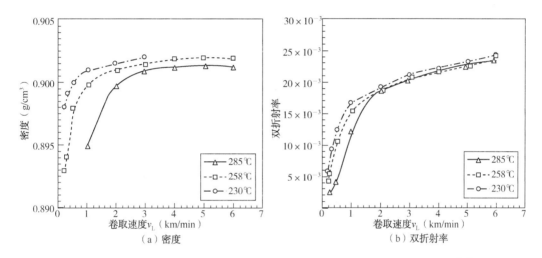

图 7.51　纺丝速度和挤出温度对密度和等规聚丙烯熔融纺丝双折射率的影响[78]

Lu 和共同研究者[79]表明,等规聚丙烯熔融纺丝的晶体结构多为 α-单斜晶型。然而,由于纺丝速度较低,纤维被快速淬火或纺丝线中的应力较低,从而形成近晶结构。当退火温度高于 70℃时,近晶结构不稳定,转变为单斜晶型。表 7.6 显示了通过改变卷取速度 POY-PP 纱物理性能的变化。

表 7.6　拉伸变形前后 POY-PP 纱物理性能的变化[58]

卷取速度(m/min)	1500	2500	3500	4500
韧度(cN/dtex)	↑	↑	3.1(最大值)	↓
最大卷曲(%)	↑	↑	↑	↓
捻度级(t/m)	↑	↑	↑	↑
拉伸后密度和熔化焓	↑	↑	↑	↑
最大韧度(cN/dtex)	↓	↓	↓	↓
拉伸比(DR)	2.6	1.8	1.4	1.25

续表

卷取速度(m/min)	1500	2500	3500	4500
断裂伸长率(%)	↓	↓	↓	↓
密度(g/cm³)	=	=	约0.9	≈
双折射率	=	=	约3×10⁻⁴	↑
卷曲	↑	↑	↑	↓
最大卷曲稳定性(%)	=	=	94	≈
锭后纱张力(cN)	↓	↓	≈30	≈

注：↑表示增加，↓表示减少，=表示相同，≈表示大约相同。

7.3.17 挤出温度

图 7.51 还表明，通过提高挤出温度，纺丝上部的拉伸黏度降低，因此纺丝应力、结晶度和分子取向降低。因此，纺丝速度的影响超过了挤出温度对结晶度和取向的影响。

7.3.18 生产量

在恒定卷取速度下，增加喷丝头孔质量流量可产生较大的丝径，并降低纺丝线中的应力，从而降低分子取向和应力诱导的结晶。它还降低了冷却速率，并且由于有效结晶时间更长，因此可以提高结晶度和密度。最终的结晶度取决于纺丝应力和冷却过程之间的平衡，这种平衡取决于聚合物的特性和冷却过程。

7.3.19 冷却条件

在淬火过程中，将长丝从熔融温度冷却到低于玻璃化转变温度。淬火系统(图 7.52)的设计取决于纤维的类型、喷丝板的形状和尺寸、长丝的数量、纺丝束的结构以及纺丝系统的紧凑性[58]。主要系统包括：(1)横流淬火柜；(2)从外到内(流入)；(3)从内到外(流出)；(4)狭缝淬火室。

通过增加细丝的冷却速率(降低冷却空气温度或增加吹过的空气量)，细丝中的凝固点更靠近喷丝板。结晶度会因为较快的冷却速度而降低，而结晶度会因为纺丝应力的增加而增加。

7.3.19.1 长空气淬火熔融纺丝

长空气淬火系统用于 300~4000m/min 的卷取速度，长丝自由长度为 3~10m。高速纺纱需要较长的淬火长度。单丝的旦数为 2~25，总旦数为 75 至数千。它也可以用于生产短纤维[80]。

聚丙烯的熔融纺丝始于挤出机的料斗，在这里聚丙烯或聚丙烯与添加剂或颜料(体积或质量比例混合物)的均匀共混物被送入挤出机的喉部。聚丙烯是疏水性的(吸水率在0.04%左右)，不需要干燥。挤出机料斗也不需要氮气保护。PP 通过油或电热挤出机(通常是单螺杆)熔化并输送。聚丙烯的螺杆长径比(L/D)至少为 24。一些挤出机的制造商在螺杆末端制造一个混合区。有些挤出机有静态混合器[80]。

过滤器通常直接安装在挤出机端。过滤范围可以从由断路器板支撑的粗糙的单层筛网到

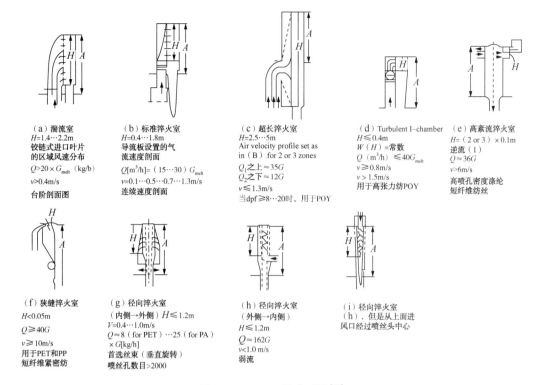

图 7.52 Fourne 淬火系统[58]

包含在单独外壳中的非常精细的非织造金属过滤器,该过滤器允许在不中断处理的情况下更换过滤器。过滤器的选择取决于工艺、原料聚合物和产品[80]。

在熔体离开过滤器后,它通过传输线或旋转歧管到达计量泵。一台挤出机可以供给几个计量泵。传输管线通常设计成"圣诞树"模式,使得进入每个计量泵的聚合物具有相同的热历史和停留时间,并且通过它们的压降不会过大。容纳传输线、计量泵等的系统称为泵组或纺丝束[74]。

计量泵基本上是容积式精密齿轮泵。来自挤出机的熔体沿着每个螺纹线输送,因此螺纹线密度不会随时间变化。现代压力反馈控制挤出机不适合没有计量泵的长丝熔融纺丝[80]。

在离开计量泵后,熔体通过短传输线进入旋转组件,制造商有自己的具体设计。在一些纺纱机中,为了安装方便,底部装料包被顶部装料包代替。良好的包装设计确保包装内的熔体相对于喷丝板以对称的方式流动。过滤器、断路器板和喷丝头在包装的下部,这些部件以及计量泵是熔体纺丝过程的核心。断路器板上的过滤器可以由编织线、非编织线、烧结金属和(或)砂组成。断路器板具有大孔和足够的厚度以承受通过过滤器产生的压降。断路器板和喷丝板背面之间一定有间隙。这保证了从断路器板底部到喷丝头孔入口沿熔体流线的压降与通过喷丝头孔的压降相比可以忽略不计。喷丝头出口孔口形状为纤维截面形状。由于有光泽和纤维触感,它可以是圆形、三角形、三叶形和八叶形。喷丝板的表面通常涂有硅树脂,以防止聚合物与喷丝板黏合。喷丝孔直径通常为 $200\sim400\mu m$,长径比(L/D)通常为 $2\sim5$。大的长径比造成大的压力降,圆孔的入口角通常为 $40°\sim90°$[80]。

在熔体出口后,喷丝板毛细管首先进入通常长度为 $1\sim2m$ 的淬火室。进一步冷却发生在机柜与最终应用点之间的淬火柜中。喷丝头孔出丝的温度高于聚丙烯熔点(165℃)70~

170℃。聚丙烯的熔融温度与纺丝温度之差远高于聚酯和尼龙[80]。

淬火柜需要考虑空气动力学。喷丝头附近的空气横向速度通常较高。湍流或不稳定的流动会导致细丝的不均匀性。在许多生产长丝的机器中，纺丝组件和喷丝头是圆的，并且喷丝头的最大直径是有限的，因为直径太大，长丝淬火和长丝在下游横流不够。为了改善来自圆形喷丝板的大量长丝的均匀淬火，淬火空气从放置在喷丝板轴上的空气源径向向外吹。此外，一些制造商使用矩形包装来生产大量的长丝[80]。

长丝从淬火室出来后与纺丝油接触，起到抗静电剂和润滑剂的作用。纺丝油通过将长丝与部分浸没在纺丝油中的旋转辊接触或通过用精密齿轮泵对纺丝进行计量。纺丝油通常由0.5%~1.5%的水性乳液组成。纺丝油必须保持长丝无色，并且有足够的热稳定性。除了功能性成分外，乳化剂和抗菌剂也经常出现在油剂产品中[80]。抛光处理可被认为是纺纱过程中的最后一道工序，在此步骤之后，纱线加工可根据纱线的应用而广泛变化。它可以拉伸成扁纱，可以拉伸成织构，也可以拉伸成高旦纱，喷气膨化用于地毯。上述过程可在连续运行中进行。短纤维通常以 CF 纺制，来自多个喷丝头的纤维全部组合成一个大的丝束，然后 n 束纤维在水平上拉伸。

7.3.19.2 短空气淬火熔融纺丝

设计聚丙烯短空气淬火系统的目的是节省建筑空间和降低人工成本，但纺丝速度大大降低到150m/min。为了弥补由于纺丝速度降低而造成的生产损失，必须使用具有数千个孔的喷丝板。这个系统是为生产短纤维(3100旦)而设计的，但是一些制造商建议它也用于生产织构或膨化长丝。为了进一步节省空间，一些机器设计成水平或垂直向上方向[80]。

7.3.19.3 水淬熔融纺丝

由于气体强制对流换热固有的局限性，生产高旦单丝(大于100旦)需要水淬工艺。有时，如果均匀性不是关键，计量泵就不用在这个过程中。出喷丝头后的细丝通过水淬浴，通过导丝器保持适当的距离。在一定条件下，聚丙烯长丝的结晶度不同。在空气淬火系统中，得到结晶度约为55%的丝状物，晶体通常为单斜 α 型，并以片状分布在整个丝状物中。在快速冷却水淬工艺中，可能产生具有原丝形态的低序近晶或准晶结构[74]。单丝的拉伸工艺与短纤维非常相似。最常见的两步拉伸使 DR 为 6:1[80]。

7.3.20 纺线长度

需要足够的纺丝长度来使聚合物固化，在接触导轨或辊子之前。另外，较长的纺线增加了重力，导致纺丝应力增加。然而，对于细丝，纺丝长度对细丝的结构和性能影响相对较小，因为 F_{grav} 对 F_{rheo} 的影响较小。

7.3.21 长丝形状

喷丝孔和丝束的形状对丝束与空气环境之间的传热有影响。与冷却速率类似，随着表面积的增加，传热增加，导致更快的结晶。

7.3.22 材料变量

7.3.22.1 分子量

分子量及其分布对聚合物的可纺性影响很大。在无不稳定性条件下的最大卷取速度是可纺性的一个标准，窄分子分布有利于可纺性。低分子量产品熔体强度低，纺丝线表现出不稳定性。对于高分子量聚合物，由于喷丝头毛细管和喷丝线上的高应力，导致熔体断裂和丝线断裂。

关于用于生产纤维的聚丙烯的分子量的一些信息如下：

(1) 用于纺丝的数均分子量 $M_n \leqslant 10$ 万，重均分子量 M_w 平均值约为 30 万，$M_w > M_n$。

(2) M_w/M_n。高斯分布是 2，但是对于商业产品在 3~10 之间，通常是 5 左右。

Mark-Houwink 方程中常数 a 依赖于溶剂，约为 0.8；常数 K 为 $(0.8~1.1) \times 10^{-4}$，取决于温度。

图 7.53 显示了特性黏度与熔体指数(MI)之间的关系[58]。

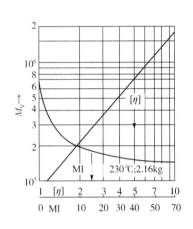 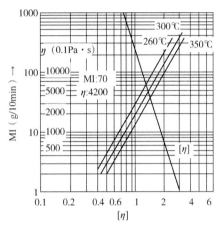

图 7.53　熔体指数、特性黏度($[\eta]$)、熔融温度(300℃)和熔融黏度之间的近似关系[58]

分子量及其分布影响分子链的结晶度和取向。表 7.7 显示了图 7.54 中使用的三个等规聚丙烯样品的特性[56]。

表 7.7　图 7.54 中等规聚丙烯样品的特性[56]

编号	熔体指数(g/10min)	特性黏度(dL/g)	M_w(凝胶渗透色谱)	多分散性(M_w/M_n)
E-012	12	1.51	238000	4.76
E-035	35	1.21	170400	2.16
E-300	300	0.93	124400	2.85

图 7.54(a) 显示了在特定卷取速度下，密度随着分子量的增加而增加。因为高分子量在熔体中产生较高的纺丝线应力和分子取向，这可能导致在距喷丝头较短距离和较高温度下增加结晶速率。较宽的分子量分布(相同的熔体指数)使得在相同的卷取速度下具有较高的结晶度。在较宽的分子量分布下，更容易产生应力诱导结晶，这是由于排核的存在[82]。例如，具有宽分子量分布的样品 E-012，密度随着卷取速度的增加而恒定。如图 7.54(b) 所示，取向随着分子量的增加而增加。有趣的是，对于分子量虽高但分布宽的样品，卷取速率超过 2000m/min 后取向度不会增加。这是由于聚合物链在宽分子量分布聚合物中的双轴取向[79,81]。

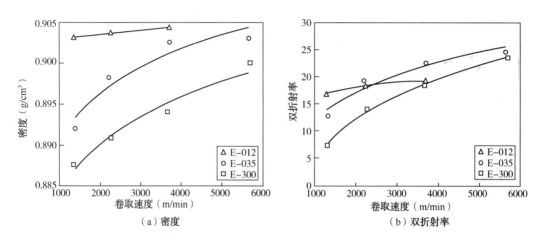

图 7.54 分子量及其分布对等规聚丙烯原丝密度和双折射率的影响[56]

7.3.22.2 等规度百分比

随着等规度的降低，等规聚丙烯的结晶速率和结晶度普遍降低。通过降低等规度，结晶开始于距喷丝头较远的距离和较低的温度[83]。如图 7.55 所示，长丝的密度较低，但分子取向基本不受影响(图 7.55 中样品的特性见表 7.8)。

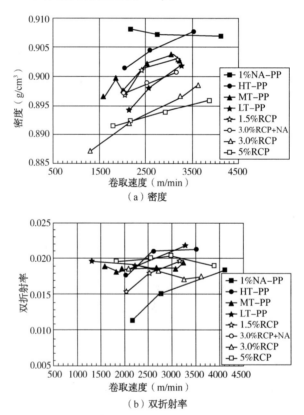

图 7.55 几种不同聚合物对相近分子量和分布的等规聚丙烯长丝的密度、双折射率影响[83]

表7.8 图7.55中等规聚丙烯样品的特性

编号	MI(g/10min)	乙烯(红外)(%)	等规度(%)	M_w(凝胶渗透色谱)	多分散性(M_w/M_n)
HT-PP	36	0	99	131000	2.22
MT-PP	34.2	0	93	143800	2.38
LT-PP	37	0	91	134800	2.36
1.5%RCP	35	1.4	96	158600	3.22
3%RCP	35.4	3	94	142200	2.31
5%RCP	31	4.9	92	150100	2.26
1%NA-PP	35	0			
3%RCP	36	2.6	94	144400	2.13
1%NA					

注：HT-PP为高规度(99%)聚合物；MT-PP为中规度(93%)聚合物；LT为低规度(91%)聚合物；RCP为无规聚丙烯共聚物；NA为成核剂。

7.3.22.3 聚丙烯/乙烯共聚物

由于立体缺陷，通过添加乙烯单元生产无规共聚物，结晶度降低。图7.55还显示了乙烯共聚物含量的影响。

7.3.22.4 添加成核剂

成核剂的加入显著提高了静态结晶等规聚丙烯的结晶温度和结晶度[65]。然而，在低速纺丝(低纺丝应力)时，成核剂的作用更为明显，而在高速纺丝或高纺丝应力时，成核剂的作用较小。图7.55显示成核剂倾向于降低分子取向，因为结晶发生在较高的温度和喷丝头附近。

7.3.22.5 熔融纺等规聚丙烯长丝的拉伸性能

总的分子取向(通过双折射率测量)随着纺丝应力的增加而增加。iPP纤维的拉伸强度对非晶取向的贡献最大。因为系带分子连接晶体，它们允许晶体之间的应力传递。单纯靠结晶度，则力学性能较差。图7.56显示了拉伸强度和双折射率之间有很强的相关性。长丝整体取向的增加也增加了拉伸强度。断裂伸长率与分子取向成反比。弹性模量随着分子取向的增加而增加，并且它也是结晶度的函数。因此，即使乙烯共聚物的模量显著低于在相似纺丝条件下的均聚物，但其拉伸强度相等或稍高。另外，添加成核剂可能导致较低的模量，尽管结晶度较高，但分子取向较低。

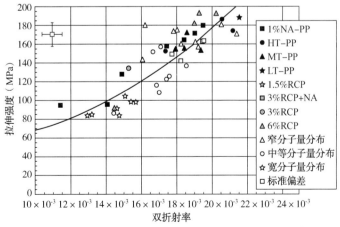

图7.56 不同聚合物的等规聚丙烯原丝长丝拉伸强度与双折射率的关系[83]

7.3.23 薄膜纤维

粗纤维或纤维状胶带可由薄膜制成。显然，第一步是生产薄膜（片状或吹制薄膜）。吹膜法应用并不广泛。它更复杂，并且产生较少的具有更有序晶体结构和横向取向的纤化膜。单螺杆挤出机上的狭长狭缝模具可以生产片状薄膜，几乎不使用计量泵。用于生产这些薄膜的聚丙烯的熔体指数为 1~4g/10min，薄膜通常在水浴中或在冷却辊上淬火。在拉胶卷之前，先用一组刀子把胶卷拉开，以便切成所需的宽度。拉伸和退火类似于短纤维和单丝。所拉出的薄膜可以通过不同的工艺进行原纤化。

7.4 聚乙烯熔融纺丝

3 种已知的聚乙烯类型是高密度聚乙烯（HDPE）、线型低密度聚乙烯（LLDPE）和低密度聚乙烯（LDPE）。图 7.57 显示了这些类型聚乙烯的链结构。

(a) 高密度聚乙烯（每1000个C原子有4~10个短支链）

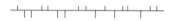

(b) 线型低密度聚乙烯（每1000个C原子有10~35个短支链）

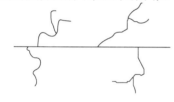

(c) 低密度聚乙烯（长支链）

图 7.57 3 种类型聚乙烯的链结构

高密度聚乙烯，尤其是线型低密度聚乙烯用于从熔融纺丝到纺织品和技术含量高的长丝，而超高分子量聚乙烯可以通过凝胶纺丝纺成超高强度纤维[58]。

与聚丙烯相似的聚乙烯由于结晶度高、不含亲水基团而没有可染性，因此对于有色聚乙烯纤维，在挤出长丝之前必须添加颜料。

用于生产纤维的挤出机的螺杆长径比为 25~30，压缩比[1:(2.5~4)]取决于螺杆直径。线型低密度聚乙烯的熔融挤出温度为 135~145℃，高密度聚乙烯的熔融挤出温度为 170~190℃。Dees 和 Sprinuiell[82]研究了熔融纺丝过程中线型聚乙烯的结构演变及其与原丝和拉伸纤维性能的关系。他们在 50~556m/min 的不同卷取速度下测量了纤维直径、结晶度、结晶取向、双折射率、速度和纤维表面温度，得到了距喷丝板距离的函数。表 7.9 显示了聚乙烯样品的纺丝条件。结晶开始于熔体应力最高的点。这个点在速度梯度与喷丝头距离的关系曲线的峰值附近。出口膨胀后纤维的直径减小，在卷取速度下达到恒定值（图 7.58）。在出口膨胀区域速度较低，在短距离内缓慢增加，然后迅速增加到卷取速度（图 7.59）。

表 7.9 线型聚乙烯样品的纺丝条件[82]

样品	质量流量 (g/min)	卷取速度 (m/min)	挤出温度 (℃)	样品	质量流量 (g/min)	卷取速度 (m/min)	挤出温度 (℃)
PE03	1.93±0.03	50	205	PE07	1.93±0.03	556	210
PE01	1.93±0.03	100	205	PE04	1.93±0.03	50	180
PE02	1.93±0.03	200	205	PE09	0.71±0.02	200	207
PE06	1.93±0.03	400	209	PE05	4±0.03	100	182

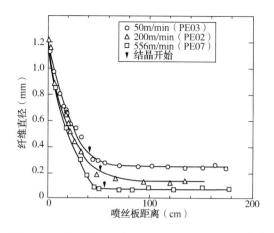

图 7.58 聚乙烯长丝直径与喷丝板距离的关系[82]

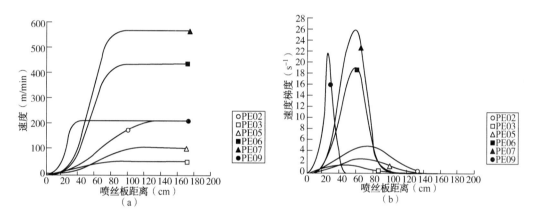

图 7.59 速度和速度梯度与喷丝板距离的关系[82]

图 7.60 显示，随着卷取速度的增加，冷却速度增加，这是由于通过冷却柜的比表面积增加和较高的线速度所致。在低卷取速度下，熔体中的分子取向导致纤维核和排核的形成。在较高的卷取速度下，由层状结构构成的排核结构不会扭曲在一起。通过 WXRD 数据分析，Nadkarni 和 Schultz[84] 显示出典型的 b 轴径向取向，这是由于片层在垂直于流动方向上生长并围绕生长轴扭曲的结果。应力水平和拉伸速率可以通过限制片层扭转的数量和从垂直于纤维轴的径向平面发散的程度来影响横向生长的片层的取向（图 7.61）。

Sampers 和 Leblans[85] 比较了低密度聚乙烯的等温纺丝和恒力等温蠕变。尽管在两次测量中都施加了相同的应力，但拉伸比与时间曲线之间存在巨大的差异。这意味着流经毛细管前和流经毛细管对熔融纺丝纤维的流变行为有很大影响。

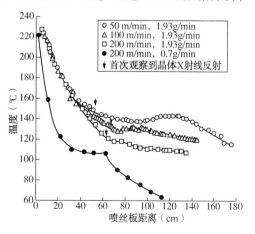

图 7.60 纤维表面温度与喷丝头距离的关系[82]

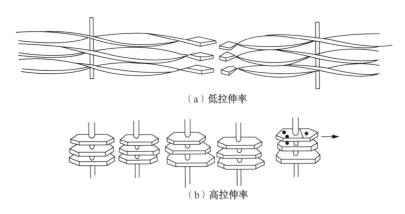

(a) 低拉伸率

(b) 高拉伸率

图 7.61 聚乙烯纤维的成核微观结构[84]

7.5 高性能技术聚丙烯纤维和纱线

高性能聚丙烯纤维广泛应用于工业和很多日常应用，如运动和特种织物、用灯芯绒做的衣物、包装、绳索[2]、土工织物、汽车等。人们通过熔融纺丝、湿法纺丝、干法纺丝和凝胶纺丝技术来改善聚丙烯纤维的力学性能。了解单晶生长机理、非晶区分子取向程度以及结晶前驱体的形成对于生产这些具有多种性能的纤维是非常重要的[86]。聚丙烯的理论强度和模量分别为 3.9GPa 和 35~42GPa[87]。然而，商用纺织品聚丙烯纤维在 4.5~6g/d 范围内具有较低的韧性。具有最高韧性值在 9g/d 左右的技术纤维必须用复杂的生产线和(或)在制造过程中使用化学处理。这些事实清楚地表明，目前纺丝技术所能达到的聚丙烯纤维的理论性能与力学性能之间仍然存在很大差距。我们的 NCSU 研究小组把这当作一个挑战性机会，就是开发新的复杂水平等温浴(hIB)工艺(图 7.62)[86]。

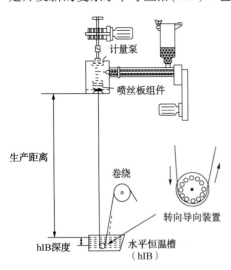

图 7.62 hIB 纺纱工艺示意图[86]

为了研究 hIB 对纺丝和拉伸聚丙烯超高性能长丝生产的影响，进行了较为详细的实验研究。尽管已有许多关于液体等温浴对初纺和拉伸聚酯纤维性能影响的研究，但本书首次研究了液体对聚丙烯纤维结构发展的影响。采用两种不同的商业纤维成型聚丙烯聚合物，熔体指数分别为 4.1g/10min 和 36g/10min[86]。结果表明，最佳工艺条件取决于聚合物的分子量。有趣的是，在不同的最佳工艺条件下，不同分子量的纤维表现出不同的前驱体形态。然而，这两组长丝在初纺时表现出相似的纤维韧性和模量，分别约为 7g/d 和 75g/d，韧性大于 12g/d，在 DR 为 1.49 后拉伸纤维的模量值超过 190g/d。高熔体指数拉伸后的模量平均值约为 196g/d，聚丙烯纤维的模量接近 275~330g/d(35~42GPa)的理论值。此外，超高性能纤维显示出大大改善的热性能、结晶度、结晶和非晶取向因子以及形成纤维状结构。hIB 纺丝系统对获得高取向、非晶态结构的初纺纤维起着重要作用，在 DR 低于 1.5 的拉伸条件下,能够很好地定型,得到高取向的结晶纤维和非晶结构。

众所周知,线性链可以在纤维中高度定向,并产生较高程度的结晶度和独特的微观结构。甲基立体规整的在等规聚丙烯中排布使链结构紧密排列和产生高结晶。然而,具有甲基取代基随机分布的无规聚丙烯链不能紧密排列和结晶。此外,甲基随机排列和取向使半结晶聚合物的强度和模量不足或较低。等规聚丙烯具有单斜 α 晶、六方 β 晶、正交 γ 晶和"准晶"中相等多种晶型[88]。这些不同类型的结晶结构可以在不同的工艺条件下观察到,每种类型具有独有的特征。

原纺聚丙烯长丝被认为是一种半结晶纤维,其中晶体分散在非晶基体中。传统的熔体纺丝技术因其工艺简单、不需要任何传质或添加复杂的化学物质而被工业界广泛接受和使用。结晶区和非晶区的结晶和取向主要取决于分子量、分子量分布、卷取速度、熔体温度、拉伸温度和配比。然而,在熔融纺丝和拉伸过程中,结晶受到聚合物链在具有较低分子取向度的凝固段中流动性差的限制。因此,纤维可能缺乏所需的性能。微纤维由交替的折叠链片层和这些片层之间的非晶区组成,这些片层在传统纤维内形成连续的结构。系带分子连接纵向片层,这主要影响纤维的模量和强度。

大量研究表明,熔体纺丝过程的结构演变与纺丝条件密切相关。例如,提高挤出纤维的冷却速率和快速淬火,然后用高 DR 以慢速拉伸或慢速两段拉伸工艺是制造高性能纤维的两种重要方法[89]。Sheehan 和 Cole[88]在较低卷取速度下用水进行淬火以获得准晶结构,因此纤维更容易拉伸,晶体结构更完善。在 130~135℃的烘箱中以 DR35 拉伸,长丝的强度值大于 13g/d。

Taylor 和 Clark[90]建议在高温下采用两步不连续工艺生产"超拉伸"聚丙烯长丝。最佳拉伸温度为 130℃,拉伸速度为 1~10mm/min,通过两段拉伸得到 25 倍以上的高 DR。所得到的纤维通过形成链的展开而显示出较多数目的系带分子。在非常高的 DR 下,球晶变形分为两个阶段:(1)层状滑移产生两个 c 轴方向取向,直到获得全取向结构;(2)额外拉伸产生一个新的变形机制,这就是所谓的"晶体分裂"形成的纤维状结构[91]。

为了获得与韧性和弹性模量理论值最接近的性能,研究人员一直在研究各种变形方法,以提高非晶区的取向和结晶百分率。区域拉伸和区域退火方法[87,92]、连续振动区拉伸[93]、恒负荷烘箱拉伸[88,94]、模口拉伸[87,95-96]、热捏拉伸[97]、凝胶纺丝技术[98-99]和加入增强剂[101]是提高聚丙烯纤维力学性能和尺寸稳定性的重要技术。另外,由于这些方法存在一些缺点,许多尚未商业化。例如,这些方法一般需要较大的生产面积,需要废物回收系统,高能耗以及使用溶剂。这些技术有些是不连续的,并且非常昂贵。此外,长丝横截面的控制、高废品率、极低的生产率和对环境和人体健康的伤害也是重要问题。综上所述,需要指出的是,hIB NCSU 工艺[86]具有为各种商业应用开发高性能技术纱线的巨大潜力。

7.6 聚烯烃产品其他生产方法

聚烯烃最重要的加工技术是"挤出",它可以从诸如纤维纺丝、薄膜铸片、薄膜吹塑、注塑、吹塑、型材成型和挤出涂布等工艺中制造出各种各样的产品。旋转成型是聚烯烃的另一种重要制备方法。挤出过程熔化、均匀化,并最终将熔融的树脂变成期望的产品[102]。不像纤维纺丝和薄膜铸片,有些工艺是将分子量分布宽的聚合物加热。其在熔化温度(对于半结晶聚合物)以上或高于其玻璃化转变温度(对于非晶聚合物),然后通过施加压力迫使其通过腔或模具,并在冷却后定型为特定形状。这些工艺的一些例子包括注塑成型、压缩成型、热成型、吹塑成型和旋转成型[103]。这里将详细讨论上述的一些制造工艺。

7.6.1 薄膜

7.6.1.1 平膜

薄膜这一术语通常用于具有厚度小于 250μm 和纵横比约 1000(长度与厚度比值)的产品。较高厚度的产品称为片材。平膜一般用于食品及其他消费品的包装工业。薄膜生产工艺经过挤压、浇铸、稳定化等工序。聚烯烃薄膜通常是在镀铬的冷轧辊上生产的。一旦薄膜被挤出,它可以通过与冷轧辊接触时冷却或浸入水浴来浇铸[103]。薄膜落下时,用气刀把薄膜压在冷轧辊上。当薄膜绕过辊子时结晶,然后在冷轧辊和卷取辊之间拉伸。薄膜厚度由挤出机输出量、模具间隙和在卷取过程中施加的拉伸力来控制。在铸造过程中,通常形成边缘珠子或厚边缘,并且可以通过修剪去除它们。这些边缘在诸如盘绕等进一步加工中造成问题。图 7.63 显示了冷辊铸造设备的基本设置[102]。

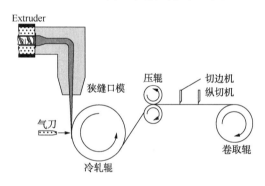

图 7.63 冷辊铸造设备的基本设置[102]

一旦薄膜被浇铸,然后被拉伸以赋予取向和提高力学性能。薄膜可以拉伸的方向有两种:一种是机械方向(MD);另一种是横向方向(TD)。在工业中,拉伸过程是在一种叫作"模板"或"压片"的装置上进行的,这种装置将薄膜夹在边缘,并在薄膜向前移动时沿要求的相同方向或不同方向拉伸。拉伸温度保持在玻璃化转变温度以上,低于最大结晶速率的温度[103]。对于生产平膜,所用的树脂与用于制造吹膜的树脂相比通常具有较低的分子量。与环状薄膜的双轴取向相比,平膜通常是单轴取向的。膜的性能取决于树脂的特性和加工条件。聚乙烯薄膜和一般聚烯烃薄膜的最常见应用是包装,并且根据特定的使用区域,制成不同种类的薄膜,其密度、强度与重量比、韧性、柔韧性、阻隔性能不同。一些例子包括垃圾袋、商品袋、杂货袋、面包袋、冷冻袋、拉伸包装(保鲜)膜、防潮墙和地板的薄膜。标称厚度约 300μm 的片材由冷轧铸造制成,通常用作填埋场衬里和覆盖物的土工膜[102]。采用冷轧铸造方法制备出高质量、高透明度的聚丙烯薄膜。这些薄膜的应用包括包装、纺织品袋、收藏品包装和硬糖旋转包装。薄膜厚度从 25μm 到 100μm 不等。另一种制作双轴取向薄膜的工艺是双向拉伸工艺。首先在 MD 方向拉伸,然后在 TD 方向拉伸[58]。

7.6.1.2 管状薄膜

管状聚合物膜或吹塑膜可以从环形模具中挤出,移动的膜可以通过来自模具内部的气流同时充气和双向拉伸。通过流动空气吹向外管膜表面使管膜冷却,导致结晶和凝固。然后,管膜用一组压辊压平,并绕到卷取辊上。双轴取向导致两个方向的力学性能相似。两个重要参数是吹胀比(TD 方向的拉伸)和牵引比(MD 方向的拉伸)。吹胀比被定义为最终膜半径与初始膜半径的比率,而牵引比被定义为卷取速度与挤出速度的比率[103]。

最终膜厚为 50μm，由挤出机输出速率、模具间隙、吹胀比和卷取速度控制。典型的应用包括垃圾袋、温室薄膜、草坪和花园袋以及化学包装。该工艺广泛用于生产低密度聚乙烯、高密度聚乙烯和聚丙烯[102]的吹膜。图 7.64 显示了吹膜设备的基本装置。

如前所述，膜的性能取决于树脂的特性和加工条件。聚乙烯吹塑薄膜和一般其他吹塑薄膜的一些重要性能是拉伸强度和撕裂强度两个方向（MD 和 TD），耐穿透性和耐冲击性。吹塑薄膜也可代替上述所有冷轧铸轧薄膜。由于吹塑薄膜中存在双轴取向，与铸膜中的单轴取向相比，也存在一些差异。例如，低密度聚乙烯和高密度聚乙烯薄膜用于需要良好热密封性和双向收缩性的高空科学气球和收缩包装薄膜[102]。

聚丙烯吹塑薄膜是通过管状工艺生产的。在这个过程中聚合物的厚管被挤出并冷却以固化。然后将管子再加热，通过充气进行定向。或者，也可以在冷却和凝固过程使用在吹膜外部的冷却水环进行水淬吹膜。用这种方法可以制成具有极好的透明度和光泽度的聚丙烯吹塑薄膜，然而，去除水可能很困难，因此存在缺点[58]。

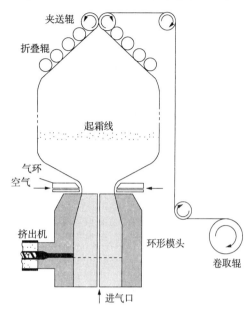

图 7.64　吹膜设备的基本装置[102]

7.6.2　注塑成型

注塑成型是用聚烯烃等热塑性聚合物制造三维零件最广泛使用的循环工艺。一些例子包括玩具、硬盘、盆、水桶、整理箱、托盘和手提桶[102]。注射成型具有性能、成本效益、快速响应不断变化的消费者需求和外观的优点[58]。图 7.65 显示了注塑成型设备的基本装置[103]。

熔融的聚合物通过挤出机挤出到达被称为喷嘴的注射单元的顶端与模具连接。熔体通过喷嘴、浇口和流道系统，然后通过浇口进入模腔或多个腔，在那里凝固。一旦固化，模具被打开，模型被移除。流道将熔体输送到模腔，浇口充当模具的入口。考虑到成本，浇口通常做得非常小，更重要的是为了容易将浇口中的固化聚合物从实际模具中分离出来[103]。

注塑机是根据模具上的最大合模力来定义的，该合模力是一个重要参数，因为它决定在注射热树脂之后应该施加多少力来防止模具打开。硬化不锈钢通常用于制造这些机器。当热

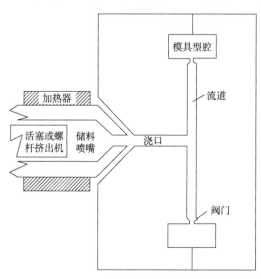

图 7.65　注塑成塑设备的基本装置[103]

聚合物进入模具时，模具型腔内的空气变得非常热，会腐蚀模具表面。为了防止这种情况，在模具中设置排气口以排出过热的空气。流经流道到模腔的聚合物冷却并形成固体浇口，随后必须从模具中取出，这会导致额外的成本和工作负荷。这可以通过使用热流道来避免，在该热流道中，聚合物始终保持熔融，并确保更均匀地输送；然而，这导致成本和复杂性的增加[103]。

注塑聚乙烯制品主要用于容器和包装等应用。所有产品约67%由高密度聚乙烯树脂制成，12%由低密度树脂制成，约20%由线型低密度树脂制成，其余的由乙烯—醋酸乙烯共聚物制成。周转箱、托盘和桶等容器由高密度树脂制成，用于运输乳制品和烘焙产品、泡菜和油漆。聚乙烯树脂具有低成本和高韧性，这使得它们适用于许多物品，如垃圾桶、洗衣篮、水桶等[103]。一般来说，所有材料在冷却时都表现出一些收缩，但结晶聚丙烯比某些非晶聚合物，如聚苯乙烯和丙烯腈—丁二烯—苯乙烯，表现出更高的收缩率。因此，聚丙烯易发生翘曲，并在厚截面形成缩痕。几乎所有的主要塑料都可以进行注塑成型，但是聚丙烯具有材料成本低、易于成型的优点，并且有各种不同类型的聚丙烯可供选择[58]。注塑成型的另一个重要分支或部分是薄壁注塑成型（TWIM）。聚丙烯具有良好的刚性、韧性和适当的流变特性，非常适合于TWIM。这个过程需要高注射速率和机器需要快速作用的控制系统。对于非常高的注射速率和较薄的零件，聚丙烯显示出比高密度聚乙烯更好的可成型性。典型的应用包括包装（如奶制品容器）、人造奶油桶和杯子[58]。

7.6.3 吹塑成型

吹塑是一种用于生产瓶子和容器等中空塑料制品的转化工艺。传统上，吹塑的主要应用领域是包装，但最近它已被用于汽车工业，也用于制造零部件，如油箱、保险杠、仪表板和座椅靠背。吹塑有挤出吹塑（EBM）和注射吹塑（IBM）两种主要形式。在聚烯烃吹塑成型中，挤出成型是主要的成型方法。作为EBM的第一步，准备一个预制样品，称为"Parson"（当使用IBM时，预制样品称为"胚体"）。型坯从模具中连续挤出，放置在模具的两半之间。模具一端封闭密封，利用气压将型坯对模具充气。图7.66显示了吹塑成型设备的基本装置[103]。

膨胀时间通常非常短，这取决于零件的尺寸，而冷却时间则非常长，这取决于为了获得制品的最终稳定形状要求的最终温度[103]。影响型坯厚度的因素有挤出膨胀、型坯在自身重量下的收缩和最终产品形状。因此，与较薄的型坯相比，较厚的型坯被吹得直径更大。层状产品也可以通过同心方式共挤一种以上的树脂来获得不同的性能。在制备大型制品时，在自身重量下熔体下垂是一个主要考虑因素，因为连续挤压型坯可能不够快。在这种情况下，型坯

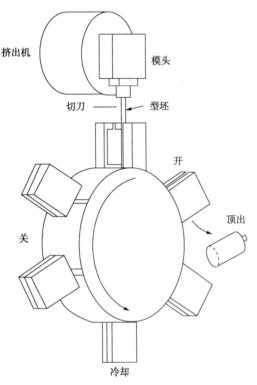

图7.66 吹塑成型设备的基本装置[103]

在到达模具之前可能破裂或部分固化。在这种情况下,机器通常具有储存熔融聚合物的蓄能器,该蓄能器从模具[103]中快速排出聚合物。与高密度聚乙烯相比,常规聚丙烯熔体强度低,熔体下垂大。吹塑聚丙烯瓶通常具有阻隔层就利用了聚丙烯的阻湿性能,并保护湿敏阻隔聚合物[58]。

IBM 的原理与 EBM 完全相同,但是使用模制预制件代替型坯。IBM 用于需要避免在容器底部产生飞边、焊缝和浪费材料的情况,特别是当容器需要精确的口和颈部尺寸时[103]。然而,与 EBM 相比,IBM 是一个复杂且成本更高的工艺,因此,它用于制造可重用的容器或产品,或结构完整性要求更高的产品[102]。在给型坯充气的过程中,当型坯的底部沿着直径伸展而壁厚继续减小时,型坯的底部受到约束。这主要导致聚合物中的平面延伸流动,并且成型产品在圆周方向上具有主要取向,因此显示出机械各向异性。注射拉伸吹塑是一种可以通过产生双轴取向来消除该问题,并提供更好的力学性能平衡的工艺[103]。由吹塑制成的典型产品包括瓶子(用于牛奶、家用化学品和化妆品)、罐子(用于工农业化学品的储罐、燃料罐)、运输桶和玩具[102]。

7.6.4 旋转成型

在这个过程中,聚合物被装入一个冷模具,然后该模具移动到加热箱中,同时加热和旋转。由于模具旋转,聚合物被扔到熔化的模具的内壁上。冷却后,聚合物固化,模塑产品被移除。图 7.67 显示了旋转成型设备的基本装置[102]。模具通常被加热到大约 250℃,并围绕两个相互垂直的轴旋转。随着聚合物不断被聚集在模具内部,它熔化并黏附到表面。当聚合物的涂层在模具表面上收集到足够的时间后,通过吹气或喷水来冷却聚合物。然后打开模具,移除产品。旋转成型的产品通常没有任何取向。然而,由于外壁比内壁冷却快,因此存在轻微的密度梯度。模具在加热箱内双向旋转,这使模具均匀加热。与其他成型工艺相比,用于此工艺的机器没有那么复杂和昂贵。然而,该工艺速度慢,劳动密集,产出率低,因为这是用于生产没有强烈需求的产

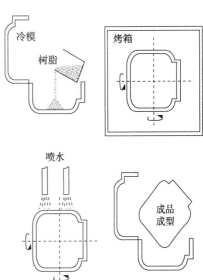

图 7.67 旋转模塑设备的基本设置[102]

品。由于高温作用时间延长,因此用于旋转成型的聚合物树脂通过添加剂来稳定。大约 85% 的旋转成型产品由聚乙烯制成,主要是线型低密度聚乙烯。典型的产品包括中大型中空物品,如化学储罐、垃圾容器、浮标和皮艇[102]。

参 考 文 献

[1] Aldrich Catalog, p. 2026, 2005-2006.
[2] Handbook of Fiber Chemistry, Edited by Monachem Lewin, Mei-Fang Zhu and H. H. Yang, Polypropylene fibers, 3rd ed.
[3] Kotek R, Afshari M, Gupta BS, Kish MH, Jung DW. Coloration Technol 2004; 120 (1): 26.
[4] Shore J, et al. Prog. Coloration 1975; 6: 7.

[5] Huang X. Synthetic Fiber 1998; 148(3): 18.

[6] Ziegler K. Belgian Patent 1953; 533(362).

[7] Natta GJ. J Polym Sci 1953; 16: 143.

[8] Montecatini Co. US Patent 3112200(1963) and US Patent 3112301 (1963).

[9] H. W. Sinn, W. O. Kaminsky, H. J. C. Vollmer, R. O. Woldt, US Patent 4404344, September 13 (1983).

[10] W. Kaminsky, H. Hahnsen, H. Kulper, R. Woldt, US Patent 4542199, September 17, 1985.

[11] Hill AF. Organotransition metal chemistry. New York: Wiley-InterScience; 2002.

[12] Bochmann M. Organometallics 1, Complexes with Transition Metal-Carbon σ-Bonds. New York: Oxford University Press; 1994.

[13] As shown on line at http://en.wikipedia.org/wiki/Ziegler-Natta_ catalyst on January 13, 2017

[14] Elschenbroich C, Salzer A. Organometallics: a concise introduction. New York: VCH Verlagsgesellschaft mbH; 1992.

[15] Solvay and C. I. E., US Patent 3769233(1973).

[16] Himont Inc. Chinase Patent 1, 047, 302, 1990; Mitsui Oil Co., Japanese Patent 58138711(1953).

[17] Moore Jr. EP. The rebirth of polypropylene: supported catalysts. Munich: Hanser Publisher; 1998.

[18] Mu¨lhaupt R. Macromol Chem Phys 2003; 204: 289.

[19] Ziegler K, Martin H. Angew Chem 1955; 67: 541.

[20] "Ferrocene"; http://en.wikipedia.org/wiki/Ferrocene (2017).

[21] Kaminsky W, Scheirs J, Wiley J. Metallocene-based polyolefins: preparation, properties, and technology, vol. 1. New York: Wiley; 2000.

[22] Borrelli M, Busico V, Cipullo R, Ronca S, Budzelaar PH. Selectivity of metallocenecatalyzed olefin polymerization: a combined experimental and quantum mechanical study. 1. Nonchiral Bis(cyclopentadienyl) Syst Macromol 2002; 35(7): 2835.

[23] Advanced Catalysts—Global Overview of Technological Developments (Technical Insights), Catalysts in polymer applications, https://store.frost.com/advanced-catalystsglobal-overview-of-technological-developments-technical-insights.html (2017).

[24] Long NJ. Metallocenes: an introduction to sandwich complexes. London: Blackwell Science; 1998.

[25] "Metallocene", http://en.wikipedia.org/wiki/Metallocene (2017).

[26] "Coordination complex" https://en.wikipedia.org/wiki/Coordination_ complex (2017).

[27] T. A. Davis, A catalyst for change _ a look at olefin polymerization catalysts past, present, and future, http://ip-science.thomsonreuters.com/m/pdfs/klnl/2004-11/catalyst-forchange.pdf (2017).

[28] Shmulinson M, Galan-Fereres M, Lisovskii A, Nelkenbaum E, Semiat R, Eisen MS. Organometallics 2000; 1208-1210(19): 7.

[29] As seen online on line January 13, 2017 http://www.pslc.ws/macrog/mcene.htm.

[30] Guan Z, editor. "Metal Catalysts in Olefin Polymerization". New York: Springer; 2009.

[31] Kaminsky W. J Chem Soc, Dalton Trans 1998; 1413-1418.

[32] Tonelli AE, Srinivasarao M. Polymers from the inside out: an introduction to macromolecules. New York: Wiley; 2001.

[33] "Nova Chemicals' Single Site Catalysts: Fact Sheet", http://www.novachem.com/Pages/technology/licensing/novacat-catalysts.aspx (2017).

[34] Cruz VL, Ramos J, Martinez S, Munoz-Escalona A, Martinez-Salazar J. Structure_ activity relationship study of the metallocene catalyst activity in ethylene polymerization. Organometallics 2005; 24(21): 5095.

[35] Liu P, Liu W, Wen-JunWang,* Bo-Geng Li, Zhu S. Macromol React Eng 2016; 10: 156-179.

[36] Beulich I, Freidanck F, Schauwienold A, Weingarten U, Arndt-Rosenau M, Kaminsky W, et al. Catalysts for synthesis and polymerization: metallocene catalyzed alternating copolymerization of olefins. Berlin: Springer; 1999.

[37] "Metallocene Catalysis Polymerization" http://www.pslc.ws/macrog/mcene.htm (2017).

[38] Suzuki N. Metallocenes in regio- and stereoselective synthesis. In: Takahashi T, editor. Topics in organometallic chemistry, vol. 8. Berlin: Springer; 2005. p. 178-234.

[39] Odian G. Principles of polymerization. 4th ed. Hoboken, NJ: Wiley-Interscience; 2004.

[40] Kaminsky W. Adv Catal 2001; 46: 89.

[41] C. D. Helm, US Patent 3415799 (1968).

[42] A. B. Stryker Jr. and P. Mossina, US Patent 3462404 (1969).

[43] E. G. McCray, US Patent 3554995 (1971).

[44] A. B. Stryker, US Patent 3639374 (1972).

[45] R. E. Dietz, US Patent 3318857 (1967).

[46] B. B. Buchanan, US Patent 3342794 (1967).

[47] H. M. Hawkins and D. C. Christiansen, US Patent 3428619 (1969).

[48] C. E. Alleman, US. Patent 3324093 (1967).

[49] H. G. Trischmann et al. US Patent 3652527 (1972).

[50] Oil & Gas Journal, p. 64 Nov. 23 (1970).

[51] H. G. Trischmann et al. US Patent 4012573 (1977).

[52] Ross JF, Bowles UA. Ind. Eng. Chem., Process Des. Dev 1985; 24: 149.

[53] Hungenberg KD, et al. In: Fink G, Mülhaupt R, Brintzinger HH, editors. Ziegler catalysts. Berlin: Springer-Verlag; 1995. p. 363.

[54] Hungenberg KD, Kersting M. In: Chung TC, editor. New advances in polylefins. New York: Plenum Press; 1993. p. 31.

[55] Albizzati E, Giannini U, Collina G, Noristi L, Resconi L. In: Moore Jr. EP, editor. Polymer handbook. Munich: Hanser Publishers; 1996. p. 11.

[56] Polypropylene: an A-Z reference. In: Karger-Kocsis J. (Ed.) Dordrecht: Kluwer Publishers; 1999.

[57] Moore Jr EP, editor. Polypropylene handbook. Munich: Hanser; 1999.

[58] Synthetic fibers, machines and equipment, manufacturing, properties. In: Fourne F. (Ed.) Handbook for plant engineering, machine design, and operation. Munich: Hanser Publishers; 1999.

[59] Baird DG, Collias DI. Polymer processing, principles and design. New York: Wiley; 1998.

[60] Hensen F, editor. Plastic extrusion technology. 2nd ed. Munich: Hanser Publishers; 1997.

[61] Woelker A. Int Fiber J 2003; 62 June.

[62] Wirz A. Int Fiber J 2003; 60 June.

[63] Chen IJ, Hagler GE, Abbott LE, Bogue DC, White JL. Trans Soc Rheol 1972; 16: 473.

[64] Ziabicki A, Kawai H, editors. High speed fiber spinning. New York: Wiley; 1988.

[65] Minoshima W, White JL, Spruiell JE. Polym Eng Sci 1980; 20: 1166.

[66] Ide Y, White JL. J Appl Polym Sci 1978; 22: 1061.

[67] Minoshima W, White JL, Spruiell JE. J Appl Polym Sci 1980; 25: 287.

[68] White JL, Roman JF. J Appl Polym Sci 1976; 20: 1005.

[69] Huang D, White JL. Polym Eng Sci 1980; 20: 182.

[70] Ziabicki A. Fundamentals of fiber formation. London: Wiley; 1976.

[71] Bartos O. J Appl Phys 1964; 35: 2767.

[72] Ballenger TF, White JL. J Appl Polym Sci 1971; 15(1949).

[73] Vinogradov GV, Friedman MR, Yarlykov BV, Malikin AY. Rheol Acta 1970; 9: 323.

[74] Lewin. M, Pearce EM. Handbook of fiber chemistry. New York: Marcel Decker, Inc.; 1998.

[75] Kase S. J Appl Polym Sci 1974; 18: 3279.

[76] Matsumoto T, Bogue DC. Polym Eng Sci 1978; 18: 564.

[77] White JL, Ide Y. J Appl Polym Sci 1978; 22: 3057.

[78] Shimizu J, Okui N, Imai Y. High speed melt spinning of isotactic polypropylene fibers. Crystallization mechanism in the spinline and fiber structure and properties. Sen-i-Gakkaishi 1979; 35: T-405-T412.

[79] Lu F, Spruiell JE. J Appl Polym Sci 1987; 34: 1521.

[80] Lewin M, Pearce EM. Handbook of fiber chemistry. New York: Marcel Decker, Inc.; 1998.

[81] Misra S, Lu FM, Spruiell JE, Richeson GC. J Appl Polym Sci 1995; 56(1761).

[82] Dees JR, Spruiell JE. J Appl Polym Sci 1974; 18: 1053.

[83] Spruiell JE, Lu FM, Ding Z, Richeson GC. J Appl Polym Sci 1996; 62(1965).

[84] Nadkarni VM, Schultz JM. J Polym Sci Part B: Polym Phys 1977; 15: 2151.

[85] Sampers J, Leblans PJR. J Non-Newtonian Fluid Mech 1988; 30: 325-342.

[86] H. Avci, Unusual formation of precursors for crystallization of ultra-high performance polypropylene and poly (ethylene terephthalate) fibers by utilization of ecologically friendly horizontal isothermal bath. PhD Thesis, North Carolina State University, 2013.

[87] Mukhopadhyay S, Deopura BL, Alagirusamy R. J Industr Textiles 2004; 33(4): 245-268.

[88] Sheehan WC, Cole TB. J Appl Pol Sci 1964; 8: 2359-2388.

[89] Lewin M. Handbook of fiber chemistry. 3rd ed. Baco Raton, FL: CRC Press; 2007.

[90] Taylor WN, Clark ES. Pol Eng Sci 1978; 18(6): 518-526.

[91] Ohta T. Review on processing ultra-high tenacity fibers from flexible polymer. Pol Eng Sci 1983; 23(13): 697-703.

[92] Samuels RJ. J Pol Sci Part A 1968; 6: 1101-1139.

[93] Suzuki A, Sugimura T, Kunugi TO. J Appl Pol Sci 2001; 81: 600-608.

[94] Chawla KK. Fibrous materials. Cambridge: Cambridge University Press, Technology & Engineering; 2005.

[95] Coates PD, Ward IM. Polymer 1979; 20: 1553-1560.

[96] Cebe P, Grub DB. J Mat Sci 1985; 20: 4465-4478.

[97] Shaw MT. J Appl Pol Sci 1975; 19: 2811-2816.

[98] Laughner MP, Harrison IR. J Appl Pol Sci 1988; 36: 899-905.

[99] Kristiansen M, Tervoort T, Smith P. Polymer 2003; 44: 5885-5891.

[100] Ewen JA. J Am Chem Soc 1984; 106: 6355.

[101] Machiels AGC, Denys KFJ, Van Dam J, De Boer AP. Pol Eng Sci 1997; 37(1): 59-72.

[102] Peacock AJ. Handbook of polyethylene. New York: Marcel Dekker, Inc; 2000.

[103] Baird DG. Polymer processing. New York: Wiley; 1998.

8 聚烯烃抗菌性能的增强

Mohammad Badrossamay, Gang Sun

(美国加利福尼亚大学戴维斯分校)

8.1 概述

在所有合成聚合物中，烯烃聚合物如等规聚丙烯和聚乙烯是最受欢迎的热塑性聚合物，广泛应用于纺织品、医疗器械、食品包装、汽车和许多其他产品[1]。聚烯烃独特的性质，如优异的耐化学性和力学性能以及低成本，使其成为一次性医疗用品、医用纺织品和水过滤器的首选。例如，聚丙烯已经在医疗注射器、实验室设备、诊断设备和皮氏培养皿中得到应用[1]。这些医疗设备在使用前通常需要用辐照灭菌剂消毒。因此对于医疗设备来说，能够抵抗各种化学试剂以及紫外线和其他辐射源是必需的。聚丙烯是最常用的制造医用材料的聚合物，例如用于一次性外科手术和隔离服、窗帘、中央供应室消毒包、口罩和药物过滤介质的无纺布[2]。

医院和酒店使用的大多数医用纺织品和聚合物材料会导致疾病的交叉传播，因为大多数微生物可在纤维材料上存活几小时至数月[3-4]。因此，聚合物表面和纺织材料可能是疾病传播和新疾病菌株从医院传播到其他地方的原因。在过去的20年里，人们越来越关注新出现的超级感染病，例如耐甲氧西林金黄色葡萄球菌(MRSA)和严重急性呼吸道综合征(SARS)，它们很容易通过物理接触和气溶胶传播。此外，医院内与医疗保健相关的感染(医院影响)正在增加，产生约200万病例，在美国最常见的死因中排名第四。这个数字最多占到住院患者的5%并产生45亿美元的额外医疗费用[5]。使用具有抗菌功能的医疗器械是解决医院影响的主要措施。

除此之外，食品在储存期间要经历物理、化学和微生物等几种变化。由于环境和加工因素，食物稳定性是食物成分(如蛋白质、脂类、碳水化合物和水等)变化的函数。在食品包装中使用塑料作为保护层或污染物屏障不仅可以阻止食品腐坏，还可以提高其质量[6]。合适的包装可以减缓腐坏速率，从而延长食品保质期。此方法设计了一些理想的功能，而不是提供惰性屏障，引入了将抗菌剂直接加入包装膜的概念，称为活性包装。活性包装可以延迟甚至阻止食品表面微生物的生长，从而延长保质期，提高食品的安全性[7]。

8.2 抗菌功能

通常的抗菌功能是指抑制广谱微生物(如细菌、霉菌、真菌、病毒和酵母等)生长的能力，包括抗菌、抗生素、杀菌剂、抗病毒和抗真菌功能。抗菌药物的活性不同，对微生物的影响也不同。抗菌材料根据它们的功能可分为杀菌材料和生物抑制材料[8]。生物抑制功能是指抑制微生物在材料上的生长，生物抑制剂在不完全杀死微生物的情况下，抑制微生物的进一步生长。只要微生物暴露于生物抑制剂，微生物就不能快速繁殖。生物抑制剂可以防止材料生物降解。杀菌材料能够完全杀死微生物，从而消除它们的生长，保护使用者免受生物污染及传播。如果一种杀菌剂由于用量有限而不能完全消灭微生物，那么它只能起到生物抑制的作用。

聚合物材料的抗菌功能可通过物理或化学方法将杀菌剂掺入聚合物中实现。在物理方法中，抗菌剂可混合、涂覆或喷涂于聚合物表面。物理过程相对简单，易于实施且成本低廉，但对于所需的耐用性和稳定性是有限的。化学方法通过把杀菌剂与聚合物骨架共价连接，将耐用和持久的抗菌功能结合到聚合物上。这种结合通过共聚或表面接枝聚合将杀菌结构并入聚合物[9]。

当提供杀菌功能时，抗菌材料通常会消耗聚合物中的杀菌剂或表面的杀菌结构。一般来说，为了在一定时间内提供抗菌功能，材料应该在此期间释放足够量的杀菌剂。因此，可控的释放材料中的杀菌剂是一种提供持久抗菌功能的方法。近年来，作者课题组开发了一种将生物杀菌剂前体结构整合到聚合物上并激活杀菌功能的再生工艺[10-16]。杀菌剂的前体或前体结构通过共价键连接到聚合物上。前体结构用氯或氧漂白剂活化后可转化成杀菌位点。材料的杀菌功能在重复使用之后是可再生的，对纺织品尤为重要和实用。

抗菌剂包括抗生素、酒精、甲醛、重金属离子（银、铜）、阳离子表面活性剂（碳氢长链的季铵盐）和酚类；氧化剂包括氯、氯胺、过氧化氢、碘和臭氧。这些抗菌剂对微生物有不同的活性。一些抗菌剂，如醇类和季铵盐类化合物，直接作用于微生物细胞来分解它们。其他的可能会穿透细胞导致氨基酸、核质及其他重要化学成分的释放。一些化合物穿过微生物细胞壁使必需的膜运输系统失活，使细胞不能够再获得生存和繁殖所需的营养。另一些会凝结细胞中的某些重要物质，从而破坏微生物。一些试剂破坏细胞的新陈代谢，使它们不能够再吸收营养导致细胞饿死。然而，它们在纺织和消费品等高分子材料上的应用都有局限性[8]。

8.3 抗菌聚烯烃

抗菌聚烯烃已得到广泛研究和开发。生产抗菌聚烯烃的两种常用方法如下：直接将抗菌剂掺入聚烯烃中，如掺入聚合物或在聚烯烃表面涂覆或吸附抗菌剂，以及使用共聚接枝将抗菌药物固定或通过离子或共价键注入聚烯烃的化学结合法。

主要添加剂（如季铵盐、无机金属）物理掺入天然抗菌聚合物已被广泛报道。许多抗菌剂不易掺入或在聚烯烃中分布不均[17]。使用这种方法制备的聚烯烃的抗菌活性依赖于缓释机理。与细菌接触时杀菌剂从聚合物内部逐渐向表面迁移，提供抗菌功能。释放和迁移的速度直接影响抗菌功效。释放太快会产生短期杀菌活性，但持久性差。例如对于抗菌纺织品，洗涤和清洗是维护纺织品材料的常用程序。因此，耐洗涤性是抗菌纺织品极其重要的性能。增强杀菌剂和纤维之间的相互作用来控制杀菌剂的释放是维持杀菌活性的关键。此外，将过量的杀菌剂掺入纺织品材料中也可以延长使用时间。然而，在没有杀菌剂再生的情况下，杀菌功能最终会耗尽。为了制备能够持久保护的抗菌聚合物，应该探索可再生杀菌剂和新方法。

在以下部分中，基于将杀菌剂掺入聚合物的过程来总结抗菌聚烯烃。这些过程包括混合、涂覆和化学改性。

8.3.1 杀菌剂混入聚烯烃

在许多可与聚烯烃混合的杀菌剂中，银是最受欢迎的一种杀菌剂，对广谱微生物具有很强的抗菌作用，稳定易于施用且对人体无毒[18-21]。与铜相比，金属银不易释放离子，因此其抗菌活性不如其金属态。事实上，在水溶液中硝酸银形成银离子(Ag^+)，具有很强的抗菌活性[22]。聚烯烃与银离子的混溶性差，因此使用微米或纳米尺寸的金属颗粒来增加金属在聚合物中的混溶性。实际在挤出过程中已经将纳米尺寸的银颗粒掺入聚烯烃中[18-21]。银颗粒在材料内部对微生物的可接近性和银纳米粒子的低均匀分散性是这种技术应用的主要挑战[18-21]。此外，Ag^+的形成需要吸水，因此只有吸湿性聚合物是好的选择。加入一定的添加剂作为银离子的载体或使用改性剂来提高聚烯烃的亲水性已被发现[23-24]。银取代的沸石在食品包装中是应用最广泛的添加剂[7]。基于这项技术，杜邦公司已推出 MicroFree 品牌银盐抗菌粉末，为塑料树脂体系引入抗菌活性。

另一种重金属离子——铜离子也可以破坏微生物和病毒，并被证明对人类安全无害[25]。Gavia 和同事在母料制备阶段把氧化铜粉末加入聚合物中，来实现将氧化铜引入聚丙烯。由聚合物和铜熔融共混而成的纺黏无纺布具有优异的杀菌活性[26]。然而，铜离子对水环境的毒性更大，是其应用的一个限制。

在挤出过程中重金属杀菌剂可以很容易地掺入聚烯烃中，接触几小时就能够给材料提供良好的抗菌功能(表 8.1)。由于对人体的安全性高，银是最受欢迎的重金属杀菌剂，在许多聚合物材料(包括纺织品、家用塑料和医疗设备)中广泛使用。但由于其功能相对较慢，含有离子的产品对大多数病原体的完全快速杀灭能力有限。此外，所有重金属离子对水生生物都是有毒的，这也是使用重金属离子的主要问题。

表 8.1 重金属掺入聚烯烃

抗菌剂/聚合物制造方法	抗菌活性	备注	参考文献
银纳米粒子/聚丙烯熔融共混和薄膜铸塑	最低浓度 >0.1%(质量分数)，接触 24h(AATCC 100)，细菌减少 99.9%(金黄色葡萄球菌)	浓度>0.5%时显示微米尺寸的活性	[18-19]
银纳米粒子/聚丙烯熔融共混和鞘/芯纤维纺制	0.3%(质量分数)[0.026%(体积分数)](芯)，不反应(AATCC 100)，细菌减少 99.9%(金黄色葡萄球菌和肺炎克雷伯菌)	银在芯时无活性	[20-21]
元素银/聚丙烯熔融共混和薄膜铸塑	最低浓度 0.8%(质量分数)，接触 28d(摇瓶)，细菌减少 90%(金黄色葡萄球菌和大肠杆菌)	添加载体改进活性	[24]
氧化铜/聚丙烯熔融共混、纤维纺制和生产纺黏布	最低浓度 3%(质量分数)，接触 4h(AATCC 100)，细菌减少 98.7%(白色念珠菌)~99.9%(金黄色葡萄球菌和大肠杆菌)	层厚度无差异	[27]

8.3.2 大分子抗菌剂

聚(2-叔丁基氨基乙基)甲基丙烯酸酯(PTBAEMA)(图 8.1)是水不溶性杀菌剂的典型代表,可与聚烯烃共混进行表面改性[28](表 8.2)。PTBAEMA 的主要作用是取代细菌外膜中的 Ca^{2+} 和(或)Mg^{2+},造成其紊乱并最终被破坏。

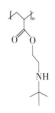

图 8.1 PTBAEMA 结构

通过共混和薄膜铸塑将 PTBAEMA 物理包裹至线型低密度聚丙烯(LLDPE)中,能够在长时间接触下提供适度的抗菌活性[28]。因为抗菌大分子的物理捕获是改善这两种聚合物混溶性的唯一结合机制,Lenoir 和同事开发了一种嵌段共聚物,把可与低密度聚乙烯混合的短聚烯烃嵌段和通过可控原子转移自由基聚合(ATRP)合成的 PTBAEMA 嵌段结合在一起[29]。该双嵌段共聚物由 TBAEMA 和活化的溴化物作为大分子引发剂的聚(乙烯-共-丁烯)(PEB)低聚物通过原子转移自由基聚合(ATRP)而成。与熔融共混薄膜接触的大肠杆菌的形态变化表明了该双嵌段共聚物是杀菌剂,而不是抑菌剂[29]。对这种说法的一个合理解释是一些纤维和颗粒状物质,最可能是细胞内容物,在与改性低密度聚乙烯接触 60min 后释放出来破坏细菌的细胞膜。而且在低密度聚乙烯的活性表面上没有观察到细菌黏附,表明细菌是通过接触被杀死而释放到水环境中。

近年来,抗菌聚丙烯的生产也采用了同样的方法(表 8.2),为了克服两种聚合物不混溶的有害影响,Thomassin 与同事把聚丙烯-g-马来酸酐(PP-g-MAH)和伯胺封端的聚[(2-叔丁基氨基)甲基丙烯酸乙酯]反应共混,将 PTBAEMA 接枝到聚丙烯骨架上[30]。功能纤维的抗菌活性表明,功能聚丙烯纤维能够提供长效抗菌活性,原因是把 PTBAEMA 杀菌剂锚定在聚丙烯链,防止其从纤维表面上释放。这样掺入聚合物的杀菌剂与化学结合的杀菌剂相似,可以提供更持久的功能。

表 8.2 高分子量阳离子抗菌剂掺入聚烯烃

抗菌剂/聚合物制造方法	抗菌活性	备注	参考文献
PTBAEMA/LLDPE 熔融共混和薄膜铸塑	最低浓度 1.5%~5.0%(质量分数),接触 24h(JISZ 2801),细菌减少 100%[金黄色葡萄球菌用 1.5%(质量分数),大肠杆菌用 5.0%(质量分数)]		[28]
PTBAEMA/LLDPE 合成 PEB-b-PTBAEMA,与 PE 熔融共混和薄膜铸塑	最低浓度 1.67mmol,接触 2h(摇瓶),细菌减少 100%(大肠杆菌)	双嵌段共聚物是杀菌剂	[29]
PTBAEMA/PP 通过 ATRP 合成 PP-g-MAH-PTBAEMA,与 PP 熔融共混,然后纤维纺制	最低浓度 12.5%,接触 1h(摇瓶),细菌减少 100%(大肠杆菌)	无末端氨基的 PTBAEMA 没有活性	[30]

8.3.3 其他抗菌剂

N-卤胺抗菌剂已通过在聚烯烃中掺入受阻胺光稳定剂(HALSs)作为 N-卤胺前体而得

到应用[31-32](图 8.2)。HALSs 是聚合物材料中最重要的光/热稳定剂之一(表 8.3)。

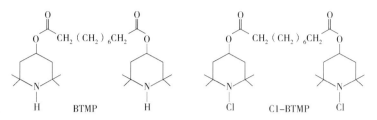

图 8.2 双(2,2,6,6-四甲基-4-哌啶基)癸二酸酯(BTMP)和 N-氯-BTMP 的结构

表 8.3 其他抗菌剂掺入聚烯烃

抗菌剂/聚合物制造方法	抗菌活性	备注	参考文献
Nisin/PE 熔融共混和薄膜铸塑	不反应,接触24h(抑菌圈),对热鞘梭菌有好的抑制作用	添加环氧乙烷或EDTA可显著提高活性	[33]
BTMP/PP 合成 Cl-BTMP 和溶剂浇铸	最低浓度>0.1%(质量分数),接触 15min 以上(AATCC 100),细菌减少100%(大肠杆菌和金黄色葡萄球菌)	可恢复和耐用能力	[31-32]
苯甲酸酐/LDPE 溶剂浇铸	最低浓度2%,曲霉菌、青霉菌的生长速率完全受到抑制	释放苯甲酸作为活性化合物	[34]

研究人员发现,在稀释的次氯酸钠漂白溶液中 HALSs 很容易转化为 N-氯受阻胺(NCHAs)。尽管能够通过溶剂浇铸制造聚丙烯,溶剂铸膜对大肠杆菌和金黄色葡萄球菌表现出极好的抗菌活性。此外,他们声称功能性聚合物具有强的储存稳定性、耐用性和功能的可恢复性。

对聚合物,如生产有效食品包装的低密度聚乙烯,使用各种抗菌剂(如乳酸链球菌素)或简单的抗真菌剂(如丙酸、苯甲酸和山梨酸)(以酸酐形式存在,以增加相容性)(表 8.3)。这些材料大部分溶于水,因此洗涤耐久性有限[33-34]。

8.3.4 表面涂覆抗菌剂

无法在高加工温度下存活的抗菌剂可涂覆在聚烯烃上[35]。在这种情况下,加工的聚烯烃材料(如无纺布或聚合物薄膜)在抗菌剂溶液中浸渍、填充和热处理除水干燥,并在必要时固化。因此,只有材料的表面性质发生变化,而基体的体积性质是完整的。涂层的良好力学性能和基体良好的附着力是聚烯烃处理的关键。与熔融共混相比,功能性涂层有几个优势。例如,在熔融共混之后,大多数抗菌剂(如金属纳米颗粒)可能不会留在表面上,无法发挥抗菌作用。如果试剂和聚烯烃不混溶,产品透明度可能不够。例如,纳米银和铜已经涂覆在聚合物薄膜或织物的表面上。为了克服抗菌功能的低持久性,在聚烯烃表面涂覆铜离子时,采用等离子体处理的方法(有无气体注入均可)(表 8.4)[38-39,46]。

以银纳米粒子化学气相沉积(CVD)为例,采用溶胶—凝胶技术或磁控溅射涂层制备了纳米结构银薄膜[18,36-37]。溶胶—凝胶技术提供了一种简单的技术方法,但这种涂层不均匀紧凑,而且薄膜和聚合物基底间的弱黏合力可能导致涂层的低持久性。CVD不会污染环境,但是溅射涂层非常昂贵,不适用于大的和(或)复杂的几何形状(表8.4)。

表8.4 聚烯烃表面涂覆常用抗菌剂

抗菌剂/基底	抗菌活性	备注	参考文献
银纳米颗粒/纺黏聚丙烯	2nm 厚,接触 1h(摇瓶),细菌减少 100%(大肠杆菌)	使用磁控溅射涂层	[36]
掺银的有机—无机杂化/LDPE 薄膜	最低浓度 5%,接触 6h(80:20 IOR:OR)或 24h(50:50 IOR:OR)(摇瓶),两种样品细菌减少均为 100%(大肠杆菌和金黄色葡萄球菌)	PE-PEG-Si/硅杂化的溶胶—凝胶涂层	[37]
纳米银胶体/PE-PP 纺黏无纺布	最低浓度 20mL/m^3,接触 24h(AATCC 100),细菌减少 19.4%(肺炎克雷伯氏菌)~99.9%(金黄色葡萄球菌)	含(不含)硫复合物的乙醇基底胶体显示两种细菌均减少 99.9%	[18]
铜/PE 薄膜	最低浓度 3%,接触 24h(AATCC,高湿条件),细菌减少 86.1%(金黄色葡萄球菌)~96.2%(大肠杆菌)	等离子体浸没离子注入技术(PⅢ),气体共注入可调节铜的释放速率	[38-39]
金或金-钯(60-40)/PP 网状移植物	厚度 5nm,接触 24h,Au 涂覆,表皮葡萄球菌减少 95.7% Au-Pd 涂层,减少 99.1%	体内 Au-Pd 和 Au 样品,感染率分别为 0 和 30%	[40]
MHPA 和 MDHP/PP 纺织品	最低浓度 0.16%~0.58% 活化氧,不反应(AATCC 100),细菌减少 99.3%(肺炎克雷伯菌)~99.4%(金黄色葡萄球菌)	5 次洗涤后没有变化	[41]
壳聚糖低聚物/PP 无纺布	最低浓度 0.01%~0.05% 附加壳聚糖水平,不反应(摇瓶),添加 0.01% 壳聚糖水平,细菌减少 90%(普通变形杆菌);添加 0.01%~0.05% 壳聚糖水平(大肠杆菌和金黄色葡萄球菌)	1% 以上附加壳聚糖水平,细菌减少 30%(肺炎克雷伯菌和铜绿假单胞菌)	[42]
三氯生/PE 薄膜	最低浓度无报道,接触 24h(AATCC,高湿条件),金黄色葡萄球菌减少 99.1%~99.8%,大肠杆菌减少 99.7%~99.9%	当细菌浓度为 10^{8}CFU/mL 时,无抗菌活性	[43]
溴硝醇/PE 薄膜	最低浓度无报道,接触 24h(AATCC,高湿条件),金黄色葡萄球菌减少 60.4%~96.2%,大肠杆菌减少 20.3%~94.7%	当细菌浓度为 10^{8}CFU/mL 时,无抗菌活性	[44]
聚六亚甲基双胍盐酸盐/SMS PP 无纺布	最低浓度 0.75% 附加水平,接触 24h(AATCC 147),通过(金黄色葡萄球菌)	应用含氟化合物拒水整理后,活性无变化	[45]

SEM 成像的金涂层被用于聚丙烯网片移植物的抗菌涂层[47]。涂层材料具有抗菌作用,在 24h 的接触时间里,金钯镀层材料比金镀层具有更好的抗菌性能。在接种后 8 天的体内试验中,金钯涂层聚丙烯移植物和金涂层聚丙烯移植物的创面感染率分别为 0 和 30%,而纯聚丙烯移植物为 100%(表8.4)。

除此之外，氢过氧乙酸镁（MHPA）和二氢过氧化镁（MDHP）作为抗菌剂通过轧—烘—焙加工应用于聚丙烯织物，产品在 0 和 5 次洗涤后表现出良好的抗菌活性（减少 99% 的细菌生长）[41]。涂覆其他抗菌剂，如三氯生（2,4,4′-三氯-2′-羟基二苯醚）[43]和溴硝醇（2-溴-2-硝基丙烷-1,3-二醇）用于等离子体改性聚乙烯[44]；水溶性壳聚糖低聚物（甲壳素脱乙酰化产物）用于聚丙烯无纺布[42]；以聚六亚甲基双胍盐酸盐（PHBM）为其有效成分，用于纺黏—熔喷—纺黏（SMS）聚丙烯无纺布织物[45]，以上这些已经被发现（表 8.4）。

最近，Han 与合作者使用聚酰胺作为涂层介质，在低密度聚乙烯薄膜表面掺入活性化合物[48-49]。首先把聚酰胺树脂溶于乙醇，将各种抗菌剂（如山梨酸、对苯二酚、百里香酚、迷迭香油树脂和反式肉桂醛）加入溶解好的溶液，然后将制备好的涂层介质涂覆于低密度聚乙烯薄膜，用电子束照射，加强涂层和聚合物薄膜之间的共价连接。

涂层工艺作为一种可选的将抗菌剂掺入聚烯烃的方法，已成功应用于不同的产品。由于表面上的杀菌剂可在使用过程中迅速除去，因此采用不同的聚合物黏合剂，通过化学或物理方法增强抗菌剂和聚烯烃的相互作用，提高了抗菌功能的耐久性。这些方法适用于各种无法重复使用和清洁的产品。对于某些聚烯烃材料，如可重复使用的纺织品，通过化学方法在聚烯烃中掺入抗菌剂可能是更好的选择。

8.3.5 杀菌剂与聚烯烃的化学结合

目前已经开发出各种化学改性方法，包括离子或共价键连接、交联和接枝共聚等。抗菌剂通过可裂解键与聚合物骨架相连。活性剂的释放不显著影响原始聚合物的性质。因此，抗菌功能的耐久性比物理结合技术高很多，尽管固定抗菌剂的裂解是最关键的。这种制备抗菌聚合物的方法需要在抗菌剂和聚合物上都存在合适的官能团。肽、酶和多胺是功能性的抗菌剂。由于聚烯烃聚合物上没有合适的官能团，在未改性聚烯烃上固定抗菌剂的例子很少。因此，大多数研究集中在将官能团引入到聚合物上。

8.3.6 阳离子物质

壳聚糖是一种良好的聚合物杀菌剂，可以固定在聚丙烯薄膜或织物上。为了聚烯烃上提供合适的官能团与壳聚糖上的 NH_2 相互作用，可以把羧基接枝到聚丙烯上。在这种情况下，丙烯酸（AA）、甲基丙烯酸缩水甘油酯（GMA）或甲基丙烯酸（MA）可通过使用等离子体或辐射接枝到聚合物表面上，然后再固定壳聚糖[50-54]。聚丙烯表面可用氨基通过等离子体处理改性，戊二醛可用作交联剂来连接聚合物和壳聚糖（图 8.3）。戊二醛的机理在于戊二醛的醛基与酶的氨基和等离子体活化聚丙烯的氨基之间形成亚胺键[50]。

$$PP-NH_2 + NH_2-壳聚糖 \xrightarrow{戊二醛} PP-N=CH-(CH_2)_3-CH=N-壳聚糖$$

图 8.3 壳聚糖固定在氨基活化聚丙烯膜的示意图

其他非浸出抗菌剂，如聚（2-二甲基氨基乙基）甲基丙烯酸酯（PDMAEMA）可固定在聚丙烯表面，这种改性产物也展现了强的杀菌活性[55]（表 8.5）。可浸出抗菌活性也可以通过在杀菌剂和聚合物间应用可水解酯键连接来实现（图 8.4）。这种逐渐水解的酯键会缓慢释放抗菌剂[57,59]。

表 8.5 阳离子抗菌剂化学掺入聚烯烃

抗菌剂/基底制造方法	抗菌活性	备注	参考文献
HTCC/PP 无纺布接枝 GMA 到等离子体处理的 PP 上,然后固定	最低浓度 29.7%(GMA)/2.6%(HTCC),接触 3h(AATCC 100),细菌减少 1.4log(大肠杆菌)、1log(植物乳杆菌)和 1.3log(金黄色葡萄球菌)		[51]
β-环糊精(CD)/PP 无纺布接枝 GMA 到等离子体处理的 PP 上,然后固定	最低浓度 20.62%(GMA)/1%(CD),接触 3h(AATCC 100),细菌减少 1.1log(大肠杆菌)、0.4log(植物乳杆菌)和 1.1log(金黄色葡萄球菌)	更高的 GMA/CD 浓度对活性有反作用	[51]
壳聚糖/PP 无纺布溶液用丙烯酸接枝,然后在胶原蛋白和戊二醛存在下固定	最低浓度 43%(11%丙烯酸接枝和 33:67 胶原蛋白:壳聚糖),接触时间无报道(AATCC 100),细菌减少 100%(金黄色葡萄球菌)	在较高固定化百分比下,吸水和扩散系数降低	[52]
壳聚糖/PP 膜氨基和羧基—等离子体对 PP 活化,然后固定	最低浓度 $1.75g/m^2$,接触 24h(潮湿条件下跌落测试),细菌减少 2log(大肠杆菌)和 4log(枯草芽孢杆菌)	用戊二醛作偶联剂,透氧性降低 95%以上	[50]
壳聚糖/PP 无纺布在 γ 射线辐照下丙烯酸接枝,然后在 N-(3-二甲基氨基丙基)-N'-乙基碳二亚胺存在下固定	最低浓度 17%(6%丙烯酸接枝),接触 18h(直接接触),细菌减少 99.6%(铜绿假单胞菌)	处理后含水量更高	[53]
季铵盐/PP 织物甲基丙烯酸 γ 射线辐照接枝,然后用胺盐酸盐—表氯醇缩合物季铵化	15%甲基丙烯酸接枝,35%季铵化程度,接触 24h(XPG39-010),细菌减少 99%(金黄色葡萄球菌和肺炎克雷伯菌)以上	即使没有季铵化,活性仍相同	[56]
季铵盐/LLDPE 薄膜丙烯酸辉光放电接枝,然后季铵化	最低浓度 10^{-6} mol/L,接触 24h(直接接触),细菌减少 99%(3×10^5 CFU/mL 大肠杆菌)~100%(2×10^5 CFU/mL 金黄色葡萄球菌)	C_{12} 链长无活性,当细菌浓度为 10^5 CFU/mL 时无活性	[57]
季铵盐/PP 织物吗啉甲基丙烯酸乙酯(MEMA)电子束辐照接枝,然后季铵化	40%MEMA 接枝,50%~70%季铵化程度,接触 3h(AATCC 100),细菌减少 6log(大肠杆菌)	当苄基氯用作烷基化试剂时,活性较低	[56]
季铵盐/PP 织物乙烯基吡啶(4-VP)辐照接枝,然后用乙基/丁基/十六烷基或苄基卤季铵化	2.3%4-VP 接枝,89%~93%季铵化程度 20mL 细菌的流出技术,速率 7.5mL/min,细菌减少 90%~95%(大肠杆菌)	苄基溴最有效 层越多,活性越高	[58]
PQA/PP 板把 DMAEMA 通过 ATRP 加到 PP 上,然后季铵化	PQA>14unit/nm^2,接触 1h(摇瓶),细菌减少 100%(3×10^5 CFU/mL 大肠杆菌)		[55]

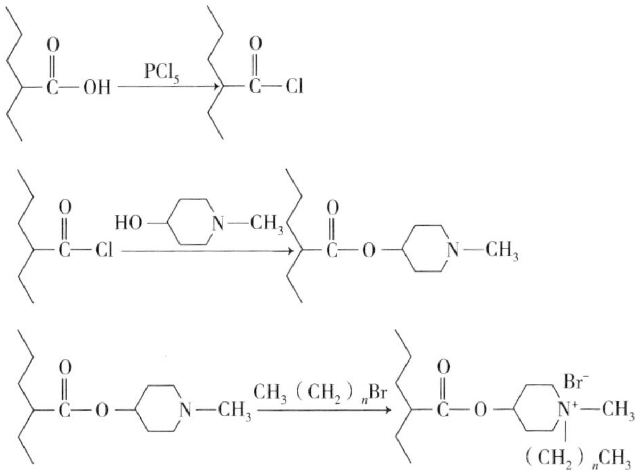

图 8.4　接枝羧酸转化为季铵盐

8.3.6.1　金属络合

一些单体，如丙烯酸[60]、磺化苯乙烯[61]和2N-吗啉甲基丙烯酸乙酯(MEMA)[56]可以接枝到聚丙烯基底上，形成的金属盐络合物具有抗菌性能。在所有应用的金属元素中，银络合的聚合物对所有细菌都有强的杀菌活性。由于阳离子杀菌剂的作用靶点是细菌的胞质膜，在细菌细胞表面吸附金属盐是作用的第一步。可预见的是带有增强电荷密度的阳离子杀菌剂可以加强吸附(表8.6)。

表 8.6　重金属化学掺入聚烯烃

抗菌剂/基底制造方法	抗菌活性	备注	参考文献
金属盐/聚丙烯织物丙烯酸γ射线辐照接枝，然后金属络合	6.94mmol(COOH)/g 反应, Ag 0.1mmol/g, Fe 0.28mmol/g, Zn 1.96mmol/g, Cu 0.37mmol/g；直接接触6log 大肠杆菌, Ag 5min；6log 金黄色葡萄球菌, Ag 5min、Cu 30min、Zn 3h；6log 铜绿假单胞菌, Ag 2h、Fe 4h	Ni 络合织物无活性	[60]
金属盐/聚丙烯织物苯乙烯γ射线辐照接枝，然后磺化、金属络合	3.95mmol(SO_3H)/g 反应, Ag 0.61mmol/g, Fe 1.56mmol/g, Zn 1.50mmol/g 和 Cu 1.69mmol/g；直接接触6log 大肠杆菌, Ag 30min、Fe 2h、Cu 4h；6log 金黄色葡萄球菌, Ag 30min、Cu 3h、Zn 4h、Ni 3h、Co 5h；6log 铜绿假单胞菌, Ag 30min、Fe 30min、Cu 1h、Zn 4h、Ni 5h		[61]
金属盐/聚丙烯织物吗啉甲基丙烯酸乙酯(MEMA)电子束辐照接枝，然后季铵化	最低浓度 0.091mg/g(Cu^{2+})；接触 3h(AATCC 100), 细菌减少 6log(大肠杆菌)	即使不用烷基化试剂，也能完全杀灭	[56]

8.3.6.2　卤胺和卤素

在目前研究的抗菌剂中，只有 N-卤胺展现出了对多种微生物快速完全的杀灭能力，并且不会引起微生物的抗性。N-卤胺是一种卤原子与氮连接的化合物，通过酰亚胺、酰胺、氨基吖嗪或氨基的卤化形成。与其他抗菌剂相比，N-卤胺化合物具有最持久和可恢复的杀菌性能。在过去10年里，研究人员做了一些尝试，将它们掺入聚合物材料[10-13,62-66]。N-卤胺试剂和聚合物材料共混后接枝到聚合物骨架是将N-卤胺试剂引入聚合物结构的最常用方法。前面的方法已经讨论过，而第二种方法在某种程度上很难控制，但似乎是最容易的方法。

把卤胺结构通过化学方法掺入各种聚合物在过去10年中已取得了巨大进展，但它更多地应用于亲水聚合物。N-卤胺结构通过传统的轧—烘—焙整理过程接枝到聚丙烯织物上[67]。该技术在几种合成聚合物上提供了强大、耐久和可恢复的杀菌活性，但是仅限于表面改性。

最近，研究了在熔融挤出过程中将N-卤胺前体结构化学掺入聚烯烃[68]。采用反应挤出过程和自由基接枝聚合反应，几种环状和非环状卤胺前体结构成功接枝到聚丙烯上。氯化接枝聚合物有快速、持久和可恢复的杀菌活性，能够应用于熔喷无纺布系统。这种对聚烯烃进行化学改性的方法开辟了制备抗菌聚合物的新途径。

此外，还发现了将聚乙烯吡咯烷酮碘（PVP-I）配合物接枝到聚丙烯薄膜上具有抗菌活性[69]。在最少接触4h后，活化表面完全杀死了细菌，并且没有再生的倾向（表8.7）。

表8.7 卤胺或卤素抗菌剂化学掺入聚烯烃

抗菌剂/基底制造方法	抗菌活性	备注	参考文献
聚乙烯吡咯烷酮碘（PVP-I）复合物/聚丙烯膜 UV 接枝 NVP，然后碘络合	除2.1% PVP 接枝外无报道，接触5h（摇瓶），细菌减少99.999%（大肠杆菌、金黄色葡萄球菌、白色念珠菌）		[69]
N-卤胺/聚丙烯织物轧—烘—焙乙内酰脲衍生物，然后氯活化	最低浓度3.9%，接触20min（AATCC 100），细菌减少99.9%（大肠杆菌）	高耐用性和恢复能力	[67]
N-卤胺/聚丙烯聚合物熔融诱导接枝三聚氰胺衍生物，然后形成纤维和氯活化	60mol/百万份聚丙烯，接触30min（AATCC 100），细菌减少100%（大肠杆菌）	可恢复和持久活性	[68]

8.4 未来趋势

目前的抗菌聚烯烃产品可以对广泛的病原体起作用，在许多领域得到应用。毫无疑问，在卫生产品和医疗器械中使用抗菌聚合物可以保护人类健康，改善生活质量。这类聚合物的应用范围已扩展到许多领域，包括人造器官、药物、保健品、植入物、骨替代物和其他假体、伤口愈合、食品、纺织工业和水处理。

近年来，新型抗菌产品的出现，证明抗菌聚合物正处于快速扩张的边缘[9]。然而，目前的抗菌产品仍需几个小时的接触时间才能大幅度减少病原体，远低于预期。目前，许多聚烯烃的结构改性会对其原有性能产生不利影响，使聚合物缺少抗菌应用。然而，对聚烯烃及其纤维制品进行改性，使其具有更强的杀菌性能、更好的孔隙度、润湿性和生物相容性，有望在植入物和生物医用设备以及生物防护材料方面得到应用。

参 考 文 献

[1] Pasquini N. Polypropylene—the business. In: Pasquini N, editor. Polypropylene handbook. Munich: Hanser; 2005. p. 491-569.

[2] Sen K. Polypropylene fibers. In: Gupta VB, Kothari VK, editors. Manufactured fiber Technology. London: Chapman & Hall; 1997. p. 457-479.

[3] Burke JP. Infection control—a problem for patient safety source. New Engl J Med 2003; 348(7): 651.

[4] Zerr DM, Garrison MM, Allpress AL, Heath J, Christakis DA. Infection control policies and hospital-associated infections among surgical patients: variability and associations in a multicenter pediatric setting. Pediatrics 2005; 115(4): e387.

[5] Isakow W, Morrow LE, Kollef MH. Probiotics for preventing and treating nosocomial infections, review of current evidence and recommendations. Chest J 2007; 132(1): 286.

[6] Goddard JM, Hotchkiss JH. Polymer surface modification for the attachment of bioactive compounds. Prog Polym Sci 2007; 32(7): 698.

[7] Brody AL, Strupinsky ER, Kline LR. Active packaging for food applications. New York: CRC Press; 2001. p. 131-194.

[8] Sun G, Worley SD. Chemistry of durable and regenerable biocidal textiles. J Chem Educ 2005; 82(1): 60.

[9] Kenawy E, Worley SD, Broughton R. The chemistry and applications of antimicrobial polymers: a state-of-the-art. Biomacromolecules 2007; 8(5): 1359.

[10] Liu S, Sun G. Durable and regenerable biocidal polymers: acyclic N-halamine cotton cellulose. Ind Eng Chem Res 2006; 45(19): 6477.

[11] Sun, G., 2001. Durable and regenerable antimicrobial textiles. In: Edwards JV, Vigo TL, editors. Bioactive fibers and polymers. Symposium series no. 792. American Chemical Society, Washington. p. 243-252.

[12] Sun G, Xu X. Durable and regenerable antibacterial finishing of fabrics. Text Chem Color 1998; 30(6): 26.

[13] Sun Y, Sun G. Novel regenerable N-halamine polymeric biocides I: synthesis, characterization and antimicrobial activity of hydantoin-containing polymers. J Appl Polym Sci 2001; 80(13): 2460.

[14] Sun Y, Sun G. Novel regenerable N-halamine polymeric biocides II: grafting hydantoincontaining monomers onto cotton cellulose. J Appl Polym Sci 2001; 81(3): 617.

[15] Sun Y, Sun G. Novel regenerable N-halamine polymeric biocides III: grafting hydantoin-containing monomers onto synthetic fabrics. J Appl Polym Sci 2001; 81(6): 1517.

[16] Sun Y, Sun G. Durable and refreshable polymeric N-halamine biocides containing 3-(4′-vinylbenzyl)-5, 5-dimethylhydantoin. J Polym Sci Polym Chem 2001; 39(19): 3348.

[17] Appendini P, Hotchkiss JH. Review of antimicrobial food packaging. Innov Food Sci Emerg Technol 2002; 3(2): 113.

[18] Jeong SH, Yeo SY, Yi SC. The effect of filler particle size on the antibacterial properties of compounded polymer/silver fibers. J Mater Sci 2005; 40(20): 5407.

[19] Jeong SH, Hwang YH, Yi SC. Antibacterial properties of padded PP/PE non-woven incorporating nano-sized silver colloids. J Mater Sci 2005; 40(20): 5413.

[20] Yeo SY, Jeong SH. Preparation and characterization of polypropylene/silver nanocomposite fibers. Polym Int 2003; 52(7): 1053.

[21] Yeo SY, Lee HJ, Jeong SH. Preparation of nanocomposite fibers for permanent antibacterial effect. J Mater Sci 2003; 38(10): 2143.

[22] Yamanaka M, Hara K, Kudo J. Bactericidal actions of a silver ion solution on Escherichia coli, studied by energy-filtering transmission electron microscopy and proteomic analysis. Appl Environ Microbiol 2005; 71

(11): 7589.

[23] Kumar R, Munstedt H. Silver ion release from antimicrobial polyamide/silver composites. Biomaterials 2004; 26(14): 2081.

[24] Radheshkumar C, Munstedt H. Antimicrobial polymers from polypropylene/silver composites—Ag + release measured by anode stripping voltammetry. React Funct Polym 2006; 66(7): 780.

[25] Borkow G, Gabbay J. Copper as a biocidal tool. Curr Med Chem 2005; 12(18): 2163.

[26] Gavia J, Borkow G, Mishal J, Magen E, Zatcoff R. Copper oxide impregnated textiles with potent biocidal activities. J Ind Text 2006; 35(4): 323.

[27] Gabbay J, Borkow G, Mishal J, Magan E, Zatcoff R, Sheme-Avni Y. Copper oxide impregnated textiles with potent biocidal activities. J Ind Text 2006; 35(4): 323.

[28] Seyfriedsberger G, Rametsteiner K, Kern W. Polyethylene compounds with antimicrobial surface properties. Eur Polym J 2006; 42(12): 3383.

[29] Lenoir S, Pagnoulle C, Galleni M, Compère P, Jérôme P, Detrembleur C. Polyolefin matrixes with permanent antibacterial activity: preparation, antibacterial activity, and action mode of the active species. Biomacromolecules 2006; 7(8): 2291.

[30] Thomassin JM, Lenoir S, Riga J, Jérôme R, Detrembleur C. Grafting of poly [2-(tertbutylamino) ethyl methacrylate] onto polypropylene by reactive blending and antibacterial activity of the copolymer. Biomacromolecules 2007; 8: 1171.

[31] Chen Z, Sun Y. Antimicrobial polymers containing melamine derivatives. II. Biocidal polymers derived from 2-vinyl-4, 6-diamino-1, 3, 5-triazine. J Polym Sci Part A: Polym Chem 2005; 43: 4089.

[32] Chen Z, Sun Y. N-Chloro-hindered amines as multifunctional polymer additives. Macromolecules 2005; 38: 8116.

[33] Cutter CN, Willett JL, Siragusa GR. Improved antimicrobial activity of Nisinincorporated polymer films by formulation change and addition of food grade chelator. Lett Appl Microbiol 2001; 33(4): 325.

[34] Weng YH, Hotchkiss JH. Anhydrides as antimycotic agents added to polyethylene films for food packaging. Packag Technol Sci 1993; 6(3): 123.

[35] Zhang Y, Jiang J, Chen Y. Migration of antimicrobial agents in the polypropylene fibers. Polym-Plast Technol Eng 2000; 39: 223.

[36] Wang H, Wang J, Hong J, Wei Q, Gao W, Zhu Z. Preparation and characterization of silver nanocomposite textile. J Coat Technol Res 2007; 4(1): 101.

[37] Marini M, Niederhausern SD, Iseppi R, Bondi M, Sabia C, Toselli M, et al. Antibacterial activity of plastics coated with silver-doped organic-inorganic hybrid coatings prepared by sol-gel processes. Biomacromolecules 2007; 8(4): 1246.

[38] Zhang W, Zhang YH, Ji JH, Zhao J, Yan W, Chu PK. Antimicrobial properties of copper plasma-modified polyethylene. Polymer 2006; 47(21): 7441.

[39] Zhang W, Zhang Y, Ji J, Yan Q, Huang A, Chu PK. Antimicrobial polyethylene with controlled copper release. Biomed Mat Res A 2007; 83(3): 838.

[40] Saygun O, Avalar C, Aydinuraz K, Agalar F, Daphan C, Saygun M, et al. Gold and gold-palladium coated polypropylene grafts in a *S. epidermidis* wound infection model. J Surg Res 2006; 131(1): 73.

[41] Vigo TL, Danna GF. Magnesium hydroperoxyacetate (MHPA) and magnesium dihydroperoxide (MDHP): new antibacterial agents for fibrous substrates. Polym Adv Technol 1995; 7(1): 17.

[42] Shin Y, Yoo DI, Min K. Antimicrobial finishing of polypropylene non-woven fabric by treatment with chitosan oligomer. J Appl Polym Sci 1999; 74(12): 2911.

[43] Zhang W, Chu PK, Ji J, Zhang Y, Fu RKY, Yan Q. Antibacterial properties of plasmamodified and triclosan or bronopol coated polyethylene. Polymer 2006; 47(3): 931.

[44] Zhang W, Chu PK, Ji J, Zhang Y, Ng SC, Yan Q. Surface antibacterial characteristics of plasma-modified polyethylene. Biopolymers 2006; 83(1): 62.

[45] Huang W, Leonas KK. Evaluating a one-bath process for imparting antimicrobial activity and repellency to non-woven surgical gown fabrics. Text Res J 2000; 70(9): 774.

[46] Zhang W, Ji J, Zhang Y, Yan Q, Kurmaev EZ, Moewes A, et al. Effects of NH_3, O_2, and N_2 co-implantation on Cu out-diffusion and antimicrobial properties of copper plasma-implanted polyethylene. Appl Surf Sci 2007; 253(22): 8981.

[47] Agalar F, Daphan C, Saygun M, Ceken S, Akkus A. Gold and gold-palladium coated polypropylene grafts in a *S. epidermidis* wound infection model. J Surg Res 2006; 131(1): 73.

[48] Han J, Castell-Perez ME, Moreira RG. The influence of electron beam irradiation on the effectiveness of trans-cinnamaldehyde-coated LDPE/polyamide films. J Food Sci 2006; 71(5): E245.

[49] Han J, Castell-Perez ME, Moreira RG. The influence of electron beam irradiation of antimicrobial-coated LDPE/polyamide films on antimicrobial activity and film properties. LWT—Food Sci Technol 2007; 40(9): 1545.

[50] Vartiainen J, Rättö M, Tapper U, Paulussen S, Hurme E. Surface modification of atmospheric plasma activated BOPP by immobilizing chitosan. Polym Bull 2005; 54(4-5): 343.

[51] Wafa DM, Breidt F, Gawish SM, Matthews SR, Donohue KV, Roe RM, et al. Atmospheric plasma-aided biocidal finishes for non-woven polypropylene fabrics. II. Functionality of synthesized fabrics. J Appl Polym Sci 2007; 103(3): 1911.

[52] Wang CC, Chen CC. Antibacterial and swelling properties of acrylic acid grafted and collagen/chitosan immobilized polypropylene non-woven fabrics. J Appl Polym Sci 2005; 98(1): 391.

[53] Yang JM, Lin HT, Wu TH, Chen CC. Wettability and antibacterial assessment of chitosan containing radiation-induced graft non-woven fabric of polypropylene-g-acrylic acid. J Appl Polym Sci 2003; 90(5): 1331.

[54] Chen KS, Ku YU, Lee CH, Lin HR, Lin FH, Chen TH. Immobilization of chitosan gel with cross-linking reagent on PNIPAAm gel/PP non-woven composites surfaces. Mater Sci Eng C 2005; 25(4): 472.

[55] Huang J, Murata H, Koepsel RR, Russell AJ, Matyjaszewski K. Antibacterial polypropylene via surface-initiated atom transfer radical polymerization. Biomacromolecules 2007; 8(5): 1396.

[56] Mosleh S, Gawish SM, Sun Y. Characteristic properties of polypropylene cationic fabrics and their derivatives. J Appl Polym Sci 2003; 89(11): 2917.

[57] McCubbin PJ, Forbes E, Gow MM, Gorham SD. Novel self-disinfecting surface. J Appl Polym Sci 2006; 100(1): 381.

[58] Tan S, Li G, Shen J, Liu Y, Zong M. Study of modified polypropylene non-woven cloth. II. Antibacterial activity of modified polypropylene non-woven cloths. J Appl Polym Sci 2000; 77: 1869.

[59] McCubbin PJ, Forbes E, Gow MM, Gorham SD. Covalent attachment of quaternary ammonium compounds to a polyethylene surface via a hydrolysable ester linkage: basis for a controlled-release system of antiseptics from an inert surface. J Appl Polym Sci 2006; 100(1): 538.

[60] Park JS, Kim JH, Nho YC, Kwon OH. Antibacterial activities of acrylic acid-grafted polypropylene fabric and its metallic salt. J Appl Polym Sci 1998; 69(11): 2213.

[61] Nho YC, Park JS, Jin JH, Kwon OH. Antibacterial activity of sulfonated styrenegrafted polypropylene fabric and its metallic salt. J Macromol Sci Part A: Pure Appl Chem 1999; A36: 731.

[62] Sun G, Xu X. Durable and regenerable antibacterial finishing of fabrics: chemical structure. Text Chem Color

1999; 31(5): 31.

[63] Sun G, Xu X. Durable and regenerable antibacterial finishing of fabrics: fabric properties. Text Chem Color 1999; 31(1): 21.

[64] Sun Y, Sun G. Synthesis, characterization and antibacterial activities of novel N-halamine polymer beads prepared by suspension copolymerization. Macromolecules 2002; 35: 8909.

[65] Sun Y, Sun G. Novel refreshable N-halamine polymeric biocides: grafting hydantoincontaining monomers onto high-performance fibers by a continuous process. J Appl Polym Sci 2003; 88(4): 1032.

[66] Sun Y, Sun G. Novel refreshable N-halamine polymeric biocides: N-chlorination of aromatic polyamides. Ind Eng Chem Res 2004; 43: 5015.

[67] Sun Y, Sun G. Durable and regenerable antimicrobial textile materials prepared by a continuous grafting process. J Appl Polym Sci 2002; 84(8): 1592.

[68] Badrossamay MR, Sun G. Rechargeable biocidal polypropylene prepared by melt radical grafting of polypropylene with diallyl-amino triazine. Eur Polym J 2008; 44: 733.

[69] Xing CM, Deng JP, Yang WT. Synthesis of antibacterial polypropylene film with surface immobilized polyvinylpyrrolidone-iodine complex. J Appl Polym Sci 2005; 97(5): 2026.

延 伸 阅 读

Mosleh S, Gawish SM, Khalil FH, Bieniek RF. Properties and application of novel amphoteric polypropylene fabrics. J Appl Polym Sci 2005; 98(6): 2373.

Sun G, Xu X, Bickett JR, Williams JF. Durable and regenerable antimicrobial finishing of fabrics with a new hydantoin derivative. Ind Eng Chem Res 2001; 41: 1016.

Sun Y, Chen TY, Worley SD, Sun G. Novel refreshable N-halamine polymeric biocidescontaining imidazolidin-4-one derivatives. J Polym Sci Polym Chem 2001; 39(18): 3073.

9 聚烯烃在无纺布中的应用

Sanjiv R. Malkan

(亨特道格拉斯，布鲁姆菲尔德，美国科罗拉多州)

9.1 概述

在过去10年中，聚烯烃的使用，特别是聚丙烯，主导了熔喷无纺布和纺黏无纺布的生产。无纺布越来越多地使用聚烯烃的主要原因之一是原材料相对便宜，并且全球范围内均可买到。本章讨论了聚烯烃在无纺布应用中的基本性质、性能和独特之处；也讨论了如何利用聚烯烃催化剂技术的进步和关键发展，例如单中心催化剂及其在烯烃聚合中独特的分子剪裁能力，提高聚烯烃在无纺布中的应用。

聚烯烃树脂广泛用于无纺布主要是由于与传统树脂(如聚酯和聚酰胺)相比，其成本相对有吸引力，物有所值且容易使用。聚烯烃纤维级树脂的持续发展强化了烯烃的性价比，使其更适合在无纺布中应用。在2015年，聚丙烯是全球无纺布使用量最多的单一原材料，如图9.1所示。

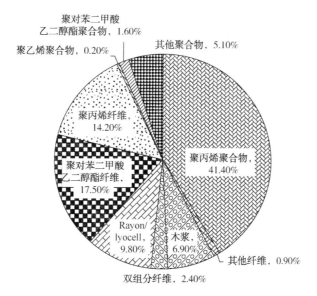

图9.1 无纺布生产原材料[1]

商业聚烯烃技术在过去60年发生了巨大的变化。图9.2显示了聚烯烃技术的发展阶段[2]。图9.2表明，聚烯烃技术经历了引进、增长、稳定成熟阶段。技术发展的推动力是工业界不断改进控制分子结构的愿望，从而提高聚合物性能。这种创新趋势可能带来聚烯烃技术的另一个引进、增长和成熟阶段。聚烯烃技术发展的关键/里程碑如下[3]：

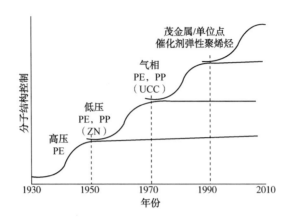

图 9.2　聚烯烃技术的发展阶段
资料来源：摘自第 5 届 TANDEC 年度会议，田纳西州诺克斯维尔，1995 年

(1) 20 世纪 30 年代，帝国化学工业(ICI)开创了制造通用塑料的趋势，引进其制造聚乙烯树脂的高压工艺。

(2) 20 世纪 50 年代，立构规整聚烯烃的发现与催化剂和工艺的快速发展使结晶等规聚丙烯和高密度聚乙烯树脂实现商业化。

(3) 20 世纪 70 年代，低压气相法制备线型聚烯烃的发明使车轮开始转动。

(4) 20 世纪 90 年代，制备优质聚烯烃树脂的单位点催化剂的出现开创了另一种技术趋势。

(5) 21 世纪初，对非茂金属烯烃催化剂开展了广泛的研究。

(6) 2000 年后，聚烯烃弹性体在无纺布及其他方面的应用开辟了新的终端用途。

9.2　无纺布的定义

无纺布技术是纺织工业最现代化的分支[4]，既体现了相当古老的工艺，也体现了非常新颖的工艺和材料[5]。无纺布工业从一开始只有有限种类原材料、工艺和最终用途，到现在已实现了巨大的多样性[6]。如今无纺布在数百种日常用品中，从豪华汽车到熟悉的茶包，都发挥着关键作用[7]。无纺布工业的多功能性和复杂性如图 9.3 所示。

术语"无纺布"已有很多定义。实际上，无纺布的定义一直是备受争议的领域。显然，到目前为止提出的所有定义都详细说明了无纺布不是什么，而不是它们是什么。无纺布本质上是用机械或化学方法将纤维集合在一起，产生的机械稳定、自支撑、通常柔韧的网状结构。

然而，无纺布行业协会(INDA)给出的无纺布定义为："一种天然和(或)人造纤维或长丝(不包括纸)的薄片、网片或棉絮，可能未转化为纱线，通过几种方式相互黏合在一起。"无纺布行业协会进一步指出，如果一种材料的纤维质量超过 50%(化学消化的植物纤维除外)且长径比大于 300，或纤维质量超过 50% 且长径比大于 600 或织物密度小于 $0.4g/cm^3$，则该材料应定义为无纺布。

国际无纺布协会(欧洲一次性用品和无纺布协会，EDANA)、无纺布行业协会和亚洲无纺布协会(ANFA)共同努力修订了无纺布的定义。提出的无纺布新定义是："一种工程纤维

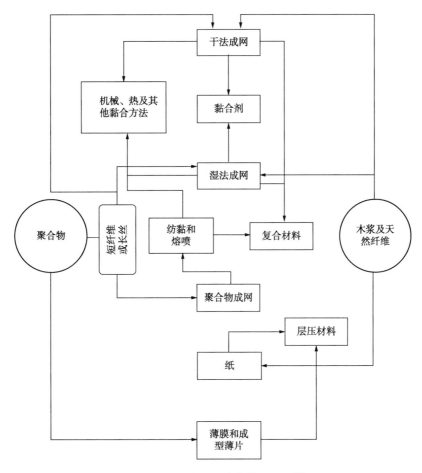

图 9.3 无纺布工业综合体流程图[8]

集合，通过物理和(或)化学方法使其具有可设计的结构完整性，不包括纸张、机织或针织材料。"这个新定义说明了无纺布是什么，而非不是什么——不是编织的[9]。

无纺布最重要的，也是对其经济吸引力贡献最大的特点[7]是，这种织物通常由原材料直接在连续生产线上制成，从而部分或完全消除了传统的纺织作业，例如粗纱、纺纱、编织或针织。织物制造的简单性加上高生产率使无纺布在许多工业应用(例如包装材料)中，能够以成本为基础与编织物和针织物竞争。然而，在时尚外套服装面料应用中需要良好的悬垂性、柔韧性和强度，无纺布尚未取得显著的技术进步。尽管如此，通过创新的制造工艺不断努力开发新型的无纺布产品，以模仿编织或针织结构的悬垂性和柔韧性。

9.3 无纺布的市场

由于远东的新兴经济体和无纺布在过滤、擦拭、屋顶膜、家居用品、汽车、医疗保健和废物管理等领域新的应用，对无纺布产品的需求与日俱增。根据 Freedonia 团队最近的一项研究表明，无纺布卷材的需求预计将以每年 5.7% 的速度增长，2017 年达到 71 亿美元[10]。到 2020 年，全球无纺布卷材消费量预计达到 $1210×10^4$ t 或 $3330×10^8 m^2$。纺丝或纺熔将保持成网工艺的领先地位[11]。

基于聚烯烃的无纺布，特别是纺黏无纺布，由于其在婴儿纸尿裤等主要市场是首选材料，预计保持主导产品地位，到 2020 年约占总销量的一半[11]。聚烯烃无纺布的增长将受到其性能优势、新应用的开发、具有纺黏/熔喷/薄膜网特征和家用空气过滤产品的复合无纺布不断增长需求的推动。粗梳和湿法聚烯烃无纺布预计收益最慢，这些产品类型的某些部分有更有利的前景。按织物类型划分的无纺布市场占有率如图 9.4 所示。

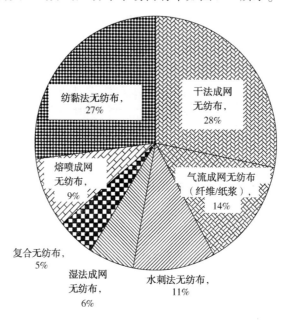

图 9.4　按织物类型划分的无纺布市场

9.4　无纺布的分类

9.4.1　无纺布生产系统

无纺布的生产与机织物和针织物的生产区别很大。每个无纺布生产系统一般涉及以下步骤[12]：

(1) 纤维/原材料的选择。
(2) 网形成。
(3) 网整合。
(4) 网后整理和转换。

9.4.1.1　纤维/原材料选择

纤维/原材料的选择基于成本、易加工性和网的最终使用特性。纤维是所有无纺布的组成部分。大多数天然纤维和人造纤维在无纺布生产中使用。原材料包括黏合剂和整理剂。黏合剂基本用于干法成网使纤维相互黏合，给网提供强度和完整性。然而，一些黏合剂的作用不仅仅是黏合[13]。许多情况下黏合剂系统也可作为整理剂，例如阻燃剂、柔软剂、拒水剂和抗静电剂。市场上有各种类型的黏合剂。主要类型是丙烯酸、苯乙烯-丁二烯、醋酸乙烯酯、丙烯酸乙烯酯、聚氯乙烯和醋酸乙烯酯的均聚物。

9.4.1.2 网形成

纤维铺设以形成松散的纤维网结构，被称为网形成。在这点上形成的网是脆弱的。网中纤维的长度取决于网形成技术。纤维在长度上可以是不连续的(短纤维)或连续的(长丝)。网形成技术很多，9.4.2给出了详细说明。

9.4.1.3 网整合

一旦网形成，通过一些方法将松散的纤维黏合在网上称为网整合。网整合给网提供了强度和完整性。网整合或黏合技术分为：机械、化学和热3类。主要是最终织布应用和(或)网类型决定了特定黏合技术的选择。有时结合两种或更多种技术来实现黏合。

9.4.1.4 网后整理和转换

网后整理通常在整合后进行。后整理用于改善网的纹理和触感，有时也改变性能，例如孔隙率、透气性、吸收性和排斥性。后整理方法分为机械后整理和化学后整理。机械后整理包括起皱、压花、压延和层压。化学后整理包括染色、印花、抗静电和抗菌处理。

在后整理步骤后，无纺布通常在一体化机器上转换为最终使用产品，例如折叠毛巾或婴儿湿巾。转换过程通常包括以下一个或多个步骤：卷绕、复卷、分切、折叠、切割、缝纫、灭菌、浸渍和包装。

无纺布可基于网形成、网整合、网结构和纤维类型进行分类。

在上述分类系统中，最广泛接受的是基于网形成的分类。

9.4.2 基于网形成的分类

有许多无纺布网形成技术，可分为干法成网、湿法成网、聚合物成网和复合成网4类[14-15]。

9.4.2.1 干法成网

干法成网结构是使用与纺织或纸浆纤维处理相关的原理和机械生产的[15]。在干法成网过程中，首先使用梳棉机或气流成网机制备天然和或人造的短纤维网。

(1)粗疏网。使用传统的梳棉机生产。梳棉机通过覆盖有锯齿金属线或圆角针布的一系列滚轮机械加工纤维。织网通过在道夫辊上冷凝纤维而成[16]。单层粗疏网太轻且太分散，不能够做成织物。因此，必须将多层叠放在一起以获得必要的重量。最简单的方法是几台梳理机排成一行，把梳理好的网叠起来，如图9.5(a)所示。通过交叉铺设[图9.5(b)]并将平行和交叉的网相互堆叠形成一个复合网[图9.5(c)]，来控制网中的纤维取向。

(2)气流成网。通过气流铺设或机械纤维随机处理过程产生(图9.6)。纤维首先悬浮在空气中，然后随机沉积在传送带或屏幕上。纤维尺寸相对较短，最长75mm。网中纤维的取向通常是完全随机的，网的性质是各向同性的。最著名的随机铺设机是美国Curlator公司制造的Rando-Webber。

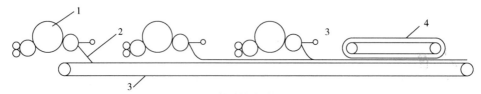

（a）平行铺设排列的梳理机

1—梳理；2—梳理网；3—输送帘；4—连续服务器

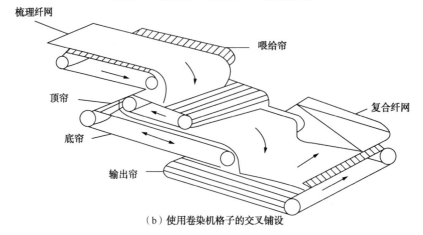

（b）使用卷染机格子的交叉铺设

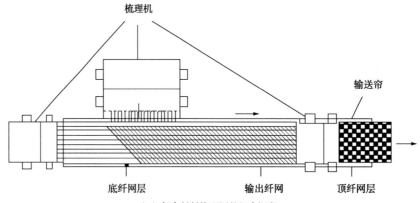

（c）复合材料梳理网的组合沉积

图 9.5 梳理工艺示意图

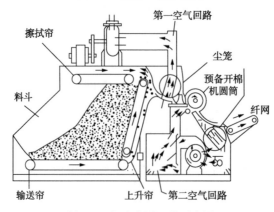

图 9.6 气流成网工艺示意图

然后，通过化学、机械、溶剂或热方法对梳理或气流铺设的网进行处理，以实现纤维间的黏合，从而生产出具有足够尺寸稳定性的无纺布。网质量范围是 30~3000g/m²。干法无纺布典型的最终用途是服装衬布、地毯底布、纸尿裤覆盖物、服装和室内装潢背衬、过滤介质、湿巾和个人卫生织物。

9.4.2.2 湿法成网

湿法成网结构是使用与造纸相关的原理和机械制造的[12]。在湿法成网过程中，天然纤维或人造纤维首先与化学物质和水混合，以获得一种均匀分散的物质，即浆状纤维，稀释度很高，达到 0.01%~0.5%（质量分数）。然后，浆料沉积在移动金属丝网上，多余的水被排出，留下的纤维随机铺在一个统一的网上，并根据需要黏合和后整理（图 9.7）。通常纺织纤维以最高 300m/min 的速度成网，而由木浆纤维制成的薄纱以最高 2500m/min 成网。纤维非常短，在大多数商业加工中小于 10mm。网质量范围为 10~500g/m²。湿法无纺布的典型最终用途是茶包、毛巾、湿巾、手术服和窗帘等。

9.4.2.3 聚合物成网

聚合物成网结构使用与纤维挤出相关的原理和机械生产[15]。在聚合物铺设工艺中，首先是熔融的聚合物通过喷丝头挤出形成长丝或纤维。这些长丝/纤维放在移动传送带上形成连续的网，然后通过机械或热黏合织成聚合物铺设的无纺布（图 9.8）。在大多数聚合物铺设的网中，纤维长度是连续的。典型的长丝/纤维直径范围为 0.5~50μm，网质量范围为 10~600g/m²。聚合物成网无纺布的典型最终用途是地毯衬垫、包装材料、耐用纸、土工布、尿布和个人卫生床单、服装和室内装饰背衬织物、外科手术窗帘和手术服。

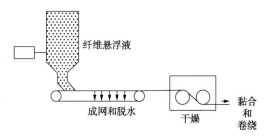

图 9.7 湿法成网工艺示意图

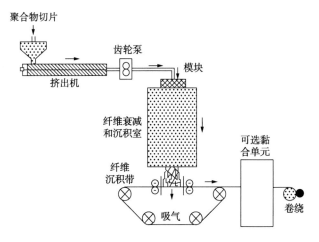

图 9.8 聚合物成网工艺示意图

9.4.2.4 复合成网

复合无纺布结构使用与织物层压或涂覆相关的原理和机械生产[15]。通常复合结构使用预成型织物生产。一个很好的复合结构的例子来自 Kimberley-Clark 公司的纺黏—熔喷—纺黏(SMS)织物。

9.4.3 基于网整合的分类

网整合或黏合技术分为机械、化学和热3个通用类别。特定黏合技术的选择主要取决于最终的织物应用和(或)网的类型。有时也采用两种或更多种技术组合来实现黏合。化学/黏合剂和热技术可分为点黏合和面黏合。

(1)点黏合。这涉及在网中小的、离散的和紧密空间里使用温度、压力和(或)黏合剂来黏合长丝(图9.9)。由于只需10%的黏合面积(90%的未黏合面积)就可完成点黏合，这种织物手感相当柔软，并且更像纺织品[17]。

(2)面黏合。这涉及网中所有可用黏合点的使用(图9.9)。然而，每个长丝/纤维的接触不是必须黏合的，因为并不是每个接触都能成键[18]。黏合是使网通过热源(通常是蒸汽或热空气)和压力来实现的。面黏合网比点黏合网更硬，外观更像纸。

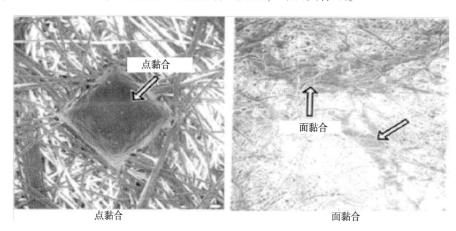

图9.9 无纺布点和面黏合的显微照片

9.4.3.1 机械法

在机械黏合中，无纺布网是通过针刺、缝编和水刺等机械方法将纤维缠结在一起而成。

(1)针刺法。

在该过程中，纤维通过使用刺针彼此缠绕。刺针固定在一块木板上，刺入网中然后撤回，使纤维缠绕在一起(图9.10)。纤维缠绕程度可通过改变针的形状、长度、倒钩形状和网前进速率来控制。针刺黏合的形成更像是一系列三维结构浮动锚点。针刺网具有相当的可延展性、体积和适应性[19]。它很容易适应大多数纤维网且比热黏合需要更少的精确控制。此外，它是唯一适用于生产重型无纺布织物(例如 $800g/m^2$)的黏合方法。但是它仅适用于生产超过 $100g/m^2$ 的均匀织物，因为针刺倾向于使纤维集中在某些区域，导致在低质量下损失了视觉的均匀性[17]。通常干法成网和聚合物成网是针刺的。针刺法用于土工织物、地毯背衬织物、汽车地毯和毛毯等。

(2)缝编法。

在缝编法中，通常绒头织物是通过传统的盖板梳棉机交叉铺网制得的。然后，绒头织物进入机器的缝编区(图9.11),在这里针穿过人造或短纤纱的网经线,把网整合成无纺布。缝编织物用于装饰织物、人造革底布、鞋面料及其他许多方面[20]。

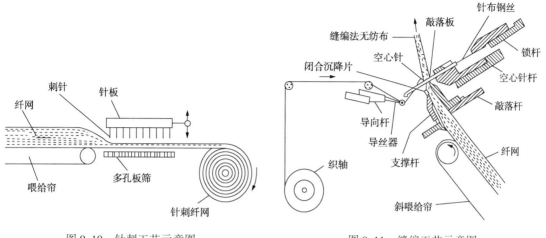

图9.10 针刺工艺示意图　　　图9.11 缝编工艺示意图

(3)水刺法。

这个工艺也称为水缠绕。在这个工艺中,是高压水喷射,而不是针缠绕纤维。通常来自梳理或气流成网机的短纤维网铺设在穿孔带上,通过高压水射流,如图9.12所示。高压水流使纤维根据带中的穿孔移动和缠绕。然后,将网浸渍黏合剂以密封结构部分。水刺法织物用于防尘服、湿巾、防护服、医用敷料和飞机一次性头枕套[20]。

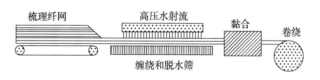

图9.12 水刺工艺示意图

9.4.3.2 化学法

在化学/黏合剂黏合中,聚合物胶乳或聚合物溶液在纤维结构内和周围沉积,然后热固化以实现黏合(图9.13)。黏合剂通常喷洒在网上,通过各种方法在网中浸透或印在网上。在喷洒黏合中,黏合剂通常靠近材料表面,从而形成强度小、体积大且相当开放的网。在浸透黏合中,所有纤维在连续基体中相互黏合以赋予刚性、硬度和薄度。印刷黏合在未印刷区域赋予不同程度的开放性、灵活性、透气性和蓬松性。

9.4.3.3 热量法

在该技术中,黏合是通过在网的交叉点融合热塑性纤维来实现的。融合是通过压延机(图9.14)、烘箱、辐射热源或超声波振动源提供热和压力的直接作用来实现。融合程度在很多方面决定了网质量,最明显的是手感或柔软度。网可以通过干法、湿法或聚合物工艺黏合。以下是实现热黏合的方法:

(1)热压延。在此过程中,黏合是通过使用无定形聚合物黏合纤维、双组分黏合纤维、薄膜或均匀载体纤维外表面作为黏合剂完成[19,21]。

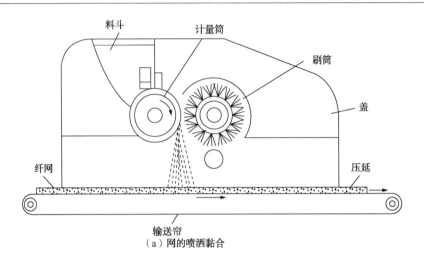

(a) 网的喷洒黏合

(b) 网的浸渍黏合

图 9.13 化学黏合工艺示意图

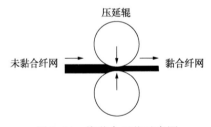

图 9.14 热黏合工艺示意图

(2) 通风烘箱。在此过程中，黏合纤维或粉末完全熔融并在网中最接近的纤维交汇处形成熔融核。冷却后，黏合剂固化并形成焊接点[19]。

(3) 辐射热源。在此过程中，网暴露于红外辐射能源下。热能被网吸收从而使黏合纤维熔化。冷却后，黏合剂固化并发生黏合[19]。

(4) 超声波振动。在此过程中，对网的局部区域施加快速交替压缩力。由于压缩力的作用，应力逐渐增大转化为热能，使纤维柔软黏稠。冷却后，软化的纤维与其他纤维黏合[19]。

使用这种黏合方法生产的无纺布产品包括大多数纺黏织物、尿布床罩（梳理以及纺黏）、装饰织物等。

9.4.4 基于网结构的分类

Batra[22]提出了基于织物/网结构的分类方案。此分类体系并非针对技术，而是强调织物/网的结构特性和性能。所有的织物/网，不论编织还是针织，都分为以下3类：

（1）纤维网结构。这类包括所有由纤维网制成的纺织薄板结构，由摩擦/机械限制和（或）通过添加树脂、热熔合或化学络合物形成的共价键黏合而成。

（2）网状结构。这类包括所有由挤出一个或更多纤维形成的聚合物而成的纺织结构(以纽带膜或网的形式)。网状结构在Conwed里是规则的，而在Sharnet里是不规则的。

（3）多重结构。这类包括了合并和利用几种一级或二级结构特性(其中至少一种是公认的纺织结构)转化为单一统一结构的纺织品。这种结构的一个例子是缝编织物。

9.4.5 基于纤维类型的分类

在该系统中，无纺布根据其纤维类型分类。通过任意无纺布生产技术加工的纤维材料都可以使用。选择纤维的主要标准是其对产品最终用途的适用性。纤维分为天然纤维、合成纤维和混纺纤维[12]。

（1）天然纤维。这种类型的无纺布通常使用典型的天然纤维，例如棉麻、羊毛和木浆。

（2）合成纤维。这种类型的无纺布通常使用典型的合成纤维，例如人造丝、聚酯、聚丙烯、尼龙、丙烯酸、kevlar❶、nomex❷、碳、玻璃和许多其他高性能纤维。

（3）混纺纤维。这种类型的无纺布通常使用两种或更多类型的纤维。这种纤维混合物可以是天然的/天然的、合成的/合成的或天然的/合成的。通常将纤维混合以提高无纺布的性能(如强度)。在一些无纺布中，混纺纤维的一种成分起黏合剂的作用。

9.5 无纺布后整理

无纺布通常需要后整理处理。但绝大多数的无纺布产品是在未后整理状态下销售的。主要的后整理操作分为机械过程和化学过程[23]。

9.5.1 机械过程

机械后整理过程包括压延、刷涂、压花、层压、起皱和破碎等。机械后整理过程简要说明如下：

压延工序使网通过一系列加热和(或)冷却辊。不同类型和排列的压延机有不同的效果。压延赋予网柔软性、光泽度、特殊表面纹理和更致密饱满的手感。

刷涂操作使网通过一个或多个旋转刷来实现特殊的表面效果。刷涂通常用于压平或提高表面纤维，以给网提供柔软或像皮质的手感。

压花操作使网通过压辊的夹头，其中一个或两个表面上有所需的花纹。压花赋予网表面所需的纹理。

层压通常用于在一个产品中合并不同材料的性质。

起皱通过扩大网表面积来改变伸长率和柔韧性[24]。

破碎导致结构的压实。破碎引入了卷曲，并增强了网的可拉伸性、悬垂性和柔软性。

---

❶ kevlar 为商品名称，是一种对位芳纶纤维。
❷ nomex 为商品名称，也称芳纶1313，是一种间位芳纶纤维。

9.5.2 化学后整理

化学后整理过程包括漂白、染色、印花、堆焊、上浆、抗菌处理和阻燃处理。各种化学后整理过程简要说明如下：

(1)由于黏合剂和树脂的存在，无纺布的漂白需要特殊的工艺。因此，漂白通常在原料阶段进行。漂白一般用于含有天然纤维的无纺布。

(2)可根据经济效益对无纺布染色。网状无纺布的染色存在独特的问题，因此通常在原料阶段染色。网染色通常是向黏合剂中添加染料进行的。在固化过程中，黏合剂将纤维黏合在一起并给网上色。

(3)无论其物理结构和纹理如何，无纺布印刷非常容易。高蓬松度、低强度无纺布采用丝网印刷方法印刷，高强度无纺布采用传统印刷方法印刷。可以打印各种各样的图案，如格子、条纹和花卉图案等[16]。

(4)表面处理在织物表面添加装饰材料，而不是通过印刷。

(5)上浆是使网通过含有上浆树脂的饱和浸泡，然后挤压、固化和干燥。上浆用于提高材料的耐磨损性、抗拉强度、尺寸稳定性和防霉性。

(6)抗菌处理适用于暴露在细菌或微生物下的无纺布。一般推荐在地毯、床上用品和医用无纺布中使用。

(7)阻燃处理在很多方面都有应用。通常阻燃剂与黏合剂结合使用，通过各种方法应用于网。阻燃处理建议在高火灾危险的地方使用，例如儿童和残疾人服装，酒店用无纺布和医用服装。

9.6 无纺布的特征和性能

与传统的机织物和针织物相比，无纺布的特点和性能非常独特且通用。无纺布的关键特征如下[25]：

(1)物理性能在一定程度上可调。

(2)手感在极软和极硬间可调，但调整会导致其他性能发生显著变化，如刚性。

(3)悬垂性介于传统纺织品和纸张之间。

(4)表面积始终大于传统纺织物。

(5)体积可调节，通常比传统织物大。

(6)外观除了一些例外，不如传统纺织物有吸引力。

(7)价格通常比传统纺织物更具成本效益。

机织物和针织物的性能表现为纱线中纤维的排列和织物中纱线的排列[26]。同样，无纺布的性能很大程度上取决于纤维性能、织物几何结构，特别是纤维间黏合的类型，而且无纺布的性能可以通过使用各种网生产和黏合过程、纤维/原材料的选择使用以及各种后整理过程"量身定制"。

由于纤维是无纺布的基本结构元素，因此纤维性能直接影响无纺布的最终性能和无纺布的转化。纤维性能的微小变化有时会对其加工性能和最终使用性能产生强烈的影响。因此，了解纤维的各种性质很重要。纤维性能的知识也将有助于为无纺布选择合适的纤维。

通常纤维性能分为物理性能、力学性能和化学性能[12]。

(1) 物理性能。纤维的物理性能是指其不同的表面和形态特征。无纺布应用纤维的一些重要物理性能有：纤维长度、纤维旦尼尔或尺寸、截面、表面轮廓、卷曲、吸湿回潮、覆盖能力、热收缩、熔点、分子量分布(MWD)和耐磨性。

(2) 力学性能。纤维的力学性能涉及对力和变形的结构响应的研究。这些性能有助于纤维在加工过程中的行为和最终无纺布网的性能。纤维的力学性能涉及许多方面的影响，所有这些结合在一起决定了纤维的特性。由于纤维的形状，研究最多且在许多应用中最重要的力学性能是拉伸性能，在力和变形作用下沿纤维轴向的行为。拉伸性能包括强度、伸长率、初始模量和弹性。

(3) 化学性能。纤维的化学性能决定其在加工和使用过程中抵抗外部化学品或试剂的能力，并且不受到有害影响。一些重要的化学性能包括对酸、碱和有机溶剂的耐受性，抗昆虫和微生物，以及阳光和红外辐射的影响。

9.7 无纺布中聚烯烃的消费概况

9.7.1 背景

聚烯烃是聚合物成网无纺布中使用最广泛的树脂。无纺布中聚丙烯和聚乙烯的总用量见表9.1。聚丙烯在一次性纸尿裤、卫生用品市场和医用服装中占据主要份额，是土工织物、无纺布家具建筑板材和地毯组件的首选纤维，也广泛应用于湿法过滤。聚乙烯在美国主要用于工业服装、家用毯子、信封及其他类似纸的产品。

表 9.1　无纺布中聚烯烃的总用量[27]

区域	聚丙烯(10^4t)	聚乙烯(10^4t)	区域	聚丙烯(10^4t)	聚乙烯(10^4t)
美国	41	4.5	亚太地区	8	<0.5
欧洲	37.5	3.5			

市售烯烃树脂的分子量和共聚单体含量范围很广，从极黏稠的高分子量树脂到低分子量液体，从高结晶的硬质材料到低模量的非晶态聚合物。无纺布用聚烯烃树脂主要有聚丙烯和聚乙烯。虽然这两种树脂都是烯烃家族中的成员，但它们带来了截然不同的加工需求和性能变化。

9.7.1.1 聚丙烯

聚丙烯是聚合物成网无纺布中使用最广泛的树脂。聚丙烯存在等规立构、间规立构和无规立构3种形式。等规立构聚丙烯是商业应用的首选。

(1) 等规立构聚丙烯是一种立体定向聚合物，因为丙烯单元首尾相连，它们的甲基全部位于聚合物主链平面的同一侧。结晶呈螺旋状并具有良好的力学性能，例如刚度和抗拉强度。等规立构聚丙烯有均聚物、无规共聚物和嵌段共聚物3种基本产品类型出售。均聚物在这3种类型中硬度和熔点最高，并以广泛的熔体指数销售。

(2) 间规立构聚丙烯通过交替插入单体单元制得。它缺乏等规立构的硬度，但具有更好的抗冲性能和透明度。

（3）无规立构聚丙烯通过单体的随机插入制得。这种形式缺少其他两种的结晶度，主要用于屋顶焦油和黏合剂的应用。

纤维级聚丙烯树脂主要是等规立构均聚物。当拉伸或定向时，聚丙烯均聚物在取向过程中由于聚合物的排列可使材料的拉伸、硬度、撕裂强度和透明度得到提高。几种重要的纤维技术利用了聚丙烯树脂的拉伸性能，是聚丙烯树脂的主要消费者。低熔体指数树脂用于单丝和切膜。中高熔体指数聚丙烯用于生产连续细旦丝，在熔体纺丝过程中通过喷丝头挤出。纺黏通常需要高熔体指数窄分子量分布的树脂，典型的熔体指数为30~80g/10min。熔喷可使用较宽范围的窄分子量树脂，典型的熔体指数为30~1500g/10min。

9.7.1.2 聚乙烯

聚乙烯树脂是无纺布新成员，特别是聚合物成网无纺布。事实上，纤维级聚乙烯树脂的可用性在1986年首次公布。聚乙烯通过聚合乙烯单体来制备。它也可以与其他材料共聚，以改善或增强某些性能。例如，聚乙烯的密度可通过控制与乙烯反应的共聚单体种类和用量来调控。与制造过程相结合，共聚单体影响分子的类型、频率和支链长度。这个变化产生了不同类型的聚乙烯，如图9.15所示[28]。有如下3种基本类型的聚乙烯：

（1）HDPE树脂。术语HDPE是高密度聚乙烯的首字母缩写。这种树脂的典型密度为0.950g/cm³或更高。

（2）LDPE树脂。术语LDPE是低密度聚乙烯的首字母缩写。这种树脂的典型密度为0.910~0.925g/cm³。

（3）LLDPE树脂。术语LLDPE是线型低密度聚乙烯的首字母缩写。这种树脂的典型密度为0.915~0.930g/cm³。

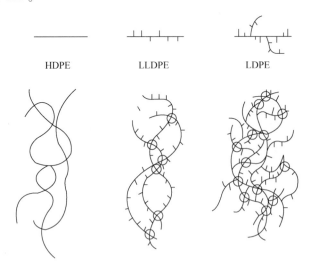

图9.15　不同类型聚乙烯的示意图

纤维级聚乙烯树脂主要是HDPE树脂和LLDPE树脂。低熔体指数HDPE树脂用于长丝应用。中高熔体指数LLDPE树脂用于生产连续细旦丝。纺黏和熔喷需要中等熔体指数的聚乙烯树脂，典型的熔体指数范围为0.5~300g/10min。

9.7.2 无纺布工艺中聚烯烃的技术要求

聚丙烯树脂和聚乙烯树脂的一般特征见表9.2。所有聚烯烃必须具备挤出和熔融纺丝特性才能在无纺布中应用。所有聚烯烃树脂的挤出和纺丝特性区别非常明显。众所周知，聚丙烯树脂比聚乙烯树脂挤出更难[29]。这主要是由于聚丙烯树脂的高剪切敏感性（图9.16）和一定程度上的高熔点。一般来说，在给定尺寸的挤出机上，聚丙烯树脂的产量低于聚乙烯树脂，且具有更大的波动趋势[29]。另外，如果树脂具有窄分子量分布和适当的熔体指数，聚丙烯树脂和聚乙烯树脂都相对容易纺成细旦丝。

表9.2 无纺布中聚丙烯树脂和聚乙烯树脂的一般特征

聚丙烯树脂	聚乙烯树脂	聚丙烯树脂	聚乙烯树脂
密度 0.91g/cm³	密度 0.91~0.98g/cm³	黏合温度窗口宽	黏合温度窗口窄
熔体指数范围 12~1500g/10min	熔体指数范围 0~500g/10min	对聚乙烯膜黏结性差	对聚乙烯膜黏结性好
熔点 160~170℃	熔点 120~140℃	高刚性、悬垂性差	低刚度、悬垂性好
结晶度高	不同程度的结晶度	辐射稳定性差	辐射稳定性好
良好的力学性能	中等的力学性能	中等紫外线稳定性	中等紫外线稳定性

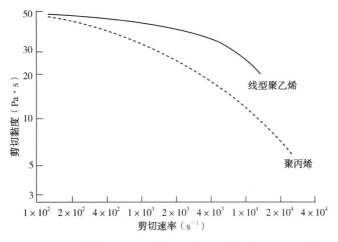

图9.16 聚丙烯树脂和聚乙烯树脂剪切速率与剪切黏度的关系

以下是不同的无纺布工艺所需聚烯烃纤维的主要特征。

9.7.2.1 干法

聚烯烃使用干法工艺（如梳理和气流成型）以生产各种无纺布产品。干法无纺布由短纤维制成。根据短纤维材料的特性，调整梳理和气流成型参数来使网均匀。聚烯烃纤维不需要任何特殊的制备或特性，就可以在干法体系中加工。聚烯烃纤维在干法工艺中关键的物理参数是短纤维长度为0.5~1.5in和纤维旦尼尔为1.5~3。

9.7.2.2 湿法

聚烯烃使用湿法工艺可生产各种产品，如低温液体过滤器、热封介质或热封盖板等。湿法工艺需要短纤维，其可悬浮在水基浆料中且不发生缠绕。用于湿法工艺的聚烯烃纤维涂上一层特殊涂层,使其在湿法成型过程成功地悬浮在水基浆料中。湿法工艺中使用的聚烯烃纤维的关键物理参数是短纤维长度 0.75~1.25in、纤维旦尼尔 1.5~15,理想范围为 1.5~6。

9.7.2.3 聚合物成网

聚烯烃广泛应用于纺黏、熔喷等聚合物成网工艺。适用于生产聚合物成网无纺布的聚烯烃树脂的主要特征有:

(1)熔点。大多数聚丙烯树脂在 165℃ 左右熔化。聚乙烯树脂在 120~140℃ 熔化。熔点的高低直接影响加工过程中的熔体温度。熔点越高,能量需求越高。

(2)热黏合。热黏合是纺黏过程的关键步骤,它为成品提供了结构完整性和悬垂性。聚丙烯比聚乙烯有更宽的热黏合窗口,主要是由于其更高的熔点范围和结晶度。聚丙烯的热黏合温度范围为 125~155℃,聚乙烯为 90~110℃。

(3)分子量分布。纺黏法和熔喷法都需要相对窄的分子量树脂。窄分子量分布降低了树脂的熔体弹性和熔体强度,使熔体流可以被拉伸成细旦丝,而不产生过大的拉伸力。宽分子量分布增加了熔体弹性和熔体强度,从而阻止纤维拉伸,因此,宽分子量分布的树脂容易由于拉伸共振现象(熔体不稳定)而产生纤维断裂。

(4)熔体黏度。熔体黏度是熔体指数和熔体温度的函数。熔体黏度必须适当才能形成细丝。纺黏工艺适合的熔体指数范围为 30~80g/10min,而熔喷工艺适合的熔体指数范围为 30~1500g/10min。

(5)树脂清洁度。由于纺黏和熔喷过程中喷丝头的毛细管直径较细,因此使用无杂质的树脂是非常重要的。污染物在加工过程中堵塞喷丝头孔,导致最终产品不一致。通常使用两步熔融过滤系统去除污染物。

9.7.3 无纺布中纤维级聚烯烃的开发

聚烯烃技术的发展速度超过任何其他聚合物技术。近 10 年来,无纺布用纤维级聚烯烃取得了一些进展。为了了解纤维级聚烯烃树脂的新进展,必须首先要了解聚合这些树脂的催化剂。在聚烯烃生产中,单体通过催化剂进行反应。所有催化剂都具有活性位点来发挥作用,例如将单个分子连接起来形成聚合物链。传统催化剂,如 Ziegler-Natta(ZN)在催化剂表面有很多随机分布的反应位点,如图 9.17 所示。这就产生了不同的和可变的聚合物。新催化剂体系,被称为单位点催化剂,也有许多反应位点,但所有位点都是相同的。这反过来又产生相同的聚合物,消除了聚合物的可变性[2,30-31]。表 9.3 介绍了不同聚烯烃催化剂的演变过程[32]。

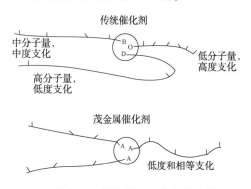

图 9.17 催化剂反应位点示意图

表 9.3 聚烯烃催化剂的演变过程

初始者	Phillips 催化剂	ZN 催化剂	茂金属催化剂		
低密度聚乙烯	线型聚乙烯	线型聚乙烯	第一代	第二代	第三代
	主要是高密度	高密度和低密度	可控结构聚乙烯:线性到双峰	改善的薄膜加工性	扩展的密度范围

续表

初始者	Phillips 催化剂	ZN 催化剂	茂金属催化剂		
			定制的性能改进	高强度替代高压	改善的产品性能
20世纪30年代	20世纪50年代	20世纪70年代	20世纪90年代	21世纪初	21世纪10年代

生产聚烯烃树脂最常用的单位点催化剂是茂金属催化剂。全球许多公司生产茂金属聚烯烃树脂(表9.4)[31]。预计到2021年，茂金属聚烯烃的市场规模将达到140.5亿美元，预测期内增长率为10.15%。全球对优质树脂的需求不断增长、包装行业的崛起、食品行业的发展和技术进步推动市场的发展。市场对茂金属聚烯烃需求的上升主要是由于其性能优于传统聚烯烃，这也是市场的主要驱动因素[33-37]。

表9.4 茂金属聚烯烃生产商

供应商	材料	供应商	材料
AtoFina 石化	聚乙烯和聚丙烯	日本三井	聚乙烯
BP 化学	聚乙烯	Novacor	聚乙烯
巴斯夫	聚乙烯和聚丙烯	Phillips 66	聚乙烯
陶氏化学	聚乙烯	道达尔石化	聚乙烯和聚丙烯
DSM	聚乙烯	Ube	聚乙烯
埃克森美孚化学	聚乙烯和聚丙烯	联合碳化	聚乙烯
赫斯特	聚乙烯		

茂金属树脂具有许多属性，具体如下：
（1）它可以控制聚烯烃的分子结构。
（2）它使人们几乎可以消除树脂中的非目标分子量部分。
（3）它使人们能够更精确地结合共聚单体和三元共聚单体。
（4）与其他类型的催化剂相比，它可以更好地控制分子量分布和共聚单体聚合。
（5）在成品中留下少量的催化剂残渣。

无纺布用纤维级茂金属聚烯烃树脂与传统树脂相比具有下列优势：
（1）比传统树脂更细的细旦纤维，如图9.18所示。
（2）由于熔点较低，纺黏时最优的黏合温度较低。
（3）织物强度具有可比性。
（4）优良的纺纱连续性。
（5）可在较高的牵引力下纺丝。
（6）挥发性沉积物大幅减少。
（7）更广泛的熔体指数范围，特别是熔喷。

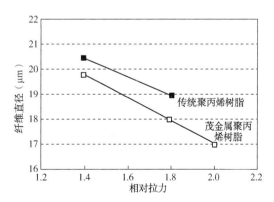

图9.18 传统聚丙烯树脂和茂金属聚丙烯树脂纤维直径与相对拉伸力的关系

9.8 聚烯烃无纺布的应用

聚烯烃无纺布的应用领域正在不断扩大，几乎每天都有新产品出现。虽然医用和卫生无纺布是最先获得认可的，但新产品应用的多样性和增长潜力主要在服装应用领域，以及耐用与非耐用工业织物领域。聚烯烃无纺布的用途可分类如下。

9.8.1 卫生医疗

聚烯烃是纸尿裤覆盖物和手术防护服的可选材料。这主要是因为聚烯烃易于加工且材料成本低。由聚丙烯制成的 SMS 防护服就是一个很好的例子。在医疗应用中，高性能聚烯烃无纺布纤维已取代许多传统材料。无纺布在医疗用途中的特殊性能是透气性、抗液体渗透、无绒结构、可消毒性、不渗透细菌[38]。医疗应用包括一次性手术服、鞋套和消毒包装。

9.8.2 过滤

聚丙烯无纺布过滤介质广泛用于空气过滤领域。事实上，大多数家用过滤器由聚烯烃无纺布过滤介质制成。3M Filtrete 过滤器是一个典型的例子。

9.8.3 土工织物

用于土木工程的无纺布通常称为土工织物。无纺布土工织物扩展到多种相关用途，例如腐蚀控制、护岸防护、铁路路基稳定、运河和水库衬砌保护、公路和机场黑顶开裂防裂、屋面等。无纺布的特殊性能是化学和物理稳定性、高强度/成本比以及它们独特且高度可控的结构，这些是可设计的以提供所需的性能。聚烯烃用于许多土工织物的应用。聚丙烯塑料网是一个很好的例子。

9.8.4 汽车

聚烯烃无纺布广泛应用于汽车的各个领域。无纺布在汽车中的主要用途之一是作为簇绒汽车地板地毯的背衬。无纺布也用于装饰零件、干线衬垫、内门面板和座套。

9.8.5 包装

聚烯烃无纺布在纸制品和塑料薄膜不理想的包装材料中被广泛使用。这些例子包括金属芯包装、医用无菌包装、软盘衬垫、高性能信封以及文具产品。由聚乙烯制成的 Tyvek 信封就是一个很好的例子。

9.9 未来趋势

聚烯烃在无纺布中的应用前景非常广阔。我们将看到聚烯烃的使用量不断增加，特别是聚丙烯在无纺布中的使用，原因是它的成本低廉且易于加工。随着茂金属和新一代 ZN 催化剂等聚合工艺和催化剂技术的进步，聚烯烃将在无纺布领域找到新的细分市场和专用市场。新型特种聚烯烃弹性体对无纺布应用产生了良好的影响，例如用于纸尿裤和防护服的弹性扣件[39-41]。

参 考 文 献

[1] Anonymous. <http://www.smithersapex.com/news/2015/june/global-nonwovens-projectedto-reach-$50-8-billion>.
[2] McAlpin, J. et al.: Impact of metallocene-based propylene polymers on nonwovens. INSIGHT'95; October 22-27, 1995.
[3] Montagna, A. and Floyd, J.: EXXPOL single-site catalyst: leading the revolution to new polyolefin products and processes. MetCon'93; May 26-28, 1993, Houston, TX, Paper #171.
[4] Krcma R. Manual of nonwovens. Manchester: Textile Trade Press; 1971.
[5] Porter K. Phys Technol 1977; 8(9): 204-212.
[6] Dahlstorm N. Melliand Textilberichte 1987; 68(6): 381-383. p. E166-167.
[7] Guide to Nonwoven Fabrics. New York, NY: INDA; 1978.
[8] Goldstein G. Tappi J 1984; 67(10): 44-48.
[9] Anonymous. <http://www.nonwovens-industry.com/issues/2016-12/view_features/theyear-that-was-2016/>.
[10] Anonymous. <http://www.freedoniagroup.com/Nonwovens.html>.
[11] Anonymous. <http://www.smitherspira.com/news/2015/december/five-key-trends-inthe-future-of-global-nonwovens>.
[12] Malkan S. R. Beltwide cotton conference. USDA. Orlando, FL; January 1999.
[13] Anonymous. The handbook of nonwovens. Cary, NC: Association of Nonwovens Industry; 1988.
[14] Nutter W. Text Month 1970; 5: 94-100.
[15] Vaughn EA. In: Durso DF, editor. The technical needs—nonwovens for medical/surgical and consumer uses. Atlanta, GA: Tappi Press; 1986. p. 61-66.
[16] Subramanian RVR. Silk and rayon industries of India 1967; 390-398.
[17] Smorada R. L. Encyclopedia of polymer science and engineering. John Wiley & Sons, New York, NY. p. 227-253.
[18] West K. Chem Br 1971; 7: 333.
[19] Hoyle AG. Tappi J 1989; 72: 109-112.
[20] Wagner RJ. In: Durso DF, editor. The technical needs—nonwovens for medical/surgical and consumer uses. Atlanta, GA: Tappi Press; 1986. p. 67-111.
[21] Porter K. Encyclopedia of chemical technology, 3rd ed., vol. 16. p. 72-104.
[22] Batra SK. Textile horizons 1986; 30 and 35.
[23] Malkan SR. PhD Dissertation. Knoxville, TN: University of Tennessee; 1990.
[24] Sholtz B. Melliand Textilberichte. English ed. 1975;
[25] Albrecht W. INDEX84 Congress, Section I. Geneva, Switzerland; 1984. p 1-6.
[26] Hearle JWS. Textile institute and industry 1967; 5(8): 232-261.
[27] Malkan S. R. Hi-Per Fab 96 conference. Singapore; April 24-26, 1996.
[28] Krupp S. In: Turbak and Vigo, editor. Polyethylene's fit into the nonwovens market, nonwovens: an advanced tutorial. Atlanta, GA: Tappi Press; 1989.
[29] Cheng CY, Polypropylene extrusion system for nonwoven processes. TAPPI nonwovens conference; February 1416, 1994. Orlando, FL. p. 39-49.
[30] Anonymous. Metallocene catalyst initiate new era in polymer synthesis. Chem Eng News 1995; September 11: 15-20.
[31] Anonymous. Metallocenes, Modern Plast 1996; 56-57.

[32] Anonymous. <http://www.univation.com/downloads/08-136Univ_ Metallocene%20Final.pdf>.

[33] Anonymous. <http://www.marketsandmarkets.com/Market-Reports/metallocene-polyolefin-market-199596649.html>.

[34] Ali Salvatore. Catalyst Rev 2014; 7-14.

[35] Shamiri A, et al. Materials 2014; 7: 5069-5108.

[36] Tullo AH. Chem Eng News 2010; 88(42): 10-16.

[37] Gibson VC, Spitzmesser SK. Chem Rev. 2003; 103(1): 283-316.

[38] Ward D. Tech Text Int 2002.

[39] Sherman LM. Plast Technol 2002.

[40] Harrington BA, et al.: INTEC conferences. INDA. Cary, NC; 2005.

[41] Anonymous. <http://www.nonwovens-industry.com/issues/2016-02-01/view_features/spunmelt-polypropylene-the-leading-global-technology-for-nonwoven-supply-and-demand/>.

10 聚烯烃的测试、产品评估和质量控制

Samuel C. O. Ugbolue

(美国麻省大学)

10.1 概述

聚烯烃的化学性能和物理性能测试、相关产品的质量控制和评价是非常重要的,是生产商、制造商、销售公司、政府、国际代理和消费者持续关注的重要问题。事实上,有许多标准组织和出版物[1-6]的主题都是关于聚合物和纺织品的测试评估方法和规范。在这一章中,重点介绍了影响聚烯烃原材料和促进各种终端使用及质量控制体制产品评估的重要的物理性能和化学性能测试。

这里强调质量保证(QA)[7]是一个比质量控制更广泛的术语,因为它包含所有与质量和顾客满意度相关的因素。QA 始于设计、与客户沟通的最初阶段,通过产品开发、采购、原材料监控、生产过程、成品的检测和检验,一直到产品开发完成后与客户的联络,以确保用户满意。这种质量管理的精神在 BS 5750 和 CEN 2900 中有详细阐述,后来发展到 ISO 9000。

的确,这个细致的 QA 系统需要关于生产的产品、所使用的材料、所有制造过程和使用的机械,包括操作培训、试验方法、所需的标准和公差等全面的规范和文档。除此之外,还需要保留对所有程序定期审查和审核的清晰记录。

最近,一些制造商已经开始采用精益、六西格玛和 ISO 9000 相结合作为他们的 QA 策略。精益和六西格玛概念是围绕过程改进的两个工具包的组合,过程改进对公司的成功至关重要。精益处理通过减少浪费和消除非增值步骤来提高过程的速度。另外,六西格玛通过关注从客户角度看对质量至关重要的过程,并消除该过程中的变化,提高了性能。因此,所有 ISO 9000 的标准、功能过程的文档、数据定向和对质量的热情与组合的精益和六西格玛的持续质量改进方法非常匹配[8]。

Shah[2]总结了测试的主要目的:改进设计理念;为可靠性提供依据;安全性;防止产品责任诉讼;质量控制;满足标准和规格;验证制造过程;评估竞争对手的产品;建立新原料的历史。

为了确保试验结果的重复性,使用的取样技术和过程调控必须清楚地说明和严格地遵守。

对于大多数聚烯烃测试,典型的调节时间因样品厚度不同而不同,但温度和相对湿度需保持恒定,即厚度不大于 0.025in(0.635cm)的样品,需在温度 23℃±2℃、相对湿度为 50%±5%的环境下调节 40h,而厚度大于 0.025in 的需调节 88h。测试方法必须详细,全部测试的要求必须成为规范的一个组成部分。近年来,计量学的发展趋势和发展都建立在自动化、速度和先进仪器的基础之上。然而,由于测试样本和测试条件的变化,测试结果之间仍然可

能出现差异。为了尽量减少这种变化,国际标准化组织(ISO)制定了一系列规范[2]:ISO 10350:1993《塑料可比较单点数据的获取和表示》、ISO 10403-1:1994《塑料可比较多点数据的获取和表示 第一部分:力学性能》、ISO 10403-2:1994《塑料可比较多点数据的获取和表示 第二部分:热学和加工性能》。

10.2 聚烯烃的测试与表征

聚烯烃通常是以粒料或母料供应的。添加剂和改性剂往往会改变基材和复合物的物理性能,因此,制造商通常将密度和相对密度作为其产品规格的一部分。此外,吸水性在塑料制造中也很重要,因为少量的水可以显著地改变一些关键的力学性能、电气性能或光学性能。然而,聚烯烃具有高度疏水性,仅吸收0.010%的水。加入填料、玻璃纤维和增塑剂等添加剂,可改变塑料材料的吸水特性。这些添加剂显示出对水更大的亲和力,尤其是当它们暴露于模塑制品的外表面时[2]。在纤维或长丝形式中,人们感兴趣的是线密度[特(tex)、旦(denier)或分特(dtex)]。许多加工者还关注由于聚合物分子尺寸和重量的变化导致的批量和批量之间,聚合物的性能和可加工性的变化。这种分子量分布会影响加工性能。因此,在聚合过程中必须给予应有的注意,以确保聚合物的特性不会发生这种变化。这也需要加工者进行足够的材料表征测试,即熔体指数、流变试验、黏度测试、凝胶渗透色谱(GPC)、热分析(聚合物和产品)和光谱分析。下面将进一步讨论这些测试。

10.2.1 密度测量

Ugbolue详细介绍了基于密度梯度柱的密度测量[1]。塑料材料的密度定义为每单位体积的质量,并以g/cm^3或lb/ft^3表示。密度梯度柱既可以购买,也可以廉价地构建[9]。密度梯度分析(ASTM D1505,ISO R1183)包括制备密度梯度柱,校准该柱,然后将塑料材料或聚烯烃纤维样品引入该柱以测量其密度。

密度梯度柱是竖直的管,其中含有两种可混溶的液体,使得管内的密度从上到下连续变化。通过将几个已知密度的玻璃浮子浸入柱中,然后在图纸上绘制它们在柱中的位置与其密度的关系来校准密度梯度柱,从而获得校准线。未知密度的样品落在柱中,在达到平衡时注意其位置。最后,通过记录校准曲线上与其在柱[1]中的位置相对应的密度来确定聚烯烃纤维的密度。一旦测量了半结晶样品的密度(ρ),则结晶度ϕ即可确定:$\phi=(\rho-\rho_a)/(\rho_c-\rho_a)$,$\rho_a$是全非晶样品的密度,$\rho_c$是全结晶样品的密度。

10.2.2 相对密度(ASTM D792)

塑料是按单位质量的成本销售的,密度小使塑料比其他材料更具优势。比体积是指在规定温度下,给定体积的材料与等体积水的质量之比。根据材料的形状,发展出两种测定塑料相对密度的方法。方法A为片状、棒状、管状或模塑制品的试样。方法B主要用于模塑粉末、片材或颗粒料。详细的程序在ASTM D792中给出,Shah[2]也有介绍。

聚乙烯是少数能漂浮在水中的结晶聚合物之一。它的相对密度范围为0.91~0.96,可阻隔大多数普通溶剂。然而,聚乙烯可以溶解在热甲苯或热苯中。聚丙烯的相对密度为0.90,漂浮在水上,可溶于热甲苯。

10.2.3 线密度(ASTM D1577—2007)

这些标准试验方法包括测量单位长度纺织纤维和长丝的质量(线密度)。可以使用直接称重法或振动法。结果表示为特(tex)、旦(denier)或分特(dtex),定义为:特是1000m的聚烯烃长丝的克重;旦是9000m样品的克重;分特是10000m长丝的克重。

10.2.4 熔体指数(ASTM D1238—1990b,ISO 1133:1981)

熔体指数测试是聚烯烃的常规测试,以确定在特定温度和载荷下热塑性材料通过特定长度和直径的孔口的流动速率。将设备加热到指定温度,从顶部将材料加到圆筒中,在活塞上方施加特定的重量,例如,对于聚丙烯,230℃,包括活塞在内的2.16kg总载荷和298.2kPa(43.25psi)压力。允许材料流过孔口,并称量适当切割的挤出物,以g/10min为单位计算熔体指数。熔体指数与分子量成反比,低分子量聚合物具有高熔体指数,反之亦然[2]。

10.2.5 黏度测试

为了形成热塑性聚合物,如聚烯烃,必须对其进行加热,使其软化到液体的稠度。在这种形式下,它被称为聚合物熔体。

流变学是研究流动的学科,聚合物熔体的重要特性是黏度和黏弹性。黏度是阻碍流体流动的特性。

事实上,热塑性聚合物熔体的黏度不是恒定的,它受流速的影响。聚合物熔体的黏度随剪切速率增加而降低,因此在较高的剪切速率和高温下流体变稀。它是一种非牛顿流体。这种随着剪切速率的增加黏度降低的流体称为假塑性流体。这一特性使得聚合物成型过程(如注塑成型)的分析变得复杂。由于分子量高,聚合物熔体是一种具有高黏度的稠流体。大多数聚合物成型工艺包括流经小通道或模具开口,流速通常很大,导致高的剪切速率和剪切应力,因此需要很大的压力来完成这些过程。

流变学测量有助于确定聚合物的分子、弹性和物理性质,模拟大规模加工条件,以及基础研究和开发。为测量聚合物的流动特性而开发的仪器称为流变仪[2]。这些包括转矩流变仪、旋转流变仪/黏度计和毛细管流变仪。转子黏度计属于旋转流变仪家族,是最简单的仪器之一。样品材料被放置在挤出组件的桶中,被加热,并通过毛细管被挤出。每个速度下移动柱塞所需的力由载荷传感器检测,然后计算剪切应力、剪切速率和表观熔体黏度[2]。

10.2.6 凝胶渗透色谱法

凝胶渗透色谱(GPC)是测定聚合物分子量分布的常用方法。GPC因相对低成本、简单和能够提供关于聚合物分子量分布的准确、可靠信息而广受欢迎。GPC是基于分子大小,而不是化学性质的分离。它利用体积排阻色谱原理(通常称为SEC)将多分散聚合物样品分离成更窄分子量分布的级分。分析步骤的细节在几个出版物[2,10-12]中给出。为了控制质量,在数据文件中保留代表GPC概况可接受范围的主色谱图,并将随后的样品与标准进行比较。根据不同批次间分布差别,可以得到材料间的内在相关性以及聚烯烃在加工性能和力学性能方面的相关信息。

10.2.7 力学性能

Ugbolue 在《聚烯烃纤维材料和纳米复合材料的结构力学》中讨论了聚烯烃纤维和薄膜的力学性能，并详细介绍了测定聚烯烃和纳米复合纤维拉伸性能的方法。本章介绍了塑料力学性能测试的原理和方法。这些方法可以分类如下：

准静态试验（拉伸和剪切）用于测量使样品以恒定速率应变、压缩或剪切所需的力。

虽然可以采用拉伸、压缩或剪切模式，但拉伸测试是最常见的[12]。在典型的拉伸试验中，聚合物样品可以是 ASTM D1708 中规定的哑铃形或固定长度的聚烯烃长丝（ASTM D638）。试样的一端被夹紧，另一端被以恒定的伸长率拉动。当试样变形时，应力增加；当材料开始屈服时，最终达到线性关系的拐点。屈服点（或弹性极限）可以通过线性区域上端斜率的变化来识别。屈服点标志着塑性变形的开始。

根据应力应变曲线，确定了各种参数，例如杨氏模量或初始模量、拉伸强度（MPa 或 g/denier）、断裂伸长率和割线模量。对于理想弹性体，虎克定律将拉伸变形时的应力（σ）和应变（ε）之间的关系设为 $\sigma = E\varepsilon$，其中 E 是拉伸（或杨氏）模量，E 是材料固有的刚度。反之，应变和应力与拉伸柔度 J 有关，定义为 $\varepsilon = J\sigma$。

因此，对于拉伸变形，拉伸柔度是拉伸模量的倒数，$J = 1/E$。

其他参数包括：(1)应力应变曲线下的面积，这是聚合物整体韧性的度量；(2)破坏功，破坏材料所需的能量或材料承受给定能量的突然冲击的能力。聚乙烯等聚烯烃聚合物是半结晶的韧性塑料，其非晶部分高于 T_g（玻璃化转变温度）。典型的聚烯烃有明显的屈服点，过屈服点后在几乎恒定的应力下继续伸长。这个阶段称为塑性流动区或非线性黏弹性区。在塑性流动区域，在恒定应力下的延伸通常称为冷拉。最后，聚合物应变硬化，然后破裂。等规聚丙烯的塑性变形和屈服是近 10 年来人们关注的焦点，详见参考文献[13-21]。

表 10.1 详细介绍了聚烯烃的一些性能。图 10.1 显示了温度对强度和延展性的一般影响，而图 10.2 显示了动态试验中典型的应力—应变曲线。

(1) 瞬态试验（蠕变和应力松弛）测量力（或应力）对聚合物样品的时间响应。在应力松弛实验中，样品被快速拉伸到所需的长度，并且应力被记录为时间的函数。样品的长度保持不变，所以在实验过程中没有物体的宏观运动。在蠕变实验中，对试样施加恒定的应力，并且记录尺寸作为时间的函数。通常应力松弛实验报告为时间相关模量 $E(t)$，而蠕变实验报告为时间相关柔量 $J(t)$[22]。

(2) 冲击试验（Izod 和 Charpy）提供了在不同载荷下破坏样品所需的能量。总的来说，冲击强度测试是韧性或试样承受急剧打击能力的度量。韧性定义为破坏样品所需的能量，即应力—应变曲线下的面积。

表 10.1 聚烯烃塑料和纤维的主要特性[2,10,12,22-25]

特　性	低密度聚乙烯	高密度聚乙烯	聚丙烯	聚烯烃纤维
密度（g/cm³）	0.91~0.94 （可漂浮在水中）	0.94~0.97 （可漂浮在水中）	0.9~0.95 （可漂浮在水中）	0.90 （可漂浮在水中）
结晶度（%）	50~70	80~95	70~82	
玻璃化转变温度（℃）	−125~−120		−20~−10	

续表

特　　性	低密度聚乙烯	高密度聚乙烯	聚丙烯	聚烯烃纤维
熔点(℃)	100~129	108~135	150~176	
溶解热(kJ/mol)	7.87		8.79	
热变形温度 HDT(℃)	29~126	40~152	60~149	
连续使用温度(℃)	100		90	
热膨胀系数[10^{-4}m/(m·K)]	160~198	149~301	68~104	
极限拉伸强度(MPa)	5~17	21~38	24~41	4.97~8.93(g/denier)
断裂伸长率(%)	100~700	20~130	200~600	15~30
弹性模量或杨氏模量(GPa)	0.14~0.28	1.1	1.0~1.6	29.4~45.2(g/denier)
冲击强度(缺口悬臂梁)(J/m)	854	27~1068	27~107	
硬度计硬度值(邵氏 D)	40~50	60~70	75~85	
抗紫外性能	差,需添加稳定剂	差,需添加稳定剂	差,需添加稳定剂	
介电强度(V/mil)	480		650	
热导率[Btu/(ft²·h·℉/in)]	2.3	2.9	0.81	

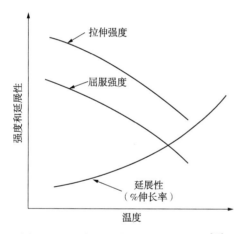

图 10.1　温度对强度和延展性的影响[23]

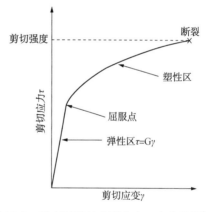

图 10.2　动态试验的典型应力—应变曲线[23]

冲击强度试验主要分为落锤式(散装试样)和摆锤式(薄膜)两类。这些冲击测试仪可以是无仪表的(传统的)或全仪表的(用于高级测试和研究)。摆锤冲击试验包括 Izod 冲击试验和 Charpy 试验。具体原理和试验程序的细节见参考文献[2]。Izod 冲击试验(ASTM D256)的目的是测量在标准条件下破坏缺口试样所需的动能。

破坏样品所需的力通过用于测试的摆锤的高度和质量计算获得。冲击强度是通过将从刻度获得的冲击值除以试样的厚度而获得的。当比较相同聚合物的样品时,Izod 值是有用的,但不是韧性、冲击强度或耐磨性的可靠指标。

Izod 试验要求样品被垂直夹紧,样品被从固定距离释放出的摆锤的摆动击中。Charpy 试验中使用了类似的装置,只是没有夹紧试样。此外,在 Charpy 试验(ASTM D4812)中采用无缺口或相反缺口的试样。Charpy 试验更适用于测试聚烯烃(聚乙烯和聚丙烯)。

聚合物的冲击性能可通过添加冲击改性剂来提高,例如丁二烯橡胶或某些丙烯酸聚合物。增塑剂的加入以牺牲刚性为代价改善了冲击性能。乙烯和丙烯共聚可制备聚烯烃弹性体。乙烯-丙烯二元共聚物中，乙烯单体和丙烯单体结合的部分用作交联点，单段乙烯和丙烯聚合的部分为非交联部分。

在冲击载荷作用下，聚合物以一种特有的方式断裂。裂纹开始于聚合物表面。引发这种裂纹的能量称为裂纹萌生能量。如果裂纹超过裂纹萌生能量，则裂纹继续扩展。当载荷超过裂纹扩展能量时，发生断裂。因此，裂纹萌生和裂纹扩展对测得的冲击能量均有贡献。

(1) 循环(疲劳测试)。

在疲劳试验中，确定在试样完全破坏之前在给定应力下所施加应变的循环次数(N)。发生完全破坏时所对应的循环次数称为疲劳寿命。数据通常为每个样本的应力与 N 的对数。

通常使用大约 2/3 的静态参数值进行测试。然而，存在一些极限应力水平，低于该极限应力水平就不会发生疲劳(经过一段较长的时间)，该值被称为疲劳或耐久性极限。对于大多数聚合物，疲劳极限一般在静态拉伸强度的 25%~30% 之间。疲劳强度被定义为在一定的循环次数下发生破坏的应力[10,12]。疲劳寿命随振动频率的增加和温度的降低而降低[12]。聚合物用于齿轮、油管、铰链、振动机械零部件和压力容器部件时，需在循环压力下工作，疲劳抗力数据为部件的设计提供了实用依据。研究聚烯烃和其他塑料的疲劳行为可以采用弯曲疲劳试验、拉伸/压缩疲劳试验和旋转梁试验 3 种基本类型的试验。

(2) 硬度测试。

硬度是一个通用术语，它描述了诸如抗穿透、抗划伤、抗损伤和耐磨损等性能的组合。对于固体材料，硬度是抗穿透性和压痕性或材料抵抗压缩、划伤和压痕的能力。对于塑料，特别是聚烯烃，最常用的两种测试是洛氏硬度测试和杜氏硬度测试。

洛氏硬度试验以与球压头尺寸相对应的标尺下，所产生的压痕深度来表示；标尺的符号对应 60kg 和 150kg 两种载荷。蠕变和弹性恢复性能是影响洛氏硬度的因素。因此，洛氏硬度不适合用于衡量磨损质量或耐磨性。

硬度计试验方法基于在指定条件下强制进入材料的特定压头的穿透性。硬度计用于测量弹性体和软质热塑性塑料(ASTM D674)的穿透硬度。

此外，与硬度相关的是耐磨性，耐磨性是对材料表面磨损过程阻力的度量。磨损试验(ASTM D1044)在规定的条件下使用研磨器对材料表面进行研磨，并记录相对质量损失量。

(3) 热分析。

一般来说，不饱和聚烯烃容易受到氧气和臭氧的攻击。光和氧(光氧化)以及臭氧(臭氧分解)对聚合物降解的联合作用可以导致中间环状臭氧化物结构的形成。在加工过程中，向聚烯烃中引入稳定剂、抗氧化剂和阻燃剂等添加剂，以改善包括热性能在内的多种性能。聚乙烯和聚丙烯通过聚合物链的随机均裂而降解，形成具有多种低分子量降解产物的复杂混合物[12]。为了评价添加剂对聚烯烃热性能的作用效率，热分析技术应运而生。热分析仪用于评估聚合物和其他材料对于特定用途的适用性，以及分析加工问题[2]。常用的热分析技术有差热量热法(DSC)、热重分析(TGA)和热机械分析(TMA)。这些热分析技术的原理在参考文献[2,9-11,22,26]中有详细介绍。

在 DSC 中，测量样品(通常在氮气环境中)在程序变温过程中的热流率。从 DSC 图中可获得包括转变热、反应热、样品纯度、相图(玻璃化转变温度，T_g)、比热容、样品鉴定、物质的掺入百分比、反应速率、结晶或熔融速率(熔点，T_m)、残留溶剂和活化能等信息[10]。在 TGA 中，采用敏感天平跟踪聚合物质量随时间或温度的变化。通常样品质量在 0.1~10mg 范围内，加热速率为 0.1~50℃/min。TGA 是一种有用的工具，通过测量聚合物的失重率，可分析出含有的添加剂的类型。而 TMA 是测量聚合物的机械响应和温度的函数。TMA 通常通过测定玻璃化转变温度、膨胀系数和弹性模量来完成，并且 TMA 数据与维卡软化点和热变形温度相关。

（4）光谱技术。

有时可能需要积极地识别聚合物材料。通常简单的鉴定技术，如熔点试验、溶解度试验和相对密度试验就足够了，见表 10.2。但在某些情况下，需要专门的设备以及傅里叶变换红外光谱（FTIR）、色谱法（凝胶渗透色谱法更适用于塑料，包括聚烯烃，如 10.2.6 所述）、X 射线分析、扫描电子显微镜（SEM）和透射电子显微镜（TEM）等先进技术来完成识别。

表 10.2 聚烯烃及其他纺织纤维的特点总结

纤维	燃烧特性	燃烧气味	燃烧灰	显微镜和(或)其他物理效应	溶解性
聚乙烯	迅速燃烧，蓝色火焰，黄色外沿。燃烧时有液滴滴落	散发出类似于燃烧蜡烛的石蜡气味		可通过熔点区分，低密度聚乙烯 100~129℃；用 FTIR 鉴定	不溶于冷 H_2SO_4，但溶于热甲苯和热苯
聚丙烯	熔化，稳定的火焰。明火无烟。看起来像熔化的玻璃。熔化的部分是透明的	气味很小，略微散发出芹菜味	硬的、不透明	用 FTIR 鉴定	不溶于冷 H_2SO_4，但溶于沸腾的全氯乙烯
羊毛	在火焰上燃烧并收缩	散发出像燃烧的头发（燃烧蛋白）一样的气味	硬的	具有纵向典型尺度，容易识别	羊毛可在 20min 内溶解于 10% NaOH 溶液
棉	燃烧时有火焰和余辉	燃烧纸的气味	黑色、粉状	具有非常规的纵向纤维图像	
醋酸纤维素	黄色火焰，有液滴滴落	散发出醋的气味	黑烟，伴随烟灰	用 FTIR 鉴定	溶于丙酮
涤纶	熔化和燃烧时伴随溅射火焰。散发出浓浓的黑烟	略带甜味，略带天竺葵气味	硬的、黑色、呈圆形，闪闪发光	通过 DSC 和 FTIR 鉴定	可在室温、15min 内溶解于 50% 的三氯乙酸和氯仿的混合溶液，两种溶剂比为 1:50
尼龙	熔化和燃烧时伴随溅射火焰。发出白色的烟雾	燃烧垃圾的气味	硬的、呈圆形，灰色或棕色，有光泽	通过 T_m 和 FTIR 鉴定	尼龙 66 可溶解于甲酸
诺美克斯	难点燃、不燃烧、不熔化。材料烧焦并卷曲	微甜的	黑色，压碎后呈黑色粉末	高抗芳纶，分解温度约 370℃	
丙烯酸	迅速熔化和燃烧，溅射火焰，黑烟	微甜，轻微的"热铁"气味	像烧过的木柴；坩埚变成黑色，压碎后呈黑色粉末	通过 FTIR 鉴定	可溶于甲苯

傅里叶变换红外光谱(FTIR)被广泛地用于许多材料的产品监测和质量控制。FTIR 所涉及的原理和程序已在参考文献[2, 10, 22, 27]中进行了介绍。它用于测量聚合物链段间发生的特定相互作用。对于大多数聚合物,最重要的红外区域是 2.5~50μm(4000~200cm^{-1})。红外辐射穿过聚烯烃样品,通过观察吸收峰的波长从而获得红外光谱。这些吸收峰是由于样品吸收了红外辐射后转化为特定的分子运动而产生的,如 CH 拉伸[22]。

X 射线衍射(XRD)是一种广泛应用的聚合物表征技术,它可以提供晶体和非晶态的一些信息。广角 X 射线散射(WAXS)研究了大尺度形态特征(10^{-4}~10Å)[12],用于测定部分结晶度和结晶尺寸。此外,X 射线荧光光谱法,即波长色散(WDXRF)和能量色散(EDXRF),可用于定性和定量鉴定各种聚合物中使用的添加剂。

光学显微镜在提供关于聚烯烃表面形貌的信息方面是非常有价值的。使用 SEM,电子束代替光作为传感辐射扫描聚合物表面,所收集的图像即扫描材料的轮廓。聚合物表面必须是导电的,可通过在样品表面镀一层导电金涂层来实现。SEM 放大倍数可达 50000 倍。另外,TEM 利用电子束通过样品而形成图像,这有助于在原子水平上确定微观结构,并且可以放大到 100 万倍[10]。

10.3 聚烯烃纳米复合材料选材分析及性能评价

本节介绍的实验步骤的细节是 Mani 等[28]和 Toshniwal 等[29]监督研究的一部分。具体而言,本节提供聚烯烃产品分析和性能评估的专题案例研究。

10.3.1 聚烯烃纳米复合材料的制备

通过将溶液技术和熔融混合相结合制备聚丙烯纳米复合材料。如文献[28]所述,将 5%(质量分数)的 C-15A 分散在二甲苯中,超声作用 1h。

推荐的超声参数[28]是 90%的振幅、8s 的脉冲开启和 4s 的脉冲关闭。在(二甲苯+C-15A)混合物中加入钛酸酯偶联剂,然后继续超声作用 15min 以上。之后将聚丙烯颗粒溶解在二甲苯混合物中。将混合物加热到 170℃,在超声作用下蒸发去除二甲苯,制得复合材料。最后,将制备的纳米复合材料在 Brabender 塑化混炼机中进行机械破碎和混合。混炼机使用的可变参数为:170℃、螺杆转速为 35r/min 和 70r/min,混合时间为 30min 和 2h。之后采用 Carver 实验室压力机制备了厚度为 400μm 的纳米复合薄膜。

10.3.2 聚烯烃纳米复合材料的表征

室温下,在波长为 1.54Å、加速电压为 60kV 的 Cu Kα 旋转阳极衍射仪上,进行 WAXS。蒙脱土颗粒为粉体[28],400μm 薄膜为纳米复合材料。采用 JEOL 2010F 型高分辨率 TEM 观察纳米复合材料中黏土颗粒的物理状态。TEM 参数为 200kV,点分辨率为 1.9Å,晶格分辨率为 1.4Å。为了制备 TEM 样品,使用金刚石刀片从散装样品中划出小样品片。将这些小块在玛瑙研钵中研磨分散在丙酮中,然后将丙酮悬浮液移到碳化涂覆的铜栅极上。TEM 观察结果表明:用混合器以 70r/min 在 170℃下运行 2h 制备的纳米复合膜,与在 35r/min 下制备 30min 的膜相比,d 间距增加,单层剥离蒙脱土片层数量增多。

10.3.3 TEM 图像及其解释[28]

由于蒙脱土颗粒固有的大量缺陷(表面孔隙、裂缝和空隙),与高稳定性的石墨插层相比,蒙脱土颗粒的插层稳定性非常低。插层剂进入蒙脱土插层中,在缺陷中应力增加,并最终导致插层剥落,并且可以在 TEM 图像中观察到。

采用各种放大倍数的 TEM 图像[28]表征纳米复合材料。在制备的纳米复合材料中观察到完全剥离的形态。Mani 等[28]已经观察到,大多数纳米复合材料充满了许多剥落的片层,并且通过使用 XRD 确定为插层,因为与原始的蒙脱土 d 间距相比,观察到 d 间距增加。纳米复合材料的 TEM 图像清楚地表明蒙脱土层并非严格平坦:它们起皱、弯曲或朝一个方向取向(这被认为是挤出成型的纳米复合纤维的特点)。将高分辨率 TEM 图像的 3 个区域放大,可以看出插层团聚体的存在。插层团聚体的层数约为 4,这与 XRD 结果相互印证[28]。虽然所有的 TEM 图像都非常支持单层片层(剥落)的显著存在,但是图 10.3 突出了插层/剥落的纳米复合材料,证实了插层团聚体和剥落片层共存。

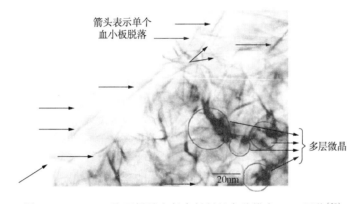

图 10.3 C-15A/聚丙烯纳米复合材料的高分辨率 TEM 图像[28]

10.3.4 聚烯烃纳米复合膜的抗菌活性[29]

10.3.4.1 AATCC 100-1999

为了确定添加季铵化合物改性蒙脱土对聚丙烯聚合物基体的影响,评价了纳米复合膜的抗菌活性[29]。使用 AATCC 100-1999 进行抗菌试验。

试验细菌:金黄色葡萄球菌,菌株号 ATCC 6538 号,革兰阳性菌;肺炎克雷伯菌,菌株号 ATCC 4352 号,革兰阴性菌。

样品制备:薄膜被切成 3cm×5cm 大小,用 100%乙醇洗涤,然后在层流净化罩中过夜干燥。

测试过程:试验样品和对照样品均接种 20μL 的接种液。接种液细菌浓度为 $(1\sim2)\times10^5$ CFU/mL,是通过稀释浊度等于 0.5 麦克法兰标准[$(1.0\sim1.5)\times10^8$ CFU/mL]的培养基制备的。为了增加接种物与疏水膜之间的接触,将接种物夹在膜的层间。将 10μL 的接种物添加到第一层膜上,第二层膜放置在其上面,再将 10μL 接种物放置在第二层膜上,覆盖第三层膜。上述的"三明治"夹层在 100mm 无菌培养皿的底部制作完成,将培养皿的盖子倒置盖住

"三明治"，并放置约 280g 的质量，以确保接种物与膜紧密接触。接种样品培养 18~24h。培养后的样品在 20mL 无菌水中洗涤。将 1μL 和 10μL 的对照样品膜的洗涤溶液平铺在合适的琼脂平板上，将 10μL 和 100μL 的试验样品膜的洗涤溶液平铺在合适的琼脂平板上。待活菌形成细菌菌落后对菌落进行计数。使用以下公式计算细菌数量减少百分比：

$$R = (B-A) \times 100\%/B$$

式中，R 为减少的百分比；A 为从接种的试验样品中回收的细菌数；B 为从接种的对照样品中回收的细菌数。

10.3.4.2 琼脂扩散试验

为了确定纳米复合薄膜的抗菌性能是由于细菌与薄膜表面接触所致，而不是由于季铵盐（QACs）的浸出所致，采用纳米复合材料和聚丙烯薄膜进行琼脂扩散试验。试件尺寸与"三明治"夹层法相同，即 3cm×5cm。用浸泡含有 $(1~1.5) \times 10^8$ CFU/mL 试验生物的生理盐水的无菌棉签，在 150mm 琼脂平板均匀接种。琼脂平板接种后，将预先消毒干净的聚丙烯和纳米复合膜放置在平板上。为了保证薄膜与接种板表面接触，用无菌棉签将试样压实。然后，将培养皿培养 18~24h。培养后观察培养基周围是否有抑制区。

10.3.5 纳米复合纤维抗菌活性的研究[29]

10.3.5.1 动态摇瓶试验（ASTM E2149）

为了测试纳米复合纤维的抗菌活性，采用 ASTM E2149 试验方法。这种方法也称为动态摇瓶试验。采用纳米复合材料和纯丙纶丝作为试样，丙纶丝质量约为 2g。样品用 100% 乙醇消毒，然后在层流罩中过夜干燥。将试样无菌转移到含有 7mL 接种物的 15mL 无菌培养管中。所使用的接种菌是含有 $(1~1.5) \times 10^5$ CFU/mL 试验菌的营养肉汤。将培养管的瓶盖旋紧，将培养管置于旋涡搅拌器中。搅拌器和管一起放入保温箱保温 18~24h。将适当稀释的接种物涂在琼脂平板上，以便在培养前清点细菌数量。接种物取自盛装洁净丙纶的样品管。培养后，将含有整齐标本和纳米复合材料标本的试管置于合适的琼脂平板上计数。

10.3.5.2 AATCC 100

利用 AATCC 法测定纳米复合纤维的抗菌活性，以连续长丝为原料，制备针织物。采用丙纶制成的针织物作为对照。由于针织物结构太松，无法承受接种剂的作用，将松散的纤维填入织物层间，并对织物边缘进行热封，从而形成网状结构。对于每个网格，使用的松散纤维和织物是同类的，即整齐的纤维填充在由整齐的纤维构成的织物中，纳米复合纤维填充在由纳米复合纤维构成的织物中。用 100% 乙醇对网格进行消毒，然后在层流罩下过夜干燥。在纳米复合材料和纯丙纶上接种 1mL 的接种物，放入 150mL 带螺旋盖的洗液瓶中。所使用的接种物为含菌量 $(1~1.5) \times 10^5$ CFU/mL 的营养液。拧紧瓶盖，将瓶子培养 18~24h。培养后，每个洗液瓶中加入 100mL 无菌水，用力摇匀后，将稀释后的洗液涂在合适的琼脂平板上。培养后，记录琼脂平板上的细菌菌落数。

由于上述试验所用的网格是疏水的，对接种液没有吸附作用，因此将接种液改为接种浆液。制备了两种不同类型的接种浆液，分别含有和不含表面活性剂。浆液按 AATCC 100 试验方法制备。

在另一组实验中，纳米复合材料层和对照针织物均接种20μL接种液。所使用的接种液是含有$(1\sim1.5)\times10^5$CFU/mL细菌的营养液。针织物夹在两个含4%蒙脱土的纳米复合薄膜层之间，以确保接种液与试验样品的亲密接触。测试设置与薄膜试验相同，即将样品接种于皮氏培养皿中，倒置放置于"三明治"上，盖上荷载为280g。18~24h后，"三明治"在20mL溶液中清洗。稀释的洗液被涂在合适的琼脂平板上。经过一夜的培养，记录琼脂板上的细菌菌落数量。

由于"三明治"纤维试样的纳米复合膜似乎干扰了试验，因此用聚丙烯薄膜代替含4%蒙脱土的纳米复合薄膜重复了相同的试验。

10.3.6 季铵盐改性蒙脱土的热降解研究

10.3.6.1 热重分析

在不同温度下对纳米复合薄膜和纤维进行熔融处理。为了确定蒙脱土表面接枝的季铵盐随温度变化的损失，进行了TGA分析。TGA提供了样品质量随温度变化的函数。黏土表面季铵盐化合物的损失在170℃和191℃两个温度下测定，这两个温度分别是薄膜和纤维的加工温度。黏土样品被加热到170℃和191℃，在这些温度下保持30min。测试在TA仪器公司的TGA Q500仪器上进行，所有测试都在氮气环境中进行。黏土样品重510mg，装入铂片，以10℃/min升至预定温度，恒温30min，然后将样品冷却到室温，并从仪器中取出。利用万能分析软件对实验得到的图形进行分析，得到给定温度下的减重百分比。

10.3.6.2 容量分析

采用容量分析法测定了蒙脱土表面季铵盐的含量。分别对改性黏土、未改性黏土、170℃处理后的黏土和191℃处理后的黏土进行了分析。采用乙酸酐为溶剂的高氯酸滴定法，称量500mg黏土加入滴定容器中，加入40mL乙酸酐。适当分散黏土颗粒后，加入少量0.5%孔雀石绿溶液。用0.1mol/L高氯酸滴定溶液，记录终点。终点是蓝绿色到黄色。每种黏土类型重复滴定10次。

10.3.7 染色聚丙烯纳米复合材料的性能评价

10.3.7.1 耐洗性

为了评价染色纤维的耐洗色牢度，采用AATCC 61试验方法，2A号测试，对纯聚丙烯和聚丙烯纳米复合材料(分别含2%、4%和6%的蒙脱土)纤维进行染色，染色的色度为纤维质量的4%。这是一种加速测试，用于评估纺织品的耐洗牢度。一次45min的试验非常接近5种典型的家庭洗涤剂溶液和磨料共同作用所造成的颜色损失。样品在温度、碱度、漂白和研磨共同作用的条件下进行洗涤。

(1) 设备和材料。

① 水洗牢度机(阿特拉斯水洗牢度机)包括一个恒温控制的水浴和一个由旋转轴(40r/min±2r/min)支撑的500mL带杠杆锁的不锈钢罐。

② 不锈钢球直径约0.6cm。

③ 一种多纤维条，由醋酸酯、棉、聚酰胺、聚酯组成。

④ 聚丙烯酸酯、丝绸、黏胶和羊毛。

⑤ AATCC 标准参考洗涤剂，不含光学增白剂。
⑥ AATCC 变色灰卡和 AATCC 色转移量表分别用于评估颜色变化和染色。

(2) 测试程序。

以 0.15% AATCC 标准洗涤剂为原料，配制 150mL 洗涤液。将试件钉在多纤维条上，试件与 50 个不锈钢球一起放入试验罐中，加入洗涤液。用特氟龙氟碳垫圈将不锈钢罐紧密密封，并放入水洗牢度机中。机器预热至 49℃，在相同温度下运行 45min。将样品连同多纤维条带一起取出，在 40℃ 的水中冲洗 2min。然后将试样晾干，用 AATCC 变色灰卡评价试样的颜色变化率。采用 AATCC 彩色转移量表对多纤维条带进行测量。

10.3.7.2 耐光性

当纺织品暴露在光线下时，光线会破坏纺织品的色素，导致纺织品褪色。在光的作用下，被染色的材料会变色，通常会变得更白、更暗。AATCC 16A 测试方法用于测定有色材料对相当于自然光 D_{65} 的人造光源的耐光性。在规定的条件下，样本和蓝色标样暴露在人造光下。用 AATCC 变色灰卡对试样的颜色变化进行比较，将试样暴露部分的颜色变化与蒙面部分或未暴露的原始材料的颜色变化进行比较，从而评价其耐光色牢度。色牢度分类是通过对样品与同时暴露的 AATCC 蓝色羊毛色牢度标样的比较来完成的。测试的纯聚丙烯纤维和聚丙烯纳米复合材料(2%、4%和6%纳米黏土)纤维的色度均为纤维质量的4%。

(1) 设备和材料。

① AATCC 褪色单位(AFU)可以定义为特定的暴晒能量。在各种测试方法中规定的条件下，其中一个 AFU 是使 L4 蓝色羊毛标样褪色达到变色灰卡 4 级时所需要暴晒能量的 1/20。

② L4 蓝色羊毛标样褪色达到 4 级色变需要 20AFU 的能量。

③ 试验遮光板用透光率接近零的材料制作，适用于多重暴露水平，如 10AFU、20AFU、40AFU 等。

④ 碳弧灯褪色装置。

⑤ AATCC 变色灰卡用于颜色变化。

(2) 测试程序。

仪器经过校准后，首先测试 L4 AATCC 蓝色羊毛标样达到 4 级灰度所需的 AFU 数量。将 L4 标样部分插入遮光板中，并在设定的条件下褪色 20h。20h 后，在日光照射箱中对 L4 标样进行评级，以确认维持 4 级灰度。然后，将试样插入测试遮光板中，并放入支架中。机器开始运行，试样褪色时间增加 20h。样品继续暴晒，直到外露部分与未外露部分的色差达到 4 级。如果样品在 80h 后仍未褪色到 4 级灰度，则终止暴晒。根据试样的暴晒时间和灰度等级对褪色色牢度进行评定。

10.3.7.3 耐摩擦色牢度

采用 AATCC 8 测试方法考查样品的耐摩擦色牢度，即用于评估聚丙烯纳米复合纤维与基体摩擦时，从聚丙烯纳米复合材料纤维表面转移到其他基体上的颜色量。试验采用纯聚丙烯纤维和聚丙烯纳米复合材料(2%、4%和6%纳米黏土)纤维样品，色度为纤维质量的4%。测试干湿摩擦色牢度。

(1) 设备和材料。

① AATCC 摩擦仪。

② 试样所依据的擦布由经退浆、漂白、未加工的棉布裁剪成 5cm×5cm 的正方形。
③ AATCC 沾色卡和变色灰卡。
④ 白色 AATCC 纺织品吸墨纸。
⑤ 摩擦仪样品架。
⑥ 把干纤维紧密包裹在 4cm×10cm 厚的硬纸板表面，制成试样。

（2）测试方法。

在干湿摩擦色牢度试验中，试样水平放置于砂皮布上。砂皮布的作用是防止试样在摩擦过程中发生滑移。测试时，白色的摩擦棉布方巾夹在摩擦仪的夹子上，以固定住它。然后放下把手，使试样与摩擦布接触。以 1r/s 的速度手动旋转曲柄 10 次完成摩擦。湿法摩擦色牢度试验采用相同程序，除了使用湿润的摩擦布外，还采用 AATCC 吸墨纸挤压吸水，以确保摩擦布含水量是自身质量的 65%。湿摩擦布在评估前应烘干。用 AATCC 变色灰卡评价试样的变色程度，用 AATCC 沾色卡测定试样在摩擦布上的颜色转移量。

10.3.8 产品性能评价总结

聚烯烃的最终用途不同，需要的特定性能不同，例如，医疗应用、汽车和其他工业纺织等用途，可能需要改进易燃性、抗菌性能、耐久性、增强电导率、更好的使用性能和环境使用抗裂性。不管具体的性能如何，制造商必须设计和加工他们的产品以满足要求。此外，自发地对产品进行可接受的和有效的评估，将确保始终满足客户的规格要求。通过这种方式，制造商将赢得客户的信任，从而获得可观的利润。

10.4 拉胀纺织品结构的评估

近期关于拉胀纺织品的研究表明，拉胀织物的力学性能优于传统织物。特殊处理[30-42]主要集中在拉胀纤维和长丝的生产初期，处理后再将这些纤维和长丝织成织物，达到宏观的拉胀性。虽然性能优异，但由于生产单个拉胀纤维耗时长且成本高，这种方法有一定的局限性。相比之下，我们在马萨诸塞大学达特茅斯分校（UMD）的团队[43-51]率先使用廉价的、商业上可用的非拉胀纱线制造拉胀织物。UMD 的技术利用织物几何、设计和结构力学知识，提供了一种利用非拉胀纱线生产拉胀织物的快速方法。我们的方法相对于用拉胀纤维制造的拉胀织物的主要优点是提高了生产效率、织物的多功能性、表观性能和经编速度，从而比传统的织布机更具有成本效益和效率。

UMD 技术生产的拉胀材料与目前用于骨盆个人防护装备的材料相比具有显著优势：

（1）拉胀纺织品在力学性能方面比传统织物有了显著改善。有望提高爆炸/弹道防护用具的防护性能，弹片和简易爆炸装置的冲击可使织物变厚并增强。

（2）廉价且可伸缩——我们的方法使用商业上可用的高性能纤维，而不是昂贵的特种拉胀纱线。经编结构可以用现有的工艺设备以非常高的生产率（至少 5~10×编织）扩大规模。

（3）轻量化和柔韧性——拉胀材料使得增强爆炸/弹道防护用具更薄、更轻，并且使防护纺织品透气性好，从而减少热负担。我们的经编结构由于具有独特的堆叠结构，可提供刚性芳纶纤维更好的柔韧性。

（4）提高舒适性——这是传统材料的一个主要问题。泊松比为正的材料很难弯曲成双弯曲或半圆的形状，而是核心在弯曲时形成鞍形。而拉胀纤维（即布泊松比为负）容易实现双曲率。

因此，可采用 UMD 团队使用的测试方法来确定拉胀材料的结构。泊松比的测量是首选的测试方法。

为了测量织物的泊松比，使用 Instron 5569 机械测试仪依照 ASTM D5034—1995（2001）标准采用视频延伸仪配合微拉伸测试技术。均匀地拉伸整个织物带，在每个试样上标记出 2cm×2cm 正方形，利用公式 $v_{xy} = -\varepsilon_x/\varepsilon_y$ 求出泊松比，其中 ε_x 是 x 方向的应变——横向应变，ε_y 是 y 方向的应变——轴向应变。初始，样品（长度为 10cm）以 5.08cm/min 的速率沿纵向和横向拉伸。测试过程使用佳能 PRO 300 相机记录样品的应变，捕获不同应变程度下样品的图像，每个样品总共 16 幅图片。分别在 3 个不同位置测量样品的宽度，以确保测量的泊松比尽可能准确。每种织物样品被测试 3 次，每次使用不同的样品。所有样品被拍照后获得泊松比，并使用适当的图像分析软件获得应变值。测试如图 10.4 所示。应当注意，确定照片中是否有拉胀行为，不一定是 y 方向应变与 x 方向应变的关系，轴向应变仍然可以大于横向应变。但是拉胀性质是轴向载荷下横向应变增加的反映（如所测量的，正方形的宽度相对于初始宽度增加）。

(a) 测试前　　　　　　　(b) 传统行为　　　　　　　(c) 拉胀行为

图 10.4　泊松比的测量

确定拉胀特征的相关数据的典型图见图 10.5 和图 10.6。

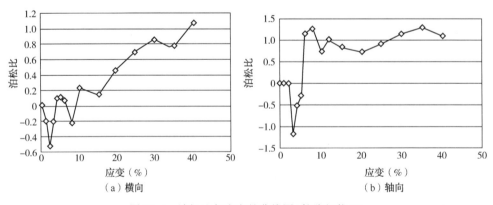

(a) 横向　　　　　　　(b) 轴向

图 10.5　泊松比与应变的曲线图（拉胀织物 C）

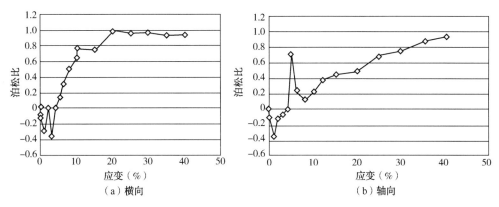

图 10.6 泊松比与应变的曲线图(膨胀织物 X)

10.5 质量控制

质量控制是制造商对生产过程中各种要素(包括满足所有产品规格的要素)全面控制的手段。一个完善的质量控制体系将确保良好的客户关系,保障可持续生产,并遵守环境法律法规。文献[2,16,52-53]详尽地论述了工业中统计质量控制制度的必要性,读者可从中获得大量信息。

总之,每个制造商都应该根据其制造操作的特点建立操作过程控制图,并充分考虑设备、刀具磨损、操作人员的技能水平、制造环境等变化。也需要建立属性控制图,来限定制造过程中允许的缺陷数量。另一个在质量控制中至关重要的工具是验收抽样概念,在生产线上对产品的一致性进行随机检验,也称为有效的质量控制制度。在许多工业装置中,使用基于计算机化工艺和设备的统计过程控制是未来的发展方向,监督员能够实时获知过程是否处于失控状态。

参 考 文 献

[1] Ugbolue SC. Fiber and yarn identification. In: Fan Q, editor. Chemical testing of textiles. Cambridge, England: Woodhead Publishing; 2005.

[2] Shah V. Handbook of plastics testing and failure analysis. 3rd ed. Hoboken, NJ: John Wiley & Sons; 2007.

[3] ASTM International, Philadelphia, PA.

[4] AATCC, Research Triangle Park, NC.

[5] BS Handbook, BSI Group, London, UK.

[6] International Organization for Standardization, ISO.

[7] Fung W, Hardcastle M. Textiles in automotive engineering. Cambridge, England: The Textile Institute and Woodhead Publishing Co; 2001.

[8] Carey, B. <http://finance.isixsigma.com/library/content/c040128a.asp>.

[9] ASTM. Annual book of ASTM standards, part 35, ASTM International: Philadelphia, PA; 1979, D1505-68. p. 533–539.

[10] Carraher Jr CE. Polymer chemistry, 6th ed. 75. New York, NY: Marcel Dekker; 2003.

[11] Billmeyer Jr. FW. Textbook of polymer science. 3rd ed. New York, NY: Wiley-Interscience; 1984.

［12］Fried JR. Polymer science and technology. 2nd ed. Upper Saddle River, NJ: Prentice Hall; 2003.

［13］Aboulfaraj M, G'Sell C, Ulrich B, Dahoun A. Polymer 1995; 36: 731.

［14］Uzomah TC, Ugbolue SCO. J Appl Polym Sci 1997; 65: 625.

［15］Coulon G, Castelein G, G'Sell C. Polymer 1998; 40: 95.

［16］Nitta K-H, Takayanagi M. J Polym Sci Part B Polym Phys 1999; 37: 357.

［17］Seguela R, Staniek E, Escaig B, Fillon B. J Appl Polym Sci 1999; 71: 1873.

［18］Staniek E, Seguela R, Escaig B, Francois P. J Appl Polym Sci 1999; 72: 1241.

［19］Nitta KH, Takayanagi M. J Polym Sci Part B Polym Phys 2000; 38: 1037.

［20］Labour T, Gauthier C, Seguela R, Vigier G, Bomal Y, Orange G. Polymer 2001; 42: 7127.

［21］Lima MFS, Vasconcellos MAZ, Samios D. J Polym Sci Part B Polym Phys 2002; 40: 896.

［22］Sperling LH. Introduction to physical polymer science. 4th ed. New York, NY: John Wiley & Sons; 2005.

［23］Groover MP. Fundamentals of modern manufacturing. 3rd ed. New York, NY: John Wiley & Sons; 2007.

［24］Brandrup J, Immergut EH, editors. Polymer handbook. 3rd ed. New York, NY: Wiley Interscience; 1989.

［25］Benedikt GM, Goodall BL, editors. Metallocene-catalyzed polymers: materials, properties, processing and markets. Norwich, NY: Plastics Design Library; 1998.

［26］Turi EA. Thermal characterization of polymeric materials. New York, NY: Academic Press; 1997.

［27］Tapley KN, Fan Q. Chemical analysis of colorants. In: Fan Q, editor. Chemical testing of textiles. Cambridge, England: Woodhead Publishing; 2005.

［28］Mani G, Fan Q, Ugbolue SC, Yang Y. Morphological studies of polypropylene nanoclay composites. J Appl Polym Sci 2005; 97: 218-226.

［29］Toshniwal L, Fan Q, Ugbolue SC. Dyeable polypropylene fibers via nanotechnology. J Appl Polym Sci 2007; 106: 706-711.

［30］Smith C, Grima J, Evans K. A novel mechanism for generating auxetic behaviour in reticulated foam: missing rib foam model. Acta Mater 2000; 48: 4349.

［31］Gaspar N, Ren XJ, Smith CW, Grima JN, Evans KE. Novel honeycombs with auxetic behaviour. Acta Mater 2005; 53: 2439.

［32］Grima JN, Gatt R. Empirical modeling using dummy atoms EMUDA: an alternative approach for studying auxetic structures. Mol Simulat 2005; 31: 915.

［33］Alderson A, Alderson K. Expanding materials and applications: exploiting auxetic textiles. Tech Text Int 2005; 777: 29-34.

［34］Ravirala N, Alderson K, Davies P, Simkins V, Alderson A. Negative Poisson's ratio polyester fibers. Text Res J 2006; 76: 540.

［35］Hook, P. and Evans K., 2006 Auxetix site, <http://www.auxetix.com/science.htm>.

［36］Simkins VR, Ravirala N, Davies PJ, Alderson A, Alderson KL. An experimental study of thermal post-production processing of auxetic polypropylene fibres. Phys Status Solidi 2008; 1.

［37］Uzun M, Patel I. Tribological properties of auxetic and conventional polypropylene weft knitted fabrics. Arch Mater Sci Eng 2010; 44: 120.

［38］Hu H, Wang Z, Liu S. Development of auxetic fabrics using flat knitting technology. Text. Res. J. 2011; 81: 1493.

［39］Alderson KL, Webber RS, Evans KE. Microstructural evolution in the processing of uxetic microporous polymers. Phys Status Solidi B Basic Solid State Phys 2007; 244: 828.

［40］Alderson KL, Pickles AP, Evans KE. Auxetic polyethylene: the effect of a negative Poisson's ratio on hardness. Acta Metall Mater 1994; 42: 2261.

[41] Webber RS, Alderson KL, Evans KE. A novel fabrication route forauxetic polyethylene, part 2: mechanical properties. Polym Eng Sci 2008; 48: 1351-1358.

[42] Simkins V, Ravirala N, Davies P, Alderson A, Alderson K. An experimental study of thermal post-production processing of auxetic polypropylene fibres. Phys Status Solidi B Basic Solid State Phys 2008; 245: 598.

[43] Ugbolue SC, Warner SB, Kim YK, Fan Q, Yang CL. The Formation and performance of auxetic textiles (NTC Project F06-MD09), Annual report, National Textile Center: Philadelphia, PA; 2006. <http://www.ntcresearch.org/pdf-rpts/AnRp06/F06-MD09-A6.pdf>.

[44] Ugbolue SC, Warner SB, Kim YK, Fan Q, Yang, Chen Lu, Kyzymchuk O, et al. The formation and performance of auxetic textiles (NTC Project F06-MD09), Annual report, National Textile Center: Philadelphia, PA; 2007. <http://www.ntcresearch.org/pdf-rpts/AnRp07/F06-MD09-A7.pdf>.

[45] Ugbolue SC, Warner SB, Kim YK, Fan Q, Yang, Chen Lu, Kyzymchuk O, et al. The formation and performance of auxetic textiles (NTC Project F06-MD09), Annual report, National Textile Center: Philadelphia, PA; 2008. <http://www.ntcresearch.org/pdf-rpts/AnRp08/F06-MD09-A8.pdf>.

[46] Ugbolue SC, Warner SB, Kim YK, Fan Q, Yang, Chen Lu, Kyzymchuk O, Feng Y, Lord J. The formation and performance of auxetic textiles(NTC Project F06-MD09), Annual report, National Textile Center: Philadelphia, PA; 2009. <http://www.ntcresearch.org/pdf-rpts/AnRp09/F06-MD09-A9.pdf>.

[47] Ugbolue SC, Warner SB, Kim YK, Fan Q, Yang CL, Olena K. Auxetic fabric structures and related fabrication methods, World Patent No. 002479 A1, 2009.

[48] Ugbolue SC, Warner SB, Kim YK, Fan Q, Yang CL, Kyzymchuk O, et al. The formation and performance of auxetic textiles, Part 1: Theoretical and technical considerations. J Text Inst 2010; 101: 660.

[49] Ugbolue SC, Warner SB, Kim YK, Fan Q, Yang CL, Kyzymchuk O, et al. The formation and performance of auxetic textiles, Part 11: Geometry and structural properties. J Text Inst 2011; 102: 424.

[50] Leong K, Ramakrishna S, Huang Z, Bibo G. The potential of knitting for engineering composites. Comp. Part A 2000; 31: 197.

[51] Ugbolue SC, et al., Auxetic fabric structures and related fabrication methods, US Patent No. 8,772,87; July 8, 2014.

[52] Denning LM. Quality control for plastics engineers. New York, NY: Reinhold; 1957.

[53] American Society for Quality Control(ASQC), Sampling procedures and tables for inspection by attributes, Milwaukee, WI, ANSI/ASC 21.4-1993.

延 伸 阅 读

Juran JM. Quality control handbook. New York, NY: McGraw Hill; 1974.

11　聚烯烃纳米复合纤维和薄膜

Qinguo Fan

(美国麻省大学)

11.1　概述

纳米技术是对尺度 1~100nm 的材料或结构的创建、应用和操纵。在聚烯烃领域,最重要的纳米技术是在聚烯烃基体中加入纳米材料。纳米材料,也称为纳米颗粒,由于其尺寸极小,与体积更大的材料相比,具有一些非凡的性能。高比表面积是材料工程中非常有用的特性之一。在聚合物材料中加入纳米颗粒后,所得的材料也称为纳米复合材料,可以具有一些性能改进,而这些改进是单独使用聚合物无法实现的。例如,在聚丙烯中加入纳米黏土可以使改性丙烯被酸和分散染料染色[1]。

由于最终的应用不同,许多不同类型的纳米材料可以用于聚烯烃,如碳纳米管(CNTs)、纳米硅酸盐和二氧化硅、纳米陶瓷、纳米金属。纳米材料可以具有不同的形式:零维,如纳米球形二氧化硅;一维,如纳米线和纳米管;二维,如剥落的纳米黏土和石墨片层[2]。与传统的复合材料相比,纳米复合材料的一个显著优点是负载低,大多低于10%。这是因为纳米颗粒的比表面积大,当被均匀分散在聚合物中后,它们与聚合物基体分子具有极好的相互作用。低负载也意味着在纳米复合材料中引入新性能的同时,对传统性能改变较小,或是以更低的附加成本获得更好的性能。

11.2　聚烯烃纳米复合纤维和薄膜

11.2.1　碳纳米管

碳纳米管可分为单壁(SWNTs)和多壁(MWNTs)两大类。SWNTs 具有管状结构,碳原子通过 $sp^{[2]}$ 杂化轨道与其他碳原子相连,从而形成具有一个碳原子厚度的壁。单壁碳纳米管直径的高斯分布为纳米级[3]。MWNTs 具有同心圆柱形结构,或像卷纸一样的结构。碳纳米管的长度一般在微米范围内,已经有关于 4cm 长的 SWNTs 报道[4]。

碳纳米管具有优异的力学性能[5],杨氏模量为 1~20GPa,拉伸强度为 0.4~4.15TPa,合成方法和测量技术不同,性能会略有差异。然而,在许多复合材料中使用的大多数碳纳米管由于缺陷而导致一到两个数量级的性能损失。碳纳米管可以是半导体或导体,这取决于纳米管的直径或几何形状。碳纳米管已被广泛用于增强聚合物[6]。聚丙烯碳纳米管复合材料获得更强的刚性、更好的热稳定性和气体阻隔性能[7]。PP-CNT 复合纤维获得高温(160℃)下的低收缩率(5%)[8]。

11.2.2 硅酸盐和硅土

最常见的硅酸盐是以 SiO_4 四面体阴离子基团为基础，配体含有其他电负性原子，如 F，平衡电荷通常为 Na^+、K^+、Ca^{2+}、Mg^{2+}、Fe^{2+}、Al^{3+} 等。黏土矿物是一组含水层状硅酸铝，天然或合成得到。蒙皂石是一种天然黏土，属于近晶黏土亚群。层状硅酸盐纳米颗粒具有层状结构，如蒙皂石，具有由两层 SiO_4 四面体和 SiO_4 四面体包裹的由其他阳离子配位的 O、OH、Al 和 Mg 八面体构成的 2:1 夹层结构。在纳米复合材料合成过程中，层状结构可以插层或剥离，这在很大程度上取决于所使用的条件。

硅土是二氧化硅(SiO_2)的通用术语，天然或合成得到。二氧化硅也被认为是硅酸盐的一种类型。合成二氧化硅可以具有不同的物理形态，纳米复合材料中最常用的是球形多孔介孔结构。硅酸盐和二氧化硅纳米颗粒是由天然材料制备成纳米级或直接合成的纳米级材料，并均进行了表面处理以防止团聚。报道称，聚丙烯蒙脱土纳米复合材料相比聚丙烯基体，改善了拉伸性能、提高了热转变温度，保持了光学清晰度、高阻隔性能，改善耐划伤性，提高了阻燃性[9]。此外，PP-SiO_2 纳米复合材料的强度、模量和断裂伸长率均得到提高[10]。

11.2.3 金属氧化物

金属氧化物，也称为陶瓷，可分为半导体(如 ZnO、NiO、Fe_2O_3、Cr_2O_3 和 TiO_2)和绝缘体(如 MgO、CaO 和 Al_2O_3)[11]。由于纳米金属氧化物的尺寸小，其表面能高，特别是具有高离子性质的材料，边缘、角落、阴离子和阳离子空位的缺陷位点使得纳米颗粒具有更高的活性，因此被纳米复合材料制造厂广泛应用。

金属氧化物(陶瓷)易碎，但它们的纳米级对应物可以更灵活，不脆，或许更强[12]。纳米金属氧化物还有一些其他特殊性能。TiO_2 的带隙在 UV 范围内，金红石 3.03eV，锐钛矿 3.18eV[13]。当颗粒尺寸减小时，可以观察到蓝移。因此，其光催化性能得到了广泛的研究。然而，在水中[14]用 TiO_2 光氧化降解 $CHCl_3$ 表明，当纳米颗粒变得太小时，电子腔复合速率将非常快，导致初始光吸收步骤中的效率较低。绝缘金属氧化物还可以催化酸性酶反应，例如通过 MgO/CaO 氧化偶联甲烷[15]。对羟基磷灰石增强聚丙烯作为骨模拟生物材料进行了研究[16]。采用 $SrTiO_3$/NiZn 对制备的聚丙烯复合材料[17]进行了介电和磁性能的改善。采用特制陶瓷 $Y_1Ba_2Cu_3O_7-x$，提高了等规聚丙烯(iPP)陶瓷复合材料的物理机械性能、超导性能和热物理性能[18]。PP/ZnO 薄膜具有独特的光学性质，如阻挡紫外光，同时透射可见光[19]。

11.2.4 金属

纳米金属的有用形式之一是胶体，其大小可达 100nm[20]，由合适的配体或溶剂稳定。据报道，使用铬金属纳米线可在 PET 薄膜[21]、CoNi 合金[22]以及包括线、板和花在内的不同结构上形成抗蚀图案[23]。许多金属纳米颗粒被沉积作为特殊涂层[24]。有些用于催化应用[25]。在聚丙烯无纺布上沉积纳米银具有抗菌作用[26]。与纯聚丙烯膜相比，银/聚丙烯纳米复合膜不仅提高了热稳定性，而且提高了力学性能。与纯聚丙烯树脂相比，聚丙烯纳米复合材料的拉伸性能显著提高，银纳米粒子添加量为 1g/kg 的纳米复合材料的伸长率也提高了 175%[27]。均匀分散的钯纳米颗粒可以延缓聚丙烯[28]的热分解。将纳米金属颗粒引入聚丙烯的独特方法可制造大量(千克级)聚合物纳米颗粒复合材料。它是通过含金属化合物(MR_n: M = Cr、Mo、W、Ti、Zr、Fe、Co、Ni、Pd、Pt、Cu; R = CO、HCOO、CH_3COO、$C_6H_5CH_2$)在聚合物(如聚丙烯)的熔体中热分解形成的[29]。

11.2.5 纳米结构分子

已经发现两种纳米结构的分子可用于聚丙烯纳米复合材料,即树枝状化合物及其他环糊精(CDs)。树枝状化合物是规则的分支聚合物,其所有键都汇聚到核,每个重复单元包含形成内部结构的分支结,并且表面[30]存在大量相同的末端官能团。树枝状聚合物在室温下通常是黏性液体。球形树枝状化合物表面的大量官能团提供了改性其他聚合物的可能性,例如,溶解性、与塑料的相容性、客体分子的吸收和表面活性。文献[31-33]介绍了树枝状化合物和超支化聚合物作为聚丙烯纤维染色助剂的应用。

CDs 是由 6(α-CD)、7(β-CD)或 8(γ-CD)α-1,4-D-吡喃葡萄糖苷单元形成的环状低聚糖,其环形结构具有 0.5~1.0nm 的内疏水空腔和外亲水边缘。由于独特的结构,CD 通过形成主客体络合物而被广泛应用。等规聚丙烯结合 γ-CD,然后从主体中释放出来,表现出不同的特征[34]。Li 等研究了 β-CD 与低分子量聚丙烯的结晶包合物[35]。α-CD 和 γ-CD 不与聚丙烯形成结晶包合物。文献[36]报道了在无纺织物上接枝 CDs 制备活性滤料的方法。

11.3 聚烯烃纳米复合纤维和薄膜的制备

11.3.1 溶液混合

在实验室采用溶液混合、熔融混合和(或)熔融纺丝法制备了聚丙烯/蒙脱土纳米复合材料。在不锈钢容器中加入球磨纳米黏土和 400mL 二甲苯,并将该容器置于用玻璃纤维绝缘的沙浴中。加入不同的黏土浓度,即聚合物的质量为 2%、4% 和 6%。将容器内的混合物超声处理 1h,超声振幅 90%,8s 脉冲,4s 脉冲关闭。在混合物(二甲苯+黏土)中加入 0.4%(质量分数)(聚合物质量)的钛酸酯偶联剂,并继续超声作用 1h。然后,将聚丙烯颗粒加入混合物中。将容器在热板上加热,温度逐渐升高到二甲苯的沸点(140℃)以溶解聚丙烯颗粒。进一步的超声波处理使混合物均匀化。在均匀化处理之后,关闭超声装置并移除换热器。蒸发掉剩余的二甲苯,直到纳米复合材料固化。随后,将纳米复合材料机械粉碎,在烘箱中 70℃干燥,除去残留的痕量的二甲苯。

11.3.2 熔融、混合和纺丝

将溶液混合得到的纳米复合材料在 Brabender 密炼机中 170℃ 混炼 30min。密炼机转子的转速为 70r/min。

在 Sterling 单螺杆挤出机上进行了溶液混合纳米复合材料的熔融纺丝。使用 30 喷丝头纤维模具进行纤维挤出,参数如下:

不同区域的温度分别为 163℃(料斗)、185℃、185℃、191℃、191℃ 和 191℃(喷丝板);螺杆转速为 8r/min;材料吞吐量为 4.8g/min;喷丝头直径为 0.5mm;卷绕速度为 31m/min;拉伸比为 4;拉伸温度为 100℃。

11.4 表征与分析

11.4.1 扫描电镜

样品的表面拓扑结构可以用扫描电子显微镜(SEM)来研究。为了在实验室进行 SEM 测量，用锋利的刀制备了尺寸为 8mm×4mm 的样品。然后将样品安装在铝支架上，以便涂覆金(Au)。用于 SEM 分析的涂层主要目的如下：

(1) 用导电材料覆盖试样表面上的电荷。

(2) 通过用具有高二次电子产率的金属覆盖低二次电子发射的样品来增加二次电子发射。

镀膜可采用真空蒸发法和溅射法。镀膜时需注意控制涂料量，如果涂层太厚，则涂覆颗粒变得可见，被观察的结构可能变得模糊。溅射法的应用最为广泛，采用溅射装置对样品进行涂覆。

在 JEOL JSM 5610 SEM 上进行了测量。对于较高放大率(大于 10000)，加速电压被设置为 10kV，而对于较低放大率，则施加 5kV 的电压。类似地，低倍镜的工作距离(WD)在 50~55mm 之间，高倍镜的工作距离(WD)在 10~15mm 之间。使用加速电压为 0.1~50kV 的聚焦电子束扫描样品表面。在初级电子束的入射点处，发射出二次电子。二次电子的强度取决于表面形貌，根据表面形貌可以表征纳米颗粒的尺寸和尺寸分布。

11.4.2 透射电子显微镜

透射电子显微镜(TEM)是研究纳米及更小尺寸结构的有力技术。因此，可用来验证 X 射线衍射(XRD)关于纳米复合材料中纳米颗粒的组织结构。它具有优异的分辨率(约 0.2nm)可精确观察纳米结构。该技术被世界各国研究人员广泛应用于聚合物纳米复合材料的表征。

Manias 等[9]研究指出，尽管 XRD 能够快速地回答聚合物/硅酸盐体系的相容性，但它没有给出纳米复合材料的所有结构信息。XRD 没有提供任何关于剥落或无序黏土层的信息，因为它们不具有周期性结构。然而，发现 TEM 在观察纳米复合结构中是有用的。它提供了关于在整个聚丙烯基体中存在大量以单层、双层和三层排列的夹层黏土层的信息[37]。尽管存在一些缺点，XRD 和 TEM 仍被认为是表征聚合物纳米复合材料最有用的技术。在 TEM 中，较厚或密度较高的样品区域对电子束散射更强，在图像中会显得较暗。纳米黏土具有比半结晶聚丙烯更高的密度(分别约为 $2.40g/cm^3$ 和 $0.90g/cm^3$)。因此，黏土层比聚合物看起来更暗。如果样品太厚，聚合物会显得更暗，这降低了聚合物与黏土的对比。这就解释了为什么要尽可能薄地切割样品。采用高分辨率透射电子显微镜 JEOL 2010F FasTEM 观察了黏土颗粒在纳米复合材料中的物理状态。该显微镜在 200kV 下工作，点分辨率为 1.9Å，晶格分辨率为 1.4Å。为了制备 TEM 样品，使用金刚石刀片从样品中切出小块样品，然后用丙酮将这些小块在玛瑙研钵中磨碎，最后将丙酮悬浮液移到碳包覆的铜栅上，将制得的样品用于 TEM 观察。

11.4.3 X 射线衍射

除了与实验装置有关的误差外，聚合物黏土纳米复合材料的 XRD 分析还由于两个因素而更加复杂。首先，纳米复合材料通常含有相当少量的黏土[通常为 10%（质量分数）]。因此，XRD 分析必须足够灵敏，以检测聚合物中黏土的结晶结构。如果不能达到这个目的，衍射图案中就不会出现峰，并且可能得出一个错误的结论，即已经合成了分层纳米复合材料。此外，X 射线的穿透深度与衍射角 θ 成反比，这意味着低角度的 X 射线分析仅反映靠近表面的薄层（聚合物通常为 0.1mm）中存在的结构。因此，建议分析时使用具有大比表面积的薄样品。在旋转阳极衍射仪 Rigaku 18KW 上用波长为 1.54Å 的 Cu Kα 射线在室温下进行了宽角 X 射线散射，加速电压为 60kV。以蒙皂石黏土颗粒为粉体，以 400μm 薄膜为纳米复合材料。XRD 数据被用来确定黏土颗粒的 d 间距和晶粒厚度。

11.4.4 傅里叶变换红外光谱

几乎任何具有共价键的化合物，无论是有机的还是无机的，都可以发现吸收光谱的红外区域中的电磁辐射，其波长比可见光（400~700nm）长，但比微波（大于 1mm）短。表征时多关注波长在 2.5~25μm 之间的红外区域的振动部分，或用更常见的术语表示，即频率在 4000~400cm^{-1} 之间。随着计算机化傅里叶变换红外光谱仪（FTIR）的出现，红外光谱仪具有快速、灵敏、分辨率高等优点，已成为分子表征和鉴定的重要手段之一。

表 11.1 给出了结晶聚丙烯的一些有代表性的红外吸收峰。聚丙烯的 CH 振动模式列于表 11.2 中。

然而，即使在 FTIR 的情况下，由于干扰带的重叠或强背景吸收的出现，可能难以精确地确定给定吸收的波长和强度。这样的问题通常可以通过使用导数数据处理来解决。二阶导数模式具有提高重叠波段的分辨率、抑制背景以校正系统误差、增强用于定性和定量分析的精细光谱特征的优点。

IR 光谱的一般形式可以被认为是一系列高斯分布函数和洛伦兹分布函数的组合。

高斯分布函数：

$$A = A_0 \exp(-Z^2/2\sigma^2)$$

式中，A 为波长 λ 处的吸光度；A_0 为最大吸收波长 λ_{max} 处的吸光度；$Z = \lambda - \lambda_{max}$；$\sigma$ 为标准偏差。

洛伦兹分布函数[39]：

$$A = A_0 (1 + Z^2/3\sigma^2)^{-1}$$

表 11.1 红外吸收峰鉴别[38]

频率（cm^{-1}）	鉴别
805, 840, 898, 940, 972, 995, 1044, 1100, 1152, 1165	CH$_2$ 摇摆、C—C 拉伸和 CH$_3$ 摇摆
1218, 1255, 1293	CH$_2$ 扭转与 CH 弯曲
1303, 1330, 1360	CH$_2$ 摆动与 CH 弯曲
1380	对称 CH$_3$ 弯曲

续表

频率（cm^{-1}）	鉴别
1440，1455，1465	CH$_2$弯曲与反对称CH$_3$弯曲
2866，2875，2907，2918，2926	对称CH$_3$拉伸、反对称CH$_2$拉伸和CH拉伸
2947	反对称CH$_3$拉伸
2960	反对称CH$_3$拉伸

表11.2 聚丙烯CH振动模式的分类[39]

CH模式	CH$_2$模式	CH$_3$模式
伸展运动	对称拉伸	对称拉伸
摇	反对称拉伸	反对称拉伸1
摇摆	弯曲	反对称拉伸2
	摇	对称弯曲
	摇摆	反对称弯曲1
	扭	反对称弯曲2
		摇
		摇摆
		扭转

对于给定的吸收光谱，一阶导数（$dA/d\lambda$，A是吸光度，λ是波长）是原始波段在每个波长处的吸收梯度。重复微分产生二阶和更高导数：

$$\frac{d_2 A}{d\lambda_2} \cdots \frac{d_n A}{d\lambda_n}$$

图11.1中示出了一系列这样的曲线。一阶导数是一条双曲线，截取了原零级红外光谱中相应峰的最大吸收波长（λ_{max}）处的波长轴。二阶导数曲线被看作一个倒置的主（质心）峰，两侧是两个较小的卫星峰。对于每个高阶导数重复这种模式，奇数导数在原始波段的峰值位置保持零交叉（λ_{max}），偶数导数在质心波段（其峰值对应于原始波段的λ_{max}）。偶数导数质心峰在符号上交替，宽度随导数阶数的增加而减小。因此，随着导数阶数的增加，精细的光谱细节得到增强，从而获得重叠带逐渐变得更高分辨率的光谱轮廓。

可以采用几种采样方法，包括常规溴化钾（KBr）盘透射率、衰减总内反射率和漫反射率。一般测量条件为：扫描速度0.4cm/s；扫描64次；分辨率4cm^{-1}；环境温度。

11.4.5 热分析

在聚合物熔体中加入纳米颗粒通常对结晶有不同的影响。在实验室对纯聚丙烯和纳米复合纤维进行了差示扫描量热法（DSC）研究，以确定纳米复合纤维与纯聚丙烯纤维在结晶度、熔融峰值温度和熔融起始温度方面的对比。

使用氮气提供惰性气氛进行DSC分析。将质量不超过10mg的样品以0.01mg的精度称入专门为DSC设备设计的清洁干燥的铝样品盘中，然后将样品盘和由相同材料制成的空参考盘加载到测试仓中。在实验期间以10~50mL/min的恒定流速的干氮气吹扫，然后将样品盘和参考盘以10℃/min的速率加热至220℃。仪器测量样品盘保持与参考盘相同的温度所

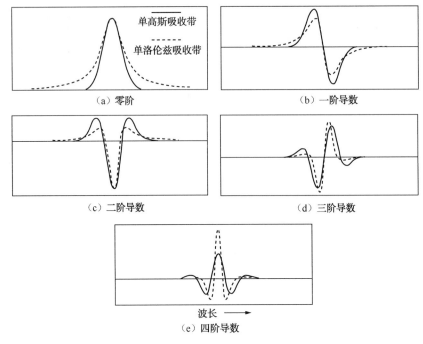

图 11.1 吸收带的导数模式

需的附加热流,结果被扫描绘制成由放热或吸热峰组成的温度与时间的曲线图。实验结束后,利用 TA 仪器提供的通用分析软件,对熔融峰下面积进行积分,计算熔融热。软件根据曲线计算出的熔融焓与聚丙烯晶体标准熔融焓的比值,得到以百分比表示的聚合物结晶度,聚丙烯晶体的熔融焓为 207J/g。借助于软件对热分析曲线进行分析,还可以得到聚丙烯晶体的熔融起始温度和熔融峰值温度等其他特性。

11.5 聚烯烃纳米复合材料的应用

11.5.1 物理应用

11.5.1.1 力学性能

随着勃姆石长径比的增加,聚烯烃勃姆石纳米复合材料的硬度增加,断裂伸长率增加[40]。以聚丙烯/三元乙丙橡胶(EPDM)和有机改性蒙脱土(OMMT)为原料,制备了热塑性硫化橡胶(TPV)/蒙脱土纳米复合材料。结果表明,TPVOMMT 纳米复合材料的拉伸强度比 TPV 提高了 55%,与基于 PP/EPDM/Na-MMT(TPVNMMT)的动态硫化胶相比提高了 33%。动态力学分析表明,与 TPV 相比,TPVOMMT 纳米复合材料的储能模量提高了 35%,而 TPVOMMT 的 T_g 提高了 8℃[41]。加入有机改性黏土[2%(质量分数)]和不同偶联剂的聚丙烯,拉伸强度提高了 25%~50%,基本断裂功提高 20%[42]。通过添加马来酸化高密度聚乙烯(聚乙烯接枝马来酸酐,PE-g-MAn),黏土/高密度聚乙烯纳米复合材料可以完全剥离。黏土含量为 0.05% 的纳米复合材料的屈服强度由 20.8MPa 增加到 21.7MPa,拉伸模量由 213MPa 增加到 254MPa。当黏土含量高于 1%(质量分数)时,这些值趋于平稳,并且进一步增加。屈服应变随着黏土含量的增加而降低[43]。与纯热塑性聚烯烃共混物相比，5%纳米二氧化硅热塑性聚烯烃复合材料的断裂性能有所改善。纳米复合材料的断裂模量为920MPa，弯曲强度为28.4MPa，纯聚烯烃共混物的断裂模量为797MPa，弯曲强度为25.5MPa[44]。

11.5.1.2 气体渗透性

可以降低聚烯烃纳米黏土复合材料的氧透过率(OTR)。样品组成为90%PP或LDPE、5%MBPP或MBLDPE(含马来酸酐的母料)、5%Cloisite-15A纳米黏土。PP纳米复合膜显示出OTR降低，从纯PP膜的480cm^3/(m^2·d)降低到374cm^3/(m^2·d)。LDPE纳米复合膜表现出类似的趋势，从纯LDPE的240cm^3/(m^2·d)降低到210cm^3/(m^2·d)[45]。石蜡基纳米黏土膜的透氧率[OP，mol(O_2)/m·s·Pa]随黏土含量的增加而显著降低，除最高添加量15%(质量分数)外。只有5%(质量分数)的有机黏土，OP下降约62倍(从4629×10^{17} mol(O_2)/(m·s·Pa)下降到75×10^{17} mol(O_2)/(m·s·Pa)。与无黏土体系相比，将黏土添加量增加到10%(质量分数)，OP降低330倍(从4629×10^{17} mol(O_2)/(m·s·Pa)减少到14×10^{17} mol(O_2)/(m·s·Pa)。然而，有机黏土含量的持续增加导致薄膜脆化，同时完全丧失任何阻隔的改善[46]。

11.5.1.3 热性能

由于聚丙烯接枝马来酸酐(PP-g-MA)含量过高引起的有机黏土的机械约束和高延展性弹性体粒子的联合作用，马来酸酐接枝聚丙烯有机黏土纳米复合材料在注塑试样的流动方向和横向上的线性热膨胀显著降低[47]。$CaCO_3$纳米粒子形状(球形和细长)可影响iPP的热性能。iPP/$CaCO_3$纳米复合材料的分解温度(378~391℃，而iPP分解温度为368℃)和玻璃化转变温度(22~26℃，而iPP为20℃)均随所用$CaCO_3$的形状和添加量[48]的变化而变化。膨胀型阻燃PP复合物含有1.5%有机硅弹性体和0.5%蒙脱土纳米粒子，阻燃等级达到V0 UL 94(燃烧<10s无滴落)。Marosi等[49]提出有机硅弹性体包覆的纳米颗粒在火灾中堆积在表面，作为阻挡层的骨架，有机硅弹性体可以充当胶水，在高温下将纳米颗粒保持在保护表面层中。采用降冰片烯取代多面体低聚倍半硅氧烷(POSS)大单体制备了聚烯烃POSS纳米复合材料[50]，在PE和PP系统中POSS含量分别为56%(质量分数)和73%(质量分数)，PE/POSS体系在保持拉伸性能的同时，分解起始温度(5%质量损失)提高了90℃。以1%(质量分数)、3%(质量分数)、5%(质量分数)、7%(质量分数)的蒙脱土为原料，制备PP/玉米淀粉母料/改性蒙脱土复合材料，观察到随着蒙脱土用量的增加，降解温度升高[51]。将剥离黏土/HDPE纳米复合材料与插层/HDPE复合材料进行了比较。黏土含量为1.0%(质量分数)时，剥离的HDPE纳米复合材料的燃烧速率从25mm/min降至21mm/min，插层样品的燃烧速率从25.3mm/min降至22.8mm/min。结果表明，以失重30%为测定点，有机嵌段量为11.91%(质量分数)的聚烯烃纳米复合材料的分解温度可比纯PE高46.8℃，表明该类聚烯烃纳米复合材料的热氧化稳定性增强[52]。使用离子液体1-甲基-3-十四烷基咪唑氯化物改性蒙脱土[53]，应用在5%(质量分数)蒙脱土/PP纳米复合材料中，起始降解温度(T_d=484℃)提高了166℃。将合成的氢氧化镁(HM)与氢氧化铝(ATH)复合使用，并与氢氧化镁(MH)和天然氢氧化镁(U)等工业阻燃剂在低密度聚乙烯/聚乙烯-醋酸乙烯酯(LDPE/EVA，75/25)聚烯烃体系中进行了比较，极限氧指数(LOI)、外辐射器和锥形量热计得到的燃烧参数见表11.3，烟雾数据在表11.4中给出。

表 11.3　燃烧参数

样品	LOI	辐射器实验		锥形量热计①		
		点火次数	平均燃烧范围(s)	点火时间(TTI)(s)	PHRR (kW/m²)	AHRR (kW/m²)	FPI (m²·s/kW)
LDPE/EVA	18.7	1	∞	40	1135	304	0.035
ATH/HM	28.6	19	7.9	103	182	139	0.566
ATH/MH	28.1	19	7.8	70	180	112	0.389
ATH/U	27.1	18	8.4	71	181	111	0.392

注：PHRR 为峰值放热率；AHRR 为平均放热率；FPI 为火灾性能指数。
① 具有 610% 的重现性。

表 11.4　烟雾数据[54]

样品	平均 SEA (m²/kg)	CO/CO₂ 质量比	平均 CO 排放量 (kg/kg)	平均 CO₂ 排放量 (kg/kg)	TSR
LDPE/EVA	201	0.009	0.015	1.70	827
ATH/HM	221	0.015	0.031	2.05	929
ATH/MH	69	0.018	0.022	1.20	225
ATH/U	102	0.006	0.012	2.18	368

注：SEA 为烟熄灭区；TSR 为全烟释放。

11.6　化学应用

11.6.1　着色

聚丙烯黏土(蒙脱土)纳米复合材料可以像尼龙一样用酸性染料染色，像聚酯一样用分散染料染色。纳米复合膜的颜色与传统纺织纤维相当。在纳米复合膜上的颜色积聚可通过 K/S 值测量。K/S 值越高，颜色越深。图 11.2 至图 11.5 显示了纳米黏土含量分别为 2%、4%和 6%时聚丙烯黏土纳米复合膜的色强度。

11.6.2　抗菌性能

用二甲基二氢化牛脂季铵盐改性 2%纳米黏土(蒙脱土)，与纯聚丙烯膜对比，聚丙烯/蒙脱土纳米复合膜具有降低细菌数量的能力。纳米复合膜的细菌数量减少近 100%，见表 11.5。

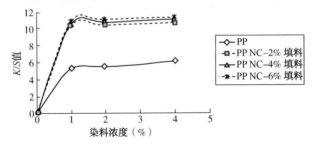

图 11.2　用 C.I. 酸性红 266 染色的染色强度曲线

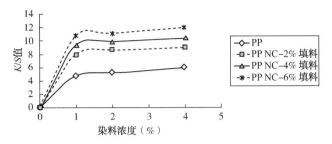

图 11.3 用 C.I. 酸性蓝 113 染色的染色强度曲线

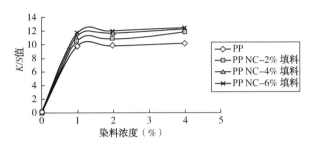

图 11.4 用 C.I. 分散红 65 染色的染色强度曲线

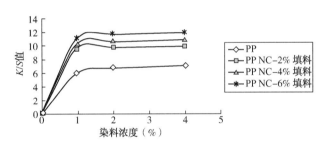

图 11.5 用 C.I. 分散黄 42 染色的染色强度曲线

表 11.5 聚丙烯/黏土纳米复合膜抗菌活性

细　菌	细菌数减少百分率（%）					
	2%的纳米黏土		4%的纳米黏土		6%的纳米黏土	
	平均值	标准差	平均值	标准差	平均值	标准差
金黄色葡萄球菌	99.94	0.03	99.78	0.1	99.95	0.04
肺炎克雷伯菌	99.97	0.02	99.99	0.01	99.99	0.01

然而，应当指出，聚丙烯/黏土纳米复合材料的抗菌活性与黏土改性剂季铵盐的阳离子性质有关。在高于170℃的加工温度下，由于改性剂分解，纳米复合材料的抗菌性能丧失。表 11.6 提供了改性和未改性蒙脱土在不同温度下处理后的抗菌活性。因此，建议聚丙烯/黏土纳米复合材料的加工温度应低于阳离子改性剂的分解温度，以使纳米复合材料具有抗菌性。

11.6.3 其他应用

当 SiO_2 的加入量大于 2.5%（质量分数）[55]时，16nm 表面羟基化的 SiO_2 均匀分散在聚丙烯中，得到高透明性的纳米复合材料。对于聚丙烯纳米黏土复合材料，黏土含量从 0 增加到 10%，可以导致对比度从 29.35 增加到 56.63。对比度越高，样品的透明度越差[56]。

表 11.6 改性和未改性蒙脱土的抗菌活性

黏 土	细菌数减少百分率(%)			
	金黄色葡萄球菌		肺炎克雷伯菌	
改性	98.18	1.76	96.12	1.04
170℃改性处理	97.93	1.75	95.86	1.13
191℃改性处理	31.49	0.81	28.51	1.43
未改性	14.71	1.67	14.17	0.81

11.7 结论

纳米材料的使用使得聚烯烃的改性变得容易，并且适用于许多方面。聚烯烃纳米复合材料的研究和开发(R&D)在文献和专利中都有所体现。然而，值得注意的是，聚烯烃纳米复合材料的性能不仅取决于所使用的纳米材料，而且取决于聚合物基体以及加工条件。制备过程中的许多因素会影响所得纳米复合材料的性能、纳米颗粒的尺寸和尺寸分布、晶体结构、表面改性、聚烯烃规整度、分子量(聚合度)、聚合物结晶度、掺混温度、掺混时间等。纳米粒子在聚合物基体中的均匀分布同样重要。如果使用片状结构纳米材料，由于聚烯烃分子与剥离的纳米材料有更好的相互作用，剥落通常可以获得比插层更好的增强。虽然本章介绍了溶液混合和熔融混合法制备纳米复合材料，但还有其他方法制备聚烯烃纳米复合材料，茂金属甲基铝氧烷催化原位聚合[57-59]是众多制备方法之一。除了纳米复合材料的固体形式之外，多孔泡沫形式在技术、商业和环境领域也具有多种应用。据报道，与纯的聚合物泡沫相比，含有 Hectorite 纳米颗粒的泡沫显示出更好的热稳定性和力学性能[60]。

功能性聚烯烃纳米复合材料广泛扩展了聚烯烃的应用。一些应用本章已经提及，其他出版物也提及了很多应用，并且随着该领域的不断研发，将会出现更多的应用，以实现纳米复合材料在包装和工程应用中性能的提升。

参 考 文 献

[1] Fan Q, Ugbolue SC, Wilson AR, Dar YS, Yang Y. Nanoclay-modified polypropylene dyeable with acid and disperse dyes. AATCC Rev 2003; 3(6): 25-28.

[2] Chen C, Anderson DP. E-beam-cured layered-silicate and spherical silica epoxy nanocomposites. J Appl Polym Sci 2007; 106(3): 2132-2139.

[3] Reich S, Thomsen C, Maultzsch J. Carbon nanotubes: basic concepts and physical properties. Berlin: Wiley-VCH; 2004.

[4] Zheng LX, O'Connell MJ, et al. Ultralong single-wall carbon nanotubes. Nat Mater 2004; 3(10): 673-676.

[5] Salvetat J-P, Bonard J-M, Thomson NH, Kulik AJ, Forro L, Benoit W, et al. Mechanical properties of carbon nanotubes. Appl Phys A 1999; 69: 255-260.

[6] Kuriger RJ, Alam MK, Anderson DP, Jacobsen RL. Processing and characterization of aligned vapor grown carbon fiber reinforced polypropylene. Comp A 2002; 33(1): 53-62.

[7] Vassiliou A, Biklaris D, Chrissafis K, et al. Nanocomposites of isotactic polypropylene with carbon nanoparticles exhibiting enhanced stiffness, thermal stability and gas barrier properties. Comp Sci Technol 2008; 68(3-4): 933-943.

[8] Lee GW, Jagannathan S, Chae HG, et al. Carbon nanotube dispersion and exfoliation in polypropylene and structure and properties of the resulting composites. Polymer 2008; 49(7): 1831-1840.

[9] Manias E, Touny A, Wu L, Strawhecker K, Lu B, Chung TC. Polypropylene/montmorillonite nanocomposites: review of the synthetic routes and materials properties. Chem Mater 2001; 13(10): 3516-3523.

[10] Rong MZ, Zhang MQ, Zheng YX, Zeng HM, Walter R, Friedrich K. Structureproperty relationships of irradiation grafted nano-inorganic particle filled polypropylene composites. Polymer 2001; 42(1): 167-183.

[11] Khaleel A, Richards RM. Ceramics, . In: Klabunde KJ, editor. Nanoscale materials in chemistry. John Wiley & Sons; 2001. p. 85.

[12] Andres RP, Averback RS, et al. Research opportunities on clusters and clusterassembled materials—A, Department of Energy, Council on Materials Science Panel Report. J Mater Res 1989; 4(3): 704-736.

[13] Jin Y, Li G, Zhang Y, Zhang Y, Zhang L. Photoluminescence of anatase TiO_2 thin films achieved by the addition of $ZnFe_2O_4$. J Phys Condens Matter 2001; 13(44): L913-L918.

[14] Hsiao CY, Lee CL, Ollis DF. Heterogeneous photocatalysis: degradation of dilute solutions of dichloromethane (CH_2Cl_2), chloroform ($CHCl_3$), and carbon tetrachloride (CCl_4) with illuminated TiO_2 photocatalyst. J Catal 1983; 82(2): 418-423.

[15] Philipp R, Omata K, Aoki A, Fujimoto K. On the active site of MgO/CaO mixed oxide for oxidative coupling of methane. J Catal 1992; 134(2): 422-433.

[16] Liu Y, Wang M. Fabrication and characteristics of hydroxyapatite reinforced polypropylene as a bone analogue biomaterial. J Appl Polym Sci 2007; 106(4): 2780-2790.

[17] Yang H, Wang H, Xiang F, Yao X. Dielectric and magnetic properties of $SrTiO_3$/NiZn ferrite/polypropylene composites for high-frequency application. J Ceram Soc Japan 2008; 16(1351): 418-421.

[18] Davtyan S, Tonoyan A, Schick C, et al. Physicalmechanical, superconducting, thermophysical properties and interphase phenomena of polymerceramic nanocomposites. J Mater Process Technol 2008; 200(1-3): 319-324.

[19] Kruenate J, Tongpool R, Panyathanmaporn T, Kongrat P. Optical and mechanical properties of polypropylene modified by metal oxides. Surf Interf Anal 2004; 36(8): 1044-1047.

[20] Schmid G. Clusters and colloids—bridges between molecular and condensed material. Endeavour 1990; 14(4): 172-178.

[21] Lee JH, Yang KY, et al. Fabrication of 70 nm narrow metal nanowire structure on flexible PET film by nanoimprint lithography. Microelectron Eng 2008; 85(4): 710-713.

[22] Garcia C, Lecante P, Warot-Fonrose B, et al. Electrochemical synthesis of cobalt nickel nanowires in an ethanolwater bath. Mater Lett 2008; 62(14): 2110-2113.

[23] Sajanlal PR, Sreeprasad TS, et al. Wires, plates, flowers, needles, and core-shells: diverse nanostructures of gold using polyaniline templates. Langmuir 2008; 24(9): 4607-4614.

[24] Agarwala RC, Sharma R. Electroless Ni-P nano coating technology. Synthesis React Inorgan Metal-Organic Nano-Metal Chem 2008; 38(2): 229-236.

[25] Mori K, Shironita S, Shimizu T, et al. Design of nano-sized Pt metals synthesized on Ti-containing mesoporous silicas and efficient catalytic application for NO reduction. Mater Transact 2008; 49(3): 398-401.

[26] Wang H, Wang J, Wei Q, et al. Nanostructured antibacterial silver deposited on polypropylene nonwovens. Surf Rev Lett 2007; 14(4): 553-557.

[27] Jang MW, Kim JY, Ihn KJ. Properties of polypropylene nanocomposites containing silver nanoparticles. J Nanosci Nanotechnol 2007; 7(11): 3990-3994.

[28] Lee JY, Liao YG, Nagahata R, Horiuchi S. Effect of metal nanoparticles on thermal stabilization of polymer/metal nanocomposites prepared by a one-step dry process. Polymer 2006; 47(23): 7970-7979.

[29] Gubin SP. Metal-containing nano-particles within polymeric matrices: preparation, structure, and properties. Colloids Surf A Physicochem Eng Aspects 2002; 202(23): 155-163.

[30] Tomalia DA, Baker H, et al. A new class of polymers—starburst dendritic macromolecules. Polym J 1985; 17(1): 117-132.

[31] Froehling PE, Burkinshaw SM. Dendritic polymers: new concept for dyeable poly(propylene)fibers. Chem Fibers Int 2000; 50(5): 448-449.

[32] Froehling PE, Burkinshaw SM. Dendritic polymers: new concept for dyeable poly(propylene)fibers. Melliand Int 2000; 4: 263-266.

[33] Muscat D, van Benthem RATM. 212, Topics in Current Chemistry. Hyperbranched polyesteramides—new dendritic polymers in dendrimers III design, dimension, function. Berlin/Heidelberg: Springer; 2000

[34] Tonelli AE. Nanostructuring and functionalizing polymers with cyclodextrins. Polymer 2008; 49(7): 1725-1736.

[35] Li JY, Yan DY, Mu Y, et al. Formation of the crystalline inclusion complex between beta-cyclodextrin and polypropylene. Chin. J. Polym. Sci. 2003; 21(3): 347-351.

[36] Martel B, Le Thuaut P, Bertini S, Crini G, Bacquet M, Torri G, et al. Grafting of cyclodextrins onto polypropylene nonwoven fabrics for the manufacture of reactive filters. III. Study of the sorption properties. J Appl. Polym. Sci. 2002; 85(8): 1771-1778 II. Characterization, 78, 12, p. 2166-2173, 2000; I. Synthesis parameters, 77, 10, p. 2118-2125, 2000

[37] Mani G, Fan Q, Ugbolue SC, Yang Y. Morphological studies of polypropylene nanoclay composites. J. Appl. Polym. Sci. 2005; 97: 218-226.

[38] Liang CY, Pearson FG. Infrared spectra of crystalline and stereoregular polymers, Part I. Polypropylene. J. Mol Spectros 1960; 5: 290-306.

[39] Bridge TP, Fell AF, Wardman RH. Perspectives in derivative spectroscopy, Part 1. Theoretical principles. J Soc Dyers Colourists 1987; 103(1): 17-27.

[40] Halbach TS, Thomann Y, Muelhaupt R. Boehmite nanorod-reinforced-polyethylenes and ethylene/1-octene thermoplastic elastomer nanocomposites prepared by in situ olefin polymerization and melt compounding. J Polym Sci A Polym Chem 2008; 46(8): 2755-2765.

[41] Li C, Jiang Z, Wang Y, Tang T. Preparation and properties of thermoplastic polyolefin/montmorillonite nanocomposites. Yingyong Huaxue 2008; 25(2): 132-136.

[42] Bureau MN, Ton-That M, Perrin-Sarazin F. Essential work of fracture and failure mechanisms of polypropyleneclay nanocomposites. Eng Fract Mech 2006; 73(16): 2360-2374.

[43] Lee YH, Park CB, Sain M, Kontopoulou M, Zheng W. Effects of clay dispersion and content on the rheological, mechanical properties, and flame retardance of HDPE/clay nanocomposites. J Appl Polym Sci 2007; 105(4): 1993-1999.

[44] Liu Y, Kontopoulou M. The structure and physical properties of polypropylene and thermoplastic olefin nanocomposites containing nanosilica. Polymer 2006; 47(22): 7731-7739.

[45] Pereira de Abreu DA, Paseiro Losada P, Angulo I, Cruz JM. Development of new polyolefin films with nanoclays for application in food packaging. Eur Polym J 2007; 43(6): 2229-2243.

[46] Chaiko DJ, Leyva AA. Thermal transitions and barrier properties of olefinic nanocomposites. Chem Mater 2005;

17(1): 13-19.

[47] Kim DH, Fasulo PD, et al. Effect of the ratio of maleated polypropylene to organoclay on the structure and properties of TPO-based nanocomposites. Part II: Thermal expansion behavior. Polymer 2008; 49(10): 2492-2506.

[48] Avella M, Cosco S, Di Lorenzo ML, Di Pace E, Errico ME. Influence of $CaCO_3$ nanoparticles shape on thermal and crystallization behavior of isotactic polypropylene based nanocomposites. J Thermal Anal Calorimetry 2005; 80(1): 131-136.

[49] Marosi G, Anna P, Marton A, et al. Flame-retarded polyolefin systems of controlled interphase. Polymers for Advanced Technologies 2002; 13(1012): 1103-1111.

[50] Zheng L, Farris RJ, Coughlin EB. Novel polyolefin nanocomposites: synthesis and characterizations of metallocene-catalyzed polyolefin polyhedral oligomeric silsesquioxane copolymers. Macromolecules 2001; 34: 8034-8039.

[51] Kim YC, Kim JC. Study on the silicate dispersion and rheological properties of PP/starch-MB/silicate composites. J Indus Eng Chem 2007; 13(6): 1029-1034.

[52] He F, Zhang L, Jiang H, et al. A new strategy to prepare polyethylene nanocomposites by using a late-transition-metal catalyst supported on $AlEt_3$-activated organoclay. Comp Sci Technol 2007; 67(78): 1727-1733.

[53] Ding Y, Guo C, Dong J, Wang Z. Novel organic modification of montmorillonite in hydrocarbon solvent using ionic liquid-type surfactant for the preparation of polyolefin clay nanocomposites. J Appl Polym Sci 2006; 102(5): 4314-4320.

[54] Haurie L, Fernandez AI, et al. Synthetic hydromagnesite as flame retardant. Evaluation of the flame behaviour in a polyethylene matrix. , Polym Degrad Stab 2006; 91(5): 989-994.

[55] Asuka K, Liu BP, Terano M, Nitta KH. Homogeneously dispersed poly(propylene)/SiO_2 nanocomposites with unprecedented transparency. Macromol Rapid Commun 2006; 27(12): 910-913.

[56] de Pavia LB, Morales AR, Guimaraes TR. Structural and optical properties of polypropylene montmorillonite nanocomposites. Mater Sci Eng A Struct Mater Properties Microstruct Process 2007; 447(12): 261-265.

[57] Sun T, Garces JM. High-performance polypropyleneclay nanocomposites by in-situ polymerization with metallocene/clay catalysts. Adv. Mater. 2002; 14(2): 128-130.

[58] Yang K, Huang Y, Dong JY. Efficient preparation of isotactic polypropylene/montmorillonite nanocomposites by in situ polymerization technique via a combined use of functional surfactant and metallocene catalysis. Polymer 2007; 48(21): 6254-6261.

[59] Funck A, Kaminsky W. Polypropylene carbon nanotube composites by in situ polymerization. Comp Sci Technol 2007; 67(5): 906-915.

[60] Velasco JI, Antunes M, Ayyad O, et al. Foams based on low density polyethylene/hectorite nanocomposites: thermal stability and thermomechanical properties. J Appl Polym Sci 2007; 105(3): 1658-1667.

12 聚烯烃纤维可染色性的改善

Renzo Shamey

(北卡罗来纳州立大学)

12.1 概述

数十年来,聚烯烃纤维的染色方法主要包括共聚反应、引入功能基团、添加可染性聚合物,以及纺前原液着色等。除此之外,还研究了几种染色剂在未改性或(和)改性的聚烯烃纤维中的潜在适用性,并测试了各种应用条件。在聚合物中加入染料或颜料制成的纤维提升了此类产品[1-2]的市场吸引力。聚烯烃尤其是聚丙烯和少量的聚乙烯,需要具有可染性,以获得更大的市场份额和提升它们作为纺织纤维材料的认同度。

在以上所描述的几种染色方法中,只有原液着色方法获得了商业化的成功。聚烯烃染色必须提供一种可以克服其缺点的方法。因此,本章回顾了一些关于染色的重要概念,包括术语和定义,以确保对影响聚烯烃染色的纤维特性有清晰的了解。

12.2 聚烯烃的结构特点

聚烯烃纤维是由至少85%(质量分数)的烯烃单元组成的。聚丙烯和聚乙烯组成了有重大商业价值的多种多样的聚烯烃品种。世界上的主要生产商生产了大量的聚丙烯均聚物和共聚物以满足不同的用途。

等规聚丙烯纤维的密度为 $0.90 \sim 0.91 \text{g/cm}^3$,因此纤维可以浮在水面上。聚丙烯纤维是表12.1中列出的所有商业纺织纤维中密度最低的。与其他纺织纤维相比,聚丙烯的低密度提供了更高的遮盖能力。由于聚丙烯纤维无法浸没于水,也给染色带来了巨大的挑战。聚丙烯耐水,而且不被蒸汽影响,它的电绝缘性和其他物理性能也没有显示出任何明显的变化。

表12.1 以升序排列的不同自然纤维和合成纤维的密度[3-4]

纤维	密度(g/cm³)	纤维	密度(g/cm³)
聚丙烯	0.90~0.92	芳纶	1.44
尼龙6、尼龙66	1.13	棉花	1.50~1.55
聚丙烯酸	1.14~1.17	人造丝	1.52
羊毛	1.30~1.32	碳纤维	1.73
醋酸纤维	1.32	玻璃纤维	2.49
聚酯	1.38		

等规聚丙烯(图 12.1)常温下对大部分化学品(包括碱类、无机盐水溶液、无机酸、洗涤剂、油以及油脂)的耐受性都很出色。聚丙烯纤维的外观一般为白色,根据消光剂的加入量,可以将聚丙烯纤维从有光泽的和半透明的转变为暗色和不透明。纤维有着蜡状到似肥皂的手感和光滑的表面。聚丙烯纤维的耐化学腐蚀能力允许它们在广泛的条件下使用,在某些腐蚀环境中应用而不会对纤维性能产生不利的影响。但是,聚丙烯纤维会被强氧化剂和一些有机溶剂腐蚀。

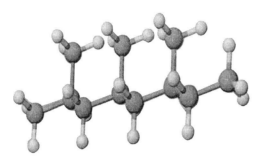

图 12.1 聚丙烯结构[5]

常见纺织纤维的吸湿性列于表 12.2。比起其他纺织纤维,聚丙烯纤维展现出了极低的吸湿性,这可以归功于它的非极性。聚丙烯纤维也存在一些明显的缺点,如熔点和软化温度低,缺少可反应的活性位点,亲水性/上色率低,对光氧化敏感。这些特性会直接影响纤维的质量。聚丙烯在 100℃ 以上时的抗收缩能力比较差。等规聚丙烯的玻璃化转变温度范围为 −30~25℃。聚丙烯纤维的某些缺陷在一定程度上可以通过改进加工工艺或通过对纤维进行化学改性来得到改善,例如通过在纤维基体中引入可染性位点来增强纤维的染色性能[7-20]。

表 12.2 不同纤维在 65% 相对湿度时的吸湿性[3-4]

纤 维	吸湿性(%)	纤 维	吸湿性(%)
烯烃	0.01	醋酸纤维	6.5
聚丙烯	0.4	芳纶	4.5~7
聚酯	0.4	棉花	8.0
聚丙烯酸	1.6	人造丝	13.0
尼龙	4.5	羊毛	16.0

分子量是聚合物的重要特性,它可以显著地影响聚合物的多种性能,如强度、伸长率和弹性模量。聚丙烯的平均分子量范围从 10 万到超过 30 万。

纤维的结构特性和结晶度受立体异构,也就是等规立构、无规立构和间规立构的影响,它不但影响纤维的物理性质,还影响聚烯烃的染色能力。等规聚丙烯形成界限明确的晶体,拥有高刚度、高机械强度和耐化学腐蚀性[21-22]。除了有序的晶体结构外,聚丙烯还可以呈现准晶态,这是一种玻璃相和无序(介观)相结合的形态[23]。

熔融或溶解的聚合物在纺丝过程中转化为固相是纤维结构形成中最重要的环节之一,也是纤维和染色科学家重点关注所在。在这个成型过程中,纤维的聚集态结构发生了很多不可逆的变化,包括分子取向和结晶度的变化。完全非结晶的材料可以是易碎的固体(如玻璃),

也可以是弹性材料(如橡胶)[24]。在纺丝过程中,纤维本质上形成结晶相和非结晶相两相结构。在非结晶相或无定形相中,聚合物链的质量密度很低。无定形区域在染色过程中允许染料或颜料分子进入;但是,这些区域的机械强度很低,不但影响纤维的可染色性,也显著影响其物理性质。

先前的研究已证明了聚丙烯的糟糕可染色性并不是由于纤维的不可渗透性,而是因为染料溶液可以扩散穿过聚丙烯薄膜[25]。染料在聚丙烯纤维中的扩散与聚丙烯的结晶度以及链的取向程度有密切关系[26]。

12.3 染料—纤维相互作用

在讨论染料和纤维的相互作用中,应该仔细考虑一个分子对另一个分子施加的多种类型的力。不同的染料—纤维组合中,存在多种类型的分子间相互作用。有4种主要的分子间作用力:共价键、静电(离子)键、氢键以及范德华力。根据强度的大小,化学键划分为主价键和次价键。主价键包括共价键和离子键,次价键包括氢键和范德华力。

分子间作用力通常起源于电荷转移。共价键是自然界和化学中最主要的价键类型。例如,C—N键中,两个成键原子各贡献出一个电子,形成一个高强度键(从约300kJ/mol到830kJ/mol以上)。除了某些可与染料反应的纤维(如棉花和羊毛)外,许多染料—纤维相互作用中不存在共价键。由于聚烯烃没有明显可用的反应位点,聚烯烃和染料分子间很少存在共价键作用。表12.3列出了这些相互作用的键能范围[27-29]。

表12.3 不同种类化学键的近似键能对照

键种类①	键能(kJ/mol)	键种类①	键能(kJ/mol)
共价键	100~1000	NaCl	127
C—C	347	氢键③	1~155
N≡N	942	H_2O	20.5
金属键	10~220	NH_3	7.8
Cu	56.4	范德华力	0~5,4~8②
W	212.3	He	0.29
离子键	100~250,300~500②	Xe	2.10

① 文献[27]。
② 文献[28]。
③ 文献[29]。

静电或离子键形成于两个原子之间,其中一个原子提供一个或多个电子给另外一个原子,以形成完整的外层电子层。例如,氯化钠由离子键结合形成。离子键的强度由离子之间的距离决定,离子键不会被"打断",它们的强度随着距离的增加而减弱。离子键的局部环境在很大程度上决定了它的强度。离子键不能被溶剂溶解,强度甚至接近共价键(约210kJ/mol)[29]。在使用酸性染料对蛋白质纤维染色时,静电力的作用非常显著。未改性的聚烯烃是完全非极性的,因此在它们与染料分子的相互作用中不需要特别考虑离子键。

水分子通过氢键结合在一起，氢键在自然界中非常丰富。这种力在染色过程中也有重大意义，因为大量的染料和纤维都具有能形成氢键的基团。氢原子体积非常小，但是有非常高的极化能，在特定的情况下可以和两个原子成键。为了形成氢键，氢原子必须和一个高电负性的原子共价键合，并极化成正电荷。这使得氢原子和第二个电负性原子间形成了吸引力，主要有 N、O 或 F 原子，有些情况下也可以是 Cl 或 S 原子。氢键是一种相对较弱的键（从 1~2kJ/mol 到 155kJ/mol 以上）。有报道表明，一些分散性染料可以和聚对苯二甲酸乙二醇酯（PET）形成氢键[30-31]。但染料和未改性聚丙烯之间形成氢键的可能性是微乎其微的。

范德华力主要分为色散力和极化力两类。这个术语习惯上也包含偶极—偶极、偶极—诱导偶极以及 π 键。范德华力虽然很弱，但它们的总强度随相互作用分子尺寸的增大而增大。它们的强度也与接触面积和分子间的距离成正比。在未改性聚烯烃（如聚丙烯）的染色过程中，这些力原则上可以作为染料—纤维相互作用来考虑[30]。除了由于分子的大小和位置而产生的一般相互作用外，由于化合物的某些特性，相互之间也会发生某种反应。例如，烷基链在水环境中倾向于通过"疏水相互作用"而产生聚集。在染色过程中，这种现象是由存在于染料和纤维中的疏水基团引起的。如果被吸收的染料和纤维之间的疏水相互作用足够强，染料就不能迁移回染浴[30]。由于聚烯烃具有长脂肪链的性质，可以预期，含有长烷基链的染料和纤维之间会产生足够的分子间作用力。

12.4 着色剂

可以通过着色剂将颜色传递到介质的表面或内部。不像颜料，大多数染料是水溶性的，通常将染料溶解或分散在液体介质中，然后用化学或物理方法或两者兼用，将颜色固定在基底上。在使用过程中，染料会失去其晶体或粒子形态。美国联邦贸易委员会列出了 13 类染料，包括酸性类（阴离子）、碱性类（阳离子）、直接型、纤维活性类、硫化物类、偶氮类、还原类、媒染剂类、溶剂类、食品类、药品类、化妆品类以及其他染料[32]。某些染料开始时不太容易溶解，例如分散型染料在水中微溶。其他染料，包括还原型染料和硫化物染料都完全不溶于水，但在应用过程中或使用之前，需要通过化学还原的方式将其转化为水溶性的隐色体。染料主要用于纺织品、皮革和纸张，但是，最近发现染料在电子产品和复印工业中也有应用。在染色工业中，水是最主要的溶剂。

颜料一般是指一种非常细碎、以离散的微小颗粒形式存在的固体，基本上不溶于所应用的介质[33-34]。但是，也有一些颜料可以部分或完全溶解，然后作为染料使用。颜料可以是有机的，也可以是无机的。无机颜料包括白色、黑色、铁氧化物、氧化铬绿、铁蓝、铬绿、紫色、深蓝色颜料，以镉为基础的颜料，以及以铅、珠光颜料和金属颜料为基础的颜料。无机颜料在热和光稳定性、耐候性、耐迁移、耐化学腐蚀等方面优于有机颜料，具有高密度的特点[3,35]。有机颜料包括单偶氮、二偶氮、二偶氮缩合物、喹吖啶酮、二噁嗪、还原性染料、对二甲苯、硫靛蓝、酞菁染料和四氯异吲哚啉酮[35]。有机颜料的着色强度比无机颜料高。颜料主要用于油漆、油墨、塑料以及某些合成纤维，包括商业化聚烯烃，如聚乙烯和聚丙烯等。颜料的形状、大小以及其他物理性质可以显著影响主体纤维的性能，在用于染色媒介前应仔细考虑。

12.5 未改性聚烯烃的染色

在许多情况下，要生产质量可接受的染色纤维，需要使用许多辅助产品和化学品，如润湿剂、渗透剂、缓凝剂、流平剂和润滑剂。聚丙烯纤维由于具有结构稳定、难改性、密度低、回潮率低和非极性的特点，着色剂和纤维之间缺乏足够的分子间作用力，因此，聚丙烯纤维的染色具有挑战性。目前，商业上唯一可接受的聚丙烯着色方法是在纺丝过程中对纤维进行原液着色或染色。但是，BASF公司最近推出了一项创新的ImPPulse的技术，据称该技术解决了聚丙烯纤维染色中的关键问题，关于这个工艺的更多信息见12.5.4。

12.5.1 聚丙烯的染色

合成纤维在生产过程中可能缺乏可染性的位点，或与芳纶纤维一样具有低染色率，或需要大量洗涤，或需要大量使用着色剂。聚烯烃和适当的颜料可以通过共混的方式一起加工，在一定程度上获得颜料颗粒在纤维基体中的均匀分散。这个过程被称为原液着色或色纺。但是，也常常使用其他术语，如原液染色、熔体染色、纺染、挤出染色和溶液染色[3,36-37]。由于所用的着色剂基本上不溶于介质，因此使用术语"染色"在技术上是不正确的。聚丙烯的原液着色或纺染是获得染色聚烯烃的主要途径。但是，最近改性聚丙烯纤维也在商业规模上实现了染色。溶液纺纤维的原液着色，即原液染色，要求染料在纤维挤出前能分散或溶解在纺丝纤维溶液中。熔体纺纤维的原液着色要求染料的热稳定性达到300℃左右。这个过程中最常产生的颜色是黑色，通常采用特殊等级的炭黑来获得。通过原液着色方法来生产人工纤维，生产更高效、更经济，与水相染色相比更环境友好，减少了能源、时间和劳动力消耗。原液着色法生产的聚丙烯纤维广泛应用于户外和汽车领域。

添加颜料可以影响聚丙烯的形貌[38]。合适的颜料必须在230~280℃的熔融聚合物中保持稳定，以亚微米粒度均匀分散在基体中，以获得最佳的着色强度。此外，在加工过程中，必须仔细评估颜料对聚合物的降解和稳定作用，以确保不因添加颜料而对聚丙烯纤维的力学性能产生不利影响。颜料在染色媒介中的分散程度取决于颗粒大小、形状以及聚集体的结构。在颜料的应用中，还需要考虑其他一些特性，如不透明度、光泽度和流动性。聚丙烯的着色牢度也被认为与聚合物的挤出温度有关[39]。

原液着色作为一种着色技术，有以下几个缺点：该技术不像溶液染色那样简单和灵活，在纤维挤出前添加颜料可能会导致分散均匀度和重现性问题。此外，工厂里特定颜色染料的选择和染色纱线的储存往往是大量的，但是从生产经济上的吸引力角度来看，颜色的选择又取决于季节性的市场流行趋势。为了更换颜色，挤出设备需要正确清洗。还需要大量的原材料和相当长的时间，从而增加了生产的总成本[40]。此外，原液着色并不是一个灵活的过程，色调的改变不能像在染坊那样进行。另外，由于原液着色纤维不能在共混物中染色，它们失去了作为纺织纤维的全部价值[24]。与聚丙烯原液着色相关的其他加工难题（包括不均匀纤维的纺丝和缠绕），会影响固体颜料颗粒在聚合物基体上的均匀分布。

颗粒大小是影响颜料色调、颜色强度、透明度或不透明度以及聚集倾向的重要因素。有机颜料的尺寸范围为0.02~0.50μm[34,41-43]，主要颗粒形态有立方体形、板形、针形以及其他不规则形状（图12.2）[44]。

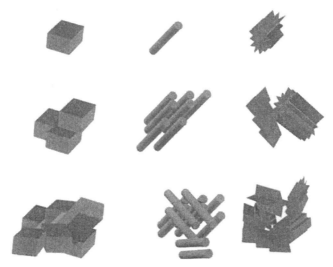

图 12.2　主要的颗粒和聚集态形状

微小的原色颜料颗粒受其大小分布、形状、表面处理、晶体结构和化学成分的影响，有聚集的趋势[34,41,45]，形成聚集物。聚集体的表面积比原始颜料颗粒的总和要小。颜料聚集是一个实现高染色产量的障碍，因为它减少了颜料晶体的细分水平[34,41,46]。为了提高颗粒在聚合物基体内的分散性，必须尽可能减少团聚体和凝聚物的数量和大小。晶体的几何形状及其表面粗糙度是影响团聚程度的关键因素。

颜料晶体的聚集导致了各种各样的技术限制，包括聚合物基体机械强度的损失，纺丝过程中纤维断裂，生产中难以匹配一致的颜色，以及最终产品的光学特性差。此外，从经济的角度来看，聚集还会导致其他问题，包括分散过程中消耗的多余能量、生产时间的损失、颜料的浪费以及纺丝过程中的后续问题。对传统原液着色的改进包括使用聚烯烃蜡，例如 Huls AG 公司的 Vestowax P930，它限制了颜料的聚集[47]。蜡化合物同时具有极性和非极性部分，类似于表面活性剂，因此能够与颜料和聚合物相互作用。

在合成纤维的着色过程中，生产商通常在载体聚合物中生成预分散的颜料，通常称为色母料。色母料中含有高浓度(20%~50%)的颜料，以实现颜料在加工过程中精细和稳定的分散[48-53]。母粒配方还包括载体聚合物、分散剂以及其他化合物。它们的实际成分往往是商业秘密，不同制造商之间存在差异。

12.5.2　聚丙烯原液着色用颜料的选择

颜料的选择不应仅仅基于色彩、着色强度、不透明度或着色剂的亮度，其他因素，如产品的加工条件和终端使用环境等也必须仔细考虑[54]。颜料在加工条件下必须稳定，具有足够的物理和化学稳定性，与聚合物中使用的其他添加剂兼容，并在产品使用寿命过程中具有优越的性能[3,52,54]。

家居和户外纺织品等要求纤维对各种形式的环境条件具有稳定性，如可见光和紫外光、湿气、温度以及化学品。无机颜料具有良好的耐光稳定性。有机颜料的稳定性取决于它们的化学结构，从差到好不等。表 12.4 提供了用于聚丙烯原液着色的颜料示例[55]。对于黑色和白色，无机颜料占主导；由于经济因素，氧化铁棕色颜料也有使用。但是，最近新一代高性能有机颜料的发展,提供了明亮的色调和优越的牢度性能,促进了它们在聚丙烯着色方面的应用。纤维暴露在光照下的褪色也取决于所用颜料的浓度。分散程度也影响颜料的光稳定性,高度分散的颜料比低分散的颜料褪色更快。由于纤维中稳定剂的降解和变色,特别是含有镍和某些酚类抗氧化剂的稳定剂,也可能发生褪色或变色。

表 12.4　聚丙烯原液着色使用的颜料示例[55]

C.I. 通用名	C.I. 编号	化合物类型	C.I. 通用名	C.I. 编号	化合物类型
黄 151	13980	单偶氮	红 48：3	15865：3	单偶氮
蓝 15：3	47160	酞菁染料	黄 93	20710	偶氮,缩合
红 122	73915	喹吖啶酮	红 202	未知	喹吖啶酮
蓝 60	69800	阴丹酮	红 177	65300	蒽醌

颜料对热的稳定性也很重要,因为稳定性不足会导致色差。对于聚丙烯来说,稳定性是暴露时间和加工时间的函数,加工时间可从 250℃ 时的数分钟到 300℃ 时的 30min 不等。无机颜料耐热性好,多用于聚丙烯的着色。大多数有机颜料只耐高温几分钟,长时间暴露会导致其分解、变暗、升华。由于纺丝需要较高的温度,许多单偶氮有机颜料不适合应用于纺丝。酞菁绿、蓝、咔唑紫等有机颜料在聚丙烯的加工温度下具有足够的热稳定性,可以使用[3,33]。研究表明,包括颜料黄 17、颜料黄 83 和颜料橙 13、颜料橙 34 在内的一些颜料在 200℃ 以上的温度下会降解为有毒的二胺,因此由于毒理学的原因不能使用。

必须尽量减少颜料或其他杂质与复合聚合物中存在的添加剂(包括稳定剂和辅助剂,如抗静电剂和加工助剂)之间有害的相互作用。这些不可预见的反应会导致聚合物的严重变色或色光变暗。含镍和铅杂质的稳定剂可与含硫颜料相互作用。需要注意的是,在聚合物基体中存在的某些助剂,如抗静电剂,可能会导致某些有机颜料的颜色发生变化,而这些颜料在加工温度下是稳定的。

纤维基质中颜料的存在对纤维的力学性能有显著影响。在纺丝过程中,颜料的颗粒形状和大小对聚丙烯的延展性能和拉伸性能有很大的影响。图 12.3 展示了不同种类粉末状颜料和色母粒颜料的着色纤维的拉伸性能对比。颜料附着量的增加会导致拉伸性能下降[3,44]。

12.5.3　使用商业染料染色未改性聚烯烃

未经改性的聚丙烯通常被认为是不能染色的,因此,研究商业染料在聚丙烯纤维上的应用一直是染色和纺织化学家的重要课题。这是因为染料的应用必须满足商业上可接受的色度、亮度、水平度和色牢度。用商业化染料对未改性纤维进行染色,可能存在多种限制和挑战。这包括聚烯烃纤维的疏水性和脂质性、纤维的结晶度和形态、玻璃化转变温度、染料和纤维之间缺乏足够的分子间作用力以及纤维的低密度。

染料分子通常被认为存在于纤维的非结晶区域,因为聚合物基体的晶体区域不容易接近。高结晶度的纤维,如芳纶纤维很难染色。对于聚丙烯来说,由于纤维有大约 40% 的无定形区域,原则上允许染料进入,故结晶度不应该是染色主要的挑战。

等规聚丙烯的玻璃化转变温度为 -15℃,高密度聚乙烯(HDPE)的玻璃化转变温度为 -120℃,聚对苯二甲酸乙二醇酯(PET)的玻璃化转变温度为 70℃,尼龙 66 的玻璃化转变温度为 50℃[4]。因此,等规聚丙烯的玻璃化转变温度不应成为纤维染色的主要障碍。

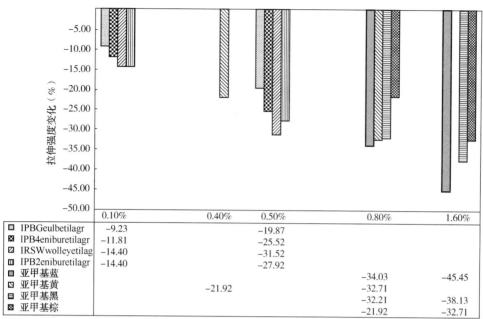

图 12.3 染料种类和含量对聚丙烯拉伸性能的影响[44]

染料分子必须能与可染色的纤维充分接触。虽然聚对苯二甲酸乙二醇酯是高度结晶的，但它含有酯基和芳香核，可以与分散的染料产生偶极—偶极和范德华相互作用。聚丙烯纤维是高度结晶的，具有立体规整性的形态，这限制了可以保留染料分子的纤维内部体积。此外，纤维的结构中没有染料受体，这一性质限制了聚丙烯纤维对染料的吸附。Bird 和 Patel[26]在未改性聚丙烯膜上的实验表明，分散型染料对等规聚丙烯染色的可行性是有限的。但是，他们指出，与醋酸纤维素相比，分散型染料对聚丙烯的扩散系数更高，并得出结论，非结晶区域更易于分散型染料。

在纤维中存在的极性基团可以通过极性键作为与染料分子相互作用的活性位点。正如 12.3 节所讨论的，聚丙烯和染料分子之间的潜在分子间力可能基于弱范德华力，因为聚丙烯实际上是完全非极性的和非离子型的。如果染料在纤维基质中的吸附和扩散没有伴随着染料和聚合物之间足够强的相互作用，染料分子就不会留在纤维内，纤维的色牢度就会很差。因此，聚丙烯染色的主要困难之一是纤维与染料的亲和力不够。

有几个小组试图通过增加染料和纤维之间的相互作用力来提高聚丙烯的可染性。在这方面研究了下列对策：

（1）纤维的化学或物理改性以引入染料受体位点或锚点。
（2）在助剂的帮助下增加染料与纤维的亲和力。
（3）纤维的新型高亲和力染料的开发。
（4）用黏合剂或树脂将染料固定在纤维上。

在这些技术的帮助下，其他一些合成纤维（如聚酯和醋酸纤维素）的染色性得到了改善，但聚烯烃的染色效果有限。下一节将简要介绍一些基于传统着色技术的方法。

12.5.4 使用传统技术染色未改性聚烯烃

近 30 年前，Shore[56]在介绍聚丙烯用分散型染料染色的可染性时指出，可以通过干扰等规聚合物容易结晶的能力来提高纤维的可染性。这一观点的重要意义在于，提出了对纤维成型加工过程的改良可能是在可接受的纤维质量和染色性之间达成妥协的关键。但是，好几个研究小组对聚丙烯使用各种染料(包括酸类、还原类、偶氮类、分散类以及溶剂染料)，考察了对未改性聚丙烯常规染色的可行性。这些着色方法虽然没有实现商业成功，但可能阐明了潜在的参与聚烯烃纤维染色的机制，因此本节只进行简要回顾。

12.5.4.1 酸性类和直接型染料

酸性染料主要是有机酸的钠盐，需要在酸性溶液中使用。它们的色域相当大，但是其牢度性能从很差到很好不等[30,57]。它们在纤维中与合适的基团建立离子键。但是，由于染色纤维的牢度性能随染料分子尺寸的增加而增加，因此可以认为非极性范德华力对染料在纤维上的固定也很重要。很多研究人员对酸性染料在聚丙烯上的应用进行了研究，文献报道表明，等离子体处理后的聚丙烯无纺布使用酸性染料的可染性显著提高[58-59]。

当从含有电解质的水溶液中应用时，直接型染料可以被定义为对纤维素化合物有实质作用的阴离子染料。它们的化学结构与酸性染料相似。由于这种相似性，可以想象，合适的直接型染料也可以在应用于聚丙烯纤维时建立范德华力。潜在的候选对象可能是含有少量磺酸基的大型直接型染料分子，以增加对疏水性聚丙烯纤维的初始亲和力。

12.5.4.2 还原类和硫化物类染料

还原类染料作为最古老的天然着色材料，广泛应用于纤维素纤维中。在使用过程中，在碱性二亚硫酸钠的辅助下，不溶性着色剂在还原过程中会改变色彩，转化为水溶性的隐色酸化合物。这些着色剂具有优异的化学稳定性和杰出的牢度性能，但是，它们相对来说比较昂贵，并且不能提供完整的颜色范围。它们的化学结构是基于靛蓝、蒽醌或其他含有共轭双键的高度浓缩芳香环体系。此外，还生产了以隐色酸硫酸酯钠盐为基础的水溶性还原型染料[60]。

用还原型染料对聚丙烯染色的尝试表明，还原型染料的隐色酸可能对聚丙烯纤维有亲和力[58-59]，通过优化染色条件可以得到一系列饱和色聚丙烯纤维[61]。其他研究表明，需要进行热处理以提高还原型染料的亮氨酸的染色率和染色纤维的牢度[62]。不同温度下在聚丙烯纤维上应用可溶性还原型染料也有报道[58-59,63]。这些研究结果表明，温度从60℃升高到90℃有助于染料的扩散和染色率的提升。

除了这些研究外，一些专利声称，还原型染料对未改性聚丙烯具有技术上的亲和力[18,64]。该应用要求在高温(120~130℃)下排气40~60min，然后染料在30℃下预氧化，之后在110℃下氧化，以获得良好的耐光性和湿处理牢度。Sheth和Chandrashekar[64]报道了使用还原型染料对含有脂肪族胺、双酰胺和双尿素的改性聚丙烯材料的染色。

与还原型染料类似，硫化物染料最初不溶于水，在纺织品上的应用需要借助硫化钠(Na_2S)等还原剂转化为水溶性的隐色化合物。硫化物染料在其分子内含有硫键，其化学结构被认为是基于含有芳香杂环化合物(噻吩和噻唑)单元的复杂聚合物结构[57]。水溶性硫化物染料通常是隐色化合物的硫代硫酸盐衍生物。由于其聚合特性，一些结构类似于图12.4的硫化物染料可能是聚丙烯纤维染色的潜在候选材料。这些大型的聚合型染料需要强力的还原剂，如连二亚硫酸钠，才能转化为隐色化合物。

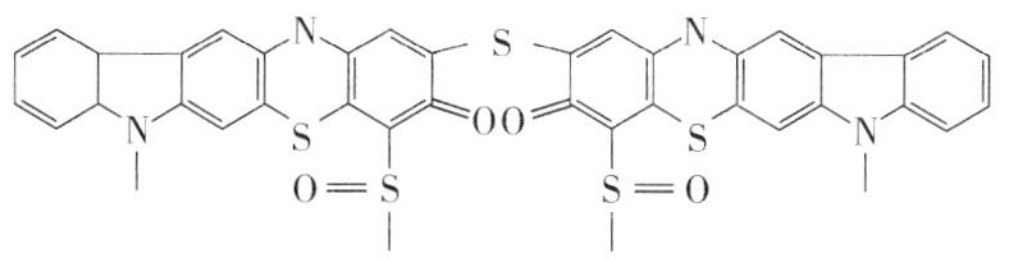

图 12.4 C.I. 还原蓝 42（海昌蓝）[65]

12.5.4.3 分散染料

分散型染料以偶氮结构为主；但是，紫色和蓝色通常来源于蒽醌衍生物。与偶氮染料相比，蒽醌衍生物通常具有较高的光稳定性。

分散型染料从水环境转移到纤维表面的机理，以及分散型染料与疏水性纤维的相互作用机制，在过去几十年中有大量的研究。有一种机理提出，在纤维基体表面形成了一层染料颗粒，染料通过物理接触与基体产生吸附作用[66]。纤维表面上的染料被纤维吸收，染料持续从本体扩散到基体表面附近进行补充，这个过程如图 12.5 所示。

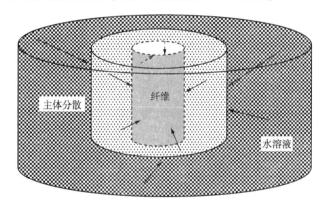

图 12.5 一个推荐的分散型染料扩散与吸收机理

通常认为聚丙烯使用分散型染料时，染色牢度性能较差[67-68]。但是，具有良好溶解性的分散型染料以及具有长链线型烃基的分散型染料[26,69-70]，当应用于聚丙烯纤维时显示出了良好的前景。这些染料可以在100℃的水分散液中借助载体或干热 Thermosol 技术使用。出于环境方面的考虑，目前载体的使用非常有限。但是，在美国的一项专利中报道，在助剂的辅助下，分散型染料对聚丙烯成功进行了染色[71]。

研究还表明，疏水性增强的染料对聚丙烯具有更高的亲和力。例如，基于 N-烷基苯胺衍生物的偶氮分散型染料对聚丙烯的亲和力明显高于基于羟乙基苯胺或芳香伯胺衍生物的染料[72]。

图 12.6 列出了含有各种烷基链的染料的例子。具有支链烷基的染料具有较好的溶解性[72-76]，在很大程度上能够对聚丙烯纤维进行染色。但是，它们不能产生强烈和密集的色深，也不能提供完整的色域，而且显示出较差的光稳定性和色牢度[3]。可以认为，由于染料可能与纤维基体共结晶，增加与染料连接的烷基链长度可能会促进聚丙烯对染料的吸收。研究表明，烷基链长度对提高聚丙烯单偶氮分散型染料的直接染色影响不大[75]。但是，增加 1-烷基氨基蒽醌的烷基链长度似乎可以提高 C-10 染料对聚丙烯纤维的染色性能，从而获得最佳的染色产量[25,75]。实际上，在聚丙烯上应用1,4-双（十八烷基胺）-9,10-蒽醌[图 12.6(c)]，会显示出较高的耗竭水平和较强的遮阴深度[76]。含有 N-十八氨基取代基的染料染色

纤维的色牢度也有所提高[67]。然而，将烷基链的长度增加到 C_8 以上可能会导致染料在染缸中聚集和尾缠，从而影响染色的平整度。因此，包括 1,4-双氨基蒽醌染料[77]在内的染料的分散稳定性需要维持，如果可能的话还需要改进。用于此目的的表面活性剂和分散助剂包括 Zonyl FSK（非离子型）、Zonyl FSA（阴离子型）和 Zonyl FSC（阳离子型）。还有报道称，在染色过程中添加甲苯可能进一步提高染料的吸收[7,25,67]。

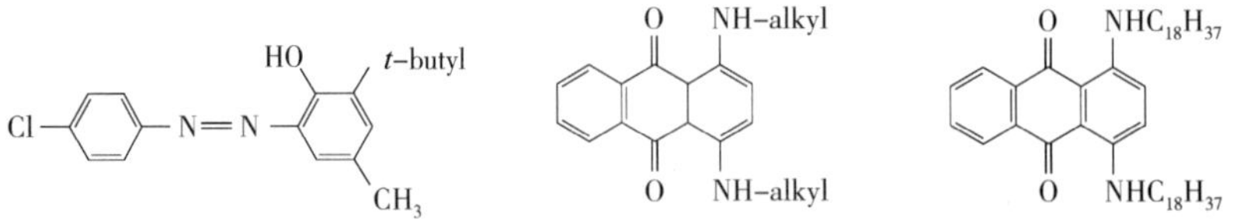

（a）偶氮类　　（b）氨基蒽醌类　　（c）1,4-双(十八烷基胺)-9,10-蒽醌

图 12.6　用于聚丙烯染色的偶氮类、氨基蒽醌类和 1,4-双(十八烷基胺)-9,10-蒽醌染料[3]

因此，在工艺进一步优化之前，基于 1-N-十八烷基胺蒽醌及其衍生物的分散型染料在聚丙烯上的商业应用可能是潜在可行的。

最近公布了一种涉及分散型染料使用的很有前途的方法；但是，这项工作的技术细节并没有公开披露[5]。所生产的聚烯烃纤维成功地染成深浅均匀的色度，具有优异的耐洗性和摩擦牢度，染色纤维的拉伸性能也明显提高[78]。

BASF 最近宣布生产一种新的聚丙烯纤维，商业品牌为 MOOO，据称它允许在常规分散型染料的标准工业过程中通过水介质来进行染色[79]。BASF 技术特点是基于使用聚丙烯纤维中的锚点，它可以持久地保留染料分子。报告指出，可以使用市场上销售的用于涤纶染色的标准分散型染料来对聚丙烯纤维进行染色。选择合适的染料是染色成功的关键，合适的染料能提供深而明亮的色度和良好的牢度。该技术的具体技术细节尚不清楚。

也有文献报道指出，其他方法，包括使用含有乙烯砜基的分散活性染料对聚丙烯纤维着色，在染色剂中添加氨基酸可以增加染料的吸收量和提高牢度[80]。

12.5.4.4　溶剂型染料

各种各样的溶剂，包括醇、胺、苯酚、二甲基乙酰胺和乙二醇，被用来帮助染料应用于合成纤维和天然纤维。

在描述溶剂诱导加速染料吸收的机理方面，已存在多种理论。有人提出，溶剂创造或增强了染料和纤维之间的相互作用力，从而建立亲和桥[81-82]。一种普遍接受的理论表明，纤维对溶剂的吸附增加了染料的可接近空间，从而提高了染色率[81,83-84]。其他理论包括在覆盖纤维表面的染料浴中形成了一个单独的相，其中染料更容易溶解[81,85]，以及溶剂造成了染料聚集体的分解[83]。

考察了几种有机溶剂的加入及其溶解度参数对聚对苯二甲酸乙二醇酯和聚丙烯染料吸附性能的影响，研究表明，两种纤维在平衡状态下的染料吸附量都随着溶剂的加入而增加[86]。用分散红 60 分别在 100℃和 130℃下对聚丙烯进行染色，在溶剂存在下染色 60min，结果表明，甲苯、对二甲苯和四甲基苯存在时染色最深[25,87]。

采用分散型染料在二甲酰胺、乙酸和丙酮存在下对聚丙烯进行染色，结果表明，溶剂的使用加速了染料对聚合物的穿透。在所有考察的溶剂中，二甲酰胺提供了最大的纤维膨胀率[83]。二甲酰胺促使纤维膨胀和加速染料吸附，其原因是，二甲酰胺分子中的非极性部分与聚丙烯的疏水部分之间的范德华相互作用以及与水的极性相互作用，削弱了纤维大分子链间的结合力，使聚合物结构对染料分子开放[83]。

但是，随着人们对溶剂的环境和毒理学作用的认识不断提高，有必要对染色过程中溶剂的使用情况进行仔细的评估。因此，在选择溶剂时，必须考虑毒性、成本、可用性、挥发性、可燃性、使用条件下的稳定性、腐蚀性以及与设备和纺织纤维的化学相互作用。目前，用作染色助剂的溶剂包括氯化烃、全氯乙烯、二甲基乙酰胺、甲醇、苄醇和二甲亚砜。

12.5.4.5 其他方法

人们还尝试了其他一些方法来克服聚烯烃纤维染色方面的限制。其中一些方法是基于超临界流体的使用，其他方法包括使用新的染料结构或新的染色方法以及使用染料包合化合物。

超临界流体是在特定的温度和压力条件下以蒸气和液体的平衡形式存在的物质，具有液体和气体的性质。超临界流体是很好的溶剂。许多气体，如 CO_2、H_2O 和 NH_3，在适当的条件下可以转化为超临界流体。由于产生超临界流体所需的温度和压力条件有限，只有超临界 CO_2 在净化和提取方面具有经济上的用途。文献[88]报道了在超临界 CO_2 环境下，将带有磺酰叠氮活性基团的天然染料化学改性，开发了一系列分散活性染料在聚丙烯、聚酯和尼龙 66 上的应用。超临界 CO_2 环境下，用红 60、橙 76 和黄 3 这三种分散型染料对聚丙烯进行染色，染料吸收量明显增加；但染色后纤维的湿牢度不理想[89]。在另一项研究中，使用分散型偶氮染料、苯偶氮染料和蒽醌染料在超临界 CO_2 环境下对聚丙烯进行染色，结果表明，含萘的偶氮染料比苯偶氮染料或蒽醌染料产品颜色更深[90-91]。染色试样贮存时的升华牢度为 3~4 级，40℃时的洗涤牢度为 5 级。

人们还尝试用无机着色剂给聚丙烯染色。为了提高染料性能，获得满意的染料吸收率，采用了烃类、氯化烃、聚烷基乙二醇、长链烷基酚、有机酸、无机酸、媒染剂、还原剂等作为助剂、膨润剂。但是，这些方法都没有产生商业上可接受的染色结果。

最近报道了一种与 α-环糊精（α-CD）做主体、偶氮分散型染料轮烷（RD）为客体的复合染料，研究了该染料在 TiO_2 填充聚丙烯纤维的应用[92-93]。该合成染料溶解度不高，但周围环绕的 α-CD 增强了其水溶性。封装后的染料结构如图 12.7 所示。在水溶液中将偶氮染料轮烷应用于聚丙烯，并加入铜离子得到金属络合物。研究表明，金属化合物的使用增加了分子尺寸，提高了耐洗色牢度。络合物和纤维母体之间的相互作用被认为是基于 TiO_2 粒子和 α-CD 上羟基间的氢键。之前的研究表明，CD 与 TiO_2 表面的结合可以诱导染料分子对纳米晶 TiO_2 膜的高吸附[94-97]。因此认为，α-CD 和 TiO_2 之间键的强度足以在含有 TiO_2 的聚丙烯纤维上提供一个持久的染色效果。研究还表明，轮烷化染料与聚合物基质的结合能力可以通过对 CDs 上羟基的化学修饰来控制，从而促进与聚合物基质更强的相互作用。在 CD 结构中包含染料也可以增加染料暴露在光照下的稳定性，因为它可以保护载色体。

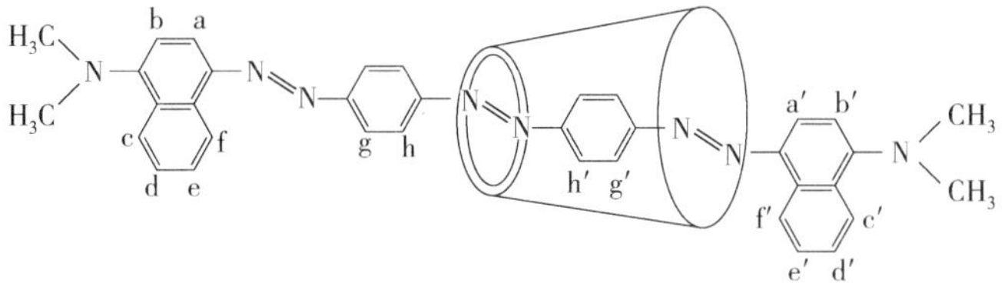

图 12.7 一种偶氮染料与 α-CD 轮烷化的示意图

在另一项研究中，使用氧气和电晕放电的低温等离子体来处理聚丙烯，可以提高分散型染料对聚丙烯的染色[98]。

12.6 通过纤维改性提高聚丙烯的可染色性

如12.5.4所述，聚烯烃的改性可能是实现商业上可接受染色质量的关键。这个过程包括聚烯烃纤维的化学以及物理改性，如微纤维的开发；多组分纤维的使用；将染料受体通过骨架共聚、接枝共聚引入聚合物分子中；在聚合物纤维纺丝之前共混可染色聚合物或染料受体添加剂；聚合物纤维挤出后进行表面处理等。以下各节将简要介绍这些技术。

12.6.1 添加剂的使用

添加剂用于增强各种纤维的性能，如染色性、吸水性、热稳定性和光稳定性，以及加工的简易性[45,51]。利用高分子类和其他添加剂对聚烯烃纤维进行改性，是开发可染聚烯烃纤维最重要的工业技术之一[35]。染料受体添加剂可以在纤维纺丝前加入聚合物，也可以在挤出过程中加入熔融聚合物。但是，由于聚烯烃纤维通常含有多种添加剂，主体聚合物与添加剂的相容性是该工艺成功的关键因素。一些添加剂在300℃左右的温度下可能与主体聚合物发生不利的化学反应。因此，必须确保添加剂的加入不会导致与纤维基质中其他成分发生不利的相互作用或损害纤维性能[34]。使用的添加剂必须在加工和使用条件下具有热稳定性和化学稳定性，具有合适的粒径，与其他组分兼容，并在纤维基质中具有足够的分散性，以提供均匀的分布[69-70]。用于改性聚烯烃纤维的化合物例子包括双酰胺、双聚氨酯和脂肪族胺改性剂，它们可以在聚乙烯吡咯烷酮存在的情况下和还原型染料一起对纤维进行染色[18]。一项研究表明，将金属磺酸盐和油溶性烷基芳基磺酸盐以50∶50的比例混合，混合物以最多20%的含量与聚丙烯共混，使纤维能够用阳离子型染料染色[99]。聚丙烯还可以与氢化寡环戊二烯等许多低聚添加剂混合，生产分散的可染混合材料[8]。

为提高其可染性而引入聚烯烃的化合物可分为纳米级和其他低分子量化合物、树枝状和其他聚合物以及金属化合物。

12.6.1.1 纳米粒子

聚丙烯纤维经纳米粒子注入改性后，就可能产生"染色位点"。但是，聚烯烃基体中纳米颗粒的分散程度和粒径分布应该是最优的。在最近的一项研究中，采用酸性红266和C.I.分散红65染料，对4种不同聚丙烯和纳米黏土比例组成的纳米复合聚丙烯薄膜进行了染色[100]。初步结果表明，所有种类的染色聚丙烯纳米复合膜均表现出不均匀性；但与纯聚丙烯薄膜相比，其染色性能有明显提高。研究表明，增加纳米黏土的用量可以显著改善纳米复合聚丙烯薄膜的染料沉积性能。纳米复合膜与分散型染料之间的相互作用被认为是基于范德华力的。由于黏土表面的活性部分带正电荷，因此与带负电荷的酸性染料分子形成了离子键。为了提高染色薄膜的均匀性，采用研磨和超声技术降低纳米黏土的粒径，对纳米黏土在复合材料中的分散进行了改进。用若干酸性染料和分散型染料对薄膜进行染色，并在不同遮光深度的条件下平均染色。当纳米黏土负载量超过2%时，染料的累积量不再增加，这可能是由于聚丙烯基体中的染料位点饱和所致。聚丙烯纳米复合染色膜对酸性染料和分散型染料的耐洗性均较好，虽然在尼龙66的酸性染料染色薄膜上观察到了褪色。酸性染料染色薄膜的耐光性在 4.5~6 之间（8 分制），分散型染料染色膜耐光性极好，不会褪色。在另一项研究中，采用溶液混合法制备了聚丙烯纳米复合材料，其黏土负载分别为 2%（质量分数）、4%（质量分数）和 6%（质量分数）聚合物[101]。使用单螺杆挤出机将溶液混合型纳米复合材料挤出成纤维，用 3 种不同的分散型染料对聚丙烯纳米复合纤维进行不同色度的均匀染色。采用分光光度法对聚丙烯纳米复合纤维增强的染色性能进行了表征，也获得了满意的耐洗、耐光、耐磨损性能。

12.6.1.2 树枝状和其他聚合物

树枝状聚合物是高度分枝的结构，可以为各种化合物提供潜在的锚点，并包含大量的功能端基，能够形成范德华力、偶极力和给予体—受体力。在聚烯烃纤维中加入树枝状聚合物，试图提高纤维的染色性能。这些化合物和纤维的结合可能破坏聚合物基质。因此，必须确保它们在低浓度下是起作用的，并且它们添加到聚丙烯中不会产生相容性问题或损害力学性能或其他性能。

许多研究人员研究了树枝状聚合物和超支化聚合物（统称树枝状聚合物）作为提高聚丙烯纤维可染性的一种手段[13,102-104]。酸性染料和分散型染料用于负载了 4%（质量分数）树枝状聚合物的聚丙烯，报道相对于原始聚丙烯增加了 30%可染性。据称，像这样制备的改性聚合物具有优良的染料吸收和牢度性能，并且不影响纤维的纺丝过程或力学性能[105]。

聚丙烯纤维中加入的其他聚合物添加剂包括聚(乙烯-醋酸乙烯酯)共聚物、PET 和尼龙 6。据报道，这些添加剂可以增强分散型染料对纤维的染色性能[12,35,106]。另据报道，聚丙烯纤维中加入不超过 15%（质量分数）的聚酯添加剂，也能产生优异的分散型染料吸收量[35,76]。

12.6.1.3 金属和金属化合物

有机金属化合物和金属盐已被用作配体与某些染料一起为纤维染色[107]。许多金属化合物也被广泛用于保护聚丙烯纤维免受光降解。过渡金属和元素周期表中多价Ⅱ、Ⅲ、Ⅳ族的金属可以赋予改性聚丙烯纤维稳定性。使用的金属包括镍[108]、钛[109]、钴[110]、铝[111]、锌[110-111]和铬[112-113]。含有镍稳定剂的聚丙烯因其能使纤维具有最佳的耐光性而受到青睐。此外，这些稳定剂还能与某些分散型和溶剂可溶型染料形成络合物，提升了改性纤维的牢度性能[56,114-115]。事实上，镍的引入使得生产户外用途的染色聚丙烯纤维成为可能[116]。在排气染色方法下，染料在纤维上应用不能产生良好的匀染性，而且高度依赖于温度，因此被放弃[69-70,114]。需要注意的是，金属改性聚丙烯染色时，染料的吸附和扩散依赖于染料—金属化合物与有机化合物之间络合物的形成[107]，对时间和温度很敏感。早期试验的报告表明，快速冲击发生在染色的初始阶段，通过在染液中使用有机溶剂降低温度可能可以解决这个问题[117]。此外，在没有隔离剂的情况下，染液中其他金属的存在会改变或限制纤维的颜色。特别地，在聚丙烯纤维中加入过渡金属和镍，可以在工业规模上提高纤维的可染性和光稳定性；但该工艺存在显著的缺点，如色度重现性差、色域和染料种类有限、不均匀性、废水中镍添加剂含量高等环境问题。

此外，金属与成纤维聚合物内其他组分之间的物理和化学相互作用可以显著影响纤维在纺丝和拉伸过程中的加工性能以及纤维性能[118]。

12.6.2 聚合共混物

自 20 世纪 60 年代起，多元共混法是一种广泛应用、成功地改性聚烯烃以及提高纤维物理机械性能的方法。许多聚合物,包括氢化寡聚环戊二烯[8]、聚ζ-己内酰胺[119-120]、尼龙6[121]、尼龙66、尼龙12[35,122]、羊毛[123]、PET[124]、纤维素纤维[125]、二乙烯基苯交联聚合物[126]及多种树脂(如其他烯烃、环氧树脂、含苯氧基的树脂、聚烯亚胺),都有使用[54,73]。这些报告大部分表明,纤维染色性能得到了改善。但是,在某些情况下,纤维结晶度也会降低,这与纤维力学性能的显著降低联系到了一起。除了可染性提高外,不同聚合物的物理混合还可能结合每个独立组分的理想性能,提供具有高拉伸强度、热稳定性和紫外稳定性的纤维[127]。

研究表明,聚丙烯纤维与聚酰胺共混可以提高其对湿气的吸附能力、分散型染料的染色性能[128]、弹性、冲击强度以及降低静电。在多元共混中,其中一种聚合物可被认为是容纳添加剂的主体聚合物。增加添加物与主体聚合物的比例会导致共混聚合物形态发生改变。例如,在聚丙烯-聚酰胺(PP-PA)共混物中,增加聚丙烯的比例,可以使形貌由聚丙烯颗粒分散在聚酰胺基质中转变为聚酰胺颗粒分散在聚丙烯基质中。因此,在添加剂浓度较高时,应选用合适的增容剂,使聚酰胺组分在聚丙烯基体中均匀分散,并在聚丙烯与聚酰胺界面获得良好的附着力[122]。增容剂对聚丙烯-聚酯共混物染色性能影响的研究表明,共混物的染色亲和力取决于聚酯和增容剂的浓度以及染色条件[129]。

在另一项研究中,采用原位增容剂制备了由聚丙烯和阳离子可染聚对苯二甲酸乙二醇酯组成的聚合物掺混纤维,并用亚甲基蓝和罗丹明B成功地将掺混纤维染色至亮色调[130]。聚对苯二甲酸乙二醇酯在聚丙烯中是不相容的,在聚丙烯-聚对苯二甲酸乙二醇酯共混物中如果超过约15%(质量分数)就会引起相容性问题。由于聚丙烯与聚对苯二甲酸乙二醇酯在界面处的黏结力较弱,可能导致纤维的原纤化和拉伸强度不足。

12.6.3 共聚和接枝

另一种对聚烯烃纤维改性以提高可染性的方法是通过共聚和接枝将染料位点引入聚合物主干。使用这些技术可以对纤维进行化学改性,而不会对聚合物骨架的性能产生不利影响[19,131]。共聚涉及单体在聚合物链主链上的永久结合。接枝或接枝共聚,指的是一种将染料受体永久插入聚丙烯支链上的技术。这两种技术使生产的纤维具有理想的可染性特性,由于聚合物的化学和结构特点,确保应用的一致性以及单体的稳定。基于这种方法的一个例子是包含酸或碱性染料受体的硬脂酰甲基丙烯酸酯/聚丙烯共聚物[19]。另一种方法是合成由多个单体组成的共聚物,目的是合成具有更好染色性能的新产品。

极性单体与聚丙烯的共聚往往具有挑战性,因为极性单体往往会与形成立体规整性聚丙烯所需的催化剂发生反应而意外终止聚合[54,132]。因此,人们发现接枝反应更为成功[133]。挤出过程中,聚丙烯自由基接枝反应是一种广泛应用的将功能端与聚合物结合的方法。多项专利报道了制备可染聚烯烃纤维的方法。其中一项工作报道,采用乙烯烷基丙烯酸酯接枝聚丙烯,可以生产分散型染料染色纤维[64]。由于这些方法需要额外的聚合步骤,生产的额外成本仍然是充分利用该技术的障碍。

大量的染料受体、极性或功能性单体可以接枝到聚丙烯的不饱和链末端,从而产生更强的染料纤维相互作用[134]。这种技术的例子是聚丙烯纤维与基于乙烯基的单体共聚,这些单体包括醋酸乙烯酯[35,135]、乙烯基吡啶和苯乙烯[136]、基于丙烯酸的聚合物(如丙烯酸、丙烯腈类[137])、基于酰亚胺的聚合物(如N-1,3-丁二烯基邻苯二甲酰亚胺[138]、不饱和羧基衍生物、亚甲基丁二酸衍生物[122,131]以及马来酸酐)等。

有报道称,伽马辐射诱发丙烯酸接枝到聚丙烯薄膜上,可以使接枝的聚合物与亚甲基绿、孔雀石绿等阳离子染料溶液发生反应[139-140]。

接枝技术的主要缺点是共聚物的热稳定性较低,接枝不均匀[141],以及接枝过程的额外成本,这在很大程度上阻碍了该技术的充分商业化利用。

已有多种技术用来对聚合物进行改性,并在聚烯烃表面引入染料受体。这些技术包括卤化[142-146]、磺化[147-148]、磷酸化[149]、部分氧化、硝化和磺基氯化等。在这些方法中,纤维的化学处理局限于聚丙烯表面,工艺控制难度较大[73]。

研究结果表明,卤代纤维对阳离子染料具有较好的亲和力,染色纤维的牢度性能令人满意。聚烯烃氯化生产碱性可染聚丙烯需要优化工艺条件,以防止对纤维力学性能的不利影响[142,150]。

利用十氢化萘、四氢化萘、环己烷或环己烯、二甲基乙酰胺、乙二醇等溶剂可促进纤维对染料的吸附,结果表明,使用分散型染料和酸性染料,经处理过的聚丙烯的染色性能得到了改善[73,82]。

三氯化磷对聚丙烯进行磷化处理后,显示纤维对阳离子染料的亲和力有所提高[147],但牢度仍然较差[148]。在氯仿和四氯化碳存在的情况下,用氯磺酸磺化聚合物,也会生成碱性染料可染纤维[142,144]。

据报道,聚丙烯上的染料位点可能通过聚丙烯表面的部分氧化引入;但是,这种方法降低了纤维的力学性能[151]。在 $KClO_3$ 和 H_2SO_4 的混合液中氧化纤维,可以将羟基和羧基等极性基团引入连续的聚丙烯丝中。氧化纤维在使用金属络合物染料、碱性染料和分散型染料染色时,染色性能表现出了明显提高。在另一项研究中,聚丙烯纤维在过渡金属(Cu^{2+}、Co^{2+}、Ni^{2+})存在下,在高温下被聚合氨基三唑络合物浸渍,浸渍的聚丙烯纤维对阴离子和阳离子染料均具有良好的可染性[152]。

12.7 结论

尽管经过几十年的广泛研究,开发出商业上可接受的、针对未改性聚烯烃纤维的染色方法仍然是一个活跃的研究领域。聚烯烃着色是目前应用最广泛的生产纤维的方法。这种方法适用于生产大量的单色纤维。但是,染色会降低聚合物的力学性能。努力用不同的着色剂以及不同的纤维改性方法对聚丙烯进行染色已经引起了极大的兴趣。按照传统方法对未改性纤维染色,通常不会生产出具有商业上可接受的牢度的深色调。但是,一系列分散型染料的应用已经生产出了牢度适中的强染色产品。对纤维进行化学或物理改性,与原始化合物相比可提高纤维的可染性;但是,这些方法往往会降低纤维的机械强度或热稳定性。此外,纤维改性方法在挤出和拉伸过程中往往造成加工困难,增加了整体成本和操作的复杂性。因此,未改性聚烯烃的染色,仍然是染料和纤维制造商可以寻找机会的领域。

参 考 文 献

[1] Moore EP. Polypropylene handbook. Munich:Hanser Publishing;1996.
[2] Galli P, Vecellio G. Progr Polym Sci 2001;1287-1295.

[3] Ahmed M. Polypropylene fibres—science and technology. Oxford and New York: Amsterdam; 1982.

[4] Landoll LM. Concise encyclopaedia of polymer science and engineering. New York, NY: John Wiley & Sons; 1990.

[5] Ahmed SI. 2006. Coloration of polypropylene: prospects and challenges. PhD Thesis. Edinburgh: Heriot-Watt University.

[6] Zhang S, Horrocks AR. Progr Polym Sci 2003; 28: 1519.

[7] Ruys L, Vandekerckhove F. Int Dyer 1998; 32: 32.

[8] Seves A, Marco T, Siciliano A, Martuscelli E, Marcandalli B. Dyes Pigm 1995; 28: 19-29.

[9] Seves A, Testa G, Marcandalli B, Bergamasco L, Munaretto G, Beltrame P. Dyes Pigm 1997; 35: 367-373.

[10] Sheth P, Chandrashekar V, Kolm R. 1996. Patent No. 5550192. USA.

[11] Shore J. Rev Prog Coloration 1975; 6: 7-8.

[12] Son T, Lim S, Chang C, Kim S, Cho I. J Soc Dyers Colourists 1999; 115: 366.

[13] Burkinshaw SM, Froehling PE. World textile congress. Huddersfield; 2000.

[14] Dayioglu H. J Appl Polym Sci 1992; 46: 1539-1545.

[15] Einsele U, Herlinger H. Melliand Engl 1991; E345.

[16] Fil'bert D, Mol'kova G, Shilova G, Gorelik M, Gladysheva T. Fibre Chem 1975; 5: 541-542.

[17] Geoffrey E, Roanoke V, Herlant M. 2000. Patent No. 6039767. USA.

[18] Hindle W. 1970. Patent No. 3507605. USA.

[19] Hong S, Kim ST, Lee TS. J Soc Dyers Colourists 1994; 110: 19.

[20] Akrman J, Kaplanova M. J Soc Dyers Colourists 1995; 111: 159.

[21] Madkour TM, Mark JE. J Polym Sci Polym Phys 1997; 35: 2757.

[22] Madkour TM, Soldera A. Eur Polym J 2001; 37: 1105.

[23] Yang, R. D. (2000). A systematic statistical approach to polypropylene fibre process technology. Edinburgh: Heriot-Watt University.

[24] Warner SB. Fibre science. Englewood Cliffs, NJ: Prentice Hall; 1995.

[25] Herlinger H, Augenstein G, Einsele U. Melliand 1992; 9: E340-341.

[26] Bird C, Patel A. J. Soc. Dyers Colourists 1968; 560-563.

[27] Raghavan V. Materials science and engineering. 5th ed. New Delhi, India: Prentice-Hall; 2004.

[28] Warner SB. Fiber science. 1st ed. Englewood Cliffs, NJ: Prentice Hall; 1994.

[29] Emsley J. Very strong hydrogen bonds. Chem Soc Rev 1980; 9: 91-124.

[30] Trotman E. Dyeing and chemical technology of textile fibres. 6th ed. London: Charles Griffin and Co; 1984.

[31] Broadbent A. Basic principles of textile coloration. Bradford: Society of Dyers and Colourists; 2001.

[32] Kuehni RG, Bunge HH. Concise encyclopaedia of polymer science and engineering. New York, NY: John Wiley & Sons; 1990.

[33] Christie R. Polym Int 1994; 34: 351.

[34] Mather R. Dyes Pigm 1999; 42: 103.

[35] Marcincin A. Prog Polym Sci 2002; 27: 875-890.

[36] Aspland J. Text Chem Colorist 1993; 25: 31.

[37] McIntyre JE, Denton MJ. Concise encyclopaedia of polymer science and engineering. New York, NY: John Wiley & Sons; 1990.

[38] Jovanovic R, Lazic B. Melliand Textilberichte 1992; 73: 796.

[39] Commanday S. America's Text Int Fibre World Section 1988; 17: 100-102.

[40] Ruys L. Int Dyer 1998; 32.

[41] Mather R. Chem Indus 1981; 600.

[42] Mather R. Dyes Pigm 1990; 14: 49.

[43] Mather R, Taylor D. Dyes Pigm 1999; 43: 47-50.

[44] Ahmed SI, Shamey R, Christie RM, Mather RR. Comparison of the performance of selected powder and masterbatch pigments on mechanical properties of mass coloured polypropylene filaments. Color Technol 2006; 122: 282-288.

[45] Mather R, Sing KSW. J Colloid Interf Sci 1977; 60: 60-61.

[46] Elimelech M, Gregory J, Jia X, Williams R. Particle deposition and aggregation: measurement, modelling and simulation. Butterworth-Heinemann; 1995.

[47] Assmann K, Schrenk V. Develops new vehicle for dyeing polypropyelne fibers. Int Fiber J 1997; 12(5): 44A.

[48] Anonymous. Chem Fibres Int 1999; 180.

[49] Tomka, J. (1996). Proceedings of the textile institute conference on yarn and fibre science. Manchester: Textile Institute.

[50] Berhelter K, Hoof W, Billerman R. Chem Fibres Int 1998; 48: 65.

[51] George S, Elizabeth N. Book of papers: AATCC national technical conference 1983; 389-398. AATCC.

[52] Gupta V. Manufactured fibre technology. London: Chapman & Hall; 1997.

[53] Marcincin A, Ondrejmiska K, Marcincinova T, Keseliova A. Chemicke Vlakna 1992; 42: 11-20.

[54] Lewin M. Handbook of fibre chemistry. New York, NY: Marcel Dekker; 1998.

[55] Kaul B, Ripke C, Sandri M. J Chem Fibres Int 1996; 46: 126-129.

[56] Shore J. Dyeing of polyolefin and vinyl fibres. In: Nunn D, editor. Dyeing of synthetic polymer and acetate fibres. Bradford: Dyers Company Publications Trust; 1979. p. 397.

[57] Shore J. Cellulosics dyeing. Bradford: Society of Dyers and Colourists; 1990.

[58] Morozova L, Androsov VF, Straikovich E. Technol Text Indus 1991; 1: 93.

[59] Morozova LN, Androsov VF, Straikovich EE. Technol Text Indus 1991; 2: 90.

[60] Christie R. Colour chemistry. Cambridge: RSC; 2001.

[61] Etters JN, Ghiya V. Am Dyestuff Reporter 1999; 18.

[62] Mishchenko AV, Artym MI. Technol Text Indus 1992; 6: 119.

[63] Morozova LN, Androsov VF, Straikovich EE. Technol Text Indus USSR 1992; 6: 101.

[64] Sheth P, Chandrashekar V. 1996. Patent No. 5550192, 1-18. USA.

[65] Abrahart EN. Dyes and their intermediates. Bradford; 1982.

[66] Peters R. Textile chemistry. Amsterdam: Elsevier; 1963.

[67] Oppermann W, Herlinger H, Fiebig D, Staudenmayer O. Melliand 1996; 9: E137-138.

[68] Elgert KF, Loffelmann U. Melliand Textilberichte 1999; 1-2: E16.

[69] Eddington E. Am Dyestuff Reporter 1963; 31.

[70] Eddington E. Am Dyestuff Reporter 1963; 52: 47.

[71] Kelly DR, Sweatman HC, Hixon RR. 1995. Patent No. 5447539. USA.

[72] Teramura K, Hipose S. Tanaka R Sen-I Gakaishi 1962; 18: 518-522.

[73] Shore J. Rev Progr Coloration 1995; 6: 7-12.

[74] Teramura K, Hirose S, Tanaka R. Sen-I Gakkaishi 1962; 18: 436-522.

[75] Lord WM, Peters AT. J Appl Chem Biotechnol 1997; 27: 362.

[76] Mangan SL, Crouse J, Calogero F. Text Chem Colorist 1989; 21: 38-40.

[77] Fiebig D. Melliand Textilberichte 1999; 9: E128-129.

[78] Ahmed SI, Mather R, Shamey R, Christie R, Morgan K. 2005. Provisional Patent No GB04191268. UK.

[79] BASF Corporation. Innovative dyeable polypropylene fiber technology wins society of dyers and colourists color innovation award 2008 2008; [Retrieved from BASF Group, News Release]: <http://www.corporate.basf.com/en/presse/>

[80] Chou LY, Huang PH. J Hwa Gang Text 2001; 8: 123.

[81] Stevens CB, Peters L. J Soc Dyers Colourists 1956; 100.

[82] Yonktake K, Masuko T, Takahashi K, Karasawa M. Sen-I Gakkaishi 1984; 40: 136.

[83] Belova GI, Melnicov BN, Moryganov PV. J Tech Text Indus 1969; 2: 95-99.

[84] Hallada DP. Am Dyestuff Reporter 1958; 17: 789.

[85] Johnson A. A theory of colouration of textiles. Bradford: Society of Dyers and Colourists; 1989.

[86] Ingamells W, Thomas MN. Text Chem Colorist 1984; 16: 12.

[87] Einsele U. Melliand Textilberichte 1991; 72: E847.

[88] Holme I. Int Dyer 1999; 184: 27.

[89] Liao S, Chang P, Lin Y. J Text Eng 2000; 46: 123-128.

[90] Bach E, Cleve E, Schollmeyer E. The dyeing of polyolefin fibres in supercritical carbon dioxide. Part 1. Thermo-mechanical properties of polyolefin fibres after treatment in CO_2 under dyeing conditions. J Text Inst, Part 1: Fibre Sci Text Technol 1998; 89(4): 647-656.

[91] Bach E, Cleve E, Schollmeyer E. The dyeing of polyolefin fibres in supercritical carbon dioxide. Part 2. The influence of dye structure on the dyeing of fabrics and on fastness properties. J Text Inst Part 1: Fibre Sci Text Technol 1998; 89(4): 657-668.

[92] Park JS, Tonelli AE, Srinivasarao M. 2008. Azo dye rotaxane: enables dyeing of polypropylene fiber [Unpublished].

[93] Tonelli AE, Balik CM, Srinivasarao M, Rusa CC. 2004. Polymers processed with cyclodextrin inclusion compounds, M02-NS01. National Textile Center Annual Report.

[94] Stott SJ, Mortimer RJ, McKenzie KJ, Marken F. Analyst 2005; 130: 358.

[95] Haque SA, Park JS, Srinivasarao M, Durrant JR. Adv Mar 2004; 16: 1177.

[96] McKenzie KJ, Marken F, Oyama M, Gardner CE, Macpherson JV. Electroanalysis 2004; 16: 89.

[97] Milsom EV, Perrott HR, Peter LM, Marken F. Langmuir 2005; 21: 9482.

[98] Klein C, Thomas H, Hocker H. DWI Reports 2000; 123: 502.

[99] Continental Oil Co. 1990. Patent No. US 3639573. USA.

[100] Fan Q, Mani G. Dyeable polypropylene via nanotechnology. In: Brown PJ, Stevens K, editors. Nanofibers and nanotechnology in textiles. Woodhead Publishing; 2007. p. 320-350.

[101] Toshniwal L, Fan Q, Ugbolue SC. Dyeable polypropylene fibers via nanotechnology. J Appl Polym Sci 2007; 106: 706-711.

[102] Muscat D, van Benthem R. Hyperbranched polyesteramides—new dendritic polymers. Dendrimers III design, dimension, function (No 212, Topics in current chemistry). Berlin, Heidelberg: Springer; 2000. p. 41-80.

[103] Froehling P, Burkinshaw S. Dendritic polymers: new concept for dyeable poly(propylene) fibres. Chem Fibres Int 2000; 50(5): 448-449.

[104] Froehling P, Burkinshaw S. Dendritic polymers: new concept for dyeable poly(propylene) fibres. Melliand Int 2000; 4: 263-266.

[105] Burkinshaw S, Froehling P, Mignanelli M. Dyes Pigments 2002; 53: 229-235.

[106] Ruys L. Chem Fibres Int 1999; 47: 376-384.

[107] Gupta B, Mukherjee A. Rev Prog Coloration 1989; 19: 7.

[108] Teramura K, Tao K. The dyeing of nickel-modified polypropylene fibre with mordant monoazo dyes. Sci Technol 1964; 13: 35-42.

[109] Ito S, Kubota Y, Iizuka M. 1969a. Patent No. 44014437. Japan.

[110] Ito S, Kubota Y, Iizuka M. 1969b. Patent No. 44014438. Japan.

[111] Simpson H, Erlich V. 1962. Patent No. 617280. Belgium.

[112] Taniyama S. 1966. Patent No. 41015760. Japan.

[113] Herculus Powder Company 1965. Patent No. GB 992379; US 3, 274, 152. Great Britain, USA.

[114] Anderson N, Dawson R, Sievenpiper F, Stright P. Am Dyestuff Reporter 1963; 52: 48.

[115] Allied Chemical International. Int Dyers Text Printers 1994; 18: 129.

[116] Haynes W, Mathews JM. Text Chem Colorist 1969; 1: 74.

[117] Okubo Abe, Uei. Senshoku Kogyo 1974; 22: 550.

[118] Dickmeib F. Chem Fibres Int 2001; 51: 51.

[119] Grof I, Durcova O, Pikler A. Study of polypropylene-poly-e-caprolactam blend fibers. I. Isotropic fibers. Plasty a Kaucuk 1986; 23(4): 106-110.

[120] Grof I, Durcova O, Pikler A. Study of polypropylene-poly-e-caprolactam blend fibers. II. Anisotropic fibers. Plasty a Kaucuk 1986; 23(4): 110-113.

[121] Takahashi T, Konda A, Shimizu Y. Study on structure and properties of polypropylene/polyamide 6 blend fiber (Part II). Dye affinity of polypropylene/polyamide 6 blend fiber and crystallization behaviour. Sen'i Gakkaishi 1994; 50(7): 248-255.

[122] Yazdani-Pedram M, Vega H, Quijada R. Polymer 2001; 42: 4751.

[123] Akrman J, Prikryl J, Burgert L. Dyeing of polypropylene/wool blend in a single bath. J Soc Dyers Colourists 1998; 114(7/8): 209-215.

[124] Ebrahimi G, Hassan-Nejad M, Mojtahedi M. Producing dyeable polypropylene fibers with blending PP/PET. Iran J Polym Sci Technol 2000; 13(2): 67-73.

[125] Janousek J, Mohr P. Dyeing of polypropylene-cellulosic fibers with vat dyes by the Thermosol method. Textil 1996; 21(8): 317-320.

[126] Mizutani Y. Modification of polypropylene by blending of a polymeric fine powder with crosslinkage. Bull Chem Soc Jpn 1967; 40(6): 1519-1526.

[127] Cowie J. Polymers: chemistry and physics of modern materials. New York, NY: Chapman and Hall; 1991.

[128] Seves A, Testa G, Marcandalli B, Bergamasco L, Munaretto G, Beltrame PL. Dyes Pigm 1999; 35: 367-373.

[129] Marcincin A, Brejka O, Murarova A, Hodul P, Brejkova A. Vlakna a Textile 1999; 6: 119-124.

[130] Muraoka Y, Fujiwara T, Sano Y, Yasuda T, Kanbara H. Text Res J 2001; 71: 1053-1056.

[131] Rao G, Chowdhury M, Naqvi M, Rao K. Eur Polym J 1996; 32: 695.

[132] Gandhi R, Nagoria H. Developments in polypropylene processing. Int Text J 1984; 94(12): 99.

[133] Odor G, Geleji F. Graft copolymerization of polypropylene yarn by using preirradiation method and cobalt-60. Magyar Kemikusok Lapja 1962; 17: 221-226.

[134] Kawahara N, Kojoh S, Matsuo S, Kaneko H, Matsugi T, Toda Y, et al. Polymer 2004; 45: 2883.

[135] Shi D, Yang J, Yao Z, Wang Y, Huang H, Jing W, et al. Polymer 2001; 42: 5549.

[136] Kaur I, Kumar S, Misra B. Graft copolymerization of 2-vinylpyridine and styrene onto isotactic polypropylene fibres by pre-irradiation. Polym Polym Comp 1995; 3(5): 375-383.

[137] Lokhande H, Thakar V, Shukla S. Graft copolymerization reactions of acrylic acid and methacrylic acid onto polypropylene fibers. J Polym Mater 1985; 2(4): 211-215.

[138] Terada A. Aminobutadienes. XII. A method for modification of polypropylene fiber by graft copolymerization with 1-phthalim-ido-1, 3-butadiene by thermal mastication. J Appl Polym Sci 1968; 12(1): 35-46.

[139] Abdel-Fattah A, Said F, Ebraheem S, El-Kelany M, Miligy A. Radiat Phys Chem 1999; 54: 271.

[140] Shukla S, Athalye A. J Appl Polym Sci 1994; 51: 1567.

[141] Cook J. Handbook of polyolefin fibers. Watford: Merrow Publishing Company; 1973.

[142] Samanta A, Sharma D. Colourage 1990; 15.

[143] Shah C, Jain D. Text Res J 1983; 53: 274.

[144] Shah C, Jain D. Text Res J 1984; 54: 742.

[145] Fumoto I. Dyeing of polyolefins, I. Dyeing properties of fluorinated polypropylene fiber. Sen'i Gakkaishi 1965; 21(11): 590-597.

[146] Lee C, et al. Dyeing with cationic dyes and physical properties of halogenated polypropylene fibers. Fangzhi Gongcheng Xuekan 1986; 13: 68-92.

[147] Pikler A, Lodesova D, Marcincin A. Problems in the modification of synthetic fibers. Chemicke Vlakna 1977; 27(2-4): 50-57.

[148] Harada S, Ishizuka O, Sakaba K. Dyeing of polypropylene fibers. Gakkaishi 1962; 18: 511-517.

[149] Karkozova G, et al. Phosphonation and surface coloring of polyolefins. Plast Massy 1970; 5: 33-36.

[150] Samanta A, Sharma D. Ind J Fibre Text Res 1995; 20: 20.

[151] Tehrani A, Shoushtari B, Malek R, Abdous M. Dyes Pigm 2004; 63: 96.

[152] Lukasiewicz A, Walis L. Mater Lett 1999; 30: 249.

延 伸 阅 读

Marcincin A, Brejka O, Jacanin O, Golob V, Marcincinova T. Fibres Text Eastern Eur 2000; 8: 66-70.

第三部分 聚烯烃纤维的增强及应用

13 聚烯烃耐磨损性能改进

Vincent Ojijo[1], Emmanuel R. Sadiku[2]

（1. 南非科学与工业研究理事会；2. 南非茨瓦尼理工大学）

13.1 概述

据报道[1]，聚烯烃是生产和使用最为广泛的聚合物。如果以体积来衡量，聚乙烯位居第一，聚丙烯紧随其后。聚烯烃拥有巨大的市场规模，从2011年到2016年，聚烯烃市场规模的年增长率为4.4%，2016年聚烯烃市场规模达到1875亿美元。聚乙烯及聚丙烯的市场规模如图13.1所示。

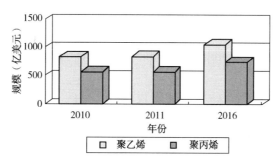

图13.1　2010—2016年全球聚烯烃市场分析

摩擦领域是聚烯烃不容小觑、持续升温的一个应用分支，具体涉及髋关节置换等领域。因此，对于聚烯烃制品/组件摩擦性能的研究和表征非常必要。虽然这些部件多通过挤出或注塑成型，并非纤维制品。而本书重点关注纤维材料，但是作者们经过慎重考虑，认为对于部件本体摩擦性能的回顾，可以为纤维制品相关研究提供有效参考，所以增加本章。

本章将回顾聚烯烃的摩擦性能及其影响因素，如分子量（这对于聚乙烯产品，更是尤为重要）、分子结构等。在摩擦学应用领域，比如，在髋关节置换术中，对材料的磨损和力学性能要求非常严格。要求材料蠕变性能低，磨损和摩擦系数适中。更重要的是，必须严格控制无菌碎片的形成，以延长置换部件的使用寿命。在这种情况下，聚合物材料本身不能全部满足要求，必须对其改性，以提高其耐磨性和力学性能。本章综述了提高部分聚乙烯和聚丙烯耐磨损性能的一些策略，包括颗粒（微米/纳米尺度）物质的引入，形成微米/纳米复合材料，或与其他聚合物共混、交联等。

因为各个体系具有一定的独特性，提高材料耐磨性固然重要，而深入了解所设定的摩擦系统的摩擦学性能和机理更为关键。对于体系摩擦性能随外加载荷、测试速度、测试环境、测试表面和持续时间变化趋势的表征，可以帮助研究人员预测材料实际应用中的性能。

13.2 聚烯烃分类

聚烯烃一般是由简单的烯烃单元(C_nH_{2n})合成的一类聚合物。最为常见的聚烯烃是聚乙烯和聚丙烯,它们分别由乙烯和丙烯单体聚合而成。

13.3 聚乙烯

1933年,帝国化学的Reginald Gibson和Eric Fawcett发现聚乙烯之后,聚乙烯就成为人们日常生活中使用最广泛的聚烯烃材料[2]。聚乙烯是由共价键合的主链碳原子组成,每个碳原子键连两个氢原子。根据支链性质不同,聚乙烯可能分为不同种类。对于聚乙烯的详细介绍,可以在文献[2-4]中找到。本章将简要介绍聚乙烯的几种典型分类。

13.3.1 低密度聚乙烯

低密度聚乙烯是通过有机过氧化物引发自由基聚合而获得的,它通常拥有长链结构,并且支化度较高(表13.1)。高支化度导致链的堆积松散,结晶度较低,密度一般为 0.915~0.930g/cm³。这一特点使得材料具有较高的透明度和延展性;但是与结晶性更强、堆积密度更大的高密度聚乙烯相比,低密度聚乙烯的屈服强度和模量较低。这些性能,使低密度聚乙烯特别适用于薄膜领域,尤其是食品包装行业。由于摩擦应用领域的特殊性,与超高分子量聚乙烯(UHMWPE)相比,目前对低密度聚乙烯基材的摩擦学研究相对较少。但在电线绝缘包装等特殊应用领域,对低密度聚乙烯耐磨性的增强研究非常有必要。

表 13.1 不同类别聚乙烯结构与密度

等级	结构	密度(g/cm³)	单体/共聚单体	催化剂/工艺
低密度聚乙烯	长支链(LCB)	0.915~0.930	乙烯+引发剂(如有机过氧化物)	自由基聚合
线型低密度聚乙烯	短支链	0.915~0.930	乙烯+2%~4% α-烯烃	齐格勒-纳塔催化剂,铬系催化剂,或单位点催化剂
高密度聚乙烯	线性	0.940~0.970	乙烯+不到1%的α-烯烃	齐格勒-纳塔催化剂,铬系催化剂

13.3.2 线型低密度聚乙烯

当乙烯和α-烯烃由适当的催化剂(齐格勒-纳塔催化剂、负载型铬系催化剂、单活性中心催化剂等)引发进行共聚合时,能够获得线型低密度聚乙烯。线型低密度聚乙烯拥有短支链,密度一般为 0.915~0.930g/cm³。密度通常取决于共聚单体的含量[一般为 2%~4%(摩尔分数)],共聚单体的浓度越高,密度越低,反之亦然。与低密度聚乙烯相比,线型低密度聚乙烯显示出更好的力学性能,并广泛应用于包装薄膜领域。

13.3.3 高密度聚乙烯

高密度聚乙烯是在特定的(如齐格勒-纳塔或负载型铬-菲利普斯)催化剂存在下通过乙烯单体聚合而成的[2-3]。与线型低密度聚乙烯类似,高密度聚乙烯不能通过自由基聚合得到。催化剂的选择、α-烯烃共聚单体的用量以及反应条件的共同调控,可以实现高密度聚乙烯没有支链或侧链含量最小,使分子链结构接近线性,因此链段容易规整排列;与线型低密度聚乙烯相比,高密度聚乙烯密度更高。少量 α-烯烃共聚单体的引入可以改善高密度聚乙烯的加工性能、韧性和耐环境应力开裂性能。与低密度聚乙烯相比,高密度聚乙烯的线性链段提高了材料的结晶度,进一步提高了其刚度和屈服强度。但是与低密度聚乙烯和线型低密度聚乙烯相比,高密度聚乙烯的高结晶度使其透明性降低。高密度聚乙烯广泛用于管材挤出和吹塑成型领域,产品包括个人护理容器、瓶装产品、工业容器、燃料箱等。

13.3.4 超高分子量聚乙烯

与高密度聚乙烯及线型低密度聚乙烯类似,超高分子量聚乙烯通过齐格勒-纳塔等催化剂合成,一般未引入共聚单体。超高分子量聚乙烯的分子量通常极其高,会超过 3000000。超高分子量聚乙烯拥有很多较为理想的特殊性能,如低摩擦系数、优异的耐磨性、冲击强度、耐环境应力开裂性,以及对酸、碱和腐蚀性气体的高耐受性。这些特殊性能使得超高分子量聚乙烯材料得以应用于高性能领域,包括医疗(例如人工髋关节)[5]、纤维(防弹衣、网、绳)、多孔电池隔膜,以及诸如轴承等的工程组件。由于超高分子量聚乙烯熔体黏度高,挤出困难,因此优选的加工方法包括 RAM 挤出、压延、压缩成型(例如假肢)和凝胶纺丝制备纤维等。然后,再将片材等半成品加工成最终产品。较为成熟的超高分子量聚乙烯商业制品,如 Dyneema 纤维(DSM 公司出品[6])、SPECTRA HT 纤维(霍尼韦尔公司出品[7])及一些其他制品,在某些特定强度方面,性能甚至优于尼龙等竞争材料。

在 13.6.2 中,读者会发现许多参考文献是围绕超高分子量聚乙烯体系开展耐磨性研究的,这正是由于超高分子量聚乙烯具有优异的摩擦学特性。超高分子量聚乙烯的自润滑特性使它适用于需要低摩擦系数的滑动领域。超高分子量聚乙烯极高的分子量保证了它具有优异的耐磨性,因此它被应用于人造髋关节中。

13.3.5 其他等级

(1) 中密度聚乙烯:中密度聚乙烯与线型低密度聚乙烯类似,具有线型结构;但由于共聚单体含量较低,它的密度介于高密度聚乙烯和线型低密度聚乙烯之间。其密度为 0.930~0.940g/cm³。也可以利用齐格勒-纳塔催化剂、负载的铬催化剂或茂金属催化剂,采用乙烯与 α-烯烃的共聚反应来制备。它在管道及土工膜等其他领域中作为涂层应用。

(2) 交联聚乙烯:交联聚乙烯是通过交联反应得到聚乙烯的三维网络结构。交联过程通过过氧化物、紫外线或电子束照射或硅烷化物照射实现。交联产物韧性好,抗环境应力开裂性能强，蠕变性能低。交联聚乙烯在管材特别是热水管领域应用广泛。

13.4 聚丙烯

在20世纪50年代，G. Natta 首先在钛和铝体系有机金属催化剂的存在下，通过丙烯单体聚合得到聚丙烯[8]。与其他聚烯烃相比，聚丙烯力学性能更加优异。在所有的商业聚合物中，聚丙烯密度最小，具有良好的力学性能和耐化学性能，并且与相同分子量的聚乙烯相比，聚丙烯具有更好的耐磨性。当聚合形成聚丙烯时，甲基可采取不同的空间构象，形成等规、间规和无规3种立体构型，如图13.2所示。

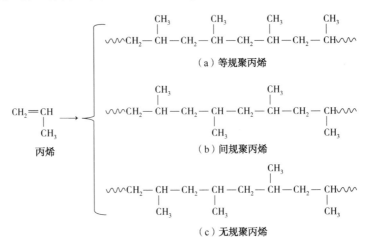

图 13.2 聚丙烯立体构型

13.4.1 等规聚丙烯

在等规聚丙烯中，如图 13.2(a) 所示，所有的甲基处于螺旋主链的同一侧，这是丙烯单体只能通过一个异构体构型聚合的结果[9]。具有立构选择性的齐格勒-纳塔催化剂通常用于聚丙烯的等规聚合[10]。到目前为止，等规聚丙烯是最常见的聚丙烯类型；并且与间规聚丙烯及无规聚丙烯相比，它具有优越的性能，关于它的研究也最为广泛，本章的内容大都基于等规聚丙烯。

13.4.2 间规聚丙烯

当甲基交替排布在主链两侧时，形成间规聚丙烯[图13.2(b)]。与等规聚丙烯相似，这种结构是齐格勒-纳塔催化体系的特性。

13.4.3 无规聚丙烯

当甲基在主链两侧随机出现时，产生无规聚丙烯。无规聚丙烯通过自由基聚合得到，含有大量无定形组分，无法结晶。

一般来说，聚丙烯具有良好的力学性能，这使得它能够用于众多领域。例如，在汽车工业中，聚丙烯用于内部仪表板和保险杠；高分子量聚丙烯熔纺纤维在纺织品、绳索等领域应用广泛。另外，聚丙烯可以吹塑成型生产包装材料或挤压成各种型材及管道。在一些特定的应用领域，如管道和绝缘电缆，聚丙烯的耐磨性逐渐成为材料设计中一个非常重要的考虑因素。许多研究一直致力于增强特定用途聚丙烯的耐摩擦性能。正如本章后面将要讨论的，这些研究还包括将特定组分（如天然无机纤维、纳米黏土颗粒物等）加入聚丙烯，以提高聚丙烯的耐磨性。

13.5 聚合物的磨损性能

13.5.1 概述

在某些摩擦性能尤为重要的应用领域，聚合物正在日益取代金属及一些其他材料。这些应用领域包括齿轮、轴承、密封件、衬套、滑动部件（例如人工关节表面）、地板，具有良好触觉特性的表面材料（例如纤维）、磨损板、滚轮等[11]。聚合物的摩擦学性能与金属及其合金明显不同，这是由于聚合物的黏弹性使聚合物的形变十分复杂。因此，了解聚合物零件的磨损机理、它们的局限性以及提高耐磨性的策略，是帮助工程师进行材料选择和设计的一项重要工作。

必须指出，磨损现象仅是摩擦学的一部分，而广义的摩擦学涉及系统中部件运动、能量和物质的传递及耗散，具体包括摩擦、磨损和润滑[12]。在本章中，仅涉及了磨损这一分支。

13.5.1.1 磨损的定义、类型和机理

经济合作与发展组织（OECD）将磨损定义为：由于物体表面的相对运动，表面物质逐渐损失的过程[12]。在已提出的众多磨损模式中（如磨料磨损、黏着磨损、疲劳磨损、分层磨损、转移磨损、冲蚀磨损等[13-14]），有4类被认为是最主要的磨损机制，即磨粒磨损、黏着磨损、表面疲劳和化学磨损[12]。一般来说，这些磨损模式的产生实际上来自两个基本的摩擦学过程，即应力相互作用和材料相互作用。应力相互作用来自系统内施加的载荷和产生的摩擦力，并伴随磨粒磨损和表面疲劳。而物质相互作用则是环境与客体分子间相互作用的结果，或客体之间的相互作用，它包括黏着磨损和化学磨损。4种主要磨损类型简要介绍如下：

（1）磨粒磨损。当两个表面之间的硬质颗粒（第三体）或对位面上的硬质凸起通过微切削或微犁削穿过较软表面而侵蚀材料时，就会发生这种磨损。磨损导致永久（塑性）变形，其速率与表面粗糙度和外加载荷成正比。另外，磨损率与被磨损材料的硬度成反比。Lancaster[15]报道了磨损率k与断裂强度S和断裂伸长率ε乘积的倒数之间$[k \propto 1/(S\varepsilon)]$有较好的相关性（Ratner-Lancaster相关性）。

（2）表面疲劳。当存在重复的机械应力导致材料微观结构变化并出现以生成磨损颗粒为特征的失效时，就会发生疲劳。与磨粒磨损不同，这种现象发生在表面或表面以下，不需要直接接触[12]，主要涉及弹性形变。

（3）黏着磨损。当在原子尺度上接触的两个光滑表面之间存在界面粘连时，发生黏着磨损。这种形式的界面磨损包括聚合物向较硬的对位面的转移以及去除磨损碎片。

（4）化学磨损。在这种情况下，磨损是由环境与摩擦表面的材料成分之间的相互作用决

定的[12]。最初，材料表面与环境发生反应，形成涂层，最终涂层破裂并被磨损。磨损暴露出新的表面，继续与环境发生反应，此过程继续循环。

13.5.1.2　磨损表征

仅靠单一的参数无法表征磨损，因为它不是实质性的性质，而是取决于载荷、滑动速度、相对湿度、温度、对抗面的表面粗糙度等几个参数。然而，为了简单起见，磨损的特征是通过磨损率 K_s 来定量表征。磨损率表示为单位载荷单位滑移距离的体积损失，如式(13.1)所示：

$$K_s = \frac{\Delta m}{\rho L F_n} = \frac{\Delta V}{L F_n} \tag{13.1}$$

式中，K_s 为比磨损率；m 为试验期间的质量损失；ρ 为试样的密度，g/cm^3；L 为滑移距离，m；F_n 为法向载荷，N。

通过扫描电子显微镜(SEM)、光学显微镜、原子力显微镜等技术可以进行损伤表面的成像检测。表面轮廓仪和椭偏仪也可用于量化表面粗糙度，从而量化材料磨损的程度。文献[16]还讨论了其他可用于表征磨损的技术。

大多数摩擦计的名称来自样品和相对面之间的接触方式以及磨损的性质。例如，销块磨损测试是指以销通过在板面上滑动的形式进行的样品测试。

（1）滑行磨损试验。滑行磨损试验涉及两个表面之间的滑移。测试模式依据滑移方向来命名：单向法(销盘式、块环式和销鼓式)、往复式(销板式、球面式)。

（2）滚动磨损试验。滚动运动是由诸如轮子、球等旋转实现的。通常情况下，单纯的滚动很难实现，而滚动运动磨损是通过滚动运动和滑动运动一起作用而产生的。滚动试验可采用四球或三球板或双盘钻机进行。

（3）刮擦磨损试验。包括用给定几何形状的硬材料以恒定速度和法向力沿着特定路径划伤固体表面。

（4）磨粒磨损试验。摩擦磨损试验体系一般是一个两体或三体系统。两体系统包括指定表面粗糙度的旋转盘，以及压在旋转盘上的由试样材料制备的销。而三体系统还模拟了表面第三体的侵蚀磨损。

13.5.1.3　聚合物耐磨性的增强

目前，可用于摩擦学应用领域的未经改性的聚合物大多为超高分子量聚乙烯以及尼龙。对于低磨损率和适当摩擦系数的要求，限制了其他聚合物在摩擦学系统中以原始状态得以应用[11]。而超高分子量聚乙烯的低磨损率和适当的摩擦系数有机结合，使其成为摩擦应用领域的理想材料。同时，在具体的体系中，对低磨损率和适当的摩擦系数(低或高)的特定要求需要对系统进行局部调整，以实现摩擦性能的优化。局部调整包括组件调整(如基体材料、表面特性等)、外部因素调整(包括环境、负载、相对运动速度/速率等)。提高聚合物材料耐磨性的改性策略一般包括加入微/纳米颗粒、聚合物共混、纤维增强、交联和表面处理等。每种改性方法都是依据系统应用要求而特定的优化方案。填料既可以用来增强聚合物，便于提高载荷，也可用作固体润滑剂以降低摩擦系数，还可以用作热导体以吸收摩擦热。在以下章节中，给出已报道的关于提高聚乙烯和聚丙烯耐磨性的各种策略的研究工作的具体实例，并深入了解这些干预措施对摩擦学系统的影响。

13.5.2 聚烯烃磨损

包括聚烯烃在内的聚合物越来越多地应用于摩擦领域，如轴承、密封件、衬套、滚子、车轮、假肢、重型机械的衬里等。因此，对于它们的磨损行为的研究及表征尤为重要。同时，聚烯烃的摩擦性能可能不能满足特定应用领域的要求，需要对其进行改性。在下面的部分中，将讨论各种类型聚乙烯和聚丙烯的磨损性能及增强改性方法。

13.5.3 聚乙烯的耐磨性

超高分子量聚乙烯由于具有极高的分子量，其磨损性能相对较好，目前对于它的研究也最为广泛。对于低密度聚乙烯[17-19]、高密度聚乙烯[20-22]以及高分子量、高密度聚乙烯[23]的改性工作也有进行，然而，下面只关注超高分子量聚乙烯的相关研究。

超高分子量聚乙烯具有低摩擦系数、强化学惰性、高强度等特点，适合于医学等许多摩擦应用领域。然而，人工关节中的轴承材料对于耐磨损性能的苛刻要求，以及超高分子量聚乙烯较差的抗蠕变性能，都需要引起关注。在此类应用中，由于无菌磨损碎片的松动会影响人工关节的长期临床应用效果，因此需要减少这种松动。一般通过使用填料、辐射交联、接枝、离子注入缓减磨损碎片的松动。已有研究对不同应用条件下，包括干滑移、血清、水润滑、生理盐水[24]和海水润滑[26]等，对超高分子量聚乙烯在氧化铝[24]、钴铬合金[25]和钢表面的磨损性能都进行了评估。

超高分子量聚乙烯是一种具有低摩擦、高耐磨性、高韧性、超低吸水性和非常好的化学稳定性的先进工程塑料，其应用已扩展到包括恶劣海洋环境在内的各个领域。因此，超高分子量聚乙烯在海水等环境中的摩擦学特性一直吸引着研究人员去探索。Wang 等[26]研究了海水对超高分子量聚乙烯/GCr15 钢及超高分子量聚乙烯/化学镀 NiP 合金涂层钢磨粒磨损性能的影响，并将材料的干滑移性能、淡水和盐水（3.5% NaCl）环境下的滑移性能进行了比较。在干滑移条件下，体系产生摩擦热，导致表面软化并黏附到对面，摩擦系数提高。然而，在水介质存在的情况下，摩擦热被有效去除，介质起到润滑作用。在海水介质中，超高分子量聚乙烯与 GCr15 钢的滑动磨损率最高，而与 NiP 合金镀层钢的滑动磨损率最低。海水是良好的润滑剂，但造成对抗面间接腐蚀磨损。本节简要讨论了提高超高分子量聚乙烯耐磨性能的 3 种途径：添加微米/纳米粒子、共混及交联。

（1）微纳米复合材料。

使用填料调控聚合物磨损行为的研究非常广泛[27-29]。用于改变超高分子量聚乙烯耐磨性的填料种类众多，包括碳纳米管[30-31]、石墨纳米颗粒[32]、纳米黏土[33-34]、碳化硅纳米颗粒[35]、玄武岩纤维[36]、石英粉末[37]、天然珊瑚微粒[38]、硅灰石纤维[39-40]、微米和纳米 ZnO[41]、纳米羟基磷灰石（纳米 HAP）、锆颗粒[43]和碳纳米管（CNT）[21]等。根据填料的尺寸及其在聚合物基体中分散的状态，可以分为微米或纳米复合材料。微/纳米颗粒在基体中的均匀分散，有利于填充效果的增强，包括磨损性能提高等。Liu 和同事[32]将石墨纳米片（GNP）和硅烷混合[22]，再与分子量约为 353×10^4（样品代码 Comp-s）的超高分子量聚乙烯熔融混合，将该样品与只经过热处理的纳米石墨片/超高分子量聚乙烯复合材料的磨损性能进行了比较。从图 13.3 可以看出，硅烷处理 GNP 复合材料与仅通过热处理的 GNP 复合材料相比具有更好的耐磨损性能[含 1%（质量分数）GNP 的复合材料与纯超高分子量聚乙烯相比，磨损率降低了98%]。这是由于，硅烷端基与超高分子量聚乙烯作用增加了物理缠结，硅烷处理的石墨烯纳米片具有更好的分散性。分散性能的改善使得较低的GNP含量的复合材料的耐磨损性能也可以显著提高。一般来说，GNP具有优异的固体润滑能力，因此在一些复合材料添加GNP可以降低磨损率。

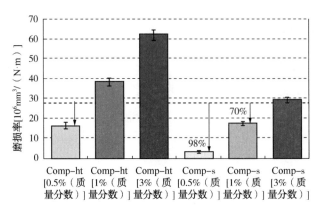

图13.3 基于热处理的GNP(Comp-ht)和硅烷处理的GNP(Comp-s)纳米复合材料的磨损率
虚线表示超高分子量聚乙烯磨损率

熔融加工改性超高分子量聚乙烯复合材料的途径还包括在体系中引入可抽提的低聚物。Galetz等[30]报道了以液状石蜡作为加工助剂处理超高分子量聚乙烯/碳纤维复合材料(碳纤维纳米颗粒的质量为5%~10%)。结果表明，复合材料的耐磨损性能优于纯超高分子量聚乙烯熔融处理后所得材料，但与未加工的超高分子量聚乙烯相比，复合材料磨损性能较差。这可能是由于相对高含量的碳纳米管的分散性较差以及表面改性不足造成的。

除了碳纳米管和石墨纳米片之外，黏土也可以有效提高超高分子量聚乙烯[33-34]体系的耐磨损性能。为了使复合材料具备良好的耐磨损性能，填料的适度分散是必要的。因此，在这些复合材料中也存在类似的问题：如何能使颗粒在高黏度聚合物中有效分散？Guofang[34]通过熔体加工以及原位聚合法制备了超高分子量聚乙烯/高岭土复合材料，并对其磨损性能进行了评价。体系中高岭土含量较高，达到11%(质量分数)和26.5%(质量分数)。复合材料的非润滑滑动性能在块环钻机上进行测试。作者研究了耐磨损性能与滑动速度和单位面积作用力的函数关系。在相同的载荷和滑移速度下，原位聚合制备的超高分子量聚乙烯/高岭土复合材料具有更好的磨损性能。两种复合材料的显微结构显著不同，原位聚合法制备的复合材料的晶粒小于熔融法制备的复合材料，且分散性较好，所以其耐磨损性能优异。

Dan及其同事[42,44]研究了不同的生物相容性粒子(纳米羟基磷灰石和碳纤维)对于全关节置换材料超高分子量聚乙烯的改性作用，实验期望使复合材料具备低蠕变性能、高硬度、高耐磨损性能和低摩擦系数等。虽然用作置换关节时，超高分子量聚乙烯摩擦系数低，但在不断的摩擦过程中，其抗蠕变性差，仍然需要进行改性。将直径约为7μm、长度约为1mm的碳纤维与超高分子量聚乙烯粉末干混，在200℃、120MPa的载荷下压制80~90min[44]。复合材料的碳纤维含量为5%~30%(质量分数)。在干滑移和介质滑移两种润滑条件下，复合材料的硬度和耐磨损性能均随碳纤维含量的增加而增加。黏着磨损、犁削磨损、塑性变形和疲劳磨损是纯超高分子量聚乙烯的主要磨损机制，而含超高分子量聚乙烯的碳纤维则是以磨损表面的磨粒磨损和碳纤维的剥离占主导。另外,用1%(质量分数)和7%(质量分数)的纳米羟基磷灰石对辐照和未辐照的超高分子量聚乙烯进行改性[42]。采用真空热压法制备了样品,并用辐照强度为100kGy❶的γ射线辐处理部分样品。观察可得,为了改善辐照体系的耐磨性,需要加入7%(质量分数)的羟基磷灰石;1%(质量分数)的羟基磷灰石含量较低,改性效果不明显,低添加量体系相比于辐照超高分子量聚乙烯体系耐磨损性能较差。羟基磷灰石的增加可以使辐照和非辐照超高分子量聚乙烯的摩擦系数降低。在非辐照超高分子量聚乙烯中加入7%(质量分数)羟基磷灰石,摩擦系数降低40%。辐照可进一步降低超高分子量聚乙烯的磨损率,并且在含有7%(质量分数)羟基磷灰石的样品中效果更好。

(2)超高分子量聚乙烯共混物以及共混复合材料。

虽然超高分子量聚乙烯具有很好的耐磨性能,但是不可采用挤出等常规方法进行加工。在应用于假肢的情况下,与金属或骨骼相比,它也表现出较高的蠕变性能。然而,它可以与更易加工的聚乙烯(如高密度聚乙烯)共混[45-46],以改善加工性能和提高抗蠕变性,但可能同时会降低体系的耐磨损性能。为了减少这种不利影响,Xue等[21]将多壁碳纳米管引入超高分子量聚乙烯/高密度聚乙烯共混物中,以提高其耐磨损性能。20%(质量分数)的高密度聚乙烯就足以改善超高分子量聚乙烯的加工性能。使用了酸处理和原始的CNT两组样品进行比对,其中碳纳米管负载量为0.2%~2%(质量分数);所得样品在球面棱镜摩擦仪上进行测试,试验过程中载荷为21.2N,滑移速度为28.2m/s。

如图13.4所示,在CNT浓度较低情况下,两组CNT复合物的磨损率都显著降低。与超高分子量聚乙烯相比,未添加纳米粒子的超高分子量聚乙烯/高密度聚乙烯共混物的耐磨性较差;但仅添加0.2%(质量分数)的CNT,超高分子量聚乙烯/高密度聚乙烯复合物的磨损率就能低于超高分子量聚乙烯。采用这种改性方法,高密度聚乙烯不仅可以改善超高分子量聚乙烯加工性能,而且也能提高其抗蠕变性能。超高分子量聚乙烯与其纤维共混也可以改善其磨损性能[25,47]。此技术是将超高分子量聚乙烯粉末及其纤维干混,然后将它们模塑成型。干燥混合过程保证了纤维的随机取向,从而确保了力学性能和摩擦学性能的各向异性。该方法中短纤维含量可以高达60%(体积分数)。在干滑移试验中,采用表面粗糙度Ra为0.1μm的钢作为对抗面,外加载荷48N,滑移速度为0.24m/s,体系磨损率降低,尤其是在纤维载荷为30%(体积分数)时,效果最佳;这是由于纤维具有承载作用。

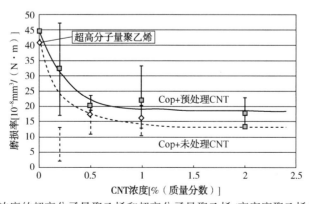

图13.4 不同CNT浓度的超高分子量聚乙烯和超高分子量聚乙烯/高密度聚乙烯(Cop)的稳态磨损率

---

❶ 1Gy=1J/kg。

(3) 交联。

超高分子量聚乙烯的交联可增强其耐磨损性能,这对于其在医疗领域[48-54]中的应用至关重要。众所周知,超高分子量聚乙烯磨损碎片引起的骨溶解是造成膝盖和髋关节假体长期失效的主要原因[55-58]。因此,减少超高分子量聚乙烯磨损碎片仍然是当今骨科假体材料研发的最重要目标。为解决这一问题,一系列研究对超高分子量聚乙烯的交联进行了较为精确的探索。医学应用领域的超高分子量聚乙烯交联过程中所需考虑的重要参数有:γ射线或电子束的辐射强度,并且还要避免引发过度交联;后处理残余自由基的影响;辐射对超高分子量聚乙烯力学性能的影响等。所有的研究都旨在提高耐磨损性能的同时,保持超高分子量聚乙烯良好的力学性能。

尽管通过增加辐射剂量[54]可大大提高耐磨性,但需注意的是,高能辐射不断积累自由基,会加速超高分子量聚乙烯的氧化衰变。辐射水平决定氧化损伤程度,但是通过热处理或加入维生素E[48-49]等抗氧化剂可以改善体系的稳定性。实现力学性能和耐磨性之间平衡的另一种方法是使用Schwartz和Bahadur[52]报道的中等辐照水平的处理方法。该方法研究了超高分子量聚乙烯在中等强度电子束辐照(50kGy)下交联以后,热稳定处理和加速老化条件对其耐磨损性能和力学性能的影响。

交联试样的磨损率按以下顺序依次降低:未经处理超高分子量聚乙烯>交联且热稳定处理>交联未进行稳定处理>交联未进行热稳定处理但进行老化处理的体系。交联后的热稳定处理使超高分子量聚乙烯样品的模数显著降低;是否进行老化处理,对样品性能影响的差别不大。他们的结论是,可以免去热稳定处理步骤。因此,中度交联的超高分子量聚乙烯不经后续稳定处理的材料具有一定的工业和生物医学应用潜力。

除了辐射诱导法之外,交联也可以通过过氧化物[54]引发等化学方法进行。McKellop及其同事[54]报告了通过辐射(331000kGy)和过氧化物处理[1%(质量分数)]开发用于全髋关节置换的极耐磨超高分子量聚乙烯材料。通过髋关节模拟试验,采用牛犊血清为介质,用钴铬合金股骨球测评材料在双峰Paul型生理负荷下(该生理负荷持续500万个周期)的摩擦学性能;结果表明,两种交联髋臼杯的耐磨性均有较大幅度的提高。

(4) 表面处理。

除了交联,通过氧扩散和热氧化对摩擦副的任一表面[59-62]或超高分子量聚乙烯本身进行表面改性,也可以进一步提高材料耐磨损性能。超高分子量聚乙烯的表面处理涉及离子注入[14,63-65]、等离子体增强离子注入[64]和磷脂接枝[66-68]等技术,均能增强材料的耐磨损性能,尤其是在润滑条件下,效果更为明显。

在超高分子量聚乙烯的离子注入过程中,典型的离子如N^+,被加速到高能态并被定向到表面。离子表面轰击可导致表面交联,从而提升硬度。GE等[65]报道了N^+注入超高分子量聚乙烯后的表面与ZrO_2摩擦副的磨粒磨损行为。他们观察到随着等离子注入,体系摩擦系数提高,但耐磨损性能增强。然而,在干摩擦条件下,N^+注入的超高分子量聚乙烯与未处理的超高分子量聚乙烯相比,磨损性能较差。未处理试样的磨损行为是黏着磨损,N^+注入超高分子量聚乙烯体系转变为磨粒磨损和疲劳磨损。然而,植入和接枝技术的一个缺点是它们仅形成浅的穿透深度,因而使得这些部件不适合在生物医学应用领域中进行中长期服役。

最近,有报道指出将磷脂聚合物2-甲基丙烯酰氧乙基磷酰胆碱(MPC)接枝到聚乙烯表面可显著降低材料磨损率和摩擦系数[66-69]。以 Moro 等[68]为先驱,MPC 被应用于医疗设备上,众多研究已显示出其可有效抑制磨损,该方法在许多医疗设备的临床试验中得到应用[70]。如图 13.5 所示,Wang 等[67]观察到,MPC 覆盖了超高分子量聚乙烯的粗糙表面,充当高效润滑剂来降低摩擦系数,防止磨损。

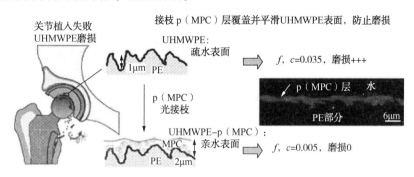

图 13.5 在粗糙超高分子量聚乙烯衬底上 MPC 层结构的假设
MPC—2-甲基丙烯酰氧乙基磷酰胆碱;UHMWPE—超高分子量聚乙烯

13.5.4 聚丙烯的耐磨损性能

提高聚丙烯耐磨损性能的策略包括:(1)添加微米级颗粒和纤维(天然纤维、玻璃纤维和碳纤维);(2)添加纳米级颗粒,例如黏土、CNT、二硫化钨等;(3)将聚丙烯与其他聚合物(如高密度聚乙烯、超高分子量聚乙烯以及各种复合材料)共混。表 13.2 对这些策略进行了总结。

13.5.4.1 微复合材料

添加天然纤维、玻璃纤维、碳纤维、$CaCO_3$ 和硼砂[71]、硅灰石[72]、粉煤灰和 $BaSO_4$[73]等微粒是增强聚丙烯耐磨性的策略之一。一般来说,其有效性受纤维体积分数、纤维的各向异性、摩擦学特性、界面黏附性、聚丙烯中的分散状态和取向等因素的影响。表 13.2 总结了微组分以及它们如何影响聚丙烯的耐磨性,同时下面将讨论几个例子。

(1)天然纤维增强。

人们一直致力于使用天然纤维作为聚丙烯基体的增强剂,部分研究还在体系中引入增容剂(PP-g-MA)。这种改性方式通常被认为有助于提高包括聚丙烯在内的聚合物的耐磨性[74]。在许多情况下,天然纤维增强聚丙烯材料的耐磨性取决于纤维在基体中的分散状态、纤维取向、体积分数、改性、它们的物理特性以及摩擦学实施条件——施加的载荷、滑移速度和滑移距离等。这些天然纤维包括剑麻[75]、黄麻[76-78]、红麻[79-80]、木纤维[81]等。

Aurrekoetxea 等[81]采用环块摩擦计,在 100N 载荷和 1m/s 干滑移速度下,研究了松木、聚丙烯和木质增强聚丙烯(WPC)的微观结构与其磨损率的关系。并用 N-2-氨基乙基-3-氨基丙基三甲氧基硅烷溶液对纤维预处理,体系中同时共混马来酸酐接枝聚丙烯,以保证纤维的良好分散。测试平行于纤维或大分子取向方向/注塑过程中的流动方向。木质素提高了聚丙烯的耐磨性,降低了其摩擦系数。作者发现纯聚丙烯强度为 22.2MPa,而 WPC 复合材料的强度则提高到 39.8MPa,并且 WPC 的摩擦温升也低于聚丙烯。由于测试过程中摩擦副的表面粗糙度 Ra 为 1.1μm,大于 0.05μm,磨损主要归因于磨粒磨损,损伤表面的 SEM 图像也证实了这一点。

表 13.2 聚丙烯耐磨性能增强方案

改性策略	填料/分散相	基体	K_s	μ	磨损性能表征：仪器，对抗面材料，负载，速度，滑移距离，影像	评价方法/机理	参考文献
聚丙烯/微米级天然纤维填充物	40%（质量分数）松木纤维（硅烷处理）	均聚聚丙烯（15%的聚丙烯接枝马来酸酐）			环块式摩擦计，钢 $Ra=0.3\mu m$ 100N，干滑移，1m/s，600m 成像：共聚焦图像轮廓仪	磨损性能	[81]
	20%（质量分数）苎麻 20%（质量分数）印度树种纤维 20%（质量分数）剑麻	PP	↓	↓ ↑ ↑	销盘式磨粒磨损试验机；淬火钢，$Ra=0.3\mu m$	脱胶、裂缝、纤维断裂和碎屑形成	[82]
	麻[30%（质量分数）]	PP	↓	←	销盘式磨粒磨损试验机；不锈钢，$Ra=1.6\mu m$，3000m 成像：扫描电镜	犁削、裂纹、剥离以及纤维与基体的断裂	[77]
	稻秆[5%（质量分数）] 洋麻+玻璃纤维	PP	↓	↑ ↑	负载9.8~19.4N；干滑移6.4~25.6m 成像：扫描电镜	试验过程中观察到的破坏模式为微屈曲以及纤维与基体间的界面破裂	[80]
	剑麻纤维23%（质量分数）]	PP+PP-g-MA [1%~5%（质量分数）]	↓	↑	往复式摩擦计；负载1~7N 滑移距离6.4~25.6m 成像：SEM	耐磨损性能与PP-g-MA含量有关，5%（质量分数）的体系，耐磨损性能较强	[75]
聚丙烯/微米级无机纤维填充物	碳纤维10%，20%，30%（体积分数）	PP	↓		环形盘式往复式摩擦计；钢硬度HRC62±2 负载50~200N，速度50~200r/min 30min 干法测试 成像：SEM	没有提供磨损率的数据 碳纤维形成的碎片形成过渡膜降低磨损（轧制效应）	[84]
	碳纤维（介质阻挡放电处理）	PP	↓		环形盘式往复式摩擦计；GCr15钢球，油润滑 负载9N，5mm往复行程12Hz，测试持续时间2h 成像：SEM	处理时间越长，纤维与PP的相互作用越好，磨损率和摩擦系数越低	[83]

续表

改性策略	填料/分散相	基体	K_s	μ	评价方法/机理	评价方法/机理	参考文献
聚丙烯/微米级无机纤维填充物	玻璃纤维[20%（体积分数）]	PP	↓	↓	磨损性能表征：仪器、对抗面材料、负载、滑移速度、滑移距离、影像 销盘式钻机 表面用400和320粒度的碳化硅金刚砂纸覆盖 载荷4.91~14.72N,滑移速度0.2m/s,相对湿度57%	主要磨损机理：微裂、微切削和界面脱黏；纤维长度的增加导致黏结力的增加	[85]
其他微米级聚丙烯复合物	$CaCO_3$：[10%~20%（质量分数）]	嵌段聚丙烯	↓	↓	销盘式摩擦计	—	[71]
	硼砂[0.5%~2%（质量分数）]+$CaCO_3$(0~20%)（质量分数）]	PP	↑	↑	钢端面 负载5N,相对湿度50%下滑行速度为1.57m/s,滑行距离22.6km。		[71]
	硼砂[0~2%（质量分数）]		↓	↓			[71]
聚丙烯纳米复合物	黏土[1%~5%（质量分数）]C15A	PP	↓	↓	销盘式摩擦计；黄铜表面；$Ra=0.2\mu m$,滑动速度为0.35m/s,滑行距离3600m 加载应力15MPa 成像：光学显微镜	黏土含量和分散度对耐磨性有影响	[90]
	二硫化钼[0.1%~1%（质量分数）]	iPP	↓	↓	销盘式摩擦计，钢表面，负载5N,转速375r/min,滑移距离6000m	固体润滑剂增强耐磨性	[88]
	钨(WS_2),含/不含N,N_0—二环己基-2,6-萘	iPP	↓	↓	销盘式摩擦计钢表面 负载5N,转速375r/min,滑移距离6000m	WS_2润滑性能和耐磨性能对材料的耐摩擦性能起到主要作用	[87]
聚丙烯/碳纳米管复合材料	MWCNT[0~7%（质量分数），10~15nm长]	PP	↓	↓	销盘式摩擦计，钢端面 $Ra=0.84\mu m$,负载10~50N,干滑动速度1~5m/s; 成像：SEM	MWCNT的负载越高，体系的磨损率和摩擦系数越低；机理：微裂纹、磨粒磨损、CNT拨出	[95]

续表

改性策略	填料/分散相	基体	K_s	μ	磨损性能表征：仪器，对抗面材料，负载，滑移速度，滑移距离，影像	评价方法/机理	参考文献
聚丙烯/碳纳米管复合材料	CNT[0.5%~3%(质量分数)]	PP+PP-g-MA	↑	↑	销盘式摩擦计，钢端面 $Ra=1.24\mu m$ 负载20N，干滑动速度0.125m/s 成像：光学表面光度仪	由于CNT润滑性能，复合材料磨损率随CNT增加而显著增加；机理：黏着磨损	[94]
聚丙烯/碳纳米管复合材料	CNT(原样/经过纯化) 0.4%~0.8%(质量分数) 1.6%(质量分数)	PP	↓ ↑	↓ ↑	负载2N，干滑动速度0.0128m/s；滑移距离200m；成像：SEM	CNT临界浓度0.8%，<0.8%，耐磨性增强；>0.8%，由于碳纳米管的聚集，加快材料磨损	[93]
聚丙烯/碳纳米管复合材料	碳纳米管黏土(海泡石)(各种组合)0.75%(质量分数)	PP+10%PP-g-MA	↑	↑	销盘式摩擦计，钢和碳化钨 负载5~15N，底盘转速100r/min；位移距离3000m	一般情况下，磨损率和系数均有所增加，亦有例外	[92]
PP合金及其复合物	0~50%(质量分数)PET-UHMWPE[2%，4%，10%和15%(质量分数)]	PP添加/不添加PP-g-MA	→	→	销盘式摩擦计，钢端面 1.06~6.34MPa，干滑动速度0.28~1.09m/s，距离300m 成像：SEM	UHMWPE含量较低[15%(质量分数)]时，复合材料磨损率与纯UHMWPE几乎相同	[105]
PP合金及其复合物	PA66(1:1PP)+各种含量的石墨、纳米黏土、短碳纤维	PP+1%(质量分数) PP-g-MA	↓	↓	销盘式摩擦计，钢端面 $Ra=0.46\mu m$ 载荷20和80N，滑移速度3~6m/s，滑移距离6000m；成像：SEM		

注：↓表示降低；↑表示升高；→表示无明显变化。K_s为磨损速率；μ为摩擦系数；C15A为商品级C15A有机蒙皂石；CNT为单壁碳纳米管；MWCNT为多壁碳纳米管。

基于多种其他天然纤维(包括荨麻[82]、灰树花[82]和剑麻[75,82]等)的聚丙烯复合材料,也有类似的耐磨性改善的结果。磨粒磨损试验在销盘式磨粒磨损试验机上进行,滑移速度为1~3m/s,载荷为10~30N,滑动距离为1000~3000m。

Bajpai 等[82]报告了荨麻增强聚丙烯,在30N载荷和3m/s干滑移速度下,其磨损率降低80%。报道指出,在不同载荷、滑移速度以及增强材料(如荨麻、剑麻等)添加比例组合条件下,复合材料的磨损率可降低10%~80%。从文献的讨论和SEM图像来看,体系并没有遵循清晰单一的磨损机理,而是脱黏、裂纹、纤维断裂和碎屑形成几种磨损模式的组合。

尽管纤维的分散性很重要,但是基于相容剂对复合材料磨损性能的影响,相容剂的用量是有上限的。Dwivedi 和 Chand[75]观察到,在聚丙烯/剑麻纤维/PP-g-MA体系中,浓度2%(质量分数)增容剂(PP-g-MA)的复合材料具有较好的耐磨性。而在较高的PP-g-MA含量[5%(质量分数)]下,复合材料耐磨性反而降低,主要是由于分子内部滑移所致。

(2)碳纤维增强。

碳纤维由于其高强度等特点,通常用于各种聚合物的复合增强。然而,鲜有报道用碳纤维增强聚丙烯以提高材料耐磨性[83-84]。有研究指出[83],碳纤维的表面处理对于其在聚丙烯中的分散及界面黏结性能的改善具有重要意义。该研究在大气条件下,采用介质阻挡放电(DBD)对碳纤维进行处理,以提高其表面活性。DBD处理的碳纤维填充聚丙烯的磨损速率和摩擦系数低于未经处理的碳纤维复合材料。这是因为经过表面处理的碳纤维界面黏附性更好。

(3)玻璃纤维增强。

玻璃纤维/聚丙烯微复合材料耐磨性对比纯聚丙烯也会有显著提高[85-86]。与许多其他增强体类似,玻璃纤维提高了聚丙烯复合材料的塑性形变能垒,这最终导致磨粒磨损率降低,尤其是磨粒磨损占主导的体系更为如此。不连续玻璃纤维的长度和界面黏附等因素影响耐磨性增强的程度。Subramanian 和 Sensthilvelan[85]对比研究了长玻璃纤维(1.35mm)和短玻璃纤维(0.278mm)对聚丙烯耐磨性的增强。玻璃纤维增强的聚丙烯磨损率和摩擦系数都大大降低。纤维长度越长,复合材料耐磨性越好。结晶度也会随着纤维长度的增加而提高,结晶度的提高有利于提高材料的内聚能,进而改善耐磨性。未填充聚丙烯的磨损机理为微犁削,随着载荷的增加,磨粒磨损沟逐渐增大;玻璃纤维增强复合材料主要的磨损机理为微切削[85]。

13.5.4.2 纳米复合物

许多研究致力于通过纳米粒子的加入来改善聚丙烯的力学性能和耐磨性能等。通常使用的纳米粒子包括富勒烯状二硫化钨(WS_2)[87]、二硫化钼[88]、纳米黏土[89]、碳纳米管等,下面将简要讨论这些内容。

(1)聚丙烯/黏土纳米复合物。

近期,纳米黏土复合物制备技术日益发展。如果纳米添加物达到理想分散状态(包括插层和剥片),所得聚合物/黏土纳米复合材料的多重性能都将会大为改善。关于这种潜在实用技术在摩擦学领域中的应用已经有了一系列报道[90-92]。在聚丙烯中加入2%(质量分数)的有机改性蒙脱土(Cloisite C15A 黏土),材料的耐磨性提高了85%[90]。黏土在聚丙烯基体中的纳米级分散意味着它可与聚合物链段发生分子相互作用减少材料迁移,进而可以在相对移动的表面之间形成转移膜。与之前的情况一样,纯聚丙烯的磨损机理是微犁削。聚丙烯/

黏土纳米复合材料也表现出相似的磨损机理。尽管作者没有讨论[90]，但纳米黏土复合材料强度、硬度和韧性的多重提高可能归因于体系的低磨损率。

(2) 聚丙烯/CNT 纳米复合材料。

正如在其他复合材料中观察到的，颗粒在聚合物基体中的适当分散是改善摩擦性能的必要条件。通过 HNO_3/H_2SO_4 氧化法纯化碳纳米管，增强其与聚丙烯基体的相互作用，使体系中的载荷传递效率提高，可以改善材料的耐磨性能[93]。此外，聚丙烯基体中碳纳米管的含量决定了其分散程度，进而影响聚丙烯/CNT 纳米复合材料的力学性能和摩擦学性能。研究观察到仅在浓度小于 0.8%(质量分数)时，聚丙烯/CNT 纳米复合材料的磨损率和摩擦系数会降低，这是由于 CNT 碎片组成的第三体作为固体润滑剂改善了体系的摩擦性能。而当 CNT 超过 0.8%(质量分数)时，复合物的磨损率和摩擦系数均明显高于聚丙烯。这是因为在较高浓度下碳纳米管分散性差，在磨损试验中 CNT 团簇发生分层[93]。与纯聚丙烯[94]相比，聚丙烯/CNT 纳米复合材料在 0.5%~3%(质量分数)的高 CNT 含量条件下，摩擦系数随着 CNT 含量的增加而降低，但耐磨性较差。在聚丙烯纳米复合材料中，磨损性能的复杂性使得仅通过在基体中填料的增加并不能够保证复合材料耐磨性的提高。Orozco 等[92]也报道了类似的结果：尽管 CNT 含量较低，仅为 0.75%(质量分数)，除了少数配方外，均未观察到聚丙烯/CNT 纳米复合材料中耐磨性的改善。而 Ashok 等[95]报道了在 CNT 含量特别高[17%(质量分数)]的情况下，体系的摩擦系数持续降低的同时耐磨性不断增强；扫描电镜观察到体系中碳纳米管的分散良好，随着碳纳米管含量的增加，高长径比的碳纳米管形成网络结构，该结构使得复合材料硬度增加，同时磨损率降低。

13.5.4.3 共混物及共混复合材料

将聚丙烯或其复合物与具有较好耐磨性的聚合物共混，可以有效改善其耐磨性能。这些材料包括超高分子量聚乙烯[90,96-97]、尼龙[98-101]、橡胶[102]、聚对苯二甲酸乙二醇酯[103-104]等。

对于超高分子量聚乙烯来说，因其黏度太高无法通过挤出等方式加工，而将其与聚丙烯等易加工聚合物共混可以有效提高其加工性能。同时，超高分子量聚乙烯可以提高聚丙烯相对较差的耐磨性。

Hashmi 等[105]将聚丙烯与超高分子量聚乙烯熔融共混(超高分子量聚乙烯的含量分别为 2%、4%、10% 和 15%)，并表征了共混物的磨损性能与共混比例的关系。

磨损试验在销盘式摩擦仪上进行，用圆柱形试验销在钢面上检测，单位面积外力为 1.06~6.34MPa，干滑移速度为 0.28~1.09m/s；结果发现，共混物磨损率随超高分子量聚乙烯含量的增加而降低，如图 13.6 所示。低含量的超高分子量聚乙烯[15%(质量分数)]足以将磨损率降低到与纯超高分子量聚乙烯几乎相当的程度。这是由两个原因所致：(1)不相容组分共混产生相分离；(2)超高分子量聚乙烯有效降低了体系的摩擦热。第二种情况发生在如下情形中：在滑移初始，聚丙烯相首先发生形变并将该形变转移到界面上，在此过程中超高分子量聚乙烯高度缠结且不易流动，因此降低了摩擦热和体系温度，使体系具有更好的耐磨性。

因此，在聚丙烯中加入适量的超高分子量聚乙烯，可以显著提高聚丙烯的耐磨性。

还有研究关注了多级微纳结构添加物/聚丙烯的复合材料，以便获得更多聚丙烯摩擦性

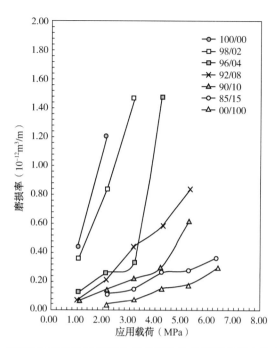

图 13.6 聚丙烯/超高分子量聚乙烯共混物单位面积磨损率的应用载荷

能的优化方案。

Basavaraj 和 Siddaramaiah[91]研究了 90/10 聚丙烯/超高分子量聚乙烯的共混物,填充了 30%(质量分数)增强用短碳纤维和纳米黏土[1%~3%(质量分数)]后的摩擦性能。结果表明,在试验用到的所有载荷和滑移速度下,体系的耐磨性和摩擦系数均随着黏土含量的增加而增加,这与界面的迁移层有关。

13.6 结论

目前,对于微/纳米颗粒增强聚烯烃复合材料的磨损行为与机理的研究中仍有许多未解之谜,仍需要科研工作者继续深入探索。复合材料的磨损性能复杂多变,即使对于同种颗粒添加物(如纳米黏土),体系中若干因素经过复杂的相互作用才呈现出最后的摩擦性能。纵然某类复合材料性能变化都符合同一规律,各摩擦体系的固有特征也不容忽视,这样才能更好地理解摩擦性能。

超高分子量聚乙烯具有良好的力学性能和耐磨损性能,是目前在摩擦学领域应用最广泛的高分子材料。超高分子量聚乙烯的摩擦系数和磨损率极低,化学惰性较强,力学性能优良,这些都使它成为生物医学应用领域的首选材料。

在对聚烯烃磨损性能进行改性的研究中,特别是在生物医学领域,交联是研究和应用最多的一种改性方法。预计此领域的研究将继续推进,并有更多的耐磨聚烯烃制品将应用于临床试验。

对于聚烯烃中添加纤维和颗粒材料(特别是纳米颗粒)的改性方法,最大的挑战还在于添加物在聚合物基体中的分散程度。这些颗粒较高的表面能使得它们在聚合物基体中的分散相当困难。因此，预计将有更多的研究会通过表面改性等办法来改善纤维及粒子的分散性能。

参 考 文 献

[1] BCC Research. Plastic research review. Wellesley, MA: BCC Research; 2013Plastic research review. Wellesley, MA: BCC Research; 2013.

[2] Vasile C, Pascu M. Practical guide to polyethylene. Shawbury, UK: Rapra Technology Limited; 2005.

[3] Malpass DB. Introduction to industrial polyethylene: properties, catalysts, processes. Wiley-Scrivener Publishing LLC; 2010.

[4] Peacock AJ. Handbook of polyethylene: structures, properties and applications. New York: Marcel Dekker, Inc; 2000.

[5] Steven M, Kurtz PD. The UHMWPE handbook ultra-high molecular weight polyethylene in total joint replacement. Elsevier Academic Press; 2004.

[6] DSM. Available from: https://www.dsm.com/products/dyneema/en_AU/home.html; 2016[cited 14.08.16].

[7] Honywell. Available from: https://www.honeywell-spectra.com/products/fibers/; 2016[cited 07.08.16].

[8] Edward P, Moore J, editors. Polypropylene handbook: polymerization, characterization, properties, processing, applications. Munich: Carl Hanser Verlag; 1996.

[9] Karger-Kocsis J, editor. Polypropylene: structure, blends and composites, vol. 1. London: Chapman and Hall; 1995.

[10] Tripathi D. Practical guide to polypropylene. Shawbury, UK: Rapra Technology Ltd; 2002.

[11] Klaus F, Alois SK, editors. Tribology of polymeric nanocomposites: friction and wear of bulk materials and coatings. In Briscoe BJ, editor. Tribology and interface engineering series, vol.55, Elsevier: Oxford, UK; 2008.

[12] Friction and wear of polymer composites. In: Klaus F Composite materials series. 2nd ed. Amsterdam: ELsevier; 1986.

[13] Yamaguchi Y, editor. Tribology of plastic materials: their characteristics and applications to sliding components. Tribology series, 16. Amsterdam: Elsevier; 1990.

[14] Dong H, Bell T. State-of-the-art overview: ion beam surface modification of polymers towards improving tribological properties. Surf Coat Technol 1999; 111(1): 29-40.

[15] Lancaster JK. Relationships between the wear of polymers and their mechanical properties. Proc Inst Mech Eng, Conf Proc 1968; 183(16): 98-106.

[16] Buckley DH, Aron PR. NASA Technical Memorandum 83628: characterization and measurement of polymer wear. Cleveland, OH: NASA; 1984.

[17] Brostow W, et al. Tribological properties of LDPE + Boehmite composites. Polym Compos 2010; 31(3): 417-425.

[18] Ravi Kumar BN, Venkatarama Reddy M, Suresha B. Dry slide wear behavior of LDPE/EVA polyblends with nano-clay filler. J Reinf Plast Compos 2009; 28(15): 1847-1856.

[19] Chand N, Sharma P, Fahim M. Abrasive wear behavior of LDPE filled with silane treated flyash cenospheres. Compos Interfaces 2011; 18(7): 575-586.

[20] Hu KH, et al. Tribological properties of MoS2 with different morphologies in high-density polyethylene. Tribol Lett 2012; 47(1): 79-90.

[21] Xue Y, et al. Tribological behaviour of UHMWPE/HDPE blends reinforced with multi-wall carbon nanotubes. Polym Test 2006; 25(2): 221-229.

[22] Liu T, et al. Enhanced wear resistance of high-density polyethylene composites reinforced by organosilane-graphitic nanoplatelets. Wear 2014; 309(1-2): 43-51.

[23] Pettarin V, et al. Changes in tribological performance of high molecular weight high density polyethylene induced by the addition of molybdenum disulphide particles. Wear 2010; 269(1-2): 31-45.

[24] Xiong D, Ge S. Friction and wear properties of UHMWPE/Al_2O_3 ceramic under different lubricating conditions. Wear 2001; 250(1-12): 242-245.

[25] Chang N, et al. Wear behavior of bulk oriented and fiber reinforced UHMWPE. Wear 2000; 241(1): 109-117.

[26] Wang J, Yan F, Xue Q. Friction and wear behavior of ultra-high molecular weight polyethylene sliding against GCr15 steel and electroless Ni-P alloy coating under the lubrication of seawater. Tribol Lett 2009; 35(2): 85-95.

[27] Friedrich K, Zhang Z, Schlarb AK. Effects of various fillers on the sliding wear of polymer composites. Compos Sci Technol 2005; 65(15-16): 2329-2343.

[28] Min Zhi R, et al. Microstructure and tribological behavior of polymeric nanocomposites. Ind Lubr Tribol 2001; 53(2): 72-77.

[29] Wetzel B, et al. Impact and wear resistance of polymer nanocomposites at low filler content. Polym Eng Sci 2002; 42(9): 1919-1927.

[30] Galetz MC, et al. Carbon nanofibre-reinforced ultrahigh molecular weight polyethylene for tribological applications. J Appl Polym Sci 2007; 104(6): 4173-4181.

[31] Wannasri S, et al. Increasing wear resistance of UHMWPE by mechanical activation and chemical modification combined with addition of nanofibers. Proc Eng 2009; 1(1): 67-70.

[32] Liu T, Eyler A, Zhong W-H. Simultaneous improvements in wear resistance and mechanical properties of UHMWPE nanocomposite fabricated via a facile approach. Mater Lett 2016; 177: 17-20.

[33] Mohammed SA, Bin Ali A. Investigating the effect of water uptake on the tribological properties of organoclay reinforced UHMWPE nanocomposites. Tribol Lett 2016; 62(1): 1-9.

[34] Guofang G, Huayong Y, Xin F. Tribological properties of kaolin filled UHMWPE composites in unlubricated sliding. Wear 2004; 256(1-2): 88-94.

[35] Sharma S, et al. Abrasive wear performance of SiC-UHMWPE nano-composites—Influence of amount and size. Wear 2015; 332-333: 863-871.

[36] Shoufan Cao, et al. Mechanical and tribological behaviors of UHMWPE composites filled with basalt fibers. J Reinf Plast Compos 2011; 30(4): 347-355.

[37] Liu C, et al. Abrasive wear behavior of particle reinforced ultrahigh molecular weight polyethylene composites. Wear 1999; 225-9. Part 1: p. 199-204.

[38] Ge S, Wang S, Huang X. Increasing the wear resistance of UHMWPE acetabular cups by adding natural biocompatible particles. Wear 2009; 267(5-8): 770-776.

[39] Tong J, Ma Y, Jiang M. Effects of the wollastonite fiber modification on the sliding wear behavior of the UHMWPE composites. Wear 2003; 255(1-6): 734-741.

[40] Tong J, et al. Free abrasive wear behavior of UHMWPE composites filled with wollastonite fibers. Compos A Appl Sci Manuf 2006; 37(1): 38-45.

[41] Chang B-P, Akil H Md, Bt R, Nasir Md. Comparative study of micro- and nano-ZnO reinforced UHMWPE composites under dry sliding wear. Wear 2013; 297(1-2): 1120-1127.

[42] Xiong L, et al. Friction, wear, and tensile properties of vacuum hot pressing crosslinked UHMWPE/nano-HAP composites. J Biomed Mater Res B Appl Biomater 2011; 98B(1): 127-138.

[43] Plumlee K, Schwartz CJ. Improved wear resistance of orthopaedic UHMWPE by reinforcement with zirconium particles. Wear 2009; 267(5-8): 710-717.

[44] Dangsheng X. Friction and wear properties of UHMWPE composites reinforced with carbon fiber. Mater Lett 2005; 59(2-3): 175-179.

[45] Jacobs O, et al. Sliding wear performance of HD-PE reinforced by continuous UHMWPE fibres. Wear 2000; 244(1-2): 20-28.

[46] Sui G, et al. Structure, mechanical properties and friction behavior of UHMWPE/HDPE/carbon nanofibers. Mater Chem Phys 2009; 115(1): 404-412.

[47] Hofsté JM, van Voorn B, Pennings AJ. Mechanical and tribological properties of short discontinuous UHMWPE fiber reinforced UHMWPE. Polym Bull 1997; 38(4): 485-492.

[48] Oral E, et al. Wear resistance and mechanical properties of highly cross-linked, ultrahigh-molecular weight polyethylene doped with vitamin E. J Arthroplasty 2006; 21(4): 580-591.

[49] Oral E, et al. α-Tocopherol-doped irradiated UHMWPE for high fatigue resistance and low wear. Biomaterials 2004; 25(24): 5515-5522.

[50] Muratoglu OK, et al. A novel method of cross-linking ultra-high-molecular-weight polyethylene to improve wear, reduce oxidation, and retain mechanical properties: recipient of the 1999 HAP Paul Award. J Arthroplasty 2001; 16(2): 149-160.

[51] Bragdon CR, et al. Third-body wear of highly cross-linked polyethylene in a hip simulator1. J Arthroplasty 2003; 18(5): 553-561.

[52] Schwartz CJ, Bahadur S. Investigation of an approach to balance wear resistance and mechanical properties of crosslinked UHMWPE. Tribol Lett 2009; 34(2): 125-131.

[53] Kurtz S, Medel FJ, Manley M. (iii) Wear in highly crosslinked polyethylenes. Curr Orthop 2008; 22(6): 392-399.

[54] McKellop H, et al. Development of an extremely wear-resistant ultra high molecular weight polythylene for total hip replacements. J Orthop Res 1999; 17(2): 157-167.

[55] Chiesa R, et al. Enhanced wear performance of highly crosslinked UHMWPE for artificial joints. J Biomed Mater Res 2000; 50(3): 381-387.

[56] Tipper JL, et al. Isolation and characterization of UHMWPE wear particles down to ten nanometers in size from in vitro hip and knee joint simulators. J Biomed Mater Res A 2006; 78A(3): 473-480.

[57] Endo M, et al. Comparison of wear, wear debris and functional biological activity of moderately crosslinked and non-crosslinked polyethylenes in hip prostheses. Proc Mech Eng H J Eng Med 2002; 216(2): 111-122.

[58] Dumbleton JH, Manley MT, Edidin AA. A literature review of the association between wear rate and osteolysis in total hip arthroplasty. J Arthroplasty 2002; 17(5): 649-661.

[59] Dong H, Shi W, Bell T. Potential of improving tribological performance of UHMWPE by engineering the Ti6Al4V counterfaces. Wear 1999; 225-9. Part 1: p. 146-153.

[60] Allen C, Bloyce A, Bell T. Sliding wear behaviour of ion implanted ultra high molecular weight polyethylene against a surface modified titanium alloy Ti-6Al-4V. Tribol Int 1996; 29(6): 527-534.

[61] Röstlund T, et al. Wear of ion-implanted pure titanium against UHMWPE. Biomaterials 1989; 10(3): 176-181.

[62] Oñate JI, et al. Wear reduction effect on ultra-high-molecular-weight polyethylene by application of hard coatings and ion implantation on cobalt chromium alloy, as measured in a knee wear simulation machine. Surf Coat Technol 2001; 142-144: 1056-1062.

[63] Dong H, et al. Plasma immersion ion implantation of UHMWPE. J Mater Sci Lett 2000; 19(13): 1147-1149.

[64] Shi W, Li XY, Dong H. Improved wear resistance of ultra-high molecular weight polyethylene by plasma immersion ion implantation. Wear 2001; 250(1-12): 544-552.

[65] Ge S, et al. Friction and wear behavior of nitrogen ion implanted UHMWPE against ZrO_2 ceramic. Wear 2003; 255(7-12): 1069-1075.

[66] Uehara S, et al. Evaluation of wear suppression for phospholipid polymer-grafted ultrahigh molecular weight polyethylene at concentrated contact. Tribol Int 2016; 101: 264-272.

[67] Wang N, et al. Nanomechanical and tribological characterization of the MPC phospholipid polymer photografted onto rough polyethylene implants. Colloids Surf B Biointerfaces 2013; 108: 285-294.

[68] Moro T, et al. Surface grafting of artificial joints with a biocompatible polymer for preventing periprosthetic osteolysis. Nat Mater 2004; 3(11): 829-836.

[69] Moro T, et al. Surface grafting of biocompatible phospholipid polymer MPC provides wear resistance of tibial polyethylene insert in artificial knee joints. Osteoarthritis Cartilage 2010; 18(9): 1174-1182.

[70] Takatori Y, et al. Poly(2-methacryloyloxyethyl phosphorylcholine)-grafted highly cross-linked polyethylene liner in primary total hip replacement: one-year results of a prospective cohort study. J Artif Organs 2013; 16(2): 170-175.

[71] Feyzullahoğlu E, Sahin T. The tribologic and thermomechanic properties of polypropylene filled with $CaCO_3$ and anhydrous borax. J Reinf Plast Compos 2010; 29(16): 2498-2512.

[72] Sobhani H, Khorasani MM. Optimization of scratch resistance and mechanical properties in wollastonite-reinforced polypropylene copolymers. Polym Adv Technol 2016; 27(6): 765-773.

[73] Sole BM, Ball A. On the abrasive wear behaviour of mineral filled polypropylene. Tribol Int 1996; 29(6): 457-465.

[74] Shalwan A, Yousif BF. In state of art: mechanical and tribological behaviour of polymeric composites based on natural fibres. Mater Des 2013; 48: 14-24.

[75] Dwivedi UK, Chand N. Influence of MA-g-PP on abrasive wear behaviour of chopped sisal fibre reinforced polypropylene composites. J Mater Process Technol 2009; 209(12-13): 5371-5375.

[76] Chand N, Dwivedi UK. Effect of coupling agent on abrasive wear behaviour of chopped jute fibre-reinforced polypropylene composites. Wear 2006; 261(10): 1057-1063.

[77] Yallew TB, Kumar P, Singh I. Sliding behaviour of woven industrial hemp fabric reinforced thermoplastic polymer composites. Int J Plastics Technol 2015; 19(2): 347-362.

[78] Yallew TB, Kumar P, Singh I. Sliding wear properties of jute fabric reinforced polypropylene composites. Proc Eng 2014; 97: 402-411.

[79] Chin CW, Yousif BF. Potential of kenaf fibres as reinforcement for tribological applications. Wear 2009; 267(9-10): 1550-1557.

[80] Nasir RM, Ghazali NM. Tribological performance of paddy straw reinforced polypropylene(PSRP) and unidi-

rectional glass-pultruded-kenaf (UGPK) composites. J Tribol 2014; 1: 1-17.

[81] Aurrekoetxea J, Sarrionandia M, Gómez X. Effects of microstructure on wear behaviour of wood reinforced polypropylene composite. Wear 2008; 265(5-6): 606-611.

[82] Bajpai PK, Singh I, Madaan J. Frictional and adhesive wear performance of natural fibre reinforced polypropylene composites. Proc Inst Mech Eng J J Eng Tribol 2013; 227(4): 385-392.

[83] Li J. The tribological properties of polypropylene composite filled with DBD-treated carbon fiber. Polym Plast Technol Eng 2010; 49(2): 204-207.

[84] Li J, Cai C. Friction and wear properties of carbon fiber reinforced polypropylene composites. Adv Mater Res 2011; 284-286: 2380-2383.

[85] Subramanian C, Senthilvelan S. Abrasive behavior of discontinuous fiber reinforced polypropylene material. Ind Lubr Tribol 2010; 62(4): 187-196.

[86] Antunes PV, Ramalho A. Fretting behaviour of glass-fibre-reinforced polypropylene composite against 2024 Al alloy. Tribol Int 2005; 38(4): 363-379.

[87] Naffakh M, et al. Novel polypropylene/inorganic fullerene-like WS2 nanocomposites containing a β-nucleating agent: mechanical, tribological and rheological properties. Mater Chem Phys 2014; 144(1-2): 98-106.

[88] Naffakh M, et al. New inorganic nanotube polymer nanocomposites: improved thermal, mechanical and tribological properties in isotactic polypropylene incorporating $INTMoS_2$. J Mater Chem 2012; 22(33): 17002-17010.

[89] Dasari A, et al. Toughening, thermal stability, flame retardancy, and scratchwear resistance of polymer clay nanocomposites. Aust J Chem 2007; 60(7): 496-518.

[90] Kanny K, Jawahar P, Moodley VK. Mechanical and tribological behavior of clay-polypropylene nanocomposites. J Mater Sci 2008; 43(22): 7230-7238.

[91] Basavaraj E, Siddaramaiah. Sliding wear behavior of nanoclay filled polypropylene/ultra high molecular weight polyethylene/carbon short fiber nanocomposites. J Macromol Sci A 2010; 47(6): 558-563.

[92] Orozco VH, et al. Tribological properties of polypropylene composites with carbon nanotubes and sepiolite. J Nanosci Nanotechnol 2014; 14(7): 4918-4929.

[93] Dike AS, Mindivan F, Mindivan H. Mechanical and tribological performances of polypropylene composites containing multi-walled carbon nanotubes. Int J Surf Sci Eng 2014; 8(4): 292-301.

[94] JohnneyMertens A, Senthilvelan S. Adhesive wear performance of PP/MWCNT composites. Proc Mater Sci 2014; 5: 1192-1197.

[95] Ashok Gandhi R, et al. Role of carbon nanotubes (CNTs) in improving wear properties of polypropylene (PP) in dry sliding condition. Mater Design 2013; 48: 52-57.

[96] Liu G, Xiang M, Li H. A study on sliding wear of ultrahigh molecular weight polyethylene/polypropylene blends. Polym Eng Sci 2004; 44(1): 197-208.

[97] Liu G, Chen Y, Li H. A study on sliding wear mechanism of ultrahigh molecular weight polyethylene/polypropylene blends. Wear 2004; 256(11-12): 1088-1094.

[98] Bolvari AE. Method for improving the friction and wear properties of a polyamide and polyproyplene blend; 1997, Google Patents.

[99] Chen Z, et al. Friction and wear mechanisms of PA66/PPS blend reinforced with carbon fiber. J Appl Polym Sci 2007; 105(2): 602-608.

[100] Wu J-Y, et al. Effects of molecular weights and compatibilizing agents on the morphology and properties of

blends containing polypropylene and nylon-6. Adv Polym Technol 1995; 14(1): 47-57.

[101] Ravi Kumar BN, Suresha B, Venkataramareddy M. Effect of particulate fillers on mechanical and abrasive wear behaviour of polyamide 66/polypropylene nanocomposites. Mater Design 2009; 30(9): 3852-3858.

[102] Kuriakose B, De SK. Tear and wear resistance of silica filled thermoplastic polypropylene—natural rubber blend. Int J Polym Mater Polym Biomater 1986; 11(2): 101-113.

[103] Neogi S, Hashmi S, Chand N. Role of PET in improving wear properties of PP in dry sliding condition. Bull Mater Sci 2003; 26(6): 579-583.

[104] Chand N, Naik A. Abrasive wear studies on maleic anhydride modified polypropylene and polyethylene terephthalate blends. Proc Inst Mech Eng J J Eng Tribol 2007; 221(4): 489-500.

[105] Hashmi SAR, et al. Sliding wear of PP/UHMWPE blends: effect of blend composition. Wear 2001; 247(1): 9-14.

[106] Suresha B, et al. Role of micro/nano fillers on mechanical and tribological properties of polyamide66/polypropylene composites. Mater Des 2010; 31(4): 1993-2000.

14 聚烯烃热性能及阻燃性能的提高

Stephen C. Agwuncha[1], Idowu D. Ibrahim[2], Emmanuel R. Sadiku[2]

(1. 尼日利亚易卜拉欣·巴达马西·巴班吉达大学;2. 南非茨瓦尼理工大学)

14.1 概述

聚烯烃是通过含有碳碳双键的单体(即烯烃)聚合而制备的一类高分子量的聚合物[1-2]。聚烯烃中最重要的种类是聚乙烯和聚丙烯[3-6],它们的用途广泛,消耗量远远大于其他聚烯烃。一般而言,其他聚烯烃包括聚酮、聚甲基戊烯、聚苯乙烯、聚氯乙烯、聚丙烯共聚物和热塑性弹性体等。

聚烯烃是一种轻质、柔性、热塑性的材料,在纺织、汽车、航空航天等诸多行业都有广泛应用。根据应用领域对于材料性能的要求(一般包括热性能),聚合物通常直接被使用或经过共混改性制备复合材料后再被使用。与金属、木材、陶瓷、玻璃等传统材料相比,聚合物材料对温度变化非常敏感。大多数聚烯烃材料在温度升高到约100℃时已充分软化,从而限制了它们的应用,尤其是在一些需要承受外力的应用领域。因此,需要对改善聚烯烃热性能及阻燃(FR)性能的方法进行研究。

提高聚烯烃的热性能不一定意味着对现有热性能的提高,例如将材料的熔体温度(T_m)从120℃提高到130℃。目标应用领域决定对材料热性能的具体要求。因此,任何改进方法都必须按照具体要求进行设计。例如,聚合物的柔性随着材料的玻璃化转变温度T_g的降低而增加,因此,如需柔性更好的材料,则预期的改进须是降低其T_g值。在热封包装领域中,需要使聚合物薄膜材料具有尽可能低的熔点。因此,改善这种材料的热性能将涉及降低T_m。简言之,材料的预期应用决定了所需的改进。对于聚烯烃材料,大多数报道中的热性能改进方法包括降低加工温度、提高热稳定性、减少热降解、调控结晶能力/封接温度/熔点等[1,7-8]。

14.2 聚烯烃的热性能

聚合物的热性能是加工和应用过程中需要考虑的关键因素。在加工过程中,大量的热量被传递到材料上将其熔化,并使体系达到预期的加工温度。此过程非常耗时并且成本较高。因此,设计聚合物材料的加工步骤和设备时,需要对材料的热性能有较好的了解。此外,在设计和加工阶段,材料科学家需要根据预期的应用,考虑对于材料热性能的不同要求。由于聚烯烃在应用周期内将经历不同的温度变化,因此有必要根据应用周期内的热量变化来对材料进行设计。这些不同的热力工况可以导致聚烯烃形态结构的变化,例如结晶度和降解率的变化。通常考虑的热性能包括但不限于热转变温度、热导率、热稳定性、热膨胀、比热容等。

14.2.1 热转变温度

在低温下，所有的聚烯烃都是硬的、刚性的固体。随着材料温度的升高，聚烯烃的分子获得足够的热能可以使链段自由运动，表现出黏性液体的特征[9-12]。非晶态聚合物在玻璃化转变温度(T_g)可以从固体转变为液体，而结晶聚合物在熔融温度下可以从固体转变为液体。然而，并没有完全结晶的聚合物或完全非晶的聚合物[13-14]。一般获得的聚合物都是半结晶物质，其中结晶度或非晶比例根据分子结构而变化[15-17]。因此，大多数聚合物，特别是聚烯烃，都有 T_g 和 T_m，分别对应于非晶区和结晶区。

T_g 和 T_m 都是用来表征既定聚合物的重要参数。T_g 为无定形聚合物的使用设置了上限或下限温度，例如聚甲基丙烯酸甲酯和橡胶弹性体[丁苯橡胶(SBR)等]；而 T_m 确定了材料的使用上限温度[2]；在 T_m 和 T_g 之间的半结晶物一般表现为韧性材料。因此，聚合物的 T_g 和 T_m 值决定材料的使用温度范围。

14.2.2 热导率

聚合物的热导率描述聚合物材料将热能从高热梯度部分传递到低热梯度部分的能力[7,18-19]。聚合物材料的热导率一般较低[大约 $0.0004 cal \cdot cm/(℃ \cdot cm^2 \cdot s)$]。热导率低在某些应用领域具有优势，在电气(聚合物被用作绝缘体)等领域，还必须考虑材料在高温条件下的热导率及耐温性[20-21]。

14.2.3 热膨胀

大多数聚烯烃属于弱键合材料，热膨胀过程甚至无须热能输入，具有非常高的热膨胀系数。聚烯烃的热膨胀系数约为 $90×10^{-6} ℃^{-1}$。由于聚烯烃还具有较低的弹性模量，容易产生较大应变而不会使应力集中，因此聚烯烃较高的热导率一般不会引发体系产生热裂纹。但热膨胀直接影响成型产品的尺寸稳定性[22]。当温度从加工温度降低到室温时，许多模塑聚合物产生热收缩[23]。这是由于聚合物的导热性差，在成型过程中不同部分具有不同的温度，在冷却过程中收缩程度不同，这将导致制品具有内应力，造成性能削减。

14.2.4 热稳定性

热稳定性和降解性确定了聚合物在给定应用领域中可以使用的最高温度及温度范围。热稳定性研究包括聚合物在不同使用温度下老化时的性能变化。热稳定阶段的结束标志着聚合物材料[18,24-25]热降解的开始。

14.3 影响聚合物热性能的因素

开发具有良好热性能的聚合物材料是大多数材料科学家的愿望，如果这一愿望得以实现，聚合物将可以部分替换目前传热系统中使用的非聚合材料(包括金属、陶瓷和玻璃等)，来使聚合物产业进一步扩展。影响聚烯烃热性能的因素可以概括为：制备过程中使用的工艺条件；材料的形态；平均分子量分布；其他添加剂或杂质的性质。

以上列出的4种因素可以单独或同时影响聚合物的热性能。加工条件对于材料形态和性能影响巨大。如果工艺条件设计不当,可能导致劣质形态的形成或出现热/机械诱发的降解[1,7,26]。Vergnes[27]、Bounor-Legare 和 Cassagnau[28]用反应型溶胶凝胶法制备了聚丙烯复合材料,然后通过 X 射线衍射和拉曼光谱对其进行检测,发现该材料完全不含结晶相。他们的研究进一步证明,聚烯烃的性质在加工过程中随着化学混合和(或)化学相互作用而逐步变化。聚合物熔体一般为非牛顿流体,挤出加工是非等温的过程,因此加工过程设计需要综合考虑传热、黏滞耗散和化学反应等因素。

选择适当的加工条件对聚烯烃材料来说是非常重要的。许多研究工作证明,材料最终的形态极大地取决于其本身的性质和所选的加工方法[29-32]。体系中结晶相及非晶相的形成不仅取决于加工条件,还取决于添加剂及杂质的种类和性质。Streller 等[33]制备了有机沸石/等规聚丙烯纳米复合材料。等规聚丙烯纳米复合材料的形貌随有机沸石添加量的增加而变化。Vasile 等[34]以低密度聚乙烯和壳聚糖为基体采用熔融共混法制备了纳米复合材料,发现壳聚糖与纳米粒子的掺入提高了复合材料的力学性能和热性能。有研究报道,随着复合材料中钠基蒙脱土用量的增加,复合材料的结晶度提高。其原因是纳米颗粒分布均匀,并起到成核作用,从而可以提高结晶度。然而,复合材料的熔点有所降低,作者解释这是由于成核位点数量的增加导致形成的晶核同时生长时使晶体的完善程度受限。因此,调控聚烯烃的热性能需要综合考虑多种因素,才能充分了解材料组成上的变化如何引起其性能改变。

聚烯烃材料制备和加工方法众多,从而导致其性能包括热性能的变化较大。加工可以影响聚合物材料的等规度,继而影响其结晶度。根据 Bounor-Leagare 和 Phillipe 的实验,用双螺杆挤出机经过 10min 将聚丙烯在 200~205℃下挤出,即使在 TiO_2 纳米颗粒存在的条件下,复合材料结晶度也会降低。

对聚烯烃特别是聚乙烯、聚丙烯改性的研究众多[35-40];Cheewawuttipong 等[41]尝试,利用氮化硼(BN)可以促进聚丙烯链延展的特点,将聚丙烯与官能化的氮化硼复合以改善其热导率;还有通过提高结晶度以增加聚丙烯复合材料的热容。在所有研究报道中,聚烯烃基材料的热性能差都被归因于体系中聚合物长链结构和缠结的存在,该结构使聚合物的性能在链端无法延续。

14.4 聚烯烃热性能的改进

在上一节梳理了影响聚烯烃热性能的因素,而改善其热性能必须基于对上述因素的改变。自 Blumstein[42]首次发表相关报道以来,研究人员仍在探索实现这一改进的不同途径。以下为对该领域研究的概述。

14.4.1 聚烯烃与其他聚合物的共混

根据最终用户的性能要求,聚烯烃可以与一系列的其他聚合物共混。聚合物共混是从现有聚合物中获得具有目标性能的新材料的一种较为简单的方法。在共混过程中,目标改性聚合物一般所占百分比较高(成为基体);有报道指出,60%/40%或70%/30%(质量分数)的组合物一般就能达到期望的性能[43-46]。在这种情况下,聚烯烃基体可以与合成聚合物或天然聚合物共混。共混物的热力学性能及组成比例决定了组分间是否具有良好的相容性[47-49]。

然而,大多数情况下,不相容或部分不相容的共混物在界面处会分离。Stelescu 等[3]研究了共混物组成对高密度聚乙烯/乙丙橡胶(EPDM)共混物热性能、力学性能和润湿性的影响。结果表明,加入乙丙橡胶后,高密度聚乙烯的结晶结构没有变化,力学性能明显提高。Vasile 等[34]制备了低密度聚乙烯/壳聚糖共混物,用于食品包装材料。结果表明,在低密度聚乙烯基体中加入壳聚糖以后,即使添加量很小,共混物的热行为也有很大变化,改变程度与共混物组成比例有关。Yordana 和 Minkova(2005)分别将聚丙烯、低密度聚乙烯与尼龙 6(PA6)共混[50-51],发现共混物的结晶度和热稳定性都有明显的提高。虽然大部分研究使用其他种类的聚合物与聚烯烃共混,Gai 和 Zu[52]尝试了使用超高分子量聚烯烃与乙丙共聚物共混制备烯烃/烯烃共混物,所得共混物在界面处显现出两种聚合物之间良好的相容性,共混材料的力学性能和热性能均有提高。此外,关于聚烯烃与生物可降解聚合物共混的报道也数量众多[31,53]。

在提高聚合物共混物性能(包括热性能在内)的一项研究中,Lee 和 Jeong[54]将聚乳酸(PLA)和聚丙烯共混。然而,实验观察到的性能改进被归因于体系中其他添加剂(如增容剂和纳米粒子)的引入。如果增容剂使用不当,单纯的共混可能不会明显地改善材料性能。增容是在共混物[48,55-56]中加入可同时与两种聚合物作用的增容剂。增容有助于改善两种聚合物之间的相容性,从而使两种聚合物可以有效地进行应力传递,同时复合材料具备良好的导热性[57-60]。

提高聚合物的相容性非常有必要,一般而言,增容改性的共混物比未增容改性的共混物体系性能更优。增容改性还可以使分散相的形貌尺寸更小,改善纳米相的分散性。而体系的增容程度[48]决定了最终的改性效果。Yordanov 和 Minkova[61]的研究表明,增容的低密度聚乙烯/尼龙 6 共混物中尼龙 6 颗粒尺寸显著减小,这促使成核加速,结晶度提高,最终改善了材料的热性能。研究还表明,增容剂的种类和数量对材料的最终性能也起着非常重要的作用。Chiu 等[55]采用茂金属聚乙烯-g-马来酸酐(MA)纳米增容剂对聚乙烯/热塑性淀粉共混物进行增容。茂金属聚乙烯-g-MA 在共混物中能起到成核作用,可以提高结晶温度。随着共混物制备过程中所用相容剂的不断改进,一些研究者坚信使用相容剂可以制备性能更优的共混物。Besson 和 Budtova[53]将聚乙烯与乙丁纤维素(一种生物基聚合物)共混用于包装领域,测试结果表明,共混物具有所需的热性能和力学性能。共混改性前需要根据应用需求进行方案设计,才能获得具有预期性能的材料。

14.4.2 与纤维复合

每年都有众多的文章报道纤维共混法在改善聚烯烃及其共混物性能方面取得的进展[62-65]。纤维添加是改善聚烯烃力学性能和热性能的一种可靠而有效的方法。用于与聚合物复合的纤维可分为天然纤维和合成纤维[66-67]。合成纤维(包括玻璃纤维等)具有非常好的纵横比,表现出良好的热性能和力学性能,然而,由于其使用过程中引发的环境问题,近来应用受到限制[68-70]。另外,天然纤维来自可再生资源,可生物降解,并具有与合成纤维几乎相同的强度和可加工性能。使用天然纤维增强聚烯烃吸引了很多科研工作者进行探索,这是由于纤维素增强聚合物具有很多优点。这些优点包括:低密度、加工设备的低磨损、可持续性、较少的健康风险,较好的力学性能,加工过程中的能量需求降低和 CO_2 产物的减少[71-76]。

大部分纤维在低于 200℃时性能稳定,而 200℃高于部分聚烯烃材料的加工温度;加工温度正是决定纤维是否可以用作增强材料的一个关键条件。然而，限制天然纤维用于聚合物复合材料制备的因素是聚合物基体和天然纤维之间的界面相互作用较差。因此，对天然纤维进行表面处理来改善聚合物与纤维之间的相互作用非常必要。Li 等[37]研究了表面处理对高密度聚乙烯/剑麻纤维复合材料性能的影响。该研究中使用了两种处理方式，结果表明预处理可以去除纤维表面的杂质，降低纤维中半纤维素、木质素、蜡及其他水溶性物质的含量，提高纤维的热稳定性。此外，对纤维进行处理提高了纤维表面的刚性，从而提高了聚合物复合材料的热容和尺寸稳定性。

Liu 和 Dai[77]用氢氧化钠和马来酸酐接枝聚丙烯（MAPP）对黄麻纤维进行表面改性，以改善其与聚丙烯的复合效果。这种改性方法有利于提高复合材料的性能，拓宽其应用领域。他们发现这两种化学方法的结合非常有效地增加了基体和纤维之间的界面相互作用[78]。他们观察到，与只经过一种化学方法处理的纤维复合材料相比，经过双重化学方法处理的纤维复合材料的热性能显著改善。他们得出的结论是，多重化学方法相结合对纤维进行表面处理以后，复合材料的改性效果更为明显。偶联剂（如硅烷和MAPP）处理改善了整个复合材料的界面相互作用。Hamour 等[38]指出，向聚合物复合材料中添加天然纤维可导致复合材料热稳定性降低、水热老化速度加快。但是，加工过程中不会影响其热稳定性。此外，经处理的纤维的加入可使复合物结晶度增加；当纤维添加量高达60%时，由于温度变化而引起的复合物尺寸不稳定的问题可以被有效缓解[79]。

Sinha 和 Rout[80]在另一项研究中发现，改性处理过的黄麻纤维可有效改善复合材料的热稳定性，这归因于纤维素链在聚合物基质中紧密排列，对于外界条件刺激响应较小。其他一些研究也证明了这一规律[65,74,81-83]。但是，要实现复合物的有效改性必须重视对纤维的选择和对加工条件的设计。

14.4.3 与纳米粒子的复合

很多文献报道了将纳米颗粒用于聚合物复合材料的制备，以改善基体的特定性能（包括热性能等）[35,84-86]。纳米颗粒是具有高比表面积的无机物质。众多物质，如氧化钙、氧化锌、氧化铝、氧化硅（Ⅳ）、碳纳米管（CNT）、黏土、勃姆石等[8,49,87]都被用来制备纳米颗粒，继而再与聚烯烃复合。根据 Kaur 等的论述[88]，纳米复合聚合物的广泛研究源于丰田中央研发实验室在20世纪80年代末和90年代初对于纳米黏土复合材料的介绍[19]。有报道指出，通过调控大分子结构和粒子的刚性，可以在纳米粒子添加量较小的条件下，使得复合材料的性能显著提高[89-91]。纳米颗粒具有优良的导热性能，能够有效吸收热量，提高基体的热稳定性。

然而，当这些纳米颗粒以原始状态使用时，界面处形态不连续，与基体之间的应力传递不良，会对复合材料力学性能带来负面影响。为了解决这一问题，研究人员对纳米颗粒进行有机改性，通过特定形式的化学相互作用，在纳米颗粒和聚合物基体之间形成更强的键联。

Streller 等[33]研究了纳米粒子对勃姆石纳米颗粒/等规聚丙烯复合材料的形貌、结晶性能和力学性能等的影响。他们的研究结果表明，纳米颗粒的存在使复合聚丙烯材料结晶温度提高，熔点降低，结晶度增加1%。这是由于勃姆石无法参与到结晶过程中。该报告表明不同纳米颗粒的改性效果存在巨大差异。颗粒团聚是降低改性效率的重要原因。

目前的研究指出，纳米黏土颗粒是一种可以同时有效提高聚烯烃力学性能和热性能的填料。在 Blumstein[42] 报道了用纳米黏土改善聚合物复合材料热稳定性的研究之后,关于聚合物纳米黏土复合材料的报道日益增多[19,92-94]。与纯聚合物相比,将纳米黏土颗粒掺入聚合物基体通常可以提高材料的热稳定性。这种改进一般归功于纳米粒子的高比表面积、较低的渗透性及形成挥发性产物的速率降低。

黏土表面形成高性能的碳质硅酸盐焦隔离基体,减缓了高温加热过程中挥发性产物的逸出,同时黏土片可以将所形成的气体吸收[19,95]。

聚合物纳米复合材料中的热性能得以改善的机理尚未完全解析清楚。人们普遍认为,纳米黏土/聚合物复合材料热稳定性的提高主要是由于成炭作用阻碍了挥发性分解产物向外扩散,这也是系统渗透性降低的直接结果,尤其是在剥离型的纳米复合材料中这种现象更为普遍[18,96-99]。尽管如此,目前确切的降解机理尚未报道。对于纳米黏土颗粒,随着颗粒添加量的增加,剥离和插层部分比例发生变化,而复合效果与其形态密切相关。在低黏土添加量情况下[1%(质量分数)]下,剥离作用占主导地位,但剥离纳米黏土的量不足以通过成炭提高复合物热稳定性[98]。当黏土浓度[2%~4%(质量分数)]增加时,更多的黏土发生剥离,成炭更容易、更有效,继而提高了纳米复合材料的热稳定性。在更高的黏土添加条件下[高达10%(质量分数)],插层结构占主导地位,使体系内形成大量焦炭,纳米复合材料的该种形态也无法使复合体系保持良好的热稳定性。聚合物的化学性质、黏土的类型及其改性途径对其降解行为有重要影响。因此,需要根据复合体系的具体情况进行分析。

对聚丙烯及增容剂改性聚丙烯/黏土纳米复合材料的热分解行为研究表明,马来酸酐含量为4%(质量分数)的改性聚丙烯复合材料起始分解温度为205℃,聚丙烯/黏土纳米复合材料起始分解温度为375℃[92,100-101]。聚丙烯纳米复合材料热稳定性的提高与有机相和无机相之间的相互作用有关。研究发现,单层剥离的黏土片起到了隔离作用,层间形成曲折通路,抑制了挥发性降解产物的通过,从而提高了含黏土复合材料的热稳定性。Zhu 等[102] 对纳米黏土/聚丙烯复合材料的研究表明,分散在黏土中的铁也起到自由基捕捉剂的作用,可以协助提高材料的热稳定性。据报道,通过动力学过程计算出了线型低密度聚乙烯及蒙脱土/线型低密度聚乙烯(MMT/LDPE)纳米复合材料的活化能,揭示了纳米复合材料热稳定性改善的机理[92]。线型低密度聚乙烯纳米复合材料在第一段分解过程中(转化系数 $\alpha<0.6$),活化能由60kJ/mol 逐渐增加到150kJ/mol,这表明过氧化物自由基的分解影响体系的降解过程。

近期,对于纳米复合材料热稳定性的研究非常广泛[17,89-92,94,103]。为了使复合材料达到预期性能,往往需要对纳米黏土进行有机改性。改性后黏土与聚烯烃基体相互作用的能量要求比较低,有利于体系很快达到热力学的稳定状态。研究发现,少量的马来酸酐可以极大地改善纳米黏土聚烯烃复合材料的某些热性能。Sharma[15]、Hwang[17]、Malucelli[94] 和 Song[16] 的研究报告都证实了复合材料中存在类似的热性能改进。

此外,Costache 等[104] 用十六烷基喹啉、苯乙烯基氯化铵—丙烯酸月桂酯共聚物等热稳定表面活性剂对蒙脱土、磁铁矿黏土样品进行改性,并将其用于聚烯烃复合。作者观察到,尽管纳米黏土性能并未有明显改善,但纳米复合材料表现出更好的稳定性。作者推断,加工温度和加工时间对材料的最终性能有很大影响。还有报道研究了热改性过程中的其他参数对于复合材料性能的影响[105-108]。总之,良好热稳定性的获得,与纳米粒子的添加,相容剂种类、修饰纳米黏土或纳米颗粒的表面活性剂的选择以及所使用的加工条件等因素密切相关。

14.5 纳米粒子负载对聚烯烃热性能的影响

在聚烯烃中加入纳米颗粒可引起聚合物的性能变化，均由14.4.3中提到的条件所决定。本节主要综述纳米颗粒对聚烯烃复合材料特定热性能的影响。

14.5.1 熔融温度和结晶温度

熔融温度和结晶温度反映了材料在结晶过程中形成的晶型和晶粒尺寸。结晶与熔融是相反的过程。结晶是低于平衡熔点（T_m^∞）的自发过程，而熔融是高于平衡熔点的自发过程。在平衡熔点，聚合物的晶相和液相的吉布斯自由能相同（即$\Delta G=0$），两相达到平衡。对于含有纳米黏土的半结晶聚合物复合材料来说，纳米颗粒可以影响基体的结晶行为。聚合物—黏土界面相互作用的不同程度，会从两个方面影响体系的结晶行为：（1）新晶体结构的形成；（2）晶体成核。由于结晶通常发生在熔融温度之下，因此形成稳定晶体非常困难。成核过程是从黏流态开始形成晶体的过程，纳米添加物的存在对成核过程会产生很大的影响。由纳米颗粒或其他杂质颗粒引发成核的过程被称为异相成核。纳米粒子必须有效地分散在聚合物基体中，才能够很好地参与结晶；聚合物对纳米粒子具有良好的浸润性时，两者之间界面相互作用较强。从这一角度出发，研究人员提出了用经过极性改性的聚烯烃作为纳米复合材料的基体或增容剂，以改善聚烯烃中有机黏土的分散性和稳定性，提高复合效果。Streller 等[33]将改性纳米颗粒添加到等规聚丙烯中，将体系结晶温度平均提高了12℃（材料初始结晶温度117℃，改性后最高可达131℃）。与纯等规聚丙烯相比，复合材料热稳定性能的提高幅度可以反映聚丙烯复合材料的改性效果。纳米颗粒的存在有助于稳定晶核，使晶体可以在更高温度下生长。

14.5.2 热导率

聚合物热导率非常低，传热困难。这一特性通常被归因于聚合物链的不连续性以及聚合物链之间缺乏强化学相互作用等。据报道，添加纳米颗粒（如碳纳米管、碳纳米颗粒和氮化硼等）通常可以改善聚合物的热导率[109-111]。但是，很少有文献对聚烯烃的热导率及其改善方法进行深入研究。Cheewutipong 等[41]在该领域进行了探索，他们研究了可有效改善聚丙烯热导率的因素。在他们的实验中，两种类型的氮化硼被用于复合不同黏度的聚丙烯。据报道，氮化硼是一种良好的润滑剂和磨料，具有高热导率和高电阻，被广泛应用于材料热性能的调控领域[112-113]。该实验结果表明，氮化硼纳米颗粒的加入大大提高了聚烯烃的热导率，聚烯烃热导率随着纳米颗粒添加量的增加而增加。此外，纳米颗粒的尺寸也对改性效果有影响，较大的颗粒尺寸可以有效提高热导率。然而，这种改进可能会影响聚合物的延展性等其他性能。但是，在电气领域，优良的导热性能是对绝缘材料最主要的要求，其他性能的改变在一定程度内是可以接受的。其他与氮化硼类似的纳米颗粒包括氧化铝（Al_2O_3）、氮化铝（AlN）、云母、玻璃纤维和氧化锌（ZnO）等[109-113]。它们通常被称为陶瓷填料。聚烯烃热导率的提高不受聚合物本身黏度的影响。

14.5.3 热变形温度

聚烯烃的低耐温性限制了其广泛应用。然而，天然或合成纳米颗粒的加入，可以极大改善这一性能。例如，当体系中玻璃纤维添加量达到 30% 时，可将聚丙烯的热变形温度（HDT）从 82℃ 提高到 152℃，增幅达到 85%。大多数合成纤维颗粒具有良好的比热容，因此被研究人员用来提高复合材料的热变形温度。

聚合物的热变形温度是测量其在高温下承受既定载荷的能力，有时被称为反射温度；热变形温度与聚合物的服役温度密切相关，因而应用广泛。但是，如果不考虑测量过程中的其他因素（如高温下的暴露时间、温度变化速率和零件几何结构），测试结果可能会对应用产生误导。

Betega 等[114]报道了纳米蒙脱土粒子的添加可以提高聚丙烯复合材料的热变形温度，热变形温度的增幅取决于纳米蒙脱土粒子的添加量，随着纳米蒙脱土粒子添加量的增加，复合材料的热变形温度随之增加。但在纳米蒙脱土粒子添加量大于 10% 后，聚丙烯复合材料的力学性能和热稳定性均有所下降。Almeida[115]、Pal[116] 和 Toyonaga 等[117]都报道了用有机改性的纳米粒子改善复合材料热稳定性能的工作。但在此过程中，必须考虑纳米粒子的引入是否会对材料的其他重要性质产生不利影响。一家名为 Total-cray-valley 的制造公司，最近宣布开发了一种新的锌盐产品（商品名为 Dymalink 9201）[118]；在 2%（质量分数）的添加量的情况下，该产品可以与玻璃纤维发生协同作用，将聚丙烯热变形温度提高 15%；如果在聚丙烯中单独添加玻璃纤维，热变形温度仅提高 8%。该锌盐的添加在改善复合材料一些重要性能的同时，并未对其余性能造成影响。因此推测，合理设计改性条件，使用纳米粒子和天然纤维复合改性聚烯烃材料，可以大幅提高复合材料的热变形温度。

14.5.4 热稳定性

热稳定性和降解性能是聚合物最重要的热性能，因为它们在很大程度上决定了聚合物的应用范围。Leszczynska 等（2007）在一篇题为《纳米颗粒对聚合物热稳定性的影响》的综述中指出，聚合物纳米复合材料的热稳定性改善的机理还未完全得以解析。然而，对于聚合物纳米黏土复合材料而言，人们普遍将其热稳定性的提高主要归因于成炭作用，体系中形成的焦炭阻碍了产生的挥发性物质向外扩散。这也是通常剥离型纳米复合材料的渗透性降低造成的结果。在之前章节已经对此进行过讨论，此处不再赘述。

尽管 Leszcznska 等（2007）主要研究了纳米蒙脱土复合材料，但其中提到的一些因素对所有纳米复合材料是通用的。作者列出的影响聚合物纳米黏土复合材料热稳定性的 3 个主要参数为：

（1）用于黏土改性的有机表面活性剂的种类。为了达到良好的剥落效果，黏土通常用有机表面活性剂进行修饰，这有助于增加通道空间的疏水性，从而使之能与聚合物产生良好的相互作用。

这种改性也适用于其他纳米颗粒；因为它们都是无机的，并都具有亲水性。常用的表面活性剂有铵类化合物、咪唑类化合物、磷化物、锑化物、多面体低聚倍半硅氧烷（POSS）等[119-121]。

（2）纳米复合材料的制备条件和形貌。制备纳米复合材料的方法和条件将决定纳米添加物的分散程度、复合材料最终的结晶度以及热稳定性[122-124]。纳米添加物的剥离程度越高，复合材料的耐热性越强。据报道，剥离程度和热稳定性取决于所用黏土的数量[120,125-126]。在黏土含量较低[约 12%（质量分数）]时，可实现均匀剥离和随机分散。随着黏土含量的增加，最终将获得剥离和插层混合物。

（3）与黏土的界面相互作用和黏土的催化作用会影响聚合物的降解过程。如许多研究报告所述，聚合物与纳米黏土颗粒表面之间的相互作用是影响聚合物纳米复合材料热稳定性的最重要因素[18,24]。因此，使用的黏土类型对热稳定性有很大影响。黏土中的不同金属组分，会捕获自由基，从而提高聚合物纳米复合材料的热稳定性。这也是聚合物的阻燃机理[18]。黏土中的一些金属阳离子能够在复合材料的加工过程中起到催化剂的作用，提高其热稳定性。

总之，所用纳米颗粒的类型、表面积、化学成分、有机改性情况、数量和制备条件都是调控材料热稳定性时必须考虑的因素。

14.5.5 热降解和分解

如14.5.4所述，聚合物的热降解性能是决定聚合物最终用途的重要因素。从加工阶段开始，在整个使用周期中，热降解都与聚合物相伴。聚烯烃在加工过程中热降解性能的改善与热稳定性的提高具有一致性。14.5.4论述的所有因素都是改善热性能，从而减少热降解所必需的因素。然而，在热降解的情形下，环境的化学成分和特定时间内的温度都是非常重要的因素，也必须加以考虑。

Lomakin等[123]利用降解动力学研究了聚丙烯纳米复合材料的热氧化降解过程，与纯聚丙烯相比，复合材料的热性能更优[63,77]。聚合物基体内形成的纳米颗粒结构影响复合材料的热稳定性[3,34,86]。在体系中引入纤维添加物也是抑制热降解最常用的方法。材料设计过程中需同时考虑其热稳定性和降解性能。

14.6 聚烯烃的阻燃性能

聚烯烃由于其优良的力学性能、耐化学性、电绝缘性能及质轻等特性，广泛用作各种现代工业材料。但它的主要缺点在于碳氢化合物具有高度易燃性。人类已知的最具破坏性的灾难之一是火灾，火灾一旦开始，就难以或者无法控制，往往会造成财产甚至生命损失[127]。

如果控制不当或处理不当，过度加热会导致各种程度的火灾。聚烯烃材料用途广泛，这些材料在易燃的高热环境中容易被点燃[128]。因此，有必要改善聚烯烃的阻燃性能，从而使其在极端或高温下也能服役。为了开发聚烯烃材料在高温环境下的应用潜力，需要对其阻燃性能及可能的改善途径进行研究。

由于阻燃剂与基体相容性差、毒性大、耐水性差、热降解性差等，在体系中引入有机/无机阻燃剂会降低聚烯烃的基本性能。Wang等[129]报告了采用超细加工、表面改性和微胶囊化来解决这一问题。

14.7 影响聚烯烃阻燃性能的因素

聚合物的阻燃性能决定了它的应用领域（特别是高温应用领域）。科研人员希望聚合物材料能够应用于喷射燃烧室、汽车尾气排放管、熔炉等高温环境。这一目标的实现将进一步为运输工具减重，可以节约燃料，减少二氧化碳排放。聚烯烃阻燃性能的影响因素与14.3

节中提到的相同。聚合物的阻燃性能可能受到其中单一或组合因素的影响。

加工条件对材料的使用性能也有很大的影响。例如，加工温度过高造成聚烯烃长链分解，降低其结晶度，最终导致不良形态的形成，继而对聚烯烃的力学性能和热性能产生不利影响。

14.8 聚烯烃阻燃性能的改善

聚烯烃的阻燃性能可以通过多种方法得以改善，本节将对此展开论述。文献中报道的方法主要有共混、纳米粒子和填料的引入、添加助剂、涂覆和纤维增强[130-133]。如果在改性过程中，材料其他方面的性能未受影响，这一改进将进一步拓宽材料的应用；能同时优化材料的阻燃性能及其他重要性能的方法是改性的最佳选择；但如果无法同时改进时，则需要根据应用需求，重点考虑材料的关键性能。

14.8.1 聚烯烃共混物

各类聚烯烃的均匀混合也可以成为提高其阻燃性能的一种途径。如前所述，聚烯烃主要包括聚丙烯和聚乙烯；而其他某些聚烯烃具有更好的阻燃性能，由于这类聚烯烃在力学性能、耐化学性能、电绝缘性等关键性能方面略有不足，使用范围较为狭窄，因此不同种类的聚烯烃共混为阻燃性能的改进提供了途径。将两种或多种材料共混时，需要考虑其相容性、交联状况、形态和界面黏结力。聚合物共混物可以是相容的，也可以是不相容的。众所周知，相容聚合物共混物体系均匀且稳定，但极其少见；通常的聚合物共混物都是不相容的；而最终性能正是取决于其相形态；加工条件、聚合物的黏度和界面张力共同决定体系最终相形态[134]。

不相容混合物的最佳加工方法是熔融共混。可以通过实验设计，在用共混提高体系阻燃性能的同时，对于材料的劣势进行削减；根据文献报道，为了改善聚烯烃基共混物的不相容性，往往需要加入第三方聚合物以提高界面黏结力，来达到增容的目的。选择合适的相容剂或偶联剂尤为关键，这将决定聚烯烃界面相互作用力的强弱。Kusmono[135]报道了将马来酸化的聚丙烯与本不相容的聚丙烯和尼龙共混，可有效提高复合材料的抗冲击性，降低吸水率，并在材料韧性增强的同时，其阻燃性能也得以提高。

14.8.2 填料与纳米粒子

据报道，纳米粒子和填料有助于改善纳米复合材料的性能，而阻燃性就是其中之一。如14.4.3所述，许多报道已经致力于研究纳米颗粒与聚烯烃复合改性的规律。大多数聚烯烃的加工温度较低，因此在某些情况下不能达到特定的使用需求，解决该问题的方法之一便是在体系中引入纳米颗粒。

Dittrich 等[136]将热还原石墨氧化物（TRGO）、聚磷酸铵（APP）和聚丙烯复合。结果表明，TRGO 的添加量不大于1%（质量分数）时，体系的氧指数就能达到较高水平[大于31%（体积分数）]。Arao[137]的工作表明，添加碳纳米管不仅可以增加复合材料的力学性能，对热性能、电性能以及阻燃性能都有改善作用。并且，仅纳米填料不足矣使复合材料具有良好的阻燃性（自熄性），应结合其他阻燃剂联合使用。

Lee[138]使用剥离和插层方法将纳米黏土引入木地板/聚烯烃纳米复合材料中。在5%(质量分数)黏土含量下，纳米黏土复合材料的燃烧速率就比添加黏土前降低了27%。此外，文中建议适当分散纳米黏土(剥离层)可提高木地板/聚合物纳米复合材料的阻燃性能。Lee等也提出了类似的建议[139]。

Chanprapanon研究了Cloisite20A(20A)和Cloisite30B(30B)的添加对于剑麻纤维/聚丙烯复合材料性能的影响[140]；结果表明，这两种类型的黏土分别使复合材料的燃烧速率降低了15.5%和37.5%，改善了其阻燃性能。30B基纤维/聚丙烯复合材料的阻燃性能明显优于20A基纤维/聚丙烯复合材料。

Lai等在另一项研究中发现，磷酸盐炭化剂(PEPA)与三聚氰胺焦磷酸(MPP)在提高聚丙烯阻燃性能方面有显著的协同作用。当PEPA含量为13.3%(质量分数)、MPP含量为6.7%(质量分数)时，聚丙烯复合材料的极限氧指数为33%。垂直燃烧试验(UL-94)被归类为V-0等级。复合材料的放热峰值、平均质量损失率和平均放热速率均显著下降[133]。

14.8.3 助剂

在聚烯烃中添加助剂是一种可有效降低火灾引发或传播可能性的方法。特定的助剂可以延长引燃时间，引发自灭，在聚合物燃烧过程中使热量最小化以及在燃烧过程中防止滴落[141]。对可在严苛条件下使用材料的需求日益增长，促进了具有增强阻燃性能材料的发展，也成就了汽车、航空和家用电器行业的飞跃。一般可以通过添加溴化、磷、镁、氮和卤素类阻燃添加剂，来提高聚烯烃的阻燃性能。

无卤阻燃剂(膨胀型)由于产烟量低、无有害气体和低毒性而被广泛使用[142]。在发生火灾的情况下，添加剂在聚合物表面上形成膨胀的炭化泡沫层，并限制从火源向聚合物的热传递速率[143]。膨胀型阻燃剂的主要成分是成炭剂、发泡剂和酸源[142]。

制备阻燃聚烯烃需要的添加助剂一般来自下面列出的3种主要系列中的任一种或多种组合[128]：

(1)燃烧抑制型卤化有机物。
(2)无机，矿物基化合物。
(3)膨胀型，通常是磷基成炭化合物。

根据Bocz等[143]对聚丙烯复合材料的研究，减小聚磷酸铵(APP)添加剂的粒径，有利于复合材料阻燃性能的改善，同时可使其拉伸强度提高10%，这都可以归因于PP复合材料中的颗粒分布状况。

14.8.4 涂覆

表面改性是聚烯烃材料防护和增强的另一种重要方法，并不需要付出昂贵代价对聚烯烃材料进行整体改性，只需在材料表面涂上阻燃涂层即可。Arao[137]在研究中指出，与含有纳米填料的聚合物相比，使用纳米填料的涂层在降低可燃性方面甚至更为有效。一般地，阻燃涂层系统可以分为膨胀型和非膨胀型两类。膨胀型涂料主要用于钢铁和木材的表面，保护它们免受火灾侵害。而非膨胀型涂料通常与聚合物一起使用，包括磷基、卤素基和无机添加剂。Weil[144]和Liang等[145]对膨胀系统和非膨胀系统进行了综述。

14.8.5 纤维增强

有文献报道，可以通过添加纤维(合成纤维或天然纤维)来改善聚烯烃的性能[146-149]。出于环境因素的考虑，天然纤维成为首选，但就材料强度而言，合成纤维的性能更优[150]。

天然纤维与合成纤维相比，其优点在于低成本、可再生、低重量、便利性和生物降解性。有研究人员将纤维与聚烯烃复合[37,151]，但纤维与聚合物复合时存在的问题是纤维与聚合物之间的界面黏附性和润湿性差。这一问题可以通过纤维的表面处理和使用增容剂来解决。如前所述，在高达200℃的加工温度下，纤维大多比聚烯烃具有更好的热稳定性，因为大多数纤维的分解温度高于200℃。因此，将纤维与聚烯烃复合，有利于改善聚烯烃的阻燃性能。Gupta[152]将经过处理的剑麻纤维[30%(质量分数)]添加至聚丙烯中，有效降低了复合材料的燃烧速率。进一步将处理过的纤维和增容剂组合使用改性聚丙烯，与纯聚丙烯和经处理的剑麻纤维聚丙烯复合材料相比，材料的燃烧速率分别降低16%和7.42%。

根据Vaddi[153]的研究，在聚丙烯和聚乙烯中加入玻璃纤维作为增强材料，可延长燃烧时间，抑制熔滴生成，更易成炭。作者进一步解释，这是由于复合材料中树脂含量较低，添加物的引入完全消除了火焰的滴落，从而增强了聚烯烃的阻燃性能。

14.9 发展趋势

纯聚烯烃的热性能和阻燃性能较低，改善聚合物的热性能和阻燃性能的需求却在日益增加，该领域的工作值得科研工作者进一步探索。目前，关于聚烯烃共混物和纳米复合材料的热性能和阻燃性能的研究成果仍然较少，大部分工作更关注于体系的形态和结晶性能。而形态、结晶度、熔点或结晶温度的变化与热容/热导率等热性能或阻燃性能无关。同时，用纳米颗粒改善聚烯烃复合材料热稳定性的科学原因还未详细解析。为了更好地了解聚烯烃的热性能和阻燃性能，需要对复合材料进行全方位研究；在此基础上，才可能灵活地进行材料设计。

14.10 结论

由于聚烯烃每年的消耗量巨大，因此改善聚烯烃的热性能和阻燃性能是一个重要课题。热性能和阻燃性能的改善可进一步拓展聚烯烃在航空航天、汽车、电气和电子等领域的应用。热稳定性、热降解、热导率、热变形温度、热膨胀、熔融和结晶是一些非常重要且需要改进的热性能。热性能和阻燃性能一般受制备过程中加工条件、材料的最终形态、分子量和添加剂/杂质等的影响。物理和化学方法均被用来改善材料的热性能和阻燃性能。

共混是一种物理方法，是将聚烯烃与其他聚烯烃或聚合物(合成/天然)混合，这种方法涉及聚合物之间混容性和相容性的问题，一般通过使用适量的相容剂来解决这一问题。然而，将聚合物直接共混来改性的方法，其效果有一定的局限性。

将聚烯烃与合成纤维或天然纤维复合是另一种改性方法。该方法可以有效提高材料的热性能。对纤维进行表面处理，去除水溶性杂质，提高天然纤维的尺寸稳定性，可以进一步增强改性效果。同时，将表面处理与偶联剂添加相组合，可以更为有效地改善聚烯烃基体与纤维表面之间的界面相互作用,使复合材料的热性能显著提高。

在聚烯烃或其共混物中添加纳米颗粒是另一种提高材料热性能和阻燃性能的改性方法,这也是所讨论的3种方法中最优的方案。然而,纳米粒子一般都是亲水性的,因此像纤维一样,也要用有机表面活性剂对纳米颗粒进行处理。通过对纳米颗粒进行化学改性,可以促进基体和纳米颗粒之间的界面相互作用。据报道,纤维和纳米颗粒共同改性聚烯烃时,所获得的三元复合材料的热性能和阻燃性能都有极大的改善。为了获得最佳的热改性方案,必须综合考虑以下因素:所选纳米颗粒的种类、比表面积、化学成分、颗粒的有机改性类型、所需的原始/改性纳米颗粒的数量、纤维处理方法、偶联剂以及制备条件等。

参 考 文 献

[1] Sperling LH. 13. Multicomponent polymeric materials. Introduction to polymer science. New Jerssey: John Wiley & Son Inc; 2006. p. 687–756.

[2] Koo JH. 7. Polymer nanostructured material for high–temperature applications. Polymer nanocomposites: processing, characterization and application. New York: MaGraw-Hill Companies; 2006. p. 125–234.

[3] Stelescu DM, Timpu D, Airinei A, Homocianu M, Fifere N, Timpu D, et al. Strctural characteristics of some high density polyethylene/EPDM blends. Polym Test 2013; 32: 187–196.

[4] Anderson KS, Lim SH, Hillmyer MR. Toughening of polylactide by melt blending with linear low–density polyethylene. J Appl Polym Sci 2002; 89: 3757–3768.

[5] Ibrahim ID, Jamiru T, Sadiku ER, Kupolati FK, Agwuncha SC, Ekundayo G. The use of polypropylene in bamboo fibre composites and their mechanical properties—a review. J Reinforced Plast Compos 2015; 34(16): 1347–1356.

[6] Nam PH, Maiti P, Okamoto M, Kotaka T, Hasegawa N, Usuki A. A hierarchical structure and properties of intercalated polypropylene/clay nanocomposites. Polymer 2001; 42: 9633–9640.

[7] Zanetti M. 10-Flammability and thermal stability of polymer/layered silicate nanocomposites. In: Mai YW, Yu ZZ, editors. Polymer nanocomposites. Cambridge: Woodhead Publishing Limited; 2006.

[8] Fornes TD, Yoon PJ, Hunter DL, Keskkula H, Paul DR. Effect of organoclay structure on Nylon 6 nanocomposite morphology and properties. Polymer 2002; 43: 5915–5933.

[9] Chrissafis K, Bikiaris D. Can nanoparticles really enhance thermal stability of polymers? Part I. An overview on thermal decomposition of addition polymers. Thermochim Acta 2011; 523: 1–24.

[10] Ehrenstein GW, Riedel G, Trawiel P. Thermal analysis of plastics–theory and practice. Munich: Hanser; 2004.

[11] Nejad SJ, Ahmadi SJ, Abolghasemi H, Mohaddespour A. Thermal stability, mechanical properties and solvent resistance of PP/clay nanocomposites prepared by melt blending. J Appl Sci 2007; 7: 2480–2484.

[12] Ramos Filho FG, Malo TJA, Rabello MS, Silva SML. Thermal stability of nanocomposites ased on polypropylene and bentonite. Polym Degrad Stab 2005; 89: 383–392.

[13] Ray SS. 9. Crystallization behavior, morphology and kinetics. Clay–containing polymer nanocomposites: from fundamentals to real applications. Amsterdam: Elsevier B. V; 2013. p. 273–303.

[14] Mohan TP, Kumar MR, Velmurugan R. Thermal, mechanical and vibration characteristics of epoxy claynanocomposites. J Mater Sci 2006; 41: 5915–5925.

[15] Sharma SK, Nema AK, Nayak SK. Polypropylene nanocomposite film: a critical evaluation on the effect of nanoclay on the mechanical, thermal, and morphological behavior. J Appl Polym Sci 2010; 115: 346–373.

[16] Song R, Wang Z, Meng X, Zhang B, Tang T. Influences of catalysis and dispersion of organically modified

montmorillonite on flame retardancy of polypropylene nanocomposites. J Appl Polym Sci 2007; 106: 3488-3494.

[17] Hwang SS, Hsu PP, Yeh JM, Yang JP, Chang KC, Lai YZ. Effect of clay and compatibilizer on the mechanical/thermal properties of microcellular injection molded low density polyethylene nanocomposites. Int Commun Heat Mass Transfer 2009; 36: 471-479.

[18] Leszczynska A, Njuguna J, Pielichowski K, Banerjee JR. Polymer/montmorillonite nanocomposites with improved thermal properties Part I. factor influencing thermal stability and mechanisms of thermal stability improvement. Thermochim Acta 2007; 453: 75-96.

[19] Ray SS. 7. Thermal stability. Clay-containing polymer nanocomposites: from fundamentals to real applications. Amsterdam: Elsevier B. V; 2013. p. 243-261.

[20] Zhou W, Qi S, An Q, Zhao H, Liu N. Thermal conductivity of boron nitride reinforced polyethylene composites. Mater Res Bull 2007; 42(10): 1863-1873.

[21] Kemaloglu S, Ozkoc G, Aytac A. Properties of thermally conductive micro and nano size boron nitride reinforced silicon rubber composites. Thermochim Acta 2010; 499(1-2): 40-47.

[22] Liao CZ, Tjong SC. Effect of carbon nanofibers on the fracture, mechanical, and thermal properties of PP/SEBS-g-MA blends. Polym Eng Sci 2011; 51(5): 948-958.

[23] Golebiewski J, Galeski A. Thermal stability of nanoclay polypropylene composites by simultaneous DSC and TGA. Compos Sci Technol 2007; 67: 3442-3447.

[24] Leszczynska A, Njuguna J, Pielichowski K, Banerjee JR. Polymer/montmorillonite nanocomposites with improved thermal properties. Part II. Thermal stability of montmorillonite nanocomposites based on different polymeric matrixes. Thermochim Acta 2007; 454: 1-22.

[25] Bogoeva-Gaceva G, Raka L, Dimzoski B. Thermal stability of polypylene/organo-clay nanocomposites produced in a single-step mixing procesute. Adv Comp Lett 2008; 17: 161-164.

[26] Choudhury T, Misra NM. Thermal stability of PMMA-clay hybrids. Bull Mater Sci 2010; 33: 165-168.

[27] Vergnes B, Della Valle G, Delamare L. A global computer software for polymer flows in corotating twin screw extruders. Polym Eng Sci 1998; 38: 1781-1929.

[28] Bounor-Legare V, Cassagnau P. In situ synthesis of organic-inorganic hybrids or nanocomposites from sol-gel chemistry in molten polymers. Prog Polym Sci 2014; 39: 1473-1497.

[29] Thiebaud F, Gelin JC. Characterization of rheological behaviors of polypropylene/carbon nanotubes composites and modeling their flow in a twin-screw mixer. Compos Sci Technol 2010; 70: 647-656.

[30] Zhang D-W, Xiao H-M, Fu S-Y. Preparation and characterization of novel polypyrrolenanotube/polyaniline free-standing composite films via facile solvent-evaporation method. Compos Sci Technol 2012; 72: 1812-1817.

[31] Gonzalez-sanchez C, Fonseca-Valero C, Ochoa-Mendoza A, Garriga-Meco A, Rodriguz-Hurtado E. Rheological behavior of original and recycled cellulosepolyolefin. Compo A 2011; 42: 1075-1083.

[32] Haque MM, Alvarez V, Paci M, Pracella. Processing, compatibilization and properties of ternary composites of mater-Bi with polyolefins and hemp fibres. Compos A 2011; 42: 2060-2069.

[33] Streller RC, Thomann R, Torno O, Mulhaupt R. Isotactic poly(propylene) nanocomposites based upon boehmite nanofillers. Macromol Mater Eng 2008; 293: 218-227.

[34] Vasile C, Darie RN, Cheaburu-Yilmaz CN, Pricope G-M, Bracic M, Pamfil D, et al. Low density polyethylene-chitosan composites. Composites B 2013; 55: 314-323.

[35] Kim D, Krishnamoorti R. Interfacial activity of poly[oligo(ethylene oxide)-monomethyl ether methacrylate]-grated silica nanoparticles. Ind Eng Chem Res 2015; 54: 3648-3656.

[36] Kim LT, Lee HJH, Shofner ML, Jacob K, Tannenbaum R. Crystallization kinetics and anisotropic properties of polyethylene oxide/magnetic carbon nanotubes composite films. Polymer 2009; 53: 2402-2411.

[37] Li Y, Hu C, Yu Y. Interfacial studies of sisal fiber reinforced high density polyethylene (HDPE) composites. Composites A 2008; 39: 570-578.

[38] Hamour N, Boukerrou A, Djidjelli H, Maigret JE, Beaugrand J. Effect of MAPP compatibilization and acetylation treatment followed by hydrothermal aging on polypropylene alfa fiber composites. Int J Polym Sci 2015; 2015: 9.

[39] Doan TL, Gao S-L, Mader E. Jute/polypropylene composites I. Effect of matrix modification. Compos Sci Technol 2006; 66: 952-963.

[40] Boronat T, Fombuena V, Garcia-Sanoguera D, Sanchez_Nacher L, Balart R. Development of a biocomposite based on green polyethylene biopolymer and eggshell. Mater Des 2015; 68: 177-185.

[41] Cheewawuttipong W, Fuoka D, Tanoue S, Uematsu H, Iemoto Y. Thermal and mechanical properties of polypropylene/boron nitride composites. Energy Procedia 2013; 34: 808-817.

[42] Blumstein A. Polymerization of adsorbed monolayers. II. Thermal degradation of the inserted polymers. J Polym Sci 1965; 3: 2665-2673.

[43] Park T, Zimmerman SC. Formation of a miscible supramolecular polymer blend through self-assembly mediated by a quadruply hydrogen-bonded heterocomplex. J Am Chem Soc 2006; 128: 11582-11590.

[44] Rhim JW, Ng PKW. Natural biopolymer-based nanocomposite films for packaging applications. Crit Rev Food Sci Nutr 2007; 47: 411-433.

[45] Labaume I, Huitric J, Mederic P, Aubry T. Structural and rheological properties of different polyamide/polyethylene blends filled with clay nanoparticles: a comparative study. Polymer 2013; 54: 3671-3679.

[46] Lomakin SM, Rogovina SZ, Grachev AV, Prut EV, Alexanyan CV. Thermal degradation of biodegradable blends of polyethylene with cellulose and ethylcellulose. Thermochim Acta 2011; 521: 62-73.

[47] Thareja P, Velankar S. Interfacial activity of particles at PI/PDMS and PI/PIB interfaces: analysis based on Girifalco-Good theory. Colloid Polym Sci 2008; 286: 1257-1264.

[48] Utracki LA. Compatibilization of polymer blends. Can J Chem Eng 2002; 80: 1008-1016.

[49] Valentino O, Sarno M, Rainone NG, Nobile MR, Ciambelli P, Neitzert HC, et al. Influence of the polymer structure and nanotube concentration on the conuctivity and rheological properties of polyethylene/CNT composites. Physica E 2008; 40: 2440-2445.

[50] Ogunniran ES, Sadiku R, Ray SS, Luruli N. Effect of boehmite alumina nanofiller incorporation on the morphology and thermal properties of functionalized poly(propylene)/polyamide 12 blends. Macromol Mater Eng 2012; 297: 237-248.

[51] Ogunniran ES, Sadiku R, Ray SS, Luruli N. Morphology and thermal properties of compatibilized pa12/pp blends with boehmite alumina nanofiller inclusions. Macromol Mater Eng 2012; 297: 627-638.

[52] Gai J-G, Zu Y. Effect of ethylene-propylene copolymers on the phase morphologies and properties of ultrahigh molecular weight polyethylene: dissipative particle dynamics simulations and experimental studies. Mater Sci Eng A 2011; 529: 21-28.

[53] Besson F, Budtova T. Cellulose ester-polyolefine binary blend: morphological, rheological and mechanical properties. Eur Polym J 2012; 48: 981-989.

[54] Lee T-W, Jeong YG. Enhanced electrical conductivity, mechanical modulus and thermal stability of immiscible polylactide/polypropylene blends by the selective localization of multi-walled carbon nanotubes. Compos Sci Technol 2014; 103: 78-84.

[55] Chiu F-C, Lai S-M, Ti K-T. Characterization and comparison of metallocene-catalyzed polyethylene/thermo-

plastic starch blends and nanocomposites. Polym Test 2009; 28: 243-250.

[56] Kunanopparat T, Menut P, Morel MH, Guilbert S. Plasticized wheat gluten reinforcement with natural fibers: effect of thermal treatment on the fiber/matrix adhesion. Compos A 2008; 39: 1787-1792.

[57] Usuki A, Kato M, Okada A, Karauchi T. Synthesis of polypropylene-clay hybrid. J Appl polym Sci 1997; 63: 137-139.

[58] Keener TJ, Stuart RK, Brown TK. Maleated coupling agents for natural fiber composites. Composites A 2004; 35: 357-362.

[59] Chem C, Samaniuk J, Baird DG, Devoux G, Zhang M, Moore RB. The preparation of nano-clay/polypropylene composite materials with imprved properties using supercritical carbon dioxide and a sequential mixing technique. Polymer 2012; 53: 1373-1382.

[60] Nguyen QT, Baird DG. An improved technique for exfoliating and dispersing nanoclay particles into polymer matrix using supercritical carbon dioxide. Polymer 2007; 48: 6923-6933.

[61] Yordanov C, Minkova L. Fractionated crystallization LDPE/PA6. Eur Polym J 2005; 41: 527-534.

[62] Tagdemir M, Biltekin H, Caneba GT. Preparation and characterization of LDPE and PP—wood fiber composites. J Appl Polym Sci 2009; 112(5): 3095-3102.

[63] Demir H, Atikler U, Balkose D, Tıhmınlıoglu F. The effect of fiber surface treatments on the tensile and water sorption properties of polypropylene-luffa fiber composites. Compos A Appl Sci Manuf 2006; 37(3): 447-456.

[64] Amar B, Salem K, Hocine D, Chadia I, Juan MJ. Study and characterization of composites materials based on polypropylene loaded with olive husk flour. J Appl Polym Sci 2011; 122(2): 1382-1394.

[65] Beaugrand J, Berzin F. Lignocellulosic fiber reinforced composites: influence of compounding conditions on defibrization and mechanical properties. J Appl Polym Sci 2013; 128(2): 1227-1238.

[66] Kabir MM, Wang H, Lau KT, Cardona F. Chemical treatments on plant-based natural fiber reinforced polymer composites: an overview. Compos B Eng 2012; 43: 2883.

[67] Khoathane MC, Sadiku ER, Agwuncha SC. Chapter 14—Surface modification of natural fiber composites and their potential applications. In: Thakur VK, Singha AS, editors. Surface modification of biopolymers. USA: John Wiley & Sons, Inc; 2015. p. 370-400.

[68] Dissanayake NPJ, Summerscales J, Grove SM, Singh MM. Life cycle impact assessment of flax fibre for the reinforcement of composites. J Biobased Mater Bioenergy 2009; 3(3): 245-248.

[69] Huber T, M'ussig J, Curnow O, Pang S, Bickerton S, Staiger MP. A critical review of all-cellulose composites. J Mater Sci 2012; 47(3): 1171-1186.

[70] Islam MN, Rahman MR, Haque MM, Huque MM. Physico-mechanical properties of chemically treated coir reinforced polypropylene composites. Compos A Appl Sci Manuf 2010; 41(2): 192-198.

[71] Ochi S. Mechanical properties of kenaf fibers and kenaf/PLA composites. Mech Mater 2008; 40(4-5): 446-452.

[72] Pandey JK, Reddy KR, Kumar AP, Singh RP. An overview on the degradability of polymer nanocomposites. Polym Degrad Stab 2005; 88(2): 234-250.

[73] Silva MBR, Tavares MIB, Da Silva EO, Neto RPC. Dynamic and structural evaluation of poly(3-hydroxybutyrate) layered nanocomposites. Polym Test 2013; 32: 165-174.

[74] Bodros E, Pillin I, Montrelay N, Baley C. Could biopolymers reinforced by randomly scattered flax fibre be used in structural applications? Compos Sci Technol 2007; 67(3-4): 462-470.

[75] Boukerrou A, Hamour N, Djidjelli H, Hammiche D. Effect of the different sizes of the alfa on the physical, morphological and mechanical properties of PVC/alfa composites. Macromol Symp 2012; 321-322(1):

191-196.

[76] Kalia S, Thakur K, Celli A, Kiechel MA, Schauer SL. Surface modification of plant fibers using environmental friendly methods for their application in polymer composites, textile industry and antimicrobial activities: a review. J Environ Chem Eng 2013; 1(3): 97.

[77] Liu XY, Dai GC. Sueface modification and micromechanical properties of jute fiber mat reinforced polypropylene composites. Express Polym Lett 2007; 1(5): 299-307.

[78] Hammiche D, Boukerrou A, Djidjelli H, Beztout M, Krim S. Synthesis of a new compatibilisant agent PVC-g-MA and its use in the PVC/alfa composites. J Appl Polym Sci 2012; 124(5): 4352-4361.

[79] Cantero G, Arbelaiz A, Mugika F, Valea A, Mondragon I. Mechanical behavior of wood/polypropylene composites: effects of fibre treatments and ageing processes. J Reinforced Plast Compos 2003; 22(1): 37-50.

[80] Sinha E, Rout SK. Influence of fibre-surface treatment on structural, thermal and mechanical properties of jute fibre and its composite. Bull Mater Sci 2009; 32(1): 65-76.

[81] Bernasconi A, Cosmi F, Hine PJ. Analysis of fiber orientation distribution in short fibre reinforced polymer: a comparison between optical and tomographic methods. Compos Sci Technol 2012; 72: 2002-2008.

[82] Viksne A, Bledzki AK, Rence L, Berzina R. Water uptake and mechanical characteristics of wood fiber-polypropylene composites. Mech Compos Mater 2006; 42(1): 73-82.

[83] Ibrahim ID, Jamiru T, Sadiku ER, Kupolati FK, Agwuncha SC, Ekundayo G. Mechanical properties of sisal fibre-reinforced polymer composite: a review. Compos Interfaces 2016; 23(1): 15-36. Available from: http://dx.doi.org/10.1080/09276440.2016.1087247.

[84] Vaia RA, Ishii H, Giannelis EP. Synthesis and properties of two-dimentional nanostructures by direct intercalation of polymer melts in layered silicates. Chem Mater 1993; 5: 1694-1696.

[85] Dorigato A, Pegoretti A, Penati A. Linear low-density polyethylene/silica micro- and nanocomposites: dynamic rheological measurements and modeling. eXPRESS Polym Lett 2010; 4(2): 115-129.

[86] Nand AV, Swift S, Uy B, Kilmartin PA. Evaluation of antioxidant and antimicrobial properties of biocompatible lowdensity polyethylene/polyaniline blends. J Food Eng 2013; 116: 422-429.

[87] Agwuncha SC, Ray SS, Jayaramadu J, Khoathane MC, Sadiku ER. Influence of boehmite nanoparticle loading on the mechanical, thermal and rheological properties of biodegradable polylactide/poly(ε-caprolactone) blends. Macromol Mater Eng 2015; 300: 31.

[88] Kaur J, Lee JH, Shofner ML. Influence of polymer matrix crystallinity on nanocomposite morphology and properties. Polymer 2011; 52: 4337-4344.

[89] Peila R, Lengvinaite S, Malucelli G, Priola A, Ronchetti S. Modified organophilic montmorillonites/LDPE nanocomposites: preparation and thermal characterization. J Thermal Anal Calorimet 2008; 91: 107-111.

[90] Stoeffler K, Lafleur PG, Denault J. Effect of intercalating agents on clay dispersion and thermal properties in polyethylene/montmorillonite nanocomposites. Polym Eng Sci 2008; 48: 1449-1466.

[91] Garcia N, Hoyos M, Guzman J, Tiemblo P. Comparing the effect of nanofillers as thermal stabilizers in low density polyethylene. Polym Degrad Stab 2009; 94: 39-48.

[92] Qiu L, Chen W, Qu B. Morphology and thermal stabilization mechanism of LLDPE/MMT and LLDPE/LDH nanocomposites. Polymer 2006; 47: 922-930.

[93] Sanchez-Valdes S, Lapez-Quintanilla ML, Ramarez-Vargas E, Medellan-Rodraguez FJ, Gutierrez-Rodriguez JM. Effect of ionomeric compatibilizer on clay dispersion in polyethylene/clay nanocomposites. Macromol Mater Eng 2006; 291: 128-136.

[94] Malucelli G, Bongiovanni R, Sangermano M, Ronchetti S, Priola A. Preparation and characterization of UV-cured epoxy nanocomposites based on o-montmorillonite modified with maleinized liquid polybutadi-

enes. Polymer 2007; 48: 7000-7007.

[95] Valera-Zaragoza M, Ramirez-Vargas E, Medelli-n-Rodriguez FJ, Huerta-Martinez BM. Thermal stability and flammability properties of heterophasic PP - EP/EVA/organoclay nanocomposites. Polym Degrad Stab 2006; 91: 1319-1325.

[96] Gilman J, Kashiwagi T, Brown J, Lomakin S, Giannelis E. Proceedings of the 43rd international SAMPE symposium, Anaheim, USA, May 31-June 4; 1998.

[97] Zhu J, Uhl FM, Morgan AB, Wilkie CA. Studies on the mechanism by which the formation of nanocomposites enhances thermal stability. Chem Mater 2001; 13: 4649-4654.

[98] Alexandre M, Dubois P. Polymer-layered silicate nanocomposites: preparation, properties and uses of a new class of materials. Mater Sci Eng 2000; 28: 1-63.

[99] Kotsilkova R, Petkova V, Pelovski Y. Thermal analysis of polymer–silicate nanocomposites. J Therm Anal Calorim 2001; 64: 591-598.

[100] Peterson JD, Vyazovkin S, Wight CA. Kinetics of the thermal and thermo - oxidative degradation of polystyrene polyethylene and poly(propylene). Macromol Chem Phys 2001; 202(6): 775-784.

[101] Wang Y, Chen F-B, Li Y-C, Wu K-C. Melt processing of polypropylene/clay nanocomposites modified with maleated polypropylene compatibilizers. Compos B Eng 2004; 35: 111-124.

[102] Zhu J, Morgan AB, Lamelas FJ, Wilkie CA. Fire properties of polystyrene - clay nanocomposites. Chem Mater 2001; 13: 3774-3780.

[103] Morawiec J, Pawlak A, Slouf M, Galeski A, Piorkowska E, Krasnikowa N. Preparation and properties of compatibilized LDPE/organo - modified montmorillonite nanocomposites. Eur Polym J 2005; 41: 1115-1122.

[104] Costache MC, Manias E, Wilkie CA. Preparation and characterization of poly(ethylene terephthalate)/ clay nanocomposite by melt blending using thermally stable surfactants. Polym Adv Technol 2006; 17: 764-771.

[105] Frounchi M, Dourbash A. Oxygen barrier properties of poly(ethylene trephthalate) nanocomposites films. Macromol Mater Eng 2009; 294: 68-74.

[106] Giraldi ALF, de M, Bizarri MTM, Silva AA, Velasco JI, d'Avila MA, et al. Effects of extrusion conditions on the properties of recycled poly(ethylene terephthalate)/nanoclay nanocomposites prepared by a twin-screw extruder. J Appl Polym Sci 2008; 108: 2252-2259.

[107] Bandypadhyay J, Ray SS, Bousmina M. Thermal and thermomechanical properties of poly(ethylene terephthalate) nanocomposites. J Ind Eng Chem 2007; 13: 614-623.

[108] Barber GD, Calhoun BH, Moore RB. Poly(ethylene terephthalate) ionomer based clay nanocomposites produced via melt extrusion. Polymer 2005; 4: 6706-6714.

[109] Raman C, Meneghetti P. Boron nitride finds new application in thermoplastic compounds. Plast Additives Compound 2008; 10(3): 26-29.

[110] Weidenfeller B, Hofer M, Schilling FR. Thermal conductivity, thermal diffusivity, and specific heat capacity of particle filled polypropylene. Composites A 2004; 35(4): 423-429.

[111] Zhou W, Wang C, Ai T, Wu K, Zhao F, Gu H. A novel fiber-reinforced polyethylene composite with added silicon nitride particle for enhanced thermal conductivity. Composites A 2009; 40(6-7): 830-836.

[112] Weidenfeller B, Hofer M, Schilling FR. Thermal and electrical properties of magnetite filled polymers. Composites A 2002; 33(8): 1041-1053.

[113] Zhou W, Qi S, Li H, Shao S. Study on insulating thermal conductivity BN/HDPE composites. Thermochim Acta 2007; 452(1): 36-42.

[114] Betega de Paiva L, Morales AR, Guimaraes TR. Structural and optical properties of polypropylene-montmo-

rillonite. Mater Sci Eng A 2007; 447: 261-265.

[115] Almeida LA, Marques MDFV, Dahmouche K. Synthesis of polypropylene/organoclaynanocomposites via in situ polymerization with improved thermal and dynamicmechanical properties. J Nanosci Nanotechnol 2015; 15(3): 2514-2522.

[116] Pal P, Kundu MK, Malas A, Das CK. Thermo mechanical properties of organically modified halloysite nanotubes/cyclic olefin copolymer composite. Polym Compos 2015; 36(5): 955-960.

[117] Toyonaga M, Chammingkwan P, Terano M, Taniike T. Well-defined polypropylene/polypropylene-grafted silica nanocomposites: roles of number and molecularweight of grafted chains on mechanistic reinforcement. Polymers 2016; 8: 300.

[118] Tootal Cray Valley Technical Update. 2016. Dymalink 9201-new additive for increasing the heat distortion temperature and modulus of PP. Retrieved from: www.crayvalley.com [accessed 09.09.16].

[119] Greene-Kelly R. In: Mackenzie RC, editor. The differential thermal investigation of clays. London: Mineralogical Society; 1957.

[120] Xie W, Gao Z, Liu K, Pan W-P, Vaia R, Hunter D, et al. Thermal characterization of organically modified montmorillonite. Thermochim Acta 2001; 367-368: 339-350.

[121] Zheng X, Wilkie CA. Polymeric nanocomposites based on poly(e-caprolactone)/clay hybrid: polystyrene, high impact polystyrene, ABS, polypropylene and polyethylene. Polym Degrad Stab 2003; 82: 441-450.

[122] Ding C, Jia D, He H, Guo B, Hong H. How organo-montmorillonite truly affects the structure and properties of polypropylene. Polym Test 2005; 24: 94-100.

[123] Lomakin SM, Dubnikova IL, Berezina SM, Zaikov GE. Kinetic study of polypropylene nanocomposite thermo-oxidative degradation. Polym Int 2005; 54: 999-1006.

[124] Mita I. In: Jellinek HHG, editor. Aspects of degradation and stabilization of polymers. Amsterdam: Elsevier; 1978. p. 1978.

[125] Wan C, Qiao X, Zhang Y, Zhang Y. Effect of different clay treatment on morphology and mechanical properties of PVC-clay nanocomposites. Polym Test 2003; 22(4): 453-461.

[126] Lee J, Takekoshi T, Giannelis EP. Fire retardant polyetherimide nanocomposites. Mater Res Soc Symp Proc 1997; 457: 513-518.

[127] Innes A, Innes J. Flame retardants. Handbook of environmental degradation of materials. Amsterdam: Elsevier; 2012 (Chapter 10).

[128] Tolinski M. Flame-retarding additivesChapter 5: additives for polyolefins. Amsterdam: Elsevier Inc; 2015 http://dx.doi.org/10.1016/B978-0-323-35884-2.00005-3.

[129] Wang B, Sheng H, Shi Y, Hu W, Hong N, Zeng W, et al. Recent advances for microencapsulation of flame retardant. Polym Degrad Stab 2015; 113: 96-109.

[130] Nie S, Zhang C, Peng C, Wang D-Y, Ding D, He Q. Study of the synergistic effect of nanoporous nickel phosphates on novel intumescent flame retardant polypropylene composites. J Spectrosc 2015; http://dx.doi.org/10.1155/2015/289298.

[131] Tan Y, Shao Z-B, Yu L-X, Xu Y-J, Rao W-H, Chen L, et al. Polyethyleneimine modified ammonium polyphosphate toward polyamine-hardener for epoxy resin: thermal stability, flame retardance and smoke suppression. Polym Degrad Stab 2016; 131: 62-70.

[132] Chen Y, Jia Z, Luo Y, Jia D, Li B. Environmentally friendly flame-retardant and its application in rigid polyurethane foam. Int J Polym Sci 2014; http://dx.doi.org/10.1155/2014/263716.

[133] Lai X, Qiu J, Li H, Zeng X, Tang S, Chen Y, et al. Flame-retardant and thermal degradation mechanism of caged phosphate charring agent with melamine pyrophosphate for polypropylene. Int J Polym Sci 2015; ht-

tp: //dx. doi. org/10. 1155/2015/360274.

[134] Theravalappil R. 2012. Polyolefin elastomers: a study on crosslinking, blends and composites. PhD Thesis. Tomas Bata University, Zlin.

[135] Kusmono M, Ishak ZA, Chow WS, Takeichi T, Rochmadi. Influence of SEBS-g-MA on morphology, mechanical, and thermal properties of PA6/PP/organoclay nanocomposites. Eur Polym J 2008; 44: 1023-1039.

[136] Dittrich B, Wartig K-A, Mülhaupt R, Schartel B. Flame-retardancy properties of intumescent ammonium poly(phosphate) and mineral filler magnesium hydroxide in combination with graphene. Polymers 2014; 6: 2875-2895.

[137] Arao Y. Chapter 2—Flame retardancy of polymer nanocomposite: flame retardants. Engineering materials. Switzerland: Springer International; 2015. Available from: http://dx. doi. org/10. 1007/978-3-319-03467-6_2.

[138] Lee Y. H. Foaming of wood flour/polyolefin/layered silicate composites. PhD Thesis. University of Toronto; 2008.

[139] Lee YH, Kuboki T, Park CB, Sain M, Kontopoulou M. The effects of clay dispersion on the mechanical, physical, and flame-retarding properties of wood fiber/polyethylene/clay nanocomposites. J Appl Polym Sci 2010; 118: 452-461.

[140] Chanprapanon W, Suppakarn N, Jarukumjorn K. Effect of organoclay types on mechanical properties and flammability of polypropylene/sisal fiber composites. ICCM 18—18th international conference on composite materials, Korea, 2126 August; 2011.

[141] Gallo E. 2009. Progress in polyesters flame retardancy: new halogen-free formulations. PhD Thesis. Universitá Degli Studi Di Napoli Federico II. Italy.

[142] Liu J, Xu J, Li K, Chen Y. Synthesis and application of a novel polyamide charring agent for halogen-free flame retardant polypropylene. Int J Polym Sci 2013; http://dx. doi. org/10. 1155/2013/616859.

[143] Bocz K, Krain T, Marosi G. Effect of particle size of additives on the flammability and mechanical properties of intumescent flame retarded polypropylene compounds. Int J Polym Sci 2015; http://dx. doi. org/10. 1155/2015/493710.

[144] Weil ED. Fire-protective and flame-retardant coatings—a state-of-the-art review. J Fire Sci 2011; 29: 259-296.

[145] Liang S, Neisius NM, Gaan S. Recent development in flame retardant polymeric coatings. Prog Org Coat 2013; 76: 1642-1655.

[146] Prasad AVR, Rao KM. Mechanical properties of natural fibre reinforced polyester composites: Jowar, Sisal and Bamboo. Mater Des 2011; 32: 4658-4663.

[147] Shubhra QTH, Alam AKMM, Quaiyyum MA. Mechanical properties of polypropylene composites: a review. J Thermoplast Compos Mater 2011; 26(3): 362-391.

[148] Ibrahim ID, Jamiru T, Sadiku ER, Kupolati FK, Agwuncha SC. Dependency of the mechanical properties of sisal fiber reinforced recycled polypropylene composites on fiber surface treatment, fiber content and nanoclay. J Polym Environ 2016; . Available from: http://dx. doi. org/10. 1007/s10924-016-0823-2.

[149] Ibrahim ID, Jamiru T, Sadiku ER, Kupolati FK, Agwuncha SC. Impact of surface modification and nanoparticle on sisal fiber reinforced polypropylene nanocomposites. J Nanotechnol 2016; http://dx. doi. org/10. 1155/2016/4235975.

[150] Khan RA, Khan MA, Zaman HU, Pervin S, Khan N, Sultana S, et al. Comparative studies of mechanical and interfacial properties between jute and E-glass fiber-reinforced polypropylene composites. J Reinforced

Plast Compos 2010; 29(7): 1078-1088.

[151] Thwe MM, Liao K. Durability of bamboo-glass fiber reinforced polymer matrix hybrid composites. Compos Sci Technol 2003; 63: 375-387.

[152] Gupta AK, Biswal M, Mohanty S, Nayak SK. Mechanical, thermal degradation, and flammability studies on surface modified sisal fiber reinforced recycled polypropylene composites. Adv Mech Eng 2012; . Available from: http://dx.doi.org/10.1155/2012/418031.

[153] Vaddi S. 2008. Flammability evaluation of glass fiber reinforced polypropylene and polyethylene with montmorillonite nanoclay additives. PhD Thesis. University of Alabama at Birmingham.

延 伸 阅 读

Fornes TD, Yoon PJ, Keskkula H, Paul DR. Nylon 6 nanocomposites: the effect of matrix molecular weight. Polymer 2001; 42: 9929-9940.

Hasegawa N, Kawusumi M, Kato M, Usuki A, Okada A. Preparation and mechanical properties of polypropylene-clay hybrids usinh a maleic anhybrid-modified polypropylene oligomer. J Appl Polym Sci 1998; 67: 87-92.

Hasegawu N, Okamoto H, Kawusami M, Kato M, Tsukigase A, Usaki A. Polyolefin-clay hybrid based on modified polyolefin and organic clay. Macromol Mater 2000; 289: 76-79.

Kawusami M, Hasegawu N, Kato M, Usaki A, Okada A. Preparation and mechanical properties of polypropylene-clay hybrids. Macromolecular 1997; 30: 6333-6338.

Ojijo V, Malwela T, Ray SS, Sadiku R. Unique isothermal crystallization phenomenon in the ternary blends of biopolymers polylactide and poly[(butylene succinate)-co-adipate] and nano-clay. Polymer 2012; 53: 505-518.

Qin H, Zhang S, Zhao C, Feng M, Yang M, Shu Z, et al. Thermal stability and flammability of polypropylene/montmorillonite composites. Polym Degrad Stab 2004; 85: 807-813.

Ray SS. 4. Processing and characterization. Clay-containing polymer nanocomposites: from fundamentals to real applications. Amsterdam: Elsevier B. V.; 2013. p. 67-170.

Selvakumar V, Manoharan N. Thermal properties of polypropylene/montmorillonite nanocomposites. Ind J Sci Technol 2004; 7: 136-139.

Sperling LH. 6. Crystalline state. Introduction to polymer science. New Jerssey: John Wiley & Son Inc; 2006.

Sperling LH. 14-Modern polymer topics. Introduction to polymer science. New Jerssey: John Wiley & Son Inc; 2006. p. 757-825.

Thwe MM, Liao K. Durability of bamboo-glass fiber reinforced polymer matrix hybrid composites. Compos Sci Technol 2003; 63(3): 375-387.

Xie W, Gao ZM, Pan WP, Hunter D, Singh A, Vaia RA. Chem Mater 2001; 13: 2979.

15 车用聚烯烃

Rotimi Sadiku[1], David Ibrahim[1], Oluranti Agboola[1,2], Shesan J. Owonubi[1,3],
Victoria O. Fasiku[3], Williams K. Kupolati[1], Tamba Jamiru[1], Azunna A. Eze[1],
Oludaisi S. Adekomaya[1], Kokkarachedu Varaprasad[1,4], Stephen C. Agwuncha[1],
Abbavaram B. Reddy[1], Bandla Manjula[1], Bilainu Oboirien[5], Clara Nkuna[1],
Mbuso Dludlu[1], Adetona Adeyeye[1], Tobi S. Osholana[1], Goitse Phiri[1],
Olayinka Durowoju[1], Peter A. Olubambi[6], Frank Biotidara[7],
Mercy Ramakokovhu[1], Brendon Shongwe[1], Vincent Ojijo[8]

(1. 南非茨瓦尼理工大学；2. 南非大学；3. 南非西北大学；4. 智利高聚物研究中心；
5. 南非科学与工业研究理事会材料科学部；6. 南非约翰内斯堡大学；
7. 尼日利亚雅巴理工学院；8. 南非科学与工业研究理事会)

15.1 聚烯烃树脂及其通用性能

聚烯烃是由具有一个或多个烯烃基团的烃类分子衍生的聚合物，在过去的35年中，由于技术上的突破（如Basell的釜内合金工艺技术），拓展了聚烯烃的属性和应用范围，用于汽车工业的聚烯烃材料的数量有了巨大的增长。通常，术语聚烯烃是指衍生自乙烯、丙烯和其他α-烯烃、异丁烯、环烯烃和丁二烯以及其他二烯烃的聚合物。聚烯烃是最大的一类热塑性塑料。聚烯烃原指"油状物"，表示这类材料具有油类的性状或蜡质感。

聚烯烃仅由碳原子和氢原子组成，属于非芳香型化合物。其加工通常采用挤出成型、注塑成型、吹塑成型或旋转成型等方法。所有聚烯烃的共同特征在于它们都是非极性、无孔的，并且它们的低能表面在无特殊氧化预处理的情况下无法让油墨和漆附着。聚乙烯和聚丙烯是最重要和最常见的两种聚烯烃，它们由于成本低、应用范围宽而广受欢迎。

聚烯烃由半结晶和无定形均聚物以及共聚物组成，分为通用塑料、工程塑料和弹性体。它们的化学结构、分子量、立构规整性和结晶度在某些情况下差异显著。这些聚合物采用多种工艺制造，通常是在160~360℃经由乙烯的自由基聚合；用齐格勒-纳塔催化剂、氧化铬催化剂和茂金属催化剂在烃类浆料、纯单体、溶液或气相中进行的催化聚合[1-6]。聚烯烃用途较广，但本章的重点将放在它们在汽车领域的使用情况。

聚烯烃具有多功能的特性[7]，这使得聚烯烃制品约占世界塑料消费量的一半。表15.1提供了用于汽车生产的聚合物的总量。图15.1显示了热塑性塑料在汽车内部使用的比例，其中聚丙烯的使用率约为50%。

表 15.1 汽车零件用聚合物组分[8]

部件	主要塑料类型	平均质量(kg)
保险杠	PP、ABS、PC	10
座椅	PUR、PP、PVC、ABS、PA	13
仪表板	PP、ABS、PA、PC、PE	15
燃油系统	PE、POM、PA、PP	7
车身(包括车身板)	PP、PPE、PBT	6
内饰	PP、ABS、PET、POM、PVC	20
电气元件	PP、PE、PBT、PA、PVC	7
照明	PP、PC、ABS、PMMA、UP	5.0
室内装饰	PVC、PUR、PP、PE	8.0
外饰	ABS、PA、PBT、ASA、PP	4
发动机罩下部件	ABS、PA、PBT、ASA、PP	9
其他承件	PP、PE、PA	1.0
合计		105

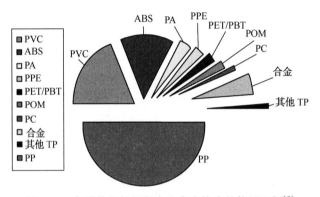

图 15.1 各种热塑性塑料在汽车内饰中的使用比例[7]

均聚物一般由乙烯、丙烯、丁烯和甲基戊烯等单体聚合而成;其他烯烃单体、如戊烯、己烯和辛烯用于制备共聚物。线型 α-烯烃是一系列重要的工业原料,包括 1-丁烯、1-己烯、1-辛烯、1-癸烯、1-十二碳烯、1-十四烯、1-十六碳烯、1-十八烯,以及更高的 C_{20}、C_{20}—C_{24},C_{24}—C_{30} 及 C_{20}—C_{30} 的共混物。

15.1.1 1-丁烯(丁烯)

丁烯有 4 种异构体,它们的化学式都是 C_4H_8,但结构不同,异构体的名称分别是 1-丁烯(α-丁烯)、顺-2-丁烯(顺-β-丁烯)、反-2-丁烯(反-β-丁烯)和 2-甲基丙烯(异丁烯)。由于双键的存在,这些四碳烯烃可以在聚合物的合成过程中充当单体,也可以作为石油化学中间体另作他用。丁烯可用于生产合成橡胶。1-丁烯是线型的 α-烯烃,异丁烯是支化的 α-烯烃。1-丁烯经常作为共聚单体之一,与其他 α-烯烃一起用于生产高密度聚乙烯和线型低密度聚乙烯。丁基橡胶是由异丁烯与 2%~7% 异戊二烯进行阳离子聚合制得的。异丁烯还用于生产甲基叔丁基醚(MTBE)和异辛烷,这两种产品都能提高车用汽油的辛烷值/燃烧率。

15.1.2　1-己烯和1-辛烯

1-己烯和1-辛烯的化学式分别为C_6H_{12}和C_8H_{16}，它们是α-烯烃，双键位于紧邻端基的α位，此类化合物有更高的反应活性和特定的化学性质。它们是工业上重要的线型α-烯烃。这两种烯烃的主要用途是作为共聚单体生产聚乙烯。高密度聚乙烯和线型低密度聚乙烯中的此类共聚单体用量分别为2%~4%和8%~10%。

烯烃类聚合物的化学和电学性质相似，但它们的晶体结构差异较大，强度特性随结晶的类型和程度而变化，拉伸强度、弯曲强度和冲击强度迥异，抗应力开裂性和有效使用温度范围也随材料的结晶情况而变化。

己烯和辛烯类聚合物还可作为珠粒，用于生产低密度发泡材料，与传统的聚苯乙烯(PS)发泡材料相比，此类发泡材料的弹性和能量吸收(EA)特性优异。用作可模压珠粒的聚合物包括聚乙烯、聚丙烯和聚乙烯/聚苯乙烯共聚物合金，用于加工可发性聚苯乙烯(EPS)的方法也可用于加工聚烯烃珠粒。在珠粒膨胀(通常是固体树脂的40倍)之后，将它们导入模具中，进一步加热后粒子变软、膨胀，之后融合形成一个均匀、无空隙、封闭的单元形状。成型后，通常需要退火并以50~70℃储存以稳定泡沫的形状和尺寸。由于空气占此类泡沫材料90%的体积，泡沫形状的固定性较实心模型略差。聚烯烃类聚合物的泡沫材料主要用于缓冲、隔热，以及为复合材料部件提供轻质高刚基材。

聚乙烯和聚丙烯泡沫材料还可用于易碎品和贵重产品，如电子或汽车部件的缓冲包装。聚乙烯/聚苯乙烯合金泡沫韧性优异，因而能被用作再循环材料。聚烯烃族的两类主要树脂是聚乙烯和聚丙烯，此外还包括乙烯-醋酸乙烯酯(EVA)、离子交联聚合物、聚丁烯、聚甲基戊烯和聚双环戊二烯等。

聚烯烃在汽车内饰等应用领域是取代聚氯乙烯(PVC)的理想替代物；聚烯烃在低/中/高压电线电缆材料领域，是功能聚烯烃[如乙烯-醋酸乙烯酯、聚乙烯(低密度聚乙烯、线型低密度聚乙烯、高密度聚乙烯)、乙烯-丙烯酸丁酯、乙烯-丙烯酸甲酯(EMA)及其共聚物]的理想替代物。在电线电缆领域，可以将聚烯烃通过添加氢氧化铝(ATH)和氢氧化镁[$Mg(OH)_2$]等填料进行偶联来制备无卤素、阻燃性好的电线和电缆。在文献报道的此类配方中，在线型低密度聚乙烯/乙烯-醋酸乙烯酯基体中，氢氧化铝的添加量可以高达65%。

15.2　聚烯烃的种类

本章将会对聚烯烃及其复合材料在汽车中的用途进行评述。聚丙烯和聚乙烯是两类最主要的聚烯烃，它们可以根据应用领域和生产方法进一步细分。生产聚烯烃的三要素为催化剂或引发体系、单体或共聚单体、聚合反应器。表15.2列出了聚合催化剂的类型以及其开发的时间。

表15.2　聚合催化剂类型及开发时间

催化剂	齐格勒-纳塔	菲利普	茂金属	后过渡
年代	20世纪50年代	20世纪50年代	20世纪80年代	20世纪90年代

15.2.1 聚乙烯

聚乙烯是以乙烯为主要组分的均聚物或共聚物,它是世界上消耗量最大的聚合物,并且与其他聚合物和替代材料(如玻璃、金属或纸张)相比,它具有多功能和高性能的特点。聚乙烯是具有低/中等强度和高韧性的半结晶聚合物,其刚度、屈服强度和热性能以及力学性能随着结晶度的增加而增加[9],韧性和极限拉伸强度随分子量的增加而增加。聚乙烯具有优异的低温韧性。聚乙烯价格便宜,并且适用于多种制造工艺,因而用途广泛。从化学角度讲,聚乙烯对溶剂、酸和碱具有很高的耐受性。聚乙烯具有良好的介电和阻隔性能。它被用于许多家居用品、薄膜、模塑制品和涂料中。

共聚单体含量为25%~60%的乙烯共聚弹性体(按质量计)可用于共混改性;丙烯是应用最多的共聚单体,用来与乙烯共聚合成乙丙橡胶(EPR)。除丙烯外,有时引入少量的二烯,形成三元共聚物。含有乙丙橡胶和三元共聚物的产品在汽车领域有许多用途,如保险杠、面板、仪表盘、方向盘以及各种内饰。

按量计算,目前使用量最大的热塑性聚烯烃是聚乙烯,其材料性能随质量等级而异,有柔性、刚性、抗低温冲击性、耐撕裂、高透明或半透明的各种等级;聚乙烯材料的使用温度为-15~110℃。它们一般具有良好的韧性、优异的耐化学性和电性能、低的摩擦系数、较低(接近零)的吸湿性,并且它们的易加工性使得聚乙烯聚合物在许多应用中属于首选材料。当聚合单体主要是乙烯时,得到聚乙烯的均聚物或共聚物。

高压低密度聚乙烯的密度为 $0.910 \sim 0.940 \text{g/cm}^3$。而线型低密度聚乙烯是由低压聚合工艺生产的聚乙烯的共聚物。高密度聚乙烯的密度范围为 $0.940 \sim 0.965 \text{g/cm}^3$。高密度聚乙烯一般由聚亚甲基$(CH_2)_n$主链组成,无侧链来干扰结晶,而线型低密度聚乙烯则含有侧链,其侧链长度取决于所使用的共聚单体。

Equistar 化学公司设计的两种黏结层用树脂可应用于不同类型的阻隔共挤出工艺[10]。PrPar PX360E 是一种用于吹塑油箱的酸酐改性线型低密度聚乙烯。据报道,其高黏合强度有助于使乙烯-乙烯醇(EVOH)阻隔层的性能最大化,以满足燃料排放的严苛要求。另一种产品 Plexar PX 1164 是一种用于包装的酸酐改性乙烯-醋酸乙烯酯。它是将尼龙和乙烯-乙烯醇黏合到聚苯乙烯(PS)、聚对苯二甲酸丁二醇酯(PBT)和聚对苯二甲酸乙二醇酯(PET)上。据报道,它对乙烯-醋酸乙烯酯、EMA、离子交联聚合物、聚丙烯、金属和纸张均具有良好的黏结性。

聚乙烯类聚合物应用广泛。高密度聚乙烯用于皮卡车篷罩和汽车油箱。橡胶类乙烯共聚物通常以复合共混的形式使用,其共聚单体含量范围为25%~60%(质量分数);丙烯是使用最为广泛的共聚单体,通常用来合成乙丙橡胶;除丙烯外,还有用少量二烯合成三元共聚物。含有乙丙橡胶和三元共聚物的产品在汽车零部件中有许多用途,例如保险杠、仪表盘、控制面板、方向盘及其他内饰。

15.2.2 聚乙烯的分类

聚乙烯通常根据密度进行分类。

15.2.2.1 超高分子量聚乙烯和高分子量聚乙烯

该类聚乙烯分子量通常达到数百万,一般在300万~580万之间。由于分子量高,链段进入晶区规整排列的效率较低,因此超高分子量聚乙烯的密度也是小于高密度聚乙烯的,超高分子量聚乙烯的密度一般约为 $0.930g/cm^3$。高分子量使得材料的韧性非常强。超高分子量聚乙烯可以通过包括齐格勒催化技术在内的多种催化技术制备。由于超高分子量聚乙烯具有出色的韧性、耐磨性和优异的耐化学性,其应用广泛而多样化。超高分子量聚乙烯可以安全有效地应用于机器零件、运动部件、轴承、齿轮和人工关节等。

15.2.2.2 高密度聚乙烯

高密度聚乙烯通常由聚亚甲基$(CH_2)_n$链组成,没有或很少有侧链破坏其结晶。密度为 $0.941g/cm^3$(高密度聚乙烯密度通常在 $0.941\sim0.967g/cm^3$ 之间)的聚乙烯就可称为高密度聚乙烯。高密度聚乙烯具有低支化度,因此显示出较强的分子间作用力和拉伸强度。铬-二氧化硅催化剂,齐格勒-纳塔催化剂和茂金属催化剂均可用于生产高密度聚乙烯。可以通过适当选择催化剂(例如铬系催化剂或齐格勒-纳塔催化剂)和反应条件来实现低支化。最近许多研究都集中于聚乙烯中长支链的特性及分布[11-12]。在高密度聚乙烯中,这些支链(平均每 100 或 1000 个主碳原子对应一个支链)可以显著影响聚合物的流变性能。高密度聚乙烯在汽车燃油箱和皮卡篷罩上的应用与本章内容密切相关。

15.2.2.3 高密度交联聚乙烯和交联聚乙烯

高密度交联聚乙烯(HDXLPE)和交联聚乙烯(XPE)是含有交联键的高密度聚乙烯或中密度聚乙烯。将交联键引入聚合物结构中以后,可以将热塑性塑料变成弹性体。引入交联键之后,聚合物的高温性能可以得到改善,流动性降低,耐化学性会增强。交联聚乙烯用于一些便携式水管系统时,它可以在膨胀之后紧密包裹金属管嘴,之后逐步恢复到原来的形状,因此管路连接处性能稳固、水密性较好。

15.2.2.4 中密度聚乙烯

中密度聚乙烯(MDPE)是密度范围为 $0.925\sim0.940g/cm^3$ 的聚乙烯。铬-二氧化硅催化剂、齐格勒-纳塔催化剂或茂金属催化剂均可用于中密度聚乙烯生产。中密度聚乙烯具有良好的抗冲击和抗跌落性能。高密度聚乙烯比中密度聚乙烯更具缺口敏感性,但后者具有更好的抗应力开裂性。中密度聚乙烯通常用于生产气体管道和配件、袋子、收缩膜、包装膜、载体袋和螺旋盖等。

15.2.2.5 低密度聚乙烯

低密度聚乙烯是通过自由基聚合制备的。低密度聚乙烯短链/长链的支化度较高,链段在晶体结构中无法紧密排列,因此低密度聚乙烯密度较低($0.910\sim0.940g/cm^3$)。由于低密度聚乙烯瞬时偶极—偶极相互作用较低,分子间相互作用力较弱,因此低密度聚乙烯具有低强度和较好的延展性。高支化度使熔融低密度聚乙烯具有独特且理想的流动性。它被广泛应用于刚性容器和塑料薄膜领域,如塑料袋、管道和薄膜包装[13]。

15.2.2.6 线型低密度聚乙烯

线型低密度聚乙烯是通过低压聚合方法生产的聚乙烯线型共聚物,它含有大量短支链作为侧链,其侧链长度取决于聚合中使用的共聚单体。线型低密度聚乙烯的密度为 $0.910\sim0.920g/cm^3$。线型低密度聚乙烯通常是由乙烯与短链 α-烯烃(例如,1-丁烯、1-己烯和1-辛烯)共聚合而制备的。线型低密度聚乙烯比低密度聚乙烯具有更高的拉伸强度、抗冲击性和抗穿刺性，以及更好的耐环境应力开裂性。线型低密度聚乙烯比低密度聚乙烯较难加工；但由于线型低密度聚乙烯薄膜厚度较低，其更易通过吹膜生产薄膜类产品。线型低密度聚乙烯的韧性、柔软性和相对透明性较好，它主要用于包装（如包装袋或片材），还广泛用于电缆覆盖物（包括用于汽车电缆覆盖物）、玩具、盖子、桶、管道和容器等[14]。

15.2.2.7 极低密度聚乙烯

极低密度聚乙烯（VLDPE）的密度非常低，一般定义在 $0.880 \sim 0.910 \text{g/cm}^3$ 的范围内。它是一种具有极高短支链含量的线型聚合物，通常通过乙烯与短链 α-烯烃（例如，1-丁烯、1-己烯和1-辛烯）共聚来生产，类似于线型低密度聚乙烯。为了实现共聚单体的高含量，极低密度聚乙烯通常由茂金属催化剂生产获得[1]。极低密度聚乙烯可用于软管和管道、冰袋和冷冻食品袋、食品包装和拉伸包装。当与其他聚合物混合时，极低密度聚乙烯也可以用作冲击改性剂。

高性能塑料的特性与传统的聚乙烯有很大的不同。交联聚乙烯是通过辐照或化学处理产生的特殊等级的产品，具有非常好的耐热性和较高的强度，基本上成为热固性材料。

15.2.2.8 超高分子量聚乙烯在汽车中的应用

通过直接在表面涂覆丙烯酸或弹性胶黏剂可获得超高分子量聚乙烯汽车减噪带，此类具有塑钢表面的材料，即使在特殊的形状下，也可以在减少噪声的同时极耐磨损。由超高分子量聚乙烯制成的 DeWAL 减噪带具有出色的耐磨性和极其光滑的表面，常用于汽车仪表盘、发动机舱、行李箱、汽车内饰衬里和汽车外饰等。

轴承是支撑转轴或其他旋转件的零件，它引导旋转运动，并承受传递给支架的负荷；根据摩擦性质不同，轴承可分为滚动轴承和滑动轴承两大类。最初的轴承一般是木制的，后来逐步使用陶瓷、蓝宝石或玻璃等材料制备，现在钢、青铜以及其他金属和塑料（例如，尼龙、聚甲醛、聚四氟乙烯、超高分子量聚乙烯）也很常见，并且它们在汽车领域很容易实现应用。Kurtz[15]报道，超高分子量聚乙烯除了用于保险杠外，还用于自卸货车的内衬。在世界范围内，90%以上的超高分子量聚乙烯应用于工业领域。

15.2.2.9 高密度聚乙烯在汽车中的应用

高密度聚乙烯和30%的玻璃纤维增强高密度聚乙烯具有成本低、耐燃油性优良和易于加工的特点，因此它们被用于制造燃料箱。来自福特供应商伟世通公司的热成型燃料箱是对传统吹塑燃料箱制造的重大突破。热成型技术使汽车制造商在成型更复杂形状的燃料箱时，具有更大的灵活性。油箱组件，如翻转阀和燃料发送单元也可以实现内置化，而这种结构有助于满足低排放规定的要求。

为了限制蒸气向大气中排放，燃料箱一般采用多层结构。多层乙烯-乙烯醇是一种易于回收和可模塑成型为复杂形状的结构材料，它是氟化高密度聚乙烯或金属箱的理想替代品。应用于该领域的树脂通常具有优异的黏合性和力学性能，并且对不同类型的燃料具有出色的耐受性。

油箱是发动机系统的一部分，在这个系统中，燃料被储存并释放到发动机中。从丁烷打火机的小型塑料罐到航天飞机多室低温外部储罐，油箱的尺寸和复杂程度各不相同。对于不同的汽车，必须开发特定的燃料系统。燃料箱结构具有复杂的几何形状，因为它们要优化汽车结构，并实现汽车所需的燃油容量。此外，对于特定的汽车模型，不同版本的燃料系统架构必须使用不同的组件来开发，这取决于汽车的类型、燃料的类型（汽油或柴油）、喷嘴模型，以及汽车将要行驶的区域。制造汽车油箱有两种技术。高密度聚乙烯燃料箱是通过吹塑成型生产的，它还显示出了优异的燃料低排放的效能。随着部分零排放汽车的出现，这种技术得到越来越多的应用。金属（钢或铝）燃料箱是用冲压薄板焊接而成的，尽管这项技术在限制燃料排放方面非常出色，但它缺乏竞争力。高密度聚乙烯是一种由石油制成的聚乙烯热塑性塑料，每制造1kg高密度聚乙烯需要消耗1.75kg石油。

埃克森美孚化学公司生产的高分子量高密度聚乙烯树脂用于第一代共挤多层燃料箱的研制。这些树脂具有质轻、耐腐蚀、强度高和柔韧性好的特点，是燃料箱和其他大型吹塑应用的"理想"材料。此外，Basell的Lupolen PE树脂也是生产塑料燃料箱的很好的原料。高密度聚乙烯均聚物和30%玻璃纤维增强聚乙烯具有优良的耐燃油性能、低成本、易加工等优点，对汽车油箱的应用具有重要意义。

15.3 乙烯共聚物

除α-烯烃外，可产生离子自由基的各种其他共聚单体和离子组分也可与乙烯共聚。最常见的实例包括醋酸乙烯酯（VA）（所得产品是乙烯-醋酸乙烯酯共聚物，其广泛用于运动鞋底泡沫、柔性软管、软包装、薄膜、鞋类部件、汽车保险杠）和各种丙烯酸酯。此类产品可用于生产包装、绝缘和体育用品等[16-18]。

15.3.1 乙烯-醋酸乙烯酯共聚物在汽车中的应用

具有中等醋酸乙烯酯含量的Dupont Elvax树脂可用作半导体屏蔽以及汽车主线和电动机引线。较高的醋酸乙烯酯等级可用于坚固耐热的夹套，用于汽车点火和低烟电缆，或用作可剥离的半导体绝缘屏蔽层。乙烯-醋酸乙烯酯/交联聚乙烯泡沫板已用于以下汽车零部件：汽车内顶、遮阳板、滑动饰板、门饰板、垫圈和座椅。将醋酸乙烯酯共聚物加入聚乙烯主链中有3个主要作用：(1)通过共聚物的摩尔比调控聚乙烯结晶度的下降程度；(2)改变溶解度；(3)逐渐提高共聚物的玻璃化转变温度[19]。

乙烯-醋酸乙烯酯可用于预涂地毯背面固定纤维束，或制成乙烯-醋酸乙烯酯/交联聚乙烯泡沫来生产内侧饰板和遮阳板的片材。Ateva生产的乙烯-醋酸乙烯酯和低密度聚乙烯聚合物越来越多地用于汽车领域，如地毯背衬和降噪材料。它们用于预涂地毯背面，以将纤维束锁定在载体布上。在这种应用中，为了使聚合物的黏结强度和内聚强度达到良好的平衡，通常选用熔体指数高的乙烯-醋酸乙烯酯（醋酸乙烯酯含量18%）或低密度聚乙烯聚合物。较高的熔体指数有助于涂料穿透地毯纤维的熔体，增加醋酸乙烯酯含量可以获得更高的附着力，进而改善地毯的耐磨损性能。高度填充（填充物质量可达80%）的弹性组合物在抑制振动和吸收声音方面（用作减震材料和消声材料）效果显著。乙烯-醋酸乙烯酯具有良好的吸音性，与许多基材的附着力好。高填充乙烯-醋酸乙烯酯被用作减震消音材料，通常装在汽车地毯下面，用作引擎和车舱之间的隔音屏障，乙烯-醋酸乙烯酯有时是直接挤压到预涂层上成型的。用于填充的化合物同样要求具有较好的隔音性能、热成型和在较宽温度范围内良好的柔韧性。高醋酸乙烯酯含量的乙烯-醋酸乙烯酯是一种理想的基础树脂，它与填充物具有良好的相容性。类似的组合物也被制成较小的单个隔音组件，放置在汽车的高噪声区域，包括翼子板区域、门内侧或仪表盘下方。垫片是乙烯-醋酸乙烯酯共聚物的另一种汽车应用。通过乙烯-醋酸乙烯酯共混交联或发泡制备的材料,具有类似橡胶的性质,并且耐热性和耐臭氧性好,应用越来越广泛。

15.3.2 乙二醇

乙二醇(单乙二醇或乙烷-1,2-二醇)是具有两个—OH基团的醇(二醇),是一种广泛用作汽车防冻剂的化合物。乙二醇纯净物无味、无色,糖浆状,带有甜味。乙二醇有毒,意外摄入应医疗急救。乙二醇的主要用途是作为汽车和个人计算机中的冷却剂或防冻剂。由于其凝固点低,它还可用作挡风玻璃的除冰液。在最近的研究中,Selvam等[20]阐释了如何将石墨烯用作对流传热的介质来增强乙二醇的导热性。An和Chen[21]也报道了将乙二醇作为燃料电池用于可持续能源生产。乙二醇在塑料工业中发挥重要作用,可用于生产聚酯纤维和树脂,其中包括用于制造软饮料塑料瓶的聚对苯二甲酸乙二醇酯。乙二醇的抗冻性能使其成为生物组织和器官低温储存材料的重要组成部分。它还用在电容器上,作为制造1,4-二噁英的化学中间体,以及作为电脑液冷系统中的添加剂。乙二醇也用于一些疫苗的生产,但它本身并不加入这些注射液中。它也被用作鞋油以及一些油墨和染料的添加组分(1%~2%)。

15.4 聚丙烯及其复合材料

聚丙烯是一种均聚烯烃工程塑料,具有高纯度和优良的耐化学性,其力学性能优于其他聚烯烃材料。聚丙烯是所有商用塑料中最轻的,它的密度低,性能均衡度好,在85℃以下可以安全使用,而且对许多化学物质具有较好的耐腐蚀性。它具有高表面硬度和优异的耐磨性[22-26]。聚丙烯为当今汽车行业面临的众多挑战提供了创新解决方案。使用聚丙烯可以实现具有成本效益和创新性的设计理念,从而提高乘客的安全性。其质轻的特点(与传统材料相比),显著提高了燃料经济性,降低了材料成本。其卓越的抗噪声/振动和耐磨性(NVH)有助于提高乘客的舒适性。因此,聚丙烯已成为汽车中最重要的热塑性材料,平均生产一辆车消耗55kg左右的聚丙烯。商业聚丙烯均聚物通常是等规构型,具有高分子量,为半结晶固体,熔点范围为160~165℃,密度为0.90~0.91g/cm³。它具有出色的刚度和抗拉强度。聚丙烯均聚物具有中等的冲击强度(韧性)、优异的力学性能和低导电性,在较宽温度范围内密度都较低。与乙烯一样,丙烯从油及其他烃类原料的裂解中大量生产,因而成本较低。低分子量的聚丙烯树脂用于纺黏纤维和熔喷纤维的制备以及注塑。聚丙烯树脂用于挤出和吹塑工艺时,可制作流延、拉伸取向薄膜等。在聚丙烯中加入稳定剂,可防止氧、紫外线和热降解对聚丙烯的破坏。添加其他添加剂,以改善树脂透明度、阻燃性或耐辐射性等。聚丙烯均聚物、无规共聚物和抗冲共聚物用于汽车部件和电池外壳、地毯、电气绝缘、纤维和织物等产品。在3种类型的聚丙烯中,等规聚丙烯是最为广泛使用的[27]。聚丙烯还有间规和无规两种异构形式。

15.4.1 聚丙烯和聚丙烯复合材料在汽车中的应用(包括基于聚丙烯的TPO)

玻璃纤维改性的PP-GF产品的潜在应用包括:前端模块、电池支架、变速箱/支架、仪表盘(IP)、载流子、车身面板加固件、车身气动盖、电子箱、踏板及其支撑、车门面板载流子和车门模块、保险杠梁、挡板加长件、车轮盖、轮毂盖、灯罩、格栅、引擎盖下蓄水池和车轮的装饰环等[27]。该类产品尺寸稳定性好,抗冲击能力强。通常可提高PP-GF材料的热稳定性和改善其抗应力致白性能,可以使该类材料满足电池领域的应用需求。由于可用于汽车领域的热塑性塑料种类繁多,因此,须根据标的物的用途来对材料加以区别。车用树脂的重点是烯烃基热塑性塑料,此外还包括酯基热塑性塑料和酰氨基热塑性塑料。一般来说,任何能被制成承重形状的热塑性材料,如钢铁或木材,都可归入工程或特种热塑性材料。陶氏公司在最近的研究中报道了通过无涂饰黏合剂将聚烯烃(尤其是聚丙烯)和金属结合在一起,制备复合物。与传统材料(陶瓷、金属钢和铝)相比,它们具有众多优点,包括低密度、低能耗、低加工成本、较强的复杂形状的成型能力以及可回收性。

三井化学推出了以UNISTOLE-R为代表的聚烯烃底漆和黏合剂,该产品是一种分散在烃基溶剂中的改性聚烯烃。它可用作将金属黏合到聚烯烃上的黏合剂,对各种金属具有优异的黏合性和优异的耐热性。其应用包括可作为金属涂层剂(黏结金属和聚丙烯挤出型材,各种汽车零部件),或作为改性剂被添加到油漆、黏合剂和印刷油墨中,来改善材料对聚丙烯的黏合性。此外,UNISTOLE-P液体底漆可有效涂覆聚丙烯(保险杠、前格栅、挡泥板)等汽车外饰件。表15.3提供了聚丙烯与各种Mitsui Unistole黏合剂和不同金属的剥离强度。

表15.3 聚丙烯与不同类型金属的黏合潜力(剥离强度)

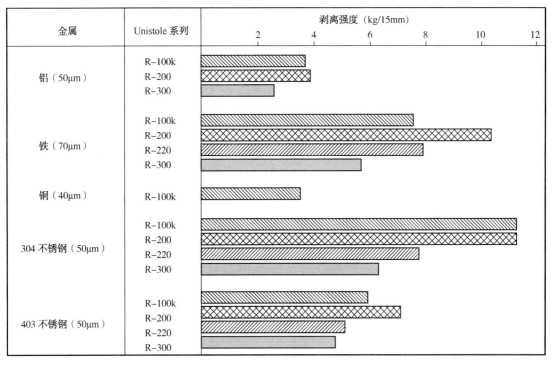

来源:三井化学。

根据Quadrant塑料复合材料公司[28]报道,他们首次用金属/塑料混合材料作为仪表盘支架取代了冲压和焊接成型的钢材。Lyu和Choi[8]报道,插入式注塑是热塑性塑料与金属结合的常用方法,而反应式注塑(RIM)是热固性塑料/金属材料混合的常用方法。树脂传递模塑法同样适用于热固性塑料和金属杂化。金属/塑料混合物一般通过一体式设计用于汽车生产线上,该方法将钢制车辆横梁与压缩成型的聚丙烯玻璃纤维垫热塑性(GMT)板材相结合,福特、沃尔沃和马自达等均有采用。在此之前,一般通过注塑成型的方法将金属/塑料混合物用于制造汽车前端部件。此种模制件集成了空气导管、安全气囊支撑件、转向柱支撑件和膝垫。

15.4.2 工程填充聚丙烯

工程填充聚丙烯(EFPP)是由滑石粉、碳酸钙、玻璃纤维和云母填充聚丙烯制成的。与聚丙烯基材相比,工程填充聚丙烯的力学性能、化学性能、环境性能和电气性能都得到了改善。由于其性能的改进,EFPP 被广泛应用于各种工业领域,如汽车、家用电器和工业部件。它的应用是基于对金属、木材、陶瓷和玻璃的替代。其汽车应用包括用作车辆内部组件(支柱、控制台、扶手等)、加热器外壳、空气滤清器主体和其他具有美学改观的内饰部件、仪表盘部件、高弹性保险杠、高刚度和自支撑保险杠、插头、发动机风扇、轮罩装饰、方向盘套、一体式仪表盘、整流罩连杆盖、装饰板、散热器集管、发动机风扇、加热器挡板等。聚烯烃增强复合材料因其良好的性能和经济价值,在包括汽车在内的众多领域得到了广泛的应用。

在汽车行业,由聚丙烯复合材料制成的外部、内部和引擎盖下的部件越来越多地取代金属部件,随之而来的是材料性能改善、汽车重量减轻、可靠性和外观美观度提高。聚丙烯、其他 TPOs 以及聚丙烯和合成弹性体的共混物都是这一领域常用到的材料[25]。

聚丙烯均聚物(纯树脂)通常具有良好的强度,但刚度不足限制了其在许多领域中的应用。通过在聚丙烯中添加弹性体形成的 TPO,在冲击强度增加的同时,弯曲模量(刚度的量度)会受到影响[10,28-30]。在均聚物和 TPO 中加入极细或超细滑石粉,可以大大改善这种对刚度的不利影响。TPO 在保险杠筋膜、翼子板、挡泥板、防护模具等方面有广泛的应用。

滑石粉越细,复合材料弯曲模量的提高幅度越大,其原有的冲击强度也会保持得越好。通过改变滑石粉的尺寸、滑石粉和弹性体的添加量可以调控材料性能,最终得到特定应用所需的刚度和冲击强度均衡的材料。通常用填料和纤维增强改性的聚烯烃主要是聚丙烯,聚乙烯用量仅次于它[31-34]。

由埃克森美孚公司生产的各种性能优异的聚丙烯复合材料,因其美观度高和力学性能突出,被应用于标致雪铁龙汽车产品的门板和上下饰边线。热塑性弹性体(TPE)与长纤维增强的聚丙烯是生产汽车零部件的两大热门产品,纳米 TPE 复合材料也在该领域有应用。戴姆勒—克莱斯勒在生产一种车身外部部件(汽车备用车轮盖盘)时,第一次引入了天然纤维——蕉麻(一类芭蕉科植物)。戴姆勒-克莱斯勒申请了一种由聚丙烯和30%切碎的蕉麻纤维组成的用于汽车成型的复合材料的专利。

汽车制造商逐渐倾向于采用聚丙烯基材料生产汽车的零部件,如汽车仪表盘、门板、筋膜和(内部和外部)饰边,这使得聚丙烯和 TPO 类的新材料发展非常迅速。蒙特尔聚烯烃公司[35]发明了可用于车门和汽车仪表盘的烯烃类材料,包括柔软的表面材料和刚性突出的衬底材料。Fung 和 Hardcastle[36]研究了一系列柔软的 TPO 表层材料,这些材料可以先挤出或压光,然后进行热成型、支撑架注塑或搪塑成型。图 15.2 显示了汽车零部件的详细情况,其中聚丙烯(及纤维增强聚丙烯复合材料)和 TPO 的应用最为突出。

与未改性的聚丙烯均聚物相比,聚丙烯共聚物(热塑性塑料)即使在低温下也具有良好的冲击性能，并且断裂伸长率还略微增加。然而，与未改性的聚丙烯均聚物相比，它具有低刚度和低强度、较低的流动性和较高的模塑收缩率[25]。聚丙烯共聚物适用于汽车电池盒和保险杠。彩色聚丙烯适用于门板、支柱、镶边和灯罩等领域。

10%~20%玻璃纤维增强的聚丙烯热塑性塑料具有优异的抗冲击性、较好的刚度和相对较低的生产成本，密度低，耐化学性好。它适用于汽车内外饰的制造，包括仪表盘、保险杠和一些外部装饰。30%~40%玻璃纤维增强聚丙烯的生产成本相对较低，加工性能优异。它具有良好的抗冲击性和出色的刚度，适用于汽车内饰部件（包括仪表盘等）和外部部件（包括保险杠系统和其他外饰）。20%玻璃纤维增强聚丙烯比未改性的聚丙烯具有更好的拉伸强度、弯曲模量、热变形温度和尺寸稳定性，但与未改性共聚聚丙烯相比，其拉伸强度和缺口冲击强度略有降低。它用于汽车保险杠、扰流器和侧护条。

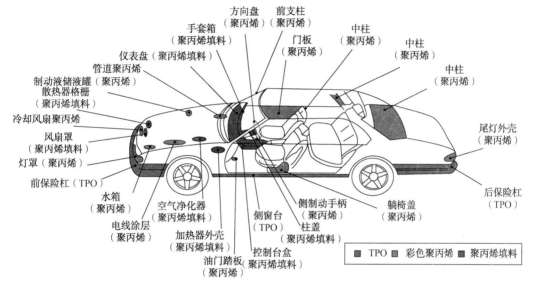

图 15.2　汽车中使用聚丙烯和 TPO 材料的各种零部件
来源：三井塑料株式会社

与未改性聚丙烯[37]相比，30%耦合玻璃纤维增强的聚丙烯不仅具有良好的尺寸稳定性，而且在刚度、强度、硬度、挠度温度等方面性能均有显著提高，蠕变降低。但与未改性的聚丙烯相比，其缺点是成本较高，断裂伸长率明显降低。其在汽车行业的应用包括风扇叶片、头灯罩和皮带罩。

10%~40%的矿物填充聚丙烯与10%~20%玻璃纤维增强聚丙烯具有相似的性能和应用，多用在薄膜表层和织物的覆盖层。抗冲改性的聚丙烯与10%~40%的水滑石或玻璃纤维填充聚丙烯具有相似的性能和应用。20%的滑石粉填充聚丙烯体系与未改性聚丙烯相比，具有较好的刚度和硬度、较好的尺寸稳定性，降低了蠕变性能，与同等碳酸钙含量的复合材料相比，具有更好的熔体流动性能。但与未改性的聚丙烯相比，改性后的聚丙烯较脆、表面形貌差、断裂伸长率低。其应用范围包括汽车引擎盖、冷却风扇、电气系统外壳、风管、面板、冷却系统膨胀罐、风扇支架、皮带盖、前照灯外壳等。填充滑石的聚丙烯在诸如控制台盒、手套箱、空气净化器、加热器外壳、散热器格栅和柱盖等组件中具有应用。与20%滑石粉填充的聚丙烯相比，40%滑石粉添加量的聚丙烯的刚度和尺寸稳定性提高，蠕变性能降低，同时密度增加，拉伸强度和断裂伸长率降低。40%滑石粉添加量的聚丙烯在汽车领域的应用主要是在发动机罩。

UV 稳定改性聚丙烯热塑性弹性体与未改性的聚丙烯相比，具有较好的低温冲击强度和抗紫外线性能，其主要缺点是刚度降低，且相对于未改性聚丙烯价格较高。

宝马车系的底护板的玻璃含量为40%，由四部分组成[38]。该复合材料板的两面用未增强的聚丙烯做面层，以增加抗冲击、耐磨损和防潮性能。该组件取代了传统的 GMT 版本，可减轻30%或4kg 的质量。它还拥有优良的声阻尼性能和较低的阻力系数。底护板的4个组件通过成套模具制备后装配，将2.00m×1.854m 的坯料送入成套模具后，在成型过程中，切割出各部件中的连接孔，制造周期不到1min。Azdel[39]的轻质玻璃纤维增强聚丙烯板在许多新的汽车应用中显示出巨大的潜力。它在汽车内顶、包裹架和遮阳篷中占据了突出地位。Azdel SuperLite 板材已用于门板、控制面板、上下 A 柱和 B 柱、控制台裙板以及福特汽车公司的其他软装饰。在外部面板中，该材料已应用于 A 级发动机罩和后仓门。

类似于造纸，Azdel SuperLite 板材是采用浆料工艺制造的。在充气聚丙烯基体中引入42%~55%的短切玻璃纤维，材料密度可降至0.3~0.8g/cm^3，基重为600~2000kg/m^2，具体取决于玻璃纤维含量和板材厚度。

相比之下，用碎玻璃或连续玻璃垫制成的经典 Azdel GMT 材料密度为1.17~1.29g/cm^3，基重为4400~5470kg/m^2，而其玻璃含量与 Azdel SuperLite 板材相当。该材料具有较高的刚重比，在较宽的温度范围内具有良好的抗冲击性能、优良的声阻尼性能、优异的抗蠕变性能。热膨胀系数小于铝的热膨胀系数，接近钢的热膨胀系数。

与未改性的聚丙烯共聚物相比，UV 稳定的聚丙烯热塑性共聚物能够更好地应对长时间的室外暴露，但与未改性的聚丙烯共聚物相比，其拉伸强度和缺口冲击强度略微降低。在汽车领域，它用于保险杠、扰流板和侧面保护条的制造。

15.5 聚烯烃基纳米复合材料

传统上，汽车和家电应用采用玻璃或矿物填充系统，其负载水平为15%~50%（质量比）。这种方法改善了大多数材料的力学性能、尺寸和热稳定性[34]。然而，此类材料存在两个主要缺点：聚烯烃易于加工的特性随着填料负载的提高而受损，并且会导致产品质量增加。与传统的聚合物复合材料相比，聚合物纳米复合材料具有许多显著的优势，应用潜力巨大[40-44]。聚烯烃纳米复合材料以其大为改观的力学性能而著称，例如10倍的静音强度和模量以及它们优秀的尺寸稳定性。它们还表现出增强的气体阻隔性能（特别是氧气）。除了包装应用外，聚烯烃复合材料在汽车行业和工业领域中也具有特殊的应用价值。关于聚合物纳米复合材料的研究较为活跃，文献数量众多[45-54]。

Noble Polymers 报道称，新型聚丙烯纳米复合材料（称为 Forte）经济性强，可用于替代更高填充量的传统材料，如汽车领域中使用的玻璃纤维增强聚丙烯[55]。在 Noble Polymers 与 Cascade 开发出 Forte 的几个月后，Forte 在 Acura 2004 乘用车的座椅靠背上首次亮相。据悉，它具有低密度（0.930g/cm^3）、优异的力学性能和改善的表面性能。Cascade 与 Acura 合作，发现通常使用的玻璃填充聚丙烯会导致加工中出现视觉缺陷和翘曲等问题。Forte 是作为其替代品而开发的。Noble 的报告称，在 Noble、Cascade 和 Acura 的测试中，复合物 Forte 可以提高制件强度、减轻零件质量和降低成本，还具有可回收性。

为了改进聚烯烃在包装和工程应用方面的不足，聚合物层状纳米复合材料这一新兴材料应运而生。这是因为它具有极佳的成本、加工和质量优势。聚合物层状硅酸盐纳米复合材料是含有低水平分散的片状矿物质的塑料，添加物至少有一个维度方向上的尺寸在纳米级。最常见的矿物是蒙皂石黏土，其纵横比可高达340，从而可提高材料的阻隔性和力学性能。通常，每1%(质量分数)的纳米黏土添加到聚合物中会产生约10%的性能改善幅度。它们与树脂分子的相互作用改变了基质聚合物的形态和结晶度，除了有益于阻隔性、强度和稳定性之外，还改善了可加工性。

在聚合物研究中，聚烯烃纳米复合材料引起了人们浓厚的兴趣。纳米复合材料的研究主要集中在化学改性蒙脱土的应用上。在较低纳米黏土添加量下[通常为16%(质量分数)]，不同等级的聚合物很容易获得更好的气体阻隔性和力学性能[56-60]。以汽车应用为驱动的聚丙烯和TPO纳米复合材料的发展是近年来国内外研究热点之一。聚丙烯是一种强非极性树脂，因此对所添加的黏土进行表面处理的工作相当具有挑战性。在1998年底，Montell、通用汽车和Southern Clay联合宣布了第一个基于TPO的纳米复合材料[61]。最初的目的是测试用于外门和后挡板的TPO的性质，项目方还关注了几种用于汽车内外部的纳米复合材料的性能测试。熔融共混和釜内合金都是生产TPO纳米复合材料的有效途径，后者可以简化整体的复合工艺流程。与未填充的TPO相比，密度可低至0.91g/cm^{3}的TPO纳米复合材料具有更好的尺寸稳定性[线性热膨胀系数，CLTE，约为5×10^{-5}mm/(mm·℃)]，并且与滑石粉填充的等级相关。

最初的聚丙烯/纳米黏土复合物只能使层状黏土颗粒剥离10%~15%；随着该领域技术的不断发展，目前可以实现更大程度的剥离，从而实现复合材料性能的提高。这些TPO纳米复合材料具有高弯曲模量，并且在8km/h的冲击试验中，温度低至-30℃时，其韧性仍可以保持。由于无机物添加量较低，纳米复合材料的表观性能得以改善。聚丙烯(包括TPO，抗冲改性聚丙烯和聚丙烯合金)还应用于汽车内饰中(仪表盘、A和B支柱、门板和控制台)。材料改性的核心问题是如何使得硅酸盐和聚合物基质之间相互作用最大化。经过表面处理的合成黏土与基体相互作用较好，天然黏土需要在进行表面处理的同时添加相容剂，才能使材料具有良好的刚性和冲击性能。

通用汽车公司使用聚丙烯/黏土纳米复合材料为其2002年的两款中型货车制造了阶梯辅助系统，这标志着聚合物纳米复合材料技术在汽车应用中商业化的开始[62]。这是基于"商品"塑料(聚丙烯、聚乙烯或聚苯乙烯/ABS)的聚合物纳米复合材料的第一例商业汽车外部应用。

纳米复合材料在填充物含量仅为3%~5%(质量分数)时，就与较高填充量的传统的复合改性增强材料具有相同的性能，如高的抗拉强度、热变形温度、阻燃性能等。纳米复合材料比传统增强材料密度低，加工性能好，光学清晰度和阻隔性能更优。

具有低至2.5%无机纳米填料的TPO材料与10倍滑石粉添加量的常规TPO材料具有相同硬度，同时质量更轻，质量减少可达20%，具体效能还取决于TPO纳米复合材料所替代的部件和材料[63]。由于塑料混合物中的添加剂较少，这种纳米复合材料也将具有更强的可回收性。虽然从重量上评判，目前纳米黏土填料比传统矿物填料更昂贵，但因为制造纳米黏土填料所需的材料更少，综合考虑体积因素，纳米复合材料成本与传统TPO相似。由于纳米复合材料不需要新的工具来模制零件，因此可以通过材料的直接替换，来提高其成本效益。

15.6 可发泡和可膨胀的聚烯烃

Stein[64]回顾了双面泡沫胶带的历史和发展。他除了讨论这些胶带在汽车及其他工业领域等市场的应用外，还考虑了胶带制造中使用的材料和黏合剂，包括聚乙烯和乙烯-醋酸乙烯酯闭孔泡沫和丙烯酸黏合剂等。

在汽车应用中有许多类型的模制泡沫。它们的用途取决于诸多重要因素。

(1) 设计的灵活性：用更薄的外壳和更小的形状，实现造型的优越性和冲击保护的可靠性。

(2) 经济考虑：废料含量在6%~12%之间，材料性能基本保持不变，因此可发性聚烯烃泡沫材料在零件制造过程中易于回收。

(3) 质量减轻：随着汽车工业中轻量化驱动力的增加，低密度发泡塑料是刚性底盘更换的首选材料。发泡聚丙烯质量比其他经典底盘材料低10%~40%，基本具有同等的冲击强度和韧性[65]。

(4) 耐化学腐蚀性、耐热性和弹性：发泡聚丙烯基部件可抵抗许多常见溶剂和化学品的侵蚀，如油、汽油、柴油燃料以及防冻剂。它们还能在110℃的高温下无翘曲或尺寸变化。它们具有出色的弹性，可多次吸收冲击而不会损失缓冲性能。

(5) 通用性：由于发泡材料珠粒尺寸小，可以模制出表面光滑、壁厚更薄的复杂形状零件。用具有纹理的聚丙烯当表面(或外壳)，配上弹性发泡聚丙烯(EPP)泡沫芯，能将可膨胀聚丙烯模塑成板、块及其他各种形状或型材。珠粒尺寸的可调控性，为复杂形状零件的加工提供了便利，改变珠粒尺寸可实现制品表面更光滑，壁截面更薄。

(6) 可回收性：因为EPP部件与其他烯烃部件相兼容，例如模塑聚丙烯、汽车内外壳和面板、TPO筋膜和覆层，所以无须昂贵的分离技术，大多数部件可回收。

近年来，对聚乙烯和聚丙烯发泡材料的需求量不断增长，促使聚乙烯和聚丙烯发泡设备急剧发展。EPP在汽车领域应用逐步广泛，涉及诸如保险杠芯、侧面碰撞板、头枕、遮阳板、膝盖垫以及仪表盘等。EPP完美结合了优异的能量吸收特性、高效的可回收性、耐化学性、耐温性和出色的结构稳定性[66]。在过去的20年中，EPP领域的一些战略性发展大大提高了其市场表现力。例如，与传统的间歇釜工艺形成鲜明对比，更灵活的挤出工艺可生产用于模塑部件的有色泡沫珠粒。EPP部件表现出更好的耐高温性和更有效的减噪能力，且具有成本优势。此外，一种新的模具表面成型技术和后发泡工艺(也称为皮层成型)可以显著改善新型增强型复合材料产品的表面性能。

EPP已发展为生产聚丙烯汽车零部件的重要战略材料，应用于保险杠横梁和更复杂的仪表盘部件。这些全聚丙烯部件可以轻松回收，因此它们成为传统聚氨酯及其他材料的经济有效且极具竞争力的替代品。

德国的Erlenbach Maschinen公司在K-2004[67]中演示了一个汽车零件组装成型的视频：机械手臂将坚固的聚丙烯壳装入六腔EPP模具的母模部分，与此同时，金属配件与夹具一起被插入公模部分；之后模具关闭，EPP珠粒被吹入并发生膨胀。这条葡萄牙的生产线提供针对转向柱的膝盖保护系统，其生产周期略微超过1min。该生产线只需要一名操作员在生产线开始时将金属零件装入机械框架，并在自动脱模时查看成品零件。EPP加工设备可追溯到 20 世纪 90 年代早期，但复杂工艺的自动控制系统是在最近才开发出来的。

图 15.3 和图 15.4 显示了泡沫材料（特别是聚烯烃泡沫材料）在汽车零部件中的应用[68]。

交联聚烯烃发泡材料是汽车和运输行业增长最快的部分，尤其是在软装饰应用领域。它与 TPO 或纺织品复合使用时，所得的泡沫可用于仪表盘、遮阳板、门板、支柱、控制台和顶衬等领域。这种闭孔和反射泡沫技术经常用于声学领域，例如防水罩和电动机/机械装置的封装盖。工程层压板的交联泡沫组件经过特殊 3D 形状设计，可以充当湿气、灰尘和空气的阻隔层和分离器。这类材料质轻且在车内易于安装，多用于功能性和装饰性部件。此类材料也可应用于行李箱内衬，前/后排座椅套的衬底和各种较柔软的内部组件。在风管应用方面，该类材料在降噪（汽车噪声通常为"嗡嗡""吱吱""咔嗒"3 类异响，即 BSR）、减振和隔热方面都很有价值，可以提高使用者的舒适度。

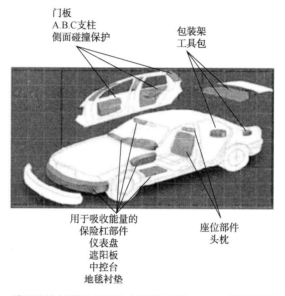

图 15.3　需要泡沫材料的主要汽车部件（例如 EPP、烯烃基泡沫）

资料来源：泡沫材料制造商

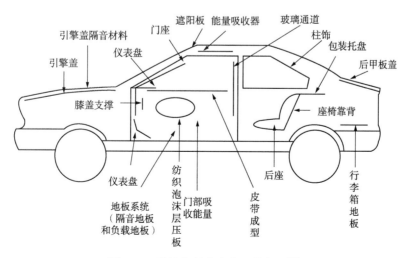

图 15.4　泡沫塑料在汽车上的应用[69]

有报道提出了一种低成本、易实现的聚丙烯轻型装饰零件的制造方法。该方法可将聚丙烯基 TPO 表层和发泡的交联聚丙烯(XPP)背衬片材有效地结合在一起[70]。通过将 TPO 表层直接或间接层压到 XPP 上，该 XPP 可以在后续步骤中热成型或在层压过程之后直接实现内联，所得半成品如图 15.5 所示。这种方式，可以更经济地生产诸如遮阳板、门饰板和支柱等装饰部件。

EPP 或 EPS 部件之间或发泡部件与其他表面之间的滑动摩擦引起的尖锐的噪声是汽车内饰应用中令人困扰的问题。可以采用一种新的表面技术来降低黏滑现象出现的频率，消除泡沫材料的噪声。与此同时，随着摩擦距离的增加，滑移力振幅的低增长也产生了永久的减噪效果。

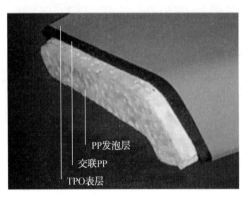

图 15.5　复合了 TPO 表层的 PP 发泡材料

陶氏汽车公司(Dow Automotive)的报告称，其 STRADFOAM 产品的发泡效率为 94%（EPP 和 PU 泡沫各为 50%），其挤出后形成的蜂窝状泡沫结构赋予它独特的性能。此类材料在冲击过程中会收缩、弯曲，并最终断裂，这与其他通过压缩来耗散能量的方法不同。与相同填充体积的竞争产品相比，该材料表现出的高效的方波响应性可显著降低撞击带来的损伤程度。它表现出优异的抗噪性能，并且完全可回收利用，密度可调，易于切割和成型，适用于汽车顶篷、转向柱盖、护膝垫、脚踝垫、保险杠系统和内饰等。

Sekisui Alveo 公司压制成型或模切制备的聚烯烃泡沫可用于车灯垫圈、负载扬声器垫圈和间隙填料。泡沫片是模切成垫圈的，用来密封空气、水分、灰尘，也可用作减噪和隔热材料[71]。泡沫垫圈便于零件在不平整的表面上安装。其众多特点包括：

（1）低密度，优异的物理性能，质量减轻。
（2）精细且规则的闭孔结构，无吸水性，压模性能优异。
（3）良好的耐化学性，可消除由于发动机流体引起的垫圈的劣化。
（4）良好的热稳定性，高温收缩性较低。
（5）优异的力学性能，利于工业生产制造。

聚烯烃泡沫材料具有的良好的柔韧性、可加工性以及出色的隔音和隔热特性，使其成为汽车行业泡沫材料的首选。厚层泡沫在汽车声学屏蔽和防水领域应用广泛。厚层聚烯烃泡沫材料具有以下特性：

（1）物理交联易于实施，材料的设计灵活性较大。
（2）排放少，环保性好。
（3）尺寸稳定好，刚度高，易于组装和搭配使用。
（4）能够形成柔软的泡沫，形状可调，可均衡平整度。
（5）闭孔结构，吸水率低。
（6）阻燃性好。
（7）温度稳定性好，收缩率较低。
（8）低导热性，绝佳的绝热性能。
（9）在低温下弹性良好，减噪效果好[72]。

15.7 乙烯丙二烯和乙烯丙烯共聚物

EPR 和弹性体[也称为乙烯-丙二烯橡胶(EPDM)]以及乙丙烯共聚物(EPM)仍然是使用最广泛和增长最快的合成橡胶之一。它们既有特殊用途，也有通用用途。现今的聚合和催化剂技术提供了设计聚合物的能力，可满足特定要求的应用和加工需求。因此，此类聚合物在汽车的挡风雨条和密封条、玻璃流道、散热器、花园和家电软管、油管、皮带、电绝缘、屋面膜、橡胶机械产品、塑料冲击改性、热塑性硫化胶(TPV)和机油添加剂等领域得到了广泛的应用。由于具有稳定的饱和聚合物骨架结构，EPR 具有优异的耐热、抗氧化、抗臭氧和耐气候老化性能，其着色性能稳定。作为非极性弹性体，它们具有良好的电阻率，以及对极性溶剂的耐受性(例如，水、酸、碱、磷酸酯以及许多酮和醇)。无定形或低结晶等级使 EPR 具有优异的低温柔韧性，它的玻璃化转变点约为-60℃。通过适当选择硫化体系，可使材料耐热温度高达130℃；通过过氧化物固化可使 EPR 获得高达160℃的耐热性。使用硫化体系或过氧化物固化系统，材料在高温下抗压固性良好。这些聚合物对高填料和增塑剂的负载反应良好，可开发出拉伸性能、耐撕裂性能和耐磨性能优异的材料，同时可改进其油溶胀性和阻燃性。

现代汽车设计需要非常复杂的密封轮廓。密封件的生产遇到了越来越大的挑战。为了应对这一挑战，埃克森美孚化工开发了新一代 Vistalon EPDM——双峰级定制产品，以满足橡胶行业对汽车密封型材和软管的严格要求。EPDM 可用于汽车、挡风雨条、软管和皮带。埃克森美孚 Vistalon EPM 共聚物和 EPDM 三元共聚物面向全球市场供应。Vistalon EPDM 聚合物具有出色的耐候性、优异的物理性能，即使拥有非常高的填料含量，其良好的加工性能、化学性能和电气性能也能保持。Vistalon 橡胶应用广泛。它们应用于汽车工业，特别是用于门窗型材、散热器套管、管道、吸音板和垫圈。在建筑行业中，它们可用于窗户型材和防风雨板材。在电气绝缘领域，EPDM 在低压、中压和高压的绝缘和填充材料领域将大有可为。它们还可用于家用电器，例如用于洗衣机窗门的垫圈、挤出/模制垫圈、管道和空气阀。在印刷领域，它们除了作为聚烯烃改性剂和润滑剂改性剂之外，还可以用于诸如运输带、印刷辊和印版等印刷部件。

Solvay 公司的全交联 EPDM/PP(NexPrene 9065A)化合物旨在取代热固性弹性体，如 EPDM、聚氯丁二烯和传统的 TPV。它结合了硫化橡胶的性能和低成本热塑性的优势。另一种 TPE，即完全交联的 EPDM/PP(NexPrene 9064A UV-CM)化合物，也是 Solvay 公司出品，专为角落成型和包覆成型应用而设计。它易于注塑成型，可与 TPV 和 EPDM 完全黏合。这些材料具有很高的热稳定性，可在260℃的高温下加工。就像其他聚烯烃一样，它们很容易回收，易于着色，而且耐候性好。此外，该产品还可用于其他需要灵活成型的应用，如汽车密封件。

15.8 其他聚 α-烯烃

聚(1-丁烯)是一种韧性较强的树脂，用于制造薄膜和管材。聚(4-甲基-1-戊烯)用于制造化学和医疗设备。高分子量聚异丁烯是橡胶状固体，可作为密封剂，用于轮胎内衬。低分子量聚异丁烯用于填缝剂、密封剂和润滑剂的配方中。具有重要商业价值的聚丁二烯和聚异戊二烯的结构与天然橡胶相似。

15.9 环烯烃共聚物性能及应用

环烯烃共聚物是一种工程热塑性塑料,由环状的降冰片分子衍生而来,而环状的降冰片分子又由二环戊二烯和乙烯合成[74]。环烯烃呈玻璃状,透明,透光率高,介电损耗小,吸水率低,出气率低,具有良好的尺寸稳定性和耐热性。环烯烃具有非常好的耐化学性,并且具有疏水性,熔体指数高,可以精确成型,密度比玻璃低得多。环烯烃聚合物除可用于汽车和工业部件外,还可用于镜头、光盘、笔记本电脑屏幕、导光板、医疗应用中的阻隔板、包装和隐形眼镜。泰科纳和 TOPAS Advanced Polymer[75] 通过将特殊长玻璃纤维增强聚丙烯材料与 TOPAS 环烯烃聚合物混合,开发出一种新型聚合物合金。与传统的长纤维增强材料相比,新合金具有更低的翘曲和更好的表面性能,特别适用于汽车领域,例如天窗、门模块和车身底板等。

聚烯烃弹性体(POE)是近年来随着茂金属聚合催化剂的发展而出现的一类较新的聚合物[76]。POE 是增长最快的合成聚合物之一,可以替代 EPR(或 EPDM)、乙烯-醋酸乙烯酯、苯乙烯嵌段共聚物和 PVC 等许多通用聚合物。POE 与大多数烯烃材料相容。它们是优异的塑料抗冲改性剂,可为复合产品提供独特的性能。POE 在柔性塑料以及在各种工业中的应用日益广泛。POE 已成为汽车外部和内部应用的主要材料。其他应用还包括:TPO 对聚丙烯电线和电缆的冲击改性、挤出和模塑产品、薄膜产品、医疗产品、黏合剂、鞋类和泡沫等。

基于茂金属技术的 POE 作为 TPO 化合物中的橡胶改性剂已经取得了成功。但是,将 POE 单独用作 TPE 的应用并不常见。

15.10 氯化聚乙烯和氯磺化聚乙烯

据雷诺 S.A 发展部门报道,氯磺化聚乙烯已被证明是一种具有成本优势的 HNBR 替代品。它为降低成本的迫切需求提供了出色的解决方案,同时保持了皮带制品的长期使用性能。Acsium 的正时皮带已经被指定用于雷诺的 D7F 1.2(1200cm^3)发动机,这是 Clio 和 Twingo 系列新发动机的标准配置。这种材料在较宽的温度范围内表现出优异的弯曲性、耐磨性和耐臭氧性,在 120℃以下的疲劳测试中也表现良好,可表现出与竞争材料相当的耐温性,此外还具有成本优势。

在现代汽车燃油系统中,填料颈软管是关键部件,它必须在填料管和油箱之间提供灵活的连接。此外,它们必须足够坚固,能够承受重大碰撞冲击而不破裂,同时可为燃料的蒸发提供不透水的屏障。以前,通常的做法是将塑料填充管直接焊接到油箱上。冲击时,塑料管容易脱落。一种更好的制造填料颈软管的方式是将填充颈软管组件通过注塑成型。注塑成型允许在软管端部和肋条上设置各种直径,并在外表面设计定位标记,确保紧密装配。

15.11 热塑性弹性体

50~55年前，TPE 被引入汽车工业。从那时起，它们已成为世界范围内适用于机动车辆的主要弹性材料。高性能 TPE 已成为在各种汽车应用中取代热固性橡胶的材料。它们由于在密封、耐热、流动阻力等方面性能优异，很容易在汽车发动机罩区域内得到应用。POE 是一类在汽车领域应用广泛的 TPE，它可用于前后保险杠面板和仪表盘等领域[77]。TPE 作为热固性材料替代品的优势在于，它可以缩短加工时间，具有可回收性和实现了轻量化，可在减轻质量的同时不损害材料的基本性能和舒适性。

TPE 和 TPV 以尖端的烯烃树脂技术为基础，为当今新一代汽车的各种汽车零部件提供了聚丙烯基复合材料，为全球汽车工业提供了越来越多的支持。TPE 具有与传统热固性橡胶制品相似的功能和性能，但加工速度快、效率高、经济性好[78]，可用于包括汽车在内的各种领域。

尽管 TPE 表现得像热固性塑料，但在其设计温度范围内，它们仍可通过热塑性加工技术在其软化温度以上熔融加工。这种热塑性加工是热固性橡胶在设计和制造上不可能实现的。像大多数热塑性塑料一样，TPE 也有结晶和非晶结构。既有结晶和非晶聚合物合金，又有沿同一聚合物链的结晶和非晶嵌段组成的共聚物。TPE 的晶相具有交联作用，使其具有典型的热塑性和非晶区所赋予的弹性体特性。通常，晶区称为硬相，弹性体区称为软相。

尽管这两相结构都对 TPE 的整体物理机械性能有贡献，但仍有一些关键性能是特定相所独有的。这对 TPE 产品的选择和设计具有重要的参考作用。几乎所有的商用 TPE 都是相分离体系，其中一个相在室温下是硬的，而另一个相是软的和富有弹性的。硬相使 TPE 具有强度，在热塑性机械中熔化时具有加工性能。软相赋予 TPE 弹性和橡胶性能。因此，TPE 可以分为嵌段共聚物和弹性体合金。TPE 技术已被相关行业按成本与性能进行分类，这也是一种便捷的材料分类方法。

近年来，TPE 的应用越来越广泛；汽车 TPV 气垫密封取得突破，产品的抓地力已经得到用户实践检验，工业领域的牢固性也得到验证[79-81]。TPE 弥补了热塑性塑料和热固性橡胶的短板，并在汽车细分市场上发挥着重要作用。在各种工程应用中，如吹塑齿轮齿条防尘套、风管、注塑模压密封和垫圈、塞子和垫圈以及车身密封系统(气象密封)等，都非常适合使用高性能 TPE 进行设计和制造。

当汽车行业对减重、降低系统成本、设计灵活性、色彩能力、美观性、可回收性等提出新的要求时，使用 TPE 代替传统热固性橡胶是非常受欢迎的解决方案。在某些情况下，与传统的热固性橡胶复合材料相比，TPE 是更为昂贵的原材料。但是，以 TPE 为密封元件的成品部件或集成系统具有节约成本的潜力。因为现有的热塑性塑料加工技术更经济、更容易推行。由于零部件质量更轻，加工周期更短，能耗更低，废料更少，废料可回收性好，设计系统灵活，可节省大量成本。除此之外，TPE 还是环保材料。通过反复加热，TPE 可以重新成为流体，然后固化后冷却。这种特性使制造商能够在传统热塑性机械上相对容易地生产 TPE 制品。TPE 的可回收性对于制造商来说也是一个很大的优势。其废料通常可以重新研磨和回收，使用快速成型的热塑性设备再加工，周期短，废品率低，自动化程度高，劳动力成本低。在热固性橡胶更换的情况下，可以充分利用 TPE 的加工特性，使其效能最大化。

在市场上,通常根据 TPE 的化学性质对它们进行分类。

EPDM 分散于聚丙烯基体中得到 TPV,这也是最重要的一类 TPE。聚丙烯中橡胶相的交联通常是通过动态硫化实现的。弹性相在硬的聚丙烯相中的良好分散使橡胶特性和理想的热塑性加工特性达到了平衡。基于 EPDM 的产品,也称为 EPDM-X+pp(TPE-V,TPV,EA),是在汽车工业中要求较高的密封应用领域最接近于替代传统热固性橡胶的产品。

TPE 家族大致可分为如下 5 组[82]:

(1) 烯烃类,其近亲为热塑性聚烯烃(TPO)和 TPV。TPV 子集还包括部分交联、完全交联、基于可回收的 TPV 和工程热塑性硫化胶(ETPV)。

(2) 苯乙烯类,包括氢化的苯乙烯-乙烯-丁二烯-苯乙烯(SEBS)和 SEPS 以及异戊二烯类。

(3) PVC 类,不同氯化程度的 PVC TPE 及其 PVC 合金。

(4) 工程 TPE 类,其成员包括热塑性聚氨酯、共聚酯(COPE)和共聚酰胺(COPA)。

(5) 超级 TPV,包括硅基、丙烯酸酯基和苯乙烯基 TPV[83]。

本节将重点关注烯烃类 TPE 材料(TPO)及其在汽车上的应用。

15.11.1 热塑性烯烃

TPO 是商品名,是指聚合物/填料共混物,它通常由一定比例的聚丙烯、聚乙烯、嵌段共聚聚丙烯(BCPP)、橡胶及增强填料组成。文献中的 TPO 的定义等同于 TPO 弹性体。TPO 属于汽车应用领域的后起之秀,有大量关于 TPO 的出版物和信息可供查询[29,30,35,84-86]。

TPO 常用的填料有滑石粉、玻璃纤维、炭、硅灰石、金属硫/氧化物,常用的橡胶有 EPR、EPDM、乙烯-辛烯橡胶,乙烯-丁二烯橡胶和 SEBS。目前,市面上有很多橡胶和 BCPP 是使用区域选择性和立体选择性催化剂生产的,这些催化剂被称为茂金属催化剂。茂金属催化剂嵌入聚合物中不能回收。茂金属催化剂的几何形状决定了链中手性的顺序,例如,无规立构、间规立构和等规立构,它还决定了平均嵌段长度、分子量和分子量分布。这些特性反过来又会控制混合物的微观结构。这些组分在高压下在 200~280℃ 之间混合。可以通过双螺杆挤出机来连续生产,或者可以使用密炼机进行间歇生产。在间歇工艺中可实现更高的分散和共混程度,但是过热的混合料必须立即通过挤出机加工造粒。因此,批量生产基本上增加了额外的成本和步骤。与金属合金一样,TPO 产品的性能取决于对其尺寸和尺寸分布等微观结构的控制。

聚丙烯和聚乙烯形成的晶体结构被称为球晶。与金属不同,球晶不能用晶格或晶胞来描述,它是一组聚合物链,彼此紧密地堆叠并形成致密的核心。共混物中的聚丙烯或聚乙烯组分构成结晶相,橡胶提供非晶相。如果聚丙烯和聚乙烯是 TPO 共混物的主要组分,则橡胶部分将分散于结晶聚丙烯/聚乙烯的连续基体里。

如果橡胶的比例高于 40%,则当共混物冷却时可能发生相转化,产生无定形连续相和结晶分散相。这种类型的材料是非刚性的,有时也称为热塑性橡胶(TPR)。通常利用填料的表面张力提高 TPO 共混物的刚性。通过选择具有高比表面积的填料,可以实现复合材料挠曲模量的提高。TPO 共混物的密度为 0.92~1.10g/cm³。它在户外应用中经常大显身手,因为它在紫外线辐射下不易降解,而尼龙等材料却往往无法克服此类问题。TPO 广泛用于汽车工业,在汽车零部件生产中通常采用注塑、型材挤出和热成型工艺。TPO 一般无法吹制,也不能保持薄膜厚度小于 1/4in(0.635cm)。

TPO 在汽车内部和外部新的应用中展现出不容小觑的实力。其应用的典型例子包括：新的 TPO 板材可取代传统的工程热塑性塑料，TPO 制品的柔软等级可胜过柔性 PVC，经过添加剂改性，TPO 制品甚至可提供前所未有的耐擦伤性[84]。

TPO 系列是由 Solvay 公司开发的，它可以取代工程热塑性塑料，尤其是金属镀层装饰部件，如仪表盘边框饰边、包层和格栅。这种新型 TPO 是专为电化学金属化而设计的，其组成中含有的不饱和烯烃可通过酸蚀刻氧化，这是制备金属化成型件的最关键步骤。

此外，Solvay 公司还为硬的仪表盘开发了一种新的可着色 TPO，可将乘客侧安全气囊模块集成到仪表盘中，以实现外观的整体性。通用汽车公司在 2005 款雪佛兰 Colorado 和 GMC Canyon 的仪表盘罩、手套箱门和膝盖垫中均使用了这种材料。这款皮卡是通用汽车首款采用全 TPO 仪表盘的车辆。据报道，新的 2380 系列可使刚性和低温冲击之间达到平衡，并具有出色的表面耐久性和可模塑性。该 TPO 可以将仪表盘材料的特性与安全气囊盖的特性相结合。它具有 1600MPa 的弯曲模量，以及接近于典型仪表盘 TPO(弯曲模量 2100MPa)的刚性和尺寸稳定性。类似于典型的用于安全气囊盖的 TPO，它还具有在 -30℃ 下的高速延展性。

从本质上讲，TPO 是 TPE 的一个家族成员，它们是由许多化合物组成的有机/无机复合材料。其中化合物包括各种晶型的聚丙烯、EPR、乙烯-丁烯橡胶弹性体和滑石粉。TPO 将反应器合成生产的优势与熔体复合的定制化和一致性相结合。一些 TPO 可以适当地替代成本较高的热塑性工程塑料，如尼龙、聚碳酸酯、ABS 和 PBT 等。它们还可以作为钢铁、铝、木材或复合材料的低成本替代品。TPO 可用于板材和型材挤出、注塑和薄膜应用。双反应器工艺可用于 TPO 的聚合。该工艺在分子水平上生产 EPR，可以实现关键性能(如冲击强度和刚度)的高度平衡。聚合完成后，可通过双螺杆挤出技术将 TPO 与填料如滑石粉等混合，以提供产品特性的定制组合，并保持产品的均一性。大多数 TPO 是高性能的聚丙烯基热塑性材料，可以根据具体应用要求进行适当定制。这些材料具有低温抗冲击性，可提供出色的刚性、抗划伤性，并且可定制颜色。许多高附加值 TPO 是为汽车内饰、外饰以及发动机罩区域的应用而设计的，具体应用包括仪表盘、门和柱饰板、控制台、仪表盘、车身侧面成型件、轮拱衬垫、摩擦条、空调和加热器外壳、管道、散热器风扇、发动机盖、保险杠面板、踏板和用于缓冲头部撞击的车柱装饰板。聚丙烯和 TPO 还可以在其他汽车应用方面崭露头角，如车门和后顶盖侧板装饰、举升门装饰、控制台、挡泥板衬里和风扇护罩等。它们还可满足其他极其苛刻的外饰应用的需求，如集成的车门喷漆槛板、格栅、挡泥板、后挡板和外门饰板等。

这些材料旨在提供设计师所需的性能并兼顾美学需求。例如，安全气囊和装饰材料可提供瞬时抗冲击性能，并具备优良的低温韧性。专为仪表盘设计的 TPO 材料在较宽的温度范围内都具有出色的尺寸稳定性。

弹性体改性的聚烯烃产品可以克服传统的内饰塑料带来的 BSR 的问题。与传统材料相比，全聚烯烃的 TPO 组件在车辆服役结束后的可回收性也是一大优势。

此类产品大多具有低光泽的表面，同时可提高内饰件的柔韧性和表面摩擦性能。表面耐久性的提高会加快该类产品对于漆面零件的取代。这种新型聚合物还显示出非常低的线性热膨胀系数和高抗机械应变能力。基于 TPO 材料的此类特点，一些客户将其应用于侧包层。

据报道，它们的低热膨胀性可以防止熔覆层固定于金属基体上时出现问题。

该类材料在竖直面板、车身涂层或注塑着色（MIC）领域也大有潜力。仪表盘、杂物箱组件和驾驶员的护膝垫都可以由 TPO 模制而成。通常，大多数仪表盘是使用涂漆的 PC/ABS 部件或乙烯基表层和发泡基材制造的。使用未涂漆的 TPO 面板的替代方案可降低其生产成本，因为它采用"A"级颗粒进行模压成型，可削减二次精加工操作的成本。未涂漆的仪表盘、杂物箱盖和由 TPO 制成的护膝垫可以使用色母料整体着色。

汽车内饰设计师长期以来一直致力于利用聚合物表层来实现触感的柔软性；然而，表层处理也有其局限性。为调控光泽度、耐刮擦性和耐磨损性，制件通常需要添加涂层。这使得在某些情况下，零件设计可能会受到限制，因为此类涂层材料的撕裂强度限制了制品的最大拉伸深度。Solvay 公司开发了一系列 TPE 表皮材料（response EX4200 系列和 response LUNA10），均具有超群的耐刮擦性，在经喷漆处理和未喷漆处理的内部件应用中，均表现出较好的拉伸性能（断裂伸长率大于 500%）。由于这类材料都是聚烯烃系列产品，因此使得它的生产过程和车辆服役结束时的回收都简捷易行。

15.11.2 MIC TPO 复合物

在不到 20 年的时间里，通过预着色 TPO 制成的汽车仪表盘比例稳步增长，在一定程度上取代了较为昂贵的 PC/ABS 喷涂材料。注塑着色（MIC）不需要昂贵的二次喷涂操作，可有效降低生产成本，因而加速了 TPO 在车用领域的发展。MIC 技术除了带来可观的成本效益外，还具有其他优势。

（1）NVH（噪声、振动与声振粗糙度）改进：聚烯烃材料本质上是"安静的"，它们不容易发出"嗡嗡""吱吱""咔嗒"的异响。因此，MIC 的 TPO 仪表盘通常不需要专门的 BSR 设计。

（2）在环保方面，MIC 避免了油漆涂层，从而消除了有害的有机挥发分的产生；并且无喷涂的塑料材料更易于回收再利用。MIC 生产的 TPO 部件外表面光泽度高，具有金属质感，适用于保险杠筋、车身侧模和各种其他外部装饰组件。

15.11.3 工程热塑性硫化橡胶

一类称为 ETPV（高性能弹性体，一种通过分子熔合而成的高性能热塑性基础树脂）的新材料的出现，成功消除了橡胶和塑料之间的制造边界。杜邦经过特殊设计的 ETPV，可以很容易地形成复杂的形状。用这种材料制成的零件可以承受高达 160℃ 的工作温度（远高于 TPE）。它可以通过传统的塑料设备制造，比传统的橡胶加工速度快 10 倍。

该材料适用于汽车管道和软管、密封件和阀体塞。在低至 -40℃ 的温度下，该材料仍可保持橡胶般的柔性和韧性，并具有高度的耐油/脂/化学品的性能。ETPV 粒料可以注塑、吹塑、挤出或双组分模塑。这种新材料不含可萃取化合物，因此，它比传统弹性体更具储存稳定性，与大多数热塑性塑料一样，它是完全可回收的。它具有类似许多热固性橡胶的优良性能，但其加工成本却大大降低。

与传统橡胶管相比，含有 ETPV 的具有 3 层共挤结构的管道（还包含阻挡渗透的阻隔层和消散电荷的导电层），可最大限度地减少渗透损失并降低成本。在燃油排放管中，ETPV 还具有其他一些优点，如抗扭结性和易于组装等。它在较宽的温度范围内均可保持较高的强度、优良的柔韧性(燃料排气管的温度范围为-40~125℃,如图15.6所示),并且具有耐油脂的特性。

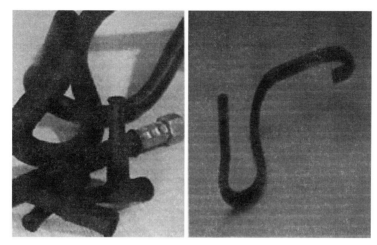

图 15.6　由 ETPV 制成的燃油通风管
资料来源：Dupont 和 Teleflex

通常,汽车发动机风扇周围的护罩安装在格栅后方[87]。这种配置容易产生间隙,使护罩和风扇之间发生相对位移,还会影响气流效率。Sur-Flo 塑料工程公司采用 Solvay Nex-Prene1087A,设计把 TPV 覆盖在尼龙护圈上,将护罩直接安装在发动机机身上,从而减小间隙。这一设计可以改善气流循环(消除了废气再循环),改善冷却效率(最大限度地缩短了风扇运行所需的时间,从而使发动机能够在苛刻的条件下以更高的功率运行),降低 NVH(噪声、振动与声振粗糙度),简化装配,极大地发挥发动机潜能。同时,新设计的质量和成本显著低于传统配置(传统配置通常采用铝环加 EPDM 盖板)。使用 TPV 进行此类设计,还可实现材料的完全回收,从而削减与热固性 EPDM 相关的废料的产生。

PolyOne 推出的新型 TPE 材料可用于挤出和多组分注塑成型。挤出级 OnFlex-VTPE-V(硫化聚烯烃基弹性体)复合物适用于顶层密封、窗户密封、车用和建筑用的管材和软管等。其优点包括产量高和模头膨胀小,加工压力低,在较宽的温度范围内具有出色的压缩力和张力,具有良好的着色特性和低气味的特性[73]。

15.12　由聚烯烃基材料制成的特定汽车部件

在这一节,将聚焦一些由聚烯烃基材料制成的特定汽车零部件。这些材料以前通常由金属及其合金制成。随着聚烯烃材料的引入,该领域的能源利用率和环保效能的提高引人瞩目。

15.12.1　保险杠系统

保险杠是汽车的一部分,其设计目的是让车辆碰撞时进行缓冲,不严重损坏车的主体结构。早期的汽车制造业中,为了给车辆提供额外的保护,就曾通过售后给小汽车、皮卡、卡车及其他多种用途的车辆保险杠添加了格栅和推杆。保险杠最初是用重型钢制造的,后来逐步采用橡胶、塑料或喷涂过的轻金属来制造。因此，轻度碰触也容易造成保险杠损坏。大多数情况下，车辆之间不能互相推动。

保险杠系统的主要功能是通过吸收碰撞时的动能来减少损伤，使传递到车身主体框架上的载荷最小化[88]。在过去 60 年里，聚烯烃在各种汽车相关领域的应用稳步增长。在现代汽车中，90%的保险杠系统采用聚烯烃材料，特别是聚丙烯材料来生产。

除了提供安全功能外，保险杠也是体现汽车整体美观性的重要部分。保险杠通常和车身颜色统一，并嵌有照明组件及格栅。随着保险杠材料力学性能的不断提高，汽车保险杠的壁厚逐渐减小。这在为制造商节省原料的同时，也为消费者创造了轻量化的部件，在车辆行驶过程中还可以减少燃料消耗。

薄壁注塑的过程要求材料具有极好的熔体流动特性，因此保险杠级材料必须具有优良的加工性能和极低的比热容，并具有较高的热导率。这些特点，还可以极大地缩短材料的成型周期。

从全球视野出发，保险杠的设计必须满足本土和国际化的市场要求。由 Basell 和陶氏等公司领衔的先进工艺技术，更是为汽车设计师提供了广阔的设计空间。

15.12.2 零间隙保险杠

零间隙保险杠因为需与车身筋膜的线条紧密衔接，所以需要用特殊的材料来制造。材料的线膨胀系数必须尽可能低，以避免由于尺寸不稳定性而导致的收缩差异。Basell 通过 Catalloy 工艺制造的釜内合金具有极低的热膨胀性，以及良好的刚韧平衡，因此非常适合应用于汽车保险杠。滑石粉被引入聚烯烃中是因为它减少了聚烯烃材料的热膨胀和收缩[89]。该填料的性能使其适用于汽车保险杠所需的无缝连接[37,90-91]。

15.12.3 内饰

聚丙烯材料的快速发展使得聚丙烯基树脂成为汽车内饰的首选材料。这是因为它们能够满足多种功能及美学需求，同时还能带来显著的成本和性能收益。在汽车内饰的应用中，材料的安全性、使用寿命和外观一致性非常重要。用于汽车内饰的材料往往受力较多，因此，各部件（如中控台、杂物箱盖、支柱装饰）在抵抗不同的机械应力时，还需不损害其外观。同时，材料的耐刮擦性也尤为重要。许多聚烯烃公司和研究院所（包括工业界和学术界）已成功提高了聚烯烃的耐刮擦性能，提升了材料品质。矿物质增强的低密度聚烯烃材料具有较好的刚韧平衡性，是一款极好的抗刮擦产品[92-93]。未增强的高强度聚丙烯共聚物具有较好的结晶度和相形态，比传统聚丙烯共聚物的刚性和冲击强度更好，热变形温度也得到改善（与水滑石增强聚丙烯相当），同时其耐刮擦性能显著提高。即使材料表面有损，也不会有颜色相异的填料暴露在环境中。

为了安全起见，即使在较低的温度（如 0℃以下）下，侧板和车门、控制台和立柱上的装饰条也必须能够避免在碰撞安全气囊时发生破裂。具有良好的低温冲击性、刚性较高和流动性较好的聚丙烯可用来制备此类组件材料。可通过使用带有层压泡沫塑料背衬的 TPO 来加固此类材料零件，如立柱装饰和座椅靠背。与传统材料相比，TPO 皮层不易起雾且热稳定性良好。可以将增强的聚丙烯主体成型与柔软的聚丙烯包覆技术相结合，在一个流程中完成门板生产，以提高加工效率。

汽车内饰设计的美观性正日益成为客户关注的重要因素，这些以往仅应用于豪华车的元素正逐渐延伸至中档的私家车中。在这方面，加工成本起着至关重要的作用，加工和生产步骤越少，零件的成本效益就越高。

现今的内饰材料通常是由滑石粉填充聚丙烯化合物或高结晶度的聚丙烯制成的，为了提高表面性能，零件表面一般覆盖有纺织品或薄膜。然而，Basell开发了一种基于聚烯烃的新型产品(Hostacom)，可以无须通过涂覆修饰步骤，逼真地呈现纺织品的外观，这可为汽车制造商节省额外的成本。该材料同时具有与传统聚丙烯化合物相似的性能。这些材料在色彩、对比度、表面纹理等方面，都能与纺织材料相媲美。

TPO材料具有许多优良特性，使它可用来生产侧面包覆板。较低的热膨胀性可以保证包覆层与金属基体的紧密贴合；低温下优良的耐冲击功能可以保证制件使用温度的广泛性；对紫外线、热量和燃料的耐受性使其在恶劣的环境条件下具有较长的使用寿命。此外，此类树脂的高熔体流动特性也促进了这种大型薄壁组件的成型。

15.12.4 安全气囊

安全气囊，也被称为辅助（或次级）约束系统或气垫约束系统，是一种柔性薄膜或包膜，可充入空气或其他气体。安全气囊在汽车碰撞中发生快速膨胀，以发挥缓冲作用（图15.7）。大多数安全气囊盖是由聚烯烃材料制成的。Solvay公司的TPO（DEFLEX 1022、DEFLEX 756-67-2、DEFLEX E756、DEFLEX 1000）均为工程树脂材料，它们可用于汽车安全气囊门，使用温度为-40~100℃。

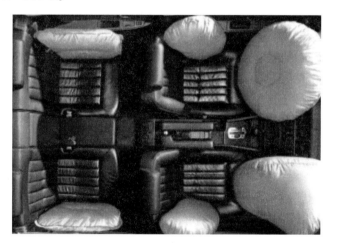

图15.7　奥迪A8已部署安全气囊（谷歌图像）

用于安全气囊的材料必须在较宽的温度范围内表现出良好的韧性和结构完整性。Solvay公司开发了一系列安全气囊产品，既能有效地应对安全气囊释放时的亚声速或可能面临的低温环境，又能提供符合美学设计的外观和合理的成本效益。

几种具有刚韧平衡性能的专用DEXFLEX TPO可用于表面涂覆或隐藏式的安全气囊结构部件。此类材料通过挤出成型制备安全气囊保存件或通过注塑成型制备驾驶员和乘客安全气囊盖。也有一些等级的专用料是为仪表盘设计的。新的TPO材料可在增强表面性能的同时，通过一步法的注塑着色技术完成生产。这些先进的TPO正在逐步取代昂贵的SEBS等材料。

此类材料在提供良好的柔软触感与结构强度平衡的同时，可以实现颜色集成，从而消除对涂料的需求，还可以提供备受内饰设计师青睐的、可控的光泽度和质地。

许多高度专业化的热塑性材料已经商业化地用于安全气囊门、盖、保存器及其他相关的系统部件。2003年，Lincoln Town Car 的乘客侧安全气囊盖第一次采用了 TPO 注塑而成。该 TPO 是 Solvay 工程聚合物 DEXFLEX E1501TF。先由 Spartech Plastic 将 DEXFLEX E1501TF 挤压成 2mil[1] 的片，然后与 Avery Dennison 的薄膜开发部门提供的木纹薄膜层压处理。此后，该片材被热成型为一个插入件，放置在注塑模具中，与另一种 Solvay TPO 等级的产品过模。

在现代车辆中，安全气囊是关键的安全部件。它们要求可靠性强，并且释放迅速（例如，发生撞击的 SEA Ibiza 汽车安全气囊在 0.3s 后释放），在车辆使用寿命期间的所有条件下可完成既定释放程序。-40℃室内测试检定安全气囊盖材料的低温韧性正成为汽车制造商指定的重要测试环节之一。在此类低温条件下，TPO、SEBS 及传统的 TPE 可能会变脆，这些材料制成的盖子会在气囊释放时破碎。

15.12.5 仪表盘和表皮层

Solvay 公司正在开发一种特殊的聚烯烃材料，用于仪表盘及其相关的装饰部件，如杂物箱盖和膝盖保护垫。此类特殊等级的 TPE 具备这些应用所需的高刚性和耐热性。弹性体改性聚烯烃的一个显著优点在于，即使与玻璃或其他塑料材料接触，它们也不像传统的仪表盘材料那样容易受到噪声影响（BSR）。这些材料为内饰设计师提供了更广的选择范围。它们呈现出一种低光泽的外观，并可以整体着色，可以消除喷涂的相关成本。这些产品在表面耐用性方面的进步可以最大限度地减少厂内损坏的影响，提高用户的满意度。

Solvay 公司采用两种方法来生产用于仪表盘表皮层的产品。其中，RESPOND Luna 10 材料设计为挤出片材，可在低压成型操作中反向注入聚烯烃。这种先进的硫化 TPO 可为全聚烯烃体系提供低光泽、高触感的表面，并且体系具有可回收的优势。用于仪表盘的全聚烯烃表皮层和发泡基材体系也可通过挤出和层压来完成加工。这可以通过将 RESPOND TPV 表皮层和聚烯烃泡沫层压到 TPO 结构层上，经过热成型来生产仪表盘部件。这种单一体系材料可以轻松取代传统的多组分的泡沫/皮层结构的材料，从而为仪表盘的设计降低成本，增加加工优势。

15.12.6 引擎盖下的应用

引擎盖下的材料在需承受严苛的 UV 条件、具有较高的尺寸稳定性的同时，还需要具有极高的热负荷能力，这一点尤为重要。聚丙烯在这一领域已经取代不少过去使用的材料。材料的这一革新，使得零间隙技术得以扩展到保险杠及防风罩等。如今，车灯外壳作为汽车极具体现设计特色的部件，通常采用 30%玻璃纤维增强的聚丙烯制成，这类材料具有极高的尺寸稳定性，易于加工。对于通风机轮，较好的尺寸稳定性和较低的翘曲至关重要，对于此类要求苛刻的模制品往往采用特种聚烯烃制造，因为此时，加工的难易程度已非重要考量因素。

---

[1] $1\text{mil} = 25.4 \times 10^{-6}\text{m}$。

引擎盖区域的许多容器件都是由聚乙烯或聚丙烯复合物制成的，因为此类材料具有优异的耐化学性、良好的抗应力开裂性、易焊接性和透明性。Basell 提供的一种新型聚烯烃可用于生产引擎盖区域的电缆，该电缆在 30~130℃ 的连续使用温度下具有优良的电热绝缘性能。

使用 Basell Hifax 替换传统类型的电缆材料可以减轻自重，使材料利用合理化。这些新材料是软质热塑性塑料，熔点高于 160℃，具有热稳定性、铜稳定性，并具有阻燃性能。聚烯烃类化合物及其复合物对振动不敏感，在其使用寿命期间能保持良好的尺寸稳定性（在高温下亦能如此），对燃料和润滑剂具有耐受性，此类材料的碳排放量和雾化值较低，可用于生产引擎盖下的零部件。

加热器外壳是非常复杂的部件，空调系统必须在工作温度高达 70℃ 的连续使用过程中能够承受冲击和振动。引擎盖下的组件必须在尺寸上稳定，具有密封性，对燃料和润滑剂具有耐受性，工作中必须承受至少 120℃ 的峰值温度。无臭，低碳排放的聚烯烃基树脂还必须确保即使在新车中，来自发动机的加热空气不会将任何令人不悦的异味或异响带入车内。在此方面，滑石粉增强材料提供了出色的隔音性能。它可以在加热器壳体单元减少发动机和乘客室之间的声音传递。填充型的聚丙烯复合物正被高结晶度的聚丙烯取代，以实现车用材料的轻量化。聚丙烯和聚乙烯由于其优异的耐化学性、良好的抗应力开裂性、易焊接性和透明性而被用于生产引擎罩下的储液容器。

15.12.7 外饰件

毫无疑问，TPO 材料在仪表盘的发展中承担了重要角色，其应用范围包括简单的筋膜到复杂的包含数个子系统的多功能组件[94]。如前所述，外饰材料也要求具有良好的尺寸稳定性、优良的冲击性能、耐热性和耐刮擦性，同时需要易于加工和质轻，以满足更快的加工周期和轻量化的要求。减重不仅解决了成本问题，而且还有助于减少汽车的燃油消耗和碳排放。

鉴于诸多原因，TPO 通常用于仪表盘刚性较强的经济型的车型。这须归因于其良好的尺寸稳定性、冲击性能、耐热性和抗刮擦性，以及制造大型复杂结构时的易加工性。此外，软涂装技术已被用于提高汽车刚性面板的触觉特性。

软面板结构的仪表盘因为能提供高度的舒适性，也有助于在汽车内部建立被动安全系统，而逐渐成为刚性汽车面板的替代方案。一些软质仪表盘已经部分或全部采用功能性日益丰富的 TPO 材料来制造。例如，某一款仪表盘采用刚性的 Basell Hostacom 材料来做衬底，用柔软的 TPO 皮革做表皮层。

由于汽车内饰用的 TPO 材料的快速发展，使得全 TPO 仪表盘成为可能，因而单一材料的仪表盘正逐步实现。它为制造商提供了可观的额外成本，为最终用户提升了舒适度，更为重要的是，还有助于大型组件的回收利用。使用相容材料制造的仪表盘比非相容体系更利于回收。

众多聚烯烃公司正在开发具有极低的线膨胀系数（接近铝），同时还具有较高的机械应变能力的新一代聚烯烃材料。这种独特的材料可用于车身涂料及注塑着色（MIC）的立式面板，并满足静音要求。此外，在其他极为苛刻的外部装饰应用领域，例如集成和喷漆的遥移器操纵盘、挡泥板、后挡板和装饰盖等，也极具潜力。

15.13 未来趋势

Eldridge[95]报道了马自达参与的一个项目,该项目研发一种由88%的聚乳酸和12%的石油基塑料组成的新型生物塑料,它可替代聚丙烯用于汽车内饰。根据马自达反馈,新的生物塑料不仅改善了制品表面质量,硬度高于聚丙烯,并且冲击强度是传统生物塑料的3倍,耐热性提高25%。该技术发展的关键是新型的成核剂和增容剂。生物塑料作为一种完全可回收的材料,有望成为汽车行业未来的发展趋势。

德国独立汽车制造商Loremo[96]报道了一种流线型车身的应用,这种车身是一种新型轻质、节能的塑料黏合材料。这款车仅用1.5L柴油就可以行驶100km。为了实现这种燃油效率,流线型车身是通过将热塑性面板悬挂在钢制支撑底盘上制造的。热成型共挤板材在价格上具有优势的同时,还可与涂覆层共挤出,制造潜力较大。

一种涉及共注塑的制造部件的生产方法可以在一次操作中用两种相容的材料制造目标部件。这种技术的案例是整流罩通风格栅(用于将挡风玻璃与引擎盖的上边缘分开)。挡风玻璃和格栅上边缘之间的密封条通常是用黏在格栅上的软垫圈制成的。现在,格栅和垫圈可以在一次注射过程中通过共注塑技术生产。这种方法可将刚性结构部分与密封结构融合为一个整体部件;该方法还可以用于侧板或镜架等其他外饰件生产。这一方法将在未来的汽车制造业中发挥重要作用,并推进聚烯烃基材料在此领域的应用。

在大型汽车零件应用中,使用长纤维增强的热塑性塑料和可提供高达4500t锁模力的注塑机,将是未来制造质量达2.2kg、成型时间更短的汽车仪表盘的可行途径。该技术甚至可以将成型时间缩短到1min以内[97]。双压板Titan 1100t注塑机就使用了Ticona 12mm长的玻璃纤维增强的Celstran PP LGF30材料来生产这种大型汽车零件。2006年,全球聚合物材料的总消费量为$4280×10^4$t/805亿美元,到2011年增至$6850×10^4$t/1064亿美元,年复合增长率为9.9%吨位/5.7%货币价值[98]。在未来的几年中,汽车总质量的50%以上有望被聚烯烃及其他聚合材料代替。

15.14 结论

材料循环管理的理念,要求车用材料向多功能性和单一性发展。在这方面,聚烯烃材料拥有巨大潜力。聚烯烃和汽车制造商将始终致力于设计先进的制造工艺,在增加车辆舒适性和安全性的同时,可以最大限度地减少排放和提高能源效率,降低对环境的影响。

聚烯烃约占车用塑料50%的份额。聚烯烃基复合材料、合金等既广泛应用于保险杠、仪表盘和内饰件,也广泛应用于引擎盖区域的部件。经过精心设计的树脂零部件有助于减轻汽车质量,这也是一个重要的节油环节。据估算,使用塑料(大部分是聚烯烃基材料)可以使单台汽车减重150~200kg,在汽车使用周期中估计可节省800L燃油,这也意味着二氧化碳排放量的降低。轻量化使汽车平均每100km可以使用低至5L或更少的燃料,每千米排放的二氧化碳少于120g。高品质的塑料部件(主要是聚烯烃基材料)还为设计带来了灵活性,使车主能够定制自己汽车的颜色和风格。

未来，在汽车领域的材料设计和应用中，聚烯烃基材料将会进一步发挥积极作用。

参 考 文 献

[1] Scheirs J, Kaminsky W, editors. Metallocene-based polyolefins: preparation, properties, and technology, 2. Chichester: John Wiley & Sons; 1999.

[2] Piel C. Polymerisation of ethene and ethene-co-α-olefin: investigations on short- and long-chain branching and structure-property relationships. PhD Thesis, Institute for Technical and Macromolecular Chemistry, University of Hamburg, Hamburg, Germany; 2005.

[3] Krenstel BA, Kissin YV, Kleiner VJ, Stotskaya LL. Polymers and copolymers of higher α-olefins. Munich: Carl Hansa Verlag; 1997.

[4] Mülhaupt R. Novel polyolefin materials and processes: overview and prospects. In: Fink G, Mülhaupt R, Brintzniger HH, editors. , Zeigler catalysts. Berlin: Springer-Verlag; 1995.

[5] Vasile C, Pascu M. Practical guide to polyethylene. UK: Rapra Technology Ltd.; 2005.

[6] Soares JBP, McKenna TFL. Introduction to polyolefins: polyolefin reaction engineering. 1st ed. Wiley-VCH Verlag GmbH & Co. KGaA; 2012.

[7] Anon. SpecialChem; March 3, 2004.

[8] Lyu M-Y, Choi TG. Research trends in polymer materials for use in lightweight vehicles. Int J Precis Eng Manufact 2015; 16(1): 213-220.

[9] Peacock AJ. Handbook of polyethylene: structures, properties and applications. New York, NY: Marcel Dekker; 2000.

[10] Anon. New tie-layer resins for fuel tanks, packaging. Plastic Technology; November 2000.

[11] Li H, Rojas G, Wagener KB. Precision long-chain branched polyethylene via acyclic diene metathesis polymerization. ACS Macro Lett 2015; 4: 1225-1228.

[12] Dartora PC, Santana RMC, Moreira ACF. The influence of long chain branches of LLDPE on processability and physical properties. Polímeros 2015; 25(6): 531-539.

[13] Fahim IS, Elhaggar SE, Elayat H. Experimental investigation of natural fiber reinforced polymers. Mater Sci Appl 2012; 3: 59-66.

[14] Shah K, Varandani N, Panchani M. Life cycle assessment of household water tanks—a study of LLDPE, mild steel and RCC tanks. J Environ Prot 2016; 7: 760-769.

[15] Kurtz SM. 1 A primer on UHMWPE. UHMWPE biomaterials handbook. New York, NY: Elsevier Inc; 2016.

[16] Stark W, Jaunich M. Investigation of ethylene/vinyl acetate copolymer (EVA) by thermal analysis DSC and DMA. Polym Test 2011; 30(2): 236-242.

[17] Carlsson T, Konttinen P, Malm U, Lund P. Test method absorption and desorption of water in glass/ethylene-vinyl-acetate/glass laminates. Polym Test 2006; 25: 615-622.

[18] Agroui K, Maallemi A, Boumaour M, Collins G, Salama M. Thermal stability of slow and fast cure EVA encapsulant material for photovoltaic module manufacturing process. Solar Energ Mater Solar Cells 2006; 90: 2509-2514.

[19] Salyer IO, Kenyon AS. Structure and property relationships in ethylen-evinyl acetate copolymers. J Polym Sci Part A 1971; 1(9): 3083-3103.

[20] Selvam C, Lal DM, Harish S. Thermal conductivity enhancement of ethylene glycol and water with graphene nanoplatelets. Thermochimica Acta 2016; 642: 32-38.

[21] An L, Chen R. Recent progress in alkaline direct ethylene glycol fuel cells for sustainable energy production. J Power Sources 2016; 329: 484-501.

[22] Moore Jr EP, editor. Polypropylene handbook. Munich: Carl Hanser Verlag; 1996.

[23] Maier C, Calafut T. Polypropylene-the definitive user's guide and databook. New York, NY: Williams Andrew Inc; 1998.

[24] Kargar-Kocsis J, editor. Polypropylene: structure, blends and composites 2: copolymers and blends. London, Glasgow: Chapman & Hall; 1995.

[25] Pasquini N, editor. Polypropylene handbook. 2nd ed. Cincinnati, OH: Hanser Gardner; 2005.

[26] Rudd CD. Composites for automotive applications. Rapra review report 2001.

[27] Grande JA. New processes give automotive moulders an edge in cost and productivity. Plast Technol 2005.

[28] Solera S. and Capocci G.: SPE automotive TPO global conference 99, Troy, MI; September 1999, p.309-317.

[29] Gutowski WS, Rusell L, Hoobin P, Filippou C, Li S, Bilyk A. A novel technology for enhanced adhesion of paints and adhesives to automotive TPOs. Proceedings of TPOs in automotive 2000. Novi, MI; October 23-25, 2000, Plymouth, Michigan: Executive Conference Management, Inc., 2000.

[30] Gutowski WS, Wu DY, Li S. Process improvements for treatment of TPOs for enhanced adhesion of paints, sealants and adhesives. Proceedings of the 1999 society of plastics engineers, automotive TPO global conference, Dearborn, MI, Troy Michigan: Society of Plastics Engineers; 1999.

[31] Ibrahim ID, Jamiru T, Sadiku ER, Kupolati WK, Agwuncha SC, Ekundayo G. The use of polypropylene in bamboo fibre composites and their mechanical properties—a review. J Reinforc Plast Comp 2015; 34(16): 1347-1356.

[32] Ibrahim ID, Jamiru T, Sadiku ER, Kupolati WK, Agwuncha SC, Ekundayo G. Mechanical properties of sisal fibre-reinforced polymer composites: a review. Comp Interf 2016; 23(1): 15-36.

[33] Panaitescu DM, Nicolae CA, Vuluga Z, Vitelaru C, Sanporean CG, Zaharia C, Florea D, Vasilievici G. Influence of hemp fibers with modified surface on polypropylene composites. J Indus Eng Chem 2016; 37: 137-146.

[34] Savas LA, Tayfun U, Dogan M. The use of polyethylene copolymers as compatibilizers in carbon fiber reinforced high density polyethylene composites. Comp Part B 2016; 99: 188-195.

[35] Sherman LM. TPO and PP advances benefits auto parts and food packaging. Plast Technol 1999.

[36] Fung W, Hardcastle JH. Textiles in automotive engineering. Cambridge: Woodhead; 2000.

[37] Eftekhari M, Fatemi A. Creep behavior and modeling of neat, talc-filled, and short glass fiber reinforced thermoplastics. Comp Part B 2016; 97: 68-83.

[38] Leaversuch R. Metal replacement accelerates in under-hood parts. Plast Technol 2004.

[39] Leaversuch R. Lightweight TP composite takes the driver's seat. Plast Technol 2004.

[40] Drake N. Thermoplastics and thermoplastic composites in the automotive industry 1997-2000. Rapra review report 1998.

[41] Watson B, Palanca PJ, English KC, Winowiecki KW. US Pat. Appl. Publ. (2004), US 2004229977 A1 20041118.

[42] Faruk O, Matuana LM. Nanoclay reinforced HDPE as a matrix for wood-plastic composites. Comp Sci Technol 2008; 68: 2073-2077.

[43] Lee SY, Kang IA, Doh GH, Kim WJ, Kim JS, Yoon HG, Wu Q. Thermal, mechanical and morphological properties of polypropylene/clay/wood flour nanocomposites. eXPRESS Polym Lett 2008; 2(2): 78-87.

[44] Chanprapanon W, Suppakarn N, Jarukumjorn K. Effect of organoclay types on mechanical properties and flammability of polypropylene/sisal fiber composites. ICCM 18 – 18th international conference on composite materials. Korea; August 21-26, 2011.

[45] Reichert P, Nitz H, Klinke S, Brandsch R, Thomann R, Mulhaupt R. Poly(propylene)/organoclay nanocomposites formation: influence of compatibilizer functionality and organoclay modification. Macrocol Mater Eng 2000; 275: 8.

[46] Qian G, Cho JW, Lan T. Preparation and properties of polyolefin nanocomposites: polyolefins 2001, Houston, TX; February 25-28, 2001.

[47] Garces JM, Moll DJ, Bicerano J, Fibiger R, McLeod DG. Polymeric nanocomposites for automotive applications. Adv Mater 2000; 12(23): 1835-1839.

[48] Paul D. R. Polyolefin nanocomposites: structure and properties. The 11th new industrial chemistry and engineering: conference on advanced polymers; developing highperformance polymeric materials for the future; February 5-8, 2006.

[49] Shah S. Challenges and opportunities of polymer nanocomposites and blends for automotive applications. The 11th new industrial chemistry and engineering conference on advanced polymers; developing high-performance polymeric materials for the future; February 5-8, 2006.

[50] Stewart R. On nanomaterials—still climbing the steep curve of material development. Plast Eng 2006; 62(4): 12-17.

[51] Wen X, Wang Y, Gong J, Liu J, Tian N, Wang Y, Jiang Z, Qiu J, Tang T. Thermal and flammability properties of polypropylene/carbon black nanocomposites. Polym Degrad Stab 2012; 97: 793-801.

[52] Ferreira WH, Khalili RR, Figueira Jr MJM, Andrade CT. Effect of organoclay on blends of individually plasticized thermoplastic starch and polypropylene. Indus Crops Prod 2014; 52: 38-45.

[53] Fitaroni LB, de Lima JA, Cruz SA, Waldman WA. Thermal stability of polypropylene montmorillonite clay nanocomposites: limitation of the thermogravimetric analyses. Polym Degrad Stab 2015; 111: 102-108.

[54] Ibrahim ID, Jamiru T, Sadiku ER, Kupolati FK, Agwuncha SC. Dependency of the mechanical properties of sisal fiber reinforced recycled polypropylene composites on fiber surface treatment, fiber content and nanoclay. J Polym Environ. doi: 10.1007/s10924-016-0823-2.

[55] Anon. PP nanocomposites arrive for automotive parts. Plast Technol 2004.

[56] Lan T. and Qian G.: Proceeding of additive '00. Clearwater Beach, FL; April 10-12, 2000.

[57] Rosata D. Plastics nanocomposites technology and trends. Polym Addit Colours SpecialChem 2007.

[58] Markarian J. Additives to improve scratch and mar resistance. Polym Addit Colours SpecialChem 2006.

[59] Biron M. The polymer cost cutters, Part 1—Cheap fillers for rubbers and elastomers. Polym Addit Colours SpecialChem 2005.

[60] Manias E, Touny A, Wu L, Lu B, Strawhecker K, Gilman JW, Chung TC. Polypropylene/silicate nanocomposites, synthetic routes and materials properties. Polym Mater Sci Eng 2000; 82: 282-283.

[61] Sherman LM. Nanocomposites—a little goes a long way. PlastTechnol 1999.

[62] Anon: Plastic additive compounding; February 11, 2002.

[63] Rosato D. Automotive and nanocomposites. Polym Addit Colours SpecialChem 2007.

[64] Stein A. FAST 2006; 10(2): 29-30.

[65] Klempner D, Sendijarevic V, editors. Polymeric foams and foam technology. 2nd ed. Cincinnati, OH: Hanser Gardner; 2004.

[66] Zirkel L, Munstedt H. Influence of different process and material parameters on the chemical foaming fluorinated ethylene propylene copolymers. Polym Eng Sci 2007; 47: 1740-1749.

[67] Schut JH. Expandable bead moulding goes high-tech. Plast Technol 2005.

[68] Naitove MH. Close up on technology: automotive. Plast Technol 2006; 52(1): 27.

[69] Eller R. Polyolefin foam challenging polyurethane in auto interiors and introducing new textile foam combinations. Robert Eller Associates, Inc. Press Release; 2003.

[70] Ziegler M. Fagerdala Deutschland GmbH, Ohrdruf. <www.fagerdala.com>.

[71] Gendron R, editor. Thermoplastic foam processing: principle and development. Boca Raton, FL: CRC Press; 2005.

[72] Mills N. J. Polyolefin foams. Rapra review report 167. Rapra; 2004.

[73] Anon: British Plastic & Rubber; March 2006.

[74] Schut JH. New cyclic olefins. Plast Technol 2000.

[75] Anon. Plastic Rubber Wkly 2006; 26: 6.

[76] Automotive Elastomers Conference, June 15-16, 2004, Dearborn, MI.

[77] US patent 5070111, Advanced elastomer systems L. P.; December 3, 1991.

[78] McMahan CM. Thermoplastic elastomers for automotive applications, AES paper, Rubber Division. Indianapolis, IN: American Chemical Society; 1978.

[79] Glockler J. Innovative TPE solutions in automotive weatherseal applications. ETP conference, ETP'98, Zurich; June 22-24, 1998.

[80] Anon. Thermoplastic Elastomers News 2005; 2: 1.

[81] Anon: Thermoplastic rubber for tailgate weatherseal applications. AES presses release; March 12, 1999.

[82] Eller R. Inter-TPO competition in an expanding global automotive market. Brusells 2004.

[83] Biron M. The decisive role of crosslinking additives in thermoplastic vulcanisates (TPVs. Polym Addit Colours SpecialChem 2006.

[84] Sherman LM. Unusual TPOs displace other plastics in hard and soft auto parts. Plast Technol 2003.

[85] Gutowski WS, Pankevicius ER. A novel surface treatment process for enhanced adhesion of ultra-high modulus polyethylene to epoxy resins. Comp Interf 1993; 1(2): 141-151.

[86] Gourjault A, Vitali M. Developing body panel and structural part applications with PP-based products: utilising computed assisted simulation. Conference: TPOs for use in automotive. Geneva, Switzerland; June 21-23, 2005.

[87] Anon. Keeping up with materials: new TPOs move into auto interiors. Plast Technol 2005.

[88] Holbery J, Houston D. Natural-fiber-reinforced polymer composites in automotive applications. Overview. Low-cost composites in vehicle manufacture. J Miner Metals Mater Soc 2006; 58(11): 80-86.

[89] Wang K, Bahlouli N, Addiego F, Ahzi S, Rémond Y, Ruch D, Muller R. Effect of talc content on the degradation of re-extruded polypropylene/talc composites. Polym Degrad Stab 2013; 98(7): 1275-1286.

[90] Branciforti MC, Oliveira CA, de Sousa JA. Molecular orientation, crystallinity, and flexural modulus correlations in injection molded polypropylene/talc composites. Polym Adv Technol 2010; 21: 322-330.

[91] Jahani Y. Comparison of the effect of mica and talc and chemical coupling on the rheology, morphology, and mechanical properties of polypropylene composites. Polym Adv Technol 2011; 22: 942-950.

[92] Dasari A, Yu Z-Z, Mai Y-W. Fundamental aspects and recent progress on wear/scratch damage in polymer nanocomposites. Mater Sci Eng Res 2009; 63: 31-80.

[93] Lehmann K. and Tomuschat P. New additive technology provides scratch resistance. Plast Addit Compound 2008.

[94] Stauber R, Vollrath L, editors. Plastics in automotive engineering: exterior applications. Cincinnati, OH: Hanser Gardner; 2007.

[95] Eldridge D. Madza part of bioplastic consortium. Plast Rubber Wkly 2006; 9.

[96] Smith C. Plastic cars take to the roads. Plast Rubber Wkly 2006; 4.

[97] Vink D. Thinking big. Eur Plast News 2006; 33: 13.

[98] Srivastava V, Srivastava R. Advances in automotive polymer applications and recycling. Int J Innovat Res Sci Eng Technol 2013; 2(3): 744-746.

16 聚烯烃在土工织物和工程中的应用

William K. Kupolati, Emmanuel R. Sadiku, Idowu D. Ibrahim,
Adeyemi O. Adeboje, Chewe Kambole, Olukayode O. S. Ojo,
Azunna A. Eze, Philip Paige-Green, Julius M. Ndambuki

(南非茨瓦尼理工大学)

16.1 概述

土工织物材料在建筑、农业、采矿和水处理行业得到了广泛的应用[1-4]。它可以由合成纤维或天然纤维制成,适用于短期和长期应用[5-6]。土工织物通常用于土木工程项目,如道路基础、运河基础、大坝挡土墙、堤岸保护和水库边坡稳定等[7]。全球范围内的研究表明,土工织物在土壤表面的使用是土壤保持的有效方法[8-9]。土工织物属于土工合成材料家族,家族的其他成员是土工膜、土工格栅、土工网、土工合成黏土衬垫、土工合成材料、土工格室和土工复合材料[5,10]。

据 Beckam 和 Mills[11]以及 Leão 等报道[12],天然土工织物在1930年左右首次应用于美国道路建设工程。研究人员进一步研究了由聚酯和聚烯烃树脂开发的合成土工布,这种树脂在20世纪50年代在佛罗里达州使用[29]。土工织物可以是织造的、非织造的,或两者的组合(称为土工复合材料)[13]。就强度而言,与生命周期为2~5年的天然土工织物相比,合成土工织物具有更好的拉伸强度和更长的使用周期(约20年)[14]。天然土工布比合成纤维更具成本效益优势。天然土工布降解更快,且最终产物为周围土壤提供了有机养分和物质,对植被发育具有重要意义[15-16]。土工布的发现和发展给人类带来了巨大的收益。

16.2 聚烯烃和土工织物的定义

16.2.1 聚烯烃的定义

聚烯烃是碳氢化合物,由具有通式 C_nH_{2n} 的烯烃制备的任何类型的聚合物都称为聚烯烃。它们来自丙烯、乙烯和 α-烯烃等。它们是半结晶的热塑性塑料[17],被广泛应用于包装袋、儿童玩具、容器、黏合剂、家用电器、包覆材料、汽车内部和外部部件,以及医疗设备和植入物等领域[18-19]。

16.2.2 土工织物的定义

一些研究人员以不同的方式定义土工织物。John[20]将土工织物定义为"与土壤、地基、岩石、泥土或任何岩土工程相关材料结合使用的渗透性纺织品"。Koerner[21]将土工织物定义为："一种渗透性的土工合成材料，仅由与地基、土壤、岩石、泥土或任何其他岩土工程相关材料一起使用的纺织品组成，作为人造工程、结构或系统的一个组成部分。"纺织学会将土工织物定义为："任何用于过滤、排水、分离、加固和稳定目的的可渗透纺织材料，作为土石或其他建筑材料的土木工程结构的组成部分"[22]。土工织物(geotextile)这个术语是由"土工"(geo，意思是泥土)和"纺织品"(textile，可以是织物或编织，非织造垫)两个词组成的。土工织物通常被用作固体屏障、容器、张拉膜、吸收剂、表面和土壤稳定剂，它们强有力地改变了工程和环境的形貌[5,23]。

16.3 聚烯烃和土工织物的种类和性能

聚烯烃和土工合成材料的种类和性能决定了它们的功能和应用领域。这些材料被巧妙地应用于作物生产，减少地下水污染，减少土壤脱水，延长道路寿命，以及加固大坝的挡土墙和防堤。

16.3.1 聚烯烃的种类和性能

16.3.1.1 聚丙烯类型及细分

如前所述，聚烯烃主要分为聚丙烯和聚乙烯两种类型。聚丙烯又可分为无规、间规和等规(图16.1)。无规聚丙烯的甲基在链的两侧随机排列，间规聚丙烯和等规聚丙烯的甲基交替排列在同一侧的主干上。由于丙烯是一种不对称的单体，所以可生产具有各种立体化学构型的聚丙烯。市场上以等规聚丙烯产品为主导，因为它容易用茂金属和齐格勒-纳塔多相催化剂生产，而间规聚丙烯只能用一些茂金属催化剂生产，商业用途较少[17]。聚丙烯是一

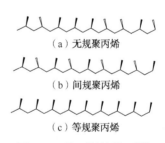

图16.1 聚丙烯的类型[12]

种热塑性聚合物，广泛应用于各种场合，包括：塑料部件和可重复使用的容器、军事专用保暖衬衫和裤子、实验室设备、扬声器和汽车零部件。聚丙烯由丙烯单体通过配位催化剂制成，与之不同的是，聚乙烯可以用配位催化剂或自由基引发剂制备[17]。聚丙烯性能稳定，对许多化学溶剂、碱、酸和紫外线(UV)等都具有不同寻常的耐受性。

16.3.1.2 聚乙烯及其分类

聚乙烯主要分为3类：密度为 0.910~0.940g/cm³ 的低密度聚乙烯(LDPE)；密度为 0.910~0.920g/cm³ 的线型低密度聚乙烯(LLDPE)；密度为 0.941~0.967g/cm³ 的高密度聚乙烯(HDPE)。原料不同可能引起密度的轻微偏移或变化(图16.2)。LDPE可以用自由基引发剂制备，而LLDPE和HDPE可以用与聚丙烯相同的催化剂(即配位催化剂)制备。

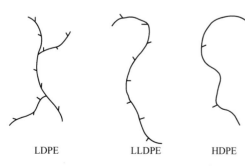

图16.2 按结构划分的聚乙烯类型[12]

16.3.2 土工合成材料的类型和性质

土工合成材料[24]主要用于环境和土木工程，可分为三大类。第一类是土工织物，可以进一步细分为土工织物相关产品，包括土工网、土工格栅、土工格室和土管。这些材料通常是多孔的，并且不易渗透液体(主要是水)和气体，可以是无纺布、机织或针织的。第二类为不透液体的膜，这一类可以进一步划分为土工合成黏土衬垫和塑料片材。这些材料的有效结合使人们得到了第三类材料，即土工复合材料。土工合成材料的分类如图16.3所示。在本章中，重点将放在土工织物上。表16.1表明，大多数土布是由聚合物生产的，聚烯烃和聚对苯二甲酸乙二醇酯是主要原材料[10]。

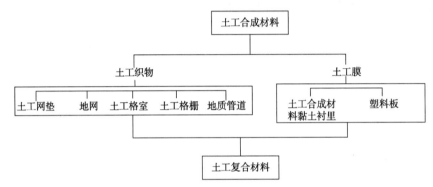

图 16.3 土工合成材料分类[12]

表 16.1 土工织物成分[10]　　　　　　单位:%(质量分数)

添加剂	基材	炭黑	填料	其他添加剂
聚丙烯	85~98	2~3	0~13	0.25~2
聚乙烯	95~98	2~3	0	0.25~1
聚对苯二甲酸乙二醇酯	98~99	0.5~1	0	0.5~1
聚酰胺	98~99	0.5~1	0	0.5~1

应用属性决定了所需土工合成材料的类型。这些属性包括物理、机械、压力、降解和耐久性。土工布因其增强的性能在文献中已被报道用于多种用途[26-27]。表16.2给出了土工织物所需的预期特性。其基本性能，如孔径大小、吸湿深度、网格厚度、拉伸强度、水力粗糙度等，使它们非常适用于土壤保护领域[15]。土工织物所具有的独特性能使其适用于建筑、水利、结构、交通、农业工程等各个工程领域。此外，这些特性使土工织物具有过滤、排水、分离和加固4种重要功能。有时，防护被认为是土工织物的第5种功能[10]。

表 16.2 土工织物关键特性[12]

总属性	子属性
机械	拉伸强度、撕裂强度、相容性、柔韧性、破裂强度、穿刺强度、韧性、摩擦阻力
物理液压	重量、厚度、刚度、相对密度、密度、孔隙率、渗透率、传递性、过滤长度、土壤保持力、介电常数
降解	生物降解、光降解、化学降解、机械降解、水解以及白蚁和螨虫引起的降解
耐力	耐磨性、质地伸长率、堵塞长度

16.4 土工织物中的聚烯烃

土工织物可以由合成纤维或天然纤维制成，还可以是两者的组合。最终的功能应用决定了其形状、孔径大小、设计和材料的选择。最常见的土工布是合成土工布，这是因为它们具有独特的性能和强度。天然纤维土工织物由于其成本效益、环境友好性和强度的提高，也同样获得了发展。天然土工布可以使用2~5年，而合成土工布可以使用20年以上[14]。一些建筑结构可以使用100年，因此它们需要选用高抗氧化性的土工布[28]。天然纤维可以来自动物（丝绸、羊毛），也可以来自植物（棉花、黄麻、亚麻、剑麻、大麻、椰子等）。合成土工布是由合成聚合物（主要是聚烯烃）制成的，包括聚乙烯（HDPE、LDPE和LLDPE）和聚丙烯[12]。用于土工布的其他聚合物还有聚对苯二甲酸乙二醇酯（PET）和聚酰胺（PA）。土工织物有编织、非织造和针织3种主要形式。它们的作用是过滤、分离土壤和其他精细材料，排水或收集土壤中的雨水，加固稳定和加强场地。在美国，土工织物似乎比表16.3所示的材料类型更多样化。

表16.3 美国的应用和产品类型消耗情况[12]　　　　　　　　单位：mm²

应用	土工布	土工格栅	网/垫	其他	总计
分离和过滤	158	—	—	5	163
加固	24	30	—	—	54
铺面整修	122	10	—	—	132
废物处理	95	—	—	5	100
排水	56	—	17	—	73
侵蚀控制	38	5	10	—	53
其他	17	—	—	3	20
总计	510	45	27	13	595

在土工布使用性能要求水平已知的前提下，可以根据ASTM标准确定所需的规格（表16.4）。

表16.4 ASTM标准要求的最低使用性能　　　　　　　　单位：lbf

所需土工布能力	抓强度①	穿刺强度②	爆破强度③	撕裂④
低	90	30	145	30
中	130	40	210	40
高	180	75	290	50
很高	270	100	430	75

①ASTM D4632。
②ASTM D4833。
③ASTM D3786。
④ASTM D4533。

在选择土工布时，不同的应用领域对产品性能有着特定的需求。例如，在道路建设中，土工布必须具有良好的耐穿刺性、渗透性、韧性、抗拉强度等。在农业方面，需要使用生物可降解土工布；而在建筑使用寿命为 100 年的情况下，土工布的使用寿命应该与建筑的使用年限一致，因此，土工布材料不应该在建筑的使用寿命内降解。

16.4.1 过滤土工织物

根据 Barret[29]在 20 世纪 60 年代中期的一项研究，用于过滤的土工织物是最常见也是最传统的一个分支。它们的作用就像过滤器，在设计过程中必须考虑到要过滤的材料特点，因为它只允许液体通过，而细(土壤)颗粒被保留或阻止通过。对于这类应用，土工布材料可以是无纺布，也可以是机织布；它们可以使液体自由流动，防止产生细小颗粒。土工布必须保持其刚性或稳定性，并且经过设计，具有适当的孔径和分布以及所需的渗透率。土工布材料安装完毕后，当液体和其他团聚颗粒试图通过孔隙时，可能会出现阻塞、致盲和堵塞 3 个问题。

(1)阻塞：当细小颗粒部分或完全阻碍土工织物表面孔洞内的自由流动时发生阻塞。

(2)致盲：这是一种土工织物表面形成细颗粒饼的情况。当水流停止，土工织物表面被晾干时，就形成滤饼。

(3)堵塞：这是土工织物孔洞内的土壤颗粒在试图通过孔洞时逐渐聚集的现象。

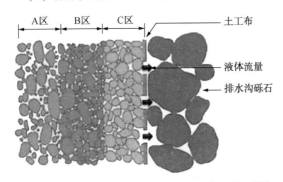

图 16.4 "土工布过滤器"中的颗粒分布示意图[12]

在单向水流的情况下，上述 3 种情况可形成聚集结构，起到过滤作用(图 16.4)。图 16.4 的 A 区部分是土壤的自然不间断状态；而 B 区是由于土工织物过滤层引入的干扰，导致土壤在水流过时变紧凑，该区域发挥过滤作用；C 区紧邻土工织物表面，粗颗粒通过聚集形成桥接网络。选择合适的土工织物材料并采用合适的设计至关重要，因为这可以最大限度地发挥材料的全部特性。

土工织物也可用于路面的渗透系统，对道路表面的雨水进行过滤。在暴风雨期间，大量的径流积聚，导致洪水泛滥；积水携带各种污染物最终污染地下水。在这种情况下，土工织物和聚集的细土、粗颗粒充当过滤器，可以防止污染物进入地下水(图 16.5)。Rahman 等[30]报道，土工织物作为过滤器，可提高污染物的去除率。

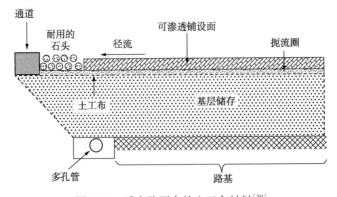

图 16.5 透水路面中的土工布材料[30]

16.4.2 土工织物的分离

分离两种不同的材料(细土、底土或粗骨料)是土工织物得到有效应用的另一个重要领域。当粗骨料被放置在细土或底土的表面受到恒定压力时,粗骨料就有下沉到基料中的趋势。土工布材料的引入将防止这种情况的发生,有助于保持铺设表面的光滑和平整。

该方法最常见的应用是道路施工,如图16.6所示。在路基材料之上铺设土工布,再铺设粗骨料或砾石。在铺设砾石期间,必须注意确保土工织物材料不被刺穿。当材料被刺破时,其功能的目标就无法实现。在Cheah等[31]的研究报道中,也提到Christopher和Fischer的观点:"如果土工织物在安装阶段受损,它就变得无用。"如图16.6(a)所示,土工织物材料可以最大限度地帮助粗骨料发挥最佳性能,对道路提供支撑防止开裂。

在设计此类材料时,必须考虑以下因素:诱导拉伸强度、破裂强度、抗穿刺性、撕裂强度、生物降解性、耐摩擦性和耐久性。Lawrence[25]解释了如何评估局部拉伸强度或抓地强度、抗穿刺性和抗破裂强度等。

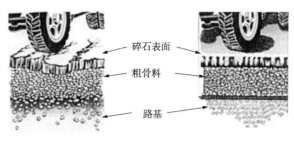
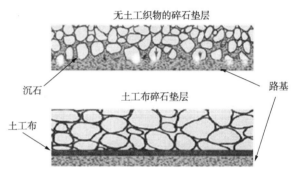

图16.6 用于分离的土工织物的功能应用[25]

16.4.3 排水土工布

土建工程师在道路施工中面临的挑战之一是如何从铺装路面上去除积水。暴雨后洪水的积聚不利于保持道路强度,最终会降低道路的使用寿命。水必须尽快从基层排出去;否则,应力就会转移到路基上,如果路基无法处理应力,则会快速导致道路故障。土工织物在这种情况下具有过滤与分离相结合的双重功能。

土工织物、土工织物相关产品(图16.3)、土工复合材料均可用于排水。在暴雨期间如果排水不当时,土壤中的粗/细颗粒可能会被冲走。土工织物材料必须做到保持土壤、孔洞堵塞最小,才能确保积水的流动性,实现排水。土工材料必须提供一个独立的或不受阻碍的水流通道(保持良好的渗透性),并防止细土颗粒进入排水沟[12]。土工布材料在建筑中的这种功能性应用,与使用不同等级配骨料相比,成本是降低的。图16.7为土工布材料用

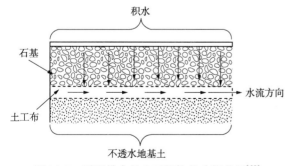

图16.7 用于排水的土工织物的功能应用[25]

于排水功能的场景。土工布在排水系统中的应用极大地延长了道路、沟渠、大坝、堤防和路面的使用寿命。

16.4.4 用于加固的土工织物

土工织物在建筑或土建工程加固中的应用，基于其稳定软弱土层或路基的能力，以及抗拉伸应力和约束形变的能力。压实的级配骨料具有良好的抗压强度，但抗拉强度非常弱。土工织物的引入有助于提高骨料或土体颗粒之间的抗拉强度和黏结效果；因此可以有效防止在连续拉伸应力下，压实的骨料产生破裂[25]。用作加工的土工布材料，必须具备的基本力学性能是抗拉强度、抗穿刺性能和表面摩擦性能。表 16.5 给出加固用土工织物所需的性能。这些优良的性能可以使土工织物广泛应用于路面设计、路堤加固、路面修复和挡土墙等方面(图 16.8)。

表 16.5 土工织物加固要求[29]

性能	要求	性能	要求
抗拉强度	a	蠕变	a
伸长	a	磁导率	d, c
耐化学性	b, a	流动阻力	c
生物降解性	a	土壤性质	a
灵活性	c	水	a
摩擦性能	a	掩埋	a
联锁	a	紫外线	b
抗撕裂性	c	气候	d
渗透	c	质量检查和控制	a
耐穿刺性	c	费用	a

注：a 表示非常重要；b 表示重要；c 表示中等显著；d 表示不适用。

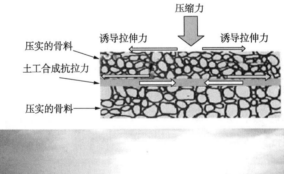

图 16.8 土工织物加固的功能应用[25,37]

土工布材料增加了道路的平均使用寿命，大大降低了成本。土工织物加固的作用之一是作为物理屏障，防止土质路基与级配骨料混合。该材料必须提供足够的摩擦阻力，以限制或防止基础材料和骨料的横向滑动。单一的土工布材料可以结合排水和加固功能，防止暴雨期间的突发性洪水，以及土壤路基和骨料的侵蚀。图16.9是自20世纪70年代北美观察到的土工织物使用量增加和所产生的利润水平的对比图。

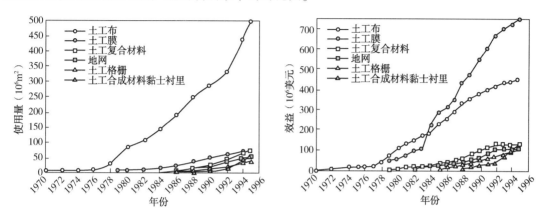

图16.9　北美地区的土工布使用量与产生效益对比图[29]

16.4.5　土工布防护

土工布材料的另一个重要的功能应用是防护。这可以有多种方式，如由于海平面上升，海岸受到侵蚀，必须采取措施减少海岸线的损失。Durgappa[33]报道，近年来由于侵蚀，超过60%的沙滩(大约占世界海岸线面积的20%)已经消失。为了尽量减少海岸线上的海浪，人们使用土工织物沙袋建造防浪堤，如图16.10所示。这种方法大约50年前在美国、德国和荷兰首次使用[18]。从人类活动的角度来看，这种措施被认为是对自然的"软"防御。Corbella和Stretch[34]在一项研究中报告说，用沙子覆盖和填满土工布袋，将其放置在45°的斜坡上，并防止紫外线和其他破坏，这种土工织物沙袋可以有效保护海岸线。

图16.10　土工织物对海岸线的保护作用
左图来自文献[34]

另一个使用土工布材料进行保护的重要领域是填埋区的废物管理。土工织物材料与不透水的土工膜结合使用(图 16.11)，土工膜起密封的作用，土工织物起支撑稳固的作用。这些材料的本质是减少或防止土壤污染，保护地下水。穿刺、破裂、降解、局部拉伸或压缩应力加载时间过长导致的裂纹或撕裂(表 16.6)，可能会导致此类材料失效。

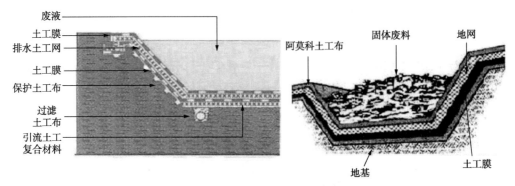

图 16.11　液体和固体废物处理填埋场[12]

表 16.6　防护用土工织物的性能要求[35]

性能	隧道施工	垃圾填埋场和水库	屋顶平台施工
机械属性	爆裂、穿刺和耐磨性	摩擦系数、爆裂和抗穿刺性	耐穿刺性
长期性能	耐腐蚀、pH 值 2~13	耐腐蚀、pH 值 2~13	化学制品兼容性

16.5　聚烯烃在工程中的应用

聚烯烃广泛应用于各大工程领域，如玩具、家用电器、汽车内外件、杂货袋、包装、电子器械、集装箱、冷藏车冷却室，甚至混凝土骨料等。这都得益于其特殊的性能，如高耐化学性、良好的机械强度、易于加工、成本效益好、重量轻、较好的热稳定性等。由表 16.7 和表 16.8 可见，2001 年和 2006 年，西欧洗衣机及烘干机中的聚烯烃用量最多；若按国家统计，德国和意大利的聚烯烃用量最多。聚烯烃材料在汽车工业和土木工程建设中也应用广泛，在土建中多被用作混凝土粗骨料的部分替代材料。聚烯烃材料所具备的低密度和良好的力学性能，使生产轻质混凝土具有可行性。

表 16.7　2001 年和 2006 年西欧家用电器用聚烯烃的情况[36]

市场部门	2001 年聚烯烃用量		2006 年聚烯烃用量	
	t	%	t	%
洗衣机/干衣机	98000	34.5	114000	32.2
洗碗机	29000	10.2	46000	13.0
冰箱/冰柜	15000	5.3	20000	5.6
微波炉	5000	1.8	6000	1.7
吸尘机	24000	8.5	35000	9.9
小家电	69000	24.3	81000	22.9

续表

市场部门	2001年聚烯烃用量		2006年聚烯烃用量	
	t	%	t	%
电动工具	5000	1.8	6000	1.7
其他/未定义	39000	13.7	46000	13.0
总计	284000	100	354000	100

表16.8 2001年和2006年按国家划分的西欧用于家用电器的聚烯烃用量[36]

国家	2001年聚烯烃用量		2006年聚烯烃用量	
	t	%	t	%
比荷卢联盟	18000	6.3	27000	7.6
法国	34000	11.9	39000	11.0
意大利	56000	19.7	67000	18.9
德国	58000	20.4	66000	18.6
英国	48000	16.9	51000	14.4
西班牙	21000	7.4	25000	7.1
奥地利	4000	1.4	4000	1.1
所有其他	45000	15.8	75000	21.2
总计	284000	100	354000	100

16.6 未来趋势

天然土工布由于其性能缺陷，在各种功能应用中的使用较为受限。尽管已有研究致力于改善天然土工布的性能，但天然土工布要与合成土工布相匹敌，还有许多工作要做。土工布材料与土壤之间的相互作用还需要进一步研究，以便明确在使用天然土工布的设计过程中需要改进的地方。提高天然纤维土工布的耐久性是解决其局限性的一个重点，耐久性的改善将会提高其竞争能力。天然土工布具有生物降解性好、重量轻、环境友好、成本效益高等内在优势。纤维改性方法是一种研究策略，其可以改善天然纤维与土工复合材料中的聚烯烃或PET之间的相容性、相形态和界面黏合性。

将来，土工织物的应用将会日益广泛。目前，土工织物常用于土木工程领域。然而，土工织物也可以在农业领域找到合适的应用；在该领域，目前极少有人能完全理解如何使用土工布来增加作物产量；实际上，土工织物可以帮助土壤保持其可能由于快速蒸发而损失的水分含量（图16.12）。土工织物制造商与工程师或最终用户之间的沟通非常必要。工程师们知道他们想从材料中得到

图16.12　农业用土工织物

什么，土工织物制造商们也会通过不断的研究找到满足这一要求的方法。

16.7 结论

土工织物具有重要的应用价值，特别是在土木工程领域。实际上，聚烯烃土工织物对土木工程领域的发展发挥了重要作用。土工织物在延长路面、路堤、挡土墙、道路和防浪堤的使用寿命方面做出了巨大贡献。土工织物的主要应用功能是过滤、排水、分离、加固、控制侵蚀和防护。材料的耐穿刺、抗爆裂、抗拉伸、抗撕裂、耐摩擦、耐化学腐蚀等性能决定其应用范围。合成土工布是最常见的土工织物分支，它们的使用寿命可长达20年以上，而天然纤维土工布的使用寿命仅为2~5年。纺织工业（土工布制造商）与最终用户（主要是土木工程师）之间需要建立更加紧密的联系，以拓展土工织物的应用。

参 考 文 献

[1] Marques AR, Vianna CR, Monteiro ML, Pires BOS, Urashima DD, Pontes PP. Utilizing coir geotextile with grass and legume on soil of Cerrado, Brazil: An alternative strategy in improving the input of nutrients in degraded pasture soil? Appl Soil Ecol 2016; 107: 290-297.

[2] Rawal A, Shah TH, Anand SC. Geotextiles in civil engineering. In: Horrocks AR, Anand SC,, editors. Handbook of technical textiles, 2nd ed, vol. 2: technical textile applications. Woodhead Publishing; 2016. p. 11-133. Available from: http://dx.doi.org/10.1016/B978-1-78242-465-9.00004-5.

[3] Yan SW, Chu J. Construction of an offshore dike using slurry filled geotextile mats. Geotextiles and Geomembranes 2010; 28: 422-433.

[4] Quaranta JD, Tolikonda R. Design of non-woven geotextiles for coal refuse filtration. Geotext Geomembr 2011; 29: 557-566.

[5] Rawal A, Shah T, Anand S. Geotextiles: production, properties and performance. Textile Progress 2010; 42 (3): 181-226.

[6] Rawal A, Sayeed MMA. Mechanical properties and damage analysis of jute/polypropylene hybrid nonwoven geotextiles. Geotext Geomembr 2013; 37: 54-60.

[7] Bhattacharyya R, Smets T, Fullen MA, Poesen J, Booth CA. Effectiveness of geotextiles in reducing runoff and soil loss: a synthesis. Catena 2010; 81: 184-195.

[8] Bhattacharyya R, Fullen MA, Davies K, Booth CA. Utilizing palm leaf geotextile mats to conserve a loamy sand soil in the United Kingdom. Agric Ecosyst Environ 2009; 130: 50-58.

[9] Mitchell DJ, Barton AP, Fullen MA, Hocking TJ, Zhi WB, Yi Z. Field studies of the effects of jute geotextiles on runoff and erosion in Shropshire, UK. Soil Use Manage 2003; 19: 182-184.

[10] Wiewel BV, Lamoree M. Geotextile composition, application and ecotoxicology—a review. J Hazard Mater 2016; http://dx.doi.org/10.1016/j.jhazmat.2016.04.060.

[11] Beckam WK, Mills WH. Cotton: fabric-reinforced roads. Eng News Record 1935; 14: 453-455.

[12] Leão AL, Cherian BM, de Souza SF, Kozłowski RM, Thomas S, Kottaisamy M. Natural fibres for geotextiles: Handbook of Natural Fibres. Volume 2: Processing and applications. Cambridge, UK: Woodhead Publishing Limited; 2012.

[13] Muller W, Jakob I, Seeger S, Tatzky-Gerth R. Long-term shear strength of geosynthetic clay liners. Geotext Geomembr 2008; 26: 130-144.

[14] Li MH, Khanna S. Aging of rolled erosion control products for channel erosion control. Geosynth Int 2008; 15: 224-231.

[15] Álvarez-Mozos J, Abad E, Giménez R, Campo MA, Goñi M, Arive M, Ignacio Diego. Evaluation of erosion control geotextiles on steep slopes. Part 1: Effects on runoff and soil loss. Catena 2014; 118: 168-178.

[16] Fullen MA, Subedi M, Booth CA, Sarsby RW, Davies K, Bhattacharyya R, et al. Utilising biological geotextiles: introduction to the Borassus Project and global perspectives. Land Degradat Develop 2011; 22: 453-462.

[17] Soares JBP, McKenna TFL. Introduction to polyolefins: polyolefin reaction engineering. 1st ed KGaA: Published by Wiley-VCH Verlag GmbH & Co; 2012.

[18] Saathoff F, Oumeraci H, Restall S. Australian and German experiences on the use of geotextile containers. Geotext Geomembr 2007; 25(45): 251-263.

[19] Palkopoulou S, Joly C, Feigenbaum A, Papaspyrides CD, Dole P. Critical review on challenge tests to demonstrate decontamination of polyolefins intended for food contact applications. Trends Food Sci Technol 2016; 49: 110-120.

[20] John MWM. Geotextiles. Glasgow: Blackie and Son; 1987.

[21] Koerner RM. Designing with geosynthetics. 6th ed. Bloomington, IN: Xlibris; 2012.

[22] Denton MJ, Daniels PN. Textile terms and definitions. 11th ed. Manchester, UK: The Textile Institute; 2002.

[23] Giroud JP. Geotext. Geomembranes 1984; 1: 5-40.

[24] Ingold TS. Geotextiles and geomembranes handbook. Amsterdam, The Netherlands: Elsevier; 2013.

[25] Lawrence CA. High performance textiles for geotechnical engineering: geotextiles: and related materials. High performance textiles and their applications. Cambridge, UK: Woodhead Publishing Limited; 2014. Available from: http://dx.doi.org/10.1533/9780857099075.256.

[26] Basu G, Roy AN, Bhattacharyya SK, Ghosh SK. Construction of unpaved rural road using jutesynthetic blended woven geotextile—a case study. Geotext Geomembr 2009; 27: 506-512.

[27] Jeon H-Y. Durable geotextiles. Understanding and improving the durability of textiles. Cambridge, UK: Woodhead Publishing Limited; 2012.

[28] Mueller W, Buettgenbach B, Jakob J, Mann H. Comparison of the oxidative resistance of various polyolefin geotextiles. Geotext Geomembr 2003; 21: 289-315.

[29] Barret JR. Use of plastic filters in coastal structures. Proceedings of 10th international conference on coastal engineering, Tokyo, Japan, 104867, 1966.

[30] Rahman MA, Imteaz MA, Arulrajah A, Piratheepan J, Disfani MM. Recycled construction and demolition materials in permeable pavement systems: geotechnical and hydraulic characteristics. J Cleaner Prod 2015; 90: 183-194.

[31] Cheah C, Gallage C, Dawes L, Kendall P. Impact resistance and evaluation of retained strength on geotextiles. Geotext Geomembr 2016; 44: 549-556.

[32] Fuggini C, Zangani D, Wosniok A, Krebber K, Franitza P, Gabino L, et al. Innovative approach in the use of geotextiles for failures prevention in railway embankments. Proceeding of 6th transport research arena, April 1821, 2016. Transportation Research Procedia, 14, 1875-1883, 2016.

[33] Durgappa R. Coastal protection works. Proceedings of the 7th international conference of coastal and port engineering in developing countries, COPEDEC VII, 2008, Dubai.

[34] Corbella S, Stretch DD. Geotextile sand filled containers as coastal defence: South African experience. Geotext Geomembr 2012; 35: 120-130.

[35] TANFEL Advertisement report 1990.

[36] Posch W. Polyolefins. Applied Plastics Engineering Handbook: Processing and Materials. Waltham, USA: Elsevier; 2011.

[37] Yee T-W. Ground improvement with geotextile reinforcements. In: Indraratna B, Chu J, Rujikiatkamjorn C, editors. Ground improvement case histories: compaction, grouting and geosynthetics. San Diego: Butterworth Heinemann; 2015. p. 537-558.

延 伸 阅 读

Carneiro JR, Paulo Joaquim Almeida PJ, Lopes M, de L. Some synergisms in the laboratory degradation of a polypropylene geotextile. Construc Build Mater 2014; 73: 586-591.

Davies K, Fullen MA, Booth CA. A pilot project on the potential contribution of palm-mat geotextiles to soil conservation. Earth Surf Process Landforms 2006; 31: 561-569.

Globalsecurity. Online: [Accessed on 26/09/2016] http://www.globalsecurity.org/military/library/policy/army/fm/101-5-1/f545con.htm.

http://www.geofabrics.com.au/products/products/1-bidim-nonwoven-geotextiles/overview. Zenni RD, Ziller SR. An overview of invasive plants in Brazil. Rev Bras Bot 2011; 34: 431-446.

17 聚烯烃在生物医学领域的应用

Shesan J. Owonubi[1], Stephen C. Agwuncha[2],
Victoria O. Fasiku[1], Emmanuel Mukwevho[1], Blessing A. Aderibigbe[3],
Emmanuel R. Sadiku[4], Deon Bezuidenhout[5]

(1. 南非西北大学；2. 尼日利亚易卜拉欣·巴达马西·巴班吉达大学；
3. 南非福特哈尔大学；4. 南非茨瓦尼理工大学；5. 南非开普敦大学)

17.1 概述

聚烯烃(PO)是由简单的烯烃单体聚合而成的聚合物。聚烯烃类树脂是公认的最大的一类有机热塑性聚合物[1]。因其全球生产和消费的总额巨大，聚烯烃类树脂有时被称为商品聚合物。聚烯烃仅由碳原子和氢原子组成，具有非极性、无臭、无孔的材料性能，通常用于消费品中。由于这类塑料树脂具有油质或蜡质质地结构，它们也被称为"类油"[2-3]。

聚烯烃树脂的合成主要需要3个条件：单体及共聚单体，催化剂或引发剂体系和聚合反应器[4]。虽然聚烯烃类树脂通常是由简单的烯烃(如乙烯、丙烯、丁烯、异戊烯和戊烯)以及它们的共聚物聚合而成的，但它们是唯一一类在催化条件下实现立体化学结构可控的聚合物[5]。在20世纪50年代末，采用齐格勒型催化剂制备的聚烯烃树脂的骨架结构中不含有任何极性基团[6]。因为聚烯烃树脂的独特性能，Marvel等将其迅速应用于商业产品开发[7]。

聚烯烃树脂可以根据它们的结构和单体单元进行分类，其中乙烯基聚烯烃树脂主要含有乙烯单体单元，丙烯基聚烯烃树脂主要含有丙烯单体单元，更高级的聚烯烃树脂含有更高级的烯烃单体单元和聚烯烃弹性体[8]。

虽然聚烯烃树脂暴露于低温或高频率冲击等恶劣条件下时表现出十分敏感和易延展的性质，但是这些性能的改进促进了工程领域的进步；添加填料、增强剂、特殊单体或弹性体混合物可以提高聚烯烃树脂的韧性，同时伴随着产品其他性能的提高[9]。聚烯烃树脂具有较低的表面能，未经特殊的氧化预处理不能进行墨水着色和涂料喷涂[3]。这些特性使它们在塑件、食品包装、工业和生物医学等领域得到广泛应用。

在生物医学应用方面，聚乙烯和聚丙烯是应用最广泛的聚烯烃树脂，它们将是本章的重点。

17.1.1 聚乙烯

19世纪90年代，德国科学家Hans von Perchman在加热重氮甲烷时意外地首次制备了聚乙烯[10]。这种方法制备的聚乙烯非常不稳定，并且看起来很像石蜡，因此它被认为没有工业用途。但到了1933年，英国帝国化学工业公司(ICI)的Eric Fawcett和Reginald Gibson生产出了第一种具有工业用途的聚乙烯[11]。这也是在极端压力作用于乙烯和苯甲醛混合物时意外合成的。然而，当时的研究人员没有意识到是一些微量的氧引发了反应，导致该实验结果无法重复[11-12]。1935 年，ICI 公司的 Michael Perrin 也设计了一种可重复的方法来合成聚乙烯，这成为低密度聚乙烯制备的基础[13]。

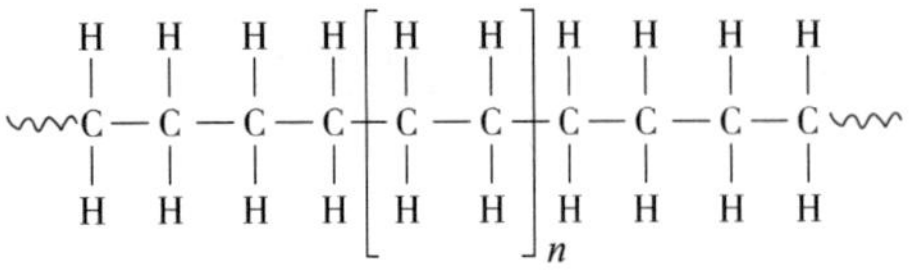

如今，聚乙烯是一种常用的塑料，年产量达数百万吨[14]。聚乙烯的化学结构式用$(C_2H_4)_n$表示，如图 17.1 所示，聚乙烯由双键连接的两个亚甲基组成；n 值因分子量大小而异。聚乙烯树脂是乙烯基聚合物，包括乙烯的均聚物或乙烯的共聚物（共聚单体通常包括 1-丁烯、1-己烯和 1-辛烯等）。

图 17.1 聚乙烯的化学组成

齐格勒-纳塔体系聚合、自由基聚合以及茂金属催化聚合等方法均可以用来合成聚乙烯，但支化聚乙烯通常是通过自由基聚合合成的[15-18]。在低压下使用各种类型的过渡金属催化剂可以制备具有线型链结构的乙烯基聚烯烃树脂。这类材料包括高密度聚乙烯、中密度聚乙烯、线型低密度聚乙烯以及乙烯与其他单体共聚制备的乙烯共聚物。而在高压条件下，使用氧气或过氧化物引发乙烯单体通过自由基聚合，可制备具有不同结晶度和密度的具有支链结构的聚乙烯[19-20]。

17.1.2 聚丙烯

1954 年，Giulio Natta 发现了聚丙烯；3 年后，也就是 1957 年，位于意大利北部费拉拉尼工厂的蒙特卡蒂尼工厂开始了聚丙烯的商业生产[21,22]。从那以后，聚丙烯的使用量一直在以天文数字增长。到 20 世纪 50 年代末，丙烯[23]和降冰片烯[24]的聚合已经被用于聚丙烯的制备，许多其他具有更经济高效的催化剂也被广泛研究。

聚丙烯也是一种由有序重复的单元排列而成的乙烯基聚合物。由于聚丙烯含有多个具有不同立构构型的链节，从而产生了等规、间规和无规异构体，其连接结构如图 17.2(a) 所示。聚丙烯可由齐格勒-纳塔催化聚合或茂金属催化聚合制备[图 17.2(b)]；然而，与聚乙烯不同的是，具有商业意义的聚丙烯不能通过自由基聚合制得[15,25]。如今，根据合成技术的不同，可以将聚丙烯分为均聚物、抗冲共聚物、无规共聚物、橡胶改性共混物和特种共聚物等。

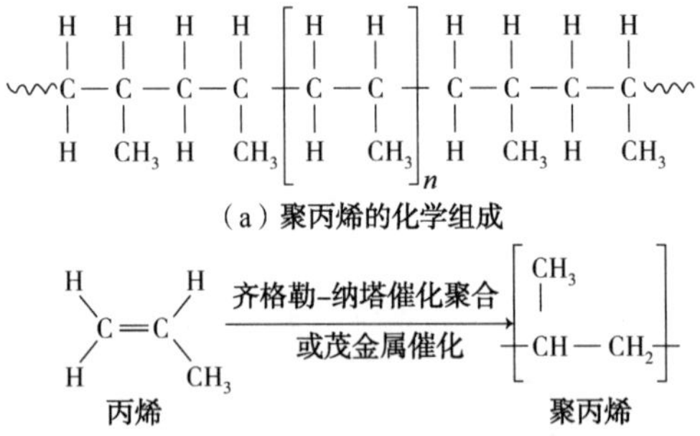

(a) 聚丙烯的化学组成

(b) 以丙烯为原料，经齐格勒-纳塔催化聚合或茂金属催化合成聚丙烯

图 17.2 聚丙烯结构示意图

在 20 世纪 70 年代初，聚丙烯的产量只有几百万吨，但到 20 世纪末，全球聚丙烯的产量已超过 3000×10^4 t，这也显示出聚丙烯已成为一种非常受欢迎的塑料商品[26]。目前，聚丙烯被广泛认为是一种热塑性聚合物，具有优良性能，如透明性、尺寸稳定性、阻燃性、高热变形温度和高抗冲击性。根据特定的应用需求，可以制备不同性能的聚丙烯，广泛的适应性也是聚丙烯广受欢迎的主要因素。

通过控制聚烯烃树脂的合成过程，可以实现对聚烯烃结构的调控，进而改变聚烯烃的性能。采用共聚单体进行共聚合时，可以得到不同性能的聚烯烃树脂。因此，聚烯烃类树脂的链结构及性能参数（如形貌、热力学性能、加工性能等）的可调性较强，这也成为其广泛应用的基础。

17.1.3 其他种类的聚烯烃树脂

α-烯烃是一种分子式为 C_xH_{2x} 的烯烃类有机化合物。α-烯烃主要有线型和支化型两种，它们都具有独特的化学性能。线型 α-烯烃是使用最广泛的一类聚烯烃，它的烯烃基团通常在烷基链的末端(图 17.3)，α 位的双键使得 α-烯烃具有较高的化学活性。这种特性促成了它在降低液体表面张力方面的应用，如在润滑剂、清洁材料和其他化学品中，α-烯烃均被广泛使用。虽然可以通过乙醇脱水、高温蜡裂解、费托合成与纯化等方法制备线型 α-烯烃，但是线型 α-烯烃通常主要还是由乙烯齐聚反应制备[27-30]。制备聚乙烯大多采用线型短链 α-烯烃；由于乙烯和丙烯生产和转化过程中取得的进展，线型 α-烯烃长期占据市场主导地位。几类最常见的线型 α-烯烃分别是 1-丁烯、1-己烯、1-辛烯以及其他高级烯烃。仅在 2006 年，线型 α-烯烃的商业用量大约是 $430×10^4$ t，预测到 2020 年将增加约 3.5%[31]。

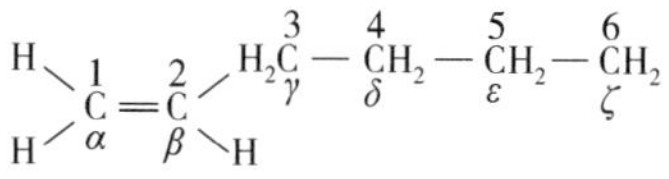

图 17.3 线型 α-烯烃的结构式

17.2 聚烯烃的生物医学应用

单体、共聚物、催化剂/引发剂以及聚合技术等要素共同作用，使得聚烯烃具有多种独特的性能，能够满足不同的应用场景。聚乙烯和聚丙烯在生物医学领域的应用将在本节进行详细介绍。

17.2.1 医疗植入物及设备

每年都有众多患者通过外科手术，借助医疗设备和植入物，来寻求生活质量的改善。"implant"是一个术语，用来指辅助或替代生物结构的部分或整体的部件[32]。新型骨科植入物的使用一直是研究者关注的焦点，在发现以前的髋关节置换的替代物的技术指标低于标准值后，行业内开展了深入的调查研究和政策研讨[33-39]。

随着时间的推移，聚合物材料以其优越的性能，迅速取代其他医疗植入物和设备材料。近年来，合成聚合物因其易于生产、实用性强和具有可调控的多功能性而成为植入物的首选材料[40]。它们的应用范围较广，从面部假体到气管导管，从肾脏和肝脏到心脏，从假牙到髋关节和膝关节都有涉及[32]图 17.4。但是作为医用植入物，高分子材料必须具有特定的性能[41-42]。以下就是聚合物生物材料作为医疗设备和植入物应满足的性能要求。

17.2.1.1 生物材料的生物相容性

植入物选择的成功与否取决于植入物与其所处环境之间的反应。聚合物植入物的生物相容性是指植入物在生物医药治疗中能发挥其预期功能，并且不会对接受药物治疗的患者造成任何局部或全身的危害，在特定情况下可产生最适合和最有价值的细胞或组织反应，进而优化临床治疗效果[43]。在植入式器件上进行生物相容性研究需要在体外和体内进行复杂的实验，以测试材料对细胞、组织及身体的局部和系统的影响[44-46]。

17.2.1.2 设计易于制造的生物材料

在假体材料的设计中，为了确保人造骨植入部件所需的材料满足性能要求，研究者采用

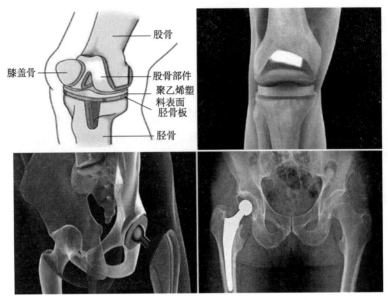

图 17.4 超高分子量聚乙烯材料应用于髋关节植入物

了强大的有限元分析工具[47]。

17.2.1.3 聚合物的性能

聚合物材料的固有性能有助于人们更好地理解医学植入物的特点。但是必须谨慎分析由于相似或相异材料混合而产生的聚合物的性能改变。抗拉强度、弹性模量、屈服强度、储能模量、耐腐蚀、抗疲劳、耐蠕变和硬度等性能都需要被检测[48-50],而所有性能的具体使用要求都取决于植入物所应用的部位。

17.2.1.4 植入物的稳定性

作为医疗植入物,必须考虑其原材料的生物力学稳定性[47,51]。植入物的稳定性指的是没有临床流动性,总是处于一种骨整合状态[52-53]。这种稳定性与植入物的有效整合及临床植入的长期有效性是正相关的。不稳定情况下,可能会出现纤维囊化,导致临床植入失败[54]。

植入物的两种稳定性是需要加以区分的。第一种稳定性称为初始稳定性,是在植入手术时产生的,是一种与生物力学性质相关的现象。与植入物部位的骨质量有关,这是实现植入物骨整合的必要条件。另一种稳定性称为二次稳定性,是在特定的愈合期后产生的,与骨和植入物边界处被新骨组织的生成和成熟所增强区域的初始稳定性有关[55-58]。

17.2.1.5 人工关节的无菌松动与抗磨强度

随着时间的推移,无菌性松动和耐磨性被认为是植入物长期服役过程中可能出现问题的主要环节[59-60]。无菌性松动是在没有感染的情况下发生的。因此,在处理医用植入物的材料时必须小心谨慎,需要对它们进行足够的检测,以保证植入物长期使用不会磨损或产生无菌性松动。

由于聚乙烯和聚丙烯等高分子材料具有较为理想的性能,一些研究人员利用聚乙烯和聚丙烯作为医疗器件和植入物的支撑材料。聚乙烯和聚丙烯与其他材料共混作为支撑材料的方案逐渐受到研究人员的广泛关注。

早在 20 世纪 60 年代，超高分子量聚乙烯就已应用于医学领域[32]。超高分子量聚乙烯耐腐蚀性强，吸湿率极低，摩擦系数极低，自润滑特性好，耐磨性强。它作为一种支撑材料出现在膝关节和髋关节等许多关节置换手术中。在过去的 10 年中，超高分子量聚乙烯作为缝合线纤维的使用量一直在增加，因为缝合线要求材料强度高、质量轻，超高分子量聚乙烯完美解决了这一问题[61]。

近年来，人们开始关注多孔植入物的设计。多孔材料的主要优势是允许组织内生长[62]。研究人员发现了一种由高密度聚乙烯制成的多孔聚乙烯植入物，允许纤维和导电组织向组织内生长，并且在植入后能防止感染[63-65]。这种商品名为 Medpor 的多孔高密度聚乙烯材料已经在美国上市，据报道，已经有许多科学家对此进行了研究，并且获得了一些积极的反馈。Liu 等[66]在颅底手术中使用该种植入体重建颅底，Park 和 Guthikonda 用该种植入体在垂体切除术及脑脊液漏病例中成功替代了鞍底[67]。在头部和颈部重建手术中，高密度聚乙烯也被用于修复颞部缺损[68]。该类植入物也成功应用于针对眶骨折修复的眶内植入，应用案例包括：修复下眼睑收缩缺损[69-71]；修复眶底和眶壁骨折[72-81]；在鼻整形术和鼻中隔成形术中用作安全的鼻内植入物，帮助修复畸形或缺陷，缩小气道[82-83]；耳朵预制和耳相关的修复，如小耳片修复[62,84-86]；甲状腺和气管重建及下颌重建[87-90]。

从 20 世纪 50 年代末开始，聚丙烯就被以网孔的形式用作生物医学植入物[91-92]。聚丙烯合成网孔已经成为解决盆腔器官脱垂（POP）外科手术的使用材料，这种病症在超过 50%的女性中较为常见[93]。研究人员已经证明，POP 产生的主要原因是由于腹筋膜内压力过大，以及筋膜破裂需要适当的原位强化[94]。此类聚丙烯网孔已用于阴道网修补和植入[95-101]，全膝关节置换术后股四头肌完全断裂的治疗[102]，乳房植入重建[103-106]，心脏瓣膜结构和缝合[107-112]；并以异种移植和同种异体移植的形式用于疝修补和腹壁修补[97,113-125]，以及用于治疗压力性尿失禁的医疗器械[126-133]（图 17.5）。

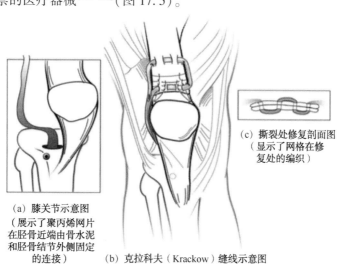

图 17.5　膝关节中聚烯烃植入物示例

克拉科夫缝线最初从近端到远端进入髌骨内侧和外侧的活组织。补片在髌腱外侧拉起，穿过修复部位进行编织，最初由克拉科夫缝线固定。用电烙术在肌腱上形成小裂口，以帮助网状物通过，此过程中要防止破坏之前放置的克拉科夫缝线。之后补片穿过肌腱内侧的近端，再穿过股四头肌的近端，最后将补片沿肌腱外侧向下缝合。将不可吸收的一号缝线放在补片的角上有助于体系的稳定

虽然使用聚丙烯和聚乙烯作为植入物已经有了积极的进展,但是在许多长期植入聚丙烯、聚乙烯植入物的病例中,并发症和安全问题一直存在争议。虽然此类现象发生率较低,但有研究人员发现,使用聚丙烯网片植入时,会导致网眼的腐蚀或降解[134-139]以及感染,例如,持续性出血、膀胱/尿道排尿困难、尿频、泌尿道瘘、尿路感染复发等,其症状与植入的部位有关[140-145]。其他涉及疼痛情况加剧的病例也有报道,如有病例出现过在以前未受影响的部位发生大小便失禁和后期脱垂的现象[146]。在长期植入物降解和引发感染的报道中,聚乙烯材料的事故发生率较低[147-153]。

17.2.2 药品耗材及包装材料

药品包装是指将某一药品收集起来留备将来使用的过程。它要求在患者最终打开包装前,包装内的药品务必保持原状[154-155]。药品包装不良会导致药品产生质量缺陷,因此有效包装药品的能力对于制药业来说是非常重要的。

(1) 产品控制。

药品包装的重要宗旨是避免药品的变更和掺假,使病人能够以制造商所希望的形式使用该产品。特别需要注意的是,包装材料不能改变药品的配方[156],包装材料应该避免产品潜在的扩散或可能的渗透。

(2) 潜在污染。

药品需要外包装的保护,以避免因受外部影响导致产品性质的改变。如果产品包装不当,可能会导致药品受到污染,如光照可能影响光敏产品的性能,包装内的产品可能受到环境湿度的影响、生物污染或机械损坏。近年来,随着静脉、经皮和吸入给药方法的推广,包装行业需要提供精准的包装解决方案,以满足生物医学领域新技术的需求[157]。

聚乙烯和聚丙烯作为医药包装材料应用较为广泛[158-160]。采用自20世纪30年代初开始使用的无菌吹补密封(BFS)技术,可将聚乙烯和聚丙烯应用到塑料医药包装的生产中。BFS技术是一种被广泛接受的塑料容器包装成型工艺,它是在无菌环境下,在单台机器上不间断地进行塑料成型、产品灌装和容器封口[161-164]。研究表明,该技术的污染率仅为其他技术的1/10[161],所制得的包装容器上的外部颗粒显著减少[163]。

随着技术的进步,聚乙烯和聚丙烯可通过注射吹塑成型的加工方法应用于医药消耗品的包装之中。注射吹塑成型是世界范围内应用最为广泛的塑料加工技术之一[165],包括注射循环中的填充、包装和冷却等阶段[166-169]。其他被采用的加工技术还包括压缩成型[170]、吹塑成型、发泡成型、旋转成型、挤出成型、流延成型、吹膜成型和腹板成型[171-172]。聚乙烯和聚丙烯均已被应用于窗口袋的设计[173]。聚丙烯对辐射更为敏感,因而作为密封胶应用于蒸汽灭菌技术[173]、一次性手套[174-176]、一次性注射器[177-178]、试管[179]、药水瓶[180-182]、药片瓶和瓶盖等,具体应用如图17.6所示。

17.2.3 未来发展趋势

随着医学的进步和医疗技术的发展,以及人们对健康的关注度日益提高,生物医学行业对聚合物的需求与日俱增。由于需求激增,材料成本也相应上升,因此,寻找成本更低的替代产品,对于全球众多国家的医疗体系意义重大。

设计性能更优、应用更广的新型材料已经成为这一领域的发展趋势。聚烯烃树脂因具有

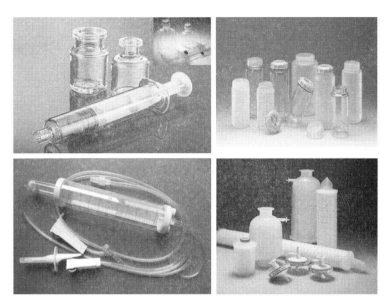

图 17.6 聚烯烃树脂包装材料的吹塑—填充—密封示例

良好的成型性能和成本效益而成为备受青睐的替代品。

如今,聚烯烃已成为许多医药包装解决方案中不可或缺的有机组成部分,并在医疗设备中也得到广泛应用(如前几节所述)。但是,伴随着全球对不断降低间接成本的追求,对材料可回收性和材料开发所需时间和投资期限的关注,持续不断的创新是非常必要的。

随着纳米技术的发展与应用,以及对微型医疗器械需求的增加,高分子材料的用量在不久的将来可能会受到限制。

为了继续成为入选生物医疗领域的关键材料,聚烯烃树脂新材料也需要不断地发展。聚烯烃材料在提高药品包装和医疗器械的生产效率方面占据优势,在符合监管要求的前提下降低成本和减少对环境的影响等方面,还具有开发潜力。

17.3 结论

近年来,聚烯烃树脂在生物医学领域的应用越来越多,这主要归功于其制备原料为无毒单体,同时它具有独特的生物相容性、低廉的价格、可回收性、易得性、较强的力学性能等优点。然而,由于其疏水性和不可降解性,其在包装上的应用比在生物医学上的应用更成熟。聚烯烃树脂后来才逐渐被研究和应用于医疗植入物,并可显著改善治疗效果。然而,也出现了一些关于聚烯烃树脂植入产生副作用的报道。如何处理此类材料降解过程中在人体中形成的产物是其在生物医学应用中亟待解决的问题。聚烯烃树脂在生物医学应用方面的报道表明,聚烯烃树脂是一种极具应用潜力的生物材料,随着相关研究在不断突破其局限性,聚烯烃材料定将成为具有杰出治疗效果的新型生物医学植入物材料。

参 考 文 献

[1] Chum PS, Swogger KW. Olefin polymer technologies—history and recent progress at The Dow Chemical Company. Prog Polym Sci 2008;33(8):797-819.

［2］ Sadiku E. 4—Automotive components composed of polyolefins A2-Ugbolue. In: Samuel CO, editor. Polyolefin fibres. Amsterdam: Woodhead Publishing; 2009. p. 81-132.

［3］ Kiriaki C, Spiros HA. Polyolefin nanocomposites with functional compatibilizers. Advances in polyolefin nanocomposites. Boca Raton, FL: CRC Press; 2010. p. 365-392.

［4］ Soares JBP, McKenna TFL. Introduction to polyolefins. Polyolefin reaction engineering. Weinheim, Germany: Wiley-VCH Verlag GmbH & Co. KGaA; 2012. p. 1-13.

［5］ Chrissopoulou K, Anastasiadis SH. Polyolefin/layered silicate nanocomposites with functional compatibilizers. Eur Polym J 2011; 47(4): 600-613.

［6］ Kato M, Usuki A, Hasegawa N, Okamoto H, Kawasumi M. Development and applications of polyolefin-and rubber-clay nanocomposites. Polym J 2011; 43(7): 583-593.

［7］ Marvel CS, Hanley JR, Longone DT. Polymerization of β-pinene with ziegler-type catalysts. J Polym Sci 1959; 40(137): 551-555.

［8］ Gahleitner M. Melt rheology of polyolefins. Prog Polym Sci 2001; 26(6): 895-944.

［9］ Mathieu B, Marianna K. Nanocomposite blends containing polyolefins. Advances in polyolefin nanocomposites. Boca Raton, FL: CRC Press; 2010. p. 25-50.

［10］ Pechmann HV. Ueber Diazomethan. Berichte der deutschen chemischen Gesellschaft 1894; 27(2): 1888-1891.

［11］ Aggarwal SL, Sweeting OJ. Polyethylene: preparation, structure, and properties. Chem Rev 1957; 57(4): 665-742.

［12］ Trossarelli L, Brunella V. Polyethylene: discovery and growth. Trans UHMWPE for arthroplasty: past, present, and future organised by Italy. University of Torino; 2003.

［13］ Malpass, Dennis B. Introduction to industrial polyethylene: properties, catalysts, and processes. Weinheim, Germany: Wiley-VCH; 2010.

［14］ Piringer OG, Baer AL. Plastic packaging: interactions with food and pharmaceuticals. 2nd ed. Weinheim, Germany: Wiley-VCH; 2008.

［15］ Sinn H, Kaminsky W, Vollmer H-J, Woldt R. "Living polymers" on polymerization with extremely productive ziegler catalysts. Angew Chem Int Ed Engl 1980; 19(5): 390-392.

［16］ Van Cauter K, Van Speybroeck V, Vansteenkiste P, Reyniers M-F, Waroquier M. Ab initio study of free-radical polymerization: polyethylene propagation kinetics. ChemPhysChem 2006; 7(1): 131-140.

［17］ Bahattab MA. Synthesis of polyethylene using ultrasonic energy with a metallocene catalyst. J Appl Polym Sci 2006; 101(1): 756-759.

［18］ Kryzhanovskii AV, Pvanchev SS. Synthesis of linear polyethylene on supported ziegler-natta catalysts. Review. Polym Sci USSR 1990; 32(7): 1312-1329.

［19］ Nam GJ, Yoo JH, Lee JW. Effect of long-chain branches of polypropylene on rheological properties and foam-extrusion performances. J Appl Polym Sci 2005; 96(5): 1793-1800.

［20］ Roedel MJ. The molecular structure of polyethylene. I. Chain branching in polyethylene during polymerization. J Am Chem Soc 1953; 75(24): 6110-6112.

［21］ Natta G, Pino P, Corradini P, Danusso F, Mantica E, Mazzanti G, et al. Crystalline high polymers of α-olefins. J Am Chem Soc 1955; 77(6): 1708-1710.

［22］ Giulio N, Piero P, Giorgio M. Isotactic polypropylene: Google patents; 1963.

［23］ Herman RL, Maxwell RI, Nesmith BW. Novel hydrocarbon polymers: Google Patents; 1958.

［24］ Herman RL, Lawrence TW, Maxwell RI. Polymers of bicyclo (2. 2. 1)-2-heptene: Google Patents; 1960.

［25］ Korányi TI, Magni E, Somorjai GA. Surface science approach to the preparation and characterization of model

Ziegler–Natta heterogeneous polymerization catalysts. Top Catal 1999; 7(1): 179-185.

[26] Vogl O. Polypropylene: an introduction. J Macromol Sci A 1999; 36(11): 1547-1559.

[27] Cossee P. Ziegler–Natta catalysis I. Mechanism of polymerization of α-olefins with Ziegler–Natta catalysts. J Catal 1964; 3(1): 80-88.

[28] Hayashi H, Moffat JB. The properties of heteropoly acids and the conversion of methanol to hydrocarbons. J Catal 1982; 77(2): 473-484.

[29] Worrell GR, Chapman RF, Woinsky SG. Kinetics of wax cracking for alpha-olefin production. Ind Eng Chem Process Des Dev 1967; 6(1): 89-95.

[30] Dry ME. The Fischer–Tropsch process: 1950-2000. Catal Today 2002; 71(3-4): 227-241.

[31] Forestiére A, Olivier-Bourbigou H, Saussine L. Oligomérisation des mono-oléfines par des catalyseurs homogénes. Oil Gas Sci Technol Rev IFP 2009; 64(6): 649-667.

[32] Khan W, Muntimadugu E, Jaffe M, Domb AJ. Implantable medical devices. In: Domb JA, Khan W, editors. Focal controlled drug delivery. Boston, MA: Springer US; 2014. p. 33-59.

[33] Sedrakyan A, Normand S-LT, Dabic S, Jacobs S, Graves S, Marinac-Dabic D. Comparative assessment of implantable hip devices with different bearing surfaces: systematic appraisal of evidence. BMJ 2011; 343: d7434.

[34] Smith AJ, Dieppe P, Vernon K, Porter M, Blom AW. Failure rates of stemmed metal-on-metal hip replacements: analysis of data from the National Joint Registry of England and Wales. Lancet 2012; 379(9822): 1199-1204.

[35] Cohen D. Out of joint: the story of the ASR. BMJ 2011; 342: d2905.

[36] Godlee F. The trouble with medical devices. BMJ 2011; 342: d3123.

[37] Graves SE, Rothwell A, Tucker K, Jacobs JJ, Sedrakyan A. A multinational assessment of metal-on-metal bearings in hip replacement. J Bone Joint Surg 2011; 93(Suppl 3): 43-47.

[38] Sedrakyan A. Metal-on-metal failures—in science, regulation, and policy. Lancet 2012; 379(9822): 1174-1176.

[39] Kramer DB, Xu S, Kesselheim AS. Regulation of medical devices in the United States and European Union. N Engl J Med 2012; 366(9): 848-855.

[40] Venkatraman S, Boey F, Lao LL. Implanted cardiovascular polymers: natural, synthetic and bio-inspired. Prog Polym Sci 2008; 33(9): 853-874.

[41] Navarro M, Michiardi A, Castaño O, Planell JA. Biomaterials in orthopaedics. J R Soc Interface 2008; 5(27): 1137-1158.

[42] Saini M, Singh Y, Arora P, Arora V, Jain K. Implant biomaterials: a comprehensive review. World J Clin Cases: WJCC 2015; 3(1): 52-57.

[43] Williams DF. On the mechanisms of biocompatibility. Biomaterials 2008; 29(20): 2941-2953.

[44] Onuki Y, Bhardwaj U, Papadimitrakopoulos F, Burgess DJ. A review of the biocompatibility of implantable devices: current challenges to overcome foreign body response. J Diabetes Science Technol (Online) 2008; 2(6): 1003-1015.

[45] Anderson JM, Bevacqua B, Cranin AN, Graham LM, Hoffman AS, Klein M, et al. Chapter 9—implants and devices. Biomaterials science. San Diego: Academic Press; 1996. p. 415-455.

[46] Kirkpatrick CJ, Peters K, Hermanns MI, Bittinger F, Krump-Konvalinkova V, Fuchs S, et al. In vitro methodologies to evaluate biocompatibility: status quo and perspective. ITBM-RBM 2005; 26(3): 192-199.

[47] Chen WC, Liu YL, Lin KJ, McClean CJ, Lai HJ, Chou CW, et al. Concave polyethylene component improves biomechanical performance in lumbar total disc replacement-modified compressive-shearing test by finite ele-

ment analysis. Med Eng Phys 2012; 34(4): 498-505.

[48] Muddugangadhar BC, Amarnath GS, Tripathi S, Divya SD. Biomaterials for dental implants: an overview. J Oral Implantol Clin Res 2011; 2: 11.

[49] Long M, Rack HJ. Titanium alloys in total joint replacement—a materials science perspective. Biomaterials 1998; 19(18): 1621-1639.

[50] Chaturvedi TP. An overview of the corrosion aspect of dental implants (titanium and its alloys). Indian J Dent Res 2009; 20(1): 91-98.

[51] Haïat G, Wang H-L, Brunski J. Effects of biomechanical properties of the bone-implant interface on dental implant stability: from in silico approaches to the patient's mouth. Annu Rev Biomed Eng 2014; 16(1): 187-213.

[52] Meredith N, Book K, Friberg B, Jemt T, Sennerby L. Resonance frequency measurements of implant stability in vivo. A cross-sectional and longitudinal study of resonance frequency measurements on implants in the edentulous and partially dentate maxilla. Clin Oral Implants Res 1997; 8(3): 226-233.

[53] De Santis G, Pinelli M, Baccarani A, Pedone A, Spaggiari A, Jacob V. Clinical and instrumental evaluation of implant stability after free fibula flaps for jaw reconstruction. Eur J Plastic Surg 2006; 29(2): 53-66.

[54] Mouraret S, Hunter DJ, Bardet C, Popelut A, Brunski JB, Chaussain C, et al. Improving oral implant osseointegration in a murine model via Wnt signal amplification. J Clin Periodontol 2014; 41(2): 172-180.

[55] Abrahamsson I, Berglundh T, Linder E, Lang NP, Lindhe J. Early bone formation adjacent to rough and turned endosseous implant surfaces Frühe Knochenbildung bei rauen und gedrehten enossalen Implantatoberflächen Eine experimentelle Studie an Hunden. Clin Oral Implants Res 2004; 15(4): 381-392.

[56] Meredith N. Assessment of implant stability as a prognostic determinant. Int J Prosthodont 1998; 11(5): 491-501.

[57] Berglundh T, Abrahamsson I, Albouy JP, Lindhe J. Bone healing at implants with a fluoride-modified surface: an experimental study in dogs. Clin Oral Implants Res 2007; 18(2): 147-152.

[58] Brunski JB. Biomechanical factors affecting the bone-dental implant interface. Clin Mater 1992; 10(3): 153-201.

[59] Sundfeldt M, Carlsson LV, Johansson CB, Thomsen P, Gretzer C. Aseptic loosening, not only a question of wear: a review of different theories. Acta Orthop 2006; 77(2): 177-197.

[60] Abu-Amer Y, Darwech I, Clohisy JC. Aseptic loosening of total joint replacements: mechanisms underlying osteolysis and potential therapies. Arthritis Res Ther 2007; 9 (Suppl 1) S6-S6.

[61] David B, Miha B, Peter F, Franc K, Rado T. Review of materials in medical applications. RMZ-Mater Geoenviron 2007; 54(4): 471-499.

[62] Wellisz T. Clinical experience with the medpor porous polyethylene implant. Aesthetic Plastic Surg 1993; 17(4): 339-344.

[63] Liu JK, Gottfried ON, Cole CD, Dougherty WR, Couldwell WT. Porous polyethylene implant for cranioplasty and skull base reconstruction. Neurosurg Focus 2004; 16(3): 1-5.

[64] Merritt K, Shafer JW, Brown SA. Implant site infection rates with porous and dense materials. J Biomed Mater Res 1979; 13(1): 101-108.

[65] Romano JJ, Iliff NT, Manson PN. Use of medpor porous polyethylene implants in 140 patients with facial fractures. J Craniofac Surg 1993; 4(3): 142-147.

[66] Liu JK, Niazi Z, Couldwell WT. Reconstruction of the skull base after tumor resection: an overview of methods. Neurosurg Focus 2002; 12(5): e9.

[67] Park J, Guthikonda M. The Medpor sheet as a sellar buttress after endonasal transsphenoidal surgery: technical note. Surg Neurol 2004; 61(5): 488-92 discussion 493.

[68] Rapidis AD, Day TA. The use of temporal polyethylene implant after temporalis myofascial flap transposition: clinical and radiographic results from its use in 21 patients. J Oral Maxillofac Surg 2006; 64(1): 12-22.

[69] Morton AD, Nelson C, Ikada Y, Elner VM. Porous polyethylene as a spacer graft in the treatment of lower eyelid retraction. Ophthal Plast Reconstr Surg 2000; 16 (2): 146-155.

[70] Tan J, Olver J, Wright M, Maini R, Neoh C, Dickinson AJ. The use of porous polyethylene (Medpor) lower eyelid spacers in lid heightening and stabilisation. Br J Ophthalmol 2004; 88(9): 1197-1200.

[71] Wong JF, Soparkar CN, Patrinely JR. Correction of lower eyelid retraction with high density porous polyethylene: the Medpor((R)) Lower Eyelid Spacer. Orbit 2001; 20 (3): 217-225.

[72] Nam SB, Bae YC, Moon JS, Kang YS. Analysis of the postoperative outcome in 405 cases of orbital fracture using 2 synthetic orbital implants. Ann Plast Surg 2006; 56 (3): 263-267.

[73] Ozturk S, Sengezer M, Isik S, Turegun M, Deveci M, Cil Y. Long-term outcomes of ultra-thin porous polyethylene implants used for reconstruction of orbital floor defects. J Craniofac Surg 2005; 16(6): 973-977.

[74] Rinna C, Ungari C, Saltarel A, Cassoni A, Reale G. Orbital floor restoration. J Craniofac Surg 2005; 16 (6): 968-72.

[75] Sai Krishna D, Soumadip D. Reconstruction of orbital floor fractures with porous polyethylene implants: a prospective study. J Maxillofac Oral Surg 2015; 15(3): 300-307.

[76] Villarreal PM, Monje F, Morillo AJ, Junquera LM, Gonzalez C, Barbon JJ. Porous polyethylene implants in orbital floor reconstruction. Plast Reconstr Surg 2002; 109 (3): 877-885 discussion 886-887.

[77] Chang EW, Manolidis S. Orbital floor fracture management. Facial Plast Surg 2005; 21 (3): 207-213.

[78] Chen CT, Chen YR. Endoscopically assisted repair of orbital floor fractures. Plast Reconstr Surg 2001; 108 (7): 2011-2018 discussion 2019.

[79] Hwang K, Kita Y. Alloplastic template fixation of blow-out fracture. J Craniofac Surg 2002; 13(4): 510-512.

[80] Jin HR, Shin SO, Choo MJ, Choi YS. Endonasal endoscopic reduction of blowout fractures of the medial orbital wall. J Oral Maxillofac Surg 2000; 58(8): 847-851.

[81] Lee S, Maronian N, Most SP, et al. Porous high-density polyethylene for orbital reconstruction. Arch Otolaryngol-Head Neck Surg 2005; 131(5): 446-450.

[82] Mendelsohn M. Straightening the crooked middle third of the nose: using porous polyethylene extended spreader grafts. Arch Facial Plast Surg 2005; 7(2): 74-80.

[83] Gurlek A, Fariz A, Celik M, Ersoz-Ozturk A, Arslan A. Straightening the crooked middle third of the nose: use of high-density porous polyethylene extended spreader grafts. Arch Facial Plast Surg 2005; 7(6): 420-1420; author reply.

[84] Baluch N, Nagata S, Park C, Wilkes GH, Reinisch J, Kasrai L, et al. Auricular reconstruction for microtia: a review of available methods. Plastic Surg 2014; 22(1): 39-43.

[85] Ozdemir R, Kocer U, Tiftikcioglu YO, Karaaslan O, Kankaya Y, Cuzdan S, et al. Axial pattern composite prefabrication of high-density porous polyethylene: experimental and clinical research. Plast Reconstr Surg 2005; 115(1): 183-196.

[86] Romo 3rd T, Morris LG, Reitzen SD, Ghossaini SN, Wazen JJ, Kohan D. Reconstruction of congenital microtia atresia: outcomes with the Medpor/bone-anchored hearing aid-approach. Ann Plast Surg 2009; 62(4): 384-389.

[87] Nagy E-P. Evaluation of mandibular reconstruction using medpor implant. Egypt Dent J 2001; 47: 995.

[88] Hashem FK, Al Homsi M, Mahasin ZZ, Gammas MA. Laryngotracheoplasty using the Medpor implant: an animal model. J Otolaryngol 2001; 30(6): 334-349.

[89] Iseri M, Ustundag E, Yayla B, Kaur A. Laryngeal reconstruction with porous high-density polyethylene. Otolaryngol Head Neck Surg 2006; 135(1): 36-39.

[90] Andrade NN, Raikwar K. Medpor in maxillofacial deformities: report of three cases. J Maxillofac Oral Surg 2009; 8(2): 192-195.

[91] Usher FC, Fries JG, Ochsner JL, Tuttle LLDJ. Marlex mesh, a new plastic mesh for replacing tissue defects: II. Clinical studies. AMA Arch Surg 1959; 78(1): 138-145.

[92] Usher FC, Ochsner J, Tuttle Jr. LL. Use of marlex mesh in the repair of incisional hernias. Am Surg 1958; 24(12): 969-974.

[93] Maher CM, Feiner B, Baessler K, Glazener CMA. Surgical management of pelvic organ prolapse in women: the updated summary version Cochrane review. Int Urogynecol J 2011; 22(11): 1445-1457.

[94] Hodroff MA, Stolpen AH, Denson MA, Bolinger L, Kreder KJ. Dynamic magnetic resonance imaging of the female pelvis: the relationship with the pelvic organ prolapse quantification staging system. J Urol 2002; 167 (3): 1353-1355.

[95] Bajzak K. Polypropylene vaginal mesh grafts in gynecology. J Minimally Invasive Gynecol 2011; 18 (2): 273.

[96] Ostergard DR. Polypropylene vaginal mesh grafts in gynecology. Obstet Gynecol 2010; 116(4): 962-966.

[97] Pierce LM, Rao A, Baumann SS, Glassberg JE, Kuehl TJ, Muir TW. Long-term histologic response to synthetic and biologic graft materials implanted in the vagina and abdomen ofa rabbit model. AmJ Obstetrics Gynecol 2009; 200(5): 546 e541-546. e548.

[98] Tunn R, Picot A, Marschke J, Gauruder-Burmester A. Sonomorphological evaluation of polypropylene mesh implants after vaginal mesh repair in women with cystocele or rectocele. Ultrasound Obstet Gynecol 2007; 29 (4): 449-452.

[99] Cervigni M, Natale F, La Penna C, Saltari M, Padoa A, Agostini M. Collagen-coated polypropylene mesh in vaginal prolapse surgery: an observational study. Eur J Obstetrics Gynecol Reproduct Biol 2011; 156(2): 223-227.

[100] Feola A, Endo M, Urbankova I, Vlacil J, Deprest T, Bettin S, et al. Host reaction to vaginally inserted collagen containing polypropylene implants in sheep. Am J Obstetrics Gynecol 2015; 212(4): 474 e471-474. e478.

[101] Gauruder-Burmester A, Koutouzidou P, Tunn R. Effect of vaginal polypropylene mesh implants on sexual function. Eur J Obstetr Gynecol Reproduct Biol 2009; 142 (1): 76-80.

[102] Nodzo SR, Rachala SR. Polypropylene mesh augmentation for complete quadriceps rupture after total knee arthroplasty. Knee 2016; 23(1): 177-180.

[103] Casella D, Bernini M, Bencini L, Roselli J, Lacaria MT, Martellucci J, et al. TiLoop® Bra mesh used for immediate breast reconstruction: comparison of retropectoral and subcutaneous implant placement in a prospective single-institution series. Eur J Plastic Surg 2014; 37(11): 599-604.

[104] Dieterich M, Dieterich H, Timme S, Reimer T, Gerber B, Stubert J. Using a titanium-coated polypropylene mesh (TiLOOP((R)) Bra) for implant-based breast reconstruc-tion: case report and histological analysis. Arch Gynecol Obstet 2012; 286(1): 273-276.

[105] Dieterich M, Paepke S, Zwiefel K, Dieterich H, Blohmer J, Faridi A, et al. Implantbased breast reconstruction using a titanium-coated polypropylene mesh (TiLOOP Bra): a multicenter study of 231 cases. Plast Reconstr Surg 2013; 132(1): 8e-19e.

[106] Dieterich M, Reimer T, Dieterich H, Stubert J, Gerber B. A short-term follow-up of implant based breast reconstruction using a titanium-coated polypropylene mesh (TiLoop((R)) Bra). Eur J Surg Oncol 2012; 38(12): 1225-1230.

[107] Oz MC. Surgical implantation of the acorn cardiac support device. Operative Tech Thoracic Cardiovasc Surg 2002; 7(2): 107-110.

[108] Bolman Iii RM. Heart transplantation technique. Operative Tech Thoracic Cardiovasc Surg 1999; 4(2): 98-113.

[109] Cooley DA. Simplified techniques of valve replacement. J Cardiac Surg 1992; 7 (4): 357-362.

[110] Eberhart RC, Huo H, Nelson K. Cardiovascular materials. 17th ed. ; 1991.

[111] Frazier OH, Cohn WE. Continuous-flow total heart replacement device implanted in a 55-year-old man with end-stage heart failure and severe amyloidosis. Texas Heart Inst J 2012; 39(4): 542-546.

[112] Helmus MN, Hubbell JA. Chapter 6: Materials selection. Cardiovasc Pathol 1993; 2 (3 Suppl.): 53-71.

[113] Poulose BK, Scholz S, Moore DE, Schmidt CR, Grogan EL, Lao OB, et al. Physiologic properties of small intestine submucosal. J Surg Res 2005; 123(2): 262-267.

[114] Sclafani AP, Romo 3rd T, Jacono AA, McCormick S, Cocker R, Parker A. Evaluation of acellular dermal graft in sheet (AlloDerm) and injectable (micronized AlloDerm) forms for soft tissue augmentation. Clinical observations and histological analysis. Arch Facial Plastic Surg 2000; 2(2): 130-136.

[115] Sergent F, Desilles N, Lacoume Y, Tuech JJ, Marie JP, Bunel C. Biomechanical anal-ysis of polypropylene prosthetic implants for hernia repair: an experimental study. Am J Surg 2010; 200(3): 406-412.

[116] Spelzini F, Konstantinovic ML, Guelinckx I, Verbist G, Verbeken E, De Ridder D, et al. Tensile strength and host response towards silk and Type I polypropylene implants used for augmentation of fascial repair in a rat model. Gynecol Obstetric Invest 2007; 63(3): 155-162.

[117] Spiess PE, Rabah D, Herrera C, Singh G, Moore R, Corcos J. The tensile properties of tension-free vaginal tape and cadaveric fascia lata in an in vivo rat model. BJU Int 2004; 93(1): 171-173.

[118] Vaz M, Krebs RK, Trindade EN, Trindade MRM. Fibroplasia after polypropylene mesh implantation for abdominal wall hernia repair in rats. Acta Cirurgica Brasil 2009; 24: 19-25.

[119] Walter AJ, Morse AN, Leslie KO, Zobitz ME, Hentz JG, Cornella JL. Changes in tensile strength of cadaveric human fascia lata after implantation in a rabbit vagina model. J Urol 2003; 169(5): 1907-1910.

[120] Brown CN, Finch JG. Which mesh for hernia repair? Annal R College Surg Engl 2010; 92(4): 272-278.

[121] Campanelli G, Catena F, Ansaloni L. Prosthetic abdominal wall hernia repair in emergency surgery: from polypropylene to biological meshes. World J Emerg Surg 2008; 3 (1): 1-4.

[122] Cobb WS, Kercher KW, Heniford BT. The argument for lightweight polypropylene mesh in hernia repair. Surg Innovat 2005; 12(1): 63-69.

[123] Cole E, Gomelsky A, Dmochowski RR. Encapsulation of a porcine dermis pubovaginal sling. J Urol 2003; 170(5): 1950.

[124] Falagas ME, Kasiakou SK. Mesh-related infections after hernia repair surgery. Clin Microbiol Infection 2005; 11(1): 3-8.

[125] Langenbach MR, Sauerland S. Polypropylene versus polyester mesh for laparoscopic inguinal hernia repair: short-term results of a comparative study. Surg Sci 2013; 4 (1): 6.

[126] Rodriguez LV, Berman J, Raz S. Polypropylene sling for treatment of stress urinary incontinence: an alternative to tension-free vaginal tape. Tech Urol 2001; 7(2): 87-89.

[127] Sabadell J, Larrain F, Gracia-Perez-Bonfils A, Montero-Armengol A, Salicrú S, Gil-Moreno A, et al. Comparative study of polyvinylidene fluoride and polypropylene suburethral slings in the treatment of female

stress urinary incontinence. J Obstetr Gynaecol Res 2016; 42(3): 291-296.

[128] Sangster P, Morley R. Biomaterials in urinary incontinence and treatment of their complications. Indian J Urol 2010; 26(2): 221-229.

[129] Sweat SD, Itano NB, Clemens JQ, Bushman W, Gruenenfelder J, McGuire EJ, et al. Polypropylene mesh tape for stress urinary incontinence: complications of urethral erosion and outlet obstruction. J Urol 2002; 168(1): 144-146.

[130] Winckler JA, Ramos JGL, Dalmolin BM, Winckler DC, Doring M. Comparative study of polypropylene and aponeurotic slings in the treatment of female urinary incontinence. Int Braz J Urol 2010; 36: 339-347.

[131] Briozzo L, Rodríguez F, Pons J. Polypropylene hernia mesh for urinary stress incontinence. Int J Gynecol Obstet 2006; 93(1): 62-63.

[132] ElSheemy MS, Fathy H, Hussein HA, Elsergany R, Hussein EA. Surgeon-tailored polypropylene mesh as a tension-free vaginal tape-obturator versus original TVT-O for the treatment of female stress urinary incontinence: a long-term comparative study. Int Urogynecol J 2015; 26(10): 1533-1540.

[133] Jeong HJ, Cho SW, Rim JS. Short term result of pubovaginal sling procedure using polypropylene mesh for female stress urinary incontinence: success rate, satisfaction, risk factors. J Korean Continence Soc 2002; 6(2): 1-9.

[134] Bracco P, Brunella V, Trossarelli L, Coda A, Botto-Micca F. Comparison of polypropylene and polyethylene terephthalate (Dacron) meshes for abdominal wall hernia repair: a chemical and morphological study. Hernia 2005; 9(1): 51-55.

[135] ClaveéA, Yahi H, Hammou J-C, Montanari S, Gounon P, Clavé H. Polypropylene as a reinforcement in pelvic surgery is not inert: comparative analysis of 100 explants. Int Urogynecol J 2010; 21(3): 261-270.

[136] Costello CR, Bachman SL, Grant SA, Cleveland DS, Loy TS, Ramshaw BJ. Characterization of heavyweight and lightweight polypropylene prosthetic mesh explants from a single patient. Surg Innovation 2007; 14(3): 168-176.

[137] Costello CR, Bachman SL, Ramshaw BJ, Grant SA. Materials characterization of explanted polypropylene hernia meshes. J Biomed Mater Res B Appl Biomater 2007; 83B(1): 44-49.

[138] Imel A, Malmgren T, Dadmun M, Gido S, Mays J. In vivo oxidative degradation of polypropylene pelvic mesh. Biomaterials 2015; 73: 131-141.

[139] Jongebloed WL, Worst JF. Degradation of polypropylene in the human eye: a SEM-study. Doc Ophthalmol 1986; 64(1): 143-152.

[140] Petersen S, Henke G, Freitag M, Faulhaber A, Ludwig K. Deep prosthesis infection in incisional hernia repair: predictive factors and clinical outcome. Eur J Surg 2001; 167(6): 453-457.

[141] Cobb WS, Harris JB, Lokey JS, McGill ES, Klove KL. Incisional herniorrhaphy with intraperitoneal composite mesh: a report of 95 cases. Am Surg 2003; 69(9): 784-787.

[142] Heniford BT, Park A, Ramshaw BJ, Voeller G. Laparoscopic ventral and incisional hernia repair in 407 patients1. J Am College Surg 2000; 190(6): 645-650.

[143] Heniford BT, Park A, Ramshaw BJ, Voeller G. Laparoscopic repair of ventral hernias: nine years' experience with 850 consecutive hernias. Ann Surg 2003; 238(3): 391-399 discussion 399-400.

[144] Jia X, Glazener C, Mowatt G, MacLennan G, Bain C, Fraser C, et al. Efficacy and safety of using mesh or grafts in surgery for anterior and/or posterior vaginal wall prolapse: systematic review and meta-analysis. Int J Obstet Gynaecol 2008; 115(11): 1350-1361.

[145] Kirshtein B, Lantsberg L, Avinoach E, Bayme M, Mizrahi S. Laparoscopic repair of large incisional hernias. Surg Endosc Other Interven Techn 2002; 16(12): 1717-1719.

[146] Ammembal MK, Radley SC. Complications of polypropylene mesh in prolapse surgery. Obstet Gynaecol Reproduct Med 2010; 20(12): 359-363.

[147] Ridwan-Pramana A, Wolff J, Raziei A, Ashton-James CE, Forouzanfar T. Porous polyethylene implants in facial reconstruction: outcome and complications. J Cranio-Maxillofac Surg 2015; 43(8): 1330-1334.

[148] Rudakova TE, Zaikov GE, Voronkova OS, Daurova TT, Degtyareva SM. The kinetic specificity of polyethylene terephthalate degradation in the living body. J Polym Sci Polym Symp 1979; 66(1): 277-281.

[149] You J-R, Seo J-H, Kim Y-H, Choi W-C. Six cases of bacterial infection in porous orbital implants. Jpn J Ophthalmol 2003; 47(5): 512-518.

[150] Deshpande S, Munoli A. Long-term results of high-density porous polyethylene implants in facial skeletal augmentation: an Indian perspective. Indian J Plastic Surg 2010; 43(1): 34-39.

[151] Gumargalieva KZ, Moiseev Yu, V, Daurova TT, Voronkova OS. Effect of infections on the degradation of polyethylene terephthalate implants. Biomaterials 1982; 3(3): 177-180.

[152] Jung S-K, Cho W-K, Paik J-S, Yang S-W. Long-term surgical outcomes of porous polyethylene orbital implants: a review of 314 cases. Br J Ophthalmol 2011; 96(4): 494-498.

[153] Karcioglu ZA. Actinomyces infection in porous polyethylene orbital implant. Graefes Arch Clin Exp Ophthalmol 1997; 235(7): 448-451.

[154] Carter SJ. Cooper and gunns tutorial pharmacy. New Delhi: CBS Publishers & Distributors; 2005.

[155] Jian UK, Nayak S. Pharmaceutical packaging technology. Hyderabad: Pharma Med Press; 2008. p.1-273.

[156] Bauer E. Pharmaceutical packaging handbook. Boca Raton, FL: CRC Press; 2009.

[157] Zadbuke N, Shahi S, Gulecha B, Padalkar A, Thube M. Recent trends and future of pharmaceutical packaging technology. J Pharm Bioallied Sci 2013; 5(2): 98-110.

[158] McKeen LW. 3—Plastics used in medical devices A2—Modjarrad, Kayvon. In: Ebnesajjad S, editor. Handbook of polymer applications in medicine and medical devices. Oxford: William Andrew Publishing; 2014. p.21-53.

[159] Ploypetchara N, Suppakul P, Atong D, Pechyen C. Blend of polypropylene/poly(lactic acid) for medical packaging application: physicochemical, thermal, mechanical, and barrier properties. Energy Procedia 2014; 56: 201-210.

[160] Amin A, Dare M, Sangamwar A, Bansal AK. Interaction of antimicrobial preservatives with blow-fill-seal packs: correlating sorption with solubility parameters. Pharmaceut Dev Technol 2012; 17(5): 614-624.

[161] Ljungqvist B, Reinmuller B, Lofgren A, Dewhurst E. Current practice in the operation and validation of aseptic blow-fill-seal processes. PDA J Pharm Sci Technol 2006; 60(4): 254-258.

[162] Sinclair CS, Tallentire A. Performance of blow/fill/seal equipment under controlled airborne microbial challenges. PDA J Pharm Sci Technol 1995; 49(6): 294-299.

[163] Sundström S, Ljungqvist B, Reinmuüller B. Some observations on airborne particles in the critical areas of a blow-fill-seal machine. PDA J Pharmaceut Sci Technol 2009; 63(1): 71-80.

[164] Leo F, Poisson P, Sinclair CS, Tallentire A. Design, development and qualification of a microbiological challenge facility to assess the effectiveness of BFS aseptic proces-sing. PDA J Pharm Sci Technol 2005; 59(1): 33-48.

[165] Bendada A, Erchiqui F, Kipping A. Understanding heat transfer mechanisms during the cooling phase of blow molding using infrared thermography. NDT E Int 2005; 38(6): 433-441.

[166] Courbebaisse G. Numerical simulation of injection moulding process and the premodelling concept. Comput Mater Sci 2005; 34(4): 397-405.

[167] Han K-H, Im Y-T. Compressible flow analysis of filling and postfilling in injection molding with phase-

change effect. Compos Struct 1997; 38(14): 179-190.

［168］Holm EJ, Langtangen HP. A unified finite element model for the injection molding process. Comput Methods Appl Mech Eng 1999; 178(34): 413-429.

［169］Kumar A, Ghoshdastidar PS, Muju MK. Computer simulation of transport processes during injection mold-filling and optimization of the molding conditions. J Mater Process Technol 2002; 120(13): 438-449.

［170］Bhat G. A review of: "injection and compression molding fundamentals" Edited by Avraam I. Isayev. Mater Manuf Process 1994; 9(5): 1005-1006.

［171］Olagoke O. Polyolefins. Handbook of thermoplastics. 2nd Ed. Boca Raton, FL: CRC Press; 2015. p. 1-52.

［172］Garcia-Rejon A, Meddad A, Turcott E, Carmel M. Extrusion blow molding of long fiber reinforced polyolefins. Polym Eng Sci 2002; 42(2): 346-364.

［173］Anand NP. Hospital sterilization. New Delhi: Jaypee Brothers Publishers; 2011.

［174］Lin TH, Chung K, Teng J. Disposable gloves and glove material compositions: Google Patents; 2015.

［175］Makela S, Yazdanpanah M, Adatia I, Ellis G. Disposable surgical gloves and pasteur (transfer) pipettes as potential sources of contamination in nitrite and nitrate assays. Clin Chem 1997; 43(12): 2418-2420.

［176］Barza M. Efficacy and tolerability of ClO_2-generating gloves. Clin Infect Dis 2004; 38(6): 857-863.

［177］Donnelly RF. Stability of pantoprazole sodium in glass vials, polyvinyl chloride minibags, and polypropylene syringes. Can J Hosp Pharm 2011; 64(3): 192-198.

［178］Karian HG. Handbook of polypropylene and polypropylene composites. Boca Raton, FL: CRC Press; 1999.

［179］Sachon E, Matheron L, Clodic G, Blasco T, Bolbach G. MALDI TOF-TOF characterization of a light stabilizer polymer contaminant from polypropylene or polyethylene plastic test tubes. J Mass Spectrom 2010; 45(1): 43-50.

［180］Neame KD. Effects of permeability of polyethylene vials in liquid scintillation counting. Int J Appl Radiat Isotopes 1975; 26(6): 393-397.

［181］Butterfield W, Jong SC, Alexander MT. Polypropylene vials for preserving fungi in liquid nitrogen. Mycologia 1978; 70(5): 1122-1124.

［182］Kellogg TF. The effect of sample composition and vial type on Ĉerenkov counting in a liquid scintillation counter. Anal Biochem 1983; 134(1): 137-143.

延 伸 阅 读

Aherwar A, Singh AK, Patnaik A. Current and future biocompatibility aspects of biomaterials for hip prosthesis. AIMS Bioeng 2015; 3(1): 23-43.

Anderson BC, Bloom PD, Baikerikar KG, Sheares VV, Mallapragada SK. Al-Cu-Fe quasicrystal/ultra-high molecular weight polyethylene composites as biomaterials for acetabular cup prosthetics. Biomaterials 2002; 23(8): 1761-1768.

Andrews J, Hunt N. Medical packaging: more for less? Med Device Technol 1999; 10(3): 26-28.

Bacci D. Polypropylene serving the medical sector. Med Device Technol 1993; 4(5): 18-21.

Gebelein CG. Medical applications of polymers. Appl Polym Sci 1985; 535-556.

Labarre DJP, Gilles P, Christine V. Biomedical and pharmaceutical polymers. Pharmaceutical Press, London; 2011.

Wiles DM, Gerald S. Polyolefins with controlled environmental degradability. Polym Degrad Stab 2006; 91: 1581-1582.

Gahleitner M, Paulik C. Polypropylene. Ullmann's encyclopedia of industrial chemistry. Wiley-VCH Verlag GmbH & Co. KGaA; 2000.

Hunt JA, Chen R, Williams D, Bayon Y. Surgical materials. In: Ullmann's encyclopedia of industrial chemistry. Wiley-VCH Verlag GmbH & Co. KGaA; 2000.

Guillet J, Gilead D, Scott G. Degradable polymers: principles and applications. London, UK: Chapman & Hall; 1995.

Joshy KS, Pothen LA, Thomas S. Biomedical applications of polyolefins. In: Al-Ali Alma'adeed M, Krupa I, editors. Polyolefin compounds and materials: fundamentals and industrial applications. Cham: Springer International Publishing; 2016. p. 247-264.

van Dijk M, Rijkers DT, Liskamp RM, van Nostrum CF, Hennink WE. Synthesis and applications of biomedical and pharmaceutical polymers via click chemistry methodologies. Bioconjug Chem 2009; 20: 2001-2016.

Matthijs D. Choosing the correct materials for medical syringes. Med Device Technol 1992; 3(2): 36-39.

Lyu S, Darrel U. Degradability of polymers for implantable biomedical devices. Int J Mol Sci 2009; 10: 4033-4065.

van der Ven S. Polypropylene and other polyolefins: polymerization and characterization: Elsevier Science; 2012.

Van Lierde S. Latest medical applications of polypropylene. Med Device Technol 2004; 15(5): 33-34.

Dorland WAN. Dorland's illustrated medical dictionary: Dorland's illustrated medical dictionary. Elsevier Health Sciences; 2011, p. 32.

Whiteley KS, Heggs TG, Koch H, Mawer RL, Immel W. Polyolefins. Ullmann's encyclopedia of industrial chemistry. Wiley-VCH Verlag GmbH & Co. KGaA; 2000.

18 聚烯烃在卫生领域的应用

Bandla Manjula[1], Abbavaram B. Reddy[1], Emmanuel R. Sadiku[1],
Veluri Sivanjineyulu[2], Gomotsegang F. Molelekwa[1,3],
Jarugala Jayaramudu[4], Kasilingam Raj Kumar[4]

(1. 南非茨瓦尼理工大学；2. 台湾长庚大学；
3. 比利时鲁汶大学；4. 印度橡胶制造商研究协会)

18.1 概述

聚烯烃是由简单的烯烃类化合物(也称为烯烃，一般分子式为 C_nH_{2n})聚合而成的一类聚合物或共聚物。例如，聚乙烯和聚丙烯分别由乙烯和丙烯通过聚合得到。聚烯烃是有机热塑性聚合物中最大的分支。它们是非极性的、无味的、无孔的材料，经常用于食品包装、工业产品、消费品、结构部件和医疗领域。因此，它们也被称为"热塑性塑料商品"。聚乙烯和聚丙烯是世界上使用最为广泛的商品塑料。聚乙烯和聚丙烯的市场预计将分别以复合年增长率(CAGR)为4.4%和4.7%的速度增长，其中聚乙烯占全球塑料市场份额的36%左右，而聚丙烯占20%。聚丙烯在全球无纺布工业中独占鳌头，仅无纺布一项产值就超过了2亿英镑。然而，纤维纺纱厂、纱线生产商、针织厂商和机织织物生产商有时会忽视纺织行业的新机会、新产品独特的性能和用途。

目前，亚太地区是聚烯烃市场的龙头，其市场占有率超过45.3%。该地区聚烯烃装置多，且生产能力较强。随着产业的成长，印度、巴西、中国、韩国、沙特阿拉伯等国家的市场前景广阔。聚烯烃行业的发展在很大程度上是由包装和建筑业推动的。根据美国联邦贸易委员会(US Federal Trade Commission)的定义，烯烃纤维是指由至少85%(按质量计)的乙烯、丙烯或其他烯烃单元组成的长链聚合物构成的人造纤维[1]。

18.2 常见的聚烯烃种类

聚烯烃是当今最普遍使用的塑料之一，可分为多种类型，即
聚乙烯(又分为高密度聚乙烯、低密度聚乙烯和线型低密度聚乙烯)、聚丙烯和三元乙丙橡胶(EPDM)。

表18.1简要介绍了聚烯烃材料的广泛用途，范围包括日常家庭使用到特殊工业应用。聚烯烃材料大多具有耐热性和耐溶剂性的显著优点，这使得它们成为具有成本优势的耐损耗材料。

表 18.1 常见聚烯烃及其典型用途

序号	聚合物	回收标志	应用举例
1	高密度聚乙烯（HDPE）	♲2	瓶盖、油箱、塑料瓶等
2	低密度聚乙烯（LDPE）	♲4	液体容器、管道、塑料膜等
3	聚丙烯（PP）	♲5	地毯、铰链、汽车配件、管道、屋顶等
4	三元乙丙橡胶（EPDM）		密封、电气绝缘、屋顶等

18.3 聚烯烃的结构、性能及应用

聚烯烃的结构可分为链结构和聚集态结构两部分。链结构又分为近程结构和远程结构。其中，近程结构包括构造和构型。构造是指链中原子的种类与排列、取代基和端基的种类、单体单元的排列顺序、支链的类型和长度等。构型是指某一原子的取代基在空间的排列。近程结构属于化学结构，又称一级结构；如聚丙烯的立构规整性就属于对构型的解析，属于一级结构的范畴。远程结构包括分子的大小和形态、链的柔顺性及分子在各种环境中所采取的构象。远程结构又称为二级结构。链结构是指单个分子的结构和形态。

聚集态结构是指高分子材料整体的内部结构，包括晶态结构、非晶态结构、取向态结构、液晶态结构以及织态结构，前四者属于三级结构，而织态结构以及高分子在生物体中的结构则属于更高级的结构。

聚乙烯可按支化程度的不同加以区分；即使是最简单的聚烯烃——聚乙烯，也能形成各种高分子链的构象结构，并由于热运动，分子的构象时刻改变着。

但由丙烯或更高级的 α-烯烃(聚异丁烯除外)聚合而成的大分子，由于单体具有不对称碳原子，这些不对称中心在链上的排列顺序不同，大分子在立体规整性上会存在差异。立体规整性与构象共同决定了大分子在液相中的结构，也影响着晶体在固态中的结构[2-3]。

18.3.1 聚乙烯和聚丙烯的结构

根据实验和理论测量，在聚乙烯溶液中，约 65% 的单体呈反式构象，35% 的呈旁式构象（图 18.1）。熔融态聚乙烯的构象结构与溶液相类似；这可能是由于聚合物链在熔体中的行为方式与在溶剂中的相同[4]，而固体聚乙烯的情况则非如此。聚乙烯是一种半结晶聚合物，因此通常认为其存在 3 个相态，即晶态、非晶态和第三相态；聚乙烯链具有局部的各向异性。此外，X 射线研究还发现聚乙烯为正交晶型，分子链具有平面"之"字形的 ttt 构象结构[5]。一个晶胞单元中包含两条聚乙烯链，在其 FTIR 光谱中，由于聚乙烯链的偶极相互作

用而产生结晶特征峰[6]。也有许多关于聚乙烯不同结晶形态的报道，但与最稳定的正交晶型相比，它们只是在晶胞中链段排列上存在微小的变化[2]。

由于聚丙烯链中双键碳原子有一个侧甲基，该聚合物的结构可以用等规、间规和无规3种基本形式描述（图18.2）。聚丙烯的力学性能和物理性能取决于其立构规整性。通过对Ziegler-Natta配位催化剂的调控，可制备出具有不同立构规整性的等规聚丙烯，其等规度可高达98%。等规聚丙烯具有高熔点、高结晶度、良好的力学性能和良好的可加工性，它已成为商业上最重要的产品[7]。采用可溶性配位催化剂可合成间规聚丙烯，其立构规整度通常低于等规聚合物。无规聚丙烯可以由低立构规整度的等规聚丙烯通过正庚烷抽提得到[2]。此外，间规聚丙烯是一种具有重要应用价值的橡胶状材料，而无规聚丙烯是一种无用的黏性材料[7]。

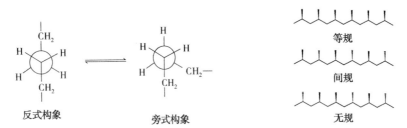

图18.1　聚乙烯构象结构　　　　图18.2　聚丙烯的等规、间规、无规结构

18.3.2　聚乙烯和聚丙烯的性能

一般来说，聚烯烃制品较厚时是不透明的，聚烯烃制成薄膜时是透明的，聚烯烃材料视觉似乳白色，触感如蜡。尽管聚烯烃经常被用作填料或容器，但它并不是绝对阻隔空气、水或碳氢化合物的，这里需要考虑时间因素和允许损失量的区间。聚乙烯和聚丙烯的非晶相类似橡胶态，其在环境温度（25℃）和玻璃化转变温度以上属于部分结晶的状态。聚丙烯的玻璃化转变温度与环境温度非常接近。此外，低密度聚乙烯比高密度聚乙烯和聚丙烯（结晶度更高）在常温下对蠕变更敏感。聚烯烃链有着精细的排列，对此类大分子而言，其力学性能在应力方向上可以得到增强。对于这些结晶聚合物，应避免切割冲击造成破损，从而影响性能。聚乙烯（特别是高密度聚乙烯）的石蜡质地使其具有良好的耐摩擦性能。

在化学性能方面，聚烯烃具有优良的化学稳定性。它们在60℃以下基本上不溶于水，而且耐酸（氧化剂除外）、耐碱和耐盐溶液。聚烯烃不溶于水，甚至不具备亲水性。因此，它们作为食品包装的应用实例为人们所熟知。在氧气（空气）条件下，聚丙烯树脂对烃类和紫外线的作用非常敏感，可以添加光稳定剂改善其性能，如炭黑和黑色染料就是行之有效的添加剂。

在电性能方面，聚烯烃在很多环境下是优良的绝缘体。聚烯烃具有较高的电阻率和介电常数/强度，低介电损耗因子（$\tan\delta$）（这也意味着高频焊接过程中，材料中因电热转化造成的能量损失较小）。

在热学性能方面，聚乙烯和聚丙烯易燃，在火源消失后也能持续燃烧，并且伴随着蓝色火焰和熔滴现象。聚烯烃在不完全燃烧过程中可产生一氧化碳（CO）和少量的碳氢化合物。一般根据UL94标准，聚烯烃阻燃等级为HB，一些聚丙烯阻燃材料的等级可以达到V0或V2。当聚烯烃结晶性较强时，聚乙烯和聚丙烯的玻璃化转变现象就不再明显。

聚烯烃材料，因为具有非极性表面，所以印刷性和涂覆性能较弱。一般来说，聚烯烃的表面很难黏附印刷颜料。对于聚烯烃材料表面改性的研究,为涂装、印刷提供了解决方案,甚至可以实现金属的真空喷涂。此外,聚烯烃的触感较舒适,其共聚物可以应用于对触感要求较高的产品(如把手、握把等)。

聚烯烃的有效黏合是应用过程中的一大难题。火焰喷涂和化学改性都可提供解决方案。红外(IR)、触压、超声或热风焊接也都具有可行性。高频感应焊接,由于散射在材料表面的能量不足,可行性欠佳。但在聚烯烃中嵌入无机金属材料以后,高频感应焊接过程中,无机金属材料熔化后,可将其焊接在待黏合平面上。

通常情况下,聚烯烃具有一定的尺寸稳定性,在特定的湿度区间(小于0.2%)内,可以自动调节。但由于聚烯烃结晶性较强,特别是高密度聚乙烯和聚丙烯,它们在成型过程中会产生较大的收缩。

18.3.3 聚烯烃的应用

自20世纪50年代Ziegler-Natta催化剂被发现后,聚烯烃合成过程中产物分子量可控,成本降低、效率提高,这使得聚烯烃应用日益广泛。目前,工业上应用最为广泛的聚烯烃材料主要是聚乙烯和聚丙烯。聚乙烯主要用在塑料袋和收缩包装中,而聚丙烯是一种硬质塑料树脂,主要用于地毯、食品包装、洗碗机和安全的塑料食品容器中。在电线保护和电子元件封装领域对聚烯烃基热收缩管的需求在持续增长。无定形的聚(α-烯烃)被用作薄膜中的热熔黏合剂,如双向拉伸聚丙烯薄膜、流延聚丙烯膜、多层复合膜、保鲜膜、棚膜、聚烯烃复合物以及防护膜中的母粒和黏合层。此类产品具有柔韧性好、与聚烯烃相容性好、玻璃化温度较低、易于回收利用等优点。

18.4 卫生

18.4.1 "卫生"的定义

卫生这个词来源于希腊语Hygeia——健康女神。卫生学是医学领域的基础学科。本学科积累了预防领域理论和临床实践规程的全部数据,结合环境对人类健康复杂影响的认识,制定了预防方法的基本思想和体系。一般而言,卫生是一个概念,涉及健康与医学、清洁与个人、专业护理与生活的方方面面。卫生意识如图18.3所示。卫生进一步的定义是,通过保持清洁来保持健康和预防疾病。根据世界卫生组织(WHO)的说法,卫生是指有助于保持健康和防止疾病传播的条件和做法[8]。

图18.3 CAWST制作的海报[9]
目的是提高人们对清洁用水对良好卫生重要性的认识(此海报专为亚洲国家设计)

18.4.2 卫生的沿革

良好的卫生习惯,尤其是个人卫生习惯,意味着高水平的健康管理。尽管卫生理念是一个相对现代的名词,然而它起源于古代。一般来说,卫生的概念来自保持身体内部以及身体和它所生活的环境之间的稳定与和谐。根据欧洲复兴的古典卫生观念,卫生作为一套以保持特定的内外平衡的实践体系得以发展并保存至今[10]。

在近代早期,卫生建议只是针对最富裕的社会阶层,因为他们拥有足够的经济资源和休闲时光来遵守卫生规则;而在近代晚期,希腊医生 Galen 给出了关于婴儿卫生的个人建议,并通过写作呼吁人们对成人的卫生和疾病预防给予关注[10]。

18.4.3 卫生的重要性

改进后的卫生和供水设施本身并不能直接改善人们的健康状况。众多证据有力地证明了卫生行为对于健康的重要性;在关键时刻(在准备食物之前/吃东西之前/排便之后)用肥皂洗手就是一项重要原则。用肥皂洗手可以大大减少腹泻的发生,而腹泻是 5 岁以下儿童死亡的第二大杀手。最近的研究表明,在关键时刻经常用肥皂洗手可以将腹泻发作的次数减少近 50%。良好的洗手习惯也被证明可以有效减少其他疾病的发生,尤其是沙眼、皮肤和眼部感染、肺炎、疥疮以及霍乱和痢疾等与腹泻有关的疾病。推广用肥皂洗手也是控制禽流感传播的重要策略[11]。

(a) 联合国儿童基金会为中非共和国提供的学校洗手站　(b) 利比里亚蒙罗维亚医院的洗手壁画　(c) 在阿富汗中部,女孩们在联合国儿童基金会提供的厕所外洗手

图 18.4　发展中国家倡导洗手,提高卫生意识[11]

用肥皂洗手的重要性在于通过信息、教育和主观能动性来建议人们改变行为。信息传播可以通过点对点的教育系统、知名度高的媒体和学校内的卫生课程,也可以鼓励儿童向他们的社区和家庭展示良好的卫生行为。当成年人也被鼓励养成良好的卫生习惯,特别是用肥皂洗手时,这无疑有利于全民健康状况的显著改善。鉴于肥皂洗手的重要性,联合国儿童基金会已将肥皂洗手的推广列为其高度优先项目(图 18.4)。需要关注的是,如果没有水,就无从谈起卫生。许多研究已经证明,能够使用的水量有限时,很难在家庭中建立良好的卫生习惯[12]。

个人卫生的管理极为重要,它不仅可以使你每天看着赏心悦目,闻着清新宜人,而且还可以防止传染病的发生和传播。采取适当的预防措施可以帮助人们避免生病,也避免把疾病传染给周围的人。人类活动中各项基本卫生性能如图 18.5 所示。

聚烯烃的独特性能使其成为水过滤器、医用纺织品和医疗保健产品的最佳选择。大多数高分子材料和医用纺织品是预防由微生物引起的有害疾病的良好介质。使用具有抗菌特性的医疗设备被认为是预防微生物感染的主要手段。此外，对于食品来说，合适的包装可以减缓食品变质速度，延长食品的保质期。

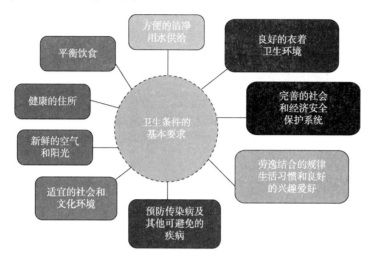

图 18.5　卫生条件的基本要求示意图

在聚烯烃加工过程中可以加入物理和化学的抗菌剂来提高材料的抗菌性能。许多研究报告表明，材料表面的性能会影响细菌或微生物的黏附及清除。例如，Teixeira 等报道了伤寒沙门菌（ST）倾向于黏附在各种粗糙的疏水表面。除聚烯烃外，其他卫生材料也须进行表面改性，如使用各种表面活性剂、洗涤剂和消毒剂等，而改性添加剂可能会对材料的卫生性能造成影响。

18.5　聚烯烃在卫生领域的典型应用

18.5.1　黏附剂领域的应用

自 Carothers 报道了聚烯烃实验室规模的制备工艺[13]，以及帝国化学工业（ICI）报道了聚烯烃的商业化制备工艺[14]以来，聚烯烃已经成为人们日常生活中不可或缺的一部分，被应用于生活的诸多方面。然而，直到 20 世纪 80 年代，聚丙烯和聚乙烯和 α-烯烃共聚物等大多数商业聚烯烃的生产技术还主要是采用 Ziegler-Natta 催化剂[15-16]。锆基催化剂的使用让聚烯烃的发展进入了新篇章。20 世纪 80 年代中期，为了生产等规聚丙烯和间规聚丙烯，人们开始使用锆基催化剂，该催化剂可使体积较大的共聚单体与体积较小的单体完成共聚。聚烯烃的进一步发展就是基于锆系催化剂技术的进步和分子几何立构性的控制，新工艺可将乙烯和 α-烯烃进行高效共聚，调控单体分布，形成长链分支，有效增强材料弹性，提高其加工性能[17]。虽然部分由新型茂金属催化剂制备的聚烯烃已显示出非常独特的性能，但是胶黏剂行业仍然主要使用传统聚合物，醋酸乙烯酯和苯乙烯嵌段共聚物仍在卫生、器件和纸箱包装等领域作为热熔胶应用广泛。在过去的几年里，各种各样的聚烯烃基热熔胶已经被引入市场。聚烯烃基胶黏剂产品在应用中的一个显著缺点是稳定性较差，Rajesh Raja[18]对此进行了详细的论述。根据他的研究，市场上的常用聚烯烃与传统的胶黏剂聚合物相比，其活性方面仍然缺乏稳定性。新型的无定形聚烯烃可能会成为理想的材料，在这一领域得到广泛应用。

18.5.2 纸尿布(纸尿裤)

在纸尿布中，吸水垫位于两片无纺布材料之间。纸尿布是专门为吸收和保留体液而配制的，采用无纺布材料，外形舒适，漏液少。一次性纸尿裤的制备步骤较多：吸水垫首先真空形成，然后附着在多孔(渗透性)的上表层和非多孔(不渗透性)下表层。这几部分通过热或超声波振动连接在一起。然后，将弹性纤维材料附着在尿片上，将一次性纸尿布的边缘固定成舒适的形状，使纸尿布能够牢固地包裹在婴儿的腿和胯部之间，从而保证体液通过可渗透的上表层被吸收到尿片中。此外，聚丙烯通常用作上表层渗水层的材料，而聚乙烯是不透水的下表层树脂的材料。纸尿片用聚烯烃如图18.6所示。

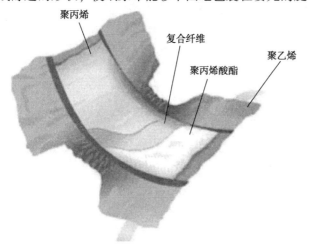

图18.6 纸尿裤用聚烯烃材料[19]

如图18.6所示，纸尿片使用聚乙烯作为下表层，防止液体从尿片中漏出。通常通过热压法或直接挤压热熔法，在下表层外覆加一层薄薄的聚丙烯无纺布，使尿片的触感像布。聚丙烯因其疏水性而被用作上表层，它在不添加任何表面活性剂的情况下还可以防止液体漏出。如果在一定的区域面积内使用表面活性剂，可以使疏水无纺布具有局部亲水性。这一过程被称为斑马技术，这是避免腿部渗漏的重要环节。

18.5.3 一次性卫生用品

一次性卫生用品一般含有吸水填料，其外表面由聚烯烃膜起到保护作用，内层为无纺布。无纺布直接与皮肤接触，并允许体液向填充物渗透。许多复杂的产品可能还含有弹性条、防漏阻隔层、湿度指示器，甚至完全由生物可降解的材料制成。卫生胶黏剂必须具有较高的黏结性能，它们通常以条状、喷雾状等形式使用。产品的具体用途决定了聚烯烃一次性材料的承压类型(压力或非压力敏感)及设计方案[20]。

在早期，尿布非常简单：用安全别针系住一块方边棉布即可。但它们的循环使用过程却非常复杂，需要储存(尤其是在使用后的状态下)，需要工业洗衣店把用过的尿布换回新的尿布，还需要一个复杂的家庭提货和送货系统。现在的一次性卫生用品——婴儿纸尿裤、成人纸尿裤、女性卫生用品、医用窗帘和衣物，使用起来简单有效，但这种简单性只有通过产品本身的复杂性才能得以实现。

无纺布、聚乙烯薄膜、高吸水性聚合物(SAP)、绒毛纸浆、弹性材料和内置紧固件组成的多层结构通过专用黏合剂连接在一起。黏合剂的选择对产品的功能和生产经济性至关重要。有数种可以将各组件黏合成最终的吸水产品的方法。以超声技术为例,其设备购买和维护成本高,技术灵活度不够,加工速度有限,对材料的普适性也不佳。因此,使用胶黏剂仍是目前黏结技术的首选。

聚合物是胶黏剂的主体。胶黏剂主要可以根据以下3种基于聚合物的技术来配制:

(1)苯乙烯嵌段共聚物(SBC)——这是以合成橡胶为基础的黏合剂,包括聚苯乙烯-丁二烯-苯乙烯(SBS)和聚苯乙烯-异戊二烯-苯乙烯(SIS)等。

(2)非晶态 α-烯烃共聚物(APAO)。

(3)茂金属聚烯烃(mPO)。

这3种技术都可用于卫生用品中热熔胶的制备。胶黏剂技术的正确选择是对投资、供应、工艺设计和持续运营的保证。同所有的商业决策一样,成本是一个关键的驱动因素,而且成本本身可能非常复杂。计算成本的挑战在于,3种胶黏剂技术在众多方面存在差异。它们的原材料各不相同,原材料的供应也是动态的;并且它们密度不同,因此相同质量的材料在体积上有着显著的差异。最为重要的是,材料在生产中的使用方式也不相同[21]。

18.5.4 食品包装的应用

包装工业中最常用的聚合物是聚烯烃,如低密度聚乙烯、线型低密度聚乙烯、高密度聚乙烯、聚丙烯以及一些基于聚乙烯的共聚物。聚烯烃的低黏结性与较低的表面能不利于它在包装领域的应用推广[22-26]。一般来说,食品包装材料保护食品免受环境的影响,如避免食品在运输和储存期间接触到有害细菌、污染物、气体、蒸气和灰尘等[27]。包装还应保护食品的功能和营养特性、颜色、味道和香气不受损失,并应符合消费者的预期(图18.7)。因此,它们应该在食物和外界条件之间(特别是微生物、氧气/空气和水蒸气)形成特定的屏障[27]。产品的保质期作为食品的关键质量指标,在一定程度上也取决于包装材料的阻隔性。优秀的包装应该还为消费者提供食品的卫生信息,以促进消费。众多的聚合物材料应用于包装领域,但聚烯烃无疑是其中最具发展潜力的材料[28]。

图18.7 包装的主要功能

18.5.4.1 包装用聚乙烯

聚乙烯是聚烯烃的一大类,可根据密度对其进行分类。聚乙烯的密度低于其他常规聚合物,线型低密度聚乙烯的密度为 0.916~0.940g/cm³,高密度聚乙烯的密度为 0.940~0.970g/cm³。一般来说,聚乙烯不仅具有良好的加工性能,而且具有良好的水蒸气阻隔功能,这一特点对于各种对水比较敏感的食品(如干制食品和液体食品)来说是尤为重要的。此外,聚乙烯塑料由于氧气阻隔性较低,不适用于易氧化食品的包装。影响食品质量的环境条件和物理条件有湿度、极性、体积、密度、结晶度和温度等[29]。此外,低密度聚乙烯具有柔韧、柔软和可伸缩的特点,比高密度聚乙烯在柔性膜方面更有优势。低密度聚乙烯柔性膜广泛应用于冷冻食品、烘焙食品、鲜肉、家禽肉等产品的包装。在相同密度下,线型低密度聚乙烯材料的力学性能优于低密度聚乙烯。此外,线型低密度聚乙烯具有较好的透明性(图 18.8)、热封强度和韧性,这些都是保鲜膜材料所必备的性能。由于高密度聚乙烯薄膜比低密度聚乙烯薄膜结晶度高,因此高密度聚乙烯薄膜对气体和水具有更好的阻隔性能。

图 18.8 食物包装用聚乙烯材料

18.5.4.2 包装用聚丙烯

一般情况下,聚丙烯因其成本低、致密、热封性能好、熔融温度高、耐化学性好等优点,适用于各种食品包装[30]。但是,它的阻氧性能较差;聚丙烯经常与尼龙、金属箔材、聚乙酸乙烯酯等具有良好的抗氧性能的材料组合使用,所得复合材料可用于对氧比较敏感的食品包装,如即食食品、婴儿食品、肥皂、米饭、番茄酱等。近年来,填料被用来改善聚丙烯的阻隔性能,填料与聚丙烯构成的复合材料开始应用于各种包装产品。高比表面积、高浓度的填料(如黏土纳米颗粒)可以显著改善聚丙烯材料的阻隔性能。与聚合物基体材料相比,这些纳米颗粒孔隙率更低,对不同气体的耐受性更强,渗透分子在复合材料中的扩散路径也比在纯的聚合物基体中的扩散路径要长[31]。因此,聚丙烯纳米复合材料的气体阻隔性能和蒸汽阻隔性能均可明显改善。其他材料中也有类似报道,如 Xie 等[32]报道了低密度聚乙烯通过与黏土复合,可将氧气阻隔性能显著提高。图 18.9 展示了一些聚丙烯包装产品。

(a) 食品盒

(b) 包装袋

图 18.9 聚丙烯包装产品

18.6 过滤材料

聚烯烃具有耐酸、耐碱等优异性能，与其他传统纤维相比，其密度小，易于清洁，不易沾染粉尘、泥浆等杂物，可用于过滤和工业清洁。聚丙烯无纺布是异常重要的一类过滤材料，可以通过纺黏熔喷相结合制得具有"三明治"结构的聚丙烯无纺布或通过针刺法得到聚丙烯无纺布。在这些产品中，外部的纺黏层保障了产品的力学强度，而内部的微纤维发挥了优异的过滤性能[33]。具有类似多细胞结构的中空聚丙烯纤维制备的大孔径的亲水多孔膜材料也拥有出色的过滤性能。聚丙烯过滤材料同时适用于湿介质（如应用于处理水、化学品、酒精饮料的过滤器）和干介质（指粉尘吸附和颗粒消除，如应用于机舱空气过滤器、汽车过滤、真空吸尘器袋和口罩等）。此外，聚丙烯还可用于擦除和吸附油脂[33]。疏水性聚丙烯细纤维缝编织物作为过滤材料吸油效果非常好。

18.7 卫生巾

卫生巾一般包括液体渗透层材料、液体阻隔层材料和液体吸收层材料。液体渗透层在保护垫的一侧，不直接接触消费者的皮肤，从而提高了护垫的舒适性。液体隔离层材料覆盖在衬垫的外侧，可以保证所吸收的分泌物不沾染消费者的衣服。一般来说，卫生巾体积小、厚度薄，可以吸收较多分泌物，因为含有液体隔离层，还具有较好的防水性能。目前，卫生巾基本是由聚烯烃制成的，外层具有疏水性，内层具有亲水性，产品具有吸收率高、成本低、阻隔性好等特点[34]。

18.8 医用口罩

在治疗和护理伤病人士的过程中，专业的医护人员和病患可能都会暴露于受污染的气氛中，接触到携带可传播疾病的微生物的气溶胶，这会对他们的健康乃至生命构成威胁[35-36]。外科口罩被医生及其他专业的医疗保健人员广泛用于疾病预防。外科口罩是专门为医护人员在手术期间佩戴而设计的，它可以最大限度地降低手术室或门诊内口鼻分泌物对环境的污染，同时也能吸附从佩戴者鼻子或口腔呼出的气体或流出的液体中的微生物。外科口罩最初是为了在外科手术过程中，对医护人员口腔和鼻咽部排出的微生物的液滴进行过滤，从而为患者提供保护。但外科口罩如果使用不当（包括口罩的捆扎不当、佩戴错误、贴合不紧密侧面漏气等）也依然会造成伤口感染[37]。图18.10展示了采用织物成型技术生产的外科口罩的结构。

一次性医用口罩在过去的50年里得到了广泛的应用，并在当今众多工作场所得到推广。外科口罩能有效防止病人在手术过程中或其他医疗环境中感染细菌或某些病毒。此外，它还可以保护配戴者免受液体、矿物、蒸气、粉尘、有害颗粒物的污染，从而预防口、鼻、喉、肺等上呼吸道疾病。

现今一次性口罩的结构大多相似，都是由多层不同的非织造聚合物材料复合而成，被应用于口鼻部位的防护。口罩外层一般采用长纤维非织造材料，长纤维非织造材料经由纺丝黏

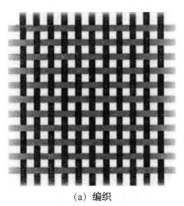  

(a) 编织　　　　　　　　　(b) 非织造　　　　　　　　　(c) 针织

图 18.10　外科口罩[35]

结而制得。它们通常具有不透水的特性；由于咳嗽通常在空气中产生液滴，因此这是预防咳嗽类传播疾病的完美解决方案。此类型非织造（聚乙烯或聚丙烯）聚合物材料通常也称为纺黏无纺布。口罩内层通常使用高成本的材料，与其他层热黏复合。该层含有短纤维，并通过添加亲水剂来实现其吸水性，这一层通常接触消费者并吸收其口腔或鼻腔液体。聚丙烯是最主要的用于无纺布的聚合物，虽然它本身具有疏水性，但超过50%的聚丙烯在用于医用卫生材料产品中时，会进行亲水改性[38]。内层材料在摩擦后不宜产生纤维。中间的过滤层成本高，过滤特性强（图18.11）。在一些潮湿的地区，口罩一般有4层，第4层是在外层的基础上增加的，用以提高口罩的防水能力[38]。

(a) 带孔　　　　　　　　　　　　　(b) 无孔

图 18.11　带孔和无孔的聚烯烃外科口罩[38]

18.9　结论

本章概述了聚烯烃在诸多领域（特别是卫生领域）的应用。如今，随着世界各国对卫生食品的需求与日俱增，卫生一词更是备受关注。聚烯烃及其复合材料的研究与开发促进了其在诸多领域，特别是卫生领域的应用。聚烯烃具有良好的力学性能、热学性能、电气性能和阻隔性能，并且附着力较强、成本低，在卫生领域的应用相当广泛。研究人员不断对聚烯烃及其复合材料的性能进行改进,平衡性能与成本,为各种工业应用需求提供解决方案。

参 考 文 献

[1] Cook JG. 4-Polyolefin fibres. Handbook of textile fibres. Elsevier: Woodhead Publishing; 2001. p. 536-609.

[2] Bohdan S, Danica D. Structure of polyolefins. Handbook of polyolefins. Taylor and Francis: CRC Press; 2000. p. 161-174.

[3] Vasile C. Handbook of polyolefins. Second Edition Taylor and Francis: CRC Press; 2000.

[4] Morawetz H. Macromolecules, an introduction to polymer scienceIn: Bovey FA, Winslow FH, editors. New-York: Academic; 1979, 549 pp. Price: $39.50. Journal of Polymer Science: Polymer Letters Edition, 1980. 18(2): p. 153-154.

[5] Bunn CW. Chemical crystallography: an introduction to optical and x-ray methods. Oxford: Claredon Press; 1961.

[6] Krimm S, Liang CY, Sutherland GBBM. Infrared spectra of high polymers. II. Polyethylene. J Chem Phys 1956; 25(3): 549-562.

[7] Hagen H, Boersma J, van Koten G. Homogeneous vanadium-based catalysts for the Ziegler-Natta polymerization of [small alpha]-olefins. Chem Soc Rev 2002; 31 (6): 357-364.

[8] WHOHomePage, HealthTopics. Hygiene. <http://www.who.int/topics/hygiene/en/>.

[9] Wikipedia Home Page. Hygiene. <https://en.wikipedia.org/wiki/Hygiene>.

[10] Encyclopedia of Children and Childhood in History and Society | 2004 | WILKIE, J. S. and C. T. G. G. Inc.

[11] UNICEF Home Page. Water, sanitation and hygiene. <https://www.unicef.org/wash/>.

[12] UNICEF Home Page. Water, sanitation and hygiene. <https://www.unicef.org/wash/ 3942_ 4457.html>.

[13] Carothers WH, et al. Studies on polymerization and ring formation. Vii. Normal paraffin hydrocarbons of high molecular weight prepared by the action of sodium on decamethylene bromide. J Am Chem Soc 1930; 52 (12): 5279-5288.

[14] White JL, et al. Polyolefins. Cincinnati, OH: Hanser Gardner Publications, Inc; 2005.

[15] Hans-Georg G. Polymerization of ethylene. Google Patents; 1955.

[16] Natta G, et al. Crystalline high polymers of α-olefins. J Am Chem Soc 1955; 77 (6): 1708-1710.

[17] Arriola DJ, et al. Catalytic production of olefin block copolymers via chain shuttling polymerization. Science 2006; 312(5774): 714-719.

[18] Raja, P. R., Novel amorphous polyolefins for adhesive applications. Adhesive and sealant council's spring 2015 convention and expo in Nashville, Tenn, 2015.

[19] The Disposable Diaper Industry Source. <http://disposablediaper.net/faq/what-are-the-components-of-a-typical-disposable-diaper/>.

[20] SpecialChem. <http://adhesives.specialchem.com/selection-guide/hot-melt-adhesive-formulation-for-hygiene-applications/adhesive-requirements-for-hygiene-products>.

[21] Fuller HB. Polyolefin adhesives for disposable hygiene applications. <http://www.hbfuller.com/north-america/innovation-and-experience/white-papers/Polyolefin-Adhesives-for-Disposable-Hygiene-Applications.html>.

[22] Michalski M-C, et al. Adhesion of edible oils to food contact surfaces. J Am Oil Chem Soc 1998; 75(4): 447-454.

[23] Novák I, et al. High-density polyethylene functionalized by cold plasma and silanes. Vacuum 2012; 86(12): 2089-2094.

[24] Novák I, Pollak V, Chodak I. Study of surface properties of polyolefins modified by corona discharge plasma. Plasma Processes Polym 2006; 3(4-5): 355-364.

[25] Novák I, et al. Polymer matrix of polyethylene porous films functionalized by electrical discharge plasma. Eur Polym J 2008; 44(8): 2702-2707.

[26] Novák I, Floria Š. Influence of processing additives on adhesive properties of surface-modified low-density polyethylene. Macromol Mater Eng 2004; 289(3): 269-274.

[27] Siracusa V, et al. Biodegradable polymers for food packaging: a review. Trends Food Sci Technol 2008; 19(12): 634-643.

[28] Al-Ali AlMa'adeed, M. and I. Krupa, Polyolefin compounds and materials. 2016.

[29] Teck Kim Y, Min B, Won Kim K. Chapter 2—General characteristics of packaging materials for food system A2—Han, Jung H. Innovations in food packaging. Second Edition San Diego: Academic Press; 2014. p. 13-35.

[30] Pankaj S, Kadam S, Misra N. Trends in food packaging. Germany: VDM Publishing House; 2011.

[31] Mihindukulasuriya S, Lim L-T. Nanotechnology development in food packaging: a review. Trends Food Sci Technol 2014; 40(2): 149-167.

[32] Xie L, et al. Preparation and performance of high-barrier low density polyethylene/ organic montmorillonite nanocomposite. Polymer-Plastics Technol Eng 2012; 51(12): 1251-1257.

[33] Vasile C. Handbook of polyolefins. Taylor and Francis: CRC Press; 2000.

[34] Kwak CK. Method for manufacturing a mug-wort impregnated pad. Google Patents; 1998.

[35] Chellamani K, Veerasubramanian D, Vignesh B. Surgical face masks: manufacturing methods and classification. J Acad Ind Res 2013; 2: 320-324.

[36] Chellamani K, Thiruppathi S. Design and fabrication of a bacterial filtration efficiency tester. SITRA Res Report 2009; 54(1): 1-11.

[37] Hofmeyr GJ, et al. A Cochrane pocketbook: pregnancy and childbirth. Chichester: Wiley; 2008.

[38] S-Platimun Marketing Services. <www.surgical_ mask_ differences. html>.